DER GROSSE BLV PILZ FÜHRER

1200 Arten · 1000 Farbfotos

blv

Bibliografische Information der deutschen Nationalbibliothek

Die Deutsche Nationalbibliothek verzeichnet diese Publikation in der Deutschen Nationalbibliografie; detaillierte bibliografische Daten sind im Internet über http://dnb.d-nb.de abrufbar.

Hinweis

Der Speisewert der in diesem ebook behandelten Pilze wurde nach bestem Wissen sowie neuestem Kenntnisstand angegeben. Wer Pilze ißt, handelt jedoch auf eigene Verantwortung, da Autor und Verlag weder etwaige individuelle Unverträglichkeiten noch die Sammelgewohnheiten des Einzelnen kennen. Wir warnen allgemein vor dem Genuß zu alter Pilze, generell aber vor Rohverzehr. Das Prädikat »eßbar« bezieht sich stets auf den durch Kochen, Braten oder andere Hitzebehandlung zubereiteten Pilz, sofern nicht anders vermerkt.

Über den Autor

Dr. Ewald Gerhardt arbeitete 25 Jahre als Biologe am Botanischen Garten der Freien Universität Berlin. Das Spezialgebiet Pilze ist für ihn als hervorragenden Artenkenner und leidenschaftlichen Naturfotograf Beruf und Hobby zugleich.

Abbildungsnachweis

Erwin Gerhardt: S. 118 M., S. 128 o., S. 134 o., S. 652 u.
Heinz Michaelis : S. 142 M. r., S. 358 M., S. 626 o.
Ernst Schälow : S. 26 M. l., S. 446 o.

Alle anderen Fotos und Zeichnungen vom Autor.
Piktogramme nach Vorlagen des Autors: Daniela Farnhammer
Umschlagkonzeption und Gestaltung: BLV Buchverlag

Umschlagfotos: Ewald Gerhardt (Vorderseite: Fliegenpilz, Amanita muscaria, Rückseite: Fichten-Steinpilz, Boletus edulis)

Achte, überarbeitete Auflage

BLV Buchverlag
GmbH & Co.KG
80636 München

Lektorat: Dr. Friedrich Kögel; Herstellung: Hermann Maxant

ISBN 978-3-8354-1663-5

Gedruckt auf chlorfrei gebleichtem Papier – Printed in Italy

www.facebook.com/blv.verlag

Einführung

Welcher Pilzfreund wünscht sich nicht ein handliches, in jeden Rucksack passendes Buch, in dem alle wichtigen Arten enthalten sind, in Text und Bild treffend präsentiert – und das zu einem erschwinglichen Preis? Vorliegender Feldführer möchte genau das bieten! Er enthält 1019 verschiedene Pilzarten, die für den Sammler und Naturfreund von Interesse sind: häufige, eßbare, giftige, kuriose und seltene. Einige Beispiele: Neben allen wichtigen mitteleuropäischen Speise- und Giftpilzen sind noch etwa 100 holz- und bodenbewohnende Porlinge enthalten, eine Anzahl, die selbst in Spezialwerken kaum erreicht wird. Der Speisepilzsammler wird besonders die hohe Zahl von 46 Röhrlingen begrüßen, Knollenblätterpilze: 21, Täublinge und Milchlinge: 96, Ritterlinge: 30, Schleierlinge: 68, Champignons: 20 usw. Daraus wird ersichtlich, daß den sogenannten »Sammlerpilzen« mit großen Fruchtkörpern Vorrang eingeräumt wurde.
Natürlich ist es auch hier unmöglich, alle 4000–5000 Großpilz-Arten unserer Heimat abzubilden. Viele von ihnen sind so selten, daß man sie im Leben nie zu Gesicht bekommt. Auch sind etliche von rein wissenschaftlichem Interesse und für den »normalen« Pilzfreund ohnehin kaum unterscheidbar. Dennoch konnte bei der dargestellten Gesamtartenzahl auch die eine oder andere Rarität aufgenommen werden. Auch der »Urlauber« findet hier und dort die Abbildung eines in Mittelmeerländern beheimateten, häufigen Pilzes.
Diese Vielfalt sinnvoll und für jedermann einleuchtend zu gliedern ist eine Kunst für sich. Um das Buch einem möglichst großen Benutzerkreis zugänglich zu machen, wurde auf komplizierte dichotome Bestimmungsschlüssel verzichtet. Stattdessen befindet sich am Kopf jeder beschreibenden Textseite eine farbige Symbolleiste. Aus dieser ist einfach und schnell die Zuordnung der Pilzgruppe ersichtlich. Die gewählte Einteilung ist nicht streng wissenschaftlich, sondern eine Kombination aus moderner Systematik und in der Praxis leicht erkennbaren Merkmalen. Immer wurde darauf geachtet, daß Gattungen nicht auseinander gerissen werden, um verwandtschaftliche Beziehungen und Ähnlichkeiten nicht zu verwischen. Die Einteilung übergeordneter Rangstufen (Familien oder Ordnungen) wird heute wieder sehr diskutiert und ist im Umbruch. Deshalb wurde auf eine systematische Übersicht verzichtet.

Hinweise zur Benutzung

Das Konzept des vorliegenden Buches zielt darauf, dem Pilzfreund möglichst viele Pilzarten in Wort und Bild logisch gegliedert vorzustellen, ohne dabei auf Qualität verzichten zu müssen. Die Güte der in der Natur aufgenommenen Fotos dürfte unkommentiert für sich sprechen. Da (mit wenigen Ausnahmen) jeweils 3 Arten pro Seite beschrieben werden, beschränkt sich der Text streng auf das Wesentliche. Kurze Gattungsbeschreibungen am Anfang einer jeden mit mindestens 2 Arten vertretenen Gattung helfen dabei, etliche Merkmale nicht wiederholen zu müssen. Aus Platzgründen sind fehlende Eigenschaften (z. B. ohne

besonderen Geruch oder Geschmack, Fleisch ohne auffallende chemische Reaktion usw.) prinzipiell nicht erwähnt. Andererseits war es mit Rücksicht auf fortgeschrittene Benutzer des Buches unumgänglich, mikroskopische, für die Bestimmung relevante Details anzuführen. Besonders wichtig sind hier die Sporenmaße, die bei keiner Art fehlen. Auch die Nennung der wichtigsten Synonyme (früher verwendete, jetzt nicht mehr gültige Namen) ist sehr hilfreich, um sich in der modernen Benennung der Pilze zurechtzufinden. Hinter dem aktuellen wissenschaftlichen Namen findet der Leser die (meist abgekürzten) Autorennamen. Das sind Namen der Wissenschaftler, welche die Art zuerst beschrieben oder umkombiniert haben. Die Abkürzung und Schreibweise richtet sich nach der heute gültigen internationalen Norm. Jeder Art ist natürlich auch mindestens ein gebräuchlicher deutscher Name zugeordnet. Hinweise auf Möglichkeiten der Verwechslung, Giftwirkung nach neuestem Kenntnisstand sowie Tips für die Zubereitung der Speisepilze fehlen ebenfalls nicht.
In den Kopfzeilen neben dem deutschen Pilznamen findet der Leser ein Symbol für den Speisewert (Legenden dazu auf S. 15) und, falls zutreffend, einen Hinweis auf Schutzstatus oder Gefährdungsgrad laut aktueller Roter Liste. Es sollte nicht verschwiegen werden, daß besonders bei den Pilzen die Bemessung ihres Gefährdungsgrades umstritten ist. Daß aber eine prinzipielle Bedrohung der Natur (und somit auch der Pilze) allgegenwärtig ist, sollte jedem inzwischen bekannt sein. Deshalb mahnen die o. g. Hinweise zum vorsichtigen Umgang mit Wildpilzen.

Die Symbolleisten

Diese Kopfleisten symbolisieren auf einfache Weise die systematische Zuordnung der jeweiligen Gattungen. Sie bestehen aus einer Grundfarbe (auch bei geschlossenem Buch stirnseitig sichtbar), Symbolen und Text.

Bedeutung der Grundfarben

Lamellenpilze (Fleisch nicht spröde)
Sprödblättler (Milchlinge und Täublinge)
Pilze mit Röhren oder Poren
Nichtblätterpilze (ohne Röhren)
Bauchpilze
Schlauchpilze
Sonderformen (aus diversen system. Gruppen)

Die Symbole, es können pro Leiste 1 oder 2 Piktogramme zum Einsatz kommen, geben die weitere Feinunterteilung nach leicht erkennbaren Merkmalen vor. Ihre Bedeutung wird durch einen eingefügten Kurztext zusätzlich veranschaulicht und spricht weitgehend für sich (siehe aber auch weiter unten). Bei den Lamellenpilzen wurden öfter Symbole verwendet, die sich auf die Stieldicke beziehen. Da sich die Natur nicht gerne in ein Schema zwängen läßt, sind hier zwischen den einzelnen Kategorien (dick, dick bis dünn, dünn) zwangsläufig Übergänge vor-

handen. Auch gelten die Maßangaben stets für die Gesamtheit einer Gattung und nicht für die einzelne Art! Daher wird dringend empfohlen, auch in den benachbarten Gruppen nachzusuchen.
Beim Bestimmen von Lamellenpilzen ist die Einbeziehung der Sporenpulverfarbe sehr hilfreich. (Wie das Sporenpulver gewonnen werden kann, ist bei den Fachausdrücken kurz erklärt.) Hinter dem ersten Symbol wird die Farbe in einem gesonderten Kästchen dargestellt und zwar in folgenden 3 leicht unterscheidbaren Grobstufen:

weiß (reinweiß, weißlich, cremefarben),
rosa (lachsrosa, rötlich),
dunkel (ocker, braun, schwarz).

Der genaue Farbton kann der jeweiligen Gattungs- bzw. Artbeschreibung entnommen werden.

Die Symbole und ihre Bedeutung

Lamellen frei

Der Lamellenansatz am Stiel ist ein äußerst wichtiges und mit etwas Übung gut erkennbares Gattungsmerkmal. Wenn die Lamellen den Stiel garnicht erreichen, so spricht man von »freien Lamellen«. Betrachtet man z. B. die Hutunterseite eines Champignons oder Schirmlings, so ist ihre Zugehörigkeit zu den »Freiblättlern« leicht zu erkennen. Im Zweifel kann ein Pilz dafür auch längs durchgeschnitten werden. Bei einigen Gattungen (Ritterlinge, Rüblinge, Schwindlinge) können in Extremfällen scheinbar freie Lamellen auftreten. Der Neuling läßt sich dadurch gelegentlich verunsichern. Zu den echten Freiblättlern gehören jedoch nur die im Buch mit dem entsprechenden Symbol versehenen Gruppen.

Lamellen angewachsen

Aus praktischen Gründen wird in diesem Buch per Symbol nur zwischen freien und angewachsenen Lamellen unterschieden. Angewachsen bedeutet daher auch »kurz angeheftet«, »breit angewachsen« oder »am Stiel herablaufend«. In der Natur können selbst innerhalb einer Gattung verschiedene Versionen auftreten. Genauere Auskunft gibt die jeweilige Artbeschreibung.

Stiel dick

Fruchtkörper zentral gestielt; Stieldicke innerhalb der Gattung vorwiegend gleich oder größer als 8 mm.

Stiel dick bis dünn

Fruchtkörper zentral gestielt; Stieldicke innerhalb der Gattung ca. 3–10 mm.

Stiel dünn

Fruchtkörper zentral gestielt; Stiel meist dünner als 4 mm.

Stiel seitlich oder fehlend

Besonders bei holzbewohnenden Gattungen (selten auch bodenbewohnenden) kann der Stiel seitlich am Hut sitzen (z. B. Seitlinge). Er kann aber auch im Laufe der Entwicklung verkümmert sein oder gänzlich fehlen (z. B. Stummelfüßchen, Muschelinge). Das äußere Erscheinungsbild ist jedenfalls typisch. Die Stieldicke ist in dieser Gruppe unerheblich.

Milchlinge

Pilze mit sprödem, vorwiegend aus rundlichen Zellen aufgebautem Fleisch, die verletzt einen Milchsaft ausscheiden, werden als Milchlinge bezeichnet (Gattung *Lactarius*). Zusammen mit den Täublingen (siehe nächstes Symbol) bilden sie die Ordnung der Russulales. Wegen ihrer meist splitternden Lamellen werden sie auch als Sprödblättler bezeichnet. Die hierher gehörenden Arten sind sehr charakteristisch, was beim Betrachten der Fotos auch dem Anfänger schnell klar wird. Der ausgeschiedene Milchsaft kann sehr unterschiedliche, artcharakteristische Farben besitzen, ist aber in den meisten Fällen weißlich. Gelegentlich schlägt die Farbe auch an der Luft um. Bei zu alten oder ausgetrockneten Milchlingen kann die Flüssigkeit versiegen. Andere, nicht verwandte Gattungen (z. B. Helmlinge) können ebenfalls milchen. Sie werden unter diesem Symbol nicht berücksichtigt.

Täublinge

Verletzt nicht milchende Sprödblättler der Gattung *Russula* werden mit diesem Piktogramm bedacht. Obwohl sie, wie auch die Milchlinge, an der Hutunterseite Lamellen besitzen, sind sie mit echten Lamellenpilzen kaum verwandt. Ihr Fleisch bricht am Stiel durch den zelligen Aufbau wie mürber Käse und läßt sich nicht auffasern. Mit einiger Übung ist die artenreiche Gattung als solche leicht erkennbar, während die Bestimmung der einzelnen Arten oft Schwierigkeiten bereitet.

Röhrlinge

Die fast ausnahmslos bodenbewohnenden Röhrlinge sind fleischig (nicht zäh-elastisch oder holzig) und zentral gestielt (z. B. Steinpilz, Maronenröhrling). An ihrer Hutunterseite sitzt die typische Röhrenschicht (»Schwamm«) anstelle von Lamellen. Diese läßt sich leicht vom Hutfleisch ablösen, im Unterschied zu vielen Porlingen. Im Längsschnitt ist deutlich zu sehen, daß sie aus feinen, senkrecht nebeneinander stehenden Röhrchen aufgebaut ist.

einjährige Porlinge

Die Konsistenz der Fruchtkörper ist fleischig, vorwiegend aber zäh-elastisch bis holzig. An der Hutunterseite befinden sich feine, meist relativ kurze Röhren. Wenige Gruppen (z. B. *Albatrellus*) ähneln den Röhrlingen und wachsen auch am Boden. Die meisten sind jedoch Holzbewohner. Sie besitzen im Längsschnitt nur eine einzige Röhrenschicht, sind also ungeschichtet.

gestielt

Porlinge mit deutlich zentral oder seitlich gestielten Fruchtkörpern; Boden- oder Holzbewohner. Alle Gattungen sind einjährig.

ungestielt

Porlinge ohne deutliche Stielbildungen, gelegentlich aber mit stielartig zusammengezogener Basis oder rosettenartig; einjährig; Fruchtkörper vorwiegend konsolen- oder fächerförmig.

mehrjährige Porlinge

Porlinge mit geschichteten Röhren (in jedem Jahr wird eine neue Röhrenschicht gebildet); alle holzbewohnend; Konsistenz korkartig bis holzig. Eine Ausnahme bilden einige Arten der hier eingeordneten Lackporlinge (Gattung *Ganoderma*), welche einjährig sein können. Die Gattungen leben durchweg parasitisch an Bäumen.

Leistlinge (und ähnliche)

Die Pilze sind bodenbewohnend und gestielt. Die stets am Stiel herablaufenden Leisten können echten Lamellen ähnlich sehen (vgl. Pfifferling), besitzen aber gegenüber diesen einen abweichenden Querschnitt und festere Verbindung zum Hutfleisch. Einige Leistlinge und andere hier aufgenomme Gattungen (*Craterellus*, *Gomphus*) zeichnen sich durch reduzierte Runzeln aus. Als Gruppe sind sie alle in der Praxis gut erkennbar.

Stachelpilze

Arten, an deren Hutunterseite Stacheln gebildet werden; Boden- oder Holzbewohner; Fruchtkörper gestielt oder ungestielt, mit fleischiger bis korkartiger Konsistenz (falls gallertig: siehe gesonderte Gruppe!).

Keulen, Korallen

Fruchtkörper von keulen- oder korallenartig verzweigter Form, seltener wie ein Badeschwamm aussehend (Glucken); Boden- oder Holzbewohner (falls gallertig: siehe gesonderte Gruppe!).

reif stäubend

Bauchpilze (Sporen werden im Innern gebildet), deren reife Fruchtkörper stäuben, sofern sie berührt werden.

kugelig bis sackförmig

Fruchtkörper stäubend, mit bleibend kugel-, sack- oder birnenförmiger Gestalt (Boviste, Stäublinge).

sternförmig

Fruchtkörper beim Reifen mit sternförmig umbiegenden Lappen, den inneren, stäubenden Teil freilegend (z. B. Erdsterne).

mit Hexeneiern

Bauchpilze, die bei der Reife nicht stäuben. Sie entwickeln sich aus einem eiförmigen Gebilde (»Hexenei«), dessen äußere Gallerthülle durchbrochen wird, indem sich der innere Teil streckt. Der entwickelte Pilz verbreitet aas- oder kotartige Gerüche, um Insekten anzulocken (Sporenverbreitung).

mit Peridiolen

Kleinere Bauchpilze mit nicht stäubenden Fruchtkörpern. Im Innern befinden sich kleine, linsenförmige Körper, welche die Sporen enthalten (Peridiolen).

Morcheln, Lorcheln

Größere Schlauchpilze (Ascomycetes), deren Fruchtkörper deutlich in Hut und Stiel eingeteilt sind. Verpeln gehören ebenfalls hierher.

Öhrlinge, Becherlinge

Schlauchpilze (Ascomycetes) mit becher-, schüssel- oder ohrförmiger Gestalt. Sie sind gewöhnlich ungestielt, seltener an der Basis stielartig zusammengezogen oder mit kleinem, zentralem Stielchen versehen. Einige Gattungen wurden nur wegen ihrer Form hier aufgenommen, gehören aber systematisch eher zu den Lorcheln oder Morcheln (vgl. *Discina*, *Disciotis*).

Kernpilze

Schlauchpilze (Ascomycetes), bei denen die Sporenschläuche nicht in einer Fruchtschicht, sondern in Kernbechern (Perithecien) angelegt werden. Die winzigen Kernbecher befinden sich gewöhnlich direkt unter der Oberfläche der Sammelfruchtkörper. Sie werden im Längsschnitt sichtbar.

Fruchtkörper unterirdisch

Pilze knollenförmig, unterirdisch entwickelnd und daher schwer aufzufinden. Sie schauen allenfalls bei der Reife etwas hervor oder werden durch einen Regen freigespült. Nicht alle sind echte, zu den Schlauchpilzen gehörende Trüffeln. Es gibt auch trüffelartige Ständerpilze, von denen hier 2 Gattungen (*Melanogaster* und *Rhizopogon*) aufgenommen wurden.

gallertig

Hier sind Gattungen zusammengefaßt, deren Fruchtkörper eine gelatinöse Konsistenz aufweisen, unabhängig von ihrer systematischen Zuordnung. Sie schrumpfen beim Trocknen stark und werden hornartig, leben aber beim Feuchtwerden wieder auf.

Krusten und Polster

Hierher gehören vor allem Rinden- und Schichtpilze im weiteren Sinne; oder aber Gattungen, deren Fruchtkörper sich in den anderen Gruppen nicht ohne weiteres unterbringen lassen.

Der praktische Umgang mit Pilzen

Giftpilze

Der Pilzfreund wird mit einer riesigen Zahl von Pilzarten konfrontiert, von denen er jene aussuchen kann, die für ihn von Interesse sind. Wer Pilze zu Speisezwecken sammelt, muß absolut sicher sein, keinen Giftigen zu konsumieren. Gute Pilzbücher bieten wertvolle Hilfen beim Bestimmen, können aber nicht die praktische Erfahrung ersetzen, die sich jeder in mühseliger Kleinarbeit selbst aneignen muß. Das in Büchern stets angemahnte, genaueste Durchlesen der Beschreibungen und Studium der Abbildungen gibt besonders dem Anfänger nicht immer die Garantie, sich nicht zu irren. Deshalb beschränke man sich anfangs auf leichter erkennbare Arten, wie etwa Röhrlinge. Unter ihnen gibt es zwar ebenfalls Giftpilze, doch wirken ihre Giftstoffe lediglich auf das Verdauungssystem und man bleibt bei einem Irrtum am Leben. Zur Sicherheit wird daher dringend empfohlen, sich die Abbildung und Beschreibung folgend aufgelisteter Pilzarten (**alle tödlich giftig**) besonders einzuprägen. Sie sind über verschiedene systematische Gruppen verteilt und können anhand der Liste schnell aufgefunden werden.

Grüner Knollenblätterpilz S. 18
Weißer Knollenblätterpilz S. 18
Kegelhütiger Knollenblätterpilz S. 20
Fleischbräunlicher Schirmling S. 42
Fleischrosa Schirmling S. 42
Orangefuchsiger Rauhkopf S. 272
Spitzgebuckelter Rauhkopf S. 272
Nadelholz-Häubling S. 380

†

Es ist nicht schwer zu erkennen, daß sie alle zu den Lamellenpilzen gehören (!). Diese Aufstellung soll nicht etwa suggerieren, dies wären die einzig gefährlichen Giftpilze. Pantherpilz, Fliegenpilz, Tiger-Ritterling, Laubfreund-Trichterling, Riesen-Rötling, Kahler Krempling, Ziegelroter Rißpilz, Satans-Röhrling und Frühjahrs-Lorchel können, um einige Beispiele zu nennen, ebenfalls böse, in schweren Fällen sogar tödlich verlaufende Vergiftungen hervorrufen. Die Giftwirkung ist bei der jeweiligen Art im Text beschrieben.

Sammeln und Verwerten von Speisepilzen

Das Sammeln von Speisepilzen sollte im Interesse des Naturschutzes grundsätzlich nur für den Eigenbedarf erfolgen. Wer Wildpilze an andere verkauft, bereichert sich materiell auf Kosten der Natur. Außerdem ist bekannt, daß kommerzielle Sammler oft nichts stehenlassen. Sie verhindern damit auch (sicher aus gutem Grund), daß Hobbysammler nach ihnen kaum noch etwas finden. Die alte, nur sehr langsam ausrottbare Denkweise, daß die Natur ohne Schaden zu nehmen alles geduldig hergibt, können wir uns nicht mehr leisten. Andererseits werden Pilzmyzelien durch bloßes Absammeln der Fruchtkörper offensichtlich nicht nachhaltig geschädigt. Wer also (unter Aspekten des Naturschutzes sammelbare) Pilze sachgerecht erntet, braucht sicher kein schlechtes Gewissen zu haben.
Als Behälter dient am besten ein Korb, in dem das Sammelgut luftig und ohne gedrückt zu werden transportiert werden kann. Wir sollten wissen, daß sich gequetschte, matschige, zu feuchte oder in warmer, stickiger Luft aufbewahrte Pilze schnell zersetzen und Vergiftungen durch Verderben des Pilzeiweißes hervorrufen können. Ähnlich steht es auch mit Exemplaren, die im Spätherbst Nachtfrost abbekommen haben. Mit einem Taschenmesser können die Pilze nicht nur ausgehoben oder abgeschnitten, sondern auch gleich an Ort und Stelle vorgereinigt werden. Humusreste oder Sand gehören nicht in den Korb. Zu junge oder alte, madige Stücke sollten prinzipiell stehenbleiben. Die einen sollen ja noch wachsen und die anderen haben wichtige Aufgaben in der Natur zu erfüllen, geben noch Mengen von Sporen ab und sind Unterschlupf für bestimmte Insekten. Unbekannte oder vermeintlich giftige Arten, die zum Bestimmen mitgenommen werden, sind sorgfältig von den Eßbaren zu trennen.
Frisch gesammelte Pilze halten sich mehrere Tage im Kühlschrank, sollten aber aus Qualitätsgründen wenn möglich noch am gleichen Tag verarbeitet und verbraucht werden. Beliebte

Sammlerglück: Für diesen großen Kiefern-Steinpilz ist der Pilzkorb fast zu klein.

Methoden zur längerfristigen Aufbewahrung sind Trocknen oder Einfrieren. Bestimmte Pilzarten (z. B. Shiitake, Totentrompete) entfalten bei Verwendung im Trockenzustand erst ihr volles Aroma. Vom Prinzip her sind aber die meisten Arten zur Trocknung geeignet. Die Fruchtkörper werden dazu in Scheiben geschnitten, mindestens aber längs halbiert und bei ca. 40 °C (Dörrgerät, Zentralheizung, Backofen mit Umluft und halboffener Tür) gut durchgetrocknet. Um zu verhindern, daß sie danach wieder Luftfeuchtigkeit aufnehmen, lagert man sie am besten in dichten Gläsern oder verschließbaren Plastikbeuteln.
Zum Einfrieren sollten die Pilze in möglichst gutem Zustand sein, d. h. frisch und im besten Alter gesammelt. Vorheriges Blanchieren oder kurzes Aufkochen in gesalzenem Wasser (evtl. unter Zugabe einer Messerspitze Zitronensäurepulver) wird angeraten. Dadurch wird einer ungewollten Vermehrung vorhandener Bakterien Einhalt geboten. Nach Abschrecken und Abtropfen wird das Sammelgut schockgefroren und ist bei sachgemäßer Lagerung gute 6 Monate haltbar.
Silieren und Einkochen sind weitere Methoden zur Haltbarmachung, die in Mitteleuropa allmählich außer Mode geraten. In Skandinavien und Osteuropa liegen sicher noch detailliertere Kenntnisse darüber vor. Eine interessante Verwertungsmöglichkeit nicht kulinarischer Art ist die Ausnutzung der Pilzfarbstoffe zum Färben von Wolle und Textilien. Für jedermann anwendbare Rezepturen erreichen uns aus Schweden, wo spezielle Interessengruppen in Pilzvereinen mit diesem Hobby arbeiten. Besonders beliebt sind die Farbstoffe der Hautköpfe; aber auch die des Samtfuß-Kremplings.

Abkürzungen und Symbole im Text

eßbar

bedingt eßbar (siehe Text)

ungenießbar/Speisewert unbekannt

giftig, giftverdächtig

tödlich giftig

gesch.: In Deutschland laut Bundesartenschutzverordnung von 1986 geschützt, darf nicht gesammelt werden.

(gesch.): In Deutschland eingeschränkt geschützt: Sammeln ist nur für den Eigenbedarf in angemessener Menge gestattet; Handel und Verkauf von in Deutschland gesammeltem Wildmaterial verboten.

Die mit **»RL«** gekennzeichneten Arten sind in der **»Roten Liste der gefährdeten Großpilze in Deutschland«** (Stand 1992) enthalten. Die Kategorien des angenommenen Gefährdungsgrades sind folgende:

RL 0: Verschollen: In Deutschland nach 1950 nicht mehr gefunden
RL 1: Vom Aussterben bedroht
RL 2: Stark gefährdet
RL 3: Gefährdet
RL R: Latent gefährdet (Rarität)

Fam. : Familie
Frkp. : Fruchtkörper
Kl. : Klasse
KOH : Kalilauge
Kp. : Keimporus
L-Tr. : Lamellentrama
Sp. : Sporen
Spp. : Sporenpulver
U-Gatt.: Untergattung
µ : Mikrometer; Maßeinheit für 1 tausendstel Millimeter

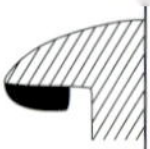

Gattung **Amanita** – Wulstlinge, Knollenblätterpilze
Fam. Amanitaceae

Hüte mit oder ohne Velumflocken; Lamellen weiß, selten goldgelb, frei; Stiele knollig, z. T. bescheidet, beringt oder unberingt; Spp. weiß, amyloid oder inamyloid; Sp. rundlich bis elliptisch, glatt, ohne Kp.; L-Tr. bilateral; Mykorrhizapilze; Arten z. T. tödlich giftig!

Gelber Knollenblätterpilz

Amanita citrina (Schaeff.) Pers. Syn.: *A. mappa*

Merkmale: Hut 4–10 cm breit, blaß gelblich, gelblichgrün, seltener weiß (Albinos), mit flächigen, oft gebräunten Velumresten; Stiel weiß bis blaß gelblich, mit hängendem Ring; bei Berührung bräunend; Knolle selten mit Hüllresten, mit scharfer, umlaufender Kante; Geruch dumpf, typisch nach Kartoffelkeimen; Spp. amyloid; Sp. rundlich, 7–10 µ. **Vorkommen**: (VII) VIII–XI; Nadel- und Laubwald, besonders unter Kiefern, auf Sandböden; häufig. **Verwechslung**: Grüner und Weißer Knollenblätterpilz (tödlich giftig, S. 18).

Leicht giftig; enthält das Krötengift Bufotenin (beschleunigte Herztätigkeit), das durch Erhitzen unwirksam wird.

Porphyrbrauner Wulstling

Amanita porphyria Alb. & Schwein.: Fr.

Merkmale: Hut 4–8 cm breit, porphyrbraun, mit flächigen, violettgrauen Velumresten, Rand ungerieft; Stiel mit einem Hauch Hutfarbe, genattert, beringt; Knolle selten mit Hüllresten, aber mit scharfer, umlaufender Kante; Geruch nach Kartoffelkeimen; Spp. amyloid; Sp. rundlich, 7–10 µ. **Vorkommen**: VII–X; besonders im Nadelwald, unter Fichten und Kiefern, auf sauren Böden; relativ häufig. **Verwechslung**: Pantherpilz (giftig, S. 24), Grauer Wulstling (unten).

Leicht giftig; enthält Bufotenin (siehe Gelber Knollenblätterpilz).

Grauer Wulstling

Amanita excelsa (Fr.) Bertillon Syn.: *A. spissa*

Merkmale: Hut 5–15 cm breit, dunkelbraun, graubraun, mit fein verteilten bis flächigen grauweißlichen Velumresten; Stielknolle oft glatt, ohne häutige Hüllreste, Ring anliegend, längsriefig; Fleisch besonders in Stielknolle leicht bräunend; Geruch und Geschmack rettich- bis rübenartig; Spp. amyloid; Sp. breitelliptisch, 8–10 × 5–8 µ. **Vorkommen**: (VI)VII–X; meist im Nadel-, seltener Laubwald, unter Fichten und Buchen, auf sauren wie kalkhaltigen Böden; gebietsweise häufig. **Verwechslung**: Pantherpilz (giftig, S. 24), Perlpilz (S. 18), Porphyrbrauner Wulstling (leicht giftig, Mitte).

Perlpilz

Amanita rubescens (Pers.: Fr.) Gray

Merkmale: Hut 5–15 cm breit, heller oder dunkler fleischbräunlich, auch gelblich-fleischfarben, mit meist unregelmäßig flächigen, schmutzig weißen bis fleischfarbenen Velumresten; Lamellen alt fast fleischfarben; Stiel kahl bis fein genattert, Knolle ohne Hautreste, glatt oder mit feinen Warzenkränzen, Ring anliegend, oberseits gerieft, weiß (falls gelblich: seltene var. *annulosulphurea*); Fleisch unter Huthaut, vor allem in der Stielbasis (Madengänge) rötend; Spp. amyloid; Sp. elliptisch, 7–9 × 5–7 μ. **Vorkommen**: VI–X; im Laub- und Nadelwald, auf fast allen Böden; allgemein häufig. **Verwechslung**: Pantherpilz (giftig, S. 24), Grauer Wulstling (S. 16).

Eßbar, sollte gut erhitzt werden. Der Perlpilz ist oft madig und sein Fleisch leicht verderblich, ohne daß man es ihm ansieht. Daher junge, geschlossenhütige Exemplare verwenden.

Grüner Knollenblätterpilz

Amanita phalloides (Fr.) Link

Merkmale: Hut 4–12(15) cm breit, blaß bis kräftig oliv- oder gelbgrün, oft eingewachsen radialfaserig, meist kahl, selten mit flächigen, weißen Velumresten; Stiel weißlich bis grünlich, oft genattert, mit hängendem, oberseits gerieftem Ring, Basis knollig, mit weißen, häutigen Hüllresten (»bescheidet«); Geruch besonders im Alter aufdringlich süßlich; Spp. amyloid; Sp. rundlich, 8–10 × 7–9 μ (Abb. 16). **Vorkommen**: (VI)VII–X; im Laub- und Nadelwald, Gärten und Parkanlagen, besonders unter Eichen und Buchen; relativ häufig, in manchen Jahren stellenweise massenhaft. **Verwechslung**: Gelber Knollenblätterpilz (leicht giftig, S. 16); vgl. grünliche Täublinge und Ritterlinge.

† Tödlich giftig; ein mittelgroßes Exemplar reicht aus, um einen Menschen zu töten. Giftstoffe: Amatoxine, Phallotoxine; zerstören vor allem die Leber. Erste Vergiftungssymptome (kolikartige Bauchschmerzen, Erbrechen, Dauerdurchfall) treten meist erst 4–16 Stunden nach der Mahlzeit auf. Ca. 30 % aller Vergiftungen mit Knollenblätterpilzen verlaufen tödlich.

Weißer Knollenblätterpilz

Amanita phalloides var. *verna* Bull.

Merkmale: Hut ca. 5–10 cm breit, fast immer kahl, in allen Teilen weiß gefärbt. Die anderen Merkmale entsprechen denen der grünen Normalform. **Vorkommen**: VI–VIII, in Südeuropa auch schon ab V (anderer Name: Frühlings-Knollenblätterpilz); im Laubwald, besonders unter Eichen, in Parkanlagen; seltener als die grüne Form. **Verwechslung**: Kegelhütiger Knollenblätterpilz (tödlich giftig, S. 20), Eier-Wulstling (S. 22), Gilberts Wulstling (S. 22); vgl. weiße Champignons (mit rosafarbenen bis braunen Lamellen!).

† Tödlich giftig; Gifte und Giftwirkung siehe Hauptform (Mitte).

Kegelhütiger Knollenblätterpilz †

Amanita virosa (Fr.) Bertillon

Merkmale: Hut 5–10 cm breit, reinweiß, lange kegelförmig, ohne Velumreste, Huthaut klebrig-schmierig; Stiel flockig-genattert, mit bescheideter, knolliger Basis, Ring schwach ausgebildet, oft wollig aufgelöst; Geruch rettichartig, im Alter unangenehm süßlich; Spp. amyloid; Sp. rundlich, 7–10 µ. **Anmerkung**: Der Pilz wird besonders häufig von Schnecken angefressen. **Vorkommen**: VII–X; im Laub- und Nadelwald, besonders unter Fichte, Kiefer und Buche, liebt saure Böden; zerstreut bis relativ selten. **Verwechslung**: Weißer Knollenblätterpilz (tödlich giftig, S. 18), Großer Scheidling (S. 50); vgl. weiße, stets unberingte Formen von Scheidenstreiflingen.

† Tödlich giftig; enthält Amatoxine und Phallotoxine (siehe Grüner Knollenblätterpilz, S. 18).

Fransiger Wulstling RL 3

Amanita strobiliformis (Paulet ex Vittad.) Bertillon

Merkmale: Hut (8)10–25 cm breit, weiß bis grauweißlich, mit dicken, flockigen Velumresten, Rand jung vom Velum fransig behangen (Name!); Lamellen mit fein schartiger Schneide; Stiel mit rübenartig wurzelnder, knolliger Basis, nicht bescheidet, Ring mehlig-flockig, oberseits gerieft, oft aber unvollständig und zerrissen, bisweilen am Hutrand haftend; Geruch neutral bis angenehm nußartig, im Alter unangenehm; Spp. amyloid; Sp. elliptisch, 10–14 × 7–9 µ (Abb. 17). **Vorkommen**: VI–IX; vorwiegend im Laubwald, besonders unter Eiche, Buche, selten Kiefer, liebt kalkhaltige Böden; relativ selten in Mitteleuropa, in Südeuropa häufiger, da wärmeliebend. **Verwechslung**: Eier-Wulstling (S. 22).

Eßbar, guter wohlschmeckender Speisepilz, sofern nicht überaltert; sollte wegen seiner Seltenheit geschont werden.

Mittelmeer-Perlpilz

Amanita baccata (Fr.) Gillet Syn.: *A. boudierii*

Merkmale: Hut 5–12 cm breit, schmutzig weißlich bis blaß ockergrau, Huthaut mit flockig-körnigen bis flächigen, weißlichen Velumresten, Rand oft mit fetzenartigen Ringresten; Stiel weiß, mit anliegendem, oberseits gerieftem Ring, Knolle rübenartig verdickt, wurzelnd, ohne hautartige Scheide, dafür oft mit Schuppenkränzen; Geruch angenehm nußartig; Fleisch auf Druck rotbräunlich verfärbend; Spp. amyloid; Sp. elliptisch, 9,5–14,5 × 6,5–8,5 µ. **Vorkommen**: IX–XI oder im Frühjahr; in sandigen Küstengebieten des Mittelmeeres, unter Kiefernarten (z. B. Pinien, Sardinien, Foto!); nicht selten. **Verwechslung**: Fransiger Wulstling (Mitte), Gilberts Wulstling (S. 22).

Eßbar, guter Speisepilz. Man achte auf die unbescheidete Stielbasis.

Eier-Wulstling

Amanita ovoidea (Bull.: Fr.) Quél.

Merkmale: Hut 10–20(30) cm breit, weißlich, alt strohgelblich, meist ohne Velumreste, mit fransig-flockigem Hutrand; Stiel derb und fest, flockig, meist ringlos, Basis derbknollig, wurzelnd, mit kräftiger, bald ockergelblicher Scheide; Geruch und Geschmack jung angenehm, im Alter bald faulig (schnell zersetzendes Fleisch); Spp. amyloid; Sp. elliptisch, 10–12 × 6–7,5 µ. **Vorkommen**: VII–IX; im Laub- und Nadelwald, unter Eiche, Edelkastanie, Weißtanne, besonders auf Kalkböden; nicht selten. **Anmerkung**: Der Eier-Wulstling ist eine wärmeliebende, südliche Art, die in Mitteleuropa nur in klimatisch bevorzugten Gebieten (Oberrheingebiet, Böhmen, Burgenland) vorkommt. Auf den Balearen kann sie vom Herbst bis zum Frühling unter Aleppokiefern gefunden werden. **Verwechslung**: Weißer Knollenblätterpilz (tödlich giftig, S. 18), sehr ähnlich: Ockerscheidiger Wulstling *(A. proxima)*, soll Nierenschäden verursachen.

Eßbar, wohlschmeckender Speisepilz, sofern jung.

Gilberts Wulstling

Amanita gilbertii Beauseign.

Merkmale: Hut 6–10 cm breit, weiß, cremeweißlich, Huthaut seidig, meist kahl; Stiel weiß, feinflockig, mit anliegendem Ring, Basis mit häutiger Scheide, manchmal tief im Sand steckend; Geruch unauffällig; Spp. amyloid; Sp. langelliptisch, 10–15 × 4,5–6 µ. **Anmerkung**: Der ganze Pilz verfärbt sich auf Druck oder beim Eintrocknen schwach ockerbräunlich. **Vorkommen**: IX–XI oder im Frühjahr; unter Nadelbäumen auf Sandböden im Mittelmeergebiet, besonders unter Pinien (Sardinien, Foto!); nicht selten. **Verwechslung**: Weißer Knollenblätterpilz (tödlich giftig, S. 18), Eier-Wulstling (oben).

Eßbar; Ähnlichkeit mit tödlich giftigen Arten.

Kaiserling RL 1

Amanita caesarea (Scop.: Fr.) Pers.

Merkmale: Hut 8–15 cm breit, goldgelb, orangerot bis rot, selten mit flächigen, weißen Velumfetzen, doch meist kahl, Rand im Alter kurz gerieft; Lamellen blaß gelblich bis goldgelb (!), Schneide fein gezähnelt; Stiel goldgelb, beringt, mit weiß bescheideter Knolle; Fleisch nur in der Knolle weiß, sonst gelblich; Geruch und Geschmack angenehm; Spp. inamyloid; Sp. elliptisch, 9–12 × 6–7 µ. **Anmerkung**: Junge Pilze sind, ähnlich wie beim giftigen Grünen Knollenblätterpilz, vollständig wie mit einer Eihülle umschlossen. **Vorkommen**: VII–XI; unter Laubbäumen (Eiche, Edelkastanie), fast ausschließlich in Südeuropa, in Mitteleuropa äußerst selten in wärmebegünstigten Gebieten. **Verwechslung**: Fliegenpilz (giftig, S. 24).

Eßbar, einer der köstlichsten Speisepilze. Da in Mitteleuropa vom Aussterben bedroht, sollte die Art geschont werden.

Fliegenpilz

Amanita muscaria (L.) Pers.

Merkmale: Hut 5–15 cm breit, meist leuchtend rot, seltener orange oder gelb, mit fein verteilten weißen Velumflöckchen, Rand am aufgeschirmten Hut gerieft; Stiel weiß, Knolle am Stielübergang mit Warzenkränzen, nicht bescheidet, Ring oberseits ungerieft; Fleisch reinweiß; Geruch unauffällig; Spp. inamyloid; Sp. elliptisch, 9–12 × 6–9 μ. **Anmerkung**: Sehr junge, noch geschlossene Fliegenpilze sind im Längsschnitt an der orangegelben Linie direkt unter der Huthaut zu erkennen. **Vorkommen**: VIII–XI; im Laub- und Nadelwald, Parkanlagen, besonders unter Birken und Fichten, auf saurem Boden; überall häufig. **Verwechslung**: Kaiserling (S. 22).

Giftig; enthält auf das Nervensystem wirkende Stoffe (Lähmungserscheinungen, Bewußtseinstrübungen, Atemnot, Tobsuchtsanfälle usw.): Ibotensäure, Muscazon, Muscimol u. a. Latenzzeit ca. 1/2–2 Stunden. Todesfälle sind selten (vgl. aber Pantherpilz!).

Pantherpilz

Amanita pantherina (DC.: Fr.) Krombh.

Merkmale: Hut 4–10 cm breit, hell- bis dunkelbraun, selten weiß (Albino), mit reinweißen, fein verteilten Velumflöckchen, Rand alt gerieft; Stiel weiß, Ring oft schmal, oberseits nicht gerieft, Knolle mit stulpenförmig abgesetztem Randwulst (»Bergsteigersöckchen«), oft tief im Boden sitzend; Geruch rettichartig; Spp. inamyloid; Sp. elliptisch, 8–11 × 7–8,5 μ. **Vorkommen**: VII–X(XI); im Laub- und Nadelwald, liebt Sandböden, daher nicht überall vorhanden; lokal häufig. **Verwechslung**: Grauer Wulstling (S. 16), Perlpilz (S. 18), Porphyrbrauner Wulstling (leicht giftig, S. 16),

Stark giftig; enthält die gleichen auf das Nervensystem wirkenden Giftstoffe wie der Fliegenpilz, jedoch in stärkerer Konzentration (siehe dort). Todesfälle kommen häufiger vor.

Narzissengelber Wulstling

Amanita gemmata (Fr.) Bertillon

Merkmale: Hut 3–10 cm breit, wachsgelb bis hell ocker, mit weißen, meist flächigen, seltener pustelförmigen Velumresten, Rand etwas gerieft; Stiel weiß, mit sehr vergänglichem Ring, Knolle schlank, anliegend bescheidet oder mit dünnem, stulpenartigem Randwulst (ähnlich Pantherpilz); Spp. inamyloid; Sp. elliptisch, 9,5–12 × 7–8,5 μ. **Vorkommen**: (V)VI–X; im Laub- und Nadelwald, besonders unter Kiefern, auf Sandboden; nicht häufig. **Anmerkung**: Eine wärmeliebende Art, die als einer der ersten Wulstlinge oft noch vor dem Perlpilz erscheint. **Verwechslung**: Gelber Knollenblätterpilz (leicht giftig, S. 16), Pantherpilz (stark giftig, Mitte), Scheidenstreiflinge (S. 26).

Giftverdächtig; Speisewert wird verschieden interpretiert.

Untergattung **Amanitopsis** – Scheidenstreiflinge

Hutrand deutlich gerieft; Stiel immer ringlos, Stielbasis einfach bis mehrfach bescheidet, Knolle meist schlank und tief im Boden steckend; keine ernsthaft giftigen Arten.

Fuchsiger Scheidenstreifling

Amanita fulva Singer

Merkmale: Hut 4–8 cm breit, fleisch- bis rotbraun, dünnfleischig, fast immer kahl, Rand bald kammartig gerieft; Stiel hohl, gebrechlich, weiß bis schwach fleischfarben, ringlos, meist kahl und ungenattert, Basis mit weißer, innen bräunlicher Scheide; Spp. inamyloid; Sp. rundlich, 8–12 μ. **Vorkommen**: VI–X; unter Laub- und Nadelbäumen, besonders Birken oder Kiefern, liebt Feuchtstellen auf saurem Untergrund; häufig. **Verwechslung**: Orangegelber Scheidenstreifling (Mitte).

Eßbar; muß gut erhitzt werden, doch ohne Aroma und deshalb, wie alle Scheidenstreiflinge, kaum zu empfehlen.

Orangegelber Scheidenstreifling

Amanita crocea (Quél.) Kühner & Romagn.

Merkmale: Hut 6–12 cm breit, meist leuchtend orangegelblich bis orangebräunlich, dünnfleischig, kahl, mit gerieftem Rand; Stiel hohl, wie der Hut gefärbt, genattert, Scheide innen und außen weiß; Spp. inamyloid; Sp. rundlich, 8–13 μ. **Anmerkung**: Das Fleisch von *A. crocea* färbt sich mit Phenol weinrot (bei *A. fulva* rotbraun). **Vorkommen**: VIII–X; unter Eichen; seltener als *A. fulva*. **Verwechslung**: Fuchsiger Scheidenstreifling (oben).

Eßbar, siehe oben.

Grauer Scheidenstreifling

Amanita vaginata (Bull.: Fr.) Quél.

Merkmale: Hut 4–8 cm breit, grau oder graubraun, dünnfleischig, meistens kahl, Rand deutlich gerieft; Stiel hohl, gebrechlich, reinweiß oder mit etwas Hutfarbe, kahl bis flockig-faserig, kaum genattert, Scheide weiß, selten mit grauem Anflug; Spp. inamyloid; Sp. rundlich, 8–12 μ. **Anmerkung**: Der Name »*vaginata*« war lange eine Sammelbezeichnung für alle Streiflinge mit hellen Stielen, deren elastische, aus Hyphen bestehende, weißliche Volva meist vollständig am Stielgrund zurückbleibt, also keine Reste am Hut hinterläßt. **Vorkommen**: VIII–X; im Laub- und Nadelwald, ohne besondere Bodenansprüche; lokal häufig. **Verwechslung**: Verfärbender und Grauhäutiger Scheidenstreifling (S. 28).

Eßbar, siehe oben.

Verfärbender Scheidenstreifling

Amanita battarrae Boud. Syn.: *A. umbrinolutea*

Merkmale: Hut 5–10 cm breit, gelbgrünlich bis olivbräunlich, bald vom Rande her konzentrisch ausblassend, später oft gänzlich umfärbend, dünnfleischig, meist ohne Velumreste, Rand deutlich gerieft; Stiel weiß oder mit etwas Hutfarbe, feinflockig bis schwach genattert, Scheide weißlich; Spp. inamyloid; Sp. rundlich bis leicht elliptisch, 11–15 × 10–13 µ. **Vorkommen**: VIII–X; im Nadelwald, besonders unter Fichten in mittleren Gebirgslagen, liebt saure Böden; lokal häufig. **Verwechslung**: Grüner Knollenblätterpilz (tödlich giftig, S. 18), Grauer Scheidenstreifling (S. 26), Riesen-Scheidenstreifling (Mitte).

Eßbar, siehe Fuchsiger Scheidenstreifling (S. 26).

Riesen-Scheidenstreifling RL 3

Amanita ceciliae (Berk. & Broome) Bas
Syn.: *A. inaurata, A. strangulata*

Merkmale: Hut 8–15(25) cm breit, olivocker oder grau- bis kastanienbraun, dünnfleischig, oft mit dicken grauen Hüllresten besetzt, Rand kräftig gerieft; Stiel weißlich bis blaß grau, im unteren Teil oft noch dunkler, flockig bis genattert, Basis mit zwei bis mehreren scheidenartigen, grauen Zonen (anderer Name: Doppeltbescheideter Scheidenstreifling); Spp. inamyloid; Sp. rundlich, 10–13 µ. **Anmerkung**: Die Velumhülle ist bei dieser Art vorwiegend aus kugeligen Zellen aufgebaut; sie ist daher brüchig und bleibt häufig auf dem Hut zurück. **Vorkommen**: VII–X; im Laubwald, unter Buchen und Eichen, besonders auf Kalk-, Lehm- und Tonböden; relativ selten. **Verwechslung**: Verfärbender Scheidenstreifling (oben), Grauhäutiger Scheidenstreifling (unten).

Eßbar, siehe Fuchsiger Scheidenstreifling (S. 26).

Grauhäutiger Scheidenstreifling

Amanita submembranacea (Bon) Gröger

Merkmale: Hut 5–12 cm breit, braun, olivbraun oder grau, z. T. mit grauweißlichen Hüllresten, Rand deutlich gerieft; Stiel etwas blasser als der Hut, doch nicht reinweiß, mit genatterter Oberfläche, Basis mit weißlich-grauer, abstehender Scheide; Spp. inamyloid; Sp. rundlich, 9,5–11 µ. **Anmerkung**: In den nie reinweißen Velumresten befinden sich neben fädigen Hyphen immer auch etliche kugelförmige Elemente, wodurch sich die Art von *A. vaginata* unterscheidet. Das Velum ist daher brüchiger und bleibt eher auf dem Hut hängen. **Vorkommen**: VIII–X; im Gebirgs-Nadelwald, auf sauren Böden unter Fichten; lokal nicht selten. **Verwechslung**: Riesen-Scheidenstreifling (Mitte), Verfärbender Scheidenstreifling (oben), Grauer Scheidenstreifling (S. 26).

Eßbar, siehe Fuchsiger Scheidenstreifling (S. 26).

Gattung **Limacella** – Schleimschirmlinge
Fam. Amanitaceae

Hüte stets schmierig, kahl; Lamellen weiß bis cremefarben, frei; Stiele trocken bis schleimig, mit oder ohne Ring; Geruch und Geschmack meist mehlartig; Spp. weiß, inamyloid; Sp. rundlich bis elliptisch, glatt oder rauh, ohne Kp.; L-Tr. bilateral; Saprophyten.

Getropfter Schleimschirmling

Limacella guttata (Fr.) Konrad & Maubl. Syn.: *L. lenticularis*

Merkmale: Hut 4–10 cm breit, fleischig, weißlich, elfenbein- bis isabellfarben, Oberfläche jung bisweilen fein gerunzelt; Lamellen gedrängt stehend, mit feinschartiger Schneide; Stiel trocken, weiß, oft knollig, doch nie mit Hüllresten, feinflockig bis kahl, mit häutigem Ring; Geruch und Geschmack stark mehlartig; Sp. rundlich, glatt, 4,5–6 µ. **Anmerkung**: Gelegentlich befinden sich an Stielspitze und Ringoberseite Flüssigkeitstropfen, die dunkel eintrocknen (Name!). **Vorkommen**: VIII–X; im Laub- und Nadelwald, gern truppweise auf lockerem, humosem Boden; nicht häufig. **Verwechslung**: Seidiger Egerlingsschirmling (S. 36), Schwarzfleckiger Schmierschirmling (S. 48).

Schmieriger Schleimschirmling RL 3

Limacella glioderma (Fr.) Maire

Merkmale: Hut 2–5 cm breit, relativ dünnfleischig, rosafarben bis rotbräunlich; Stiel wie der Hut gefärbt, trocken, mit einer oder mehreren wollig-flockigen Ringzonen; Geruch und Geschmack mehlartig; Sp. rundlich, glatt, 4–5 µ. **Vorkommen**: VIII–X; meist im Laub-, seltener im Nadelwald, auch in Parkanlagen und Gärten; relativ selten. **Verwechslung**: Vgl. kleinere, z. T. giftige Schirmlinge (S. 42).

Eßbar, doch als Speisepilz wegen seiner Kleinheit und seines vereinzelten Wachstums nicht geeignet.

Glänzender Schleimschirmling

Limacella illinita (Fr.: Fr.) Murrill

Merkmale: Hut 3–8 cm breit, weißlich bis blaß graubräunlich (durch Schleimüberzug); Stiel wie der Hut gefärbt, ebenfalls deutlich schleimig, bei trockenem Wetter glänzend, ringlos, zerbrechlich; Geruch und Geschmack mehlartig, etwas parfümiert; Sp. kurzelliptisch, glatt, 5,5–6(7) × 4–5 µ. **Vorkommen**: VIII–X; vorwiegend im Nadelwald, liebt kalkhaltigen Boden; selten. **Verwechslung**: Beringter Schleimrübling (S. 104), Grubiger Wurzelrübling (S. 172), vgl. weißliche Schnecklinge (S. 120).

Eßbar; als Speisepilz kaum geeignet und wegen seiner Seltenheit schonenswert.

Gattung **Macrolepiota** – Riesenschirmlinge
Fam. Agaricaceae

Frkp. meist stattlich; Hüte trocken, geschuppt; Lamellen weißlich, frei, durch Ringwulst (Collar) vom Stiel getrennt; Stiele hohl, mit bald beweglichem Ring; Spp. weiß, dextrinoid; Sp. elliptisch, glatt, mit Kp.; L-Tr. regulär; Saprophyten.

Großer Riesenschirmling

Macrolepiota procera (Scop.: Fr.) Singer

Merkmale: Hut 10–30 cm breit, blaß bräunlich, Schuppen anliegend; Stiel genattert, Basis knollig, Ring dick, doppelt gerandet; Geruch und Geschmack angenehm nußartig; Sp. 14–19(24) × 9–12(16) μ (Abb. 18). **Anmerkung**: Junge Pilze sind typisch geschlossen (Paukenschlegelform); ausgewachsen erinnern sie an einen Sonnenschirm (anderer Name: Parasol). **Vorkommen**: VII–XI; an Waldrändern und Lichtungen, in Gärten, seltener auf Wiesen; häufig. **Verwechslung**: Safran-Schirmling (Mitte), Rickens Riesenschirmling (S. 34), Rauher Schirmling (S. 38).
Eßbar, vorzüglicher Speisepilz, zum Panieren und Ausbacken wie ein Schnitzel geeignet. Stiele sind zäh. Sehr selten wird der Parasol nicht vertragen (Übelkeit, Durchfall), dann ist diese Art zu meiden!

Safran-Riesenschirmling

Macrolepiota rhacodes (Vittad.) Singer

Merkmale: Hut 8–15 cm breit, mit mehr wolligen Schuppen; Lamellenschneide manchmal rotbräunlich; Stiel blaß, ungenattert, Ring doppelt gerandet; Fleisch safranrötlich anlaufend (anderer Name: Rötender Schirmling); Sp. 9–14(16) × 7–8(9) μ. **Vorkommen**: VIII–XI; im Nadel- und Mischwald, oft in Reihen und Hexenringen; häufig. **Verwechslung**: Großer Riesenschirmling (oben), Garten-Riesenschirmling (unten).
Eßbar, doch weniger schmackhaft als *M. procera*.

Garten-Riesenschirmling

Macrolepiota bohemica (Wichansky) Krieglst. & Pázmány
Syn.: *M. rhacodes* var. *hortensis*

Merkmale: Hut 10–18 cm breit, mittel- bis dunkelbraun, Randbereich schuppig-sternförmig aufbrechend; Stiel blaß, ungenattert, relativ gedrungen, mit dicker erdbehafteter Knolle, Ring doppelt gerandet; Fleisch langsam rotbräunlich anlaufend; Sp. 9–12,5(14) × 6–8(9) μ. **Vorkommen**: VIII–X; in Parkanlagen und Gärten, kompostreiche, fette Erde; nicht häufig. **Verwechslung**: Safran-Riesenschirmling (Mitte).
Eßbar, wird aber nicht von jedermann vertragen und hat schon Vergiftungsfälle verursacht (vorübergehende Übelkeit und Erbrechen). Vermutlich ist der Pilz leicht verderblich.

Rickens Riesenschirmling

Macrolepiota rickenii (Velen.) Bellù & Lanzoni
Syn.: *M. gracilenta*

Merkmale: Hut 5–12 cm breit, hell beige bis blaß braun, Huthaut gewöhnlich sternförmig aufbrechend, schließlich nur noch am Scheitel vorhanden, Untergrund blasser, fein körnig-schuppig; Stiel blaß holzbräunlich, glatt bis schwach genattert, knollig, Ring doppelt gerandet; Geschmack angenehm nußartig (wie beim Parasol); Sp. 13–17(21) × 9,5–11 μ. **Anmerkung**: Der Pilz wirkt wie eine kleine Ausgabe des Parasol; unterscheidet sich aber durch abweichende Hutschuppung, anderen Ringansatz und meist glatten Stiel. **Vorkommen**: VIII–XI; im Laub- und Nadelwald, an Lichtungen, Wegen und Waldrändern; lokal häufig. **Verwechslung**: Großer Riesenschirmling (S. 32), Warzen-Riesenschirmling (Mitte).

Eßbar, ebenso schmackhaft und verwendbar wie der Große Riesenschirmling (siehe dort).

Warzen-Riesenschirmling

Macrolepiota mastoidea (Fr.) Singer Syn.: *M. umbonata*

Merkmale: Hut 8–12 cm breit, Huthaut hell- bis dunkelbraun, am Rande oft sternförmig aufbrechend, Untergrund heller, fein schorfig, Mitte mit typisch brustwarzenförmigem Buckel; Stiel wie der Hut gefärbt, fast glatt bis fein genattert, Ring dünnhäutig und trichterförmig aufsteigend; Sp. 13–16(18) × 7–9,5(11) μ. **Vorkommen**: VIII–X; im Laub- und (seltener) Nadelwald, an lichten Stellen (Waldränder, Wege usw.), liebt anscheinend Kalkböden, ist aber nicht auf diese beschränkt; lokal häufig. **Verwechslung**: Großer Riesenschirmling (S. 32), Rickens Riesenschirmling (oben), Acker-Riesenschirmling (unten).

Eßbar, kann wie der Große Riesenschirmling verwendet werden (siehe dort).

Acker-Riesenschirmling

Macrolepiota excoriata (Schaeff.: Fr.) Wasser

Merkmale: Hut 5–12 cm breit, weißlich bis blaß ockerbräunlich, zunächst gänzlich von der Huthaut überzogen und glatt, dann vom Rand her schuppig auflösend, ohne brustwarzenförmigen Buckel; Stiel im Verhältnis zur Hutbreite relativ kurz, reinweiß bis blaß holzfarben, nie genattert, kahl, Knolle oft abrupt abgesetzt, Ring dünn, schmal, hängend angeordnet, vergänglich; Sp. 12–14(16) × 8–9,5(11) μ. **Anmerkung**: Der Acker-Riesenschirmling ist oft sehr hell gefärbt; reinweiße Exemplare sind nicht selten. **Vorkommen**: VIII–X; unter Gebüsch, auf Wiesen und Äckern, liebt sandige Böden; nicht häufig. **Verwechslung**: Warzen-Riesenschirmling (Mitte), Egerlingsschirmlinge (S. 36).

Eßbar, mit Ausnahme des zähen Stieles.

Gattung **Leucoagaricus** – Egerlingsschirmlinge
Fam. Agaricaceae

Hüte trocken, oft hellfarbig; Lamellen weiß, cremefarben bis rosa, frei, z. T. mit Collar; Stiele beringt; Spp. weiß; Sp. elliptisch, glatt, mit kleinem Kp.; L-Tr. regulär; Saprophyten.

Seidiger Egerlingsschirmling

Leucoagaricus holosericeus (Fr.) M. M. Moser

Merkmale: Hut 4–8 cm breit, lange reinweiß, Scheitel oft etwas gelblich-fleischfarben, Huthaut gänzlich kahl bis fein schorfig; Lamellen weiß, nicht verfärbend, mit feinem Collar; Stiel weiß, zylindrisch oder keulig-knollig, Ring schmal; Sp. 7–9 × 5–6 μ (Abb. 19). **Anmerkung**: Der frische Pilz gilbt an berührten Stellen; im Alter färbt er sich etwas grau; wirkt wie ein Champignon mit weißen Lamellen! **Vorkommen**: VI–XI; in Gärten und Parkanlagen, Gebüsch, grasige, offene Standorte, Mittelstreifen, Ruderalstellen; in manchen Jahren nicht selten. **Verwechslung**: Weißer Knollenblätterpilz (tödlich giftig, S. 18), Rosablättriger Egerlingsschirmling (Mitte), Champignons (S. 60).

Rosablättriger Egerlingsschirmling

Leucoagaricus leucothites (Vittad.) Wasser
Syn.: *L. pudicus, L. naucinus*

Merkmale: Hut 5–10 cm breit, weiß, Scheitel etwas bräunlich, kahl; Lamellen zuerst weiß, dann deutlich rosa; Stiel weiß, schlank-keulig, mit häutigem Ring; Spp. erst weiß, später rosa!; Sp. 8–10 × 5–6 μ. **Vorkommen**: VI–XI; an offenen Standorten in Gärten und Parkanlagen, Wiesen, auch in Gewächshäusern; zerstreut, stellenweise häufiger. **Verwechslung**: Weißer (S. 18) und Kegelhütiger Knollenblätterpilz (tödlich giftig, S. 20), Seidiger Egerlingsschirmling (oben), Champignons (S. 60).

Büscheliger Egerlingsschirmling

Leucoagaricus bresadolae (Schulzer) Bon & Boiffard

Merkmale: Hut 6–12 cm breit, mit rotbraunen Schuppen auf weißlichem Grunde, dünnfleischig, Rand kammartig gerieft; Lamellen cremegelblich; Stiel spindelförmig, blaß, kahl oder unterhalb des schmalen, dicklichen Ringes feinschuppig; Fleisch erst gilbend, dann weinrot anlaufend; Sp. 8,5–10,5 × 6–7 μ. **Anmerkung**: Die büschelig verwachsenen Stielbasen sind oft gelb, daher der andere Name: Gelbfüßiger Egerlingsschirmling. **Vorkommen**: VII–IX; in Gärten, Parks und Anlagen, auf Kompost, Sägemehl oder Rindenmulch; selten. **Verwechslung**: Riesenschirmlinge (S. 32).

Der Speisewert ist umstritten. Die meisten Autoren halten die Art jedoch für eßbar.

Gattung **Lepiota** – Schirmlinge
Fam. Agaricaceae

Hüte schuppig, flockig bis wollig; Lamellen weiß oder hellfarbig, frei; Stiele häutig beringt (Ring unbeweglich) oder mit bunten Gürtelzonen; Spp. weiß, dextrinoid; Sp. elliptisch (Abb. 20), spindelförmig (Abb. 21) oder gespornt (Abb. 22), glatt, ohne Kp.; L-Tr. regulär; Saprophyten. Einige Arten tödlich giftig! (Vgl. *Cystoderma*, S. 116).

Rauher Schirmling

Lepiota aspera (Pers.: Fr.) Quél.
Syn.: *L. friesii*, *L. acutesquamosa* var. *furcata*

Merkmale: Hut 4–12 cm breit, fleischbräunlich, mit kegelförmig aufgerichteten, abwischbaren Schuppen; Lamellen sehr dünn und gedrängt, stets einige gegabelt, Schneide feinschartig; Stiel fleischbräunlich, wollig, mit hängendem, unterseits wolligem Ring; Geruch etwas stechend, ähnlich Stink-Schirmling; Sp. länglich, 7,5–9 × 2,5–3,5 µ. **Vorkommen**: VIII–X; im Laub- und Nadelwald, in Parkanlagen und Gärten, auf humusreichem, lockerem Boden; lokal relativ häufig. **Verwechslung**: Riesenschirmlinge (S. 32), Igel-Schirmling (Mitte), Borstiger Schirmling *(L. calcicola)*.

Ungenießbar wegen seines unangenehmen Geruchs.

Igel-Schirmling

RL 3

Lepiota echinacea J. E. Lange

Merkmale: Hut 2,5–6 cm breit, fleischbräunlich, mit dunkleren, kurzstacheligen Schuppen; Lamellen nicht gegabelt; Stiel wie Hut gefärbt, stachelig-schuppig, mit schwach ausgebildeter Ringzone; Geruch unbedeutend; Sp. elliptisch, 4–5,5 × 2,5–3 µ. **Vorkommen**: VIII–X; in feuchten Laub- und Mischwäldern; selten. **Verwechslung**: Rauher Schirmling (oben), Borstiger Schirmling *(L. calcicola)*.

Stink-Schirmling

Lepiota cristata (Bolton: Fr.) P. Kumm.

Merkmale: Hut 2–5 cm breit, mit rotbrauner Deckschicht, die sich sehr bald in konzentrische Schüppchen auflöst (bis auf den Scheitel), Untergrund weiß; Lamellen mit schartiger Schneide; Stiel weiß bis fleischbräunlich, Ring häutig, trichterförmig aufsteigend (kann im Alter auch abfallen); Geruch unangenehm stechend-metallisch, ähnlich Kartoffelbovist oder Birnen-Stäubling; Sp. länglich, mit seitlichem Sporn, 6–8 × 2,5–3,5 µ. **Vorkommen**: V–X(XI); in Wäldern, Parkanlagen und Gärten, gern auf Wiesen; überall häufig. **Verwechslung**: Kastanienbrauner Schirmling (Mitte), andere z. T. sehr giftige Schirmlinge.

Ungenießbar durch seinen unangenehmen Geruch.

Kastanienbrauner Schirmling

Lepiota castanea Quél.

Merkmale: Hut 2–4 cm breit, heller oder dunkler rotbraun, Oberfläche bald in körnige Schüppchen aufgelöst, Untergrund weißlich; Lamellen erst weiß, dann fast gelbbräunlich, kaum gedrängt stehend; Stiel fleischfarben, mit flockiger Ringzone, darunter oft braunflockig gebändert; Geruch etwas süßlich; Sp. länglich, seitlich gespornt, 11–13 × 3,5–4,5 μ. **Vorkommen**: VIII–X; in Laub- und Mischwäldern, besonders auf lockerem, humosem Boden, meist vereinzelt wachsend; relativ selten, doch weit verbreitet. **Verwechslung**: Fleischbräunlicher Schirmling (tödlich giftig, S. 42), Fuchsbräunlicher Schirmling (Mitte), Haselbrauner Schirmling (S. 42), andere kleinere Schirmlinge.

Ungenießbar; Knollenblätterpilzgifte (Amatoxine, wie z. B. beim Fleischbräunlichen Schirmling) wurden bei dieser Art (nach Roth, Frank, Kormann: Giftpilze, Pilzgifte, 1990) nicht gefunden. Er wird in einigen Pilzbüchern jedoch als gefährlicher Giftpilz ausgewiesen.

Fuchsbräunlicher Schirmling

Lepiota boudierii Bres.
Syn.: *L. fulvella*

Merkmale: Hut 1,5–3(5) cm breit, gelb-, zimt- bis fuchsbräunlich, lange einheitlich von der Huthaut überzogen, mit dunkleren, anliegenden Faserschüppchen; Lamellen weiß, mit fein gekerbter Schneide, die manchmal gelblich gefärbt sein kann; Stiel blasser als der Hut, mit faseriger Ringzone, darunter mit dem Hut gleichfarbiger, faserschuppiger Überkleidung; Geruch unbedeutend; Sp. länglich, mit seitlichem Sporn, 7–9,5 × 3–4 μ. **Vorkommen**: VIII–X; in feuchten Wäldern mit lockerem, humosem Boden, gern unter Haselgebüsch; selten. **Verwechslung**: Kastanienbrauner Schirmling (oben), andere z. T. sehr giftige Schirmlinge.

Grauschuppiger Schirmling RL R

Lepiota pseudofelina J. E. Lange

Merkmale: Hut 1–2,5 cm breit, grau, graubraun bis schwärzlich, beim Aufschirmen allmählich in konzentrische Schüppchen auflösend, Untergrund weißlich; Lamellen schmutzig weißlich, gedrängt stehend; Stiel mit etwas Hutfarbe, doch heller, unterhalb der faserigen Ringzone durch schwärzliche Schüppchen gegürtelt; Geruch etwas stechend, erinnert an den des Stink-Schirmlings; Sp. länglich-elliptisch, z. T. mit seitlichem Sporn, 7–9(10) × 3,5–4 μ. **Vorkommen**: IX–X; in feuchten Laub- und Mischwäldern, Auwälder; selten. **Verwechslung**: Schwarzschuppiger Schirmling *(L. felina)*, mit elliptischen, ungespornten Sporen.

Bräunlicher Schirmling RL 3

Lepiota pseudohelveola Kühner ex Hora (Foto oben)

Merkmale: Hut 1,5–3(5) cm breit, fleischbräunlich, doch auch graubraun bis braun, mit feinen, am Scheitel etwas aufgerichteten Schüppchen; Lamellen reinweiß, mäßig gedrängt; Stiel fleischbräunlich, unterhalb des Ringes flockig überfasert, Ring schmal, häutig, an der Unterseite oft dunkler schuppig punktiert; Geruch schwach, angenehm; Sp. elliptisch, 7–10 × 4,5–5 μ. **Vorkommen**: IX–X; in humosen Laubwäldern, Auwälder; selten.

Fleischbräunlicher Schirmling RL 3 †

Lepiota brunneoincarnata Chodat & C. Martin (Mitte links)

Merkmale: Hut 2–5(7) cm breit, mit rosa- bis violettbraunen, körnigen Schüppchen auf hellerem Grunde; Lamellenschneide feinst gekerbt; Stiel fleischbräunlich, mit faseriger Ringzone, unterhalb dieser mit violettbraunen, zerrissenen Gürtelzonen; Fleisch etwas rötend; Geruch schwach obstartig; Sp. elliptisch, 6,5–9 × 3,5–4,5 μ. **Vorkommen**: VII–X; in feuchten Laubwäldern, auch an freien, grasigen Stellen; selten.
† Tödlich giftig; enthält Amatoxine, vgl. Grüner Knollenblätterpilz (S. 18).

Fleischrosa Schirmling †

Lepiota josserandii Bon & Boiffard (Foto Mitte rechts)
Syn.: *L. scobinella*

Merkmale: Hut 2–5 cm breit, rosa bis weinbräunlich, Huthaut bald etwas schuppig aufreißend; Lamellenschneide manchmal weinrosa; Stiel blaß, mit faseriger Ringzone, unterhalb gelegentlich mit rosabräunlichen Flöckchen; Geruch obstig-fruchtig; Sp. elliptisch, 6–8 × 3–4 μ. **Vorkommen**: VII–X; in Wäldern, Gärten, Parkanlagen und an Ruderalstellen, wärmeliebende Art; selten. **Verwechslung**: Mit häutigem Stielring: Fleischrötlicher Schirmling (*L. helveola,* tödlich giftig).
† Tödlich giftig, enthält Amatoxine (vgl. Grüner Knollenblätterpilz, S. 18).

Haselbrauner Schirmling

Lepiota kuehneri Huijsman (Foto unten)

Merkmale: Hut 1,5–5(7) cm breit, rosabraun, braunocker, meist aber schön haselbraun, Huthaut beim Aufschirmen bald in Schüppchen zerreißend, Untergrund reinweiß; Stiel blaß rosa bis bräunlich, mit wollig-faseriger Ringzone, unterhalb dieser mit unvollständigen braunen Gürtelzonen; Geruch angenehm, etwas süßlich; Sp. elliptisch, 6–7,5 × 3,5–4,5 μ. **Vorkommen**: VIII–X; besonders im Gebirgsnadelwald, unter Fichten; selten. **Verwechslung**: Kastanienbrauner Schirmling (S. 40).

Wolliggestiefelter Schirmling

Lepiota clypeolaria (Bull.: Fr.) P. Kumm.

Merkmale: Hut 3–8 cm breit, auf weißem Untergrund mit blaß ockerfarbigen bis braunen, feinverteilten Schüppchen, auch fast gänzlich weißlich bis cremefarben, Scheitel meist deutlicher gefärbt und nicht schuppig aufbrechend, Rand wollig-flockig; Stiel weiß, unterhalb des vergänglichen Ringes mit weißem, wolligem Velum überzogen; Geruch typisch säuerlich, etwas stechend; Sp. spindelförmig, 13–16 × 5,5–6,5 μ. **Vorkommen**: VIII–X; im Laub- und Nadelwald, ohne besondere Bodenansprüche; relativ häufig, doch nicht in jedem Jahr auftretend. **Anmerkung**: Die Art ist ziemlich veränderlich, doch stets an ihrem säuerlich-stechenden Geruch zu erkennen. Die ähnlich aussehenden Verwandten sind eher geruchlos. **Verwechslung**: Gelbflockiger Wollstiel-Schirmling (Mitte), Beschuhter Schirmling (S. 46), Weißer Wollstiel-Schirmling (unten), Stink-Schirmling (S. 38).

Gelbflockiger Wollstiel-Schirmling

Lepiota magnispora Murrill
Syn.: *L. ventriosospora*

Merkmale: Hut 3–8 cm breit, auf weißlichem bis gelblichem Untergrund mit zimt-, orange- oder rotbraunen Schüppchen, Huthaut am Scheitel zusammenhängend und dadurch einfarbig dunkler bleibend, Rand wollig-flockig behangen; Stiel blaß fleischfarben, mit schwacher, wollig-faseriger Ringzone, unterhalb dieser durch gelbliches Velum wollig; Geruch angenehm pilzartig, selten schwach an den Stink-Schirmling erinnernd; Sp. länglich-spindelig, (12)14–18 × 4–5,5 μ. **Vorkommen**: VIII–X; im Laub- und Nadelwald, ohne besondere Bodenansprüche; relativ häufig. **Anmerkung**: Die Art ist vom nahe verwandten Wolliggestiefelten Schirmling durch das gelbwollige Velum zu unterscheiden. **Verwechslung**: Wolliggestiefelter Schirmling (oben), Beschuhter Schirmling (S. 46).

Weißer Wollstiel-Schirmling RL 2

Lepiota alba (Bres.) Sacc.

Merkmale: Hut 2–5 cm breit, reinweiß, anfangs mit feinen Haarschüppchen, bald kahl und nur am Rande mit Schüppchen oder Flöckchen bedeckt, Scheitel gelblich bis blaß ockerfarbig; Stiel weiß, mit faseriger Ringzone, unterhalb dieser vom Velum weißwollig überzogen; Geruch unbedeutend, im Alter manchmal schwach süßsäuerlich; Sp. elliptisch-spindelig, 10–14 × 5,5–7 μ. **Vorkommen**: VIII–IX; an lichten Waldstellen, Wegrändern, grasigen Standorten; selten. **Verwechslung**: Wolliggestiefelter Schirmling (oben), Beschuhter Schirmling (S. 46).

Beschuhter Schirmling

Lepiota ignivolvata Bousset & Joss.

Merkmale: Hut 5–10(13) cm breit, mit rot- bis dunkelbraunen Schüppchen auf weißem Untergrund, Scheitel dunkler bleibend; Stiel zylindrisch bis schlank-keulig, weiß, unterhalb der faserigen Ringzone mit unvollständigen, kantigen Velumgürteln von der Farbe des Hutes, Stielbasis färbt sich beim Berühren rosabräunlich bis feuerfarben (daher auch der Name: Feurigbescheideter Schirmling); Geruch schwach süßsäuerlich, im Anschnitt etwas nach Stink-Schirmling; Sp. länglich-elliptisch, 9–11 × 5,5–6 μ. **Anmerkung**: Die charakteristische Verfärbung der Stielbasis tritt nicht immer deutlich auf; gelegentlich nimmt man sie erst nach dem Trocknen wahr. **Vorkommen**: VIII–X; im Laub- und Nadelwald, besonders auf kalkhaltigem Boden; zerstreut auftretend, mancherorts fehlend. **Verwechslung**: Wolliggestiefelter Schirmling (S. 44), Gelbflockiger Wollstiel-Schirmling (S. 44), Weißer Wollstiel-Schirmling (S. 44).

Gattung **Cystolepiota** – Mehlschirmlinge
Fam. Agaricaceae

Merkmale wie bei *Lepiota*, doch Hüte durch einen zelligen Belag wie mehlig bestäubt aussehend. Der Hutbelag ist abwischbar bzw. kann durch starken Regen abgewaschen sein; Spp. weiß, dextrinoid; Sp. elliptisch, glatt, ohne Kp.; L-Tr. regulär; Saprophyten.

Violetter Mehlschirmling

Cystolepiota bucknallii (Berk. & Broome) Singer & Clémençon

Merkmale: Hut 1–3 cm breit, blaß lila bis violett, alt verblassend, Oberfläche mehlig-körnig; Stiel wie Hut gefärbt, mehlig, mit flüchtiger Ringzone; Geruch stark nach Leuchtgas oder Skatol (anderer Name: Stinkender Mehlschirmling); Sp. länglich, 7,5–9 × 3–3,5 μ. **Vorkommen**: VIII–X; im Laub- und Mischwald, besonders auf kalkhaltigen Böden; relativ selten. **Anmerkung**: Die schön gefärbte Art besitzt den gleichen auffälligen Geruch wie der Schwefel-Ritterling (S. 76).

Weißer Mehlschirmling

Cystolepiota sistrata (Fr.) Singer Syn.: *Lepiota seminuda*

Merkmale: Hut 0,5–1,5(2,5) cm breit, weiß, Hutmitte zart fleischrosa, alt stärker fleischfarben, mehlig-körnig, Rand jung flockig; Stiel hell fleischrosa, zur Basis meist dunkler, mehligkörnig wie der Hut; Geruch würzig pilzartig; Sp. elliptisch, 3,5–4,5 × 2–2,5 μ. **Vorkommen**: VIII–X; feuchte Wälder, moosige Wegränder, Auwälder; häufig.

Seidiger Schirmling

Sericeomyces sericatus (Kühner & Romagn.) Heinem.
Syn.: *Lepiota sericifera* (Fam. Agaricaceae)

Merkmale: Hut 1–4 cm breit, weiß, Scheitel gelblich bis bräunlich, Huthaut wirkt seidig-faserig; Stiel weiß, schlank-keulenförmig, hohl, sehr zerbrechlich, mit zartem, trichterförmig aufsteigendem Ring; Geruch schwach süßlich-rettichartig; Spp. weiß, dextrinoid; Sp. elliptisch, 6,5–10,5 × 3,5–4,5 μ, ohne Kp.; L-Tr. regulär. **Vorkommen**: IX–XI; feuchte Laubwälder, Auwälder; relativ selten; Saprophyt. **Anmerkung**: *Sericeomyces* unterscheidet sich von *Lepiota* äußerlich durch die seidige Huthaut. Weitere differenzierende Merkmale (Zystiden, fehlende Schnallen) sind nur im Mikroskop erkennbar.

Gelber Faltenschirmling

Leucocoprinus birnbaumii (Corda) Singer (Fam. Agaricaceae)

Merkmale: Hut 1–5(8) cm breit, leuchtend zitronen- bis goldgelb, sehr dünnfleischig, mit gleichfarbigen oder dunkleren konzentrischen Schüppchen, Rand gefaltet-gerieft; Lamellen gelblich; Stiel wie der Hut gefärbt, sehr gebrechlich, mit dünnem, aufsteigendem Ring; Spp. weiß, inamyloid; Sp. elliptisch, glatt, 8–11 × 5–7 μ, mit Kp.; L-Tr. regulär. **Vorkommen**: Ganzjährig; in Gewächshäusern, Blumentöpfen, Pflanzenkübeln, Pilzkulturen, nicht im Freiland; häufig; Saprophyt. **Anmerkung**: *Leucocoprinus* ist äußerlich von *Lepiota* durch den gefalteten Hutrand unterschieden, der an die Tintlinge erinnert. Der Gelbe Faltenschirmling wird häufig mit der Blumenerde eingeschleppt und ernährt sich von Humusstoffen. Er schadet aber weder den Pflanzen noch ist er giftig. Nach einiger Zeit verschwinden die Pilze von allein, um im nächsten Jahr zur selben Zeit wieder zu erscheinen. Verwechslungen sind wegen der leuchtenden Farbe nahezu ausgeschlossen.

Schwarzfleckiger Schmierschirmling RL 3

Chamaemyces fracidus (Fr.) Donk (Fam. Agaricaceae)

Merkmale: Hut 3–8 cm breit, elfenbeinfarben bis blaß ocker, oft dunkler gefeckt, fleischig, Huthaut schmierig-klebrig; Lamellen blaß cremefarben, engstehend; Stiel unter der spärlichen Ringzone durch braunschuppigen, schorfigen Überzug wie bestrumpft; Spp. weiß, inamyloid; Sp. elliptisch, 4–5 × 2–3 μ, ohne Kp.; L-Tr. regulär. **Vorkommen**: VII–X; vorwiegend in Laubwäldern, am Boden und auf stark vermulmtem Holz, besonders auf kalkhaltigen Böden; relativ selten; Saprophyt. **Anmerkung**: Die Gattung *Chamaemyces* ist einerseits mit den Schirmlingen *(Lepiota)*, andererseits mit den Schleimschirmlingen *(Limacella)* verwandt und stellt vielleicht ein Bindeglied zwischen beiden Gattungen dar. **Verwechslung**: Vgl. Schleimschirmlinge (S. 30).

Gattung **Volvariella** – Scheidlinge
Fam. Pluteaceae

Hüte schmierig oder trocken, meist kahl; Lamellen anfangs farblos, bei Reife rötlich, frei; Stiele vollfleischig, ringlos, Basis mit häutiger Scheide; Spp. lachsrosa; Sp. elliptisch bis eiförmig, glatt, ohne Kp.; L-Tr. invers; Saprophyten, selten Parasiten.

Großer Scheidling

Volvariella gloiocephala (DC.: Fr.) Boekhout & Enderle
Syn.: *V. speciosa*

Merkmale: Hut 5–12(15) cm breit, elfenbeinweiß, grauweißlich bis graurußig, Huthaut kahl, selten mit weißen Hüllresten, bei feuchter Witterung klebrig-schmierig; Stiel schmutzig weißlich, Basis mit häutiger, weißer Scheide; Geruch und Geschmack rettichartig; Sp. 12–16 × 7–9 µ. **Vorkommen**: V–X; auf Äckern, in Gärten und Parkanlagen, auf gedüngten Böden; lokal häufig; Saprophyt. **Verwechslung**: Kegelhütiger Knollenblätterpilz (tödlich giftig, S. 20), Scheidenstreiflinge (S. 26), Schwarzstreifiger Scheidling (Mitte), Wolliger Scheidling (unten).
Eßbar; doch wegen der Verwechslungsgefahr mit giftigen Knollenblätterpilzen nur von Kennern zu sammeln.

Schwarzstreifiger Scheidling

Volvariella volvacea (Bull.: Fr.) Singer

Merkmale: Hut 3–8 cm breit, dunkelbraun bis grauschwarz, Huthaut trocken, beim Aufschirmen fein radialfaserig; Stiel weiß, am Grunde mit graubrauner, filziger Scheide; Geruch schwach nach Pelargonienblättern; Sp. 6–10 × 4–6 µ. **Vorkommen**: VII–IX; in Wäldern, am Boden oder auf sehr morschem Holz, Kompostplätze, Mistbeete, Treibhäuser; in freier Natur selten; Saprophyt. **Verwechslung**: Graue Formen des Großen Scheidlings (oben).
Guter Speisepilz, wird in Ostasien auf Reisstroh kultiviert, ist sehr beliebt und kommt als junger, geschlossener Pilz auch in europäische China-Restaurants oder Asien-Shops.

Wolliger Scheidling

Volvariella bombycina (Schaeff.: Fr.) Singer

Merkmale: Hut 10–20 cm breit, meist weiß, seltener blaß strohgelblich (var. *flaviceps*), trotz der Größe ziemlich dünnfleischig, Huthaut fein wollig-filzig, trocken; Stiel weiß, fein flaumig, mit großer, derber, bräunlicher, fleckiger Scheide; Geruch neutral bis leicht rettichartig; Sp. 7–10 × 5–6 µ. **Vorkommen**: VI–X; an totem und lebendem Laubholz, besonders Weichhölzer (Pappel, Linde, Birke), auch auf Sägemehl und an Bauholz; relativ selten; Parasit und Saprophyt. **Verwechslung**: Großer Scheidling (oben).

Mausgrauer Scheidling

Volvariella murinella (Quél.) M. M. Moser

Merkmale: 2–5 cm breit, zart grau, mausgrau, am Scheitel etwas dunkler, Oberfläche fein überfasert, trocken, dünnfleischig; Stiel weiß, fein flaumig, an der Basis mit feinfilziger, meist dreilappiger, weißlicher bis blaß grau gefärbter Scheide; Geruch schwach nach Pelargonien (Balkongeranien); Sp. 6–8 × 3,5–5 µ. **Vorkommen**: VII–IX; an lichten Waldstellen, Wegrändern, auch auf Brandstellen, am Boden oder auf kleinen Holzstückchen; zerstreut auftretend; Saprophyt. **Verwechslung**: Kleinster Scheidling (Mitte), Nadeln-Scheidling *(V. hypopithys)* und andere Scheidlinge.

■ Vermutlich ungiftig; kommt jedoch wegen seiner Seltenheit und Kleinheit nicht als Speisepilz in Frage.

Kleinster Scheidling

Volvariella pusilla (Pers.: Fr.) Singer Syn.: *V. parvula*

Merkmale: Hut 1–3 cm breit, weiß, fein seidig-faserig, dünnfleischig, Huthaut nur jung schwach klebrig, bald trocken; Stiel weiß, kahl, höchstens an der Basis etwas flaumig, Basis mit weißlicher bis graubräunlicher Scheide (var. *taylori*); Geruch schwach nach geriebenen Pelargonienblättern oder geruchlos; Sp. 5,5–7 × 4,5–5,5 µ. **Vorkommen**: VI–IX; meist außerhalb des Waldes, an Wegrändern, in Parks und Gärten, auf gedüngten Kulturwiesen; relativ selten; Saprophyt. **Verwechslung**: Mausgrauer Scheidling (oben), Nadeln-Scheidling *(V. hypopithys)*.

■ Vermutlich ungiftig (siehe oben).

Parasitischer Scheidling RL R

Volvariella surrecta (J. A. Knapp) Singer Syn.: *V. loveana*

Merkmale: Hut 2–6 cm breit, schmutzig weißlich, dünnfleischig, Huthaut jung feinfilzig, dann seidig-faserig, Rand etwas zottig, trocken; Stiel weißlich, fein flaumig, oft verbogen (Standortanpassung), Basis mit weißer Scheide; Geruch neutral, nicht pelargonienartig; Sp. 5–7-x 3–5 µ. **Vorkommen**: IX–XI, besonders im Spätherbst; auf größeren, deformierten Blätterpilzen, vor allem dem Nebelgrauen Röteltrichterling (Foto!); selten; Parasit. **Verwechslung**: Bei Beachtung des ungewöhnlichen Standortes ausgeschlossen. **Anmerkung**: Durch den Befall mit dem Parasitischen Scheidling verformen sich die Fruchtkörper des Wirtes, faulen aber nicht schneller als sonst; die Lamellen verkrüppeln und bleiben steril. Der Parasitische Scheidling erscheint ziemlich standorttreu, doch nicht in jedem Jahr. Er benötigt anscheinend eine länger anhaltende, milde Spätherbstwitterung.

■ Vermutlich ungiftig; wegen ihrer Seltenheit ist die Art zu schonen.

Gattung **Pluteus** – Dachpilze
Fam. Pluteaceae

Hüte oft dachartig abgeflacht; Lamellen lange blaß, bei Reife rötlich, frei; Stiele vollfleischig, ohne Ring und Scheide; Spp. lachsrosa; Sp. breit-elliptisch, glatt, ohne Kp.; Huthaut hyphig oder zellig; L-Tr. invers; oft mit typischen Zystiden; holzbewohnende Saprophyten (vgl. Rötlinge, S. 228).

Rehbrauner Dachpilz

Pluteus cervinus (Schaeff.) P. Kumm. Syn.: *P. atricapillus*

Merkmale: Hut 4–12(15) cm breit, gelb-, kastanien- bis rußbraun, seidig schimmernd oder zartflockig, feucht etwas klebrig; Stiel schmutzig weißlich, oft teilweise mit dunklerer Faserung oder Netzzeichnung; Geruch und Geschmack etwas rettichartig; Sp. 6–8 × 4,5–5,5 µ (Abb. 23); Lamellen mit Hakenzystiden (Abb. 24); Huthaut hyphig. **Vorkommen**: V–XI; auf abgestorbenem Laub-, selten Nadelholz, auf Stümpfen und dickeren Ästen, Sägemehl; häufigster Dachpilz, der auch bei Trockenheit wächst. **Verwechslung**: Schwarzschneidiger Dachpilz (Mitte), Seidiger Dachpilz (unten), Grauer Dachpilz (giftig, S. 56).
Eßbar, doch geschmacklich kaum empfehlenswert.

Schwarzschneidiger Dachpilz

Pluteus nigrofloccosus (R. Schulz) J. Favre
Syn.: *P. atromarginatus*

Merkmale: Hut 4–10 cm breit, dunkelbraun, schwarzbraun; Lamellen mit auffallend schwarzbrauner Schneide (durch gefärbte Zystiden); Stiel blasser als der Hut, bräunlich überfasert; Geruch neutral, unbedeutend; Sp. 6–7,5 × 4,5–6 µ; Lamellen mit Hakenzystiden; Huthaut hyphig. **Vorkommen**: VIII–X; an totem Nadelholz, besonders Kiefer; zerstreut auftretend, lokal häufiger. **Verwechslung**: Rehbrauner Dachpilz (oben), Schwarzflockiger Dachpilz *(P. umbrosus)*.

Seidiger Dachpilz

Pluteus petasatus (Fr.) Gillet Syn.: *P. curtisii, P. patricius*

Merkmale: Hut 3–8(15) cm breit, weiß, elfenbein- oder cremefarben, Scheitel mit dunkleren, zarten Faserschüppchen, bei Trockenheit auch ganzer Hut sparrig schuppig; Stiel weiß, längsfaserig, gelegentlich mit braunem Basisfilz; Geruch neutral, beim Vergehen unangenehm süßlich; Sp. 5,5–8,5 × 4,5–6 µ; Lamellen mit Hakenzystiden; Huthaut hyphig. **Vorkommen**: V–VIII, selten später; an Stümpfen und liegenden Laubholzstämmen (besonders Birke, Linde, Roßkastanie), auch auf Sägespänen; zerstreut vorkommend. **Verwechslung**: Helle Formen des Rehbraunen Dachpilzes (oben), Grauscheiteliger Dachpilz (S. 56).

Grauscheiteliger Dachpilz

Pluteus pseudorobertii M. M. Moser & Stangl

Merkmale: Hut 3–5 cm breit, weißlich, mit graubräunlichem bis schwärzlichem, geschupptem Scheitel, dünnfleischig, Hutrand etwas durchscheinend gerieft; Stiel weißlich, schlank, Basis manchmal olivgrau; Geruch unbedeutend; Sp. 7–8(10) × 5–6,5 μ; Lamellen mit relativ dünnwandigen Hakenzystiden; Huthaut hyphig. **Vorkommen**: IX–X; an Laubholzstrünken, besonders Rotbuche; sehr selten. **Verwechslung**: Seidiger Dachpilz (S. 54), Weißlicher Dachpilz (S. 58), Weißer Dachpilz *(P. pellitus)*. **Anmerkung**: Einige Dachpilze sind schwierig zu bestimmen. Mikroskopische Untersuchungen sind für ein sicheres Erkennen der Art unerläßlich.

Der Speisewert ist wegen der Seltenheit unbekannt. Vermutlich ist die Art ungiftig.

Grauer Dachpilz

Pluteus salicinus (Pers.: Fr.) P. Kumm.

Merkmale: Hut 3–7 cm breit, blaßgrau, graugrünlich bis graubläulich, Huthaut seidig bis feinschuppig, gelegentlich radialstreifig; Stiel weißlich, mit grünlichem bis bläulichem Schein, oft fein überfasert; Geruch kaum auffällig; Sp. 7–9(10) × 5–6,5 μ; Lamellen mit Hakenzystiden; Huthaut hyphig. **Vorkommen**: VIII–X; auf abgestorbenem Laubholz, besonders Weide, Erle, Buche; lokal häufiger. **Verwechslung**: Rehbrauner Dachpilz (S. 54). **Anmerkung**: Die typischen (doch nicht immer vorhandenen) blaugrünlichen Verfärbungen (anderer Name: Graugrüner Dachpilz) deuten auf einen gewissen Gehalt des Rauschgiftes Psilocybin, welches auch in einigen Kahlköpfen und Düngerlingen vorkommt.

Schwach giftig; enthält Psilocybin in unterschiedlicher Menge, welches Bewußtseinstrübungen und rauschähnliche Zustände hervorrufen kann.

Flaumiger Dachpilz

Pluteus ephebeus (Fr.: Fr.) Gillet Syn.: *P. pearsonii*

Merkmale: Hut 3–5(7) cm breit, graubraun, sepiagrau, stets mit hohem Grauanteil (erinnert an den Grauen Erd-Ritterling), Huthaut filzig-faserig, gegen den Rand mehr schuppig aufgelöst; Stiel weißlich, durch feine, dunkelgraue Schüppchen flaumig (Name!); Geruch unauffällig; Sp. elliptisch bis eiförmig, 6–8 × 5,5–6,5 μ; Lamellen ohne Hakenzystiden; Huthaut aus Hyphen aufgebaut. **Vorkommen**: VIII–X; auf vergrabenen Holzresten im Boden, auf Sägemehl, Holzmulm, auf kalkhaltigen wie sandigen Böden; selten. **Verwechslung**: Andere Dachpilze; mit angewachsenen Lamellen: Rötlinge (S. 228), Erd-Ritterling (S. 88).

Speisewert unbekannt, vermutlich ungiftig.

Löwengelber Dachpilz

Pluteus leoninus (Schaeff.: Fr.) P. Kumm. (Foto oben)
Syn.: *P. luteomarginatus, P. sororiatus*

Merkmale: Hut 2–6 cm breit, löwen- bis goldgelb, Scheitel glatt bis schwach geadert, Oberfläche etwas flaumig, Rand fein gerieft; Lamellen jung weiß, mit goldgelber Schneide; Stiel weißgelblich, im unteren Teil bald ockerfarbig, längsriefig; Sp. elliptisch, 6–8 × 5–6,5 μ; Lamellen ohne Hakenzystiden; Huthaut aus Hyphen aufgebaut, diese teils mit gelblichem Inhalt. **Vorkommen**: VI–IX; auf vermoderndem Laub- und Nadelholz, z. B. Rotbuche, Birke; zerstreut. **Verwechslung**: Gelbstieliger Dachpilz (unten).

Eßbar, doch wegen seiner Kleinheit und seines vereinzelten Auftretens kein Speisepilz.

Weißlicher Dachpilz

Pluteus plautus (Weinm.) Gillet (Foto Mitte links)
Syn.: *P. depauperatus, P. semibulbosus, P. hiatulus*

Merkmale: Hut 1–4(6) cm breit, schmutzig weißlich, blaß horngrau oder bräunlich, sehr dünnfleischig, Scheitel oft geadert, Rand kammartig gerieft; Lamellen sehr breitflächig; Stiel weißlich, gänzlich bereift, Basis manchmal abrupt knollig; Sp. fast rundlich, 5,5–8 × 5,5–7 μ; Lamellen ohne Hakenzystiden; Huthaut hyphig. **Vorkommen**: VI–VIII; an totem Laubholz; zerstreut. **Verwechslung**: Andere Dachpilze, Helmlinge (S. 198).

Graustieliger Adern-Dachpilz

Pluteus thomsonii (Berk. & Broome) Dennis Syn.: *P. cinereus*

Merkmale: Hut 1–3,5 cm breit, dunkelbraun, graubräunlich, beim Trocknen deutlich ausblassend, Oberfläche aderig-netzig, samtig wirkend; Stiel grauweißlich, über die gesamte Länge fein bereift; Sp. fast rundlich, 5,5–7,5 × 4,5–6,5 μ; ohne Hakenzystiden, Cheilozystiden mit nadelförmiger Spitze (Abb. 25); Huthaut aus rundlichen Zellen aufgebaut. **Vorkommen**: VI–IX; auf stark zersetztem Totholz, am Boden an vergrabenen Holzstückchen; zerstreut. **Verwechslung**: Weißstieliger Adern-Dachpilz *(P. phlebophorus)*.

Gelbstieliger Dachpilz

Pluteus romellii (Britzelm.) Sacc. Syn.: *P. lutescens* (unten)

Merkmale: Hut 2–4(5) cm breit, gelbbraun bis rußbraun, Rand heller und durchscheinend gerieft, Oberfläche oft geadert, feinsamtig wirkend; Lamellen jung weiß bis zitronengelb; Stiel stets mit gelben Tönen, zitronen- bis chromgelb, längsfaserig; Sp. fast rundlich, 5,5–7,5 × 4,5–6,5 μ; ohne Hakenzystiden; Huthaut zellig. **Vorkommen**: VIII–X; auf abgestorbenem Laubholz; zerstreut. **Verwechslung**: Andere Dachpilze mit geaderten Hüten. Der gelbe Stiel ist das beste Kennzeichen.

Blutblättriger Zwerg-Schirmling

Melanophyllum haematospermum (Bull.: Fr.) Kreisel
Syn.: *M. echinatum* (Fam. Agaricaceae)

Merkmale: Hut 1–3,5 cm breit, dunkelbraun, Oberfläche mehlig-körnig, Rand behangen; Lamellen blutrot, frei; Stiel wie Hut mit körnigem Belag, darunter blutrot; Geruch etwas stechend, wie der Stink-Schirmling; Spp. grün, über Nacht rotbraun (!), dextrinoid; Sp. elliptisch, glatt, 4,5–6 × 3–3,5 μ, ohne Kp. **Anmerkung**: *Melanophyllum* erinnert an die Mehlschirmlinge, unterscheidet sich aber durch die farbigen Lamellen und grünes Sporenpulver. **Vorkommen**: VI–X; feuchte Wälder, Auwälder, stickstoffreiche, humose Böden; zerstreut. **Verwechslung**: Mehlschirmlinge (S. 46).

Gattung **Agaricus** – Champignons, Egerlinge
Fam. Agaricaceae

Hüte fleischig, kahl bis schuppig, trocken; Lamellen erst rosa, dann braun, frei; Stiele oft beringt; Spp. braun; Sp. rundlich bis elliptisch, glatt, ohne Kp.; L-Tr. regulär; Saprophyten.

Zucht-Champignon

Agaricus bisporus (J. E. Lange) Imbach Syn.: *A. hortensis*

Merkmale: Hut 4–10 cm breit, weiß, grauweißlich, bräunlich, Huthaut radialfaserig bis anliegend schuppig; Stiel weiß, mit oft dicklichem, gerade abstehendem bis aufsteigendem Ring; Fleisch schwach rötend; Geruch angenehm, unauffällig; Sp. 6–8 × 5–6 μ; Basidien stets 2-sporig (anderer Name: Zweisporiger Champignon). **Vorkommen**: V–IX; Äcker, Gärten, Parks, gedüngte Stellen, Komposthaufen, selten im Walde; im Freiland nicht häufig. **Verwechslung**: Stadt-Champignon (unten), Wiesen-Champignon (S. 62), Karbol-Champignon (giftig, S. 72).
Eßbar, einer der beliebtesten Speisepilze und der Kulturpilz schlechthin; kann auch roh genossen werden.

Stadt-Champignon

Agaricus bitorquis (Quél.) Sacc. Syn.: *A. edulis*

Merkmale: Hut 4–12 cm breit, weiß, mit abgeflachtem Scheitel; Stiel weiß, mit trichterförmig aufsteigendem Ring, fast wie bescheidet (anderer Name: Scheiden-Egerling), unterhalb mit weiteren Ringzonen; Fleisch fest, manchmal schwach rötend; Geruch angenehm, fast nußartig; Sp. rundlich, 4–6 × 4–5 μ. **Vorkommen**: V–IX; vorwiegend in Kulturlandschaften (in Städten, Gärten, Parks, auf Gehwegen), seltener im Walde; häufig. **Verwechslung**: Zucht-Champignon (Mitte).
Eßbar, sehr ergiebiger, festfleischiger Speisepilz; leider schon sehr früh madig.

Flockiger Champignon

Agaricus subfloccosus (J. E. Lange) Pilát

Merkmale: Hut 4–8 cm breit, grauweißlich, bald am Scheitel blaß bräunlich, Huthaut seidig, später auch breitschuppig aufbrechend, Randbereich mit blassen Velumflöckchen besetzt; Stiel blaß gefärbt, mit relativ dickem, ausdauerndem, aufsteigend angeheftetem Ring, Ringunterseite und Stiel unterhalb des Ringes oft feinflockig; Fleisch im Schnitt deutlich rötend, relativ festfleischig; Sp. kurz-elliptisch, 5–8 × 4–5 μ. **Vorkommen**: VI–X; im Nadelwald, besonders unter Fichten, auch in Schonungen und sogar Gewächshäusern; selten. **Verwechslung**: Zucht-Champignon (S. 60). **Anmerkung**: In Zweifelsfällen ist der Flockige Champignon vom Zucht-Champignon durch seine 4-sporigen Basidien zu unterscheiden (Mikroskop!).

Eßbar; ergiebiger, festfleischiger Speisepilz, dem Zucht-Champignon ebenbürtig.

Wiesen-Champignon, Feld-Egerling

Agaricus campestris L.: Fr.

Merkmale: Hut 3–8 cm breit, weiß, manchmal schwach gilbend, Oberfläche seidig, radialfaserig, auch etwas schuppig, Rand jung flockig; Lamellen jung schön rosa aufblühend; Stiel schlank, mit zugespitzter Basis, Ring schwach ausgebildet, vergänglich; Fleisch im Schnitt rosa anlaufend; Geruch angenehm pilzartig; Sp. eiförmig bis elliptisch, 7–10 × 5–6 μ. **Vorkommen**: V–X; auf gedüngten Wiesen, Feldern und Weiden, Pferdekoppeln, in Gärten; überall häufig. **Anmerkung**: Die Art bildet oft große Hexenringe. Sie ist recht veränderlich und erscheint in vielerlei Abwandlungen. **Verwechslung**: Karbol-Champignon (giftig, S. 72), Schaf-Champignon (S. 66), Zucht-Champignon (S. 60).

Eßbar, guter, sehr bekannter Speise- und Marktpilz.

Gedrungener Champignon RL 3

Agaricus spissicaulis F. H. Mœller

Merkmale: Hut 4–8 cm breit, weißlich, mit schwach gefärbter, gelblicher bis bräunlicher, anliegender Schuppung, Scheitel oft flachgedrückt; Stiel gedrungen, keulenförmig bis zugespitzt, Ring schmal, hängend angewachsen; Fleisch relativ fest, etwas rötend; Geruch neutral bis mandelartig; Sp. fast rundlich, 5–7 × 4–5,5 μ. **Vorkommen**: VI–IX; auf Wiesen, an grasigen Waldrändern, in Parkanlagen, in kleinen Gruppen unter Gebüsch; selten. **Anmerkung**: Die Art ist nicht leicht zu erkennen. Ein wichtiges Merkmal sind die mit Zystiden besetzten, unter einer Lupe weißflockig erscheinenden Lamellenschneiden. **Verwechslung**: Stadt-Champignon (S. 60), Wiesen-Champignon (Mitte).

Eßbar, guter, festfleischiger Speisepilz; sollte wegen seiner Seltenheit geschont werden.

Gegürtelter Champignon

Agaricus subperonatus (J. E. Lange) Singer

Merkmale: Hut 6–10(12) cm breit, schmutzig grauweißlich bis bräunlich, mit oft undeutlicher, anliegender, dunklerer, konzentrischer Beschuppung; Stiel zylindrisch, meist relativ lang, mit hängendem, anliegendem Ring, darunter im typischen Falle mit einer weiteren, gürtelartigen Ringzone oder mit schuppenartig zerrissenen Velumresten; Fleisch im Schnitt rosa anlaufend; Geruch neutral oder süßlich fruchtartig, nicht immer angenehm; Sp. kurz-elliptisch, 6–8(9) × 4,5–6 μ; Lamellenschneide mit Zystiden. **Vorkommen**: V–X; in Wäldern auf lockeren, humosen Böden (z. B. unter Pappeln), in Parkanlagen und Gärten; selten. **Anmerkung**: Die Art wächst bisweilen büschelig. **Verwechslung**: Formen des Zucht-Champignons (S. 60), wegen des anliegenden Ringes auch mit dem Kompost-Champignon *(A. vaporarius)*.

Eßbar; wegen seiner Seltenheit schonenswert.

Wald-Champignon

Agaricus silvaticus Schaeff.

Merkmale: Hut 4–8(10) cm breit, blaß bräunlich, mit dunkleren, konzentrischen, anliegenden Schuppen, auch fast glatt, wenig fleischig; Stiel blasser als der Hut, schlank, gänzlich feinflockig oder bepudert, mit hängendem, teils gefaltetem Ring; Fleisch mehr oder weniger stark rötend (anderer Name: Kleiner Blut-Egerling); Geruch neutral, angenehm; Sp. eiförmig, 4,5–6 × 3–4 μ. **Vorkommen**: VII–X; im Laub- und Nadelwald, besonders unter Fichten oder Buchen, auf sauren wie kalkhaltigen Böden; häufig. **Verwechslung**: Rebhuhn-Champignon (giftig, S. 72), Riesen-Champignon (S. 66), Breitschuppiger Champignon (unten), nur auf Kalkböden: Großer Wald-Champignon *(A. langei)*.

Eßbar, doch wegen seiner Dünnfleischigkeit wenig ergiebig.

Breitschuppiger Champignon

Agaricus lanipes (F. H. Mœller & Jul.Schäff.) Singer

Merkmale: Hut 4–10 cm breit, dunkel rotbraun, mit breiten, anliegenden Schuppen, den helleren Untergrund oft nicht entblößend, Scheitel niedergedrückt, relativ fleischig; Stiel blasser als der Hut, mit hängendem, oberseits längsfaltigem Ring, unterhalb dessen flockig-wollig (anderer Name: Wollfuß-Egerling) und gegen die oft knollige Basis dunkelschuppig; Fleisch im Längsschnitt rötend, in der Stielbasis gilbend; Geruch neutral, nur in Stielknolle mandelartig; Sp. elliptisch, 6–7 × 4–4,5 μ. **Vorkommen**: VIII–X; im Laub- und Nadelwald, besonders unter Buchen, Eichen oder Kiefern, auf sandigen Böden; lokal häufig. **Verwechslung**: Wald-Champignon (Mitte), nur auf Kalkböden: Großer Wald-Champignon *(A. langei)*.

Eßbar, guter Speisepilz, doch häufig madig.

Riesen-Champignon

Agaricus augustus Fr. Syn.: *A. perrarus*

Merkmale: Hut 10–25 cm breit, bald mit abgeflachtem Scheitel, auf hellerem Untergrund mit gelb- bis dunkelbraunen, anliegenden, dichtstehenden Schuppen; Lamellen jung blaß cremefarben bis graurosa; Stiel schlank, unterhalb des herabhängenden, breiten Ringes mit flockigen Schuppen; Fleisch berührt gilbend; Geruch anis- bis bittermandelartig; Sp. elliptisch bis eiförmig, 7–9 × 4,5–6 μ. **Vorkommen**: (VII)VIII–X; im Laub- und Nadelwald, an Waldrändern und Wegen, in Parkanlagen unter Gebüsch, auf Kalk- und Sandböden; zerstreut bis relativ häufig. **Verwechslung**: Rebhuhn-Champignon (giftig, S. 72), Wald-Champignon (S. 64), vgl. auch Großer Riesenschirmling (S. 32).
Eßbar, wegen seiner Größe recht ergiebig, im Alter etwas zähfleischig. Der Anisgeruch verliert sich bei der Zubereitung.

Schaf-Champignon

Agaricus arvensis Schaeff.

Merkmale: Hut 5–15 cm breit, weiß, jung mit abgeflachtem Scheitel, fleischig, Huthaut seidig bis rissig-faserig; Lamellen jung mit Grauton; Stiel weiß, zylindrisch oder knollig, mit hängendem, unterseits typisch zahnradartig aufspaltendem Ring; Fleisch auf Druck deutlich gilbend; Geruch anisartig (anderer Name: Weißer Anis-Egerling) oder nach »Vogelsand«; Sp. elliptisch, 6,5–8 × 4,5–5,5 μ. **Vorkommen**: V–X; meist außerhalb des Waldes, auf Äckern, Weiden und gedüngten Wiesen, in Parkanlagen und Gärten, gesellig bis büschelig; sehr häufig. **Verwechslung**: Karbol-Champignon (giftig, S. 72), Rissigschuppiger Champignon (unten), Dünnfleischiger und Schiefknolliger Anis-Champignon (S. 68).
Eßbar, guter Speisepilz. Die für nicht jedermann angenehme Aniskomponente verliert sich beim Zubereiten.

Rissigschuppiger Champignon

Agaricus fissuratus (F. H. Mœller) F. H. Mœller

Merkmale: Hut 5–10 cm breit, weißlich, strohgelb bis blaß bräunlich, Huthaut schon früh in feine Faserschüppchen auflösend; Lamellen jung mit Grauton, wie beim Schaf-Champignon; Stiel weiß oder blaß ocker, unterhalb des Ringes kahl bis grobflockig, Ring an der Unterseite sternförmig ausgezackt; Fleisch auf Druck gilbend, im Stiel auch safranfarben anlaufend; Geruch und Geschmack anisartig; Sp. elliptisch, 7–9 × 4,5–5,5 μ. **Vorkommen**: VIII–X; auf gedüngten Wiesen mit Schafen und Kühen in Küstennähe, gelegentlich auch im Binnenland; lokal verbreitet und selten. **Anmerkung**: Das Foto stammt von einer Küstenwiese der dänischen Insel Bornholm. **Verwechslung**: Schaf-Champignon (Mitte), andere Arten der *arvensis*-Gruppe.
Eßbar, Speisewert siehe Schaf-Champignon.

Schiefknolliger Anis-Champignon

Agaricus essettei Bon Syn.: *A. abruptibulbus*

Merkmale: Hut 6–12 cm breit, weiß, relativ fleischig, Form jung oft typisch kegelig-glockig, Oberfläche seidig bis feinfaserig oder sogar faserflockig; Lamellen jung mit Grauton; Stiel schlank, fein faserflockig, mit dünnhäutigem, hängendem Ring, Basis oft abrupt abgebogen und mit flacher, gerandeter Knolle versehen; Fleisch an berührten Stellen gilbend; Geruch anisartig; Sp. elliptisch, 6–7,5(8) × 4–5,5 μ. **Vorkommen**: VII–X; vorwiegend im Fichtenwald, doch auch unter Buchen, meist vereinzelt; relativ häufig. **Verwechslung**: Karbol-Champignon (giftig, S. 72), Dünnfleischiger Anis-Champignon (Mitte), Schaf-Champignon (S. 66), vgl. auch Kegelhütiger Knollenblätterpilz, mit bleibend weißen Lamellen (tödlich giftig, S. 20).

Eßbar, Speisewert wie Schaf-Champignon.

Dünnfleischiger Anis-Champignon

Agaricus silvicola (Vittad.) Sacc.

Merkmale: Hut 4–8(10) cm breit, weiß, im Alter mit grüngelblichem Ton, ziemlich dünnfleischig, schnell flach ausgebreitet, Huthaut völlig kahl bis feinseidig; Lamellen jung mit Grauton; Stiel weißlich, schlank, kahl, Basis gelegentlich flachknollig, doch nicht abgebogen, Ring dünnhäutig, hängend, einfach aufgebaut oder mit vergänglicher zweiter Schicht; Fleisch auf Druck gilbend oder grüngelblich verfärbend; Geruch und Geschmack anisartig; Sp. kurzelliptisch, 5–6,5 × 3,5–4 μ. **Vorkommen**: (VI)VIII–X; im Laub- und Nadelwald, anscheinend ohne besondere Bodenansprüche, meist einzeln stehend; relativ häufig. **Verwechslung**: Karbol-Champignon (giftig, S. 72), Schiefknolliger Anis-Champignon (oben), kleine Formen des Schaf-Champignon (S. 66).

Eßbar, doch wegen der Dünnfleischigkeit weniger ergiebig; Speisewert siehe Schaf-Champignon.

Großsporiger Champignon

Agaricus macrosporus (F. H. Mœller & Jul.Schäff.) Pilát

Merkmale: Hut 15–25(50!) cm breit, weiß, im Alter ledergelblich, fleischig, Oberfläche kahl bis feinflockig; Lamellen jung mit Grauton; Stiel weiß, mit feinflockiger Oberfläche, Ring hängend, unterseits zahnradartig oder flockig-schuppig; Fleisch nicht gilbend, im Stielbereich safranfarben anlaufend; Geruch anis- bis mandelartig; Sp. elliptisch, 8,5–12,5 × 5,5–6,5 μ. **Vorkommen**: VIII–X; an grasigen Stellen (Wiesen, Weiden), besonders in den Mittelgebirgen und Alpen; lokal verbreitet, relativ selten. **Anmerkung**: Der Großsporige Champignon ist der eigentliche Riese in seiner Gattung. Durch seine größeren Sporen ist er sicher vom nahe verwandten Schaf-Champignon zu trennen. **Verwechslung**: Schaf-Champignon (S. 66).

Eßbar, sehr ergiebig, doch schonenswert.

Weinrötlicher Zwerg-Champignon

Agaricus semotus Fr.

Merkmale: Hut 2–4 cm breit, dünnfleischig, auf weißlichem Untergrund mit spärlichen, gegen den Scheitel dichteren, weinrötlichen Faserschüppchen; Stiel blasser als der Hut, mit dünnem, schmalem Ring, Basis beim Berühren sofort ockergelblich; Fleisch gilbend oder gelborange anlaufend; Geruch anis- bis bittermandelartig; Sp. kurzelliptisch, 4–5(5,5) × 2,5–3,5 μ. **Vorkommen**: VII–IX; im Nadel- und Mischwald, besonders unter Fichten oder Kiefern, auch auf Kalkböden; relativ häufig. **Anmerkung**: Die Art wurde vom Autor in den Wintermonaten auf den Balearen unter Aleppokiefern gefunden (Kalkboden). Das Foto stammt aus Berlin (Sandboden). **Verwechslung**: Keulenfüßiger Zwerg-Champignon (Mitte), etwas größer: Purpurfaseriger Champignon *(A. porphyrizon)*.

Eßbar, wegen seiner Kleinheit für Speisezwecke ungeeignet.

Keulenfüßiger Zwerg-Champignon

Agaricus dulcidulus Schulzer

Merkmale: Hut 2–4,5 cm breit, weißlich wirkend, da nur mit spärlichen purpurbräunlichen Fasern oder Schüppchen besetzt, im Alter mehr gelblich bis ockerfarben, dünnfleischig; Stiel weißlich, schlank-keulenförmig, zumindest aber knollig, nahezu kahl, Ring zarthäutig, hängend; Fleisch gilbend, an der Stielbasis beim Berühren chromgelb anlaufend; Geruch schwach nach Anis, an der Stielbasis eher nach Bittermandeln; Sp. kurzelliptisch, 4–5,5 × 3,5–4 μ. **Vorkommen**: VI–X; besonders im Laubwald, meist einzeln auftretend; selten, lokal verbreitet. **Verwechslung**: Weinrötlicher Zwerg-Champignon (oben), Triften-Zwerg-Champignon (unten).

Eßbar, kein Speisepilz; selten und daher schonenswert.

Triften-Zwerg-Champignon

Agaricus comtulus Fr.

Merkmale: Hut 1,5–3(4) cm breit, weiß, später mit ockergelblichem oder fleischbräunlichem Scheitel, Oberfläche fein seidig, nie mit farbigen Schuppen besetzt, dünnfleischig; Lamellen jung kurzzeitig schön rosa »aufblühend«, bald aber graurosa, schließlich braun; Stiel weiß bis fleischfarben, zylindrisch, mit vergänglichem, hängendem Ring; Fleisch schwach oder nicht gilbend; Geruch besonders in der Stielbasis bittermandelartig; Sp. kurzelliptisch, 4,5–5,5 × 3–3,5 μ. **Anmerkung**: Dies ist der Zwerg in seiner artenreichen Gattung. Man glaubt erst einen Champignon vor sich zu haben, wenn man die braunen, freien Lamellen sieht. **Vorkommen**: VIII–X; stets außerhalb des Waldes, auf kurzgrasigen Kulturrasen, Triften, in kleinen Gruppen erscheinend; selten. **Verwechslung**: Wiesen-Champignon (S. 62), Krönchen-Träuschling (schwach giftig, S. 328).

Eßbar, als Speisepilz ungeeignet (siehe oben).

Karbol-Champignon

Agaricus xanthoderma Genev.

Merkmale: Hut 4–12(15) cm breit, kalkweiß, auch mit schmutzig erdgrauer Tönung (var. *griseus*, *terricolor*), Huthaut oft radial aufreißend, Scheitel oft typisch abgeflacht; Lamellen jung bisweilen kurz rosa »aufblühend«, meist aber nur graurosa; Stiel weiß, schlank, mit oder ohne flacher, abgesetzter Knolle, Ring hängend, unterseits mit typischer, umlaufender, scharfer Kante; Fleisch auf Druck gilbend, an Stielbasis gerieben chromgelb; Geruch nach Desinfektionsmittel (Karbol) oder nach Tinte; Geschmack widerlich; Sp. elliptisch, 5,5–6,5 × 3,5–4,5 µ. **Anmerkung**: Gelegentlich ist der typische Geruch nur schwach. Außerdem gehört zu dessen Erkennung etwas Übung. Letzte Möglichkeit zur Vermeidung einer Vergiftung ist lästiger Geruch aus dem Kochtopf. **Vorkommen**: V–X; in Laub- und Nadelwäldern, Parkanlagen, Gärten, auf Wiesen; häufig. **Verwechslung**: Schaf-Champignon (S. 66), Schiefknolliger und Dünnfleischiger Anis-Champignon (S. 68).

Giftig; erzeugt (wenn auch nicht bei allen Personen) heftige Verdauungsstörungen, verbunden mit Übelkeit und Erbrechen. Alkohol kann die Giftwirkung, die von der jeweiligen Verfassung der betroffenen Person abhängt, verstärken.

Perlhuhn-Champignon

Agaricus praeclaresquamosus A. E. Freeman
Syn.: *A. meleagris*

Merkmale: Hut 5–12 cm breit, auf hellerem Untergrund fein grau- bis schwarzgeschuppt (an ein Perlhuhngefieder erinnernd); alle anderen Merkmale, besonders der typische Karbolgeruch und das Gilben des Fleisches, besonders in der Stielknolle, entsprechen denen des gewöhnlichen weißen Karbol-Champignons. **Vorkommen**: VIII–X; im Laub- und Nadelwald, Parkanlagen; relativ selten.

Giftig, siehe Karbol-Champignon (oben).

Rebhuhn-Champignon RL R

Agaricus phaeolepidotus (F. H. Mœller) F. H. Mœller

Merkmale: Hut 5–10 cm breit, die braune Huthaut löst sich bald in feine, anliegende Schüppchen auf und entblößt den weißlichen Untergrund, Scheitel meist dunkler braun bleibend; Stiel weißlich, kahl, Basis mehr oder weniger knollig, Ring hängend, an der Unterseite braun gerandet, mit scharfer, umlaufender Kante (wie beim Karbol-Champignon); Fleisch gilbend, bisweilen schwach; Karbolgeruch ebenfalls oft relativ schwach; Sp. elliptisch, 5–6 × 3,5–4 µ. **Vorkommen**: VII–IX; im Laub- und Mischwald, in Parkanlagen unter Gebüsch; selten. **Verwechslung**: Fleisch rötend: Wald-Champignon (S. 64), Fleisch gilbend, mit Anisgeruch: Riesen-Champignon (S. 66).

Giftig, siehe Karbol-Champignon (oben).

Gattung **Tricholoma** – Ritterlinge
Fam. Tricholomataceae

Hüte trocken oder schmierig, kahl bis schuppig; Lamellen am Stiel typisch ausgebuchtet (»Burggraben«); Stiele meist ringlos, selten beringt oder mit fädiger Cortina; Spp. weiß, inamyloid; Sp. rundlich bis elliptisch, glatt, ohne Kp.; L-Tr. regulär; Mykorrhizapilze; einige Arten giftig.

Grünling, Echter Ritterling RL 3, gesch.

Tricholoma equestre (L.: Fr.) P. Kumm.
Syn.: *T. flavovirens*, *T. auratum*

Merkmale: Hut 4–10 cm breit, leuchtend gelb, gelbgrün, grünlich-braun, Huthaut kahl oder feinschuppig, schmierig, daher oft mit Sand behaftet; Lamellen blaß gelblich bis schwefelgelb; Stiel weißlich bis gelblich; Fleisch weiß; Geruch und Geschmack angenehm mehlartig; Sp. 6–8 × 3,5–5 μ. **Vorkommen**: IX–XI; im Laub- und Nadelwald, besonders im sandigen, flechtenreichen Kiefernwald; ortshäufig (z. B. Brandenburg). **Verwechslung**: Schwefel-Ritterling (giftig, S. 76), Grüngelber Ritterling (giftverdächtig, Mitte).

Eßbar; doch umstritten: soll in Frankreich Muskelschwund und Todesfälle verursacht haben (NEJM 345 (11): 798, 2001).

Grüngelber Ritterling RL 3

Tricholoma sejunctum (Sowerby: Fr.) Quél.

Merkmale: 3–8(10) cm breit, olivgelb, grünlich, graugrünlich, manchmal radialstreifig, Huthaut radialfaserig bis feinschuppig, schmierig; Lamellen weißlich, oft mit gelblicher Schneide; Stiel weiß; Geruch mehlartig; Geschmack mild bis bitterlich; Sp. 5–7 × 4–5,5 μ. **Vorkommen**: IX–X; im Laub-, besonders aber Nadelwald, unter Buchen, Fichten und Kiefern; zerstreut. **Anmerkung**: Die Laubwaldform wird als var. *coryphaeum* bezeichnet. **Verwechslung**: Grünling (oben), Joachims Ritterling (unten).

Giftverdächtig, wird manchmal auch als eßbar angegeben.

Joachims Ritterling

Tricholoma joachimii Bon & A. Riva

Merkmale: Hut 4–8(12) cm breit, olivgrünlich, olivbräunlich, Huthaut radialfaserig bis feinschuppig, schmierig; Lamellen weißlich; Stiel dem Hut gleichfarbig, etwas faserschuppig, mit hellerer Spitze; Fleisch weißlich; Geruch mehlartig; Geschmack mild bis bitterlich; Sp. 6–8(9) × 5–6 μ. **Vorkommen**: VIII–X; im Nadel- und Mischwald, unter Kiefern oder Fichten, auf Kalkböden; relativ selten. **Verwechslung**: Grüngelber Ritterling (Mitte), Olivbrauner Ritterling (*T. fucatum*, ungenießbar).

Speisewert unbekannt, vermutlich ungenießbar.

Schwarzfaseriger Ritterling

RL 3

Tricholoma portentosum (Fr.) Quél.

Merkmale: Hut 4–10 cm breit, hell- bis dunkelgrau, oft mit typischer schwärzlicher Radialstreifung, schmierig; Lamellen weißlich, bald mit gelbgrünlichem Schein; Stiel weiß, im Alter stellenweise gelbgrünlich; Geruch angenehm mehlartig; Geschmack mehlartig, mild; Sp. 5–6 × 4–5 µ. **Vorkommen**: IX–XII; im flechtenreichen oder moosigen Nadelwald, unter Kiefern und Fichten, liebt Sandböden; ortshäufig. **Anmerkung**: Der Schwarzfaserige Ritterling erscheint in bestimmten Jahren noch im Dezember, daher auch der Name Schnee-Ritterling. **Verwechslung**: Brennender Ritterling (giftig, S. 92), Schärflicher Ritterling (giftig, S. 92), Graublättriger Ritterling (*T. luridum*, ungenießbar).

Eßbar, guter Speisepilz wie der Grünling.

Schwefel-Ritterling

Tricholoma sulphureum (Bull.: Fr.) P. Kumm.

Merkmale: Hut 3–8 cm breit, schwefelgelb (wenn purpur- bis violettbraun: var. *bufonium*), meist kahl, trocken, seidig; Lamellen schwefelgelb, dicklich, entfernt stehend; Stiel wie der Hut gefärbt oder etwas dunkler überfasert; Fleisch schwefelgelb (im Gegensatz dazu hat der Grünling weißes Fleisch); Geruch unangenehm nach Karbid oder Leuchtgas; Sp. relativ groß, elliptisch, 9–12 × 5–7 µ. **Vorkommen**: VII–X; im Laub- und Nadelwald, ohne besondere Bodenansprüche; überall häufig. **Verwechslung**: Klassischer, giftiger Doppelgänger des Grünlings (S. 74).

Giftig; enthält im Rohzustand blutauflösende Stoffe (Hämolysine); gekocht wegen des unangenehmen Geschmacks ungenießbar.

Lästiger Ritterling

Tricholoma inamoenum (Fr.: Fr.) Gillet

Merkmale: Hut 3–6 cm breit, weißlich, elfenbeinfarben bis ledergelblich, wenig fleischig, Huthaut kahl, trocken, seidenmatt; Lamellen weißlich, gelegentlich mit schwärzender Schneide, entfernt stehend und sehr stark ausgebuchtet; Stiel weißlich, relativ schlank, zylindrisch bis keulenförmig; Geruch süßlich-leuchtgasartig (ähnlich wie der Schwefel-Ritterling); Sp. relativ groß, elliptisch, 8–11 × 6–7,5 µ. **Vorkommen**: VIII–X; im Nadelwald, vor allem im Gebirge, besonders auf kalkhaltigen Böden, erscheint bei geeigneter Witterung in vielzähligen Gruppen, kann auch büschelig wachsen; ortshäufig. **Verwechslung**: Strohblasser Ritterling (ungenießbar, S. 78), Seidiger Ritterling (S. 78), weiße Formen des Seifen-Ritterlings (leicht giftig, S. 78).

Strohblasser Ritterling

Tricholoma album (Schaeff.: Fr.) P. Kumm.
Syn.: *T. lascivum, T. pseudoalbum, T. stiparophyllum*

Merkmale: Hut 3–8 cm breit, elfenbeinweißlich bis ledergelblich, etwas fleischig, Huthaut matt, trocken, Rand oft kurz gekerbt; Lamellen weißlich, dicklich, in ziemlich unterschiedlicher Dichte; Stiel weißlich, oft rostfleckig, im Verhältnis zur Hutbreite relativ schlank, mit matter Oberfläche; Geruch unangenehm süßlich, an den Grünen Knollenblätterpilz erinnernd oder nach Scheunenstaub, im frischen Schnitt auch schwach mehlartig; Geschmack erst bitterlich, nach längerem Kauen brennend scharf; Sp. elliptisch, 5,5–7 × 3,5–4 µ. **Vorkommen**: IX–X; im Laub- und Mischwald, bevorzugt unter Laubbäumen (Birke, Buche, Eiche); in manchen Jahren relativ häufig. **Verwechslung**: Lästiger Ritterling (ungenießbar, S. 76), Seidiger Ritterling (Mitte), weiße Formen des Seifen-Ritterlings (leicht giftig, unten).

Seidiger Ritterling

Tricholoma columbetta (Fr.) P. Kumm.

Merkmale: Hut 5–10 cm breit, weiß, am Scheitel bald ockerfarben, relativ dünnfleischig, Huthaut seidig, bei feuchtem Wetter etwas schmierig, schnell abtrocknend; Lamellen weiß, dünn, dicht stehend; Stiel weiß, seidig längsfaserig, an der zugespitzten Basis oft typisch blaugrün gefleckt; Geruch neutral; Geschmack mild, manchmal etwas mehlig; Sp. kurzelliptisch, 5–6 × 4–5,5 µ. **Vorkommen**: VIII–X; in Laub- und Mischwäldern, unter Buchen, Eichen oder Birken, auf kalkarmen, doch nicht zu sauren Böden; zerstreut. **Verwechslung**: Strohblasser Ritterling (ungenießbar, oben), Lästiger Ritterling (ungenießbar, S. 76), weiße Formen des Seifen-Ritterlings (leicht giftig, unten).

Seifen-Ritterling

Tricholoma saponaceum (Fr.) P. Kumm.

Merkmale: Hut 4–10 cm breit, farblich extrem veränderlich: schwärzlich, grau, olivgelblich, grünlich und selbst weiß, dunkle Formen stets mit hellerem Hutrand, relativ fleischig, Huthaut glatt und kahl, seltener feinschuppig, nicht schmierig; Lamellen schmutzig weißlich bis grüngelblich, dicklich und entfernt stehend; Stiel heller als der Hut, längsfaserig bis schuppig; Fleisch nach einiger Zeit rötend; Geruch nach längerem Liegen nach Seifenlauge; Geschmack dumpf, selten schwach mehlartig; Sp. 5–6 × 3–4 µ. **Vorkommen**: IX–XI; im Laub- und Nadelwald, ohne besondere Bodenansprüche; überall häufig. **Verwechslung**: Je nach Ausfärbung mit diversen anderen Ritterlingen möglich. Man achte auf rötendes Fleisch und Seifenlaugen-Geruch! **Anmerkung**: Das Bild zeigt die häufigste Variante.

Leicht giftig, erzeugt in größeren Mengen genossen Übelkeit und Erbrechen. Der rohe Pilz enthält blutzersetzende Stoffe (Hämolysine).

Sellerie-Ritterling RL 2

Tricholoma luteovirens (Alb. & Schwein.: Fr.) Ricken
Syn.: *T. apium*

Merkmale: Hut 4–8(10) cm breit, jung weißlich, dann zunehmend olivgelblich bis bräunlich, Huthaut trocken, fast filzig oder körnig-schuppig bis zerklüftet; Lamellen schmutzig weißlich, alt mit gelblichem Schein; Stiel erst weißlich, dann gelblich bis bräunlich, etwas faserschuppig; Fleisch nur jung weiß, alt chromgelb oder gelbbräunlich, druckempfindlich; Geruch auffallend nach Sellerie oder maggiartig (var. *helviodor*); Geschmack mild; Sp. rundlich, sehr klein, 3–5 × 3–4 µ. **Vorkommen**: VIII–X; im Nadelwald, unter Fichten und Kiefern, vermutlich mit Kiefern vergesellschaftet; selten. **Verwechslung**: Wegen des auffallenden Geruchs kaum möglich, da Selleriegeruch im Pilzreich sonst nicht vorkommt.
Eßbar, kann als Gewürzpilz verwendet werden.

Feinschuppiger Ritterling

Tricholoma imbricatum (Fr.: Fr.) P. Kumm.

Merkmale: Hut 3–8 cm breit, heller oder dunkler braun, meist mit wenig Rotanteil, selten auch olivgelblich unterlegt, Huthaut trocken, in winzige Schüppchen aufbrechend, Hutmitte typisch gebuckelt; Lamellen weißlich-cremefarben, im Alter rostfleckig; Stiel meist blaß bräunlich, Spitze heller bleibend, doch nicht scharf abgesetzt, Oberfläche fein schorfig; Fleisch weiß, in der Stielbasis bräunend; Geruch unauffällig, nicht mehlartig; Geschmack mild oder bitterlich; Sp. 5–8 × 4–5 µ. **Vorkommen**: IX–XI; im Nadelwald, vor allem unter Kiefern, seltener unter Fichten, liebt Sandboden; lokal häufig. **Verwechslung**: Weißbrauner Ritterling (giftig, S. 84), Gelbblättriger Ritterling (S. 82), Bärtiger Ritterling (ungenießbar, unten), Lärchen-Ritterling (*T. psammopus,* ungenießbar).
Eßbar, doch nur wenn mild schmeckend!

Bärtiger Ritterling

Tricholoma vaccinum (Pers.: Fr.) P. Kumm.

Merkmale: Hut 3–8 cm breit, heller oder dunkler rotbraun, Huthaut trocken, filzig bis wollig-schuppig, am Rande zottig behangen (andere Namen: Wolliger oder Zottiger Ritterling); Lamellen weißlich bis fleischfarben, alt rostfleckig, etwas entfernt stehend; Stiel rotbräunlich, längsfaserig, bald hohl werdend und deshalb brüchig; Fleisch alt bräunend; Geruch meist etwas erdig, im Schnitt mehlartig; Geschmack bitter; Sp. 5–6,5 × 4,5–5 µ. **Vorkommen**: VIII–X; im Nadelwald, besonders unter Fichten, liebt Kalkböden; lokal häufig. **Verwechslung**: Feinschuppiger Ritterling (Mitte), andere braune Ritterlinge (einige davon können giftig sein!).
Ungenießbar wegen seiner Bitterkeit.

Gelbblättriger Ritterling

Tricholoma fulvum (DC.: Fr.) Sacc. Syn.: *T. flavobrunneum*

Merkmale: Hut 4–8 cm breit, gelbbraun bis dunkel rotbraun, Huthaut schmierig, kaum schuppig, etwas eingewachsen-faserig, Rand mit angedeuteter Rippung; Lamellen blaß gelb, alt bräunend; Stiel gelbbraun, braun überfasert, oberer Teil heller, beim Schaben gelb werdend (!); Fleisch gelblich; Geruch deutlich mehlartig; Geschmack mehlartig, mild; Sp. 5–7,5 × 4–5 μ. **Anmerkung**: Der typisch gelbe Farbton der Lamellen ist im Alter oft nur im Längsschnitt sichtbar. **Vorkommen**: VIII–X(XI); in Mischwäldern unter Birken, selten im reinen Fichtenwald, liebt saure Böden; nicht selten. **Verwechslung**: Weißbrauner Ritterling (giftig, S. 84), Feinschuppiger Ritterling (S. 80).
Eßbar, sollte gut erhitzt werden, da sonst Verdauungsstörungen auftreten können.

Pappel-Ritterling

Tricholoma populinum J. E. Lange

Merkmale: Hut 6–12 cm breit, hellbraun, blaß graubrau bis rotbraun, mit wenig Rotanteil, fleischig, Huthaut schmierig, kahl; Lamellen weißlich, im Alter bräunend; Stiel weißlich, im unteren Teil bräunend, längsfaserig; Fleisch weißlich, fest; Geruch und Geschmack mehlartig, mild, im Alter bitterlich; Sp. 5–6,5 × 3,5–4 μ. **Vorkommen**: IX–XI; vorwiegend außerhalb des Waldes, in Parkanlagen, stets unter Pappeln (besonders Schwarzpappel), zum Teil büschelig und in größeren Gruppen erscheinend; ortshäufig. **Verwechslung**: Weißbrauner Ritterling (giftig, S. 84), Getropfter Ritterling (giftig, S. 84), Brandiger Ritterling (unten).
Eßbar, sollte jedoch nur jung verwendet werden, da ältere Stücke deutlich bitter schmecken können. Vorheriges Abbrühen soll den Geschmack verbessern.

Brandiger Ritterling

Tricholoma ustale (Fr.: Fr.) P. Kumm.

Merkmale: Hut 3–8 cm breit, kastanienbraun, mitunter etwas oliv getönt, Huthaut sehr schmierig, trocken typisch glänzend, kahl und glatt; Lamellen weißlich-cremefarben, bald rostfleckig, im Alter oft schwärzend (wie angebrannt, Name!); Stiel heller als der Hut, bräunlich überfasert, bald hohl werdend; Fleisch weißlich, im Schnitt manchmal schwach rötend; Geruch neutral, im Schnitt mit flüchtiger Mehlkomponente; Geschmack mild bis deutlich bitter; Sp. 5–7 × 4–5,5 μ. **Anmerkung**: Alte oder getrocknete Exemplare können sich völlig schwarzbraun verfärben. **Vorkommen**: VIII–IX; im Laubwald, besonders unter Rotbuchen, liebt Kalkböden; lokal häufig. **Verwechslung**: Weißbrauner Ritterling (giftig, S. 84), Pappel-Ritterling (Mitte), Getropfter Ritterling (S. 84).
Eßbar, aber geschmacklich minderwertig.

Weißbrauner Ritterling RL 3

Tricholoma albobrunneum (Pers.: Fr.) P. Kumm.
Syn.: *T. striatum*

Merkmale: Hut 3–6(8) cm breit, rotbraun, einfarbig oder mit schwärzlicher, eingewachsener Radialfaserung, Rand oft kurz gekerbt, Huthaut schmierig; Lamellen weiß, auf Druck rotbräunlich, im Alter generell rostfleckig; Stiel jung weiß, bald von der Basis her rotbräunlich, Spitze lange weiß bleibend, doch nicht scharf abgesetzt; Fleisch weiß, auf Druck langsam rötend; Geruch mehlartig; Geschmack zuerst mild, nach längerem Kauen bitter (nicht immer); Sp. 4,5–5,5(6) × 3–3,5(4) μ. **Vorkommen**: IX–X(XI); im Nadelwald, besonders im sandigen, flechtenreichen Kiefernwald, teilt seinen Standort mit Grünling und Schwarzfaserigem Ritterling; ortshäufig (Brandenburg), sonst selten. **Verwechslung**: Getropfter Ritterling (giftig, Mitte), Fastberingter Ritterling (ungenießbar, S. 86), Pappel-Ritterling (S. 82).

Giftig; erzeugt Verdauungsstörungen, verbunden mit Übelkeit und Erbrechen, die am nächsten Tage bald abklingen.

Getropfter Ritterling

Tricholoma pessundatum (Fr.) Quél. Syn.: *T. tridentinum*

Merkmale: Hut 5–12 cm breit, braun, mit mehr oder weniger starkem Rotanteil, Huthaut klebrig, einheitlich gefärbt, oft mit konzentrischen, dunkleren, rundlichen Flecken, Rand mit angedeuteter Rippung; Lamellen weißlich, alt rostfleckig; Stiel blasser als der Hut, bräunend, mit blasser Spitze, Oberfläche fein genattert; Fleisch weiß, auf Druck etwas rotbräunlich; Geruch mehlartig; Geschmack mild bis bitter; Sp. 5–6 × 3–4 μ. **Vorkommen**: XI–X; im Nadelwald, besonders unter Kiefern, auf Sand- und Kalkböden; selten. **Verwechslung**: Weißbrauner Ritterling (giftig, oben), Pappel-Ritterling (S. 82), Brandiger Ritterling (S. 82).

Giftig; Giftwirkung siehe (oben).

Orangeroter Ritterling

Tricholoma aurantium (Schaeff.: Fr.) Ricken

Merkmale: Hut 5–10 cm breit, lebhaft orangerot oder orangebräunlich, Huthaut schmierig, jung bernsteinfarbene Tröpfchen abscheidend; Lamellen weiß bis cremefarben, auf Druck rötlich fleckend; Stiel orangebräunlich gefärbt, schuppig-körnig und wie der Hut jung Tröpfchen ausscheidend, mit klebriger Ringzone, darüber oft scharf weiß abgesetzt; Fleisch weiß, im unteren Stielteil fleischrötlich; Geruch deutlich mehlartig; Geschmack mehlartig und bitter; Sp. 4–5,5 × 3–4 μ. **Vorkommen**: VIII–X; in Nadel- und Mischwäldern, unter Fichten, auf kalkhaltigen Böden; orsthäufig (Süddeutschland). **Verwechslung**: Wegen der auffallenden Färbung kaum möglich; vgl. Zinnoberroter Körnchenschirmling (S. 118).

Ungenießbar wegen des bitteren Geschmacks.

Fastberingter Ritterling

RL 3

Tricholoma fracticum (Britzelm.) Kreisel
Syn.: *T. subannulatum, T. batschii*

Merkmale: Hut 5–10(15) cm breit, heller oder dunkler rotbraun, mit hellerem Rand, fleischig, bald verflachend, Huthaut schmierig, kahl und glatt; Lamellen weiß, grauweißlich, alt braunfleckig; Stiel mit ringförmiger Schleimzone, darunter mit etwas Hutfarbe, Spitze scharf weiß abgesetzt; Fleisch weiß, etwas bräunend; Geruch mehlartig; Geschmack mehlartig und bitter; Sp. 5–6,5 × 4–5 µ. **Vorkommen**: IX–X; im Nadel- und Mischwald, Kiefernbegleiter auf Kalkböden; relativ selten. **Anmerkung**: Auf Mallorca (Spanien) wächst diese Art im Winter stellenweise sehr zahlreich unter Aleppokiefern. **Verwechslung**: Weißbrauner Ritterling (giftig, S. 84), Riesen-Ritterling (Mitte), Halsband-Ritterling (unten).

Ungenießbar wegen des bitteren Geschmacks.

Riesen-Ritterling

RL 2

Tricholoma colossum (Fr.) Quél.

Merkmale: Hut 10–25 cm breit, rotbraun, mit lange eingerolltem, weißlichem Rand, sehr kompakt und festfleischig, Huthaut schmierig, kahl; Lamellen weißlich-cremefarben, im Verhältnis zum dicken Hutfleisch schmal, alt braunfleckig; Stiel sehr kompakt, bis 5 cm dick, im oberen Viertel mit dünner, scharfkantiger, trockener Ringzone, unterhalb dieser bald bräunend, Spitze lange weiß bleibend; Fleisch weiß, im Schnitt langsam lachsrötlich anlaufend; Geruch unbedeutend; Geschmack mild, bei alten Pilzen bisweilen bitterlich; Sp. relativ groß, 8–10 × 5,5–7 µ. **Vorkommen**: IX–XI; im Nadelwald, unter Kiefern auf Kalk- oder Sandböden; selten. **Verwechslung**: Fastberingter Ritterling (ungenießbar, oben).

Eßbar, doch wegen sich bildender Bitterstoffe kein wohlschmeckender Speisepilz. Das harte Fleisch ist schwer verdaulich. Wegen ihrer Seltenheit ist die Art zu schonen.

Halsband-Ritterling

RL 2

Tricholoma focale (Fr.) Ricken Syn.: *T. robustum*

Merkmale: Hut 3–8(15) cm breit, rötlich-bräunlich, unter Lichteinfluß allmählich nachdunkelnd, mäßig fleischig, Huthaut nur jung schmierig, radialfaserig oder fast schuppig; Lamellen weißlich-cremefarben, auf Druck rötend; Stiel zunächst blaß, bald rotbräunlich verfärbend, zuspitzend, mit wollig-faseriger, verdickter Ringzone, unterhalb dieser flockig-schuppig; Fleisch weiß, im Schnitt rötend; Geruch und Geschmack mehlartig, nicht bitter; Sp. 5–6,5(7) × 3–4 µ. **Vorkommen**: IX–XI; im Nadelwald, unter Kiefern auf trockenen Sandböden, mit Kiefern bestandene Dünen; selten. **Verwechslung**: Fastberingter Ritterling (ungenießbar, oben), Krokodil-Ritterling (S. 88).

Giftig, erzeugt Übelkeit, Erbrechen und Durchfall.

Krokodil-Ritterling RL 2

Tricholoma caligatum (Viv.) Ricken Syn.: *T. matsutake*

Merkmale: Hut 5–10(15) breit, auf weißlichem Grunde mit braunen oder graubraunen, z. T. groben, anliegenden Schuppen, Oberfläche fast trocken; Lamellen weiß bis gelblich, sehr gedrängt; Stiel mit trichterförmig aufsteigendem, häutigem Ring, unterhalb rotbraun gebändert-geschuppt; Fleisch weiß, beim Liegen gilbend; Geruch süßlich-fruchtig nach Birnen- oder Weißdornblüten (ähnlich Birnen-Rißpilz oder Grüngebuckelter Rißpilz); Geschmack bitterlich; Sp. 5–7,5 × 4,5–5,5 μ. **Vorkommen**: IX–XI, gelegentlich auch im Frühsommer; im Kiefernwald auf Kalkböden, anscheinend wärmeliebend; selten. **Anmerkung**: Die abgebildeten Exemplare wurden im Dezember auf Mallorca unter Aleppokiefern gefunden. **Verwechslung**: Halsband-Ritterling (giftig, S. 86).
Eßbar, wohlschmeckend; einer der beliebtesten Speisepilze in Japan, bekannt als »matsu-take« (= »Kiefern-Pilz«).

Erd-Ritterling

Tricholoma terreum (Schaeff.: Fr.) P. Kumm.

Merkmale: 3–8 cm breit, hell- bis dunkelgrau oder gelblichgrau, oft mit hellerem Rand, meist gebuckelt, dünnfleischig, Huthaut trocken, filzig-faserig; Lamellen grau-weißlich, Lamellenschneide gleichfarbig bis schwärzlich, ausgerandet, fast entfernt stehend; Stiel weiß, grau-weißlich, kahl oder mit schwachen spinnwebartigen Schleierresten; Fleisch weißlich, nicht verfärbend; Geruch und Geschmack nicht mehlartig, mild; Sp. 5–8 × 4–5 μ. **Vorkommen**: IX–XI; im Nadel- und Mischwald, unter Kiefern, auf Sand- und Kalkböden; häufig, im Spätherbst oft Massenpilz. **Verwechslung**: Tiger-Ritterling (giftig, S. 92), Gilbender Erd-Ritterling (unten), Rötender Ritterling (S. 90).
Eßbar, doch nicht besonders wohlschmeckend.

Gilbender Erd-Ritterling

Tricholoma argyraceum (Bull.: Fr.) Sacc. Syn.: *T. scalpturatum*

Merkmale: Hut 2–6 cm breit, hell silbergrau (anderer Name: Silbergrauer Erd-Ritterling), grau bis bräunlichgrau, dünnfleischig, Huthaut trocken, radialfaserig bis filzig-schuppig, mit kleinem spitzem Buckel (Papille) oder abgerundet; Lamellen weißlich, beim Reiben gilbend; Stiel weiß bis blaßgrau, fein spinnwebartig überfasert oder kahl; Fleisch weißlich, beim Reiben oder im Alter gilbend; Geruch und Geschmack ranzig-mehlartig, mild; Sp. 5–6 × 3–4 μ. **Vorkommen**: V–XI; in Laub- und Nadelwäldern, auch in Parkanlagen und Gärten, auf Wiesen; häufig. **Verwechslung**: Erd-Ritterling (Mitte), Beringter Erd-Ritterling (S. 90). **Anmerkung**: Der Gilbende Erd-Ritterling ist sehr veränderlich. Eine kleine Form mit spitzgebuckeltem Hut, die einem Rißpilz ähnelt, wird als var. *inocybeoides* abgetrennt.
Eßbar, doch nicht besonders schmackhaft.

Beringter Erd-Ritterling RL 3

Tricholoma cingulatum (Fr.) Jacobasch

Merkmale: Hut 3–6 cm breit, blaßgrau bis graubräunlich, dünnfleischig, Huthaut trocken, seidig-radialfaserig bis feinschuppig, Rand meist mit weißlichen, seidig-fädigen Velumresten (ähnlich wie bei den Schleierlingen); Lamellen weißlich, mit schwachem Grauton, auf Druck gilbend; Stiel blaß graubräunlich, mit wollig-flockigem, manschettenartig anliegendem, weißlichem Ring; Fleisch weißlich, beim Reiben gilbend; Geruch und Geschmack neutral bis schwach mehlartig, mild; Sp. 4,5–5 × 2,5–3 µ. **Vorkommen**: IX–X; in feuchten Wäldern, Auwäldern, Parkanlagen, unter Weiden und Birken; regelmäßig verbreitet, doch selten. **Verwechslung**: Ähnlich, doch ohne Stielring: Gilbender Erd-Ritterling (S. 88), Erd-Ritterling (S. 88). Eßbar, geschmacklich wie der Gilbende Erd-Ritterling.

Rötender Ritterling RL 3

Tricholoma orirubens Quél.

Merkmale: Hut 4–8 cm breit, auf hellerem Grunde schwarzgrau überfasert, auch feinschuppig, Rand aufhellend, wenig fleischig, Huthaut trocken, fast etwas filzig; Lamellen grauweißlich, beim Antrocknen rosa verfärbend; Stiel weißlich, schwach dunkler überfasert, Basis manchmal blaufleckig; Fleisch weißlich, beim Liegen rötend; Geruch und Geschmack mehlartig, mild; Sp. 5–6,5 × 4–5 µ. **Anmerkung**: Die typische Fleischrötung ist bei frischen Pilzen meist nicht erkennbar, sondern erst am nächsten Tag nach dem Sammeln. Exemplare, die nur in der Stielbasis röten, werden als var. *basirubens* abgetrennt. **Vorkommen**: IX–XI; vorwiegend im Laubwald, unter Rotbuchen auf kalkhaltigen Böden; lokal nicht selten. **Verwechslung**: Tiger-Ritterling (giftig, S. 92), Erd-Ritterling (S. 88), Schwarzschuppiger Ritterling (unten).

Schwarzschuppiger Ritterling RL 3

Tricholoma atrosquamosum (Chevall.) Sacc.
Syn.: *T. squarrulosum*

Merkmale: Hut 4–10 cm breit, grauschwarz bis schwarzbraun, gegen den Rand aufhellend, wenig fleischig, Huthaut trocken, in sparrig abstehende bis wollige Schüppchen auflösend; Lamellen grauweißlich, dicklich und etwas entfernt stehend, mit oder ohne schwärzliche, gekerbte Schneide; Stiel wie der Hut gefärbt oder heller, ebenfalls sparrig geschuppt; Fleisch weißlich, nicht verfärbend; Geruch unverletzt typisch nach Pfeffer (oder wie Haselwurz, *Asarum*), manchmal auch geruchlos, im Schnitt schwach mehlartig; Geschmack mild; Sp. 6–8 × 3,5–5 µ. **Vorkommen**: VIII–X; im Nadel-, seltener Laubwald, unter Fichten oder Buchen, auf kalkhaltigem Boden, besonders im Gebirge; relativ selten. **Verwechslung**: Tiger-Ritterling (giftig, S. 92), Erd-Ritterling (S. 88), Rötender Ritterling (Mitte).

Tiger-Ritterling

RL 3

Tricholoma tigrinum P. Kumm.
Syn.: *T. pardinum, T. pardalotum*

Merkmale: Hut 4–10 cm breit, stahlgrau bis graubräunlich, am Scheitel ziemlich fleischig, Huthaut trocken, mit regelmäßiger, konzentrischer, feiner bis grober Schuppung; Lamellen weißlich, jung an der Schneide wasserklare Tröpfchen ausscheidend; Stiel weiß, kompakt, Spitze jung mit Wassertröpfchen (tränend); Fleisch weiß, im Schnitt unverändert; Geruch und Geschmack mehlartig, mild; Sp. relativ groß, 8–10 × 5,5–7 μ. **Vorkommen**: VIII–X; im Laub- und Nadelwald, unter Fichte, Tanne, Rotbuche oder Eiche, nur auf kalkhaltigen Böden; im süddeutschen Raum, Österreich und der Schweiz nicht selten, gruppenweise auftretend. **Verwechslung**: Dünnfleischiger und ohne Mehlgeruch: Erd-Ritterling (S. 88), Schärflicher Ritterling (giftig, unten).
Giftig, verursacht heftige Magen- und Darmstörungen, kolikartige Bauchschmerzen, Erbrechen, Durchfall. In schweren Fällen können Todesfälle eintreten! Latenzzeit: ½–3 Stunden.

Brennender Ritterling

RL 3

Tricholoma virgatum (Fr.: Fr.) P. Kumm.

Merkmale: Hut 3–7 cm breit, silber- bis aschgrau, mit dunklerer, eingewachsener Radialstreifung, dünnfleischig, mit typisch spitzem Buckel, Huthaut trocken, glatt und kahl, aber auch in radialfaserige Schüppchen aufreißend; Lamellen hellgrau, später nachdunkelnd, engstehend; Stiel weißlich-grau, heller als der Hut, längs überfasert; Fleisch weißlich, nicht verfärbend; Geruch neutral bis erdartig; Geschmack bitter und fast sofort brennend scharf; Sp. 6–7,5 × 5–6 μ. **Vorkommen**: IX–X; im Nadelwald, Fichtenbegleiter auf sauren Böden; zerstreut. **Verwechslung**: Schärflicher Ritterling (giftig, unten), Schwarzfaseriger Ritterling (S. 76).
Giftig; verursacht Magen- und Darmstörungen, verbunden mit Übelkeit und Erbrechen; Latenzzeit: ½–3 Stunden. Der Vergiftungsverlauf ist schwächer als beim Tiger-Ritterling.

Schärflicher Ritterling

Tricholoma sciodes (Pers.) C. Martin

Merkmale: Hut 3–8 cm breit, heller oder dunkler grau, relativ dünnfleischig, Huthaut trocken, seidig bis radialfaserig oder feinschuppig; Lamellen grauweißlich, mit oft schwärzlich gerandeter, gekerbter Schneide; Stiel grauweißlich, längsfaserig (Stiel dunkler geschuppt: var. *bresadolianum*); Fleisch weißlich, nicht verfärbend; Geruch neutral, nicht mehlartig; Geschmack bitterlich, erst nach längerem Kauen scharf; Sp. 6–8 × 5–6 μ. **Vorkommen**: IX–X; im Laubwald, besonders unter Rotbuchen, auf sauren wie kalkhaltigen Böden; zerstreut. **Verwechslung**: Im Nadelwald mit Spitzbuckel: Brennender Ritterling (giftig, Mitte).
Giftig; siehe Brennender Ritterling (Mitte).

Gattung **Melanoleuca** – Weichritterlinge
Fam. Tricholomataceae

Ritterlingsähnlich; Hüte trocken, höchstens leicht klebrig, kahl, glänzend oder bereift, hygrophan; Lamellen weiß, weißlich bis blaß ocker, ausgebuchtet bis herablaufend; Stiele ringlos, Stielfleisch dunkel berindet; Spp. weiß, cremefarben, gelblich, amyloid; Sp. elliptisch, feinwarzig, ohne Kp. (Abb. 26); L-Tr. regulär; Zystiden spindel- bis brennhaarförmig oder fehlend (Abb. 27, 28), Spitze mit Kristallen; Hyphen schnallenlos; bodenbewohnende Saprophyten.

Kurzstieliger Weichritterling

Melanoleuca brevipes (Bull.: Fr.) Pat.

Merkmale: Hut 3–8 cm breit, graubraun, rußbraun, dunkel rotbraun, streifig ausblassend; Lamellen schon jung grau-weißlich bis schmutzig cremegelblich; Stiel wie der Hut gefärbt, meist kürzer als Hutbreite, längsfaserig; Fleisch weißlich, in Stielbasis allmählich bräunend; Spp. cremeweißlich; Sp. 7–10 × 5–6,5 μ; Zystiden brennhaarförmig. **Vorkommen**: IV–V und IX–XI; an Waldrändern und -wegen, Grasplätzen in Gärten und Parkanlagen, Ruderalstellen; häufig. **Verwechslung**: Mit weißen Lamellen und längerem Stiel: Gemeiner Weichritterling (unten).

Frühlings-Weichritterling

Melanoleuca cognata (Fr.) Konrad & Maubl.

Merkmale: Hut 5–13 cm breit, rötlich-ocker, fleischbräunlich bis rotbraun, unregelmäßig ausblassend; Lamellen blaß creme- oder fleischfarben bis ocker, nie weiß; Stiel wie der Hut gefärbt oder etwas heller, längsfaserig; Fleisch durchgehend weißlich, im Alter blaß ocker; Spp. weißlich bis cremegelblich; Sp. 7–9,5 × 4,5–6 μ; Zystiden spindelförmig. **Vorkommen**: II–V, selten auch im Herbst; im Laub- und Nadelwald, Parkanlagen; orsthäufig. **Verwechslung**: Andere Weichritterlinge mit reinweißen oder weißlichen Lamellen.

Gemeiner Weichritterling

Melanoleuca melaleuca (Pers.: Fr.) Murrill Syn.: *M. vulgaris*

Merkmale: Hut 3–8 cm breit, grauschwarz bis schwarzbraun, wenig ausblassend; Lamellen jung reinweiß, lange so bleibend; Stiel dunkelbraun, rissig-längsfaserig, meist länger als Hutbreite; Fleisch weißlich, im unteren Stielbereich bräunend; Spp. weiß; Sp. 7–9,5 × 4,5–5,5 μ. **Vorkommen**: IX–XI; im Laub- und Nadelwald, auch an grasigen Stellen; relativ häufig. **Anmerkung**: Wegen des Kontrastes weißer Lamellen zu dunklem Hut heißt der Pilz auch Schwarzweißer Weichritterling. **Verwechslung**: Mit kurzem Stiel: Kurzstieliger Weichritterling (oben).

Bereifter Weichritterling

Melanoleuca subpulverulenta (Pers.) Métrod

Merkmale: Hut 3–7 cm breit, graubraun bis dunkel rotbraun, manchmal dunkler konzentrisch gefleckt, beim Trockenwerden ausblassend, Huthaut jung deutlich bereift; Lamellen weißlich bis cremefarben, auch mit fleischrosa Schein; Stiel weiß bis blaß bräunlich, oft gänzlich bereift bis feinflockig; Fleisch durchgehend weißlich; Spp. weiß; Sp. 7–9(10) × 4,5–6(6,5) μ; Zystiden brennhaarförmig. **Anmerkung**: Die typische Hutbereifung kann durch starken, anhaltenden Regen abgewaschen werden. Im Alter ist sie ohnehin nicht mehr vorhanden. Die Art ist dann schwer zu bestimmen. **Vorkommen**: VI–XI; an grasigen Waldstellen, in Parkanlagen und Gärten, auf Kompost; relativ selten. **Verwechslung**: Mit ebenfalls bereiftem Hut, doch bräunlich werdendem Fleisch und spindelförmigen Zystiden: Blaßgrauer Weichritterling *(M. excissa)*.

Gras-Weichritterling

Melanoleuca graminicola (Velen.) Kühner & Maire

Merkmale: Hut 2–5(9) cm breit, dunkel grau- bis rotbraun, schwarzbraun, relativ stark ausblassend, dünnfleischig, Huthaut glatt und kahl, typisch speckig glänzend (an den Butter-Rübling erinnernd); Lamellen weiß bis cremefarben, sehr gedrängt stehend; Stiel heller als der Hut, weißlich-fleischfarben, schlank, längsfaserig; Fleisch weißlich, nirgends bräunend; Geruch schwach nach Pelargonien oder geruchlos; Spp. weiß; Sp. 6,5–8,5 × 4,5–5,5 μ; Zystiden fehlen. **Vorkommen**: IX–XI; im Nadel- und Mischwald, an grasigen, krautigen Stellen; zerstreut auftretend. **Verwechslung**: Gemeiner Weichritterling (S. 94). **Anmerkung**: Der Wegrand-Weichritterling *(M. stridula)* ist ähnlich. Sein Fleisch soll im Stiel bräunen.

Steifstieliger Weichritterling

Melanoleuca strictipes (P. Karst.) Murrill
Syn.: *M. evenosa, M. subalpina*

Merkmale: Hut 3–10 cm breit, kreideweiß bis cremegelblich oder blaß ocker, einfarbig oder mit fleischbräunlichem Scheitel, Huthaut kahl, seidenmatt, unter starker Sonneneinwirkung felderig aufbrechend; Lamellen weiß, sehr gedrängt stehend, mit feinflockiger Schneide (Zystiden, Lupe!); Stiel weiß bis cremefarben, schlank, Basis oft knollig, längsfaserig, auch rissig, manchmal verdreht; Fleisch weiß; Geruch würzig-pilzartig, bald auch süßlich-aromatisch, nicht jedoch mehlartig; Spp. weiß; Sp. 7,5–10,5 × 4–6 μ; Zystiden spindelig, ziemlich lang. **Vorkommen**: V–VI, auch im Herbst; im grasigen Laub- und Nadelwald, auf Wiesen, Almen, Bergweiden; lokal nicht selten. **Anmerkung**: Da die Art im Gebirge häufiger vorkommt, wird sie auch als Almen-Weichritterling bezeichnet. Sie ist aber im Flachland ebenfalls zu finden. **Verwechslung**: Vgl. weiße Ritterlinge.

Gattung **Lyophyllum** – Raslinge
Fam. Tricholomataceae

Z. T. typisch büschelig; Hüte trocken, kahl; Lamellen weiß oder weißlich; Fleisch oft elastisch, bisweilen rötend, blauend oder schwärzend; Spp. weiß, inamyloid; Sp. rundlich, elliptisch, selten dreieckig, glatt bis rauh, ohne Kp.; L-Tr. regulär; Basidien siderophil; bodenbewohnende Saprophyten.

Brauner Rasling

Lyophyllum decastes (Fr.: Fr.) Singer Syn.: *L. aggregatum*

Merkmale: Hut 3–15 cm breit, braun, grau, graubraun, einfarbig oder gefleckt bis gestreift, Huthaut kahl; Stiel schmutzig weißlich, von der Basis her nachdunkelnd, oft büschelig verwachsen (anderer Name: Büschel-Rasling); Sp. rundlich, glatt, 5–6,5 μ. **Vorkommen**: IV–V und IX–XI; in Laub- und Mischwäldern, auf lockerem, humosem Boden, auf Wiesen; häufig.
Eßbar und sehr ergiebig, ist auch zum Einfrieren bestens geeignet (nur Hüte verwenden, da die Stiele zäh sind).

Weißer Rasling

Lyophyllum connatum (Schumach.: Fr.) Singer

Merkmale: Hut 3–8 cm breit, weiß, etwas durchwässert, leicht gilbend, Huthaut jung firnisartig bereift; Stiel weiß, matt; Geruch wie Blüten des Hohlen Lerchensporns (anderer Name: Lerchensporn-Ritterling); Sp. elliptisch, glatt, 5,5–7,5 × 3–4 μ. **Anmerkung**: Fleisch mit Eisen-II-Sulfat violett. **Vorkommen**: VIII–X(XI); feuchte Stellen, Bachränder, geschotterte Wege, auf Wiesen; häufig. **Verwechslung**: Bleiweißer Trichterling (giftig, S. 152).
Eßbar; wird heute nicht mehr empfohlen, da ein mutagen wirkender Stoff (Lyophyllin) entdeckt wurde. Die Wirkung auf den Menschen beim Verzehr ist noch ungeklärt. Der Pilz wurde früher viel gegessen.

Blauender Rasling

Lyophyllum transforme (Britzelm.) Singer
Syn.: *L. trigonosporum*

Merkmale: Hut 3–8(15) cm breit, grau, braun bis schwarzbraun, hygrophan, daher konzentrisch oder streifig ausblassend, Huthaut kahl und glatt; Lamellen schmutzig weißlich, auf Druck kurz blauend, dann schwärzend; Stiel weißlich oder mitarSp. dreieckig, glatt, 6,5–8 × 5–6 μ (Abb. 29). **Vorkommen**: IX–X; im Nadelwald unter Fichten, besonders im Gebirge, büschelig oder einzeln wachsend; selten. **Verwechslung**: Gerberei-Schwärzling *(L. leucophaeatum)*.
Eßbar, doch wegen seiner Seltenheit schonenswert.

Fleischbräunlicher Rasling

Lyophyllum incarnatobrunneum Ew.Gerhardt Syn.: *L. serius*

Merkmale: Hut 3–7 cm breit, gelbbräunlich bis fleischbräunlich, trocken blaß fleischfarben, Huthaut kahl, glatt; Lamellen weißlich, mit gerader oder gekerbter Schneide; Stiel weißlich, längsfaserig; Fleisch weißlich, nicht verfärbend; Geruch mit oder ohne Mehlkomponente; Sp. elliptisch, fein punktiert, 4–6,5 × 2,5–3,5 μ. **Vorkommen**: VIII–X; in Nadel- und Mischwäldern, bevorzugt unter Kiefern, aber auch unter Fichten; selten, aber weit verbreitet. **Verwechslung**: Würziger Tellerling (S. 226), dickfleischige Rüblinge, Ritterlinge.

Speisewert unbekannt; vermutlich eßbar.

Gattung **Tricholomopsis** – Holzritterlinge
Fam. Tricholomataceae

Habitus ritterlingsähnlich; Hüte trocken, filzig bis schuppig; Lamellen und Fleisch auffallend gelb gefärbt; Spp. weiß, inamyloid; Sp. elliptisch, glatt, ohne Kp.; L-Tr. regulär; mit großen Zystiden; Saprophyten an totem Holz.

Rötlicher Holzritterling

Tricholomopsis rutilans (Schaeff.: Fr.) Singer

Merkmale: Hut 5–15 cm breit, violettrötlich, purpurfarben, Untergrund leuchtend gelb, Huthaut feinfilzig; Lamellen mit flockiger Schneide (Lupe!); Stiel wie der Hut gefärbt, purpurfilzig überzogen, mit weißlich oder gelblich abgesetzter Spitze, bald hohl werdend; Geruch und Geschmack etwas dumpf; Sp. 6,5–8 × 4,5–5,5 μ. **Anmerkung**: Alte Exemplare können durch Abtragen des Filzes völlig gelb aussehen! **Vorkommen**: VI–XI; einzeln oder büschelig an Nadelholzstümpfen, meist Kiefer oder Fichte; häufig. **Verwechslung**: Schmächtiger: Olivgelber Holzritterling (unten).

Eßbar; schmeckt aber muffig, daher nur in geringer Menge im Mischgericht verwendbar.

Olivgelber Holzritterling

Tricholomopsis decora (Fr.) Singer

Merkmale: Hut 3–8 cm breit, olivgelb bis goldgelb, mit dunkleren, olivbräunlichen bis schwärzlichen, filzigen Schüppchen; Stiel wie der Hut gefärbt, mit oder ohne dunklere Schüppchen, schon jung hohl; Geruch und Geschmack neutral pilzartig; Sp. 6–7,5 × 4,5–5,5 μ. **Vorkommen**: VIII–X; an totem Nadelholz, vorwiegend an Fichte, in montanen Lagen; relativ selten. **Verwechslung**: Rötlicher Holzritterling (Mitte).

Eßbar, doch kein guter Speisepilz.

Breitblättriger Rübling

Megacollybia platyphylla (Pers.: Fr.) Kotl. & Pouzar
(Fam. Tricholomataceae)

Merkmale: Hut 4–12 cm breit, schnell verflachend, fast weißlich bis dunkel rußbraun, dünnfleischig, Huthaut trocken, typisch radialstreifig; Lamellen weißlich bis cremefarben, sehr breit, entfernt stehend, ausgebuchtet angewachsen; Stiel weißlich oder mit einem Hauch Hutfarbe, kahl, längsriefig, basal mit schnurartigen Myzelsträngen (Rhizomorphen); Spp. weiß, inamyloid; Sp. rundlich, glatt, ohne Kp., 7–9 × 6–8 μ; einzige Art der Gattung. **Vorkommen**: VI–X; saprophytisch an stark vermorschtem Laub-, seltener Nadelholz, Stümpfe, Stämme, vergrabenes Holz; häufig.

Gattung **Armillaria** – Hallimasch
Fam. Tricholomataceae

Vorwiegend büschelige Holzbewohner; Hüte trocken, schuppig; Lamellen weiß bis fleischfarben, etwas herablaufend; Stiele oft beringt; Spp. weiß, cremefarben, inamyloid; Sp. eiförmig, glatt, ohne Kp.; L-Tr. regulär; meist Parasiten; Weißfäuleerreger.

Gemeiner Hallimasch

Armillaria ostoyae Romagn. Syn.: *A. polymyces, A. obscura*

Merkmale: Hut 3–10 cm breit, fleischfarben, mit dunkleren, abwischbaren Schüppchen; Lamellen bald fleischfarben; Stiel etwas heller, im unteren Teil oft gelblich, längsfaserig, mit dicklichem Ring, unterhalb schuppig; Geruch pilzartig; Geschmack roh (!) nach längerem Kauen im Halse unangenehm kratzend bis seifig (Reste unbedingt ausspucken); Sp. 7–9 × 5–6 μ. **Vorkommen**: IX–XI; an lebendem wie totem Laub- und Nadelholz, auch auf Wurzeln, meist büschelig; sehr häufig. **Verwechslung**: Sparriger Schüppling (S. 332), Honiggelber Hallimasch (unten).

Eßbar; sollte jedoch zuvor abgebrüht (Kochwasser wegschütten!) und anschließend gebraten werden. Da die Stiele zäh sind, werden sie entfernt. Bei ungenügender Erhitzung sind vorübergehende Magen-Darm-Störungen möglich. Die enthaltenen Giftstoffe sind wasserlöslich und hitzeinstabil.

Honiggelber Hallimasch

Armillaria mellea (Vahl: Fr.) P. Kumm.

Im Gegensatz zum Gemeinen Hallimasch sind die Hüte mehr gelblich und weniger geschuppt, die Lamellen reiner weiß und die Stiele mit einem unterseits gelblichen Ring versehen. Alle anderen Merkmale, auch der Speisewert stimmen größtenteils mit der oberen Art überein. Der Honiggelbe Hallimasch ist etwas seltener zu finden.

Beringter Schleimrübling

Oudemansiella mucida (Schrad.: Fr.) Höhn.
(Fam. Tricholomataceae)

Merkmale: Hut 3–8(10) cm breit, weiß, jung auch blaß grau, sehr dünnfleischig, Huthaut mit dickem Schleim überzogen; Lamellen weiß, dicklich, sehr entfernt stehend, ausgebuchtet bis breit angewachsen; Stiel weiß, mit manschettenartig anliegendem, oberseits längsgerieftem Ring, im unteren Teil oft dunkler olivgrau genattert, schmierig; Fleisch weiß, elastisch, im Stiel zäh; Spp. weiß, inamyloid; Sp. rundlich, glatt, 14–18 μ, ohne Kp. **Vorkommen**: VIII–XI; an lebenden und toten Laubholz-Stämmen, an Stümpfen und Ästen, vorwiegend Rotbuche; ortshäufig; Parasit und Saprophyt. **Anmerkung**: Aus dem Myzel wird das gegen Hautpilz wirksame Antibiotikum Mucidin gewonnen. Eßbar; kaum schmackhaft, als Mischpilz brauchbar.

Ulmen-Rasling

Hypsizygus ulmarius (Bull.: Fr.) Redhead Syn.: *H. tessulatus, Lyophyllum ulmarium* (Fam. Tricholomataceae)

Merkmale: Hut 5–15(25) cm breit, elfenbeinfarben, grauweißlich blaß grau-ocker, dickfleischig, Huthaut trocken, seidig, Rand manchmal kurz gerippt; Lamellen weißlich, gedrängt, ausgebuchtet angewachsen; Stiel weißlich, schwach längsfaserig; Fleisch weiß, relativ fest und schwer, im Stiel zäh; Geruch und Geschmack mehlig-gurkenartig (Salatgurke), mild; Spp. weiß, inamyloid; Sp. rundlich bis breit elliptisch, glatt, 5–7 × 4–5,5 μ, ohne Kp. **Vorkommen**: X–XI; an lebenden oder frisch gefällten Laubbäumen, besonders Ulme, wächst am lebenden Stamm oft mehrere Meter hoch; relativ selten; Parasit, erzeugt Weißfäule.

Shiitake

Lentinula edodes (Berk.) Pegler in Kavaka
Syn.: *Lentinus edodes* (Fam. Polyporaceae)

Merkmale: Hut 5–10(20) cm breit, beigefarben bis dunkel rotbraun, Huthaut trocken, besonders gegen den Rand mit konzentrischen, wolligen, vergänglichen Schuppen; Lamellen erst weißlich-cremefarben, dann nachdunkelnd, beim Berühren braunfleckend; Stiel wie der Hut gefärbt oder blasser, mit wolliger Ringzone, zumindest aber mit wollig-fädigen Velumresten, generell wollig überfasert; Fleisch weißlich, im Stiel bald zäh werdend; Geruch und Geschmack eigenartig würzig, fast lauchartig; Spp. weiß, inamyloid; Sp. elliptisch, glatt, 5–6,5 × 3–3,5 μ, ohne Kp. **Vorkommen**: Im ostasiatischen Raum vorwiegend am Pasaniabaum, wird im Europa an Eiche kultiviert. **Anmerkung**: Die Kultur dieser Pilze im Privatgarten gewinnt in Europa immer mehr Freunde. Er entwickelt erst nach dem Trocknen und Wiederaufweichen sein typisches Aroma. In Japan gilt er auch als Heilmittel und soll krebshemmend wirken.

Knolliger Schleierritterling RL 3

Leucocortinarius bulbiger (Alb. & Schwein.: Fr.) Singer
(Fam. Cortinariaceae)

Merkmale: Hut 5–10 cm breit, milchkaffeefarben, fleisch- bis rotbräunlich, mit weißseidigen, flächigen Velumresten bedeckt, besonders gegen den Rand, Huthaut jung etwas schmierig; Lamellen weiß bis schmutzig weiß, ausgebuchtet; Stiel weiß, mit farblosen, schleierartigen Velumresten, Basis abrupt knollig; Fleisch weiß; Spp. weiß, inamyloid; Sp. apfelkernförmig, glatt, 6–10 × 4–5,5 µ, ohne Kp. (Abb. 30); einzige Art der Gattung. **Vorkommen**: VIII–X; im Laub- und Nadelwald, besonders unter Fichten; selten; Mykorrhizapilz. **Anmerkung**: Die interessante Art erinnert an einen Schleierling der Untergattung *Phlegmacium*, unterscheidet sich aber durch weißes Sporenpulver und glatte Sporen.

Doppelring-Trichterling

Catathelasma imperiale (Quél.) Singer
(Fam. Tricholomataceae)

Merkmale: Hut 8–20(30) cm breit, gelbbräunlich bis dunkelbraun, durch Reste einer Gesamthülle gefleckt, jung am Rande behangen, Huthaut trocken; Lamellen zuerst weißlich, dann blaß ocker, herablaufend; Stiel blaß beigefarben, sehr kompakt, zugespitzt-wurzelnd und tief im Boden steckend, mit trichterförmig aufsteigendem Ring, darunter mit zweiter Ringzone; Fleisch weißlich, sehr fest und schwer; Geruch und Geschmack mehlig-gurkenartig (wie Schuppiger Porling und Ulmen-Rasling), mild; Spp. weiß, amyloid; Sp. elliptisch, glatt, 9–14 × 5–6,5 µ, ohne Kp.; einzige Art der Gattung. **Vorkommen**: VIII–X; im Nadelwald, unter Kiefern und Fichten auf Kalkboden, besonders in montanen Lagen; relativ selten; Mykorrhizapilz.

Eßbar, doch etwas hartfleischig, eignet sich zum Einlegen in Essig und zur Verwendung als Salat (vorher andünsten).

Riesen-Krempentrichterling

Aspropaxillus giganteus (Sowerby: Fr.) Kühner
Syn.: *Leucopaxillus candidus* (Fam. Tricholomataceae)

Merkmale: Hut 10–30 cm breit, weißlich bis blaß ocker, Mitte trichterförmig vertieft, Huthaut trocken, glanzlos, Rand oft gekerbt; Lamellen weiß bis cremefarben, sehr gedrängt, herablaufend; Stiel weißlich, kurz und zugespitzt; Spp. weiß, amyloid; Sp. elliptisch, glatt, 6,5–8,5 × 3,5–4,5 µ, ohne Kp. **Vorkommen**: VIII–X; meist außerhalb des Waldes, auf Wiesen und Weiden, in großen Hexenringen; relativ selten; Saprophyt. **Verwechslung**: Mönchskopf (S. 148). **Anmerkung**: Wo die Fruchtkörper auf einer Wiese erscheinen, stirbt das Gras vorübergehend ab. Dies wird durch die Abscheidung antibiotischer Stoffe (Clitocybin) durch das Myzel erreicht.

Schöner Krempenritterling RL 3

Leucopaxillus mirabilis (Bres.) M. M. Moser
(Fam. Tricholomataceae)

Merkmale: Hut 3–10 cm breit, dunkel rot- bis schwarzbraun, Huthaut trocken, fein eingewachsen haarig-filzig, Rand heller, flockig; Lamellen cremefarben, sehr gedrängt, kurz herablaufend; Stiel rotbraun, feinfilzig und längsriefig; Geschmack mild bis bitterlich; Spp. weiß, amyloid; Sp. kurzelliptisch, warzig, 6–8,5 × 4,5–6 µ, ohne Kp.; Hyphen mit Schnallen. **Vorkommen**: VIII–X; im Gebirgs-Nadelwald (Alpen, Voralpen), unter Kiefern oder Fichten auf Kalkboden; selten; vermutlich Mykorrhizapilz. **Verwechslung**: Vgl. Weichritterlinge (S. 94).

Gattung **Lepista** – Rötelritterlinge und Röteltrichterlinge
Fam. Tricholomataceae

Ritterlings- oder Trichterlingshabitus; Hüte trocken, z. T. hygrophan; Lamellen ausgebuchtet bis herablaufend; Spp. weiß, creme bis fleischrosa, inamyloid; Sp. rauh, selten glatt, rundlich bis elliptisch, ohne Kp.; L-Tr. regulär; bodenbewohnende Saprophyten.

Nebelgrauer Röteltrichterling

Lepista nebularis (Batsch: Fr.) Harmaja
Syn.: *Clitocybe nebularis*

Merkmale: Hut 5–15 cm breit, grau bis graubraun, typisch gebuckelt, Huthaut kahl oder bereift; Lamellen weißlich bis cremefarben, sehr gedrängt, herablaufend; Stiel kompakt, weiß bis blaßgrau; Geruch und Geschmack aufdringlich süßlich-mehlartig; Spp. weiß bis cremefarben; Sp. elliptisch, glatt, 5–8 × 3–4 µ. **Vorkommen**: IX–XI; im Laub- und Nadelwald, in großen Gruppen, Reihen und Kreisen; sehr häufig. **Verwechslung**: Riesen-Rötling (giftig, S. 230).
Eßbar nach Abkochen und Wegschütten des Kochwassers. Unabgekocht können Verdauungsbeschwerden auftreten. Der aufdringliche Geschmack ist nicht für jedermann angenehm.

Fuchsiger Röteltrichterling

Lepista flaccida (Sowerby: Fr.) Pat. Syn.: *L. inversa*

Merkmale: Hut 3–8 cm breit, blaß ocker bis fuchsbräunlich, Mitte trichterförmig vertieft, eher dünnfleischig, Huthaut glatt und kahl, gewöhnlich nicht wasserfleckig; Lamellen weiß bis cremerötlich, sehr gedrängt stehend, deutlich herablaufend; Stiel mit etwas Hutfarbe, doch blasser; Spp. weiß; Sp. rundlich, rauh, 3–5 µ. **Vorkommen**: IX–XI; im Laub- und Nadelwald, oft in Reihen und Kreisen wachsend; überall häufig. **Verwechslung**: Wasserfleckiger Röteltrichterling (S. 110).
Eßbar, in geringer Menge zum scharfen Braten geeignet.

Wasserfleckiger Röteltrichterling

Lepista gilva (Pers.: Fr.) Roze

Merkmale: Hut 3–8 cm breit, fahl beigefarben bis ockerbräunlich, mit typischen, konzentrisch verteilten, dunkleren Flecken, Mitte kaum vertieft, jung eher gebuckelt, daher relativ fleischig, Huthaut matt; Lamellen weiß bis cremefarben, deutlich herablaufend; Stiel blasser als der Hut, oft faserig-rissig; Spp. weiß; Sp. rundlich, rauh, 3–5 µ. **Vorkommen**: VIII–X; vorwiegend im Nadelwald der Mittelgebirge; lokal häufig. **Verwechslung**: Fuchsiger Röteltrichterling (S. 108). **Anmerkung**: Eine Trennung von *L. flaccida* und *L. gilva* auf Artebene wird nicht von allen Autoren anerkannt, scheint mir aber doch gerechtfertigt.
Eßbar, Bratpilz.

Violetter Rötelritterling

Lepista nuda (Bull.: Fr.) Cooke

Merkmale: Hut 4–8(12) cm breit; lila, violett, violettbräunlich, bisweilen auch nur bräunlich, oft etwas durchwässert, beim Trocknen stets verblassend, fleischig, Huthaut meist glatt und kahl; Lamellen lila bis violett, ausgebuchtet bis aufsteigend angeheftet; Stiel blaß lila, Oberfläche etwas flockig überfasert; Fleisch lila bis violettlich, im Kern weißlich; Geruch typisch angenehm würzig, selten geruchlos; Spp. weiß bis blaß fleischrötlich; Sp. elliptisch, fein rauh, 6–8 × 4–5 µ. **Vorkommen**: IV–V und IX–XI; im Laub- und Nadelwald, in Parkanlagen, Gärten, in der Nähe von Kompostplätzen; sehr häufig. **Verwechslung**: Lilastiel-Rötelritterling (unten), Blaßblauer Rötelritterling (S. 112), Lilafarbener Rötelritterling (S. 114), vgl. auch Lila Dickfuß (giftig, S. 262).
Eßbar; guter, vielseitig verwendbarer Speisepilz, auch gut zum Einfrieren geeignet. Der Genuß soll blutdrucksenkende Wirkung haben!

Lilastiel-Rötelritterling

Lepista personata (Fr.: Fr.) Cooke Syn.: *L. saeva*

Merkmale: Hut 5–15 cm breit, weißlich oder fahl hornfarben bis hornbräunlich, jung selten blaß lila überhaucht, etwas durchwässert, bei trockenem Wetter aufhellend, fleischig; Lamellen weißlich bis cremefarben, nur selten mit schwachem Lilaschein, ausgebuchtet; Stiel vor allem jung typisch lila, mit rissigfaseriger Oberfläche; Spp. blaß fleischrötlich; Sp. elliptisch, rauh, 6,5–9 × 4–5 µ. **Vorkommen**: X–XII; auf Wiesen und Weiden, in Jahren mit feuchtem Spätherbst oft massenhaft, in Reihen und Kreisen wachsend, stets außerhalb des Waldes; gebietsweise häufig. **Verwechslung**: Violetter Rötelritterling (Mitte), Blaßblauer Rötelritterling (S. 112).
Eßbar; uneingeschränkt verwendbar und schmackhaft, auch gut zum Einfrieren geeignet.

Blaßblauer Rötelritterling

Lepista glaucocana (Bres.) Singer

Merkmale: Hut 5–12 cm breit, blaß lila überhaucht, doch mit schmutzig grauweißlichem Grundton, relativ fleischig, meist gebuckelt; Lamellen weißlich bis blaß lila, mit ausgerandeter Schneide, ausgebuchtet; Stiel schmutzig weißlich oder blaß lila, längsfaserig; Spp. blaß fleischrosa; Sp. elliptisch, rauh, 6–8 × 3,5–4,5 µ. **Vorkommen**: IX–X; im Laub- und Nadelwald, unter Rotbuche oder Fichte, vor allem im Gebirge; lokal nicht selten, im Flachland fehlend. **Anmerkung**: Manche Autoren sehen in dieser Art nur eine Varietät vom Violetten Rötelritterling. Es sind aber mehrere unabhängige Merkmale vorhanden, die dagegen sprechen. **Verwechslung**: Violetter Rötelritterling (S. 110), Lilastiel-Rötelritterling (S. 110), Schmutziger Rötelritterling (S. 114).

Veilchen-Rötelritterling

Lepista irina (Fr.) H. E. Bigelow

Merkmale: Hut 5–13 cm breit, etwas hygrophan, feucht blaß fleischbräunlich, weißlich ausblassend, Scheitel oft inkarnat, fleischig, Rand glatt bis kurz gerippt; Lamellen cremefarben bis hell fleischocker, meist ausgebuchtet; Stiel weißlich, längs bis netzig überfasert; Geruch typisch parfümiert süßlich-aromatisch, nach getrockneter Veilchenwurzel; Spp. blaß fleischrosa; Sp. elliptisch, glatt bis fein punktiert, 6–8,5 × 3,5–4,5 µ. **Vorkommen**: IX–XI; im Laub- und Mischwald, in größeren Gruppen erscheinend, mitunter büschelig; lokal häufig. **Verwechslung**: Im Frühjahr: Maipilz (S. 142), Graubräunlicher Rötelritterling (S. 114), vgl. Bleiweißer Trichterling (giftig, S. 152).

Eßbar; ausgezeichneter, vielseitig verwendbarer Speisepilz, gut zum Einfrieren geeignet. Der süßliche Geruch vergeht beim Zubereiten.

Dichtblättriger Rötelritterling

Lepista densifolia (J. Favre) Singer & Clémençon

Merkmale: Hut 3–6(10) cm breit, jung reinweiß, wie mit einem dichten Reif überzogen, im Alter fleischocker entfärbend, Mitte bald trichterartig vertieft, relativ dünnfleischig; Lamellen blaß fleischfarben, dann rötlichocker, sehr gedrängt stehend, herablaufend; Stiel weiß; Geruch beim Reiben etwas süßlich; Geschmack mild, nicht mehlartig; Spp. cremefarben; Sp. rundlich-elliptisch, rauh, 3,5–5 × 3–4 µ. **Vorkommen**: IX–X; im Nadelwald, unter Fichte, Kiefer, Lärche, in Gruppen und Reihen wachsend; selten. **Anmerkung**: Durch ihren reifartigen Hutüberzug sieht die Art einigen giftigen weißen Trichterlingen täuschend ähnlich. **Verwechslung**: Bleiweißer Trichterling (giftig, S. 152), Mehl-Räsling (S. 228).

Speisewert unbekannt. Die Art ist vermutlich ungiftig.

Graubräunlicher Rötelritterling

Lepista luscina (Fr.: Fr.) Singer Syn.: *L. panaeola, L. rickenii*

Merkmale: Hut 3–8 cm breit, blaß horngrau bis graubraun, durchfeuchtet manchmal mit konzentrisch angeordneten, dunkleren Flecken (anderer Name: Marmorierter Rötelritterling), Rand bisweilen heller, trocken einfarbig hellgrau, Huthaut typisch matt, jung bereift, fleischig; Lamellen erst weißlich, dann graugelblich bis fleischbräunlich, je nach Hutfärbung etwas heller oder dunkler, ausgebuchtet; Stiel wie der Hut gefärbt, längsfaserig; Spp. blaß fleischrosa; Sp. elliptisch, rauh, 4,5–6,5 × 3–4 μ. **Vorkommen**: IX–XI; auf Wiesen und Weideland, Rasenplätze in Gärten und Parkanlagen, grasige Waldränder; lokal nicht selten. **Verwechslung**: Veilchen-Rötelritterling (S. 112), vgl. auch Weichritterlinge (S. 94).

Eßbar; uneingeschränkt verwendbar, relativ festfleischig.

Schmutziger Rötelritterling

Lepista sordida (Schumach.: Fr.) Singer

Merkmale: Hut 2–6 cm breit, schmutzig fleischbräunlich, blaß hornfarben, graubräunlich, auch mit violetten oder fliederfarbenen Tönen, etwas hygrophan, beim Trocknen ausblassend, dünnfleischig; Lamellen schmutzig weißlich, grauweißlich, mitunter schwach lila, weniger gedrängt als in der Gattung üblich, ausgebuchtet; Stiel wie der Hut gefärbt, etwas blasser, längsfaserig; Fleisch weißlich bis fleischfarben, lila; Geruch etwas muffig-erdig; Spp. blaß fleischrosa; Sp. elliptisch, rauh, 5,5–7 × 3,5–4 μ. **Vorkommen**: (VIII)X–XI; vorwiegend auf gedüngten Wiesen und Feldern, Parkanlagen, Gärten, gern in Nähe von Kompost, seltener im Walde, z. T. büschelig; nicht häufig. **Anmerkung**: Die Art ist farblich sehr veränderlich und wird in diverse Varietäten unterteilt. Eine in allen Teilen lila gefärbte Variante (siehe unten) ähnelt besonders dem Violetten Rötelritterling, riecht aber nicht würzig, sondern erdig bis muffig. **Verwechslung**: Graubrauner Rötelritterling (oben).

Eßbar, doch geschmacklich nicht besonders wertvoll.

Lilafarbener Rötelritterling

Lepista sordida var. *lilacea* (Quél.) Bon
Syn.: *L. nuda* var. *lilacea*

Merkmale: Hut 2–6 cm breit, verwaschen lila bis violett, fliederfarben, mit fleischbräunlichem Scheitel, relativ dünnfleischig; Lamellen meist kräftig lila bis fliederfarben, nur mäßig gedrängt, ausgebuchtet bis aufsteigend angeheftet; Stiel lila, violett, fliederfarben, relativ schlank, mit lila Basismyzel; Fleisch wässerig lila, beim Antrocknen besonders im Kern weißlich ausblassend; Geruch muffig-erdig; **Vorkommen**: IX–XI; im Laub- und Mischwald, auch in Parkanlagen und Gärten; nicht häufig. **Verwechslung**: Violetter Rötelritterling (S. 110).

Eßbar, doch geschmacklich nicht besonders wertvoll.

Gattung **Cystoderma** – Körnchenschirmlinge
Fam. Agaricaceae bzw. Tricholomataceae

Frkp. schirmlingsähnlich; Hüte bunt, trocken, mit körnigem, abwischbarem Belag (aus rundlichen Zellen); Lamellen hellfarbig, angewachsen; Stiele körnig-mehlig, mit flockiger Ringzone oder häutigem Ring; Spp. weiß, amyloid oder inamyloid; Sp. kurz- bis langelliptisch, glatt, ohne Kp.; L-Tr. regulär; bodenbewohnende Saprophyten (vgl. *Phaeolepiota*, S. 244).

Amiant-Körnchenschirmling

Cystoderma amiantinum (Scop.: Fr.) Fayod

Merkmale: Hut 1–3(5) cm breit, hellgelb, zimtgelblich bis zimtocker, neben dem körnigen Belag vom Scheitel her oft strahlig gerunzelt, Rand mit überstehenden Velumflocken; Lamellen weiß; Stiel rostbraun, mit flockiger Ringzone, oberhalb schwach überfasert; Geruch beim Reiben etwas muffig; Spp. amyloid; Sp. 5–6,5 × 3–4 μ. **Anmerkung**: Die Art ist sehr formenreich und farblich veränderlich. Auch völlig weißhütige albinoide Formen kommen vor. **Vorkommen**: IX–XI; im Nadelwald, an grasigen, moosigen Stellen unter Fichten oder Kiefern; häufig. **Verwechslung**: Rostgelber Körnchenschirmling (Mitte).

Rostgelber Körnchenschirmling

Cystoderma jasonis (Cooke & Massee) Harmaja
Syn.: *C. longisporum*

Merkmale: Hut 1–3 cm breit, rostgelblich, zimt- bis rostbräunlich, Scheitel gewöhnlich nicht gerunzelt, Rand grober beflockt; Lamellen nie reinweiß, sondern schon jung mit fleischfarbenem Beiton; Stiel rostbraun, mit schwacher, flockiger Ringzone; Geruch nicht unangenehm, würzig-pilzartig; Spp. amyloid; Sp. länglicher als bei den anderen Arten der Gattung, 6–9 × 3,5–4,5 μ (anderer Name: Langsporiger Körnchenschirmling). **Vorkommen**: IX–XI; im moosigen Nadel- und Mischwald, besonders unter Fichten; lokal häufig. **Verwechslung**: Amiant-Körnchenschirmling (oben).

Starkriechender Körnchenschirmling

Cystoderma carcharias (Pers.) Fayod

Merkmale: Hut 2–5 cm breit, schmutzig weißlich, mit schwachen grauen oder rosa Beitönen, Scheitel oft kräftiger gefärbt, mit kleiner Papille, Rand jung mit abstehenden Velumflöckchen; Lamellen weißlich; Stiel wie Hut gefärbt, jung mit trichterförmig aufsteigendem, häutigem Ring; Geruch auffallend unangenehm nach Scheunenstaub; Spp. amyloid; Sp. 4–5 × 3–4 μ. **Vorkommen**: IX–XI; im Nadel- und Mischwald; häufig. **Anmerkung**: Durch ihren auffallenden Geruch und den häutigen Ring ist diese Art unverkennbar.

Rostroter Körnchenschirmling

Cystoderma granulosum (Batsch: Fr.) Fayod

Merkmale: Hut 1–3(5) cm breit, rost- bis ziegelrötlich, rostbraun, im Alter ausblassend, Rand durch Velumreste weiß gesäumt; Lamellen meist reinweiß; Stiel rotbraun, mit weißflockiger Ringzone; Geruch pilzartig, nicht unangenehm; Spp. inamyloid; Sp. 4–5 × 2,5–3 µ. **Vorkommen**: IX–X; im Laub- und Nadelwald, zwischen Moosen, an Lichtungen und Wegrändern; heute ziemlich selten, war früher häufiger. **Verwechslung**: Größer, mit Zystiden: Zinnoberroter Körnchenschirmling (Mitte).

Zinnoberroter Körnchenschirmling

Cystoderma terrei (Berk. & Broome) Harmaja
Syn.: *C. cinnabarinum*

Merkmale: Hut 3–6(8) cm breit, orange bis zinnoberrot, auch rostrot, im Alter oft hellorange oder gelblich ausblassend, Rand vom Velum weißflockig behangen; Lamellen jung reinweiß; Stiel wie der Hut gefärbt oder blasser, mit flockiger Ringzone, unterhalb dieser körnig bis flockig, Spitze oft weiß abgesetzt; Geruch pilzartig, nicht unangenehm; Spp. inamyloid; Sp. 4–5 × 2,5–3 µ; Lamellen mit pfeilspitzenförmigen, dickwandigen Zystiden (Abb. 31). **Vorkommen**: IX–X; im Laub- und Nadelwald, an lichten, moosigen Stellen; relativ selten. **Anmerkung**: Im Zweifel ist diese Art immer an ihren Zystiden zu erkennen. **Verwechslung**: Kleiner, ohne Zystiden: Rostroter Körnchenschirmling (oben).

Wohlriechender Schuppenwulstling

RL R

Squamanita odorata (Cool) Bas
(Fam. Agaricaceae bzw. Tricholomataceae)

Merkmale: Hut 0,5–3 cm breit, graubraun bis lilagrau, konvex, Huthaut trocken, mit sparrig abstehenden, regelmäßig verteilten Schüppchen; Lamellen graubraun, etwas dicklich, angewachsen; Stiel blaß gefärbt, an der Basis in rübenartig verdicktes, gelbliches, unterirdisches Sklerotium übergehend; am Übergang und in der unteren Stielhälfte mit sparrigen, dunklen Schüppchen; Geruch auffallend angenehm fruchtig; Spp. gelblich, inamyloid; Sp. elliptisch, glatt, 6–9 × 4–5,5 µ, ohne Kp.; L-Tr. regulär. **Vorkommen**: IX–X; meist außerhalb des Waldes, an grasig-moosigen Standorten, Parkanlagen, auf sandigen Böden; selten. **Anmerkung**: Die Schuppen- oder Sklerotienwulstlinge ähneln entfernt den Wulstlingen, sind aber eher mit den Körnchenschirmlingen verwandt. Sehr charakteristisch ist die rübenartig verdickte, im Erdboden befindliche Knolle, aus der sich der Fruchtkörper entwickelt. Einige Arten werden erheblich größer als die hier abgebildete. So z. B. die in dieser Gattung als erstes beschriebene Art, der bis zu 10 cm breit werdende Gelbe Schuppenwulstling *(S. schreieri)*. Alle sind äußerst selten und wenig bekannt.

Gattung **Hygrophorus** – Schnecklinge
Fam. Hygrophoraceae

Hüte fast immer schmierig, meist kahl; Lamellen dicklich, oft entfernt stehend, breit angewachsen bis herablaufend; Stiele schleimig oder trocken, ringlos, selten mit schleimiger Ringzone; Spp. weiß, inamyloid; Sp. elliptisch, glatt, ohne Kp.; L-Tr. bilateral; Mykorrhizapilze.

Elfenbein-Schneckling

Hygrophorus eburneus (Bull.: Fr.) Fr.

Merkmale: Hut 3–6 cm breit, reinweiß bis elfenbeinfarben, auch im Alter kaum verfärbend, Huthaut schleimig; Lamellen weiß, schwach herablaufend; Stiel weiß, mit trockener, kleiiger Spitze, unterhalb schleimig, Basis zuspitzend; Fleisch in Stielbasis mit KOH orange. Geruch eingenartig streng säuerlich-aromatisch, ähnlich wie die Raupe des Weidenbohrers *(Cossus cossus)*; Sp. 7–9 × 4–6 μ. **Vorkommen**: IX–XI; im Laubwald, vorwiegend unter Rotbuchen, auf neutralen bis kalkhaltigen Böden; relativ häufig, weit verbreitet. **Verwechslung**: Verfärbender Schneckling (Mitte), Birken-Schneckling (unten).
Eßbar, guter Mischpilz. Der für manchen unangenehme Geruch vergeht bei der Zubereitung. Dasselbe gilt auch für die anderen gleich riechenden Schnecklinge (siehe Mitte und unten).

Verfärbender Schneckling

Hygrophorus discoxanthus (Fr.) Rea
Syn.: *H. chrysaspis, H. cossus*

Merkmale: Hut 2–6 cm breit, jung weiß, bald gilbend und schließlich sogar bräunend, Huthaut schleimig; Lamellen weiß, alt gilbend, etwas herablaufend; Stiel weiß, schleimig, zuspitzend; Fleisch in Stielbasis mit KOH gelb; Geruch nach Weidenbohrer-Raupe (siehe oben); Sp. 6,5–8 × 4–5 μ. **Vorkommen**: VIII–X; im Buchenwald, vor allem auf Kalkboden; lokal häufig. **Verwechslung**: Elfenbein-Schneckling (oben), Goldzahn-Schneckling (S. 122).

Birken-Schneckling

RL 3

Hygrophorus hedrychii (Velen.) K. Kult Syn.: *H. melizeus*

Merkmale: Hut 3–8 cm breit, weiß, weißlich, etwas inkarnat getönt oder am Scheitel fleischocker gefärbt, Huthaut sehr schleimig, kahl, Rand oft kurz gekerbt; Lamellen schon jung nicht reinweiß, sondern cremegelblich bis inkarnat, etwas herablaufend; Stiel wie der Hut gefärbt, schleimig; Geruch nach Weidenbohrer-Raupe (siehe oben), manchmal auch geruchlos; Sp. 6–9 × 4–5 μ. **Vorkommen**: VIII–X; unter Birken, auf sandigen wie kalkhaltigen Böden; selten. **Verwechslung**: Elfenbein-Schneckling (oben).

Goldzahn-Schneckling

Hygrophorus chrysodon (Batsch: Fr.) Fr.

Merkmale: Hut 3–6 cm breit, weiß, mit goldgelbem, flockigem bis gezähntem, manchmal auch bärtig-filzigem Rand, Huthaut schleimig, bald abtrocknend; Lamellen weiß, Schneide manchmal gelbflockig, schwach herablaufend; Stiel weiß, etwas filzig-flockig, oben oft mit gelbflockiger Zone, unterhalb dieser schmierig; Geruch unbedeutend, nach Angaben einiger Autoren mit Blausäure- oder Bittermandelkomponente; Sp. elliptisch-spindelig, 8–11 × 3,5–4,5 μ. **Vorkommen**: VIII–XI; im Laub- und Nadelwald, unter Fichten oder Buchen, kalkliebend; lokal häufig (z. B. in Kalkgebieten Süddeutschlands). **Verwechslung**: Verfärbender Schneckling (S. 120).

Schleimigberingter Schneckling RL 2

Hygrophorus ligatus Fr. Syn.: *H. gliocyclus*, *H. flavodiscus*

Merkmale: Hut 3–10 cm breit, elfenbeinfarben, mit bald gelblichem bis ockerfarbigem Scheitel, Huthaut schleimig, kahl, Rand scharfkantig, lange eingerollt oder eingebogen; Lamellen cremeweißlich bis inkarnat, schwach herablaufend; Stiel wie der Hut gefärbt, stark schleimig, an der Spitze jung mit schleimiger, verdickter Ringzone (Name!); Sp. 7–10 × 4,5–6 μ. **Vorkommen**: VIII–X; im Nadelwald, vorzugsweise unter Kiefern, auf kalkhaltigen Böden; selten. **Anmerkung**: Je nach Ausfärbung kann diese Art mit diversen anderen Schnecklingen verwechselt werden. Die schleimige Ringzone ist sehr typisch, doch nur bei jungen Exemplaren deutlich. Man beachte beim Bestimmen auch den unauffälligen Geruch und den Standort unter Kiefern. **Verwechslung**: Elfenbein-Schneckling (S. 120), Verfärbender Schneckling (S. 120), Orangefalber Schneckling (S. 124).

Trockener Schneckling

Hygrophorus penarius Fr.

Merkmale: Hut 4–10 cm breit, reinweiß, bald mit blaß ockerfarbenem Scheitel oder gänzlich elfenbeinfarben, Huthaut selbst bei Regenwetter nur schwach klebrig, bald wieder völlig trocken; Lamellen weißlich, mit cremefarbenem Schein, etwas herablaufend, mitunter gegabelt und am Grunde queraderig verbunden; Stiel weißlich, mit trockener Oberfläche, Basis oft zugespitzt; Fleisch relativ fest; Sp. 6–8 × 3,5–4 μ. **Vorkommen**: IX–X; im Laubwald, vorwiegend unter Eichen und Buchen, auf kalkhaltigen Böden; relativ selten, doch gleichmäßig verbreitet. **Anmerkung**: Um die typische Trockenhütigkeit zu prüfen, sollte der Hut beim Bestimmen etwas angefeuchtet werden. Alle anderen weißhütigen Schnecklinge werden schleimig. **Verwechslung**: Elfenbein-Schneckling (S. 120) und andere hellfarbige Schnecklinge, Seidiger Ritterling (S. 78).

Eßbar, doch nach Literaturangaben wenig schmackhaft.

Orangefalber Schneckling

Hygrophorus unicolor Gröger Syn.: *H. leucophaeus*

Merkmale: Hut 2–6 cm breit, anfangs oft einfarbig fleischbräunlich oder orangebräunlich, dann vom Rande her aufhellend, oder generell weißlich und nur mit fleischbräunlichem Scheitel, Huthaut schleimig, kahl; Lamellen weißlich bis blaß lachsfarben, schwach herablaufend; Stiel weißlich, etwas faserflockig, mit ausspitzender Basis, schleimig; Sp. 6–8,5 × 4–5 μ. **Vorkommen**: IX–X; im Laubwald, unter Rotbuchen, auf kalkhaltigen Böden; relativ selten, lokal verbreitet. **Verwechslung**: Unter Fichten: Braunscheibiger Schneckling (S. 132), unter Hainbuchen und Hasel: Hellrandiger Schneckling *(H. lindtneri)*. **Anmerkung**: Die abgebildeten Exemplare sind relativ hell gefärbt und daher auch mit weißlichen Schnecklingen verwechselbar, sofern nicht auf den gefärbten Hutscheitel geachtet wird.

Orange-Schneckling RL 2

Hygrophorus pudorinus (Fr.) Fr.

Merkmale: Hut 4–8(12) cm breit, gelblich-orange, rosa-ocker, oft mit typisch morgenrötlichen Tönen, Huthaut klebrig, bald abtrocknend, Rand meistens kurz gekerbt; Lamellen weißlich, später auch blaß lachsfarben, fast gerade angewachsen; Stiel weißlich, mit einem Hauch Hutfarbe, an der Basis oft gelbfleckig, Form besonders jung kräftig walzenförmig, mit verjüngter Basis, nur leicht klebrig; Fleisch im Hutbereich lachsfarben, in Stielbasis gelblich, sonst weißlich; Geruch süßlich, parfümiert, auch an den Grünen Knollenblätterpilz erinnernd; Geschmack bitterlich und zugleich harzig-terpentinartig; Sp. 8–10 × 4,5–6 μ. **Vorkommen**: VIII–X; in Nadel- und Laubmischwäldern, unter Weißtanne, auf lehmig-kalkhaltigen Böden, erscheint vorwiegend im Gebirge; lokal nicht selten (Süddeutschland, Österreich, Schweiz). **Verwechslung**: Isabellrötlicher Schneckling (unten).

Ungenießbar wegen des Terpentingeschmacks und seiner Bitterstoffe. Abkochen in Salzwasser soll Abhilfe schaffen.

Isabellrötlicher Schneckling RL 3

Hygrophorus poetarum R. Heim

Merkmale: Hut 5–15 cm breit, blaß gelblich-rosa bis fleischfarben, gegen den Rand aufhellend, Huthaut klebrig, bald gänzlich trocken, Rand lange eingerollt, manchmal gekerbt; Lamellen weißlich, etwas herablaufend; Stiel weißlich oder morgenrötlich überhaucht, nahezu trocken, kompakt; Fleisch weiß, nur unter der Huthaut rosa durchgefärbt; Geruch süßlich-obstartig, parfümiert, ähnlich dem Orange-Schneckling, doch schwächer; Geschmack mild; Sp. 7–8,5 × 4,5–5,5 μ. **Vorkommen**: VIII–X; im Laubwald, unter Rotbuchen, besonders auf Kalkböden; relativ selten, gleichmäßig verbreitet. **Verwechslung**: Orange-Schneckling (ungenießbar, Mitte).

Wald-Schneckling

Hygrophorus nemoreus (Pers.: Fr.) Fr.

Merkmale: Hut 3–8(10) cm breit, fleisch- bis orangebräunlich, oft etwas marmoriert oder radialstreifig, Rand kurz gekerbt, Huthaut nur etwas klebrig, nicht schleimig; Lamellen cremefarben bis blaß rötlich-ocker, kurz herablaufend; Stiel weißlich, oft mit etwas Hutfarbe, zuspitzend, fein flockig-schuppig, trocken; Fleisch relativ fest, durchgehend weißlich; Geruch (im Längsschnitt) und Geschmack schwach mehlartig; Sp. 6,5–8 × 4–5 µ. **Vorkommen**: VIII–X; im Laub- oder Mischwald, besonders unter Eichen, vermutlich ohne besondere Bodenansprüche; nicht häufig, doch in Mitteleuropa regelmäßig verbreitet. **Verwechslung**: Orange-Schneckling (ungenießbar, S. 124), Isabellrötlicher Schneckling (S. 124), Orange-Ellerling (S. 140).

Eßbar; wegen seines festen, angenehm schmeckenden Fleisches ein guter Speisepilz.

Lärchen-Schneckling

Hygrophorus lucorum Kalchbr.

Merkmale: Hut 2–5 cm breit, einfarbig zitronengelb, beim Aufschirmen meist flach-konvex, ohne Buckel, Huthaut schmierig, glatt und kahl; Lamellen jung weißlich, dann gelblich, gerade angewachsen bis schwach herablaufend; Stiel etwas blasser als der Hut, von farblosem Schleim überzogen, trocken flockig, im Alter weichlich und hohl werdend; Fleisch blaß gelblich, unter der Huthaut chromgelb, weichlich; Sp. 7–10 × 4,5–5,5 µ. **Vorkommen**: IX–XI; im Nadelwald, unter Lärchen, im Gebirge wie im Flachland vorkommend; nicht häufig, doch weit verbreitet. **Verwechslung**: Orangegelber Lärchen-Schneckling (unten).

Eßbar, doch dünnfleischig und wenig ergiebig.

Orangegelber Lärchen-Schneckling

Hygrophorus speciosus Peck

Merkmale: Hut 1–4(6) cm breit, goldgelb bis orangegelb, mit dunkler orangebraunem, mehr oder weniger deutlich abgegrenztem Buckel, Huthaut schleimig; Lamellen erst weiß, dann blaß gelblich, meist deutlich herablaufend; Stiel gelblich, einfarbig oder vom Schleim gelblich genattert, im Alter hohl werdend; Fleisch weiß, unter der Huthaut orange bis zitronengelb; Sp. 7–11 × 5–6 µ. **Vorkommen**: IX–XI; im Nadelwald, unter Lärchen, fast nur im Gebirge; lokal nicht selten, besonders im Alpengebiet (Österreich). **Verwechslung**: Lärchen-Schneckling (Mitte), unter Kiefern: Goldgelber Frost-Schneckling *(H. hypothejus* var. *aureus)*.

Eßbar; wächst meist einzeln, daher als Speisepilz kaum lohnend.

Rasiger Purpur-Schneckling RL 3

Hygrophorus erubescens (Fr.) Fr.

Merkmale: Hut 3–8 cm breit, auf weißlichem Grunde mit purpurroten Schüppchen oder Flecken, im Alter gelbfleckig, Huthaut nur wenig schmierig, Rand oft kurz gekerbt; Lamellen jung weiß, dann wie der Hut mit purpurroten Flecken, später auch gilbend, gerade angewachsen bis leicht herablaufend, wenig entfernt stehend; Stiel weiß, stellenweise purpurrot überfasert oder gefleckt, Basis gilbend, Oberfläche fein mehlig-bereift, im unteren Teil längsfaserig; Fleisch weiß, partiell weinrötlich verfärbend und gilbend; Geschmack bitterlich, beim Kauen auch schärflich; Sp. 8–10 × 5–6 µ. **Vorkommen**: VIII–X; im montanen Fichtenwald, auf Kalkböden; lokal nicht selten (Süddeutschland, Österreich), gesellig. **Verwechslung**: Geflecktblättriger Purpur-Schneckling (Mitte), Flamingo-Schneckling (unten).

Ungenießbar wegen seiner Bitterstoffe, doch nicht giftig.

Geflecktblättriger Purpur-Schneckling RL 3

Hygrophorus russula (Schaeff.: Fr.) Quél.

Merkmale: Hut 4–10 cm breit, auf weißlichem Untergrund purpur- oder weinrötlich gefleckt, nicht gilbend, Huthaut schmierig; Lamellen weißlich, im Alter weinrot gefleckt, relativ engstehend, ausgebuchtet, kaum herablaufend; Stiel weißlich, mit weinroten Flecken, Oberfläche trocken; Fleisch weiß, purpur- bis weinrötlich verfärbend, doch nicht gilbend; Geschmack mild; Sp. 7–9 × 4–5,5 µ. **Vorkommen**: VIII–X; im Laubwald, unter Eichen und Rotbuchen, auf kalkhaltigen Böden, aber nicht streng an diese gebunden; verbreitet, aber selten, in Reihen und Hexenringen wachsend. **Verwechslung**: Rasiger Purpur-Schneckling (oben), Flamingo-Schneckling (unten), Weinroter Schneckling (S. 130).

Eßbar, da normalerweise mild schmeckend. Nach Literaturangaben auch bitterlich.

Flamingo-Schneckling

Hygrophorus persicolor Ricek

Merkmale: Hut 3–8(12) cm breit, blaß rosa, am Scheitel oft kräftiger gefärbt, aber kaum gefleckt, Huthaut mäßig schleimig; Lamellen weiß bis blaß rosa-cremefarben, wenig herablaufend; Stiel weißlich, an Fraßstellen blaß rosa, Oberfläche trocken, fein kleiig bis faserschuppig; Fleisch jung weiß, etwas rosa verfärbend, nie gilbend; Geruch manchmal fruchtartig; Geschmack mild; Sp. 7–9 × 4–5,5 µ. **Vorkommen**: VIII–X; im montanen und submontanen Fichtenwald, auf kalkhaltigem Boden, an feuchten, moosigen Stellen; selten. **Anmerkung**: Die Art wurde erst in neuerer Zeit beschrieben und ist noch wenig bekannt. **Verwechslung**: Rasiger und Geflecktblättriger Purpur-Schneckling (oben und Mitte).

Weinroter Schneckling

RL 2

Hygrophorus capreolarius Kalchbr.

Merkmale: Hut 3–8 cm breit, weinrötlich bis weinbräunlich, mit dunkleren Flecken, Huthaut wenig schmierig; Lamellen schon jung weinrötlich, im Alter gefleckt, mit queraderigen Verbindungen, gerade angewachsen, nur alt schwach herablaufend; Stiel wie der Hut gefärbt, an Verletzungen dunkler weinrot fleckend, Oberfläche trocken, flockig bis längsfaserig, Basis ausspitzend; Fleisch weinrötlich; Sp. 7–10 × 4–5 μ. **Vorkommen**: VIII–X; im Laub- und Nadelwald, unter Fichte, Tanne und Buche, im Gebirge auf kalkhaltigen Böden; selten. **Verwechslung**: Geflecktblättriger Purpur-Schneckling (S. 128).

Schuppiger Schneckling

Hygrophorus queletii Bres.

Merkmale: Hut 1–5 cm breit, weißlich bis elfenbeinfarben, gegen den Scheitel fleisch- bis rostbräunlich, allmählich in Schüppchen auflösend, Huthaut nur etwas klebrig; Lamellen jung weißlich, dann cremegelblich, entfernt stehend, schwach herablaufend; Stiel weißlich, über die ganze Länge kleiig, trocken; Fleisch weiß, im Alter etwas gilbend; Geruch und Geschmack unbedeutend; Sp. 7–10 × 4–5 μ. **Vorkommen**: VIII–X; an grasigen Stellen unter Lärchen, nur im Gebirge, auf kalkhaltigen Böden; sehr selten. **Anmerkung**: Diese Art wurde bisher aus Deutschland noch nicht nachgewiesen. Sie wurde ursprünglich aus den Karpaten beschrieben und seitdem auch in Österreich (z. B. Salzkammergut, Foto!) und der Schweiz aufgefunden. Da die charakteristischen Hutschüppchen wenig auffallen, kann sie mit anderen weißlichen Schnecklingen verwechselt werden.

Speisewert unbekannt, vermutlich eßbar.

Frost-Schneckling

Hygrophorus hypothejus (Fr.: Fr.) Fr.

Merkmale: Hut 1–6 cm breit, dunkel olivbraun oder olivgrau, stellenweise gelblich entfärbend (ältere Exemplare), Mitte meist mit kleinem Buckel, Huthaut schleimig; Lamellen meist mit deutlichem Gelbton, selten weißlich, schwach herablaufend; Stiel blaß bis satt gelblich, selten weißlich, jung stark schleimig, mit zuspitzender Basis; Fleisch gelblich gefärbt, weichlich, im Stiel eher zäh; Geruch manchmal fast obstig, meist jedoch geruchlos; Sp. 7–9 × 4–5,5 μ. **Vorkommen**: X–XII, nach den ersten Nachtfrösten; im Kiefernwald, besonders auf Sandböden; häufig. **Anmerkung**: Die sehr späte Erscheinungszeit ist ein typisches Merkmal dieser Art. Eine Variante mit schön goldgelbem bis orangefarbenem Hut wird als var. *aureus* abgetrennt. **Verwechslung**: Natternstieliger Schneckling (S. 132).

Eßbar, guter Speisepilz; relativ ergiebig, da in größeren Gruppen auftretend.

Natternstieliger Schneckling

Hygrophorus olivaceoalbus (Fr.: Fr.) Fr.

Merkmale: Hut 2–6 cm breit, dunkel graubraun, olivbraun, mit oft noch dunklerem Buckel, Rand gelegentlich aufhellend, Huthaut sehr schleimig; Lamellen reinweiß, nicht bis schwach herablaufend; Stiel graubraun, mit hell abgesetzter Spitze, darunter einfarbig bis genattert, schleimig, oft schlank und verbogen; Fleisch durchgehend weiß; Sp. auffallend groß, 12–16 × 7–8,5 μ. **Vorkommen**: VIII–XI; im Nadelwald, unter Fichten, auf moosreichem, saurem Untergrund; häufig. **Verwechslung**: Frost-Schneckling (S. 130), Olivgrauer Schneckling (Mitte), Grauweißer Schneckling (unten), robustere Art auf Kalkböden: Zweifarbiger Schneckling *(H. persoonii)*.

Eßbar, schmackhafter Speisepilz; wegen seines zahlreichen Auftretens relativ ergiebig.

Olivgrauer Schneckling

RL 2

Hygrophorus mesotephrus Berk. & Broome

Merkmale: Hut 2,5–4(6,5) cm breit, dunkelbraun, graubraun oder olivgrau, gegen den Rand aufhellend, Mitte mit abgerundetem Buckel, Huthaut schleimig; Lamellen weiß, auch mit leichtem Grauton, schwach bis deutlich herablaufend; Stiel graubräunlich, meist deutlich genattert, mit weiß abgesetzter, flockiger, bei feuchter Witterung mit Wassertröpfchen besetzter Spitze; Fleisch weiß; Sp. 9,5–12 × 6–7,5 μ. **Vorkommen**: IX–X; im Laubmischwald, unter Eichen oder Rotbuchen, vermutlich auf mäßig kalkhaltigen Böden; selten. **Anmerkung**: Die Art gleicht sehr dem in sauren Nadelwäldern häufigen Natternstieligen Schneckling, wächst aber im Laubwald und besitzt kleinere Sporen. Anderer Name: Graubrauner Schleimstiel-Schneckling. **Verwechslung**: Natternstieliger Schneckling (oben), Zweifarbiger Schneckling *(H. persoonii)*.

Braunscheibiger Schneckling

Hygrophorus discoideus (Pers.: Fr.) Fr.

Merkmale: Hut 2–6 cm breit, rost- bis kastanienbraun, Randbereich heller ocker- bis fleischbräunlich, Huthaut schleimig und kahl; Lamellen nur jung weißlich, bald aber gelb- bis fleischbräunlich, entfernt stehend, etwas herablaufend; Stiel heller als der Hut, jung weißlich, dann im unteren Teil blaß bräunlich, etwas flockig-faserig, bei feuchtem Wetter schleimig; Fleisch weißlich bis blaß bräunlich; Sp. 6–8 × 3,5–5 μ. **Vorkommen**: IX–XI; im Nadelwald, unter Fichten auf kalkhaltigen Böden, gesellig; lokal relativ häufig (Süddeutschland). **Anmerkung**: Die Hutfarben sowie der hellere Rand erinnern an den bitter schmeckenden, ungenießbaren Dunkelscheibigen Fälbling (S. 294). **Verwechslung**: Im Laubwald auf Kalkboden: Orangefalber Schneckling (S. 124).

Eßbar, doch ohne besonderen Geschmack.

kraut&rüben
Jetzt
3 Ausgaben
für nur 9,90 €
testen!
kraut&rüben
Magazin für biologisches Gärtnern und naturgemäßes Leben
Bärlauch-Zupfbrot
Großer Beetplan für Gemüse
Gärtnern auf Sandboden
Obst satt dank guter Partner
Tomatendach bauen
Senf selbstgemacht
Kräuter
Selbstversorgen aus der Kiste
Gartenkräuter
Die besten Arten und Sorten
blv

Schwarzpunktierter Schneckling

Hygrophorus pustulatus (Pers.: Fr.) Fr.

Merkmale: Hut 2–5 cm breit, heller oder dunkler graubraun, Huthaut fast trocken, in feine, dunklere, pustelartige Schüppchen auflösend, Rand bisweilen gekerbt; Lamellen weiß bis grauweißlich, kurz herablaufend; Stiel weißlich bis graubräunlich, Oberfläche trocken, besonders im oberen Teil dicht mit olivbraunen bis schwärzlichen, pustelartigen Drüsenkörnchen besetzt; Fleisch weiß; Sp. 7–10 × 4,5–6 µ. **Vorkommen**: IX–XI; im Nadelwald, unter Fichten, ohne besondere Bodenansprüche; häufig, stellenweise auch in größeren Ansammlungen. **Anmerkung**: Die pustelartigen Drüsenkörnchen am Stiel sind ein untrügliches Merkmal dieser kaum verwechselbaren Art. Sie bestehen aus Büscheln von Hyphen mit gefärbtem Zellinhalt. **Verwechslung**: Dunkle Formen des Wohlriechenden Schnecklings (Mitte).

Wohlriechender Schneckling

Hygrophorus agathosmus (Fr.) Fr.

Merkmale: Hut 3–8 cm breit, weißlich, hellgrau, oliv- bis aschgrau oder gelblich-graubraun, Huthaut mäßig schleimig, bald abtrocknend; Lamellen weiß, grauweißlich bis cremefarben, wenig entfernt stehend, schwach herablaufend; Stiel weiß oder mit etwas Hutfarbe, doch stets heller als der Hut, Oberfläche trocken, auf ganzer Länge fein kleiig-flockig; Fleisch weißlich; Geruch auffallend nach Bittermandelöl; Sp. 7–10 × 4,5–6 µ. **Vorkommen**: IX–X; im Nadelwald, besonders unter Fichten im Gebirge, auf kalkhaltigen Böden; mäßig häufig, weit verbreitet, doch nie massenhaft. **Anmerkung**: Durch den sehr einprägsamen Geruch ist die farblich sehr variable Art kaum zu verwechseln. Die var. *aureofloccosus* besitzt auffallende goldgelbe Stielflöckchen.

Rußbrauner Schneckling RL 2

Hygrophorus camarophyllus (Alb. & Schwein.: Fr.) Dumée

Merkmale: Hut 5–12 cm breit, grau- bis schwarzbraun, äußerste Kante bisweilen weißlich, Huthaut trocken, eingewachsen radialfaserig; Lamellen schmutzig weißlich, meist mit leichtem Grauton, im Alter deutlich herablaufend; Stiel heller als der Hut, graubräunlich überhaucht, mit trockener Oberfläche; Sp. 8–10 × 5–6 µ. **Vorkommen**: IX–X; im Nadelwald, unter Fichten oder Kiefern, an feuchten, moorigen Stellen zwischen Moosen, auf saurem Boden; selten. **Verwechslung**: Auf Kalkböden: Schwarzfaseriger Schneckling *(H. atramentosus)*, Lamellen rosa: Schönblättriger Schneckling *(H. calophyllus)*.

Eßbar, doch wie alle hier erwähnten Arten selten und schonenswert.

Gattung **Hygrocybe** – Saftlinge
Fam. Hygrophoraceae

Hüte und Stiele farbenfreudig, glasig, schmierig oder trocken; Lamellen dicklich, entfernt stehend, aufsteigend angeheftet bis herablaufend; Spp. weiß, inamyloid; Sp. elliptisch, glatt, ohne Kp.; L-Tr. regulär; Saprophyten oder Mykorrhizapilze mit Gräsern.

Kegeliger Saftling gesch.

Hygrocybe conica (Scop.: Fr.) P. Kumm.

Merkmale: Hut 1–3(5) cm breit, gelb, orange oder rotorange, alt schwärzend, dünnfleischig, Huthaut feucht klebrig; Lamellen gelblich, auch mit Grauton, schwärzend, aufsteigend angeheftet; Stiel gelborange, unten farblos, alt schwärzend, längsfaserig, trocken; Fleisch gelblich, alt schwärzend, brüchig; Sp. (Basidien 4-sporig:) 7–9 × 4,5–6 µ oder (Basidien 2-sporig:) 8–12(14) × 6–7,5 µ. **Vorkommen**: VI–X; zwischen Gras und Moos, grasige Waldstellen; relativ häufig. **Verwechslung**: Schwärzender Saftling (Mitte).

Schwach giftig; verursacht Verdauungsstörungen. Die Giftstoffe sind noch unbekannt.

Schwärzender Saftling gesch.

Hygrocybe nigrescens (Quél.) Kühner

Merkmale: Hut 4–8(10) cm breit, gelb- bis rotorange, stellenweise schwärzend, stumpf kegelig, Huthaut trocken, radialfaserig, oft fein filzig; Lamellen gelblich, nach Berührung schwärzend, breit, aufsteigend angeheftet; Stiel gelb bis orange, schwärzend, längsfaserig, trocken; Fleisch gelblich, im Alter schwärzend, zerbrechlich; Sp. 8–11,5 × 5–6,5 µ; Basidien 4-sporig. **Vorkommen**: VII–X; Wiesen, grasige Waldränder; zerstreut auftretend. **Anmerkung**: Nach Meinung einiger Autoren lassen sich *H. nigrescens* und *H. conica* nicht eindeutig voneinander trennen. **Verwechslung**: Kegeliger Saftling (oben).

Schwach giftig (siehe oben).

Mennigroter Saftling gesch.

Hygrocybe miniata (Fr.) P. Kumm.

Merkmale: Hut 1–3 cm breit, mennigrot, leuchtend zinnoberrot, dann orangerot ausblassend, Form typisch halbkugelig-konvex, Huthaut trocken, fein filzig-schorfig; Lamellen rötlich-orange, mit gelber Schneide, meist breit angewachsen; Stiel wie der Hut gefärbt, längsfaserig; Fleisch orange bis rötlich, in Hutmitte weißlich; Sp. 8–11 × 5–6 µ. **Vorkommen**: VI–X; zwischen Moos und Gras, besonders an Wegen und Waldrändern; relativ häufig. **Anmerkung**: Die Art besitzt eine typisch schorfig-filzige Huthaut.

Safrangelber Saftling gesch.

Hygrocybe persistens (Britzelm.) Singer Syn.: *H. acutoconica*

Merkmale: Hut 1–5 cm breit, zitronengelb, chromgelb bis gelblich-orange, meist deutlich spitzkegelig, Huthaut schmierig; Lamellen blaß zitronengelb, chromgelb bis orangegelb, kurz aufsteigend angeheftet, selten frei; Stiel wie der Hut gefärbt, je nach Wetterlage klebrig bis schmierig; Sp. 11–14 × 5–6,5 µ; Basidien vorwiegend 2-sporig; **Vorkommen**: VI–X; auf Wiesen und Weiden, Parkanlagen, grasig-moosige Waldstellen; relativ häufig, im Gebirge wie im Flachland verbreitet. **Anmerkung**: Der Safrangelbe Saftling ist ziemlich veränderlich. Er gehört zu einer Untergruppe mit schleimigem Hut und Stiel. Die großen Sporen, bedingt durch die 2-sporigen Basidien, sind typisch. **Verwechslung**: Mit schwärzendem Fleisch: Kegeliger Saftling (schwach giftig, S. 136).

Schwach giftig; erzeugt vorübergehende Verdauungsstörungen.

Papageien-Saftling gesch.

Hygrocybe psittacina (Schaeff.: Fr.) Wünsche

Merkmale: Hut 1–4 cm breit, unterschiedlich bunt gefärbt, von zitronengelb bis olivbräunlich variierend, dabei stets mit dunkelgrünen und selbst violettlichen Tönen, im Alter fahl gelborange ausblassend, Rand durchscheinend gerieft, Huthaut schmierig bis schleimig; Lamellen wachsgelb, orange oder grünlich, aufsteigend angeheftet; Stiel an der Spitze blaugrün, grünlich, im unteren Teil gelb oder orange, schleimig, etwas zähfleischig; Sp. 8–10 × 4–5 µ. **Vorkommen**: VII–X; Wiesen, Weiden, grasige, bemooste Waldstellen; relativ häufig und im Flachland wie Gebirge verbreitet, doch rückläufig (Biotopveränderungen!). **Anmerkung**: Bedingt durch die grünen Farbtöne ist eine Verwechslung mit anderen Saftlingen kaum möglich.

Schwach giftig; erzeugt in größerer Menge genossen Verdauungsstörungen.

Grauer Saftling RL 3, gesch.

Hygrocybe unguinosa (Fr.) P. Karst.

Merkmale: Hut 2–8 cm breit, blaß horngrau, graubräunlich bis rußgrau, im Alter ausblassend, Huthaut deutlich schleimig, Rand durchscheinend gerieft; Lamellen reinweiß bis schmutzig weißlich, ausgebuchtet angewachsen; Stiel wie der Hut gefärbt, bei feuchtem Wetter schleimig; Sp. 7–9 × 4–5,5 µ. **Vorkommen**: VII–X; an moosigen, grasigen Stellen in Laubwäldern, auf Wiesen, Weiden, Trockenrasen, besonders auf Lehm- und Kalkböden; selten. **Anmerkung**: Da bei den Saftlingen leuchtende, bunte Farben vorherrschen, ist diese Art eher die Ausnahme. Andere graubraun gefärbte Saftlinge besitzen trockene Hüte. Einige röten im Fleisch und riechen ammoniakalisch (vgl. *H. ovina, ingrata, murinacea*).

Orangegelber Saftling RL 2, gesch.

Hygrocybe parvula (Peck) Murrill

Merkmale: Hut 0,5–2 cm breit, chromgelb, gold- bis orangegelb, schnell flach werdend, Huthaut schmierig, Rand kurz durchscheinend gerieft; Lamellen weiß bis gelblich, gerade angewachsen; Stiel wie der Hut gefärbt, oft flachgedrückt, Oberfläche trocken; Sp. 5,5–7(9) × 3,5–4,5 µ. **Vorkommen**: VIII–X; feuchte, moosige Wiesen, grasige Waldstellen, Halbtrockenrasen; selten. **Anmerkung**: Die Art ist aufgrund ihrer Seltenheit wenig bekannt. Sie gehört zu den kleinsten ihrer Gattung (*parvulus* = sehr klein). Ähnlich aussehende Saftlinge sind größer oder besitzen einen schmierigen Stiel. **Verwechslung**: Schnürsporiger Saftling *(H. quieta)*.

Gattung **Camarophyllus** – Ellerlinge
Fam. Hygrophoraceae

Hüte trocken; Lamellen dicklich, entfernt stehend, herablaufend; Stiele trocken, relativ dünn; Spp. weiß, inamyloid; Sp. elliptisch, glatt, ohne Kp.; L-Tr. irregulär; vermutlich Mykorrhizapilze mit Gräsern. Gattung wird heute von einigen Autoren mit den Saftlingen *(Hygrocybe)* vereinigt.

Glasigweißer Ellerling

Camarophyllus virgineus (Wulfen: Fr.) P. Kumm.
Syn.: *C. niveus*

Merkmale: Hut 1,5–4(6) cm breit, weißlich, etwas durchscheinend, Scheitel bisweilen blaß gelblich, Rand durchscheinend gerieft; Lamellen weiß, deutlich entfernt stehend; Stiel weiß, schlank, zuspitzend; Sp. (Basidien 4-sporig:) 7–9,5 × 4,5–6 µ oder (Basidien 2-sporig:) 9–12 × 5–6 µ. **Vorkommen**: IX–XI; auf moosigen Wiesen; relativ häufig, gleichmäßig verbreitet. **Verwechslung**: Mit auffallend starkem Geruch nach Juchtenleder (oder Zedernholz): Juchten-Ellerling *(C. russocoriaceus)*, vgl. Rinnigbereifter Trichterling (giftig, S. 152).

Eßbar; wegen seiner Kleinheit als Speisepilz ungeeignet.

Orange-Ellerling RL 3

Camarophyllus pratensis (Pers.: Fr.) P. Kumm.

Merkmale: Hut 3–7 cm breit, aprikosenfarben, lachsfarben bis orange, manchmal schwach durchscheinend gerieft; Lamellen cremefarben-orange, am Grunde oft queraderig verbunden; Stiel weißlich oder mit etwas Hutfarbe überhaucht; Sp. 5,5–7,5 × 4–5 µ. **Vorkommen**: IX–XI; auf moosigen Wiesen, an grasigen Waldstellen und Lichtungen, Halbtrockenrasen, Feuchtwiesen; mäßig häufig, gleichmäßig verbreitet. **Verwechslung**: Wald-Schneckling (S. 126), Gelbfuchsiger Trichterling (S. 226).

Gattung **Calocybe** – Schönköpfe
Fam. Tricholomataceae

Ritterlings- oder Rüblingshabitus; Hüte weiß oder rosa, dottergelb bis violett, trocken; Lamellen weiß bis gelb, dünn, engstehend, meist ausgebuchtet; Stiele ohne, selten mit Ringzone; Spp. weiß, inamyloid; Sp. elliptisch, glatt oder rauh, ohne Kp.; Basidien siderophil; L-Tr. regulär; bodenbewohnende Saprophyten.

Maipilz

Calocybe gambosa (Fr.) Donk (Foto oben)

Merkmale: Hut 3–10 cm breit, kalkweiß, elfenbeinfarben, selten auch gelblich oder bräunlich, dickfleischig; Lamellen weiß bis cremefarben; Stiel weiß, kompaktfleischig; Geruch und Geschmack aufdringlich nach ranzigem Mehl; Sp. glatt, 4–6 × 2,5–3,5 µ. **Vorkommen**: IV–VI; in Laub- und Mischwäldern, Auwälder, an Bachläufen, in Parkanlagen und Gärten, grasige Wegränder; häufig. **Anmerkung**: Ein ausgesprochener Frühjahrspilz, einer der ersten ergiebigen Speisepilze des Jahres. **Verwechslung**: Ziegelroter Rißpilz (giftig, S. 300), Veilchen-Rötelritterling (S. 112).
Eßbar; starkes Zerkleinern und vorheriges Abbrühen mindert den starken Mehlgeschmack.

Gegürtelter Schönkopf

Calocybe constricta (Fr.) Kühner Syn.: *C. leucocephala*

Merkmale: Hut 2–6 cm breit, weiß, etwas gilbend; Lamellen weiß; Stiel weiß, entweder mit gürtelartiger Ringzone oder ohne diese und wurzelnd (anderer Name: Langwurzelnder Schönkopf); Geruch mehlartig; Geschmack manchmal bitterlich; Sp. warzig, 6–8 × 4–5 µ. **Vorkommen**: VIII–X; auf gedüngten Wiesen und Weiden, gern an von Urin verbrannten Stellen; selten. **Anmerkung**: Gegürtelter *(C. constricta)* und Langwurzelnder Schönkopf *(C. leucocephala)* wurden lange für getrennte Arten gehalten. Beide Erscheinungsformen wachsen aber oft an derselben Stelle. **Verwechslung**: Vgl. weiße Ritterlinge und Trichterlinge.

Fleischrötlicher Schönkopf

Calocybe carnea (Bull.: Fr.) Donk (Foto unten)

Merkmale: Hut 1–3(4) cm breit, rosa bis fleischrötlich, im Alter ausblassend; Lamellen weiß; Stiel wie der Hut gefärbt, mit schmal weiß abgesetzter Spitze, Basis weißzottig; Geruch würzig pilzartig, gerieben wie zerdrücktes Gras; Sp. 4,5–6 × 2,5–3 µ. **Vorkommen**: IX–XI; auf moosigen Wiesen und Weiden, in Parkanlagen und Gärten; nicht selten. **Verwechslung**: Büschelig wachsend: Rosenroter Schönkopf *(C. persicolor)*, vermutlich identisch mit *C. carnea*.

Veilchenblauer Schönkopf RL 3

Calocybe ionides (Bull.: Fr.) Donk

Merkmale: Hut 3–6 cm breit, veilchenblau, violett, purpurviolett, Scheitel etwas dunkler, Rand jung bereift; Lamellen weiß bis hell cremefarben, mit ausgerandeter Schneide; Stiel wie der Hut gefärbt, Spitze weiß abgesetzt; Geruch und Geschmack etwas mehlartig; Sp. 4,5–6 × 2,5–3 μ. **Anmerkung**: Eine grau- bis umbrabraune Varietät wird als var. *obscurissima* abgetrennt. Sie ist seltener als die Hauptform. **Vorkommen**: VII–IX; in humosen Laub- und Nadelwäldern, auch auf kalkhaltigen Böden; relativ selten. **Verwechslung**: Lamellen violett: Violetter (S. 110) und Lilafarbener Rötelritterling (S. 114).
Eßbar, doch wegen seiner Seltenheit als Speisepilz ungeeignet; schonenswert.

Trügerischer Schönkopf RL R

Calocybe fallax (Peck ex Sacc.) Redhead & Singer
Syn.: *C. naucoria*

Merkmale: Hut 1–2 cm breit, leuchtend dottergelb, goldgelb, orangegelb, bräunlichgelb, dünnfleischig, Huthaut matt; Lamellen leuchtend sattgelb, etwas heller als der Hut; Stiel dem Hut ähnlich gefärbt, etwas überfasert, mit weißfilziger Basis; Geruch verletzt mehlartig; Geschmack mild bis bitterlich; Sp. 3,5–4,5 × 2–3 μ; Huthaut zellig. **Vorkommen**: IX–X; im Nadel- und Mischwald, unter Kiefern oder Fichten; selten. **Anmerkung**: Diese Art unterscheidet sich von ähnlichen Verwandten durch die zellige Huthaut. Bei den anderen ist sie aus länglichen Hyphen aufgebaut. **Verwechslung**: Dottergelber und Wachsgelber Schönkopf (*C. chrysenteron* und *C. cerina*).
Ungenießbar wegen der enthaltenen Bitterstoffe.

Kaffeebrauner Gabeltrichterling

Pseudoclitocybe cyathiformis (Bull.: Fr.) Singer
(Fam. Tricholomataceae)

Merkmale: Hut 3–6 cm breit, dunkelbraun, graubraun bis stahlgrau, hygrophan, von innen her ausblassend, Mitte trichterförmig vertieft, Huthaut seidenmatt; Lamellen schmutzig grauweißlich, herablaufend, dicklich, etwas entfernt, typisch gegabelt und am Grunde queraderig verbunden; Stiel dem Hut farblich angepaßt, lang und schlank, längsfaserig, manchmal durch die Fasern weitläufig genetzt; Spp. weiß, amyloid; Sp. elliptisch, glatt, im Innern stark granuliert, 8–11 × 5–6,5 μ, ohne Kp. **Vorkommen**: X–XI; im Laub- und Nadelwald, am Boden oder an kleinen Holzstückchen; relativ häufig; Saprophyt. **Anmerkung**: Die gegabelten Lamellen sind für die Gattung typisch. Im Gegensatz zu den echten Trichterlingen *(Clitocybe)* sind hier die Hyphen schnallenlos. **Verwechslung**: Mit Blausäuregeruch: Blaugrauer Gabeltrichterling *(P. obbata)*, rötend: Rötender Wachstrichterling *(Cantharellula umbonata)*.

Gattung **Clitocybe** – Trichterlinge
Fam. Tricholomataceae

Hüte von sehr unterschiedlicher Größe, oft trichterartig vertieft, doch auch gebuckelt, trocken, hygrophan oder nicht; Lamellen gerade angewachsen bis deutlich herablaufend; Stiele ringlos; Spp. weiß, inamyloid; Sp. elliptisch, glatt, ohne Kp.; L-Tr. regulär; bodenbewohnende Saprophyten; einige Arten enthalten Nervengifte.

Keulenfuß-Trichterling

Clitocybe clavipes (Pers.: Fr.) P. Kumm.

Merkmale: Hut 4–8 cm breit, gelb- bis graubräunlich, Mitte oft gebuckelt, Rand scharfkantig, Huthaut speckig oder matt; Lamellen cremefarben, deutlich herablaufend, dünn; Stiel keulenförmig verdickt; Fleisch weichlich; Sp. 6–8 × 3,5–5 μ. **Vorkommen**: VII–XI; im Laub- und Nadelwald; überall häufig. **Verwechslung**: Nebelgrauer Röteltrichterling (S. 108).
Eßbar; in Verbindung mit Alkohol können aber vorübergehende Vergiftungserscheinungen auftreten: Gesichtsrötung, Herzklopfen, Unwohlsein!

Grüner Anis-Trichterling

Clitocybe odora (Bull.: Fr.) P. Kumm.

Merkmale: Hut 3–8 cm breit, blaß oder kräftiger blaugrünlich, selten weiß (Albino), alt ausblassend, oft gebuckelt, Huthaut jung bereift; Lamellen cremefarben bis blaß blaugrünlich, etwas herablaufend; Stiel mit etwas Hutfarbe; Geruch aufdringlich anisartig; Sp. 6–7 × 3–4 μ. **Vorkommen**: VIII–XI; im Laub- und Nadelwald, gesellig; häufig. **Anmerkung**: Wegen der blaugrünlichen Färbung und des Anisgeruchs ist eine Verwechslung kaum möglich. Vgl. aber: Weißer Anis-Trichterling (giftig, S. 154).
Eßbar; das Aroma bleibt auch nach der Zubereitung erhalten und sagt nicht jedem zu.

Graublättriger Trichterling

Clitocybe inornata (Sowerby: Fr.) Gillet

Merkmale: Hut 4–10 cm breit, blaß grauweißlich bis graubräunlich, Huthaut trocken fast samtig-filzig, Rand oft angedeutet gerippt; Lamellen blaß graubräunlich, meist gerade angewachsen; Stiel wie Hut gefärbt, gänzlich bereift; Geruch auffallend, unangenehm, erinnert an mit Mäuseurin durchtränktes Sägemehl; Sp. länglich, 8–10,5 × 3–4 μ. **Vorkommen**: IX–XI; im Nadel-, seltener Laubwald, besonders auf kalkhaltigen Böden; relativ selten. **Verwechslung**: Größer, mit Mehlgeruch: Nebelgrauer Röteltrichterling (S. 108).
Ungenießbar wegen des unangenehmen Geruchs, doch nicht giftig.

Mönchskopf

Clitocybe geotropa (Bull.: Fr.) Quél.

Merkmale: Hut 10–25 cm breit, beigefarben, weißlichocker, ockerrötlich, Mitte mit brustwarzenförmigem Buckel, Rand mit angedeuteter Kerbung, lange eingerollt, im Alter hochgezogen; Lamellen cremefarben bis blaß ocker, schwach bis deutlich herablaufend; Stiel blaß- bis rötlichocker, bald typisch rissig-längsfaserig; Fleisch elastisch, im Alter etwas zäh; Geruch aromatisch, mit einer Komponente nach Kuchengewürz oder Bittermandelöl; Sp. tropfenförmig, 6–8 × 5–6 µ. **Anmerkung**: Junge Exemplare sind oft langgestielt und besitzen einen auffallend kleinen, stark gebuckelten Hut. **Vorkommen**: IX–XI; im Laub- und Nadelwald, besonders auf Kalkböden, gern in großen Hexenringen wachsend; lokal häufig. **Verwechslung**: Riesen-Krempentrichterling (S. 106), deutlich kleiner: Ockerbrauner Trichterling (Mitte).

Jung eßbar. Ältere Pilze sollten stehenbleiben, da sie zäh und geschmacklos sind.

Ockerbrauner Trichterling

Clitocybe gibba (Pers.: Fr.) P. Kumm.

Merkmale: Hut 3–8 cm breit, blaß lederfarben, gelblich- bis rötlichocker, Mitte fast immer mit kleinem, fühlbarem Buckel, Huthaut matt bis samtig-filzig, Rand manchmal gekerbt; Lamellen weiß, deutlich herablaufend, z. T. gegabelt; Stiel heller als der Hut, meist weißlich, bis auf die vom Myzel filzige Basis kahl; Fleisch weichlich, elastisch; Geruch schwach nach Kuchengewürz (oder Bittermandelöl); Sp. 5–7 × 3–4 µ. **Vorkommen**: VI–IX, besonders im Sommer; im Laub- und Nadelwald, an Wegen und lichten Waldstellen, Parkanlagen; überall häufig. **Verwechslung**: Kerbrandiger Trichterling (unten), Fuchsiger und Wasserfleckiger Röteltrichterling (S. 110).

Eßbar; bis auf den zähen Stiel als Mischpilz brauchbar.

Kerbrandiger Trichterling

Clitocybe costata Kühner

Merkmale: Hut 3–10 cm breit, lederfarben bis rötlichocker, schnell flach bis trichterartig vertieft, meist ohne Buckel, Huthaut samtig-filzig, Rand oft unregelmäßig gelappt und gekerbt; Lamellen schmutzig weißlich, cremefarben bis lederocker, teilweise gegabelt, etwas herablaufend; Stiel gleichfarbig oder dunkler als der Hut, ocker- bis rötlichbraun, auffallend rissigfaserig; Geruch ähnlich wie Ockerbrauner Trichterling; Sp. 6–8 × 3–5 µ. **Vorkommen**: VI–IX; im Nadel- und Mischwald, an Wegrändern; relativ häufig. **Anmerkung**: Der Kerbrandige Trichterling ist ein Doppelgänger des Ockerbraunen Trichterlings, besitzt aber einen dunkleren Stiel und etwas dicklichere, dunklere Lamellen. **Verwechslung**: Ockerbrauner Trichterling (Mitte).

Kohlen-Trichterling

Clitocybe sinopica (Fr.: Fr.) P. Kumm.

Merkmale: Hut 2–6(10) cm breit, rotbraun, alt ocker-orange ausblassend, Mitte oft genabelt, Huthaut matt bis feinfilzig, gelegentlich in kleine Schüppchen auflösend; Lamellen weißlich bis hellocker, gedrängt stehend, gerade angewachsen bis etwas herablaufend; Stiel rotbräunlich wie der Hut, leicht überfasert; Geruch und Geschmack auffallend ranzig-mehlartig, fast stinkend, an den Maipilz erinnernd; Sp. 7–10,5 × 5–6,5 µ. **Vorkommen**: IV–VIII(IX); im Nadel- und Mischwald, vorwiegend (doch nicht immer) auf Brandstellen, meist einzeln erscheinend; nicht selten. **Anmerkung**: Der Standort auf relativ frischen Brandstellen ist für diese Art besonders typisch. Sie erscheint hier oft in Gesellschaft mit dem Kohlen-Graublatt, Kohlen-Schüppling oder Kohlen-Leistling. **Verwechslung**: Nicht auf Brandstellen: Feinschuppiger Trichterling (Mitte).

Eßbar, doch wegen des unangenehmen Geruchs wenig appetitlich. In wie weit dieser bei der Zubereitung verschwindet, müßte ausprobiert werden.

Feinschuppiger Trichterling

Clitocybe squamulosa (Pers.: Fr.) J. E. Lange

Merkmale: Hut 3–8 cm breit, fleisch- bis zimtrötlich oder haselnußbraun, alt verblassend, trichterförmig vertieft, überall dünnfleischig, Huthaut matt, bald in feine Schüppchen auflösend; Lamellen weißlich-cremefarben, wenig gedrängt, herablaufend; Stiel wie der Hut gefärbt, längsfaserig; Geruch und Geschmack angenehm mehlartig; Sp. 5,5–8,5 × 4–5,5 µ. **Vorkommen**: V–X; im Nadelwald, besonders unter Kiefern oder Fichten, liebt anscheinend Sandböden; zerstreut bis selten. **Verwechslung**: Auf Brandstellen, mit ranzigem Geruch: Kohlen-Trichterling (oben).

Ranziger Trichterling

Clitocybe hydrogramma (Bull.: Fr.) P. Kumm.
Syn.: *Singerella hydrogramma, C. phaeophthalma*

Merkmale: Hut 2–7 cm breit, schmutzig weißlich, blaß hornfarben, fleisch- oder graubräunlich, etwas hygrophan, beim Trocknen ausblassend; Lamellen weiß bis horngrau, etwas dicklich, herablaufend; Stiel farblich dem Hut angepaßt, stellenweise vom Myzel watteartig überzogen; Geruch unangenehm süßlich-ranzig (an den Grünen Knollenblätterpilz erinnernd); Geschmack bitter; Sp. 5,5–7 × 3–4,5 µ; Hyphen der Huthaut mit charakteristischen blasenförmigen Anschwellungen (Abb. 32). **Vorkommen**: IX–XI; vorwiegend im Laubwald, unter Rotbuchen oder Eichen, vereinzelt bis büschelig in der Laubstreu; relativ häufig. **Anmerkung**: Durch den typischen Geruch ist die Art trotz ihrer farblichen Veränderlichkeit gut gekennzeichnet. Wegen der Bitterkeit wird der Pilz kaum verzehrt.

Giftig; enthält Muscarin (siehe *C. phyllophila* S. 152).

Bleiweißer Trichterling

Clitocybe phyllophila (Fr.) P. Kumm.
Syn.: *C. cerussata*, *C. pithyophila*

Merkmale: Hut 3–8 cm breit, jung firnisartig bereift (wie mit einem Anstrich versehen), darunter fleischfarben, gebuckelt oder genabelt, relativ fleischig; Lamellen erst weiß, dann creme- bis fleischfarben, ausgebuchtet bis kurz herablaufend; Stiel weißlich; Fleisch weißlich-fleischfarben, elastisch; Geruch typisch süßsäuerlich; Spp. weiß bis cremefarben; Sp. 4–5 × 2,5–3,5 μ. **Vorkommen**: IX–XI(XII); im Laub- und Nadelwald, in Gruppen und Hexenringen; häufig. **Anmerkung**: Der sehr veränderliche Bleiweiße Trichterling ist die auffälligste, häufigste und größte Art der Gruppe weißer, giftiger Trichterlinge mit bereiftem Hut. Sie besitzen alle milden Geschmack. **Verwechslung**: Weißer Rasling (S. 98), Veilchen- und Dichtblättriger Rötelritterling (S. 112).
Giftig; enthält größere Mengen des Nervengiftes Muscarin. Latenzzeit: $^{1}/_{4}$–4 Stunden; Symptome: Schweißausbrüche, Tränenfluß, Sehstörungen, Erbrechen und Magen-Darm-Koliken. Schwere Fälle können zum Tod führen.

Wachsstieliger Trichterling

Clitocybe candicans (Pers.: Fr.) P. Kumm.

Merkmale: Hut 1–4 cm breit, zuerst weiß, firnisartig bereift, dann konzentrisch oder fleckig den Reif verlierend, zuletzt gänzlich blaß fleischfarben, dünnfleischig, oft leicht genabelt; Lamellen weiß, gedrängt, gerade angewachsen; Stiel weiß, wie der Hut bereift, innen fleischfarben, bald hohl werdend, auch flachgedrückt, Basis oft abgewinkelt und vom weißen Myzel striegelig; Geruch fein süßsäuerlich; Sp. 5–6,5 × 3–3,5 μ. **Vorkommen**: IX–XI; im Laub- und Nadelwald, gesellig wachsend; relativ häufig, doch nicht in jedem Jahr. **Verwechslung**: Bleiweißer (oben) und Rinnigbereifter Trichterling (unten).
Giftig; enthält größere Mengen Muscarin (siehe oben).

Rinnigbereifter Trichterling

Clitocybe rivulosa (Pers.: Fr.) P. Kumm. Syn.: *C. dealbata*

Merkmale: Hut 2–5 cm breit, jung reinweiß, firnisartig bereift, dann mit konzentrischen, fleischfarbenen Zonen, unter dem Reif generell blaß fleischfarben, Mitte schwach vertieft, am Grunde bisweilen mit kleinem Buckel; Lamellen weiß bis cremefarben, gedrängt, gerade angewachsen; Stiel weiß bis fleischfarben, bald hohl werdend; Geruch schwach süßsäuerlich, genau wie *C. phyllophila* und *C. candicans*; Sp. 4–5,5 × 2,5–3,5 μ. **Vorkommen**: (VII)VIII–X; an grasigen Stellen, Kulturwiesen, Weiden, Felder (anderer Name: Feld-Trichterling), Wegränder, auch unter Gebüsch in Parks; relativ häufig. **Verwechslung**: Im Walde: Wachsstieliger Trichterling (giftig, Mitte), größer: Bleiweißer Trichterling (giftig, oben).
Giftig; enthält größere Mengen Muscarin (siehe oben).

Weißer Anis-Trichterling

Clitocybe fragrans (With.: Fr.) P. Kumm. Syn.: *C. suaveolens*

Merkmale: Hut 2–4 cm breit, weißlich-hornfarben, horngrau, hygrophan, bei trockenem Wetter schnell weißlich ausblassend, Rand feucht fein durchscheinend gerieft, dünnfleischig, Mitte genabelt; Lamellen weißlich bis grauweißlich, mäßig gedrängt, schwach herablaufend; Stiel wie der Hut gefärbt, Basis durch weißes Myzel filzig; Geruch nach Anis (anderer Name: Duft-Trichterling); Sp. 6,5–8,5 × 3,5–4,5 µ. **Vorkommen**: IX–XI; im Laub- und Nadelwald, an grasigen, moosigen Stellen; häufig. **Anmerkung**: Der Name dieser Art ist etwas irreführend, da sie nur in trockenem Zustand annähernd weiß ist. Die Farbe im Feuchtzustand ist sehr veränderlich und kann auch recht dunkel sein. **Verwechslung**: Grüner Anis-Trichterling (S. 146), andere, nicht nach Anis riechende Trichterlinge und Rüblinge.
Giftig; enthält Muscarin (siehe *C. phyllophila*, S. 152).

Ruderal-Trichterling

Clitocybe amarescens Harmaja Syn.: *C. nitrophila*

Merkmale: Hut 1–4 cm breit, ledergelblich, blaß horngrau, auch etwas inkarnat, mit dunklerer, vertiefter bis gebuckelter Mitte, Huthaut wirkt etwas fettig (erinnert an den Horngrauen Rübling), hygrophan, trocken fast weißlich, dünnfleischig; Lamellen weiß bis cremefarben, nicht oder schwach herablaufend; Stiel mit Hutfarbe, Basis vom Myzel weißfilzig, hohl; Geruch etwas fruchtig bis süßsäuerlich, auch leicht ammoniakalisch oder fehlend; Geschmack entgegen des Namens (*amarescens* = bitter werdend) mild; Sp. 5–7(8) × 3–4 µ. **Vorkommen**: X–XI; auf gedüngten, stickstoffreichen Böden, Feldränder, Gärten, Parks (auf dem Foto zwischen Strohmist); relativ selten. **Verwechslung**: Fleischfalber Trichterling (giftig, unten).
Speisewert unbekannt, da die Art erst vor kurzer Zeit beschrieben wurde.

Fleischfalber Trichterling

Clitocybe diatreta (Fr.: Fr.) P. Kumm.

Merkmale: Hut 2–5 cm breit, zart fleischfarben, inkarnat, auch ocker- bis kupferrötlich, hygrophan, trocken weißlich, Huthaut feucht speckig glänzend, dünnfleischig; Lamellen weißlich bis cremefarben, ausgebuchtet; Stiel wie der Hut gefärbt, meist etwas heller, hohl; Geruch würzig pilzartig; Sp. 4,5–6,5 × 3–4 µ. **Vorkommen**: (IX)X–XI; im moosigen Nadelwald, gerne unter Kiefern, in kleinen Gruppen und Hexenringen; nicht häufig. **Anmerkung**: In den Kiefernwäldern Brandenburgs wächst der Pilz standorttreu im Spätherbst, zusammen mit dem häufigeren, nach Mehl riechenden Gerieften Mehl-Trichterling (S. 156). **Verwechslung**: An gedüngten Stellen: Ruderal-Trichterling (Mitte), Waldfreund-Rübling (S. 166).
Giftig; enthält Muscarin (vgl. *C. phyllophila*, S. 152).

Geriefter Mehl-Trichterling

Clitocybe vibecina (Fr.: Fr.) Quél. Syn.: *C. pausiaca, C. langei*

Merkmale: Hut 2–5 cm breit, blaß horngrau, olivgrau bis olivbraun, Rand bisweilen heller, stets durchscheinend gerieft, hygrophan, stark ausblassend, Huthaut feucht mit speckigem Glanz, dünnfleischig, Mitte vertieft; Lamellen schmutzig weißlich, grauweißlich, gerade angewachsen bis leicht herablaufend; Stiel mit Hutfarbe, oft breitgedrückt, weißflockig oder kahl; Fleisch mit weichlicher Konsistenz (anderer Name: Weicher Trichterling); Geruch und Geschmack deutlich mehlartig; Sp. 4–6,5 × 3–4 µ. **Vorkommen**: (IX)X–XII; im Nadel- und Mischwald, besonders unter Kiefern oder Fichten, gesellig oder in Hexenringen, oft in größeren Mengen; häufig. **Verwechslung**: Fleischfalber Trichterling (giftig, S. 154), Mehl-Trichterling (Mitte), Staubfüßiger Trichterling (unten), andere graue Trichterlinge.
Ungiftig, Verwechslungsgefahr mit giftigen Arten!

Mehl-Trichterling

Clitocybe ditopus (Fr.: Fr.) Gillet

Merkmale: Hut 1–4 cm breit, jung stark hellgrau bereift, unter dem Reif (der sich im Alter abträgt) dunkelgrau bis graubraun, Rand ungerieft, hygrophan, trocken kaum heller werdend, graugelblich bis beigebraun; Lamellen auffallend dunkel, graubräunlich, etwas herablaufend; Stiel graubraun, mit hellflockiger Oberfläche, Basis vom Myzel weißfilzig; Fleisch relativ fest; Geruch und Geschmack stark ranzig-mehlig; Sp. fast rundlich, sehr klein, 2,5–3,5 × 2,5–3 µ. **Vorkommen**: VIII–XI; im Nadelwald, besonders unter Fichten oder Kiefern, vereinzelt bis gesellig; häufig. **Verwechslung**: Geriefter Mehl-Trichterling (oben), Staubfüßiger Trichterling (unten).
Ungiftig, als Speisepilz ungeeignet (Verwechslungsgefahr!).

Staubfüßiger Trichterling

Clitocybe metachroa (Fr.) P. Kumm.
Syn.: *C. metachroides, C. dicolor*

Merkmale: Hut 2–5(7) cm breit, blaß horngrau, fleischbräunlich, graubraun, hygrophan, beim Trocknen weißlich bis hellbeige, lange mit dunklerer Mitte, dadurch zweifarbig (anderer Name: Zweifarbiger Trichterling), dünnfleischig, Rand feucht durchscheinend gerieft, Mitte vertieft; Lamellen schmutzig weißlich bis blaß grau, schwach herablaufend; Stiel wie der Hut gefärbt, im unteren Teil dunkler werdend (Name), fein silbrig überfasert, rundlich bis breitgedrückt; Fleisch relativ fest und starr; Geruch etwas erdig, nicht mehlartig; Sp. länglich, 6–8 × 3,5–4,5 µ. **Vorkommen**: X–XII; im Laub- und Nadelwald, gesellig, noch sehr spät im Jahr erscheinend; häufig. **Verwechslung**: Mit Mehlgeruch: Mehl-Trichterling (Mitte), Geriefter Mehl-Trichterling (oben).
Ungiftig, aber nicht als Speisepilz geeignet.

Gattung **Laccaria** – Lacktrichterlinge
Fam. Tricholomataceae

Hüte lila bis fleischrosa, hygrophan, dünnfleischig, Rand durchscheinend gerieft; Lamellen dicklich, etwas entfernt stehend, breit angewachsen bis kurz herablaufend; Stiele relativ dünn, hohl werdend; Spp. weiß, inamyloid; Sp. rundlich bis elliptisch, stachelig, ohne Kp.; L-Tr. regulär; bodenbewohnende Saprophyten.

Violetter Lacktrichterling

Laccaria amethystea (Bull.) Murrill

Merkmale: Hut 1–4(6) cm breit, lila bis violett, trocken fast weißlich ausblassend, Huthaut kahl oder fein schorfig; Lamellen lila, auch im Alter so bleibend, höchstens durch die Sporen weiß bestäubt; Stiel wie der Hut gefärbt, etwas flockig überfasert; Sp. rund, 7–10 μ (Abb. 33), Stacheln bis 2 μ lang; Basidien 4-sporig. **Vorkommen**: VII–XI; im Laub und Nadelwald, besonders zwischen Moosen, ohne besondere Bodenansprüche; sehr häufig. **Verwechslung**: Mit weißen Lamellen und Rettichgeruch: Rettich-Helmling (giftig, S. 198).

Rötlicher Lacktrichterling

Laccaria laccata (Scop.: Fr.) Berk. & Broome

Merkmale: Hut 1–5 cm breit, fleischrötlich bis fleischbräunlich, stark ausblassend, Mitte bisweilen genabelt, Huthaut kahl und glatt; Lamellen fleischrötlich; Stiel rötlich bis fleischbräunlich, kahl oder längsfaserig; Sp. rund, 7–10 μ, Stacheln bis 2 μ lang; Basidien 4-sporig. **Vorkommen**: VI–XI; im Laub- und Nadelwald, in Parkanlagen, Gärten, auf allen Böden; sehr häufig. **Anmerkung**: Die Art ist sehr veränderlich und wird in viele Varietäten unterteilt. **Verwechslung**: Braunroter Lacktrichterling (unten), Zweifarbiger Lacktrichterling (S. 160), mit 2-sporigen Basidien: Ziegelroter Lacktrichterling *(L. fraterna)*.

Braunroter Lacktrichterling

Laccaria proxima (Boud.) Pat.

Merkmale: Hut 2–6(8) cm breit, leuchtend gelblich-rötlich, orangerot bis fleischbräunlich, Rand manchmal ungerieft, Huthaut schorfig bis feinschuppig; Lamellen fleischrötlich, etwas gedrängter als bei *L. laccata*; Stiel dunkler als der Hut, rotbraun, stark längsfaserig bis rissig; Sp. rundlich bis breitelliptisch, 7–10 × 5,5–8 μ (Abb. 34), Stacheln bis ca. 1 μ lang; Basidien 4-sporig. **Vorkommen**: VIII–X; in Feuchtgebieten zwischen Torfmoosen, an feuchten Waldstellen im Laub- und Nadelwald; zerstreut bis ortshäufig. **Anmerkung**: Von einigen Autoren wird der Pilz als Varietät zu *L. laccata* gestellt. **Verwechslung**: Rötlicher Lacktrichterling (oben).

Zweifarbiger Lacktrichterling

Laccaria bicolor (Maire) P. D. Orton

Merkmale: Hut 1–5(8) cm breit, fleischrosa bis fleischbräunlich, Huthaut fein schorfig-schuppig, Rand meist ungerieft; Lamellen fleischrosa, mit lila Reflex; Stiel fleischbräunlich, Oberfläche rissig-faserig, Basis mit lila Myzelfilz; Sp. elliptisch, 6–7,5(9) × 5,5–6,5(7) μ, Stacheln unter 1 μ lang; Basidien 4-sporig. **Vorkommen**: VII–X; im Nadel-, seltener im Laubwald, zwischen Moosen, auf sauren, nährstoffarmen Böden, doch nicht in Feuchtgebieten; zerstreut. **Verwechslung**: Rötlicher Lacktrichterling (S. 158).

Zwerg-Lacktrichterling

Laccaria tortilis (Bolton) Cooke Syn.: *L. echinospora*

Merkmale: Hut 0,5–1,5 cm breit, fleischrötlich, Mitte dunkler genabelt, Rand weit durchscheinend gerieft; Lamellen fleischrosa, entfernt; Stiel fleischbräunlich, kurz, Oberfläche kahl; Sp. rund, 8–14(16) μ (Abb. 35), grobstachelig, Stacheln bis 3 μ lang; Basidien 2-sporig. **Vorkommen**: V–IX; auf nackter Erde unter Gebüsch, Parkanlagen, Ränder von Waldwegen; zerstreut. **Anmerkung**: Kleinster europäischer Lacktrichterling mit den größten Sporen.

Gattung **Flammulina** – Samtfußrüblinge
Fam. Tricholomataceae

Hüte klebrig, mit gelatinöser Huthaut, dünnfleischig; Lamellen weiß bis gelblich, angewachsen; Stiele zäh, besonders unten braun- bis schwarzsamtig; Spp. weiß, inamyloid; Sp. elliptisch, glatt, ohne Kp.; L-Tr. regulär; Saprophyten und Parasiten, meist an Holz.

Gemeiner Samtfußrübling

Flammulina velutipes (Curtis: Fr.) Singer

Merkmale: Hut 1–5 cm breit, hellgelb, orangegelblich bis rostorange, durchscheinend gerieft oder ungerieft; Lamellen cremefarben bis blaßgelb; Stiel von der Basis her mehr oder weniger hoch braunsamtig überzogen, Spitze gelb aufhellend; Fleisch elastisch, im Stiel zäh; Sp. 7–10 × 3–4 μ. **Vorkommen**: (X)XI–III; an Stümpfen, Stämmen und Ästen von Laubholz, besonders Weide oder Pappel, auch an lebenden Stämmen, oft büschelig; häufig. **Anmerkung**: Durch das Erscheinen in den Wintermonaten gut gekennzeichnet (anderer Name: Winterpilz). Der Pilz ist frostunempfindlich und fault nicht. **Verwechslung**: Weißblättriger Samtfußrübling (S. 162), vgl. Grünblättriger und Rauchblättriger Schwefelkopf (S. 342).

Eßbar; ausgezeichneter, in der Jahreszeit fast unverkennbarer Speisepilz (nur Hüte verwenden). Die Art wird auch kultiviert.

Weißblättriger Samtfußrübling RL R

Flammulina fennae Bas

Merkmale: Hut 2–5(7) cm breit, ockergelblich, rostocker oder fast gänzlich weißlich mit einzelnen Rostflecken und ockerfarbener Mitte; Lamellen weiß, alt rostfleckig; Stiel schwarzbraun, mit hellerer Spitze, samtig, zylindrisch bis spindelig wurzelnd; Sp. 6–8 × 4–4,5 μ. **Vorkommen**: (IV)VIII–X; auf vergrabenem oder liegendem Totholz oder Stümpfen, besonders Esche, Buche, Pappel; zerstreut. **Anmerkung**: Die erst 1983 beschriebene Art unterscheidet sich von *F. velutina* auch durch eine anders aufgebaute Huthaut.

Gattung **Collybia** – Rüblinge
Fam. Tricholomataceae

Hüte mittelgroß, z. T. hygrophan, Huthaut trocken; Lamellen weiß bis bräunlich, angeheftet bis angewachsen; Stiele längsriefig, kahl oder flockig; Spp. meist weiß, inamyloid; Sp. rundlich, elliptisch bis kommaförmig, glatt, ohne Kp.; L-Tr. regulär; Saprophyten (vgl. *Microcollybia*, S. 176).

Kastanienroter Rübling

Collybia butyracea (Bull.: Fr.) P. Kumm. var. *butyracea*

Merkmale: Hut 2–5(9) cm breit, fleisch- bis rotbraun, hygrophan, etwas ausblassend, meist gebuckelt, Huthaut kahl, speckig glänzend (anderer Name: Butter-Rübling); Lamellen weiß, kurz aufsteigend angeheftet, daher fast frei wirkend; Stiel rotbraun, weißflockig überfasert, Basis oft wie aufgeblasen, hohl, außen längsriefig; Fleisch elastisch, im Stiel knorpelig; Sp. 5,5–7,5 × 2,5–3,5 μ. **Vorkommen**: VIII–X; im Laub- und Nadelwald, vorwiegend auf sauren Böden; häufig. **Verwechslung**: Horngrauer Rübling (unten), Verdrehter Rübling (S. 164), Spindeliger Rübling (ungenießbar, S. 164).

Eßbar, guter Mischpilz. Die zähen Stiele sind unverwendbar.

Horngrauer Rübling

Collybia butyracea var. *asema* Fr.

Merkmale: Hut 2–6 cm breit, hornfarben, olivgrau, graugelblich, hygrophan, stark ausblassend, daher meist zweifarbig, Huthaut speckig glänzend; Lamellen weiß, kurz aufsteigend angeheftet; Stiel blaß horngelblich, meist kahl, Basis vom Myzel weiß überzogen, längsriefig, aufgeblasen und hohl; Sp. 5,5–7,5 × 2,5–3,5 μ. **Vorkommen**: VIII–XI(XII); im Laub- und Nadelwald, auf saurem wie kalkhaltigem Untergrund; überall häufig. **Anmerkung**: Zwischen Horngrauem und Kastanienrotem Rübling scheint es farbliche Übergänge zu geben. Die graue Variante ist viel häufiger.

Eßbar; Speisewert siehe Mitte.

Verdrehter Rübling

Collybia distorta (Fr.) Quél.

Merkmale: Hut 3–8 cm breit, fleischbräunlich bis rotbraun, Rand heller, ungerieft, hygrophan, Mitte oft mit vorstehendem Buckel, Huthaut glatt und kahl; Lamellen weißlich, später rostfleckig, sehr gedrängt und schmal, mit gesägter Schneide, ausgebuchtet; Stiel weiß bis cremegelblich, nicht oder schwach wurzelnd, längsriefig und oft verdreht; Sp. rundlich, 3,5–4,5 × 3–3,5 μ. **Vorkommen**: VIII–X; vorwiegend im Nadel-, seltener im Laubwald, einzeln und gruppenweise wachsend; lokal nicht selten (Süddeutschland). **Verwechslung**: Kastanienroter Rübling (S. 162), Spindeliger Rübling (Mitte), mit größeren, etwas eckigen Sporen: Kerbblättriger Rübling *(C. prolixa)*.

Eßbar, jedoch geschmacklich minderwertig.

Spindeliger Rübling

Collybia fusipes (Bull.: Fr.) Quél.

Merkmale: Hut 3–8(10) cm breit, dunkel rotbraun, hygrophan, beim Trocken relativ wenig ausblassend, Huthaut glatt und kahl, Rand oft gelappt oder gekerbt; Lamellen grauweißlich bis schmutzig fleischfarben, alt rostfleckig, dicklich, entfernt stehend, ausgebuchtet; Stiel creme- bis fleischfarben, gegen die Basis dunkelbraun gefleckt, grob längsgefurcht, spindelig wurzelnd und oft verdreht; Fleisch zäh-elastisch; Geruch etwas unangenehm, aufdringlich; Sp. 4–6 × 3–4,5 μ. **Vorkommen**: VII–X; im Laubwald, an der Stammbasis und auf Wurzeln lebender Eichen und Rotbuchen, seltener an Totholz; relativ häufig. **Verwechslung**: Verdrehter Rübling (oben), Kastanienroter Rübling (S. 162).

Ungenießbar (trotz milden Geschmacks) wegen seines aufdringlichen Geruchs und zähen Fleisches.

Gefleckter Rübling

Collybia maculata (Alb. & Schwein.: Fr.) Quél.

Merkmale: Hut 3–8(10) cm breit, kreideweiß, cremeweißlich bis weißlichrosa, bald zunehmend mit rostbraunen Flecken, Scheitel auch fleischbräunlich, nicht hygrophan; Lamellen weiß bis cremefarben, alt rostfleckig, sehr eng stehend, mit gekerbter Schneide, ausgebuchtet; Stiel weißlich, besonders im unteren Teil rostfleckig, längsriefig, wurzelnd; Geruch angenehm würzig-pilzig; Geschmack bitter; Spp. blaß creme-ocker; Sp. rundlich-elliptisch, 5–6 × 4–5 μ. **Vorkommen**: VIII–XI; im Laub- und Nadelwald, besonders unter Fichten und Kiefern, teilweise büschelig; sehr häufig. **Anmerkung**: Nach lang anhaltendem Regen kann sich die Bitterkeit abschwächen und eine mild schmeckende Art vortäuschen. **Verwechslung**: Sägeblättriger Rübling (S. 166).

Ungenießbar, da bitter schmeckend; kann durch Abkochen nicht entbittert werden.

Sägeblättriger Rübling

Collybia fodiens (Kalchbr.) J. Favre

Merkmale: Hut 3–8 cm breit, beige, blaß rötlichocker, fleischbräunlich bis hell kupferfarben, feucht etwas durchwässert, doch nicht hygrophan, Huthaut stellenweise wie silbrig überreift wirkend; Lamellen cremefarben bis gelblich, mit gesägter Schneide, ausgebuchtet; Stiel weiß bis gelblich, Basis auch kupferrötlich, gänzlich kleiig, längsriefig, wurzelnd, bald deutlich hohl; Geruch angenehm würzig; Geschmack mild; Spp. cremefarben; Sp. 7–8 × 3,5–4 µ. **Vorkommen**: IX–X; im Nadelwald, unter Fichten, auf saurem Nadelhumus, zwischen Moosen und Heidelbeeren; selten. **Anmerkung**: Diese wenig bekannte Art unterscheidet sich vom häufigen Gefleckten Rübling durch milden Geschmack und das Fehlen von Rostflecken. Der oft gelbliche Farbton an Lamellen und Stiel ist typisch. Ich finde den Pilz in guten Jahren regelmäßig im Südschwarzwald. **Verwechslung**: Gefleckter Rübling (ungenießbar, S. 164).

Waldfreund-Rübling

Collybia dryophila (Bull. : Fr.) P. Kumm.

Merkmale: Hut 1,5–5 cm breit, hellocker, rötlichgelb, gelbbräunlich bis rotbraun, hygrophan, Huthaut kahl, Rand gewöhnlich ungerieft (falls gerieft: var. *aquosa*); Lamellen weiß bis gelblich, kurz aufsteigend angeheftet; Stiel dem Hut farblich angepaßt, kahl, Basis mit Myzelfäden umwoben, beim Sammeln oft mit anhängenden, feinen, weißen bis gelblichen Myzelsträngen; Geruch angenehm, erinnert an frisch gesägtes Holz; Sp. 4,5–6 × 2–3 µ. **Vorkommen**: V–XI; im Laub- und Nadelwald, Waldwiesen, Parks und Gärten; sehr häufig. **Anmerkung**: Einer der häufigsten Pilze überhaupt; wird wegen seiner Veränderlichkeit in etliche Varietäten aufgeteilt. In den Lamellen halten sich bevorzugt kleine zu den Kurzflüglern gehörende Käfer auf, die sich bei Erschütterungen zu Boden fallen lassen. **Verwechslung**: Striegeliger Rübling (giftig, unten).

Eßbar; brauchbarer Mischpilz, Stiele werden entfernt.

Striegeliger Rübling

Collybia hariolorum (DC. : Fr.) Quél.

Merkmale: Hut 2–5 cm breit, weißlich, blaß ocker bis fleischbräunlich, hygrophan, Huthaut fettig glänzend bis matt; Lamellen cremefarben, kurz aufsteigend angeheftet; Stiel weißlich bis fleischbräunlich, in unterer Hälfte deutlich striegelig; Geruch unangenehm, an fauligen Kohl erinnernd; Sp. 5,5–7 × 2,5–3,5 µ. **Vorkommen**: V–IX; im Laubwald, besonders unter Rotbuchen, gesellig doch kaum büschelig im Laub wachsend; zerstreut bis ortshäufig. **Verwechslung**: Waldfreund-Rübling (Mitte), Knopfstieliger Rübling (S. 170).

Giftig; erzeugt nach kurzer Zeit Verdauungsstörungen, verbunden mit Übelkeit und Erbrechen.

Fälblingsähnlicher Rübling

Collybia hebelomoides Ew.Gerhardt

Merkmale: Hut 3–6 cm breit, falb ocker, kaum hygrophan, Mitte meist gebuckelt, Huthaut kahl, etwas fettig wirkend, Rand ungerieft; Lamellen auch jung nie weiß, erst blaß tonfarben, dann tonbräunlich, sehr gedrängt, kurz angeheftet; Stiel etwas blasser als der Hut, blaß holzfarben bis ockerbräunlich, fein längsfaserig, kahl wirkend, unter der Lupe fein bereift; Sp. 4–6 × 2–3 μ. **Vorkommen**: VII–IX; im Laubwald, gesellig, an humosen Stellen unter Pappeln; selten. **Anmerkung**: Diese erst 1982 beschriebene, bis jetzt kaum bekannte Art vom Habitus des Waldfreund-Rüblings erinnert wegen ihrer eintönigen Färbung, besonders aber der bräunlichen Lamellen, an die Gattung der Fälblinge *(Hebeloma)*. Der französische Mykologe Bon ist der Meinung, daß die Basidien dieser Art siderophil seien und sie deshalb zu *Calocybe* (= *Rugosomyces*) gehöre. Ich kann diese Ansicht nicht teilen. Der Pilz scheint nur in feuchten Jahren zu wachsen.

Speisewert unbekannt, vermutlich aber ungiftig.

Rotstieliger Rübling

Collybia marasmioides (Britzelm.) Bresinsky & Stangl
Syn.: *C. bresadolae*, *C. erythropus*

Merkmale: Hut 1–5 cm breit, fleischrötlich bis lederfarben, kaum hygrophan, Mitte etwas dunkler, fast fuchsrötlich, Huthaut matt; Lamellen weißlich-cremefarben, aufsteigend angeheftet, wenig gedrängt; Stiel besonders bei trockenem Wetter über die gesamte Länge rotbraun, glänzend, Basis mit rötlichem Myzelfilz; Fleisch besonders im Stiel zäh-elastisch; Geruch manchmal schwach kohlartig; Sp. 6–7,5 × 2,5–3,5 μ. **Vorkommen**: IX–X; im Laubwald, am Boden oder in Verbindung mit Holzstückchen, auch an Strünken, vereinzelt bis büschelig; zerstreut. **Anmerkung**: Diese Art fällt besonders durch ihren glänzend rotbraunen Stiel auf. **Verwechslung**: Knopfstieliger Rübling (S. 170), an Nadelholz: Büschel-Rübling (unten).

Büschel-Rübling

Collybia acervata (Fr.) P. Karst.

Merkmale: Hut 2–4 cm breit, rotbräunlich, dunkel fleischbraun, hygrophan, trocken falb ocker bis lederfarben, Huthaut kahl und glatt; Lamellen schmutzig weißlich, kurz aufsteigend angeheftet, gedrängt stehend; Stiel dunkel fleischbraun, kahl und glänzend, im unteren Teil oft von weißem Myzel überzogen; Geruch manchmal mit einer Komponente nach fauligem Kohl; Sp. 5,5–7 × 2,5–3 μ. **Vorkommen**: VIII–X; im Nadelwald, an oder neben Fichtenstümpfen, auf Wurzeln, stets in vielzähligen Büscheln; zerstreut, lokal regelmäßig anzutreffen (z. B. Südschwarzwald). **Verwechslung**: Rotstieliger Rübling (Mitte), Knopfstieliger Rübling (S. 170).

Knopfstieliger Rübling

Collybia confluens (Pers.: Fr.) P. Kumm.

Merkmale: Hut 2–4 cm breit, fahl fleischbräunlich bis fleischocker, hygrophan, trocken hell beige oder fast weißlich; Lamellen erst schmutzig weißlich, dann blaß holzfarben, sehr gedrängt stehend, Schneide durch Zystiden fein bewimpert (Lupe), sehr kurz am Stiel angeheftet, oft fast frei wirkend; Stiel fleischbräunlich, unterer Teil etwas dunkler, gänzlich haarig-flockig, daher trocken nie glänzend, steifstielig; Sp. 6–10 × 2,5–3,5 µ. **Vorkommen**: VII–XI; im Laub- und Nadelwald, oft büschelweise in Reihen und Hexenringen stehend; sehr häufig. **Anmerkung**: Der Hut läßt sich leicht mit drei Fingern nach oben abziehen und bricht ab. An der Stielspitze bleibt dann eine typische knopfartige Verdickung zurück (Name). **Verwechslung**: Büschel-Rübling (S. 168), Rotstieliger Rübling (S. 168).
Eßbar; als Mischpilz brauchbar. Die zähen Stiele sind unverwendbar.

Brennender Rübling

Collybia peronata (Bolton: Fr.) P. Kumm.
Syn.: *Marasmius urens*

Merkmale: Hut 2–6 cm breit, fleisch-, grau- oder ockerbräunlich, manchmal wie silbrig überreift oder mit wässerigen, unregelmäßigen Flecken, hygrophan, trocken ausblassend, Huthaut oft radialrunzelig, sehr dünnfleischig; Lamellen ockergelblich, bald ockerbräunlich bis zimtbraun, weit stehend, oft fast frei, am Stiel collarartig verwachsen; Stiel ocker- bis fleischbräunlich, untere Hälfte auffallend striegelig-zottig; Geschmack beim Kauen bald brennend scharf; Sp. 7–10 × 3,5–4,5 µ. **Vorkommen**: VII–XI; im Laub- und Nadelwald, besonders zwischen Laub, gesellig, doch nicht büschelig; sehr häufig. **Anmerkung**: Die entfernt stehenden, relativ dunklen Lamellen und der scharfe Geschmack machen diese Art nahezu unverwechselbar.

Unverschämter Rübling

Collybia impudica (Fr.) Singer

Merkmale: Hut 1–3 cm breit, dunkel fleischbraun, rotbräunlich, hygrophan, trocken blaß fleischfarben oder beige, Rand kurz durchscheinend gerieft oder gekerbt, Huthaut kahl; Lamellen fleischfarben bis rötlich-bräunlich, relativ eng stehend, aufsteigend angeheftet; Stiel wie Hut gefärbt, alt auch rot- oder schwarzbraun, gänzlich bereift; Geruch unangenehm nach fauligem Kohl; Geschmack mehr oder weniger knoblauchartig; Sp. 6–8(9,5) × 2,5–3,5 µ. **Vorkommen**: VI–IX; im Nadelwald oder in Parkanlagen auf moosigen Wiesen; selten. **Anmerkung**: Diese ziemlich veränderliche Art ist in den Wintermonaten im Mittelmeergebiet unter verschiedenen Kiefernarten anzutreffen und dort nicht selten. **Verwechslung**: Auf Laubholz: Stink-Schwindling (S. 196), mit Knoblauchgeruch: Lauch-Rübling *(C. porrea)*.

Gattung **Xerula** – Wurzelrüblinge
Fam. Tricholomataceae

Frkp. rüblingsartig; Hüte schleimig oder trocken und samtig; Lamellen weißlich, ausgebuchtet; Stiele sehr schlank und lang, wurzelnd; Spp. weiß, inamyloid; Sp. rundlich bis elliptisch, glatt, ohne Kp.; L-Tr. regulär; Saprophyten auf toten Wurzeln.

Grubiger Wurzelrübling

Xerula radicata (Relhan: Fr.) Dörfelt (Foto oben)
Syn.: *Oudemansiella radicata*

Merkmale: Hut 3–10 cm breit, graugelblich, gelbbräunlich bis rotbraun, Huthaut schleimig, glatt oder grubig bis runzelig; Lamellen dicklich, Schneide manchmal dunkler; Stiel wie Hut gefärbt, Spitze blasser, kahl, oft tief spindelartig wurzelnd; Sp. elliptisch, 13–15 × 9,5–11,5 µ. **Vorkommen**: VI–X; im Laubwald, besonders unter Rotbuchen; häufig.

Braunhaariger Wurzelrübling RL 3

Xerula pudens (Pers.) Singer Syn.: *Oudemansiella longipes*

Merkmale: Hut 3–6 cm breit, hell beige bis bräunlich, trocken, feinsamtig; Stiel zimtbräunlich, gänzlich feinsamtig; Geschmack manchmal bitterlich; Sp. rundlich, 8–10,5 µ. **Vorkommen**: VIII–IX; im Laubwald, unter Eichen auf Kalkböden; selten. **Verwechslung**: Schwarzhaariger Wurzelrübling (Mitte rechts).

Schwarzhaariger Wurzelrübling RL 2

Xerula melanotricha Dörfelt (Foto Mitte rechts)

Merkmale: Hut 3–7 cm breit, dunkelbraun, trocken, samtig bis haarig, besonders am Rand mit abstehenden Borsten; Stiel dunkel zimtbraun, borstig-haarig, beim Berühren oft abfärbend; Sp. rundlich, 8–10,5 × 7,5–9,5 µ. **Vorkommen**: VIII–X; im Nadelwald, unter Fichten auf kalkhaltigem Boden; selten. **Verwechslung**: Braunhaariger Wurzelrübling (Mitte links).

Falscher Pfifferling

Hygrophoropsis aurantiaca (Wulfen: Fr.) Maire (Foto unten)
(Fam. Paxillaceae)

Merkmale: Hut 2–6(9) cm breit, blaßgelb bis kräftig orange, Huthaut trocken, feinfilzig; Lamellen gelblich bis orange, mehrfach gegabelt, herablaufend; Stiel wie Hut gefärbt, kahl; Fleisch weichlich, elastisch, geruch- und geschmacklos; Spp. weiß, dextrinoid; Sp. elliptisch, glatt, 5,5–7 × 3,5–4,5 µ, ohne Kp. **Vorkommen**: IX–XI; im Nadel- und Mischwald, am Boden und an Holzstückchen oder Stümpfen; sehr häufig; Saprophyt. **Verwechslung**: Echter Pfifferling (S. 556).

Eßbar; erzeugt in größerer Menge Verdauungsstörungen!

Ölbaumpilz

RL 3

Omphalotus olearius (DC.: Fr.) Singer (Fam. Paxillaceae)

Merkmale: Hut 3–10 cm breit, lebhaft orangegelb bis fuchsbraun, relativ dünnfleischig, Mitte trichterartig vertieft, Huthaut trocken, glanzlos; Lamellen leuchtend goldgelb, gedrängt, deutlich herablaufend; Stiel orange- bis fuchsbraun; Fleisch gelblich bis orange; Spp. blaß gelblich, inamyloid; Sp. rundlich-oval, glatt, 5–7 × 5–6 μ, ohne Kp. **Vorkommen**: VII–X; meist büschelig an Stämmen, Stümpfen und Wurzeln, besonders von Eiche und Edelkastanie, in Gebieten mit mildem Klima (z. B. Pfalz, Oberrheingebiet); selten. **Anmerkung**: Der Ölbaumpilz ist in allen Mittelmeerländern sehr verbreitet und häufig. Er wächst dort parasitisch und saprophytisch mit Vorliebe an Ölbäumen. Seine Lamellen sollen im Dunkeln leuchten. **Verwechslung**: Falscher Pfifferling (S. 172), Fuchsiger Röteltrichterling (S. 108). Giftig; erzeugt nach $^{1}/_{2}$–3 Stunden Übelkeit, Erbrechen und Durchfall; manchmal auch leichte Leberschäden. Die Giftstoffe sind noch nicht vollends erforscht.

Schuppiger Sägeblättling

Lentinus lepideus (Fr.: Fr.) Fr. (Fam. Polyporaceae)

Merkmale: Hut 3–15 cm breit, weiß bis ockergelblich, relativ dickfleischig, Huthaut trocken, in grobe, anliegende, nachdunkelnde Schuppen aufbrechend; Lamellen weiß, dann ockergelblich, herablaufend, Schneide grob gesägt; Stiel weißlich bis bräunlich, mit schuppig zerklüfteter Oberfläche; Fleisch weiß, im unteren Stielbereich bräunlich, zäh-elastisch; Geruch nach Perubalsam, ähnlich wie gärendes Obst; Spp. weiß, inamyloid; Sp. langelliptisch, glatt, 8–11,5 × 3–4 μ, ohne Kp.; L-Tr. jung regulär, dann irregulär. **Vorkommen**: V–X; an totem Nadelholz, Stümpfe, liegende Stämme, Eisenbahnschwellen, Pfähle, besonders an Kiefer oder Lärche; Saprophyt, erzeugt Braunfäule; häufig. **Anmerkung**: Die Art erscheint bevorzugt in trockenen Jahren. **Verwechslung**: Getigerter Knäueling (unten).

Getigerter Knäueling

Lentinus tigrinus (Bull.: Fr.) Fr. Syn.: *Panus tigrinus*

Merkmale: Hut 2–8 cm breit, mit braunen bis schwärzlichen, teilweise abstehenden, fein verteilten Schüppchen auf weißlichem Untergrund, Huthaut trocken, Mitte meist genabelt; Lamellen weiß bis cremefarben, alt gilbend, sehr gedrängt, herablaufend, Schneide fein gesägt; Stiel weißlich bis gelblich, mit dunkler, anliegender Schuppung; Fleisch weiß, etwas gilbend, zäh-elastisch; Spp. weiß, inamyloid; Sp. elliptisch, glatt, 6–7,5 × 3–3,5 μ, ohne Kp.; L-Tr. irregulär. **Vorkommen**: IV–X; auf abgestorbenem Laubholz, besonders Weide oder Rotbuche, in vielzähligen Gruppen und Büscheln; Saprophyt, erzeugt Weißfäule; häufig. **Verwechslung**: Größer, mit auffallendem Geruch: Schuppiger Sägeblättling (Mitte).

Gattung **Microcollybia** – Zwergrüblinge, Sklerotienrüblinge
Fam. Tricholomataceae

Hüte klein, weiß oder weißlich, trocken; Lamellen weiß, cremefarben oder grau, breit angewachsen; Stiele weiß, selten mit kopfigen Seitenverzweigungen, einem Sklerotium entspringend oder das Substrat sklerotisierend; Spp. weiß, inamyloid; Sp. elliptisch, glatt, ziemlich klein, bei allen Arten der Gattung etwa gleichgroß, 4–5 × 2–3 µ, ohne Kp.; L-Tr. regulär; Saprophyten auf faulenden Resten größerer Lamellenpilze.

Seidiger Zwergrübling

Microcollybia cirrhata (Pers.: Fr.) Lennox
Syn.: *Collybia cirrhata*

Merkmale: Hut 0,5–1,5 cm breit, weiß, feucht mit fleischfarbener gebuckelter bis genabelter Mitte, Huthaut seidig; Lamellen weiß; Stiel feucht fleischfarben, trocken weiß, bereift, ohne Sklerotium. **Vorkommen**: VIII–XI; auf vorjährigen, geschwärzten (sklerotisierten) Resten vorwiegend von Täublingen und Milchlingen; häufig. **Anmerkung**: Die Art tritt stets in gehäuften Gruppen auf, deren Ausdehnung durch die Größe des Substrates begrenzt ist. Es wird vermutet, daß es sich hier z. T. um sklerotienlose Formen der anderen Arten handeln könnte. **Verwechslung**: Gelbknolliger und Braunknolliger Zwergrübling (Mitte und unten).

Gelbknolliger Zwergrübling

Microcollybia cookei (Bres.) Lennox Syn.: *Collybia cookei*

Merkmale: Wie beim Seidigen Zwergrübling (oben). Jedoch entspringen die Stiele einem rundlichen, ockerfarbenen, etwa senf- bis gerstenkorngroßen Sklerotium. **Vorkommen**: VIII–XI; auf geschwärzten Lamellenpilzresten, die oft nur schwer als solche zu erkennen sind, manchmal scheinbar am Boden, in dichten Gruppen wachsend; etwas seltener als *M. cirrhata*. **Verwechslung**: Braunknolliger Zwergrübling (unten).

Braunknolliger Zwergrübling

Microcollybia tuberosa (Bull.: Fr.) Lennox
Syn.: *Collybia tuberosa*

Merkmale: Wie beim Seidigen Zwergrübling (oben). Sklerotium länglich, dunkel rotbraun, bis ca. 1 cm lang (erinnert an einen Insektenkokon). **Vorkommen**: VIII–XI; am Boden oder auf geschwärzten, sehr verwitterten Pilzresten, je nach Substratangebot in dichten Gruppen oder einzeln; relativ häufig. **Verwechslung**: Mit ockergelbem Sklerotium: Gelbknolliger Zwergrübling (Mitte), mit kopfigen Seitenverzweigungen am Stiel: Traubenstieliger Zwergrübling (*M. racemosa*, selten).

Gattung **Tephrocybe** – Graublattrüblinge, Graublatt
Fam. Tricholomataceae

Frkp. mit Rüblings-, Trichterlings- oder Helmlingshabitus; Hüte mit düsteren Farben, hygrophan, trocken; Lamellen oft mit grauem oder bräunlichem Ton, ausgebuchtet bis gerade angewachsen; Spp. weiß, inamyloid; Sp. rundlich bis elliptisch, glatt oder rauh, ohne Kp.; Basidien siderophil; L-Tr. regulär; Saprophyten.

Geruchloses Graublatt

Tephrocybe inolens (Fr.) M. M. Moser

Merkmale: Hut 2–4(6) cm breit, graubraun, mit mehr grauen oder braunen Farbanteilen, hygrophan, beim Trocknen blaß hornfarben ausblassend, Rand bereift; Lamellen grauweißlich, grau oder beigebräunlich, gerade angewachsen; Stiel blaß grau bis bräunlich, gänzlich flockig; Geruch unbedeutend, nicht mehlartig (wie sonst in der Gattung üblich); Sp. elliptisch, glatt (jung innen stark gekörnt), 6–7,5(9) × 3–4(4,5) µ. **Vorkommen**: X–XI(XII); im Nadelwald, auch in Gärten unter Nadelbäumen; selten. **Verwechslung**: Staubfüßiger Trichterling (S. 156), andere Graublattrüblinge.

Ranzigmehliges Graublatt

Tephrocybe confusa P. D. Orton

Merkmale: Hut 1,5–3 cm breit, ocker- bis hornbräunlich, hygrophan, schnell weißlich-hornfarben ausblassend, Mitte papillenartig gebuckelt, Rand feucht durchscheinend gerieft; Lamellen schmutzig weißlich bis blaß hornfarben, ausgebuchtet; Stiel blaß hornfarben, gänzlich flockig bis überfasert; Geruch und Geschmack stark ranzig-mehlartig, auch mit gurkenartiger Komponente; Sp. elliptisch, glatt (innen oft granuliert bis gekörnt) 5–6 × 3–3,5 µ. **Vorkommen**: IX–X; im Nadel- und Mischwald, im Nadel- oder Blätterhumus; selten. **Verwechslung**: Andere Graublattrüblinge.

Sumpf-Graublatt

Tephrocybe palustris (Peck) Donk

Merkmale: Hut 1–3 cm breit, grau-, horn- oder gelbbräunlich, weit durchscheinend gerieft, hygrophan, stark ausblassend, sehr dünnfleischig; Lamellen schmutzig weißlich, grauweißlich, breit angewachsen; Stiel wie der Hut gefärbt, jung gänzlich bereift, sehr dünn und zerbrechlich; Geruch und Geschmack deutlich mehlartig; Sp. elliptisch, glatt, 6–7,5 × 3,5–4,5 µ. **Vorkommen**: VII–IX; in Sümpfen zwischen Torfmoosen *(Sphagnum)*; nicht selten. **Anmerkung**: Das Sumpf-Graublatt kann leicht für einen Helmling *(Mycena)* gehalten werden. Jene Gattung ist aber im Torfmoos gewöhnlich nicht vertreten.

Brandstellen-Graublatt

Tephrocybe anthracophila (Lasch) P. D. Orton
Syn.: *T. carbonaria*

Merkmale: Hut 1–2,5 cm breit, dunkel grau, graubraun, hygrophan, Rand etwas heller und feucht weit durchscheinend gerieft, dünnfleischig, Form gewöhnlich konvex; Lamellen erst schmutzig weißlich, dann mit Grauton, breit angewachsen; Stiel graubraun, mit hellerer Spitze, oben bereift, sonst kahl und etwas glänzend; Geruch und Geschmack mehlartig; Sp. rundlich, glatt bis feinst punktiert, 4,5–6 μ. **Vorkommen**: VIII–X(XI); auf bemoosten Brandstellen, vorwiegend im Nadelwald; nicht selten. **Verwechslung**: Sporen elliptisch: Geschwärztes Graublatt (Mitte), Kohlen-Nabeling (unten).

Geschwärztes Graublatt

Tephrocybe atrata (Fr.: Fr.) Donk

Merkmale: Hut 1–3 cm breit, dunkelbraun, schwarzbraun, Rand durchscheinend gerieft, hygrophan, dünnfleischig, Form konvex oder mit kleiner Papille, jedoch nie genabelt; Lamellen bald schmutzig grauweißlich bis graubräunlich, gerade angewachsen oder schwach herablaufend; Stiel durchgehend dunkelbraun wie der Hut, kahl, oft flachgedrückt, Basis vom Myzel zottig; Geruch und Geschmack ranzig-mehlartig; Sp. rundlich-elliptisch, glatt bis fein punktiert, 5,5–8 × 4–5 μ. **Vorkommen**: VII–X; auf bemoosten Brandstellen zwischen Holzkohle. **Anmerkung**: Da Form und Größe der Sporen sehr variieren, könnte das Brandstellen-Graublatt (oben) mit dem Geschwärzten Graublatt identisch sein. Der Name *atrata* hätte Vorrang.

Kohlen-Nabeling

Myxomphalia maura (Fr.) Hora Syn.: *Fayodia maura*
(Fam. Tricholomataceae)

Merkmale: Hut 1–3(5) cm breit, dunkel grau, braun, schwarzbraun, hygrophan, Rand weit durchscheinend gerieft und lange etwas eingerollt, Hutmitte stets nabelartig vertieft, Huthaut speckig glänzend, etwas klebrig, beim Abziehen gelatinös dehnbar; Lamellen zuerst fast weiß, bald schmutzig grauweißlich, etwas herablaufend; Stiel wie der Hut gefärbt, mit Mattglanz; Geruch und Geschmack nicht mehlartig; Spp. weiß, amyloid; Sp. rundlich, glatt, 5–6 × 4,5–5 μ, ohne Kp.; L-Tr. regulär; **Vorkommen**: (V)IX–XI; auf nackten oder bemoosten Brandstellen; relativ häufig; Saprophyt. **Anmerkung**: Von anderen, ähnlich aussehenden Brandstellenbewohnern ist diese Art durch den genabelten Hut, fehlenden Mehlgeruch und gummiartig dehnbare Huthaut gut zu unterscheiden. An den Lamellen befinden sich außerdem deutlich herausragende Zystiden. Die den Nabelingen *(Omphalina)* ähnliche Gattung enthält nur wenige europäische Arten. **Verwechslung**: Brandstellen-Graublatt (oben), Geschwärztes Graublatt (Mitte), vgl. Nabelinge (S. 214).

Gattung **Strobilurus** – Zapfenrüblinge, Nagelschwämme
Fam. Tricholomataceae

Hüte klein, konvex, Huthaut trocken, matt; Lamellen weißlich, angewachsen; Stiele gelbbräunlich, Spitze heller, sehr elastisch, wurzelnd, Basis mit Myzelsträngen; Spp. weiß, inamyloid; Sp. elliptisch, glatt, ohne Kp.; Zystiden arttypisch; L-Tr. regulär; Huthaut hymeniform; Saprophyten auf (oft vergrabenen) Zapfen.

Fichten-Zapfenrübling

Strobilurus esculentus (Wulfen: Fr.) Singer

Merkmale: Hut 0,5–3 cm breit, graubraun oder dunkelbraun, selten weißlich, Rand meist kurz durchscheinend gerieft; Geschmack würzig pilzartig, mild; Sp. 5–7,5 × 3–4 μ; Zystiden an der Spitze abgerundet, mit oder ohne Kristalle. **Vorkommen**: IV–V(VI), selten auch im Spätherbst; auf ganz oder halb vergrabenen Fichtenzapfen; häufig. **Verwechslung**: Milder und Bitterer Kiefern-Zapfenrübling (Mitte und unten), Mäuseschwanz-Rübling (S. 184).
Eßbar; trotz seiner geringen Größe manchmal lohnend, da in größeren Mengen auftretend; nur Hüte verwenden.

Milder Kiefern-Zapfenrübling

Strobilurus stephanocystis (Hora) Singer

Merkmale: Hut 0,5–2 cm breit, dunkelbraun, seltener blaß ocker bis weißlich, Rand gewöhnlich ungerieft; Geschmack würzig pilzartig, mild; Sp. 5–7 × 2,5–3,5 μ; Zystiden breit kopfig abgerundet, mit meist deutlichem Kristallschopf (Abb. 36). **Vorkommen**: II–IV(V); auf vergrabenen Zapfen der Waldkiefer, seltener Schwarzkiefer (in Gärten), in Kieferngegenden selten auch auf Zapfen eingestreuter Fichten (!); häufig. **Verwechslung**: Bitterer Kiefern-Zapfenrübling (unten), Fichten-Zapfenrübling (oben), Mäuseschwanz-Rübling (S. 184).
Eßbar, siehe oben.

Bitterer Kiefern-Zapfenrübling

Strobilurus tenacellus (Pers.: Fr.) Singer

Merkmale: Hut 0,5–2 cm breit, graubraun, dunkelbraun, auch hell ocker oder weißlich, Rand gerieft oder ungerieft; Geschmack würzig pilzartig, Nachgeschmack bitterlich oder völlig mild; Sp. 5–6,5 × 2,5–3,5 μ; Zystiden zugespitzt, Kristalle spärlich (Abb. 37). **Vorkommen**: IV–VI(VII); auf Kiefernzapfen; häufig. **Anmerkung**: Die Art erscheint im Anschluß an die Vegetationsperiode von *S. stephanocystis*. In einer kurzen Übergangszeit können beide gleichzeitig gefunden werden. **Verwechslung**: Milder Kiefern-Zapfenrübling (Mitte), Fichten-Zapfenrübling (oben), Mäuseschwanz-Rübling (S. 184).
Eßbar, wenn mild schmeckend, siehe oben.

Mäuseschwanz-Rübling

Baeospora myosura (Fr.: Fr.) Singer (Fam. Tricholomataceae)

Merkmale: Hut 1–2 cm breit, ocker-, fleisch- bis rotbräunlich, Rand etwas heller, ungerieft, beim Trocknen ausblassend, Huthaut trocken, glanzlos; Lamellen weißlich, sehr eng stehend, kurz angeheftet; Stiel fleischfarben, im unteren Teil bräunlich, alt gänzlich rotbraun, auf ganzer Länge feinflockig, wurzelnd, unterer Teil mit borstigen Myzelsträngen; Spp. weiß, amyloid; Sp. klein, elliptisch, glatt, 3–4,5 × 1,5–2 μ, ohne Kp.; Zystiden vorhanden, doch immer ohne Kristalle; L-Tr. regulär. **Vorkommen**: IX–XI; auf liegenden oder vergrabenen Zapfen von Fichten oder Kiefern; nicht selten, doch kaum in großen Gruppen wachsend; Saprophyt. **Anmerkung**: Der Mäuseschwanz-Rübling besiedelt den gleichen Standort, wie die Zapfenrüblinge *(Strobilurus)*, erscheint aber nie im Frühjahr (anderer Name: Später Zapfenrübling). **Verwechslung**: Fichten- oder Kiefern-Zapfenrüblinge (S. 182).

Stäubender Zwitterling

Nyctalis asterophora Fr. Syn.: *Asterophora lycoperdoides* (Fam. Tricholomataceae)

Merkmale: Hut 1–2 cm breit, halbkugelig bis polsterförmig, zuerst weiß, dann an der Oberfläche bräunlich und stäubend (Chlamydosporen); Lamellen (an Hutunterseite, falls vorhanden) grauweißlich, dicklich, entfernt stehend, weniger deutlich ausgebildet als bei einem gewöhnlichen Lamellenpilz; Stiel weiß, ziemlich kurz, Oberfläche faserig; Geruch und Geschmack mehlartig; Sp. (asexuelle Chlamydosporen:) bräunlich, höckerig-stachelig, 12–15 μ lang oder (sexuelle Basidiosporen:) farblos, elliptisch, glatt, 3–6 × 2–4 μ, ohne Kp.; Basidien siderophil. **Anmerkung**: Die häufiger auftretende Konidienform (*Asterophora*, Foto) wirkt wie ein kleiner gestielter Stäubling. Echte Lamellen werden seltener gebildet. **Vorkommen**: IX–XI; auf faulenden Fruchtkörpern von Milchlingen und Täublingen; relativ selten; Parasit. **Verwechslung**: Mit deutlicheren Lamellen: Beschleierter Zwitterling *(N. parasitica)*.

Haarschwindling

Crinipellis scabella (Alb. & Schwein.: Fr.) Kuyper
Syn.: *C. stipitaria* (Fam. Tricholomataceae)

Merkmale: Hut 0,5–1 cm breit, auf weißlichem Untergrund mit rostbraunen, faserigen Schüppchen (anderer Name: Fasermützchen), Rand oft gerunzelt, Huthaut trocken; Lamellen weiß, etwas entfernt, aufsteigend angewachsen; Stiel rostbraun, alt fast schwarzbraun, gänzlich feinfilzig; Spp. weiß, inamyloid; Sp. elliptisch, glatt, 6–8,5 × 4,5–6 μ, ohne Kp. **Vorkommen**: VI–XI; auf Wiesen, Trockenrasen, vorwiegend an abgestorbenen, seltener an lebenden Gräsern; nicht selten; Saprophyt, vermutlich auch Parasit. **Verwechslung**: Vgl. Zwergschwindlinge (S. 186).

Gattung **Marasmiellus** – Zwergschwindlinge
Fam. Tricholomataceae

Frkp. nach dem Trocknen nicht wieder auflebend (vgl. *Marasmius*); Hüte dünnhäutig, trocken; Lamellen weißlich, breit angewachsen, etwas entfernt; Stiele fadendünn; Spp. weiß, inamyloid; Sp. elliptisch, glatt, ohne Kp.; L-Tr. regulär; Huthaut besteht aus verzweigten Hyphen; Saprophyten an totem Pflanzenmaterial.

Ast-Zwergschwindling

Marasmiellus ramealis (Bull.: Fr.) Singer

Merkmale: Hut 0,5–1 cm breit, weißlich, alt blaß fleischbräunlich, Rand radialrunzelig; Stiel fleischbräunlich, feinflockig; Sp. 8–10 × 2,5–3,5 µ. **Vorkommen**: VI–X; in Gruppen an abgestorbenen Laubholz-Ästchen, selten an Nadelholz; häufig. **Anmerkung**: Der Ast-Zwergschwindling fällt durch sein rasiges Wachstum auf. **Verwechslung**: Matter Zwergschwindling (Mitte), Aderblättriger Schwindling (S. 194).

Matter Zwergschwindling

Marasmiellus vaillantii (Pers.: Fr.) Singer   Syn.: *M. languidus*

Merkmale: Hut 0,5–1,5 cm breit, weißlich, mit fleisch- bis rostbräunlicher, genabelter Mitte, Rand weit radialrunzelig; Stiel rotbräunlich, mit blasser Spitze, fein bereift; Sp. 7–9 × 3–4 µ. **Vorkommen**: VIII–X; einzeln bis gesellig an toten Gräsern, auf Blattnerven von Laubbäumen, an winzigen Ästchen; relativ selten. **Verwechslung**: Haarschwindling (S. 184), Ast-Zwergschwindling (oben), ebenfalls an Gräsern: Dreifarbiger Zwergschwindling *(M. tricolor)*.

Gurkenschnitzling

Macrocystidia cucumis (Pers.: Fr.) Joss.
(Fam. Tricholomataceae)

Merkmale: Hut 1–5 cm breit, zimt- bis dunkel rotbraun, manchmal sogar schwarzbraun, Rand im frischen Zustand heller, meist ungerieft, kegelig-glockig, dann verflachend, Huthaut trocken, fein bereift (Lupe); Lamellen jung weißlich, dann fleischocker, angewachsen; Stiel rotbraun, unten schwarzbraun, gänzlich bereift bis flockig; Geruch auffallend gurkenartig (Salatgurke), im Alter fast fischartig; Geschmack gurkenartig; Spp. weiß bis blaß rosa, inamyloid; Sp. elliptisch, glatt, 7,5–9 × 3–4 µ, ohne Kp.; L-Tr. regulär; Lamellen, Hut und Stiel mit weit herausragenden, zugespitzten Zystiden. **Vorkommen**: VII–X; im Laub- und Nadelwald, an offenen Stellen zwischen Kräutern, an Waldwegen, Bachläufen usw.; häufig; Saprophyt. **Anmerkung**: Die sehr veränderliche Art ist immer an ihrem Gurkengeruch zu erkennen. Hut klein, mit stark gerieftem Rand: var. *latifolia*; Spp. weiß: var. *leucospora*.

Gattung **Marasmius** – Schwindlinge
Fam. Tricholomataceae

Frkp. nach dem Trocknen bei Regen wieder auflebend; Hüte häutig bis dünnfleischig, winzig bis mittelgroß, trocken; Lamellen blaß, angewachsen, selten frei (mit Collar); Fleisch zäh-elastisch; Spp. weiß, inamyloid; Sp. elliptisch, apfelkernförmig, glatt, ohne Kp.; L-Tr. regulär; Huthaut zellig bis hymeniform; Saprophyten.

Feld-Schwindling, Nelken-Schwindling

Marasmius oreades (Bolton: Fr.) Fr.

Merkmale: Hut 1–4(6) cm breit, ledergelblich bis ockerbräunlich, hygrophan, trocken fast weißlich, Mitte meist gebuckelt, mit gekerbtem, feucht durchscheinend gerieftem Rand; Lamellen cremeweißlich, dicklich, entfernt, aufsteigend angeheftet; Stiel weißlich bis ockerbräunlich, sehr biegsam und zäh, voll, Basis striegelig; Sp. 7–9(10) × 4–5(6) µ. **Vorkommen**: V–XI; zwischen Gras auf Kulturwiesen, Weiden, grasigen Waldlichtungen, Wegrändern, oft in Hexenringen; häufig. **Anmerkung**: Wiesenstandort, Wachstum in Hexenringen und dickliche, helle Lamellen lassen die Art kaum verwechseln. Vorsicht vor giftigen Rißpilzen und Trichterlingen.

Eßbar; guter Suppenpilz; nur Hüte verwenden.

Hornstiel-Schwindling

Marasmius cohaerens (Alb. & Schwein.: Fr.) Cooke & Quél.

Merkmale: Hut 1–3(5) cm breit, einfarbig dunkel fleischbraun, ockerbräunlich, kaum ausblassend, Huthaut samtig, Rand meist ungerieft; Lamellen blaß grauocker oder gelblich, angeheftet, Schneide manchmal rotbräunlich; Stiel rotbraun, hornartig, glänzend, mit ockerfarbenem Myzelballen (anderer Name: Beschuhter Schwindling); Sp. 8–10,5(12) × 4,5–5,5 µ; Huthaut, Stiel und Lamellen mit braunwandigen Seten, in Huthaut zusätzlich vielspitzige, bürstenartige Elemente (Abb. 38). **Vorkommen**: VIII–X; im Humus von Laub- und Nadelwäldern; zerstreut. **Verwechslung**: Ledergelber Schwindling (unten).

Ledergelber Schwindling

Marasmius torquescens Quél. Syn.: *M. lupuletorum*

Merkmale: Hut 1–3 cm breit, gelblich bis ocker, etwas hygrophan, Rand meist deutlich durchscheinend gerieft; Lamellen weißlich bis gelblich, angeheftet, entfernt stehend; Stiel wie der Hut gefärbt, nach unten dunkler, Basis mit weißem bis cremefarbenem Filz; Sp. 6–9(10) × 4–5,5 µ; Huthaut und Stiel mit braunwandigen Seten (Abb. 39). **Vorkommen**: IX–XI; im Laubwald, an kleinen Holzstückchen; zerstreut. **Verwechslung**: Hornstiel-Schwindling (Mitte).

Echter Knoblauch-Schwindling

Marasmius scorodonius (Fr.: Fr.) Fr.

Merkmale: Hut 0,5–3 cm breit, fleischbräunlich, blaß rotbräunlich, bald vom Rande her ausblassend, Oberfläche meist gerunzelt, dünnhäutig; Lamellen weißlich, cremefarben, etwas entfernt stehend, queraderig verbunden, aufsteigend angeheftet; Stiel rotbraun, abwärts schwarzbraun, hornartig, glänzend; Geruch deutlich knoblauchartig, auch nach dem Trocknen nicht vergehend; Geschmack nach Knoblauch, mild; Sp. 6,5–9 × 3–4 μ. **Vorkommen**: VI–XI; im Nadel- und Mischwald, gesellig auf Nadelhumus oder an abgestorbenen, holzigen Pflanzenresten; häufig. **Verwechslung**: Großer Knoblauch-Schwindling (Mitte), Saitenstieliger Knoblauch-Schwindling (unten), mit fauligem Kohlgeruch: Nadel-Stinkschwindling (S. 196).
Eßbar; ausgezeichneter Gewürzpilz, als Knoblauchersatz verwendbar (anderer Name: Küchen-Schwindling). Der Pilz kann gut getrocknet und pulverisiert werden.

Großer Knoblauch-Schwindling

Marasmius prasiosmus (Fr.: Fr.) Fr. Syn.: *M. querceus*

Merkmale: Hut 2–3(4) cm breit, fahl bräunlich bis dunkelbraun, mit wenig Rotanteil, hygrophan, blaß hornfarben bis weißlich ausblassend, feucht weit durchscheinend gerieft; Lamellen schmutzig weißlich, relativ eng stehend, aufsteigend angeheftet; Stiel dunkelbraun, zur Spitze aufhellend, gänzlich bereift, im Alter glänzend; Geruch aufdringlich knoblauchartig; Geschmack knoblauchartig und zugleich brennend scharf; Sp. 7–10 × 4–5 μ. **Vorkommen**: X–XI; im Laubwald, vorwiegend unter Eichen, in Gruppen den am Boden verrottenden Blättern aufsitzend; zerstreut bis relativ selten. **Verwechslung**: Echter Knoblauch-Schwindling (oben), Saitenstieliger Knoblauch-Schwindling (unten), ohne Knoblauchgeruch: Violettlicher Schwindling (S. 192).
Ungenießbar wegen des scharfen Geschmacks, ungiftig.

Saitenstieliger Knoblauch-Schwindling

Marasmius alliaceus (Jacq.: Fr.) Fr.

Merkmale: Hut 1–4 cm breit, dunkel graubraun, feucht durchscheinend gerieft, hygrophan, stark ausblassend, alt meist gerunzelt; Lamellen schmutzig weiß, grauweißlich, aufsteigend angeheftet, etwas entfernt stehend; Stiel schwarzbraun bis schwarz, sehr steif und aufrecht, an die Saite einer Bassgitarre erinnernd (Name), gänzlich bereift, wurzelnd; Geruch aufdringlich und stark nach Knoblauch; Geschmack knoblauchartig, brennend scharf; Sp. 7–10 × 5,5–7 μ. **Vorkommen**: (V)VIII–XI; im Laubwald auf kalkhaltigem Boden, stets im Rotbuchenwald, vereinzelt an toten Ästen, vergrabenem Holz, Wurzeln; regional häufig. **Verwechslung**: Echter Knoblauch-Schwindling (oben), Großer Knoblauch-Schwindling (Mitte).
Ungenießbar wegen des scharfen Geschmacks, ungiftig.

Violettlicher Schwindling

Marasmius wynnei Berk. & Broome

Merkmale: Hut 1,5–5 cm breit, blaß horngrau, graubräunlich, oft mit violettem Hauch, hygrophan, trocken weißlich, feucht durchscheinend gerieft; Lamellen schmutzig weißlich, grauweißlich, violettlichgrau, aufsteigend angeheftet; Stiel rotbraun, gegen die Spitze heller, gänzlich flockig; Geruch etwas streng, manchmal mit Blausäurekomponente; Sp. 5,5–7,5 × 3–4 µ. **Vorkommen**: IX–X; im Laubwald, zwischen liegenden Blättern oder an Holzresten, bisweilen büschelig; relativ häufig. **Anmerkung**: Die Farben des Pilzes halten nur selten, was der Name verspricht. Violette Töne sind nämlich fast nie vorhanden. Manchmal ist der Hut eigenartig violettgrau angehaucht. Dennoch ist die Art mit etwas Erfahrung gut erkennbar. **Verwechslung**: Auf Wiesen: Feld-Schwindling (S. 188), mit Knoblauchgeruch: Großer Knoblauch-Schwindling (S. 190).

Rotfleckiger Schwindling RL 0

Marasmius chordalis Fr.

Merkmale: Hut 1–2 cm breit, hellgrau, schnell ausblassend, dann weißlich, mit typischen rotbräunlichen Flecken, Huthaut bereift (durch Zystiden), Rand etwas runzelig gerieft; Lamellen schmutzig weißlich, breit angewachsen; Stiel erst hyalin, dann von unten her zunehmend bräunlich, über die gesamte Länge deutlich bereift, oft tief wurzelnd; Sp. fast zitronenförmig, mit großem Öltropfen, 6–9 × 5–6,5 µ (Abb. 40). **Vorkommen**: IX–X; an unterirdischen Rhizomen des Adlerfarns oder an vergrabenen Holzstückchen im Nadelwald; sehr selten. **Anmerkung**: Die abgebildeten Exemplare stammen aus Tirol (Österreich) und wuchsen auf vergrabenem Fichtenholz. In Deutschland ist die Art in den letzten Jahren nicht mehr aufgefunden worden. Ihr äußeres Erscheinungsbild ist dem eines Schwindlings unähnlich. Man könnte sie auch für einen Helmling *(Mycena)* halten.
■ Speisewert unbekannt, vermutlich ungiftig.

Roßhaar-Schwindling

Marasmius androsaceus (L.: Fr.) Fr.

Merkmale: Hut 0,3–1 cm breit, fleischfarben bis rotbräunlich, bei trockener Witterung ausblassend, mit dunklerer, genabelter Mitte, dünnhäutig, Oberfläche radialrunzelig; Lamellen fleischfarben, entfernt stehend, am Stiel direkt kurz angeheftet; Stiel schwarzbraun bis schwarz, lang und biegsam, glänzend (an ein Roßhaar erinnernd, Name); Sp. 5,5–7 × 3–4 µ. **Vorkommen**: VII–XI; vorwiegend im Nadelwald, an abgestorbenen, holzigen Pflanzenresten (Nadeln, Ästchen, Rinde, Zapfen, Stümpfe), meist in größeren Gruppen; häufig. **Anmerkung**: Bei Trockenheit schrumpfen die Pilzhüte stark zusammen und sind kaum noch zu erkennen. **Verwechslung**: Mit fauligem Kohlgeruch: Nadel-Stinkschwindling (S. 196).

Aderblättriger Schwindling

Marasmius epiphyllus (Pers.: Fr.) Fr.

Merkmale: Hut 0,4–1 cm breit, frisch weiß oder weißlich, beim Altwerden schmutzig ocker, dünnhäutig, radialrunzelig; Lamellen weiß, sehr entfernt stehend, fast zu Adern reduziert, z. T. gegabelt, am Stiel angeheftet bis breit angewachsen; Stiel erst durchscheinend weiß, dann von der Basis her allmählich fleischbräunlich, fadendünn, bereift; Sp. länglich, 8–12(15) × 3–4 μ. **Vorkommen**: IX–XI; im Laubwald, gewöhnlich an Rippen toter Blätter, an dürren Zweigen, gesellig; in feuchten Jahren relativ häufig. **Verwechslung**: Lamellen zu einem Collar verwachsen: Halsband-Schwindling (Mitte), Käsepilzchen (unten), auf Efeublättern: Efeu-Schwindling *(M. epiphylloides)*.

Halsband-Schwindling

Marasmius rotula (Scop.: Fr.) Fr.

Merkmale: Hut 0,5–1(1,5) cm breit, weiß, mit ockerbräunlich punktierter Hutmitte, dünnhäutig, schwach genabelt, Rand weit gefurcht-gerieft; Lamellen weißlich, sehr entfernt stehend, um den Stiel zu einem kragenförmigen Collar verwachsen und dadurch den Stiel nicht erreichend; Stiel schwarzbraun, zur Spitze hin heller, glänzend, hornartig und biegsam; Sp. apfelkernförmig, 7,5–9,5 × 3,5–4,5 μ. **Vorkommen**: V–X; auf toten, holzigen Pflanzenresten, z. B. Zweigen, halb vergrabenen Holzstückchen, Wurzeln, stark vermoderten Stümpfen usw., gesellig bis büschelig; häufig. **Anmerkung**: Die kleinen Hütchen sehen durch ihre radiale Furchung wie kleine Fallschirme aus. Der Halsband-Schwindling ist die häufigste Art einer Untergruppe der Schwindlinge, deren Lamellen zu einem Collar verwachsen sind, bevor sie den Stiel erreichen. Im Gegensatz zu den Riesenschirmlingen besteht hier der Collar aus einem kleinen Kragen. **Verwechslung**: Käsepilzchen (unten).

Käsepilzchen

Marasmius bulliardii Quél.

Merkmale: Hut 0,3–0,8 cm breit, blaß ockerfarben, beige, Mitte genabelt, mit zentralem, schwärzlichem Punkt, dünnhäutig, Rand weit gefurcht-gerieft; Lamellen dem Hut gleichfarbig, sehr entfernt stehend, frei, durch einen kragenförmigen Collar verwachsen; Stiel schwarzbraun, Spitze etwas aufgehellt, hornartig, glänzend und elastisch, oft mit hyalinen, mit einem Köpfchen endenden Seitensprossen; Sp. apfelkernförmig, 7,5–10 × 4–4,5 μ. **Vorkommen**: VIII–X; auf den Nerven abgestorbener Blätter (besonders Eiche) oder auf Fichtennadeln (forma *acicola*); relativ häufig. **Anmerkung**: Die Art unterscheidet sich vom Halsband-Schwindling durch abweichenden Standort und Hutfarbe. Die Seitensprosse der Stiele sind besonders dann zu beobachten, wenn die Pilze verdeckt wachsen. **Verwechslung**: Halsband-Schwindling (Mitte).

Gattung **Micromphale** – Stinkschwindlinge
Fam. Tricholomataceae

Frkp. den Schwindlingen *(Marasmius)* ähnlich; Hüte dünnhäutig, mit innerer gelatinöser Schicht; Lamellen angewachsen; Geruch nach fauligem Kohl oder knoblauchartig; Spp. weiß, inamyloid; Sp. elliptisch, glatt, ohne Kp.; L-Tr. regulär; Huthaut besteht aus Hyphen; Saprophyten auf totem Holz und anderen Pflanzenresten.

Nadel-Stinkschwindling

Micromphale perforans (Hoffm.: Fr.) Singer

Merkmale: Hut 0,5–1(1,5) cm breit, weißlich bis fleischfarben, konvex, alt genabelt, Rand gerunzelt-gerieft; Lamellen schmutzig weißlich bis fleischfarben, entfernt stehend; Stiel rot- bis schwarzbraun, Spitze heller, bereift, hornartig, biegsam; Geruch nach fauligem Kohl; Sp. 5–7 × 3–3,5 µ. **Vorkommen**: VI–XI; im Nadelwald, auf abgefallenen Fichtennadeln; häufig. **Anmerkung**: Beim Durchreißen eines Pilzhutes ist deutlich die gelatinöse Beschaffenheit erkennbar. **Verwechslung**: Roßhaar-Schwindling (S. 192), Halsband-Schwindling (S. 194).

Gemeiner Stinkschwindling

Micromphale foetidum (Sowerby: Fr.) Singer

Merkmale: Hut 1–2,5 cm breit, dunkel fleischbraun bis rotbraun, Mitte schwach genabelt, Rand weit durchscheinend gerieft und meist auch gerunzelt; Lamellen dunkel fleischbräunlich, sehr entfernt stehend; Stiel bald gänzlich schwarzbraun, deutlich bereift, zur Basis verjüngend, oft flachgedrückt; Geruch wie fauliger Kohl und zugleich knoblauchartig; Sp. 8–10 × 3–4 µ. **Vorkommen**: VIII–X; in dichten Gruppen auf dickeren Laubholzästen oder Strünken (Hasel, Rotbuche); relativ häufig. **Anmerkung**: Die unangenehmen Gerüche werden durch die Inhaltsstoffe Lentin- und Epilentinsäure hervorgerufen. **Verwechslung**: Am Boden: Kohl-Stinkschwindling *(M. brassicolens)*.

Gipsweißer Scheinhelmling

Hemimycena cucullata (Pers.: Fr.) Singer
(Fam. Tricholomataceae)

Merkmale: Hut 0,8–2 cm breit, weiß, Rand fein durchscheinend gerieft, bereift; Lamellen weiß, eng stehend, breit angewachsen; Stiel hyalinweiß, gänzlich bereift, zähfleischig; Spp. weiß, inamyloid; Sp. apfelkernförmig, glatt, 8,5–10,5 × 3,5–4,5 µ, ohne Kp.; L-Tr. regulär. **Vorkommen**: VII–IX; im Laubwald, zwischen Blättern oder an Holzstückchen; zerstreut; Saprophyt. **Anmerkung**: Die Gattung ähnelt den Helmlingen *(Mycena)*. Fast alle Arten sind jedoch weißlich gefärbt. **Verwechslung**: Andere Scheinhelmlinge.

Gattung **Mycena** – Helmlinge
Fam. Tricholomataceae

Hüte dünnhäutig, halbkugelig, kegelig-glockig, selten genabelt, meist trocken, hygrophan, feucht durchscheinend gerieft; Lamellen z. T. mit andersfarbiger Schneide, angeheftet bis herablaufend; Stiele meist gebrechlich, hohl; einige Arten milchend; Spp. weiß, amyloid oder inamyloid; Sp. elliptisch, glatt, ohne Kp.; L-Tr. regulär; Saprophyten am Boden oder an toten Pflanzenresten.

Rettich-Helmling

Mycena pura (Pers.: Fr.) P. Kumm.

Merkmale: Hut 1–4 cm breit, fleischlila, violett, grauviolett, auch nur blaß grau oder weißlich; Lamellen weiß, grauweißlich, oft mit lila Reflex, tief ausgebuchtet; Stiel wie Hut gefärbt, kahl und glänzend, brüchig; Geruch und Geschmack deutlich rettichartig; Spp. amyloid; Sp. 6–8 × 3–4 μ. **Vorkommen**: VII–X; im Laub- und Nadelwald, am Boden; sehr häufig. **Anmerkung**: Durch ihren Geruch ist die sehr veränderliche Art gut gekennzeichnet. **Verwechslung**: Rosa Rettich-Helmling (Mitte), Schwarzgezähnelter Helmling (unten).
Schwach giftig; erzeugt Verdauungsstörungen, verbunden mit psychotropischen Erscheinungen (Indolderivate ?).

Rosa Rettich-Helmling

Mycena rosea (Bull.) Gramberg

Merkmale: Hut 2–6 cm breit, mehr oder weniger kräftig rosa, ohne Violett; Lamellen weißlichrosa oder fleischrosa, ausgebuchtet; Stiel weißlich bis rosa, kahl. **Anmerkung**: Bis auf die Hutfarbe gleichen die Merkmale denen des Rettich-Helmlings (oben). Erst als unterschiedliche Inhaltsstoffe entdeckt wurden, erfolgte eine klare Trennung auf Artebene. **Verwechslung**: Rettich-Helmling (oben).
Giftig; enthält das Nervengift Muscarin.

Schwarzgezähnelter Helmling

Mycena pelianthina (Fr.) Quél.

Merkmale: Hut 2–5 cm breit, blaß violettgrau, fleischfarben-lila oder braunviolett, stark ausblassend, trocken fast weißlich; Lamellen blaß grauviolett bis rosa, Schneide grobflockig und dunkel rotbraun bis schwärzlich gefärbt; Stiel fleischrosa, etwas wurzelnd; Geruch variabel, unverletzt bisweilen süßlich-blütenartig, verletzt rettichartig; Spp. amyloid; Sp. 5–7,5 × 2,5–3,5 μ; Zystiden der Lamellenschneide mit violettrötlichem Inhalt. **Vorkommen**: VIII–X; im Laub- und Mischwald, unter Buchen, Eichen, Birken; nicht häufig. **Verwechslung**: Rettich-Helmling (oben).
Giftverdächtig (vgl. oben und Mitte).

Rosablättriger Helmling

Mycena galericulata (Scop.: Fr.) Quél.

Merkmale: Hut 2–6 cm breit, blaß hornbräunlich, graubraun oder fleischbräunlich; Lamellen weißlich, bald mit schwachem Rosaton, am Grunde aderig verbunden, ausgebuchtet angewachsen; Stiel wie Hut gefärbt, glatt und glänzend, zähfleischig, mehr oder weniger wurzelnd; Geruch beim Reiben leicht mehlartig; Spp. amyloid; Sp. 9–12 × 6,5–9 µ; Basidien 2-sporig. **Vorkommen**: V–XI; an morschem Laub- und Nadelholz, an Stümpfen und Ästen, oft in größeren Gruppen erscheinend; sehr häufig. **Anmerkung**: Der Rosablättrige Helmling gehört zu den häufigsten und auffälligsten Arten seiner Gattung. Sein fast immer vorhandener rosa Farbton auf den Lamellen ist ein gutes Merkmal. Einzeln stehende, große Exemplare wurden wegen des wurzelnden Stieles schon für den Grubigen Wurzelrübling (S. 172) gehalten. Die 2-sporigen Basidien sind für die Art bemerkenswert, kommen aber auch bei anderen Helmlingen vor. **Verwechslung**: Rillstieliger Helmling (unten), mit deutlich mehlig-gurkenartigem Geruch: Buntstieliger Helmling *(M. inclinata)*.

Winter-Helmling

Mycena tintinnabulum (Fr.) Quél.

Merkmale: Hut 1–2 cm breit, braun, graubraun, dunkel rotbraun bis schwarzbraun, verdeckte Hüte bleiben oft weißlich, Form jung meist halbkugelig, Huthaut bei feuchter Witterung klebrig; Lamellen grauweißlich, später auch mit rosa Hauch, gerade angewachsen bis kurz herablaufend; Stiel weißlich, bald graubräunlich, mit hellerer Spitze; Geruch und Geschmack etwas erdig-moderig; Spp. inamyloid; Sp. 4–5,5 × 2–3 µ. **Vorkommen**: XI–III, nur in den Wintermonaten; in dichten Büscheln an Laubholzstümpfen, besonders Rotbuche; lokal häufig, vor allem in Mittel- und Norddeutschland. **Anmerkung**: Zur selben Zeit tritt häufig der mehr gelbhütige Gemeine Samtfußrübling (S. 160) auf.

Rillstieliger Helmling

Mycena polygramma (Bull.: Fr.) Gray

Merkmale: Hut 2–4 cm breit, grau oder graubraun, bei trockenem Wetter auch silbergrau, bereift, Rand neben der durchscheinenden Riefung auch radialrunzelig; Lamellen grauweißlich, schmal angeheftet; Stiel silbergrau bis graubraun, auffallend längsrillig (Lupe), steif und gerade, oft tief wurzelnd; Spp. amyloid; Sp. 8–10 × 5,5–7 µ. **Vorkommen**: VIII–XI; im Laub- und Nadelwald, gesellig, aber kaum büschelig, an Baumstümpfen oder auf vergrabenem, morschem Holz; relativ häufig. **Anmerkung**: Der längsgerillte Stiel ist ein untrügliches Merkmal, welches bei anderen Helmlingen nicht vorkommt. Beim Rosablättrigen Helmling ist die Stieloberfläche stets glatt. **Verwechslung**: Rosablättriger Helmling (oben).

Rostiger Helmling

Mycena zephirus (Fr.: Fr.) P. Kumm.

Merkmale: Hut 2–5 cm breit, schmutzig weißlich, blaß fleischfarben, jung auch fleischbräunlich, bald ausblassend und typisch rostbräunlich gefleckt, Rand besonders im Alter radialrunzelig; Lamellen schmutzig weißlich, alt mit rostbräunlichen Flecken, queraderig verbunden, etwas entfernt stehend, ausgebuchtet angewachsen; Stiel blaß hornfarben bis rotbräunlich, gänzlich weißflockig, Basis oft striegelig, ziemlich zerbrechlich; Geruch und Geschmack rettichartig, doch nicht so stark wie beim Rettich-Helmling; Spp. amyloid; Sp. 9–12 × 4–5 µ. **Vorkommen**: IX–XI; im Laub- und Nadelwald, besonders unter Kiefern, in großen Gruppen am Boden; häufig. **Verwechslung**: Rosablättriger Helmling (S. 200), Rettich-Helmling (schwach giftig, S. 198), andere Helmlinge.

Viersporiger Nitrat-Helmling

Mycena stipata Maas Geest. & Schwöbel Syn.: *M. alcalina*

Merkmale: Hut 1–3 cm breit, graubraun, rußbraun, dunkel rotbraun, Form parabolisch, später flachkegelig, Rand feucht weit durchscheinend gerieft; Lamellen weißlich, grauweißlich oder fast graubräunlich; Stiel dunkel, dem Hut farblich angepaßt, glänzend, kahl bis fein kleiig (Lupe); Geruch auffallend stechend chlor- bis salpeterartig; Spp. amyloid; Sp. 9–12 × 4–6 µ. **Vorkommen**: VIII–XI; an abgestorbenem Nadelholz, besonders Fichte und Kiefer, büschelig; relativ häufig. **Anmerkung**: Die Art wurde früher »*alcalina*« genannt und war eine Sammelart. Heute wird ein sehr ähnlich aussehender, gleichriechender Pilz mit 2-sporigen Basidien als Zweisporiger Nitrat-Helmling *(M. silvae-nigrae)* abgetrennt. Er besitzt größere Sporen und ist seltener. Am Boden wachsen noch andere Helmlinge, die einen ähnlichen Geruch aufweisen. **Verwechslung**: Im Frühjahr, einzeln am Boden und an Holz: Voreilender Helmling *(M. abramsii)*.

Graublättriger Ruß-Helmling

Mycena aetites (Fr.) Quél.

Merkmale: Hut 0,5–2 cm breit, heller oder dunkler grau, graubraun, rußigbraun, Scheitel zuerst ockerlich aufhellend, Form konvex bis kegelig-glockig, Rand im Feuchtzustand weit und deutlich durchscheinend gerieft; Lamellen grauweißlich bis grau; Stiel durchscheinend grau, gegen die Spitze aufhellend, Basis fein weißflockig; Geruch und Geschmack etwas rettichartig; Spp. amyloid; Sp. 7–10,5 × 4–6 µ. **Vorkommen**: VIII–X; am Boden an grasigen Standorten, Waldlichtungen, Parkanlagen, Wiesen, einzeln bis gesellig, doch nicht büschelig; zerstreut. **Anmerkung**: Grasige Standorte sind für diese Art typisch. An Stielverletzungen habe ich gelegentlich einen Anflug von Chlorgeruch feststellen können.

Weißmilchender Helmling

Mycena galopus (Pers.: Fr.) P. Kumm.

Merkmale: Hut 1–2 cm breit, heller oder dunkler graubräunlich, Rand meist etwas aufhellend, auch gänzlich weiß (Albino); Lamellen weißlich, grauweißlich; Stiel dem Hut farblich angepaßt, Oberfläche glatt und kahl, ziemlich brüchig, beim Abbrechen einen weißen Saft ausscheidend; Geruch und Geschmack schwach rettichartig, doch kaum auffällig; Spp. amyloid; Sp. langelliptisch, 9–12(14) × 4–6 μ. **Vorkommen**: VIII–XI; im Laub- und Nadelwald, am Boden zwischen Moosen, sehr gesellig; sehr häufig. **Anmerkung**: Bei sehr feuchtem Wetter scheiden auch Hut und Lamellen kleine Milchtröpfchen aus. Wird die Witterung trockener, so ist dieses Phänomen nur noch beim Abbrechen der Stielbasis zu bemerken. Alte Exemplare büßen den Milchsaft gänzlich ein. **Verwechslung**: Weißmilchender Schwarz-Helmling (Mitte), Gelbmilchender Helmling (unten), Großer Blut-Helmling (S. 206).

Weißmilchender Schwarz-Helmling

Mycena galopus var. *nigra* Rea   Syn.: *M. leucogala*

Merkmale: Hut 1–2 cm breit, schwarzbraun, anthrazitfarben, schwarz, Oberfläche jung fein weiß bereift, Rand längsrinnig gerieft; Lamellen grauweißlich, etwas entfernt; Stiel schwarz oder schwarzbraun wie der Hut, oberer Teil jung fein bereift; Geruch und Geschmack rettichartig; Fleisch verletzt weiße Milch ausscheidend, besonders im Stiel; Spp. amyloid; Sp. 9–12 × 5–6,5 μ. **Vorkommen**: IX–XI; im Laub- und Nadelwald, am Boden; relativ selten. **Anmerkung**: Der Pilz fällt durch dunklen Hut und weißmilchendes Fleisch auf. Einige Autoren halten ihn – gegenüber dem farblich sehr veränderlichen Weißmilchenden Helmling – für eine eigenständige Art. Übergänge in der Hutfarbe scheint es nicht zu geben. **Verwechslung**: Weißmilchender Helmling (oben).

Gelbmilchender Helmling

Mycena crocata (Schrad.: Fr.) P. Kumm.

Merkmale: Hut 1–2(3) cm breit, olivgrau, meist aber relativ hell beigegrau, mit dunklerem, papillenartigem Scheitel, am Standort oft mit gelblichen bis safranfarbenen Flecken, Oberfläche jung fein bereift, Rand nicht oder nur schwach durchscheinend gerieft; Lamellen weißlich, bald mit safranfarbenen Flecken; Stiel jung fast blutrot oder rötlich-gelblich, bald rotbraun, Basis vom Myzel striegelig; Fleisch verletzt in allen Teilen safranfarbene Milchtropfen ausscheidend; Spp. amyloid; Sp. 8–10 × 4,5–6 μ. **Vorkommen**: VIII–X; im Laubwald, besonders auf Stümpfen und am Boden liegenden Ästen von Rotbuche, nur auf Kalk- oder Lehmböden; ortshäufig. **Anmerkung**: Diese Art wächst oft in Gesellschaft mit dem Saitenstieligen Knoblauch-Schwindling. **Verwechslung**: Großer Blut-Helmling (S. 206).

Großer Blut-Helmling

Mycena haematopus (Pers.: Fr.) P. Kumm.

Merkmale: Hut 1–3 cm breit, fleischfarben, rötlich oder purpurbräunlich, verletzt blutrot fleckend, Form meist glockig bleibend, äußerste Kante etwas ausgezackt; Lamellen weißlich bis rosa, später nachdunkelnd, etwas entfernt; Stiel wie der Hut gefärbt, gänzlich feinflockig; Fleisch verletzt einen dunkel blutroten Saft ausscheidend; Spp. amyloid; Sp. 8–10 × 5–7 µ. **Vorkommen**: (V)VIII–X; an totem Laubholz, besonders an Rotbuche, selten auch an Nadelholz, gesellig bis büschelig; relativ häufig. **Anmerkung**: Die Art ist durch ihre blutrote Milch gut gekennzeichnet. Oft wird das für die Bestimmung entscheidende Merkmal erst beim Sammeln augenfällig. **Verwechslung**: Gelbmilchender Helmling (S. 204).

Dehnbarer Helmling

Mycena epipterygia (Scop.: Fr.) Gray

Merkmale: Hut 1–2(3) cm breit, gelbgrünlich, gelbbräunlich, graugelblich, alt manchmal braun gefleckt, trocken fast weiß, Huthaut klebrig, wie ein Gummibelag abziehbar (anderer Name: <u>Überhäuteter Helmling</u>); Lamellen weißlich bis grauweißlich, manchmal braunfleckig, breit angewachsen bis schwach herablaufend, Schneide als gelatinöser Faden abziehbar; Stiel gelblich, gelbgrünlich, mit gelatinöser Schicht überzogen; Geruch und Geschmack muffig-erdig oder ranzig-mehlig (je nach Varietät); Spp. amyloid; Sp. 8–10(12) × 4–5,5(7) µ. **Vorkommen**: IX–XI; im Laub- und Nadelwald, am Boden oder an totem Holz; sehr häufig. **Anmerkung**: Die sehr veränderliche Art wird in mehrere Varietäten unterteilt. Die Abbildung zeigt eine ranzig-mehlig riechende Form von totem Nadelholz, die früher als »Dunkelnder Helmling« *(»M. viscosa«)* bezeichnet wurde. Gewöhnlich riecht der Pilz nicht mehlartig. Durch den klebrigen Überzug ist er bestens gekennzeichnet. Nach Frosteinwirkung kann die Schleimauflage zerstört werden.

Grünschneidiger Helmling

Mycena viridimarginata P. Karst. Syn.: *M. luteoalcalina*

Merkmale: Hut 1–3 cm breit, olivgrün bis olivschwärzlich, gegen den Rand olivgelblich aufhellend, feucht deutlich durchscheinend gerieft, Huthaut fein bereift; Lamellen jung weißlich, dann mit schwachem Grauton, Schneide olivbräunlich bis grünlich abgesetzt, oft kaum sichtbar (starke Lupe) beziehungsweise nur Richtung Hutrand sichtbar; Stiel gelblich- bis grünlicholiv, jung weißlich bepudert, dann kahl und glänzend; Geruch unverletzt etwas nitrös; Geschmack rettichartig; Spp. amyloid; Sp. 7–12 × 6–8 µ. **Vorkommen**: V–IX; an totem Nadelholz, auf bemoosten Strünken von Fichten oder Kiefern; lokal relativ häufig (Süddeutschland, Alpenländer), sonst selten. **Verwechslung**: Andere nitrös riechende Helmlinge.

Rosa Helmling

Mycena rosella (Fr.) P. Kumm.

Merkmale: Hut 0,5–1,5 cm breit, zartrosa, mit meist hellerem Randbereich und dunklerem Scheitel, mit dunklerer Radialriefung, trocken einfarbig rosaweißlich; Lamellen blaß rosa, mit sattroter Schneide, breit angewachsen; Stiel durchscheinend fleischfarben oder hellrosa, gebrechlich; Spp. amyloid; Sp. 7–10(12) × 3–5 µ. **Vorkommen**: VIII–XI; im Nadelwald, besonders auf Fichtennadeln, stets in größeren Gruppen; lokal häufig. **Anmerkung**: Der Rosa Helmling ist ein typischer Vertreter einer Gruppe kleinerer Arten, deren Lamellenschneide anders gefärbt ist als die Fläche. Die Farbe der Schneide kann braun, rot, gelb, orange oder oliv sein. Mit einer Lupe ist dieses wichtige Merkmal leicht zu sehen und sollte gleich am frischen Pilz beobachtet werden. Einen farbigen Milchsaft geben die Fruchtkörper an verletzten Stellen nicht ab. **Verwechslung**: Rotschneidiger Helmling (Mitte), mit rotem Milchsaft: Purpurschneidiger Blut-Helmling *(M. sanguinolenta)*.

Rotschneidiger Helmling

Mycena rubromarginata (Fr.: Fr.) P. Kumm.

Merkmale: Hut 0,8–2 cm breit, jung rosa- bis lilabräunlich, bald schmutzig weißlich und nur noch am Scheitel dunkel, feucht dunkler durchscheinend gerieft, Form halbkugelig, konvex; Lamellen weißlich, mit roter bis schwarzbrauner Schneide, breit angewachsen; Stiel blaß horngrau, oft mit schwachem Lilaton, wässerig durchscheinend, kahl oder an der Spitze bepudert, gebrechlich, standortbedingt meist relativ kurz und gebogen; Spp. amyloid; Sp. 8–12 × 5,5–7,5 µ. **Vorkommen**: IX–X, nach der Literatur auch im Frühjahr; im Nadelwald, an abgestorbenen Ästen von Fichten, selten auch an Laubholz; lokal nicht selten. **Anmerkung**: Die Art ist anhand der rotbraunen Lamellenschneide und des typischen Standortes gut bestimmbar. **Verwechslung**: Auf Fichtennadeln: Rosa Helmling (oben).

Feuriger Helmling

Mycena aurantiomarginata (Fr.) Quél.

Merkmale: Hut 0,5–1,5(2,5) cm breit, gelbbraun, olivbraun, dunkelbraun, mit hellerem gelbbräunlichen oder ockerfarbenen Randbereich; Lamellen blaß graugelblich, mit leuchtend orange gefärbter Schneide (anderer Name: Orangeschneidiger Helmling), kurz am Stiel angeheftet; Stiel gelblich, im unteren Teil bald dunkler, Basis teilweise mit orangefarbenem Myzelfilz; Spp. amyloid; Sp. 7–9(10) × 3,5–5 µ. **Vorkommen**: VIII–X; im Nadelwald, besonders unter Fichten, rasig am Boden in der Nadelstreu; im Gebirge nicht selten. **Anmerkung**: Wer nicht auf die orangefarbene Lamellenschneide achtet, kann diesen Helmling bei flüchtiger Betrachtung für einen Häubling (Gattung *Galerina*) halten. Häublinge besitzen aber rostbraunes Sporenpulver.

Orangeroter Helmling

Mycena acicula (Schaeff. : Fr.) P. Kumm.

Merkmale: Hut 0,5–1 cm breit, leuchtend gelborange, am Scheitel mehr rötlich, Huthaut mit feiner Bereifung; Lamellen weiß bis gelblich, Lamellenschneide nicht andersfarbig, etwas entfernt stehend, aufsteigend angewachsen; Stiel gelblich, etwas glasig-durchscheinend, Oberfläche bereift; Spp. inamyloid; Sp. länglich, 8–10 × 2,5–3,5 μ; Basidien manchmal 2-sporig. **Vorkommen**: VI–X; auf abgestorbenen Pflanzenresten, besonders moosiges Holz, Rinde oder Reisig, meist vereinzelt; zerstreut, aber weit verbreitet. **Verwechslung**: Korallenroter Helmling *(M. adonis)*, mit herablaufenden Lamellen: Gemeiner Heftelnabeling (Mitte).

Gattung **Rickenella** – Heftelnabelinge
Fam. Tricholomataceae

Hüte generell klein, dünnhäutig, angedeutet bis deutlich genabelt, trocken, durchscheinend gerieft, hygrophan; Lamellen weit herablaufend; Stiele ziemlich lang und zäh; Spp. weiß, inamyloid; Sp. elliptisch, klein, glatt, ohne Kp.; L-Tr. regulär; Hut, Lamellen und Stiel durch große Zystiden wie bepudert (Lupe); Saprophyten zwischen Moosen auf feuchten Wiesen.

Gemeiner Heftelnabeling

Rickenella fibula (Bull. : Fr.) Raithelh.

Merkmale: Hut 0,5–1 cm breit, gelblich-orange, weißlich bis blaß rosa ausblassend, Form lange glockig-konvex bleibend, dabei mehr oder weniger deutlich genabelt, Hutkante oft gezähnt; Lamellen weiß bis gelblich, meist leicht entfernt; Stiel gelblich bis orangebräunlich; Sp. 4–5,5 × 2–2,5 μ. **Vorkommen**: VI–X; feuchte, moosige Wiesen, Wälder, Wegränder, Parkanlagen, Gärten, gesellig; sehr häufig. **Verwechslung**: Orangeroter Helmling (oben).

Blaustieliger Heftelnabeling

Rickenella setipes (Fr. : Fr.) Raithelh. Syn.: *R. swartzii*

Merkmale: Hut 0,5–1 cm breit, meist deutlich zweifarbig, mit rußbrauner bis blauschwarzer Mitte und hellerem, graubräunlichem Rand, bald ausgebreitet, meist kaum genabelt; Lamellen weißlich bis blaß grau, entfent stehend; Stiel graubräunlich, oberer Teil, zumindest aber am Lamellenansatz oder unter den Lamellen blauschwärzlich; Sp. 4–5,5 × 2–3 μ. **Vorkommen**: VI–X; zwischen Moosen, besonders in feuchten Wiesen, auch in Wäldern, gesellig; weniger häufig als der Gemeine Heftelnabeling, doch weit verbreitet. **Verwechslung**: Vgl. Nabelinge *(Omphalina)* und Helmlinge *(Mycena)* mit herablaufenden Lamellen.

Starkgeriefter Sternsporling RL 3

Omphaliaster asterosporus (J. E. Lange) Lamoure
(Fam. Tricholomataceae)

Merkmale: Hut 1–3 cm breit, dunkelgrau, grauschwarz, rußbraun, trocken grauweißlich, Form konvex, mit angedeutetem Nabel, Huthaut trocken, Rand feucht weit durchscheinend gerieft; Lamellen grau bis graubräunlich, herablaufend, entfernt stehend, z. T. gegabelt; Stiel wie der Hut gefärbt, unterer Teil weißfilzig, zerbrechlich; Geruch und Geschmack ranzig-mehlig; Spp. weiß, inamyloid; Sp. rundlich, 5,5–7,5 × 5,5–6,5 μ (Abb. 41), mit groben, abgerundeten bis 2 μ langen Stacheln versehen (wie ein Morgenstern), ohne Kp.; L-Tr. regulär; Hyphen ohne Schnallen. **Vorkommen**: X–XI; im Nadelwald, am Boden zwischen Moosen, liebt saure, sandige Böden; selten; Saprophyt.

Gattung **Xeromphalina** – Glöckchennabelinge
Fam. Tricholomataceae

Hüte klein, dünnhäutig, genabelt, trocken, hygrophan; Lamellen herablaufend; Stiele etwas zäh, Basis oft mit Myzelballen; Spp. weiß, amyloid; Sp. elliptisch, glatt, ohne Kp.; L-Tr. regulär; Saprophyten am Boden und an totem Holz.

Geselliger Glöckchennabeling

Xeromphalina campanella (Batsch: Fr.) Maire

Merkmale: Hut 0,5–1(2) cm breit, gelblich bis orangebräunlich, Form glockig-halbkugelig, mit mehr oder weniger genabeltem Zentrum, Rand deutlich gerieft; Lamellen gelblich, entfernt stehend, queraderig verbunden, weit herablaufend; Stiel erst gelblich, dann rotbraun, fast hornartig; Sp. 5,5–8 × 3–4 μ. **Vorkommen**: (III–V)VII–X; im Nadelwald, auf morschen, bemoosten Strünken und Ästen, besonders an Fichte, in dichten Rasen wachsend; im Gebirge (bereits ab Mittelgebirgslage) sehr häufig, sonst selten. **Anmerkung**: Durch ihr rasiges Wachstum an Nadelholzstrünken ist die Art kaum zu verwechseln.

Brauner Glöckchennabeling

Xeromphalina cornui (Quél.) J. Favre

Merkmale: Hut 0,5–1,5 cm breit, rotbraun, Rand jung goldgelb, wie mit feinen Körnchen bestäubt, später einfarbig, Huthaut mit schwachem Seidenglanz, Mitte leicht genabelt, Rand ungerieft; Lamellen gelblich, mäßig entfernt, mit Querverbindungen, herablaufend; Stiel rotbraun, hornartig, bereift, Basis mit ockerfarbenem Myzelballen; Sp. 5–7(8,5) × 3–4,5 μ. **Vorkommen**: IX–XI; im moosigen, flechtenreichen Kiefernwald, am Boden; selten. **Verwechslung**: Wohlriechender Glöckchennabeling *(X. cauticinalis)*, Bitterer Glöckchennabeling *(X. fellea)*.

Gattung **Omphalina** – Nabelinge
Fam. Tricholomataceae

Hüte klein, genabelt, trocken, hygrophan; Lamellen entfernt stehend, herablaufend; Spp. weiß (selten rosa), inamyloid; Sp. elliptisch, seltener rundlich, glatt, ohne Kp.; L-Tr. irregulär; Boden-, seltener Holzbewohner, einige Arten mit Algen vergesellschaftet (lichenisiert).

Gefalteter Nabeling

Omphalina ericetorum (Pers.: Fr.) M. Lange
Syn.: *Phytoconis ericetorum*

Merkmale: Hut 0,5–2 cm breit, graugelblich, grünlich, weißlichgrau oder olivbräunlich, weit durchscheinend gerieft und dabei radialfaltig, Rand auch etwas gelappt; Lamellen weißlich bis hell gelblich, sehr entfernt stehend, weit herablaufend; Stiel blaß grau bis gelblich, meist relativ kurz; Sp. fast rundlich, 7–9 × 6–7,5 µ. **Vorkommen**: V–X; in feuchten Wäldern und Mooren, zwischen Moosen, auch auf bemoostem Holz; zerstreut, im Gebirge häufiger. **Anmerkung**: Der Pilz ist mit Grünalgen vergesellschaftet und bildet mit ihnen die Flechte *Botrydina vulgaris* in Form kleiner grüner Schüppchen in Nähe der Stielbasis. Flechtenbildende Nabelinge werden auch mit dem Gattungsnamen *Phytoconis* belegt.

Grauer Nabeling

Omphalina griseopallida (Desm.) Quél.
Syn.: *Leptoglossum griseopallidum*

Merkmale: Hut 0,5–3 cm breit, graubraun, jung mit silbrigem Reif überzogen, unter dem Reif dunkler gerieft, trocken grauweißlich; Lamellen graubraun, teilweise gegabelt; Stiel graubräunlich, gänzlich fein flaumig; Geruch schwach nach Pelargonien; Sp. elliptisch, 9–13 × 4,5–6 µ; Basidien oft 2-sporig. **Vorkommen**: X–XI; am Boden in moosigen Wiesen; selten. **Anmerkung**: Die Art ist durch ihren silbrig überreiften Hut gut gekennzeichnet. Sie stand früher bei den Adermooslingen *(Leptoglossum)*. **Verwechslung**: Mit unbereiftem Hut: Heide-Nabeling *(O. rustica)*, Gelappter Nabeling, *(O. oniscus)*.

Becherförmiger Nabeling

Omphalina pyxidata (Bull.: Fr.) Quél.

Merkmale: Hut 1–2,5 cm breit, rotbraun, fuchsbräunlich, Rand weit durchscheinend gerieft, Kante oft gelblich, bisweilen gelappt; Lamellen blaß fleisch- bis beigebräunlich, teilweise gegabelt; Stiel rotbräunlich; Sp. elliptisch, 7–9(19) × 4,5–5(6) µ. **Vorkommen**: VIII–XI; an grasig-moosigen Stellen, Wiesen, Weiden, Wegränder, auf Sandböden; selten, in Küstenregionen lokal häufiger. **Verwechslung**: Leberbrauner Nabeling *(O. hepatica)*.

Gattung **Hohenbuehelia** – Muschelinge
Fam. Tricholomataceae

Frkp. muschelförmig, meist seitlich gestielt oder ungestielt (selten zentral); Hüte mit gelatinöser Schicht, fleischig; Lamellen herablaufend (falls Stiel vorhanden); Spp. weiß bis cremegelblich, inamyloid; Sp. elliptisch oder rundlich, glatt, ohne Kp.; Zystiden typisch dickwandig, mit Kristallschopf (Abb. 45); L-Tr. regulär; Saprophyten am Boden oder an totem Holz.

Erd-Muscheling

Hohenbuehelia geogenia (DC.: Fr.) Singer

Merkmale: Hut 3–10 cm breit, hellbeige, graubeige, bräunlich, Mitte trichterig, Rand oft einseitig eingeschnitten, gelappt, Oberfläche bereift; Lamellen weißlich, gedrängt stehend; Stiel weiß, kurz und gedrungen, seitlich bis zentral sitzend; Geruch neutral bis schwach mehlartig; Sp. elliptisch, 5–8 × 3,5–5 µ. **Vorkommen**: VIII–X; im Laub- und Nadelwald, meist am Boden, liebt Kalkböden; relativ selten. **Anmerkung**: Die größeren, erdbewohnenden Muschelinge sind schwer voneinander zu trennen. Einige wachsen auf Brandstellen. **Verwechslung**: Nadelholz-Muscheling *(H. rickenii)*.

Ausgebreiteter Muscheling

Hohenbuehelia repanda Huijsman

Merkmale: Hut 4–12 cm breit, dunkel haselbraun oder rotbraun, jung mit dicker, schuppig aufbrechender Reifschicht überzogen; Lamellen cremeweißlich, gedrängt, z. T. gegabelt; Stiel blaß graubräunlich, seitlich sitzend; Geruch und Geschmack deutlich mehlartig; Sp. elliptisch, 6–8 × 3,5–4,5 µ. **Vorkommen**: X–III; auf im Boden vergrabenem Holz oder Wurzeln, auf Kalkböden; im Mittelmeergebiet nicht selten. **Anmerkung**: Das Foto wurde im Dezember auf Mallorca aufgenommen. **Verwechslung**: Erd-Muscheling (oben).

Grauer Muscheling

Hohenbuehelia grisea (Peck) Singer

Merkmale: Hut 1–4(7) cm breit, heller oder dunkler grau oder graubraun, stiellos dem Holz ansitzend, von der Ansatzstelle ausgehend bis zur Hälfte mit striegeligem, weißlichem Filz überzogen; Lamellen bald schmutzig weißlich; Geruch und Geschmack deutlich mehlartig; Sp. 7,5–9,5 × 4–5,5 µ. **Vorkommen**: VIII–X; an totem Laubholz, an Stümpfen und Ästen (z. B. Eiche, Traubenkirsche); zerstreut, in manchen Jahren lokal häufiger. **Verwechslung**: Blauschwarzer Muscheling *(H. atrocoerulea)*, Hut weißlich: Pelziger Muscheling *(H. mastrucata)*.

Gattung **Pleurotus** – Seitlinge
Fam. Polyporaceae

Frkp. groß, fleischig; Hüte trocken, mit oder ohne häutigem Velum, Huthaut ohne gelatinöse Schicht; Lamellen weißlich, herablaufend; Stiele meist kurz, seitlich sitzend; Spp. weißlich, inamyloid; Sp. langelliptisch, glatt, ohne Kp.; L-Tr. irregulär; Parasiten und Saprophyten, vorwiegend an Holz, erzeugen Weißfäule.

Austern-Seitling

Pleurotus ostreatus (Jacq.: Fr.) P. Kumm. Syn.: *P. columbinus*

Merkmale: Hut 5–20 cm breit, graubräunlich, stahlgrau bis taubenblau, alt verblassend, ohne Velum; Lamellen etwas herablaufend, mit Querverbindungen; Stiele weißlich, oft sehr kurz, Basis weißfilzig; Sp. 8–12 × 3–4 µ. **Vorkommen**: X–XII(II–IV); an lebenden und toten Laubholzstämmen, besonders Rotbuche, Pappel und Weide, selten an Nadelholz, oft büschelig verwachsen (wie Austernbänke, Name!); häufig. **Anmerkung**: Die Art benötigt leichte Nachtfröste, um zu fruktifizieren. **Verwechslung**: Rillstieliger Seitling (Mitte), Gelbstieliger Muschelseitling (S. 220).

Eßbar; ausgezeichneter Speisepilz, wird im Alter zäh. Beliebter Kulturpilz; häufig verwendete Varietäten aus Florida benötigen den Kälteschock nicht, um wachsen zu können.

Rillstieliger Seitling

Pleurotus cornucopiae (Paulet ex Pers) Rolland

Merkmale: Hut 4–12 cm breit, weißlich, falb ocker bis blaß bräunlich; Lamellen weit herablaufend, mit fast netzartigen Querverbindungen; Stiel dadurch auffallend längsrillig; Geruch beim Reiben schwach mehlartig; Sp. 8–11,5 × 3,5–5,5 µ. **Vorkommen**: IV–XI; vorwiegend an totem Laubholz, büschelig; relativ selten. **Verwechslung**: Austern-Seitling (oben).

Eßbar, doch zähfleischiger als der Austern-Seitling.

Berindeter Seitling

Pleurotus dryinus (Pers.: Fr.) P. Kumm.

Merkmale: Hut 4–10(15) cm breit, weißlich bis blaß grau, Huthaut fein filzig-faserig, Rand jung mit weißen, häutigen Velumresten; Lamellen weiß bis cremefarben, alt gilbend; Stiel filzig-schuppig, jung mit Velumresten; Fleisch im Alter gilbend; Sp. 9–13 × 3–4 µ. **Vorkommen**: VIII–XI; an lebenden und frisch gefällten Laubholzstämmen, gerne an Eiche (anderer Name: Eichen-Seitling), doch auch an vielen anderen Laubbäumen, seltener an Nadelholz; relativ häufig. **Verwechslung**: Austern-Seitling (oben), ebenfalls mit Velum, doch Hut glatt: Espen-Seitling *(P. calyptratus)*.

Laubholz-Knäueling

Panus conchatus (Bull.: Fr.) Fr.
Syn.: *P. torulosus* (Fam. Polyporaceae)

Merkmale: Hut 3–10 cm breit, jung blaß lila, bald von der Mitte her fleischbräunlich bis ockerbräunlich entfärbend, Huthaut trocken, nirgends gelatinös, etwas anliegend-schuppig aufbrechend; Lamellen jung schmutzig weißlich, mit lila Hauch, dann blaß fleischocker, gedrängt stehend, weit herablaufend; Stiel sehr kurz, seitlich sitzend, blaß lila bis ocker, auch fast fehlend, Basis filzig; Fleisch relativ zäh; Geruch angenehm würzig, an den Violetten Rötelritterling erinnernd; Geschmack alt manchmal bitterlich; Spp. weiß, inamyloid; Sp. 5–7 × 3–3,5 μ, ohne Kp.; L-Tr. regulär. **Vorkommen**: VI–XI, vorwiegend im Sommer; an Laubholzstümpfen, besonders Birke und Rotbuche (andere Namen: Birken- oder Buchen-Knäueling), in Büscheln; relativ häufig; Saprophyt. **Verwechslung**: Austern-Seitling (S. 218).
Ungenießbar, zähfleischig, im Alter oft bitterlich.

Gelbstieliger Muschelseitling

Sarcomyxa serotina (Schrad.: Fr.) P. Karst.
Syn.: *Panellus serotinus* (Fam. Tricholomataceae)

Merkmale: Hut 4–12 cm breit, grünlichgrau, braun, ockerbräunlich, fleischbräunlich bis gelblichocker, jung oft dunkelgrün oder grünbraun, muschel- bis spatelförmig (wie der Austern-Seitling), Huthaut trocken, darunter mit gelatinöser Schicht; Lamellen blaß gelblich, sehr gedrängt stehend, herablaufend; Stiel gewöhnlich hellgelb bis ocker, mit fein geschuppter Oberfläche, sehr kurz, seitlich sitzend; Spp. weiß, amyloid; Sp. zylindrisch-gekrümmt, glatt, 5–6 × 1–1,5 μ, ohne Kp. (Abb. 46); Lamellen mit etwas dickwandigen Zystiden mit gelblichem Inhalt (Abb. 47); L-Tr. regulär. **Vorkommen**: IX–XII; auf Stümpfen und Stämmen von Laubhölzern, einzeln bis gesellig; häufig; Saprophyt. **Verwechslung**: Austern-Seitling (S. 218), vgl. Muschelinge (S. 216).
Eßbar, doch weniger gut als der Austern-Seitling.

Ohrförmiger Seitling

Pleucocybella porrigens (Pers.: Fr.) Singer
Syn.: *Phyllotus porrigens* (Fam. Tricholomataceae)

Merkmale: Hut 3–6(8) cm breit, reinweiß, später schwach gilbend, stiellos seitlich am Substrat angewachsen, muschel-, spatel- bis ohrförmig, relativ dünnfleischig, nirgends gelatinös, Huthaut kahl, nur um die Anwachsstelle etwas filzig; Lamellen weiß, alt gilbend, gedrängt stehend; Spp. weiß, inamyloid; Sp. rundlich, glatt, 5–7 μ, ohne Kp.; L-Tr. irregulär. **Vorkommen**: VII–X; an totem Nadelholz, an Stümpfen und dickeren Ästen, besonders Fichte, gesellig; selten, in Gebirgslagen zerstreut; Saprophyt. **Anmerkung**: Der Standort auf Nadelholz und die nirgends gelatinöse Huthaut sind kennzeichnend. **Verwechslung**: Vgl. Milder Zwergknäueling (S. 222), Stummelfüßchen (S. 400).

Gattung **Panellus** – Zwergknäuelinge
Fam. Tricholomataceae

Frkp. klein, dünnfleischig; Hüte muschelförmig, mit gelatinöser Schicht; Lamellen weiß bis ockerbräunlich; Stiele klein bis winzig, seitlich sitzend; Spp. weiß, amyloid; Sp. elliptisch oder zylindrisch-gekrümmt, glatt, ohne Kp.; L-Tr. regulär; Saprophyten an Totholz oder Parasiten.

Herber Zwergknäueling

Panellus stypticus (Bull.: Fr.) P. Karst.

Merkmale: Hut 1–3 cm breit, ockergelblich, später etwas nachdunkelnd, muschel- bis kreisförmig, stielseitig einseitig eingeschnitten; Lamellen zimt- bis fleischocker, gedrängt stehend, am Grunde mit Querverbindungen; Stiel wie Hut gefärbt, nach oben erweitert, flachgedrückt, Oberfläche kleiig; Geschmack nach längerem Kauen pfefferartig scharf; Sp. elliptisch, 4–5 × 2–2,5 μ. **Vorkommen**: VIII–XI, sehr resistent, daher fast ganzjährig zu beobachten; an Laubholzstümpfen, besonders Eiche und Rotbuche (anderer Name: Eichen-Zwergknäueling), in dichten Gruppen; sehr häufig; Saprophyt. **Anmerkung**: Die Art ist nahezu unverkennbar.

Milder Zwergknäueling

Panellus mitis (Pers.: Fr.) Singer Syn.: *Urosporellina mitis*

Merkmale: Hut 0,5–1,5 cm breit, reinweiß, muschel- bis halbkreisförmig, Oberfläche fein filzig; Lamellen weiß, gedrängt stehend; Stiel weiß, sehr klein und verkümmert, seitlich sitzend, fast dreieckig, fein kleiig; Sp. zylindrisch-gekrümmt, 4–5 × 1–1,5 μ. **Anmerkung**: Die gelatinöse Huthaut läßt sich bei feuchtem Wetter wie Gummi dehnen. **Vorkommen**: X–XII(III); auf Nadelholzästen, besonders Kiefer, gesellig; häufig; Saprophyt, gelegentlich auch Parasit (erzeugt Braunfäule). **Verwechslung**: Herber Zwergknäueling (oben), Schneeweißer Zwergseitling (unten).

Schneeweißer Zwergseitling

Pleurotellus chioneus (Gillet) Konrad & Maubl.
(Fam. Crepidotaceae)

Merkmale: Hut 0,5–1 cm breit, reinweiß, dünnhäutig, seitlich ohne Stiel am Substrat angeheftet, Huthaut feinfilzig, nicht gelatinös; Lamellen zuerst weiß, dann blaß ocker; Spp. weiß, inamyloid; Sp. elliptisch, glatt, 6–7(8) × 3–4 μ, ohne Kp.; L-Tr. regulär. **Vorkommen**: IX–III(VI), besonders im Spätherbst und Frühjahr; an toten Laubholzstückchen und anderen Pflanzenresten; nicht selten. **Anmerkung**: Trotz des weißen Sporenpulvers gehört der Pilz in die Verwandtschaft der braunsporigen Stummelfüßchen *(Crepidotus)*, mit denen er verwechselt werden kann.

Anis-Zähling

Lentinellus cochleatus (Pers.: Fr.) P. Karst. (Fam. Lentinellaceae)

Merkmale: Hut 3–6(8) cm breit, fleischfarben bis rotbräunlich, spatel-, zungen- oder löffelförmig, auch wie einseitig eingeschnittene Tüten, zum Stiel hin trichterförmig vertieft, mit umgerolltem, welligem Hutrand; Lamellen erst weißlich, dann blaß rötlichgelb, schließlich beinahe rotbräunlich, mit gekerbter Schneide, herablaufend; Stiel wie Hut gefärbt, einseitig sitzend, verbogen, längsrinnig, hohlfleischig; Fleisch zäh-elastisch; Geruch auffallend süßlich anisartig, selten geruchlos (var. *inolens*); Spp. weiß, amyloid; Sp. rundlich, feinwarzig, 4–5 μ, ohne Kp.; L-Tr. regulär. **Vorkommen**: VII–X; an abgestorbenem Laub- und Nadelholz, auf Stümpfen, Ästen, Wurzeln, in dichten Büscheln; lokal häufig. **Anmerkung**: Die Art ist unverwechselbar.
Eßbar, doch wegen des zähen Fleisches höchstens kleingehackt als Gewürzpilz verwendbar. Nicht jedem sagt die Aniskomponente zu.

Buchen-Adernzähling

Plicatura crispa (Pers.: Fr.) Rea
Syn.: *Plicaturopsis crispa* (Fam. Corticiaceae)

Merkmale: Hut 1–2 cm breit, beigefarben bis ockerbräunlich, etwas gezont, Rand bei frischem Wachstum weißlich, fächerförmig, am Substrat verschmälert, ohne eigentlichen Stiel angewachsen, Huthaut feinfilzig, trocken; Lamellen weißlich bis gelblich, sehr schmal, oft nur als Adern ausgebildet, Schneide gekerbt bis zerrissen; Fleisch zäh, lederig; Spp. weiß, amyloid; Sp. zylindrisch-gekrümmt, glatt, 3–4,5 × 1–1,5 μ, ohne Kp. **Vorkommen**: IX–XII; an toten Stämmen und Ästen von Laubholz, besonders Rotbuche; lokal nicht selten, besonders ab Mittelgebirgslage. **Anmerkung**: Die Art gehört zu den Rindenpilzen.

Spaltblättling

Schizophyllum commune Fr.: Fr. (Fam. Schizophyllaceae)

Merkmale: Hut 1–3 cm breit, weiß, grauweißlich bis blaß ocker, muschelförmig, ohne Stiel dem Substrat angeheftet, Oberfläche mit grobem Filz bedeckt, Rand oft unregelmäßig eingeschnitten bis gelappt; Lamellen fleischfarben, längsgespalten (Name); Fleisch zäh-elastisch, sehr biegsam; Spp. weiß, inamyloid; Sp. zylindrisch, glatt, 5,5–7 × 1,5–2,5 μ, ohne Kp. **Vorkommen**: Ganzjährig; auf abgestorbenem Laub-, seltener Nadelholz, besonders auf dicken, liegenden Stämmen, an sonnenexponierten Stellen, seltener auch als Wundparasit an lebendem Holz (erzeugt Weißfäule); sehr häufig. **Anmerkung**: Die längsgespaltenen Lamellen rollen sich bei Trockenheit ein und schützen die Sporen vor Austrocknung. Aufgrund dieser Eigenschaft ist der Spaltblättling unverwechselbar. Er bildet eine eigene Familie, die mit den Rindenpilzen näher verwandt ist als mit den Lamellenpilzen.

Gattung **Rhodocybe** – Tellerlinge, Bitterlinge
Fam. Entolomataceae

Frkp. den Rüblingen ähnlich, selten wie Rötelritterlinge; Hüte trocken, ungerieft, selten schwach hygrophan; Lamellen verschiedenartig am Stiel angewachsen; Geschmack mild bis bitter; Spp. (bei den hier beschriebenen Arten) fleischrosa; Sp. elliptisch, warzig-höckerig, ohne Kp. (Abb. 42); L-Tr. regulär; Saprophyten.

Würziger Tellerling

Rhodocybe truncata (Schaeff.: Fr.) Singer Syn.: *R. gemina*

Merkmale: Hut 4–12 cm breit, fleischbräunlich bis fleischocker, Huthaut glanzlos, nicht abziehbar; Lamellen blaß fleischfarben, später fleischbräunlich, ausgebuchtet bis kurz herablaufend; Stiel weißlich, oft recht kurz; Geruch typisch würzig, angenehm; Geschmack schwach ranzig, an den Eichen-Milchling erinnernd; Sp. 6–7,5 × 4–5 µ; Schnallen fehlen. **Vorkommen**: VIII–X; im Laub- und Nadelwald; relativ selten. **Anmerkung**: Der Würzige Tellerling kann am ehesten für einen Rötelritterling (S. 94) gehalten werden, unterscheidet sich aber durch kräftiger gefärbtes Sporenpulver.

Eßbar; guter, ergiebiger Speisepilz.

Gelbfuchsiger Tellerling

Rhodocybe nitellina (Fr.) Singer

Merkmale: Hut 1–5 cm breit, orangebräunlich bis fuchsrötlich, etwas hygrophan, daher streifig ausblassend, Rand bisweilen gekerbt, Huthaut mit fettigem Glanz; Lamellen gelblich-ocker, breit angewachsen; Stiel wie Hut gefärbt, Basis auffallend weißfilzig; Geruch und Geschmack stark ranzig-mehlartig; Sp. 6–8 × 4–5 µ; Schnallen sind überall vorhanden. **Vorkommen**: VII–X; im Laub- und Nadelwald; selten. **Anmerkung**: Der Artname »*nitellina*« bedeutet eichhörnchenfarben. In Verbindung mit ihrem aufdringlichen Geruch ist die Art kaum zu verkennen.

Fleckender Tellerling

Rhodocybe mundula (Lasch: Fr.) Singer Syn.: *R. popinalis*

Merkmale: Hut 2–5 cm breit, heller oder dunkler grau bis graubräunlich, mit konzentrischen, dunkleren Flecken oder gezont, etwas gebuckelt, Huthaut jung stark bereift (anderer Name: Bereifter Tellerling); Lamellen blaß aschgrau bis grauocker, etwas herablaufend, auf Druck dunkel fleckend; Stiel graubräunlich, bereift; Geruch ranzig-mehlig; Geschmack bitter; Sp. fast rundlich, 5–6 × 4,5–5,5 µ; Schnallen fehlen. **Vorkommen**: VIII–XI; im Laub- und Nadelwald, an grasigen Stellen; selten. **Verwechslung**: Graubräunlicher Rötelritterling (S. 114).

Mehl-Räsling

Clitopilus prunulus (Scop.: Fr.) P. Kumm.
(Fam. Entolomataceae)

Merkmale: Hut 4–10 cm breit, reinweiß, Form konvex bis trichterig vertieft, Huthaut matt, trocken bis klebrig; Lamellen jung weiß, dann mit rosa Schein, sehr gedrängt, herablaufend; Stiel weiß; Fleisch relativ weich; Geruch und Geschmack angenehm mehlartig; Spp. fleischrosa; Sp länglich, mit ausgeprägten Längsrippen, daher im Querschnitt fünf- bis sechseckig, 9–12 × 4,5–6 µ, ohne Kp. (Abb. 43) **Vorkommen**: VII–X; im Laub- und Nadelwald, zwischen Moos und Gras; häufig; Saprophyt. **Verwechslung**: Vgl. weiße, giftige Trichterlinge (S. 152).
Eßbar; guter, ergiebiger Speisepilz, doch wegen der Verwechslungsgefahr nur Kennern zu empfehlen.

Gattung **Entoloma** – Rötlinge
Fam. Entolomataceae

Frkp. mit Ritterlings-, Helmlings- oder Nabelingshabitus (diverse Untergattungen); Hüte trocken, kahl, selten schuppig, meist hygrophan; Lamellen reif mit rosa Schimmer, unterschiedlich angewachsen; Stiele meist zentralständig; Spp. fleischrosa; Sp. eckig, ohne Kp. (Abb. 44); L-Tr. regulär; Saprophyten; viele Arten giftig.

Schild-Rötling

Entoloma clypeatum (L.: Fr.) P. Kumm. (U-Gatt. *Entoloma*)

Merkmale: Hut 4–10 cm breit, heller oder dunkler graubräunlich, streifig ausblassend, Mitte oft gebuckelt; Lamellen schmutzig weißlich, dann rosa, ausgebuchtet; Stiel weißlich bis blaß grau, längsfaserig; Geruch und Geschmack mehlartig; Sp. 8–11 × 6,5–9 µ. **Vorkommen**: IV–V(VI); in Auwäldern, Gärten und Parkanlagen, unter Rosaceen (z. B. Weißdorn); relativ häufig. **Verwechslung**: Niedergedrückter Rötling (giftig, S. 230), Frühlings-Rötling (giftig, S. 234), Schlehen-Rötling (unten).
Eßbar, wohlschmeckend, doch unbedingt gut erhitzen. Verwechslungsgefahr; auf die frühe Erscheinungszeit achten (!).

Schlehen-Rötling

Entoloma sepium (Noulet & Dass.) Richon & Roze

Merkmale: Hut 3–10 cm breit, schmutzig weißlich, weißlichgrau, feucht etwas durchwässert-glasig; Lamellen erst weißlich, dann rosa, ausgebuchtet; Stiel weiß, überfasert, alt leicht bräunend; Fleisch weiß, in Madengängen des Stieles bald bräunend; Geruch unverletzt oft obstig, verletzt mehlartig; Geschmack mehlartig; Sp. 7,5–10 × 7–9 µ. **Vorkommen**: V–VI; in Parks und Gärten, unter Rosaceen, besonders Schlehengebüsch; relativ selten. **Verwechslung**: Riesen-Rötling (giftig, S. 230), Schild-Rötling (oben).

Riesen-Rötling

RL 3

Entoloma sinuatum (Bull.: Fr.) P. Kumm.
Syn.: *E. eulividum, E. lividum*

Merkmale: Hut 5–15(20) cm breit, weißlich, graugelblich oder blaß lederbräunlich, dickfleischig, Huthaut seidig glänzend; Lamellen jung gelblich, dann lachsrosa, ausgebuchtet; Stiel weiß bis gelblich-ocker; Geruch und Geschmack mehlartig, nicht unangenehm; Sp. 8–10 × 7–8,5 µ. **Vorkommen**: VIII–X; im Laubwald, auf Lehm- oder Kalkböden, wärmeliebend; selten, lokal häufiger (Frankreich, Schweiz, Süddeutschland). **Anmerkung**: Ein wichtiges Merkmal dieser größten Art der Gattung sind die anfangs gelblichen Lamellen. **Verwechslung**: Schlehen-Rötling (S. 228), vgl. Nebelgrauer Röteltrichterling (S. 108).
Giftig; erzeugt langanhaltende Darmstörungen mit Erbrechen und Durchfall; kann in schweren Fällen zum Tode führen.

Niedergedrückter Rötling

Entoloma rhodopolium (Fr.) P. Kumm.

Merkmale: Hut 4–8(10) cm breit, hornbräunlich, graugelblich oder olivgrau, radialstreifig ausblassend, relativ dünnfleischig, bald verflachend, Mitte oft niedergedrückt (Name); Lamellen weißlich, dann mit rosa Schein, wenig gedrängt, ausgebuchtet; Stiel weißlich, oft etwas durchscheinend, ziemlich brüchig; Geruch variabel, unverletzt mit alkalischem bis obstartigem Anflug, auch gerieben meist nicht mehlartig; Sp. 7,5–10 × 6–8 µ. **Vorkommen**: VII–X; im Laub-, seltener im Nadelwald, auch in parkähnlichen Anlagen; zerstreut. **Anmerkung**: Für die Bestimmung der Art ist es wichtig, den fehlenden Mehlgeruch festzustellen. **Verwechslung**: Im Frühjahr wachsend: Schild-Rötling (S. 228), Alkalischer Rötling (giftig, unten).
Giftig; erzeugt nach $^1/_2$–3 Stunden Latenzzeit Erbrechen und Durchfall. Die Giftstoffe sind noch unbekannt.

Alkalischer Rötling

Entoloma rhodopolium fm. *nidorosum* (Fr.) Noordel.
Syn.: *E. nidorosum*

Merkmale: Hut 3–6(9) cm breit, blaß hornfarben, graugelblich bis graubräunlich, schnell ausblassend, dünnfleischig, Huthaut kahl und glatt; Lamellen erst weißlich, dann rosa, kaum gedrängt, ausgebuchtet; Stiel dem Hut farblich angepaßt, schlank-zylindrisch; Fleisch in allen Teilen ziemlich brüchig; Geruch unverletzt deutlich nitrös; Geschmack unauffällig, manchmal auch mehlartig; Sp. 6,5–9 × 6–8 µ. **Vorkommen**: VIII–X; vorwiegend im Laubwald, besonders unter Rotbuchen, gesellig; lokal nicht selten. **Anmerkung**: Diese Varietät unterscheidet sich von der Hauptform im wesentlichen durch zarteren Habitus, hellere Farben und vor allem auffallenden Geruch nach salpetriger Säure. **Verwechslung**: Niedergedrückter Rötling (giftig, Mitte).
Giftig; siehe Niedergedrückter Rötling (Mitte).

Schmutziger Rötling

Entoloma sordidulum (Kühner & Romagn.) P. D. Orton

Merkmale: Hut 1–3(4,5) cm breit, schmutzig graubräunlich, hornbraun, auch fast rotbraun, mit oder ohne dunkleren Scheitel, bald ausblassend, Rand meist kurz durchscheinend gerieft; Lamellen weißlich, dann mit rosa Schein, breit angewachsen; Stiel weißlich, etwas hyalin, jung seidig, manchmal breitgedrückt, zerbrechlich; Geruch und Geschmack ranzig-mehlartig; Sp. 7,5–10,5 × 6,5–9,5 μ. **Vorkommen**: VI–IX; im Laubwald, auf Lichtungen, an Wegrändern zwischen Kräutern; in manchen Jahren nicht selten. **Anmerkung**: Bei der exakten Bestimmung der Rötlinge ist die Lage der Pigmente der Huthauthyphen (Mikroskop) zu berücksichtigen. Hier sitzen sie hauptsächlich auf der Zellwand.

Speisewert unbekannt, möglicherweise giftig.

Gelbbrauner Rötling

Entoloma majaloides P. D. Orton

Merkmale: Hut 3–8 cm breit, gelbbraun bis fast goldbraun, stets ohne Grautöne, jung fein silbrig-seidig, beim Trocknen stark ausblassend, Hutrand ungerieft; Lamellen weißlich, bald mit rosa Ton, gerade angewachsen; Stiel weißlich, fein längsfaserig, brüchig, oft recht lang und schlank; Geruch und Geschmack fade, unbedeutend, nach Literaturangaben selten auch schwach mehlig-ranzig; Sp. 7,5–10 × 7–9 μ. **Vorkommen**: VIII–X; im Laub-, selten Nadelwald, besonders unter Birke und Erle, gesellig; selten. **Anmerkung**: Diese Art ist noch wenig bekannt und in Deutschland kaum dokumentiert. Typisch sind die fehlenden Grautöne des Hutes. Die Aufnahme stammt aus der Nähe von Eschwege. **Verwechslung**: Alkalischer und Niedergedrückter Rötling (giftig, S. 230).

Speisewert unbekannt, möglicherweise giftig.

Aderiger Rötling

Entoloma venosum Gillet

Merkmale: Hut 3–8(10) cm breit, jung typisch schwarzbraun, dann mit mittlerem Rotbraun (an den Rehbraunen Dachpilz erinnernd), beim Trocknen deutlich ausblassend, Huthaut glatt und kahl, Rand erst im Alter schwach gerieft; Lamellen jung graubräunlich, später schmutzig graublaß, mit rosa Beiton, am Grunde oft mit aderigen Querverbindungen (Name), ausgebuchtet; Stiel blaß grau, schwach längsfaserig, brüchig; Geruch und Geschmack ranzig-mehlartig; Sp. etwas länglich, 8–10,5 × 6,5–8 μ. **Vorkommen**: VIII–X; Im Nadel- und Mischwald, besonders auf Kalkböden im Gebirge; selten. **Anmerkung**: Ohne Erfahrung ist diese Art schwer bestimmbar. Typisch sind das Auftreten ab Mittelgebirgslage auf Kalkboden, sehr dunkler jugendlicher Hut und graubraune Lamellen.

Speisewert unbekannt.

Geradrandiger Rötling

Entoloma turbidum (Fr.) Quél.

Merkmale: Hut 3–7 cm breit, graubraun bis dunkel rotbraun, streifig ausblassend, bald geschweift-gebuckelt, relativ dünnfleischig, Oberfläche glatt und kahl oder feinst schorfig, Rand schwach durchscheinend gerieft, oder ungerieft; Lamellen schmutzig weißlich, bald rosa, mäßig gedrängt, mehr oder weniger breit angewachsen, manchmal queraderig verbunden; Stiel weißlich bis blaß grau, zart überfasert, bald hohl und gebrechlich; Geruch und Geschmack unbedeutend, weder mehlartig noch ranzig; Sp. 7,5–9 × 6,5–7,5 μ. **Vorkommen**: VIII–X; in feuchten, moorigen Laub- und Nadelwäldern, besonders unter Birken, gern zwischen Torfmoosen; zerstreut bis selten. **Verwechslung**: Aderiger Rötling (S. 232), Niedergedrückter Rötling (giftig, S. 230), mit ranzig-mehligem Geruch: Sepiabrauner Rötling *(E. pseudoturbidum)*.

Speisewert unbekannt, möglicherweise giftig.

Frühlings-Rötling

Entoloma vernum S. Lundell Syn.: *Rhodophyllus cucullatus*

Merkmale: Hut 2–5 cm breit, hell- bis dunkelbraun, schwarzbraun, radialstreifig ausblassend, dünnfleischig, Form kegeligglockig, fast immer mit kleinem Spitzbuckel, Oberfläche seidig bis feinschorfig, Rand selten gerieft; Lamellen jung schmutzig weißlich, dann rosabräunlich, aufsteigend angeheftet; Stiel wie der Hut gefärbt, oft flachgedrückt, fein bereift, recht brüchig; Geruch und Geschmack pilzartig, nicht mehlig oder ranzig; Sp. 8,5–11,5 × 7–9 μ. **Vorkommen**: III–V; in lichten Laub- und Nadelwäldern, Auwälder, erscheint oft kurz vor den Maipilzen; weit verbreitet, doch nie in großen Mengen. **Verwechslung**: Seidiger Rötling (unten), Voreilender Rötling (S. 236).

Giftig; erzeugt nach einer Latenzzeit von 1/2–3 Stunden Übelkeit, die mehrere Tage anhält, verbunden mit Erbrechen und Durchfall. Die Giftstoffe sind noch unbekannt.

Seidiger Rötling

Entoloma sericeum (Bull.) Quél.

Merkmale: Hut 2–4 cm breit, dunkel rotbraun bis fast schwarzbraun, streifig ausblassend, sehr dünnfleischig, Mitte abgeflacht oder mit abgerundetem bis spitzem Buckel, Huthaut seidig schimmernd, Rand fein durchscheinend gerieft; Lamellen bald rosabräunlich, relativ breit, entfernt stehend, mit ausgerandeter Schneide, aufsteigend angeheftet; Stiel dunkelbraun, kahl oder längsfaserig, sehr brüchig; Geruch und Geschmack stark mehlartig; Sp. 8,5–11 × 7–9,5 μ. **Vorkommen**: VIII–X; an grasigen Stellen auf Wiesen und Weiden, Wegränder, in Wäldern und Parks, gesellig; relativ häufig. **Verwechslung**: Im Frühjahr, ohne Mehlgeruch: Frühlings-Rötling (giftig, Mitte).

Giftverdächtig, zumindest aber ungenießbar.

Voreilender Rötling RL 3

Entoloma plebejum (Kalchbr.) Noordel. Syn.: *E. erophilum*

Merkmale: Hut 2–5 cm breit, heller oder dunkler graubräunlich, mit hohem Grauanteil, kaum hygrophan, Oberfläche fein haarig-filzig (an den Erd-Ritterling erinnernd), dabei etwas silbrig schimmernd, Rand ungerieft; Lamellen schmutzig grauweißlich bis graubräunlich, relativ breit und dicklich, mit gekerbter Schneide, aufsteigend angeheftet; Stiel grauweißlich, oft flachgedrückt, in Hutnähe etwas flockig überfasert; Geruch und Geschmack schwach mehlartig; Sp. länglich, 10–15 × 6,5–9 μ. **Vorkommen**: V–VII; im Laub- und Nadelwald, in Auwäldern; selten. **Anmerkung**: Im Gegensatz zu den meisten anderen Rötlingen besitzt diese Art einen filzig-faserigen bis faserschuppigen Hut. Zusammen mit wenigen anderen bildet sie eine gesonderte Untergruppe, die Sektion *Erophila*. **Verwechslung**: Hut kahl: Frühlings-Rötling (giftig, S. 234).

Stahlblauer Rötling RL 3

Entoloma nitidum Quél.

Merkmale: Hut 2–5 cm breit, dunkelblau, stahlblau, blauschwarz, kaum ausblassend, relativ fleischig, Huthaut radialfaserig, mit typischem Seidenglanz, Rand ungerieft; Lamellen weiß, dann blaß rosa, fast entfernt stehend, mit gekerbter Schneide, kurz angeheftet; Stiel wie der Hut gefärbt, Basis oft auffallend weißlich und zuspitzend, längs überfasert; Geruch und Geschmack pilzartig, nicht nach Mehl; Sp. 7–9 × 6–8 μ. **Vorkommen**: VII–X; vorwiegend im Nadelwald, an grasigen oder moosreichen Stellen, besonders ab Mittelgebirgslage; lokal relativ häufig. **Anmerkung**: Wegen ihrer Färbung gehört die Art zu den schönsten Rötlingen. Ähnlich gefärbte Arten sind dünnfleischiger und gehören vorwiegend der Untergattung *Leptonia* an. **Verwechslung**: Mit Mehlgeruch: Blauer Rötling *(E. bloxamii)*.

Scherbengelber Rötling

Entoloma cetratum (Fr.) M. M. Moser (U-Gatt. *Nolanea*)

Merkmale: Hut 1,5–3 cm breit, kräftig gelbbräunlich oder fleisch- bis rußbraun, mit Helmlings-Habitus, sehr dünnfleischig, Rand fast bis zum Scheitel durchscheinend gerieft; Lamellen lange weißlich, dann rosa gefärbt, aufsteigend angeheftet; Stiel farblich dem Hut angepaßt, dünn und zerbrechlich, fein weißflockig; Geruch und Geschmack unbedeutend, nicht mehlartig; Sp. länglich, 8–11(13) × 6,5–8(9) μ; Basidien vorwiegend 2-sporig. **Vorkommen**: VIII–X; im Nadelwald, unter Fichten oder Kiefern, an moosreichen Stellen; relativ häufig. **Anmerkung**: Der Scherbengelbe Rötling ist ein typischer Vertreter der Untergattung *Nolanea*, deren dünnfleischige, kegelig-glockige Hüte meist dunkel gefärbt sind. Die hier beschriebene Art ist durch ihre 2-sporigen Basidien und fehlende Schnallen relativ leicht erkennbar.

Zitronengelber Rötling

Entoloma pleopodium (Bull.: Fr.) Noordel. Syn.: *E. icterinum*

Merkmale: Hut 1–3 cm breit, zitronengelb, grüngelblich, Scheitel dunkler, beim Trocknen weißlich ausblassend, kegelig-glockig, dünnfleischig, Rand durchscheinend gerieft; Lamellen blaß gelblich, bald mit rosa Schein, fast entfernt stehend, breit angewachsen; Stiel dunkler als der Hut, gelblich-bräunlich, feinflockig; Geruch auffallend nach Fruchtbonbons (auch wie Amylacetat); Geschmack unbedeutend, nicht mehlartig; Sp. 8,5–11,5(13,5) × 6–8,5 µ. **Vorkommen**: VII–X; in feuchten Laub- und Nadelwäldern, in Auwäldern, Parkanlagen und Gärten; zerstreut. **Anmerkung**: Der Pilz gehört zur Untergattung *Nolanea*, deren Arten auch als »Glöcklinge« bezeichnet werden. Ähnlich riecht auch der Duftende Rötling *(E. ameides)*, eine unauffällig gefärbte, zur Untergattung *Entoloma* gehörende Art. **Verwechslung**: Geruch nach verbranntem Horn: Braungrüner Rötling (Mitte).

Braungrüner Rötling

Entoloma incanum (Fr.) Hesler (U-Gatt. *Leptonia*)

Merkmale: Hut 1–4 cm breit, gelbbräunlich, oliv oder leuchtend gelbgrün, oft mit auffallender Radialstreifung und dunklerer, schwach genabelter Mitte; Lamellen weißlich bis gelbgrünlich, bald mit rosa Schein, etwas entfernt stehend, breit angewachsen; Stiel leuchtend gelb bis gelbgrünlich, Basis oft blaugrün und zugleich vom Myzel weißfilzig; Geruch stark nach verbranntem Horn; Sp. länglich, 10–15 × 7,5–9 µ. **Vorkommen**: VIII–X; Wiesen und Weiden, grasige Waldstellen, besonders auf Kalkböden; zerstreut, lokal häufiger. **Anmerkung**: Wegen ihres besonderen Geruchs ist diese Art unverkennbar. Sie gehört zur Untergattung *Leptonia*, welche aus nabelhütigen, oft farbenfreudigen Arten besteht, die nie mehl-, gurken- oder fischartig riechen. Die Pigmente der Huthaut sitzen in den Vakuolen der Hyphen. **Verwechslung**: Geruch fruchtig: Zitronengelber Rötling (oben).

Amethyst-Rötling

RL 1

Entoloma catalaunicum (Singer) Noordel.

Merkmale: Hut 1–3 cm breit, rosa bis fleischfarben, jung mit bläulichem Randbereich, dünnfleischig, Form erst konvex, dann genabelt, Huthaut fein schuppig-flockig (an einige Lacktrichterlinge erinnernd); Lamellen weißlich, dann cremefarben bis rosa, Schneide selten schwach bläulich, schmal angewachsen; Stiel bläulichgrau, besonders in der unteren Hälfte, alt verblassend, gänzlich fein bereift; Sp. länglich, 9–11,5 × 7–8 µ; Lamellenschneide mit Zystiden. **Vorkommen**: VIII–IX; auf moosigen Gebirgswiesen und Weiden, liebt kalkhaltige Böden, alpin bis subalpin; selten. **Anmerkung**: Die Art kann vor allem in höheren Gebirgslagen der Schweiz und Österreichs gefunden werden.

Blaublättriger Rötling

Entoloma lazulinum (Fr.) Noordel.
Syn.: *E. chalybaeum* var. *lazulinum*

Merkmale: Hut 1–3 cm breit, dunkel stahlblau bis schwarzblau, alt dunkelbraun, dünnfleischig, Form halbkugelig bis glockig, Huthaut feinfilzig, Rand erst bei Reife durchscheinend gerieft; Lamellen jung mit bläulichem Ton, später durch die reifenden Sporen rosa-lila, Schneide gleichfarbig, manchmal auch bräunlich, kurz angeheftet; Stiel wie der Hut gefärbt, Oberfläche jung bereift, dann kahl; Sp. länglich, 9–11 × 6–7 μ; Lamellenschneide mit Zystiden. **Vorkommen**: VIII–X; an grasig-moosigen Waldstellen, Wiesen oder Weiden, besonders im Gebirge, vermutlich kalkliebend; relativ selten. **Anmerkung**: Der Pilz ist unter mehreren ähnlich aussehenden Arten gut an seinen bläulichen Lamellen zu erkennen. Nach neuester Auffassung ist er vom Schwarzblauen Rötling *(E. chalybaeum)* nicht wesentlich unterschieden und diesem als Varietät unterstellt.

Violetter Rötling

Entoloma euchroum (Pers.: Fr.) Donk

Merkmale: Hut 1–2,5(4) cm breit, violett, grauviolett, silbergrau ausblassend, Huthaut seidig-faserig bis faserschuppig, mit seidigem Glanz, Rand ungerieft; Lamellen kräftig blau oder violett, Schneide oft noch intensiver gefärbt und fein gesägt, schmal bis breit angewachsen; Stiel wie der Hut gefärbt, längsfaserig, seidig glänzend, brüchig; Geruch würzig, etwas an den Violetten Rötelritterling erinnernd; Sp. länglich, 9–11,5 × 6–7 μ. **Vorkommen**: VIII–X; auf morschen, bemoosten Laubholzstrünken, besonders Ulme, Erle, Birke oder Hasel, meist einzeln; zerstreut. **Anmerkung**: Dieser hübsche Rötling fällt durch seinen für Rötlinge ungewöhnlichen Holzstandort besonders auf. **Verwechslung**: Ebenfalls auf Holz, doch mit weißlichen Lamellen: Blaustieliger Rötling *(E. dichroum)*.

Wolligfilziger Nabel-Rötling

Entoloma lanicum (Romagn.) Noordel. (U-Gatt. *Eccilia*)

Merkmale: Hut 1–2 cm breit, grau, graubräunlich, dünnfleischig, Mitte trichterförmig vertieft, genabelt, Huthaut jung wollig-filzig, Rand ungerieft; Lamellen graubräunlich, erst spät mit rosa Reflex, deutlich herablaufend, teils gegabelt; Stiel graubräunlich, oft kaum länger als Hutbreite, gänzlich bereift, mit weißfilziger Basis; Geruch und Geschmack schwach mehlartig; Sp. etwas länglich, 7,5–10 × 5,5–7 μ. **Vorkommen**: VII–IX; im Laub- und Nadelwald, an moosreichen Stellen oder auf nackter Erde; relativ selten. **Anmerkung**: Die Art ist ein typischer Vertreter der Untergattung *Eccilia*, deren Arten wie Nabelinge oder kleine Trichterlinge aussehen. Die Lamellen laufen stets deutlich am Stiel herab. **Verwechslung**: Etwas größer, mit starkem Mehlgeruch: Dunkelblättriger Rötling *(E. undatum)*.

Gattung **Paxillus** – Kremplinge
Fam. Paxillaceae

Hüte trocken bis klebrig, Rand eingerollt; Lamellen gedrängt, herablaufend, mit Querverbindungen; Stiele zentral bis seitlich, kahl bis samtig; Spp. ocker bis rostbraun; Sp. elliptisch, glatt, ohne Kp.; L-Tr. bilateral; Saprophyten oder Mykorrhizapilze.

Kahler Krempling

Paxillus involutus (Batsch: Fr.) Fr.

Merkmale: Hut 4–8(15) cm breit, ocker- bis zimtbraun, jung gebuckelt, dann vertieft, Rand lange eingerollt, gerippt und filzig; Lamellen ockerfarben, auf Druck braunfleckig; Stiel etwas heller als der Hut, kahl; Geruch und Geschmack würzig-säuerlich; Spp. rostbraun; Sp. 7–10(12) × 5,5–7 μ. **Vorkommen**: VII–X; im Laub- und Nadelwald, Parkanlagen; sehr häufig; Mykorrhizapilz mit diversen Baumarten. **Verwechslung**: Erlen-Krempling (Mitte).

Giftig; kann trotz Abkochen bei wiederholtem Genuß Blutauflösung und Nierenschäden bewirken; ist roh ohnehin sehr giftig und enthält u. a. Muscarin. Todesfälle sind besonders bei organgeschädigten Personen bekannt.

Erlen-Krempling

Paxillus rubicundulus P. D. Orton Syn.: *P. filamentosus*

Merkmale: Hut 3–10 cm breit, ockerfarben, Huthaut meist früh radialschuppig aufbrechend, Rand nur jung eingerollt; Lamellen gelblich bis ocker, auf Druck rotbraun fleckend; Stiel gelblich, zylindrisch bis zuspitzend; Spp. braun; Sp. 6–8 × 4–5 μ. **Vorkommen**: VII–IX; unter Erlen, Feuchtgebiete, Bachufer; nicht selten; Mykorrhizapilz der Schwarzerle. **Anmerkung**: Die Art wird oft für den Kahlen Krempling gehalten und ist im Zweifelsfall nur an den kleineren Sporen sicher zu erkennen. **Verwechslung**: Kahler Krempling (oben).

Speisewert unbekannt, vgl. aber Kahler Krempling (oben).

Samtfuß-Krempling

Paxillus atrotomentosus (Batsch: Fr.) Fr.

Merkmale: Hut 8–20 cm breit, oliv- bis rotbraun, einheitlich feinsamtig; Lamellen gelblich, auf Druck bräunend; Stiel braunsamtig wie der Hut, oft seitlich sitzend; Fleisch gelblich, zäh; Geruch säuerlich; Geschmack alt bitterlich; Spp. ockerbräunlich; Sp. 4,5–6 × 3,5–4 μ. **Vorkommen**: VII–X; an toten Nadelholzstümpfen; häufig; Saprophyt (erzeugt Braunfäule). **Anmerkung**: Durch braunsamtigen Hut und Stiel ist die Art nahezu unverwechselbar.

Ungenießbar, da zähfleischig und im Alter bitter.

Glimmerschüppling

Phaeolepiota aurea (Matt.: Fr.) Maire ex Konrad & Maubl.
(Fam. Agaricaceae)

Merkmale: Hut 5–15 cm breit, leuchtend löwengelb, goldbraun, kräftig ocker, Huthaut trocken, gänzlich durch abwischbare Körnchen bestäubt; Lamellen cremefarben bis rostgelblich, breit angewachsen; Stiel wie Hut gefärbt, mit aufsteigendem, häutigem Ring, gänzlich körnig, vollfleischig; Fleisch weißlich-gelblich; Spp. ockerbraun; Sp. länglich-zugespitzt, fein rauh, 10–14 × 5–6 µ, ohne Kp. (Abb. 48); L-Tr. regulär. **Vorkommen**: IX–XI; lichte Wälder, Parks, Friedhöfe, auf Wiesen, zwischen Brennesseln, gesellig; zerstreut bis selten; Saprophyt. **Verwechslung**: Vgl. Körnchenschirmlinge (S. 116).

Reifpilz, Zigeuner

RL 3

Rozites caperatus (Pers.: Fr.) P. Karst. (Fam. Cortinariaceae)

Merkmale: Hut 5–10 cm breit, strohgelblich, ocker, gelbbräunlich, oft grubig oder gerunzelt, Oberfläche jung mit weißlichviolettem, reifartigem Überzug (Name); Lamellen blaß beige bis rostgelblich, Schneide gekerbt, breit angewachsen; Stiel faserig-rissig, mit eng anliegendem, oberseits gerieftem Ring; Spp. rostbraun; Sp. breit mandelförmig, warzig, 10–13 × 7,5–8,5 µ, ohne Kp. (Abb. 49); L-Tr. regulär. **Vorkommen**: VIII–X; im Nadelwald, besonders unter Kiefern, auf saurem Boden, oft zwischen Heidekraut; häufig; Mykorrhizapilz.

Eßbar; ausgezeichneter, doch oft madiger Speisepilz.

Gattung **Cortinarius** – Schleierlinge
Fam. Cortinariaceae

Frkp. variabel, in diverse Untergattungen aufgeteilt, stets mit spinnwebartigen Velumresten (Cortina); Hüte trocken bis schleimig, hygrophan oder nicht; Lamellen breit angewachsen; Stiele trocken bis schmierig; Spp. ocker- bis rostbraun; Sp. apfelkern-, mandel- oder zitronenförmig, selbst rundlich, fein rauh bis warzig, ohne Kp. (Abb. 50–53); L-Tr. regulär; Mykorrhizapilze.

Violetter Schleierling

RL 3

Cortinarius violaceus (L.: Fr.) Fr.
Syn.: *C. hercynicus* (U-Gatt. *Cortinarius*)

Merkmale: Hut 4–15 cm breit, dunkelviolett, alt fast schwarzbraun, Huthaut trocken, filzig-schuppig; Lamellen violett, mit flockiger Schneide (Lupe); Stiel violett, mit violetter Natterung, meist zylindrisch; Geruch etwas nach Zedernholz (Zigarrenkiste); Sp. 12–15,5 × 7–9 µ; Zystiden groß, mit violettem Inhalt. **Vorkommen**: VIII–X; im Laub- und Nadelwald, auf allen Bodenarten; im Gebirge relativ häufig. **Anmerkung**: Einzige Art in der Untergattung. **Verwechslung**: Lila Dickfuß (giftig, S. 262).

Untergattung **Phlegmacium** – Schleimköpfe, Klumpfüße

Frkp. kompakt; Hüte schmierig bis schleimig (selten trocken), nicht hygrophan; Lamellen tonfarben, gelb, oliv, violett oder rostbraun; Stiele oft gerandet-knollig, trocken, viele mit doppelter Cortina (an Knollenrand und Stielspitze); Arten mit leuchtend gelbem Fleisch giftig bis giftverdächtig!

Bereifter Klumpfuß

Cortinarius allutus Fr.

Merkmale: Hut 4–8 cm breit, löwengelb, ockerbraun, rotbräunlich, Scheitel typisch abgeflacht, Rand manchmal gerunzelt, Huthaut jung seidig-silbrig überzogen, daher wie bereift aussehend; Lamellen blaß ton- bis rostbräunlich; Stiel blaß bräunlich, mit abgerundeter bis gerandeter, weißlicher Knolle; Fleisch weißlich; Geruch schwach süßlich; Sp. mandelförmig, 8–9 × 4,5–5,5 μ. **Vorkommen**: VIII–X; im Nadelwald, unter Fichten und Kiefern, auf sauren Böden, besonders im Gebirge; lokal nicht selten (Südschwarzwald). **Verwechslung**: Sägeblättriger Klumpfuß *(C. multiformis)*.

Seidiger Schleimkopf RL 3

Cortinarius sebaceus Fr.

Merkmale: Hut 5–10 cm breit, hell beigebräunlich bis ocker, bisweilen wasserfleckig, Rand mit weißseidigem, vergänglichem Überzug; Lamellen tonbräunlich; Stiel weiß, zylindrisch bis keulig, unterhalb der Cortinazone vom Velum faserig bis wollig überzogen; Fleisch weißlich; Sp. mandelförmig, fein punktiert, 7–8,5(10) × 3,5–4,5 μ. **Vorkommen**: IX–X; vorwiegend im Nadel-, seltener im Laubwald, sauren Boden bevorzugend, gesellig bis büschelig wachsend; selten (Süddeutschland, Alpengebiet). **Verwechslung**: Weißgestiefelter Schleimkopf *(C. claricolor)*.

Dickblättriger Schleimkopf

Cortinarius fraudulosus Britzelm.

Merkmale: Hut 3–8 cm breit, weißlich bis blaß ocker, Scheitel bisweilen fuchsig gefleckt, Huthaut nur leicht klebrig, Rand jung vom Velum weiß behangen; Lamellen weißlich bis hell ocker, dicklich, etwas entfernt stehend; Stiel weiß, schlank-keulig, mit weißen Velumresten; Fleisch in Madengängen bräunend bis rötend; Geruch etwas süßlich-muffig; Sp. mandelförmig, grobwarzig, 12–14,5 × 6,5–8 μ. **Vorkommen**: IX–X; im Nadelwald, besonders unter Fichten auf Kalkböden; nicht selten (Süddeutschland, Tirol). **Anmerkung**: Eine Abart mit gedrängt stehenden Lamellen wird als var. *tenuifolius* abgetrennt.

Geschmückter Schleimkopf

Cortinarius subvalidus Rob.Henry Syn.: *C. subtriumphans*

Merkmale: Hut 5–10 cm breit, lebhaft rostgelblich, löwengelb, fuchsig, mit aufgesetzten, dunkleren Velumflocken, Oberfläche nur wenig schmierig, Rand jung vom Velum bärtig behangen; Lamellen blaß creme-ocker, dann rostbräunlich; Stiel mit weißer Grundfarbe, im unteren Teil durch stark entwickeltes, gelbbräunliches, faserig-wolliges Velum mehrfach gegürtelt, zylindrisch bis keulig; Fleisch weißlich, fest; Sp. mandelförmig, warzig, 10–12,5 × 5–6 μ. **Vorkommen**: IX–X; im Nadelwald (Fichtenwälder), auf Kalkboden, gesellig; lokal nicht selten (Süddeutschland, Alpenländer). **Anmerkung**: Die Art gehört der Sektion *Triumphantes* an, deren Arten z. T. durch üppig-wolliges, gelbbräunliches Velum auffallen. **Verwechslung**: Unter Birken: Gelbgestiefelter Schleimkopf *(C. triumphans)*.

Körnighäutiger Schleimkopf RL 2

Cortinarius cephalixus Fr.

Merkmale: Hut 3–8 cm breit, gelbbräunlich bis olivbraun, Form halbkugelig bis flachkonvex, Huthaut mäßig schmierig, bei trockener Witterung feinschuppig aufbrechend, daher wie körnig aussehend (Name), Rand nur jung schwach vom Velum behangen; Lamellen erst blaß ockergelblich, dann rostocker; Stiel auf weißlichem Grunde durch anliegendes, ockerfarbenes Velum genattert, Form meist schlank-keulig; Fleisch weißlich; Geruch im Schnitt nach zerdrücktem Gras (an den Geruch der Träuschlinge erinnernd); Sp. mandelförmig, feinwarzig, 8,5–10,5 × 5,5–6,5 μ. **Vorkommen**: IX–X; im Laub- und Nadelwald, besonders unter Rotbuchen, kalkliebende Art; relativ selten (Süddeutschland, Österreich, Schweiz). **Anmerkung**: Beim Bestimmen ist auf das ockerfarbige Stielvelum und fehlende Blautöne auf den Lamellen zu achten.

Filziger Schleimkopf RL 3

Cortinarius balteatoalbus Rob.Henry

Merkmale: Hut 4–10 cm breit, ocker- bis rostbräunlich, Rand lange weiß bleibend, Huthaut fein faserig-filzig, trocken, Hutkante schwach von weißlichem Velum überfasert; Lamellen weißlich, dann tonbräunlich; Stiel weiß, später bräunlich wie der Hut, keulenförmig oder abgerundet-knollig, jung mit weißem Velum; Fleisch weißlich, mit KOH gelblich verfärbend; Sp. mandelförmig, warzig, 10–12 × 5–6 μ. **Vorkommen**: IX–X; im Nadel- und Mischwald, unter Fichten und Rotbuchen, liebt anscheinend kalkhaltigen Boden; selten. **Anmerkung**: Die Art gehört zu einer Gruppe von »Schleimköpfen«, deren Hut gar nicht schleimig, sondern eher trocken ist. Man könnte daher glauben, eine Art der Untergattung *Sericeocybe* vor sich zu haben. Der nah verwandte Dickfleischige Schleimkopf (S. 250) kann an seinen Zystiden erkannt werden, die hier fehlen.

Dickfleischiger Schleimkopf

Cortinarius crassus Fr. Syn.: *C. pseudocrassus*

Merkmale: Hut 4–8 cm breit, hell zimtocker, ocker- bis rötlichbraun, Huthaut feinfilzig, matt, völlig trocken, ohne sichtbare Velumreste; Lamellen erst weißlich, dann ocker- bis tonbräunlich, oft mit hellerer Schneide; Stiel weißlich, keulig, knollig bis spindelig, dabei oft sehr gedrungen, mit schwachen Cortinaresten an der Spitze; Fleisch weißlich, mit KOH gelbbraun; Sp. mandelförmig, sehr fein punktiert, daher fast glatt wirkend, 7–9 × 4–5 µ; Lamellenschneide mit Zystiden. **Vorkommen**: IX–X; im Nadelwald, unter Fichten, besonders auf Kalkböden; zerstreut (Süddeutschland, Alpengebiet). **Anmerkung**: Durch den trockenen Hut eine Ausnahme bei den »Schleimköpfen«. Durch die bei Schleierlingen selten auftretenden Zystiden und fast glatte Sporen gut gekennzeichnet. **Verwechslung**: Filziger Schleimkopf (S. 248).

Erdigriechender Schleimkopf

Cortinarius largiusculus Britzelm. Syn.: *C. variicolor*

Merkmale: Hut 5–10(15) cm breit, jung für kurze Zeit gänzlich violett, vom Scheitel her schnell entfärbend, bald nur mit violettem Rand und schließlich ganz braun, Huthaut schmierig, mit eingewachsener Faserung; Lamellen blaß violett, dann dunkel rostbraun, sehr eng stehend; Stiel erst violett, dann von der Spitze her bräunend, schlank-keulenförmig; Fleisch weißlich-violettlich, besonders in den Randzonen violett, mit KOH braun mit gelber Umrandung; Geruch auffallend erdig bis scheunenstaubartig; Sp. mandelförmig, warzig, 9,5–12 × 5–7 µ. **Vorkommen**: VIII–X; im Nadelwald, vorwiegend unter Fichte, meist auf oberflächlich sauren Böden; lokal häufig (Süddeutschland, Österreich, Schweiz). **Anmerkung**: Der unangenehme Geruch und das schnelle Verschwinden der violetten Farbtöne kennzeichnen diesen Pilz. Dennoch ist eine Bestimmung nur mit einiger Erfahrung möglich, da es etliche ähnliche Verwandte gibt. Wenn auf das violett gefärbte Fleisch geachtet wird, ist eine Vergiftung ausgeschlossen. **Verwechslung**: Im Laubwald: Verfärbender Schleimkopf (unten).

Verfärbender Schleimkopf

Cortinarius nemorensis (Fr.) J. E. Lange

Merkmale: Hut 5–12 cm breit, erst zart violett, dann allmählich gänzlich zu hasel- bis graubraun umfärbend, Huthaut schmierig; Lamellen jung lila, reif rostbraun; Stiel blaß lila, sehr jung von lilaweißem Velum überzogen, zylindrisch bis keulig; Fleisch weißlich bis blaß violett, mit KOH gelbbräunlich; Geruch schwach erdig; Sp. mandelförmig, warzig, 10–12 × 6–7 µ. **Vorkommen**: VIII–X; im Laubwald, unter Rot- und Hainbuchen, auf Kalkboden; zerstreut, im Gebirge wie im Flachland. **Verwechslung**: Erdigriechender Schleimkopf (Mitte).

Ziegelgelber Schleimkopf

Cortinarius varius (Schaeff.: Fr.) Fr.

Merkmale: Hut 4–10 cm breit, gelbbraun, semmelfarben bis fuchsig, Huthaut kahl und glatt, bei feuchtem Wetter schmierig, nur äußerste Kante vom Velum umsäumt; Lamellen blauviolett, den Farbton lange erhaltend, später durch die reifenden Sporen zimtbräunlich, Schneide ausgerandet; Stiel weiß, jung von weißem Velum überzogen, erst im Alter leicht bräunend, schlank-keulenförmig oder nach unten zwiebelartig verdickt; Fleisch weiß; Sp. mandelförmig, warzig, 10–12 × 5–6 µ. **Vorkommen**: VII–X; im Laub- und Nadelwald, nur auf Kalkböden, sehr gesellig auftretend; ab Mittelgebirgslage lokal häufig. **Anmerkung**: Ein leicht kenntlicher, relativ häufiger Schleimkopf. Man achte auf die lange violett bleibenden Lamellen und den weißen, keuligen Stiel sowie das weiße Fleisch. **Verwechslung**: Blaublättriger Schleimkopf (S. 254).

Eßbar; guter Speisepilz, häufig und leicht erkennbar.

Bitterer Schleimkopf

Cortinarius infractus (Pers.: Fr.) Fr.

Merkmale: Hut 3–8 cm breit, olivocker, graugrünlich, oliv- bis schwarzbraun, auch olivschwarz, Huthaut schleimig, Oberfläche marmoriert bis eingewachsen-faserig; Lamellen jung olivrußig, dann dunkel rostbraun, etwas entfernt stehend, Schneide ausgerandet; Stiel heller als der Hut, weißlich bis olivbräunlich, Spitze mit bläulichem Schein, Velum ocker bis olivbräunlich, Form zylindrisch bis knollig; Fleisch weißlich-holzfarben, blaß grau bis ocker, in Stielspitze oft bläulich; Geruch schwach rettichartig; Geschmack deutlich bitter; Sp. breit mandel- bis zitronenförmig, warzig, 7,5–9 × 5,5–7 µ. **Vorkommen**: VIII–X; im Laub- und Nadelwald, unter Rotbuche, Eiche, Fichte, auch auf Kalkböden; lokal häufig, weit verbreitet. **Anmerkung**: Die farblich sehr veränderliche Art fällt durch ihre düsteren Farben auf. Es werden mehrere Varietäten beschrieben, die alle am bitteren Geschmack erkennbar sind.

Olivgelber Schleimkopf

Cortinarius subtortus (Pers.: Fr.) Fr.

Merkmale: Hut 2–6 cm breit, gelb- bis ockerbräunlich, mit schwachem Olivstich, Form meist flach-konvex, Huthaut schmierig; Lamellen ocker- bis rostbräunlich, mit Olivton, manchmal etwas entfernt stehend; Stiel heller als der Hut, mit bläulicher Spitze, mit blaß weißlich-ockerfarbenen, vergänglichen Velumresten, schlank-zylindrisch; Fleisch schmutzig weißlich; Geruch beim Reiben der Lamellen weihrauchartig; Geschmack mehr oder weniger deutlich bitter; Sp. breitelliptisch, feinwarzig, 7,5–9 × 6–7 µ; Lamellenschneide mit gelblich inkrustierten Zystiden. **Vorkommen**: VIII–X; im Nadelwald, unter Fichten auf feuchten, moorigen Böden; lokal relativ häufig.

Bunter Klumpfuß

Cortinarius dibaphus Fr.

Merkmale: Hut 3–8 cm breit, auf ockerfarbenem Grund lila überreift oder einheitlich violett, Huthaut schmierig, trocken bald matt aussehend; Lamellen ockerfarben, jung manchmal mit lila Hauch, reif dunkel tonfarben; Stiel violett, mit gerandeter oder ungerandeter Knolle; Fleisch weißlich, in Stielbasis safranfarben, mit KOH rosa bis rot; Geschmack bitter; Sp. mandelförmig, warzig, 13–15,5 × 6–8 μ; Lamellenschneide oft mit Zystiden. **Vorkommen**: IX–X; im Laub- und Nadelwald, unter Rotbuchen, Tannen, kalkliebend; selten. **Anmerkung**: Eine reine Laubwaldform wird als var. *nemorosus* abgetrennt. Das Foto stammt aus einem Mischwald mit Tannen. **Verwechslung**: Hut trocken: vgl. Weißvioletter Dickfuß (S. 264).

Blaublättriger Schleimkopf

Cortinarius cyanophyllus Rob.Henry Syn.: *C. fulvoochrascens*

Merkmale: Hut 4–8 cm breit, ockerbraun, Rand heller beigefarben, manchmal mit Grautönen gemischt, Huthaut schleimig, Rand vom Velum schwach überfasert; Lamellen lange kräftig violett gefärbt; Stiel weißlich-violettlich, bald bräunlich, gedrungen und knollig; Fleisch weißlich, in Stielspitze violett angehaucht, mit KOH gelblich, auf Huthaut rotbraun; Sp. mandelförmig, warzig, 11–13 × 6–8 μ. **Vorkommen**: IX–X; im Nadel- und Mischwald, auf kalkhaltigem Boden, vor allem im Gebirge; selten. **Anmerkung**: Die Art gehört zwar in eine andere Untergruppe (Sekt. *Calochroi*) als der Ziegelgelbe Schleimkopf, hat aber wegen der violetten Lamellen dennoch eine gewisse Ähnlichkeit. Eine Verwechslung ist ungefährlich, da keiner von beiden giftig ist. **Verwechslung**: Ziegelgelber Schleimkopf (S. 252), Reihiger Klumpfuß (unten).

Reihiger Klumpfuß

Cortinarius glaucopus (Schaeff.: Fr.) Fr.

Merkmale: Hut 5–10 cm breit, ocker- bis rostbräunlich, auch mit olivgelblichen bis grünlichen Beitönen, farblich sehr variabel, Huthaut schleimig, mit starker eingewachsener Radialfaserung; Lamellen jung blau bis violett, dann zunehmend ton- bis rostbräunlich; Stiel blaß bläulich, alt messinggelblich verfärbend, Cortina weißlich-violettlich, bald schwindend, Basis oft nur flach gerandet, ohne eigentliche Knolle (anderer Name: Knollenloser Klumpfuß); Fleisch im Hut weißlich, in Stielspitze blaß violettlich, gegen die Basis gelblich, mit KOH bräunlich; Sp. mandelförmig, warzig, 7–8 × 4,5–5,5 μ. **Vorkommen**: VIII–X; im Nadelwald, besonders unter Fichten, auf Kalk- und Silikatgestein, in Reihen und Kreisen wachsend; in Süddeutschland und im Alpengebiet relativ häufig. **Anmerkung**: Vielgestaltige Art und einer der häufigsten Schleimköpfe. Var. *acyaneus* ohne violette Farbtöne. **Verwechslung**: Blaublättriger Schleimkopf (Mitte).

Taubenblauer Schleimkopf RL 3

Cortinarius cumatilis Fr.

Merkmale: Hut 5–10 cm breit, sattblau, blaugrau (taubenblau) bis blauviolett, Huthaut schmierig, mit silbrig-seidiger Oberfläche, dabei dunkler gesprenkelt, Rand jung von weißer Cortina überzogen; Lamellen weißlich bis hell tonbräunlich (mit violettem Farbton: var. *haasii*); Stiel weiß, im unteren Teil vom violettlichen Velum bestrumpft oder schmal gesäumt, zylindrisch bis keulenförmig, ohne gerandete Stielknolle; Fleisch weißlich; Sp. mandelförmig, fein rauh, 10–12 × 5–6 μ. **Vorkommen**: IX–X; im Nadelwald, unter Fichte und Lärche (var. *haasii* im Laubwald), auf Kalkböden; selten. **Anmerkung**: Die Art gehört in die Verwandtschaft des seltenen, größeren Blaugestiefelten Schleimkopfes (auch »Schleiereule«), *C. praestans*, dem der Ruf eines sehr guten Speisepilzes vorauseilt. Leider werden diese Schleierlinge immer seltener, weshalb der Naturschutz im Vordergrund stehen sollte.

Eßbar; guter, wohlschmeckender Speisepilz.

Purpurfleckender Klumpfuß RL 3

Cortinarius purpurascens (Fr.) Fr.

Merkmale: Hut 4–8(12) cm breit, grau- bis rotbraun, Randzone besonders jung schön violett oder ganzer Hut mit violettem Stich, Huthaut schleimig, dunkler gefleckt oder eingewachsenfaserig; Lamellen jung kräftig violett, lange so bleibend, bei Reife rostbräunlich; Stiel violett, Basis mit abgerundeter Knolle, jung mit violettem Velum; Fleisch violett, besonders in der Randzone des Stieles, im Schnitt allmählich purpurfarben anlaufend, mit Lugol weinrötlich; Sp. mandelförmig, warzig, 8–11 × 4,5–5,5 μ. **Vorkommen**: IX–XI; im Laub- und Nadelwald, unter Fichten oder Rotbuchen, auf sauren wie kalkhaltigen Böden; im Gebirge lokal relativ häufig, im Flachland selten. **Anmerkung**: Im Buchenwald auf Kalkboden wachsende Exemplare (siehe Foto) werden als var. *largusoides* abgetrennt. Die Hauptvariante wächst unter Fichten auf sauren Böden.

Dunkler Purpur-Klumpfuß

Cortinarius occidentalis A. H. Sm. var. *obscurus* M. M. Moser

Merkmale: Hut 3–6 cm breit, jung gänzlich dunkel violett, bald in der Mitte dunkel purpurbraun, Randbereich lange violett bleibend, manchmal durch dünnen Randsaum (Velumreste) abgetrennt, Huthaut schmierig; Lamellen violett; Stiel violett, mit violetter Cortina, Knolle etwas gerandet; Fleisch blaß violett, nicht oder sehr langsam purpurn verfärbend, mit Lugol weinrot; Sp. mandelförmig, warzig, 7–10 × 4–5 μ. **Vorkommen**: IX–X; im Nadelwald, unter Fichten auf kalkhaltigem Boden; selten. **Anmerkung**: Der Pilz kann auch als dunkelhütige Variante des Purpurfleckenden Klumpfußes angesehen werden, die auf Kalkböden vorkommt.

Würziger Schleimkopf

Cortinarius percomis Fr.

Merkmale: Hut 3–6(8) cm breit, chrom-, zitronen- bis semmelgelb, Form oft regelmäßig halbkugelig, Huthaut schmierig, meist kahl und glatt; Lamellen jung zitronen-, dann olivgelblich; Stiel gelb, von blaß gelblichem Velum überfasert, zylindrisch; Fleisch gelb; Geruch auffallend würzig, an Majoran erinnernd, doch etwas aufdringlich; Sp. mandelförmig, warzig, 10–12 × 5–6 μ. **Vorkommen**: IX–X; im Nadel- und Mischwald, besonders unter Fichten, auf kalkhaltigen Böden; lokal relativ häufig (Südschwarzwald, Alpenländer). **Anmerkung**: Die gelblichen Farben, der schlanke Stiel ohne gerandete Knolle und vor allem der etwas aufdringlich-würzige Geruch kennzeichnen diese Art gut. **Verwechslung**: Unerträglicher Schleimkopf (Mitte).
Eßbar; wegen des aufdringlichen Geruchs, der beim Zubereiten nicht ganz verschwindet, nur in geringen Mengen verwendbar.

Unerträglicher Schleimkopf

Cortinarius russeus Rob.Henry Syn.: *C. russeoides*

Merkmale: Hut 3–6 cm breit, kupfer- bis ziegelrötlich, Rand mehr chromgelblich, Huthaut schmierig, oft mit angedeuteter, anliegender Schuppung; Lamellen erst zitronen-, dann rostgelblich; Stiel gelb bis bräunlich-gelblich, zylindrisch-keulig, durch Cortinareste fein dunkler gegürtelt; Fleisch schwefelgelb, in Stielbasis bräunlich; Geruch unangenehm stinkend, besonders beim Trocknen, an den Würzigen Schleimkopf erinnernd, doch ungleich stärker und aufdringlicher; Sp. mandelförmig, warzig, 11–13(15) × 6–7(8) μ. **Vorkommen**: IX–X; im Nadelwald, besonders unter Fichten, auf kalkhaltigen Böden; selten. **Anmerkung**: Die mit dem Würzigen Schleimkopf verwandte Art unterscheidet sich, abgesehen vom Geruch, durch rötlicheren Hut (anderer Name: Rötlicher Schleimkopf) und stärker ornamentierten Stiel. **Verwechslung**: Würziger Schleimkopf (oben).

Anis-Klumpfuß

Cortinarius odorifer Britzelm.

Merkmale: Hut 4–10 cm breit, rosaorange, kupferrötlich bis orangegelblich, oft mit hellerem Rand, Farbe sehr variabel, Huthaut schleimig, glatt und kahl; Lamellen zitronen- bis chromgelb, grüngelblich, reif olivrostig; Stiel gelblich, nachdunkelnd, mit gerandeter Knolle, Cortina blaß gelblich; Fleisch zitronen- bis chromgelb, mit KOH blutrot; Geruch stark anisartig, etwas aufdringlich; Sp. mandelförmig, grobwarzig, 10–13 × 6–7,5 μ. **Vorkommen**: IX–X; im Nadelwald, unter Fichten, auf Kalk- und Dolomitböden, besonders im Gebirge; lokal recht häufig. **Anmerkung**: Die auffällige, farblich veränderliche Art ist durch ihren Geruch unverwechselbar gekennzeichnet. **Verwechslung**: Ohne Anisgeruch: Prächtiger Klumpfuß (S. 260).

Prächtiger Klumpfuß

RL 3

Cortinarius aurantioturbinatus J. E. Lange
Syn.: *C. auroturbinatus*

Merkmale: Hut 6–10 cm breit, jung gänzlich chrom- bis goldgelb, bald von der Mitte her allmählich orange- bis fuchsbräunlich nachdunkelnd, Huthaut schleimig, glatt und kahl; Lamellen zitronen- bis olivgelb, reif gelblich-rostbräunlich; Stiel zitronen- bis grüngelblich, mit gerandeter Knolle, jung mit reichlicher, gelblicher bis gelbgrünlicher Cortina; Fleisch weißlich, im Rindenbereich gelbgrünlich, mit KOH rotbraun; Geruch angenehm würzig, ähnlich getrocknetem Dill; Sp. mandel- bis zitronenförmig, grobwarzig, 12,5–16 × 7,5–9 μ. **Vorkommen**: IX–X; im Laubwald, speziell unter Rotbuchen auf Kalkboden; selten, im Gebirge und Flachland auftretend. **Verwechslung**: Anis-Klumpfuß (S. 258), Dottergelber Klumpfuß (giftverdächtig, unten).

Grünlings-Klumpfuß

Cortinarius pseudosulphureus Rob.Henry ex P. D. Orton

Merkmale: Hut 4–8 cm breit, gelbgrün, grünlich-bräunlich, auf Druck olivschwärzlich, mit dunkleren, schuppenartigen Flecken, Rand mehr gelblich, Huthaut schmierig; Lamellen jung gelbgrünlich, dann gelblich-rostbraun; Stiel chromgelb bis gelbgrün, Basis mit gerandeter Knolle, Cortina gelblich; Fleisch gelb; Geruch (nach der Literatur) oft wie frisch gebackenes Brot, oder fehlend; Sp. mandel- bis zitronenförmig, warzig, 8–10 × 5–6 μ. **Vorkommen**: VIII–X; im Laubwald, unter Rotbuchen, auf kalkhaltigen Böden; relativ selten, auch im Flachland vorkommend. **Anmerkung**: Die Art ähnelt wegen ihrer grüngelben Hutfarbe dem bekannten Grünling (S. 74).

Dottergelber Klumpfuß

Cortinarius vitellinus M. M. Moser
Syn.: *C. splendens* var. *meinhardii*

Merkmale: Hut 4–8 cm breit, lebhaft schwefel- bis chromgelb, Hutmitte dunkel rotbraun bis fuchsbraun, Scheitel mit anliegenden, feinen Schüppchen, Huthaut schmierig; Lamellen chromgelb, dann rostgelb; Stiel chromgelb, Basis mit abgesetzt-gerandeter Knolle, mit gelber Cortina; Fleisch einheitlich zitronen- bis schwefelgelb, mit KOH dunkel rotbraun; Geruch etwas streng; Sp. mandel- bis zitronenförmig, warzig, 10–11,5 × 5–6 μ. **Vorkommen**: IX–X; im Nadelwald, unter Fichten, besonders auf Kalkböden; zerstreut ab Mittelgebirgslagen. **Anmerkung**: Täuschend ähnlich ist der giftige, im Laubwald wachsende Schöngelbe Klumpfuß *(C. splendens)*. Offensichtlich gleichen sich aber die Inhaltsstoffe nicht völlig (Fleisch bei diesem mit KOH olivbraun). Schwere Vergiftungen durch den Dottergelben Klumpfuß sind bisher nicht dokumentiert. Giftverdacht besteht aber. **Verwechslung**: Strohgelber Klumpfuß (S. 262).

Strohgelber Klumpfuß

RL 3

Cortinarius elegantior Fr.

Merkmale: Hut 5–15 cm breit, stroh-, chrom- oder goldgelb, bräunlich eingewachsen-faserig, Huthaut schmierig; Lamellen strohgelblich, reif rostbräunlich; Stiel zitronengelb, Knolle gerandet, Cortina gelblich; Fleisch blaß gelblich, im Kern weißlich, mit KOH fleischrosa; Sp. zitronenförmig, grobwarzig, 12,5–17 × 7,5–9 µ. **Vorkommen**: IX–X; im Laub- und Nadelwald, auf Kalkboden; lokal nicht selten. **Anmerkung**: Auf blaßgelbes Fleisch achten (!). Arten mit leuchtend gelber Fleischfarbe können giftig sein. **Verwechslung**: Dottergelber Klumpfuß (giftverdächtig, S. 260), Schöngelber Klumpfuß (*C. splendens*, giftig).

Untergattung **Sericeocybe** – Dickfüße

Frkp. meist kompakt; Hüte trocken, höchstens jung schwach klebrig, bisweilen glimmerig oder seidig, selten schuppig, nicht hygrophan; Lamellen mit oder ohne Violett; Stiele zylindrisch bis keulig, nie mit gerandeter Knolle, trocken.

Lila Dickfuß

Cortinarius traganus (Fr.: Fr.) Fr.

Merkmale: Hut 4–10 cm breit, jung lila bis violett, alt graugelblich ausblassend, sehr dickfleischig, Huthaut mit seidigem Glanz; Lamellen erst blaß ocker, dann rostbraun; Stiel wie der Hut gefärbt, jung mit üppigem blaß lila Velum, Form keulig-knollig; Fleisch safranfarben (anderer Name: Safranfleischiger Dickfuß); Geruch unangenehm stechend nach Acetylen, seltener fruchtig (var. *odoratus*, *finitimus*); Sp. mandelförmig, warzig, 8–10 × 5–6 µ. **Vorkommen**: VIII–XI; im sauren Fichtenwald; lokal (ab Mittelgebirgslage) häufig. **Verwechslung**: Bocks-Dickfuß (unten).

Giftig; erzeugt nach 1/2–3 Stunden Übelkeit und Erbrechen.

Bocks-Dickfuß

Cortinarius camphoratus (Fr.) Fr.

Merkmale: Hut 4–8 cm breit, blaß bis kräftig lila oder violett, alt am Scheitel ockerbräunlich, doch kaum ganz entfärbend; Lamellen jung violett, reif rostbraun, mit bleibendem lila Reflex; Stiel lila, vom gleichfarbigen Velum filzig bis genattert, Form meist zylindrisch; Fleisch violett, ausblassend; Geruch widerlich süßlich, an einen Ziegenbock oder faulende Kartoffeln erinnernd; Sp. mandelförmig, warzig, 8–11 × 5–6 µ. **Vorkommen**: IX–XI; im Laub- und Nadelwald, besonders auf Kalkböden; lokal relativ häufig. **Verwechslung**: Lila Dickfuß (giftig, Mitte).

Weißvioletter Dickfuß

Cortinarius alboviolaceus (Pers.: Fr.) Fr.

Merkmale: Hut 3–7 cm breit, jung sehr blaß violett, später weißlich, mit violettem Hauch, schließlich blaß ocker entfärbend, Huthaut bei feuchtem Wetter schwach klebrig, seidig-faserig, um den gebuckelten Scheitel oft radialrunzelig; Lamellen jung blaß graulila, bald zimt- bis rostbraun; Stiel wie der Hut gefärbt, meist mit einer deutlichen Cortinazone, von der Basis her wie mit einem Strumpf überzogen (oder gestiefelt), Velum weißlich-violett, Form zylindrisch bis schlank-keulig; Fleisch blaß violettlich; Sp. mandelförmig, warzig, 7,5–10 × 4,5–6 µ. **Vorkommen**: VIII–X; im Laub- und Mischwald, unter Eichen, Rotbuchen, Birken, ohne besondere Bodenansprüche; relativ häufig. **Verwechslung**: Violettgrauer Dickfuß (Mitte), mit rundlichen Sporen: Braunvioletter Dickfuß (unten).

Violettgrauer Dickfuß

Cortinarius violaceocinereus (Pers.: Fr.) Fr.

Merkmale: Hut 3–6(8) cm breit, jung violettlich, bald graubeige bis grauocker entfärbend, Mitte mit breitem Buckel; Lamellen erst blauviolett, dann rostbraun; Stiel violett, bald ockerbräunlich entfärbend, schlank-zylindrisch, mit abgerundet-knollig verdickter Basis, längsfaserig, im unteren Teil von weißlichem Velum schwach überfasert; Fleisch im Stiel blaß violettlich, bald entfärbend; Geruch schwach rettichartig; Sp. elliptisch-mandelförmig, warzig, 10–13 × 7–8 µ. **Vorkommen**: IX–X; im Laub- und Nadelwald, besonders unter Fichten, gesellig wachsend; selten. **Anmerkung**: Die Art besitzt unter mehreren ähnlichen Verwandten relativ große, breite Sporen. Eine exakte Bestimmung ist daher nur mit dem Mikroskop möglich. **Verwechslung**: Braunvioletter Dickfuß (unten).

Braunvioletter Dickfuß

Cortinarius anomalus (Fr.: Fr.) Fr.

Merkmale: Hut 3–8 cm breit, violettgrau bis violettbräunlich, je älter der Pilz, desto mehr schwindet das Violett, Huthaut seidig bis glimmerig, auch schwach radialrunzelig; Lamellen jung lilaviolett, dann rostbräunlich; Stiel besonders im oberen Teil violettlich, nach unten bald ockerbräunlich, mit schwer sichtbaren, ockerfarbenen Velumzonen; Fleisch jung violettlich, alt fast weißlich; Sp. rundlich, warzig, 7,5–9 × 6–7 µ. **Vorkommen**: VIII–X; im Laub- und Nadelwald, unter Birken, Rotbuchen, Fichten, eher auf sauren Böden; relativ häufig. **Anmerkung**: Exemplare mit reiner violetten Farben an Hut und Stiel sowie violettem Velum werden als var. *azureus* bezeichnet, solche fast ohne Violett als var. *diabolicus*. Einige Autoren führen sie auch als eigenständige Arten. *C. anomalus* ist die Typusart der Sektion *Anomali*, welche sich durch rundsporige Vertreter auszeichnet.

Rostbrauner Dickfuß

Cortinarius caninus (Fr.) Fr.

Merkmale: Hut 3–9 cm breit, ocker- bis rötlichbräunlich, jung auch mit grauen Tönen, Form stets halbkugelig bis flach-konvex, Huthaut etwas gemasert, Rand lange eingerollt, Kante mit steppnahtartigen Velumresten; Lamellen jung mit lila Schein, dann rostbräunlich, breit angewachsen; Stiel weißlich bis blaß ocker, Spitze mit schwachem lila Schein, schlank zylindrisch-keulig, mit einer dünnen, schräg sitzenden, bräunlich abgesetzten Velumzone; Fleisch weißlich, nur in der Stielspitze schwach lila; Sp. rundlich, warzig, 7–9 × 6–7,5 μ. **Vorkommen**: IX–XI; im Nadelwald, vorzugsweise unter Fichten, auch auf Kalkböden; zerstreut. **Anmerkung**: Der Rostbraune Dickfuß ist mit dem formenreichen Braunvioletten Dickfuß eng verwandt und wird von einigen Autoren auch als Varietät zu diesem aufgefaßt. **Verwechslung**: Braunvioletter Dickfuß (S. 264).

Entfärbender Dickfuß

Cortinarius decoloratus (Fr.: Fr.) Fr.

Merkmale: Hut 4–8 cm breit, blaß beigefarben bis ocker, Huthaut bei feuchtem Wetter deutlich schmierig (Ausnahme in der Gruppe!), schnell abtrocknend, Oberfläche dunkler gemasert, Rand mit spärlichen Cortinaresten; Lamellen erst milchkaffeefarben, dann rostbräunlich, evtl. ganz jung mit lila Reflex, Schneide etwas ausgerandet; Stiel weißlich, zylindrisch, oft verbogen, mit gleichfarbigen bis ockerlichen Velumresten; Fleisch weißlich, in Stielspitze schwach lila; Sp. rundlich bis breit elliptisch, warzig, 7,5–9(11) × 6,5–7(8) μ. **Vorkommen**: VIII–X; im Laub- und Mischwald, unter Rot- oder Hainbuche, Birke, auch auf Kalkböden; selten. **Anmerkung**: Wegen des schmierigen Hutes könnte man die Art zuerst bei den Schleimköpfen suchen. Die Farben erinnern zugleich an einen Fälbling. **Verwechslung**: Rostbrauner Dickfuß (oben).

Ockerblättriger Dickfuß

Cortinarius ochrophyllus Fr.

Merkmale: Hut 2–5 cm breit, silbrig graubräunlich, gelbbräunlich, Form kegelig-glockig, relativ dünnfleischig, Oberfläche matt, fast seidig-faserig, Rand mit spärlichen Cortinaresten; Lamellen schon jung ockerfarben, dann rostocker, relativ entfernt stehend, mit ausgerandeter Schneide; Stiel wie der Hut gefärbt, mit schwer sichtbaren, ockergelblichen Velumzonen, relativ dünn; Fleisch schmutzig weißlich, ohne jedes Violett oder Lila; Sp. rundlich bis breitelliptisch, warzig, 6,5–8 × 5–6 μ. **Vorkommen**: IX–X; im Nadelwald, unter Fichten und bei eingestreuten Birken, auf sauren Böden, gesellig auftretend; selten. **Anmerkung**: Der schlanke Habitus dieser Art erinnert eher an den eines Gürtelfußes (U-Gatt. *Telamonia*) und erschwert die richtige Bestimmung.

Kupferschuppiger Dickfuß

Cortinarius spilomeus (Fr.: Fr.) Fr.

Merkmale: Hut 2–4 cm breit, blaß violett, ocker- bis rotbräunlich entfärbend, jung mit feinen rotbräunlichen, anliegenden Schüppchen, die aber oft fehlen, ziemlich dünnfleischig, Huthaut seidig-glimmerig; Lamellen jung violett, dann rostbräunlich, fast entfernt stehend; Stiel in der oberen Hälfte wie der Hut blaß violett, unten ockerbräunlich und mit fein verteilten rot- bis kupferbraunen Schüppchen besetzt; Fleisch nur in Stielspitze violettlich, sonst ocker bis bräunlich; Sp. rundlich bis elliptisch, feinwarzig, 6,5–8(10) × 6,5–7,5 μ. **Vorkommen**: IX–X; im Laub- und Nadelwald, unter Birke, Fichte und Kiefer; relativ selten, lokal verbreitet (Süddeutschland, Alpenländer). **Anmerkung**: Der schlanke, zierliche Habitus läßt kaum einen »Dickfuß« vermuten. An den typischen Stielschüppchen ist die Art gut erkennbar.

Schuppiger Dickfuß

RL 3

Cortinarius pholideus (Fr.: Fr.) Fr.

Merkmale: Hut 3–10 cm breit, ocker-, reh- bis zigarrenbraun, mitunter oliv, relativ dünnfleischig, mit kleinem Spitzbuckel oder konvex, Oberfläche mit feinen, abstehenden, dunkleren Schüppchen; Lamellen lange mit violettem Beiton, alt dunkel rostbraun; Stiel jung heller als der Hut, dann gleichfarbig, mit violetter Spitze, durch braunes Velum fast beringt und darunter genattert bis geschuppt; Fleisch in Stielspitze und über den Lamellen violett, sonst blaß ockerbräunlich; Sp. rundlich, warzig, 6,5–8 × 5–6 μ. **Vorkommen**: IX–XI; an feuchten Stellen unter Birken, daher oft in Mooren zwischen Torfmoosen, auf sauren Böden; zerstreut. **Anmerkung**: Die Art ist in ihrem äußeren Erscheinungsbild eine Ausnahme unter den Dickfüßen.

Weiden-Dickfuß

Cortinarius urbicus Fr. sensu J. E. Lange

Merkmale: Hut 3–6 cm breit, heller oder dunkler ton- oder lehmbräunlich, oft unregelmäßig dunkelbraun gefleckt, mit hellerem, vom Velum seidig überzogenem und gleichzeitig (besonders im Jugendstadium) zottig behangenem Rand, Mitte gebuckelt; Lamellen rostbraun, ohne violetten Ton; Stiel weißlich, im oberen Teil frisch mit lila Hauch, vom weißen Velum stark überfasert, Form schlank-zylindrisch; Fleisch in Stielspitze schwach lila, sonst schmutzig weißlich; Sp. elliptisch, warzig, 7–8,5 × 4,5–5 μ. **Vorkommen**: VII–X; außerhalb des Waldes, unter Weidengebüsch, oft mitten in der Stadt (*urbicus* = zur Stadt gehörend), in vielzähligen Büscheln; selten. **Anmerkung**: Die Art ähnelt einigen Gürtelfüßen und wurde früher als *Telamonia urbica* bezeichnet. Der Hut ist aber weder hygrophan, noch färbt sich die Huthaut mit KOH deutlich schwarzbraun, wie für die Untergattung *Telamonia* üblich. Der Standort unter Weiden ist ein gutes Bestimmungsmerkmal.

Untergattung **Leprocybe** – Rauhköpfe

Hüte oft farbenfreudig, oliv, grünlich, gelblich bis orangebraun, Huthaut trocken, filzig, faserschuppig oder glatt, meist nicht hygrophan; Lamellen ohne violette Farben; Stiele relativ schlank, trocken; Fleisch mit KOH schwarzbraun; Farbstoffe fluoreszieren in UV-Licht; einige Arten tödlich giftig, viele giftverdächtig.

Rotschuppiger Rauhkopf RL 3

Cortinarius bolaris (Pers.: Fr.) Fr.

Merkmale: Hut 2–5 cm breit, auf weißlichem Untergrund anliegend rötlich geschuppt, auf Druck gilbend; Lamellen jung blaß ockerfarben, reif kräftig zimtbraun; Stiel ebenfalls mit rötlichen Schüppchen besetzt; Fleisch weißlich, gilbend; Geschmack etwas rettichartig; Sp. rundlich bis breitelliptisch, warzig, 5,5–7,5 × 4,5–6 μ. **Vorkommen**: IX–X; im Laub- und Mischwald, besonders unter Rotbuchen, auch wenn diese im Nadelwald eingestreut sind; nicht selten. **Anmerkung**: Durch seine roten Schuppen ist dieser Pilz sehr auffällig. Alte Exemplare sind oft gänzlich rotbraun.

Löwengelber Rauhkopf RL 3

Cortinarius limonius (Fr.: Fr.) Fr.

Merkmale: Hut 2–8 cm breit, chrom- oder zitronengelb (anderer Name: Zitronengelber Rauhkopf), Scheitel mehr fuchsig, trocken ausblassend (schwach hygrophan), kahl, Rand jung mit gelblichem, vergänglichem Velum; Lamellen erst gelblich, dann rostbräunlich; Stiel bald mehr zimtbräunlich, jung mit gelblichem Velum, doch nicht genattert; Fleisch gelblich, in Stielbasis dunkler; Sp. rundlich-elliptisch, feinwarzig, 7–8 × 5,5–6,5 μ. **Vorkommen**: IX–X; im Nadelwald, moosige Böden unter Fichten; relativ selten. **Verwechslung**: Rhabarberfüßiger Rauhkopf (unten).

Giftverdächtig, wegen Verwandtschaft mit giftigen Arten.

Rhabarberfüßiger Rauhkopf

Cortinarius callisteus (Fr.: Fr.) Fr.

Merkmale: Hut 3–8(10) cm breit, orange- bis chromgelb, Huthaut mit feinen, dunkleren Schüppchen; Lamellen orangegelblich, dann rostbräunlich; Stiel gelbbräunlich, mit gelblichen Velumzonen, alt etwas rissig-faserig; Fleisch orangegelblich; Geruch auffallend, ähnlich heißem Maschinenöl (»Lokomotivengeruch«), genau wie bei vielen Düngerlingen; Sp. rundlich-elliptisch, warzig, 7–8(9) × 6–7(8) μ. **Vorkommen**: IX–X; im Nadel- und Mischwald, besonders unter Fichten; selten. **Verwechslung**: Löwengelber Rauhkopf (Mitte).

Giftverdächtig, siehe Mitte.

Goldgelber Rauhkopf

Cortinarius gentilis (Fr.: Fr.) Fr.

Merkmale: Hut 1–4 cm breit, feucht hell rotbräunlich, gelbfuchsig, äußerste Kante goldgelb abgesetzt, hygrophan, trocken goldgelb, dünnfleischig, oft mit Spitzbuckel, Huthaut am Rand feinschorfig; Lamellen orangegelblich bis rostbräunlich, entfernt stehend; Stiel zimtbräunlich, durch gelbliches Velum mehrfach gegürtelt bis genattert, dünn, zylindrisch; Fleisch gelblich; Geruch schwach rettichartig; Sp. breitelliptisch, warzig, 7,5–9 × 5,5–6,5 μ. **Vorkommen**: IX–X; im Nadelwald, unter Fichten, auf sauren, moosreichen Böden, gesellig; zerstreut. **Anmerkung**: Wegen ihrer Hygrophanität und Dünnfleischigkeit könnte die Art für einen Gürtelfuß (U-Gatt. *Telamonia*) gehalten werden.
Giftverdächtig. Es wurde fälschlich vermutet, daß der Pilz Orellanine enthält (vgl. Orangefuchsiger Rauhkopf, Mitte).

Orangefuchsiger Rauhkopf

RL 3

Cortinarius orellanus (Fr.) Fr.

Merkmale: Hut 3–8 cm breit, orangefuchsig, orangebräunlich oder dunkel rotbraun, Huthaut fein filzig-faserig, auch beinahe samtig, Mitte meist breit gebuckelt; Lamellen jung orangegelblich, dann rostbraun, dicklich und leicht entfernt stehend; Stiel gelblich, zylindrisch, mit zuspitzender Basis, kahl oder schwach längsfaserig, nur sehr jung mit gelblichen Velumspuren; Fleisch blaß gelblich; Geruch schwach rettichartig; Sp. elliptisch-mandelförmig, warzig, 9–12 × 5,5–7 μ. **Vorkommen**: VIII–X; im Laubwald, besonders unter Eichen, wärmeliebend; selten, lokal in bestimmten Jahren häufiger. **Verwechslung**: Spitzgebuckelter Rauhkopf (tödlich giftig, unten).
Tödlich giftig; enthält Orellanine, welche Nieren und Leber angreifen. Schwere Vergiftungsfälle mit einer Latenzzeit von 2–3 Tagen können tödlich verlaufen. In leichten Fällen (Latenzzeit bis zu 17 Tagen) erfolgt baldige Erholung.

Spitzgebuckelter Rauhkopf

Cortinarius rubellus Cooke
Syn.: *C. speciosissimus, C. orellanoides*

Merkmale: Hut 3–8 cm breit, orangebräunlich, rost- bis zimtorange, fuchsig, relativ dünnfleischig, Mitte spitz bis abgerundet gebuckelt, Huthaut matt, feinfilzig oder schorfig; Lamellen zimtorange bis rostbräunlich, entfernt stehend, dicklich; Stiel wie der Hut gefärbt, durch gelbliches Velum genattert, zylindrisch bis schlank-keulenförmig; Fleisch gelblich, im Stiel mehr rostbräunlich; Geruch im Schnitt schwach rettichartig; Sp. rundlich-elliptisch, warzig, 8,5–11,5 × 6,5–9 μ. **Vorkommen**: VIII–X; im Nadelwald, besonders unter Fichten, auf sauren Böden, selbst zwischen Torfmoosen, gesellig; lokal häufig. **Verwechslung**: Orangefuchsiger Rauhkopf (tödlich giftig, Mitte).
Tödlich giftig, siehe Mitte.

Braunnetziger Rauhkopf

Cortinarius melanotus Kalchbr.

Merkmale: Hut 2–5 cm breit, olivgelblich bis dunkel olivgrün, darüber mit feinen, dunkleren Schüppchen, halbkugelig bis konvex; Lamellen olivgrünlich, dann zimtoliv; Stiel gelblich, mit deutlicher Cortinazone, darunter dunkler überfasert; Fleisch gelbgrünlich; Geruch im Schnitt rettichartig; Sp. rundlich-mandelförmig, warzig, 6–8 × 4,5–5,5 µ. **Vorkommen**: IX–X; im Laub- und Mischwald, unter Rotbuche, Fichte, auch auf kalkhaltigen Böden; selten. **Verwechslung**: Grüner Rauhkopf (Mitte).

Grüner Rauhkopf

Cortinarius venetus (Fr.: Fr.) Fr. var. *montanus* M. M. Moser

Merkmale: Hut 2–6 cm breit, olivgelblich bis dunkel olivgrün, im Alter den Olivton verlierend, Huthaut einheitlich matt bis feinfilzig; Lamellen gelblicholiv, reif zimtoliv; Stiel ziemlich einheitlich olivgelblich, jung mit gelben, sehr vergänglichen Velumresten, doch weder genattert, noch mit deutlicher Cortinazone, Form schlank-zylindrisch bis keulig; Fleisch gelblich-grünlich; Geruch schwach rettichartig; Sp. rundlich, warzig, 6–8 × 5–6 µ; Lamellenschneide mit oder (meist) ohne Zystiden. **Vorkommen**: VIII–X; im montanen Fichtenwald, besonders auf Kalkböden, gesellig; lokal relativ häufig (Tirol). **Anmerkung**: Die seltenere, kräftiger gebaute var. *venetus* wächst im Buchenwald und riecht stärker nach Rettich. **Verwechslung**: Braunnetziger Rauhkopf (oben).

Untergattung **Myxacium** – Schleimfüße

Frkp. durchweg schlank; Hüte und Stiele schleimig (!); Lamellen teils mit violetten Farben; keine Giftpilze, dafür einige Arten bitter schmeckend.

Blaustiel-Schleimfuß

Cortinarius muscigenus Peck Syn.: *C. collinitus*

Merkmale: Hut 3–8 cm breit, ocker- bis rotbraun, jung auch fast olivbraun; Lamellen anfangs violettlich, dann rostbräunlich; Stiel violettlich-bläulich, unterhalb der bräunlichen Cortinazone durch den Schleim bläulich bestrumpft, später durch aufreißende Schleimschicht genattert, Basis zuspitzend; Fleisch in Stielspitze violettlich, im unteren Stielteil bräunlich; Sp. mandelförmig, warzig, 13–16 × 7–9 µ. **Vorkommen**: VIII–X; im Nadelwald, unter Fichten, auf sauren, moosreichen Böden; häufig. **Verwechslung**: Heide-Schleimfuß (S. 276).

Heide-Schleimfuß RL 3

Cortinarius mucosus (Bull.: Fr.) Fr.

Merkmale: Hut 3–8 cm breit, ocker-, gold- oder orangebraun, selbst kastanienbraun, Hutfarbe erinnert gelegentlich an gebackenes Brot (andere Namen: Brotpilz, Kastanienbrauner Schleimfuß); Lamellen jung ockerfarben, dann zimt-rostfarben; Stiel mit weißem Schleimüberzug, zylindrisch oder zuspitzend; Fleisch weißlich, im unteren Stielteil bald bräunend; Sp. schlank mandelförmig, warzig, 10–14 × 5,5–7 μ. **Vorkommen**: VIII–X; im Nadelwald, besonders im sandigen Kiefernwald bisweilen Massenpilz; lokal häufig. **Verwechslung**: Blaustiel-Schleimfuß (S. 274), Bitterster Schleimfuß (ungenießbar, S. 278).

Eßbar; wohlschmeckender, relativ leicht erkennbarer Speisepilz (auf schleimigen Hut und Stiel achten !); guter Mischpilz.

Natternstieliger Schleimfuß

Cortinarius trivialis J. E. Lange

Merkmale: Hut 3–10 cm breit, olivgelblich, ockerbräunlich, rotbraun, Randbereich aufhellend; Lamellen jung violettlich, dann ocker- bis rostbraun; Stiel gelblichocker bis rotbraun variierend, unterhalb der Cortinazone durch farblosen Schleim genattert bis mehrfach gebändert; Fleisch im Hut weißlich, Stielspitze bläulich, unterer Stielteil bald braun; Sp. mandelförmig, warzig, 10–15 × 7–8 μ. **Vorkommen**: VIII–X; im Laub- oder Mischwald, vor allem unter Rotbuchen, Birken, Zitterpappeln, auch auf Kalkböden; nicht häufig, doch relativ verbreitet. **Anmerkung**: Wegen seiner Veränderlichkeit wird die Art in diverse Varietäten aufgeteilt. **Verwechslung**: Heide-Schleimfuß (oben).

Speisewert unbekannt, da mild schmeckend vermutlich eßbar. Einige Autoren plädieren auf »ungenießbar«.

Nordischer Schleimfuß

Cortinarius mucifluus Fr.

Merkmale: Hut 3–7 cm breit, fleisch-, rot- bis olivbräunlich, Randbereich oft heller, durchscheinend gerieft oder runzelig, Huthaut bei feuchtem Wetter sehr schleimig; Lamellen ocker- bis rostbräunlich; Stiel weiß, im unteren Teil selten auch bläulich überflogen, manchmal leicht verjüngt wurzelnd; Fleisch weißlich, in der Spitze jung bisweilen bläulich; Sp. mandelförmig, warzig, 11–14(16) × 6,5–8(9) μ; Lamellenschneide mit blasigen Zystiden; alle Hyphen ohne Schnallen. **Vorkommen**: IX–X; im Nadelwald, unter Fichten oder Kiefern; sehr selten (von mir im Harz und auf Bornholm gefunden). **Anmerkung**: Die Art gehört zu einer Gruppe von Schleimfüßen (Sektion *Defibulati*), deren Hyphen im Fruchtkörper stets schnallenlos sind. Die meisten Schleimfüße und die überwiegende Zahl der Lamellenpilzgattungen überhaupt besitzen Schnallen. **Verwechslung**: Heide-Schleimfuß (oben).

Speisewert unbekannt, vermutlich eßbar.

Grauwerdender Schleimfuß

Cortinarius epipoleus Fr. Syn.: *C. salor* var. *transiens*

Merkmale: Hut 2–5 cm breit, jung blaß violettlich, bald gänzlich grauweißlich ausblassend; Lamellen ohne Violett, blaß tonfarben bis rostbräunlich; Stiel weißlich, eventuell mit schwachem lila Reflex; Fleisch weißlich, gegen die Stielbasis safranfarben; Geschmack mild, in Huthaut bitterlich (!); Sp. rundlich, warzig, 7,5–9,5 × 6,5–8 μ. **Vorkommen**: IX–X; im Nadelwald, unter Fichten, auf sauren, moosigen Böden; relativ selten. **Verwechslung**: Größer, Hut bleibend violettblau: Blauer Schleimfuß (Mitte llinks).

Blauer Schleimfuß

Cortinarius salor Fr. (Foto Mitte links)

Merkmale: Hut 3–10 cm breit, kräftig violettblau, lange so bleibend, dann ausblassend; Lamellen jung violett, dann rostbräunlich; Stiel weiß, nur jung schwach bläulich angehaucht, mit kräftiger Cortinazone; Fleisch weißlich, in Stielspitze zart bläulich; Geschmack in Huthaut nicht bitterlich (vgl. *C. epipoleus*); Sp. rundlich, warzig, 7–9 × 6–8 μ. **Vorkommen**: VIII–XI; im Laub- und Mischwald, unter Rotbuchen, Fichten, auch auf Kalkböden; relativ selten. **Verwechslung**: Grauwerdender Schleimfuß (oben).

Blaublättriger Schleimfuß

Cortinarius delibutus Fr. (Foto Mitte rechts)

Merkmale: Hut 3–6(8) cm breit, zitronengelb bis ocker, auch mit grünlichem Stich; Lamellen jung deutlich violettlich, reif zimtbräunlich; Stiel weißlich, an der Spitze schwach violettlich, unterhalb der Cortinazone mit oft undeutlichen, ockergelblichen Velumzonen; Fleisch weißlich, in der Stielspitze violettlich; Geruch verletzt rettichartig; Geschmack der Huthaut manchmal bitterlich; Sp. rundlich, fein punktiert bis warzig, 8–9,5 × 6–7 μ. **Vorkommen**: VIII–X; im Laub- und Nadelwald, gern in Feuchtgebieten unter Birken; relativ häufig. **Verwechslung**: Bitterster Schleimfuß (unten).

Bitterster Schleimfuß

Cortinarius vibratilis (Fr.: Fr.) Fr. (Foto unten)

Merkmale: Hut 2–5 cm breit, lebhaft gelb oder ocker- bis semmelbräunlich; Lamellen blaß ocker- bis tonbräunlich; Stiel weiß, keulig bis spindelförmig, oft ziemlich kurz; Fleisch weiß bis blaß gelblich; Geschmack sehr bitter, nach längerem Kauen auch schärflich; Sp. elliptisch, feinwarzig, 7–9 × 4–5 μ. **Vorkommen**: IX–X; im Laub- und Nadelwald, meist unter Fichten oder Kiefern; nicht selten, weit verbreitet. **Verwechslung**: Heide-Schleimfuß (S. 276), Blaublättriger Schleimfuß (Mitte rechts).

Untergattung **Telamonia** – Gürtelfüße, Wasserköpfe

Frkp. kompakt bis zart; Hüte wenig farbenfreudig, trocken, oft hygrophan (Wasserköpfe); Huthaut und Fleisch mit KOH schwarzbraun; Stiele trocken, vom Velum gegürtelt (Gürtelfüße) oder kahl; nicht hygrophane Arten von den Dickfüßen *(Sericeocybe)* schwer unterscheidbar.

Geschmückter Gürtelfuß

Cortinarius armillatus (Fr.: Fr.) Fr.

Merkmale: Hut 5–12 cm breit, ziegelrötlich, fuchsrötlich oder rostbräunlich, nicht hygrophan, Huthaut filzig-faserig; Lamellen jung hellocker, dann zimtbraun; Stiel etwas heller als der Hut, durch das Velum auffallend rot gebändert, meist schlank-keulenförmig; Fleisch jung weißlich, bald blaß holzbräunlich werdend; Sp. elliptisch-mandelförmig, warzig, 10–13,5 × 5,5–7 µ. **Vorkommen**: VII–X; unter Birken, im Laub- und Nadelwald; relativ häufig. **Anmerkung**: Selten treten Exemplare mit gelb gebändertem Stiel auf (var. *luteoornatus*).

Zimtroter Gürtelfuß

Cortinarius laniger Fr.

Merkmale: Hut 4–10 cm breit, hell zimtbräunlich, dabei vom Velum zart seidig überschleiert, am Rande oft steppnahtartig abgesäumt, Huthaut matt bis feinschorfig, nicht hygrophan; Lamellen zimtbräunlich; Stiel auf blaß zimtbräunlichem Grunde vom Velum weißlich überzogen, Spitze jung mit oder ohne violettem Hauch, keulenförmig; Fleisch blaß zimtbräunlich; Sp. elliptisch, warzig, 9–11 × 6–7 µ. **Vorkommen**: IX–X; im Nadel- und Laubwald, unter Fichten oder Rotbuchen auf Kalkböden; selten. **Verwechslung**: Wohlriechender Gürtelfuß (unten), vgl. auch Untergattung *Sericeocybe*, S. 262.

Wohlriechender Gürtelfuß

Cortinarius torvus (Fr.: Fr.) Fr.

Merkmale: Hut 4–10 cm breit, jung lilabraun, dann schnell ton- bis beigebräunlich, oft dunkler marmoriert, Huthaut matt, jung auch weißseidig, Rand vom Velum steppnahtartig gesäumt; Lamellen rostbraun, jung mit lila Ton, entfernt stehend; Stiel wie der Hut gefärbt, durch weißlich-ockerfarbenes Velum bestiefelt, oft mit häutiger Ringzone; Fleisch schmutzig weißlich, in Stielspitze blaß lila; Geruch auffallend süßlich, wie getrocknete Pflaumen oder gärige Birnen, doch auch geruchlos; Sp. mandelförmig, warzig, 9–11 × 6–7 µ. **Vorkommen**: VIII–X; im Laub-, seltener Nadelwald, besonders unter Rotbuchen; zerstreut bis ortshäufig. **Verwechslung**: Zimtroter Gürtelfuß (Mitte).

Rettich-Gürtelfuß

Cortinarius evernius (Fr.: Fr.) Fr.

Merkmale: Hut 3–7(10) cm breit, hygrophan, feucht umbra-, rot- oder kastanienbraun, jung mit lila Reflex, beigefarben bis ockerrötlich ausblassend, Rand anfangs typisch eingeknickt, vom Velum weißlich gesäumt; Lamellen nur jung violett, dann dunkel zimtbraun, breit und dicklich; Stiel blaß violett, durch üppiges weißliches Velum genattert, Basis manchmal stärker violett, zuspitzend und leicht wurzelnd; Fleisch besonders im Stiel violett, im Hut schmutzig weißlich; Geruch unauffällig bis schwach rettichartig (im Schnitt); Sp. elliptisch-mandelförmig, warzig, 8–10 × 5–6 μ. **Vorkommen**: IX–XI; im Nadelwald, unter Fichten auf feuchten, sauren Böden, gelegentlich zwischen Torfmoosen; relativ selten. **Anmerkung**: Die Velumgürtel heben sich am besten in schräg von oben auffallendem Licht ab. Deshalb sind sie bei stehenden Pilzen am deutlichsten (siehe Foto). **Verwechslung**: Geruch stark nach Rettich: Violetter Rettich-Gürtelfuß *(C. scutulatus)*.

Dunkelbrauner Gürtelfuß

Cortinarius brunneus (Pers.: Fr.) Fr.

Merkmale: Hut 3–8 cm breit, dunkel hasel- oder graubraun, alt auch schwarzbraun, etwas hygrophan, bei trockenem Wetter ausblassend, Rand durch grauweißliches Velum schwach gesäumt; Lamellen purpur- bis dunkel zimtbraun, dicklich, entfernt stehend, am Grunde oft queraderig verbunden; Stiel dunkelbraun wie der Hut, mit einer deutlichen, ringförmigen Velumzone, unterhalb dieser genattert oder kahl, Form schlank-zylindrisch bis dick-keulig; Fleisch bräunlich; Geruch erdig; Geschmack rettichartig; Sp. elliptisch, feinwarzig, 8–11(13) × 5,5–7,5(8) μ. **Vorkommen**: VIII–X; im Nadelwald, auf sauren, moosigen Böden unter Fichten, ab Mittelgebirgslage, sehr gesellig; lokal häufig. **Anmerkung**: Die Art ist in Form und Größe erstaunlich veränderlich. Sie kann daher mit mehreren dunkelbraunen, schwärzenden Schleierlingen verwechselt werden.

Breitblättriger Wasserkopf

Cortinarius crassifolius (Velen.) Kühner & Romagn.

Merkmale: Hut 3–8 cm breit, rehbraun, hygrophan, je nach Wetterlage einfarbig oder vom Rande her beigefarben aufhellend, schließlich gänzlich entfärbend, Huthaut fein filzig-faserig; Lamellen zimtbraun, leicht entfernt stehend, dicklich; Stiel bräunlich, von der Basis her vom blasseren Velum strumpfartig überzogen oder nur mit einer Velumzone; Fleisch blaß bräunlich, im Alter und beim Trocknen (wie auch Hut und Lamellen) schwärzend; Sp. elliptisch-mandelförmig, grobwarzig, 10–12 × 6–7 μ. **Vorkommen**: IX–X; im Nadelwald, unter Fichten, auf sauren Böden, ab Mittelgebirgslage; selten. **Verwechslung**: Schwärzender Wasserkopf *(C. rubricosus)*.

Bekränzter Gürtelfuß

Cortinarius stemmatus Fr.

Merkmale: Hut 1–4 cm breit, dunkel rotbraun, umbrabraun, hygrophan, beim Trocknen deutlich ausblassend, Mitte schwach gebuckelt, Randbereich feinschorfig, äußerste Kante durch weißliche Velumreste umkränzt (Name); Lamellen zimtbraun, auch jung ohne Violett; Stiel rost- bis haselbraun, durch weißes, üppiges Velum mehrfach gegürtelt bis genattert, Form schlank-zylindrisch; Fleisch bräunlich; Sp. elliptisch, warzig, 7–9 × 5–6 μ. **Vorkommen**: IX–X; im Nadelwald, in Gebirgslagen, unter Fichten auf sauren, feuchten Böden, gern zwischen Torfmoosen *(Sphagnum)*; selten. **Anmerkung**: Der in der Literatur gelegentlich auftretende Name »Braunbeschleierter Gürtelfuß« ist unzutreffend, da die Art ein weißes Velum besitzt. Ich orientiere mich in der Namensgebung daher an der Übersetzung: »Stemma« bedeutet Kranz (»*stemmatus*« = mit einem Kranz versehen), bezogen auf das reichliche Velum des Pilzes.

Duftender Gürtelfuß

Cortinarius paleaceus (Fr. in Weinm.) Fr.

Merkmale: Hut 1–4 cm breit, hasel- bis schwarzbraun, durch dichtschuppigen Filz anfangs grauseidig, im Alter allmählich verkahlend und ausblassend, etwas hygrophan, Mitte mit Spitzbuckel; Lamellen ocker bis rostbraun, manchmal jung deutlich lila bis violett; Stiel dem Hut gleichfarbig, durch reichliches weißes Velum genattert, Form schlank-zylindrisch; Fleisch blaß holzbräunlich, in Stielspitze auch violett; Geruch auffallend nach geriebenen Pelargonienblättern (Balkongeranien); Sp. elliptisch, feinwarzig, 7–9 × 4,5–6 μ. **Vorkommen**: IX–X; im Laub- und Nadelwald, vorwiegend Fichten, besonders an feuchten, moosigen Stellen, direkt zwischen *Sphagnum* oder *Polytrichum*; relativ häufig. **Anmerkung**: Exemplare mit violetten Lamellen werden (umstritten) als *C. paleiferus* abgetrennt. Da die Farbe den einzigen Unterschied darstellt, käme nur der Rang einer »forma« in Frage. **Verwechslung**: Weißflockiger Gürtelfuß (unten).

Weißflockiger Gürtelfuß

Cortinarius hemitrichus (Pers.: Fr.) Fr.

Merkmale: Hut 1–4 cm breit, auf grau- bis haselbraunem Grund mit dichtstehenden weißlichen Haarschüppchen, im Alter verkahlend, hygrophan, trocken ausblassend, Form halbkugelig bis kegelig-glockig; Lamellen rostbraun, nie violett; Stiel haselbraun, durch weißliches Velum gegürtelt und genattert, Form schlank, zylindrisch; Fleisch holzbräunlich; Sp. elliptisch, feinwarzig, 8–10 × 4,5–5 μ. **Vorkommen**: IX–XI; unter Birken in Laub- und Mischwäldern, Parkanlagen und Gärten; relativ häufig. **Anmerkung**: Die Art sieht dem Duftenden Gürtelfuß täuschend ähnlich, ist aber immer geruchlos. **Verwechslung**: Duftender Gürtelfuß (Mitte).

Untergattung **Dermocybe** – Hautköpfe

Hüte relativ dünnfleischig, gelb, oliv, orange bis blutrot, Huthaut trocken, nicht hygrophan; Lamellen auffallend lebhaft gefärbt (Anthrachinone – zum Färben von Textilien geeignet), oliv, gelb, safran-orange, blut- oder karminrot; Stiele trocken, teils mit farbigem Velum; einige Arten schwach giftig.

Blutblättriger Hautkopf

Cortinarius semisanguineus (Fr.) Gillet

Merkmale: Hut 2–5 cm breit, zimt- bis olivgelblich, zimtbräunlich, Huthaut kahl, filzig-schorfig oder feinschuppig; Lamellen zinnober- bis blutrot; Stiel chromgelb, Basis manchmal schwach rötlich überfasert; Fleisch gelblich; Geruch und Geschmack rettichartig; Sp. elliptisch, feinwarzig, 6,5–8 × 4,5–5 µ. **Vorkommen**: VIII–X; im Nadelwald, unter Fichten und Kiefern; häufig. **Anmerkung**: Einer der häufigsten Hautköpfe. **Verwechslung**: Rotgenatterter Hautkopf (Mitte), Zimt-Hautkopf (S. 288).

Rotgenatterter Hautkopf

Cortinarius phoeniceus (Bull.) Maire

Merkmale: Hut 2–7 cm breit, zimtorange, fuchsig oder lebhaft rotbraun, jung mit feinen rötlichen Velumfasern überzogen, Huthaut feinfilzig bis eingewachsen-faserig; Lamellen dunkel blutrot; Stiel auf gelbem bis zimtbräunlichem Grund durch das Velum lebhaft rot überfasert bis genattert; Fleisch bräunlich, in Stielrinde gelblich; Geruch schwach rettichartig; Geschmack bitterlich; Sp. elliptisch, feinwarzig, 6,5–9 × 4–4,5(5) µ. **Vorkommen**: VIII–X; im Nadel- und Laubwald, unter Kiefer, Fichte, Rotbuche; zerstreut. **Verwechslung**: Blutblättriger Hautkopf (oben).

Blutroter Hautkopf

Cortinarius sanguineus (Wulfen: Fr.) Fr.

Merkmale: Hut 2–5 cm breit, dunkel blutrot bis braunrot, im Alter oft nur orangebräunlich, Huthaut filzig-faserig, jung am Rande mit blutroten Velumfasern; Lamellen zinnober- bis dunkel blutrot; Stiel dem Hut gleichfarbig, an der Basis oft mit orangenem Filz, längsfaserig; Fleisch blutrot, in Stielbasis mehr orange; Geruch leicht rettichartig; Geschmack bisweilen bitterlich; Sp. elliptisch, feinwarzig, 6,5–8 × 4,5–5 µ. **Vorkommen**: VIII–X; im Nadelwald, unter Fichten auf feuchten Böden, gerne zwischen Torfmoosen; lokal häufig.

Schwach giftig; erzeugt Verdauungsstörungen, vermutlich durch die Anthrachinone Dermocybin und Dermorubin.

Zimt-Hautkopf

Cortinarius cinnamomeus (L.: Fr.) Fr.

Merkmale: Hut 1–4 cm breit, oliv-, hasel- oder rötlichbraun, in der Farbe ziemlich veränderlich, Form konvex bis breit gebuckelt, Huthaut feinfilzig bis feinschuppig; Lamellen jung mit deutlichem Orangeton (auch an Morgenröte erinnernd), dann zimtorange, längere Zeit so bleibend; Stiel stroh-, oliv- bis goldgelb, durch gelbliche, wenig auffallende Cortina überfasert; Fleisch gelblich; Geruch schwach rettichartig; Geschmack bisweilen bitterlich; Sp. elliptisch, feinwarzig, 7–8,5(9,5) × 4–5,5 µ. **Vorkommen**: VIII–X; im Nadel-, seltener Laubwald, vorwiegend unter Fichten, auf sauren Böden; häufig. **Anmerkung**: Die Arten in dieser Gruppe sind schwer zu bestimmen. Typisch ist der Orangeton auf den Lamellen. **Verwechslung**: Gelbblättriger Hautkopf (Mitte).

Schwach giftig; erzeugt vorübergehende Verdauungsstörungen. Die Giftstoffe und ihre Wirkung sind noch nicht vollständig untersucht.

Gelbblättriger Hautkopf

Cortinarius croceus Schaeff.: Fr.
Syn.: *Dermocybe cinnamomeolutea*

Merkmale: Hut 1–3(5) cm breit, gelb-, zimt- bis kupferbräunlich, flach-konvex bis gebuckelt, Huthaut filzig bis feinschuppig, bisweilen etwas punktiert-kerbrandig; Lamellen jung zitronengelb, auch mit wärmerem Gelbton, dann rostgelblich; Stiel gelb bis gelblich, von gleichfarbigem Velum überfasert, gegen die Basis oft bräunlich; Fleisch zitronengelb, im Stiel feucht auch grünlich-gelblich; Geruch rettich- bis jodoformartig oder fehlend; Sp. elliptisch, feinwarzig, 7–9 × 4,5–5 µ. **Vorkommen**: IX–XI; im Nadel- und Mischwald, unter Kiefern oder Fichten; relativ häufig. **Verwechslung**: Zimt-Hautkopf (oben).

Torfmoos-Hautkopf

RL 2

Cortinarius sphagneti P. D. Orton
Syn.: *Dermocybe palustris* var. *sphagneti*

Merkmale: Hut 1–6 cm breit, gelb- bis zimtbräunlich, olivbraun, Mitte mit angedeutetem Buckel, Huthaut feinfilzig-schuppig; Lamellen olivgelblich, gelblicher Ton vorherrschend; Stiel dem Hut farblich angepaßt, gelblich bis zimtbräunlich, durch blaß olivgelbliches Velum überfasert, oft standortbedingt sehr langstielig; Fleisch gelbgrünlich bis bräunlich; Sp. elliptisch, feinwarzig, 8–11(12) × 4,5–6 µ. **Vorkommen**: IX–XI; im Nadelwald, besonders unter Fichten, an feuchten Stellen und in Mooren zwischen Torfmoos *(Sphagnum)*; zerstreut, lokal häufiger. **Anmerkung**: Der seltenere Sumpf-Hautkopf *(C. palustris)* ist nahe verwandt, unterscheidet sich aber durch mehr grünliche Lamellen und kleinere Sporen.

Gattung **Hebeloma** – Fälblinge
Fam. Cortinariaceae

Frkp. mit falben, eintönigen Farben; Hüte schmierig, kahl; Lamellen reif typisch milchkaffeefarben, oft tränend; Stiele trocken, mit oder ohne Cortinareste, selten beringt; Spp. rost- bis lehmbraun; Sp. mandel- bis zitronenförmig, warzig, selten glatt, ohne Kp. (Abb. 54); Lamellenschneide mit oft arttypischen Zystiden (Abb. 55); L-Tr. regulär; Mykorrhizapilze; keine Art genießbar.

Tonblasser Fälbling

Hebeloma crustuliniforme (Bull.: Fr.) Quél.

Merkmale: Hut 3–8 cm breit, hell, Scheitel gelblich bis tonbräunlich; Lamellen jung tränend; Stiel weiß, feinflockig; Geruch rettichartig (anderer Name: Kleiner Rettich-Fälbling); Geschmack bitter; Sp. warzig, 11–12,5 × 5,5–7 μ. **Vorkommen**: IX–XI; im Laub- und Nadelwald, in Parkanlagen oder bei Straßenbäumen (Linde, Pappel); häufig. **Anmerkung**: Ein typischer Vertreter mit tränenden Lamellen. Die Tränen hinterlassen beim Eintrocknen durch die aufgenommenen gefärbten Sporen braune Pünktchen. **Verwechslung**: Rettich-Fälbling (schwach giftig).

Schwach giftig; siehe Rettich-Fälbling (S. 292).

Weißfleischiger Fälbling RL 3

Hebeloma leucosarx P. D. Orton

Merkmale: Hut 2,5–6 cm breit, gänzlich cremeweißlich oder am Scheitel blaß ockergelblich bis fleischbräunlich; Lamellen jung fast reinweiß, erst bei Reife milchkaffeefarben, schwach tränend (siehe oben), Tröpfchen wasserklar; Stiel weiß, gänzlich flockig, ziemlich schlank; Geruch rettichartig oder schwach nach Kakao; Geschmack bitter; Sp. warzig, 11–14 × 6–7,5 μ. **Vorkommen**: IX–XI; in Mischwäldern, unter eingestreuten Weiden oder Birken; lokal nicht selten. **Anmerkung**: Die nicht allgemein bekannte Art ist deutlich zierlicher als der Tonblasse Fälbling (oben).

Langstieliger Fälbling

Hebeloma longicaudum (Pers.: Fr.) P. Kumm. sensu J. E. Lange

Merkmale: Hut 3–6 cm breit, blaß tonocker bis fleischbräunlich, Randbereich oft weißlich; Lamellen jung tränend (siehe oben); Stiel weißlich oder blaß ockerlich, gänzlich feinflockig, oft recht lang (Name), da im tiefen Moos sitzend; Geruch schwach rettichartig; Geschmack leicht bitterlich, bei feuchtem Wetter auch mild; Sp. fein punktiert, 9,5–13 × 5,5–7 μ. **Vorkommen**: IX–XI; im Laub- und Nadelwald, in feuchten Wäldern und Mooren, häufig zwischen Torfmoosen; zerstreut bis ortshäufig.

Rettich-Fälbling

Hebeloma sinapizans (Paulet: Fr.) Gillet

Merkmale: Hut (3)6–12(15) cm breit, fleisch-, ocker- oder lehmbräunlich, Rand heller oder einheitlich gefärbt, stets ohne Velumreste; Lamellen jung blaß fleischocker, dann typisch milchkaffeefarben, ausgebuchtet angewachsen, Schneide ausgerandet, nicht tränend; Stiel weißlich, entweder gänzlich feinflockig oder faserig-schuppig und genattert, schon bald hohl werdend, an der Spitze mit kegelförmigem Zapfen, der vom Hutfleisch in den Stiel hineinragt (!); Geruch deutlich rettichartig; Geschmack bitter; Sp. warzig, 10–13 × 6,5–8 μ. **Vorkommen**: VIII–X; im Laub- und Nadelwald, häufig (aber nicht nur) unter Rotbuchen, auf kalk- und tonhaltigen Böden; häufig. **Anmerkung**: Der Hut des mittleren Pilzes wurde von Schnecken angefressen, denen der bittere Geschmack nichts ausmacht. **Verwechslung**: Tonblasser Fälbling (S. 290).

Schwach giftig; enthält Crustulinol, welches für vorübergehende Magen- und Darmstörungen, verbunden mit Übelkeit, verantwortlich ist.

Bräunender Fälbling

Hebeloma senescens (Batsch) Berk. & Broome
Syn.: *H. edurum*

Merkmale: Hut 4–8(12) cm breit, creme- bis beigefarben, blaß ocker oder inkarnat, Rand häufig kurz radial gekerbt; Lamellen sehr eng stehend, nicht tränend; Stiel wie der Hut gefärbt, dann von innen her bräunend bis schwärzend, kurz spindelig wurzelnd; Geruch süßlich-kakaoartig (andere Namen: Spindelfüßiger oder Großer Kakao-Fälbling); Geschmack mehr oder weniger stark bitter; Sp. warzig, 9–11(12,5) × 5,5–7 μ. **Vorkommen**: VIII–X; im Laub- und Nadelwald, vor allem unter Fichten oder Rotbuchen, nur auf Kalkböden; lokal relativ häufig. **Anmerkung**: Der appetitliche Kakaogeruch unterscheidet diese Art deutlich vom Rettich-Fälbling, der im selben Biotop vorkommt. Andere Fälblinge können ebenfalls nach Kakao riechen.

Kuhbrauner Fälbling

Hebeloma vaccinum Romagn.

Merkmale: Hut 1–4 cm breit, fleischbraun bis dunkel rotbraun, Scheitel bisweilen fast schwarzbraun; Lamellen reif fleischbräunlich, mit hellerer Schneide, nicht tränend; Stiel weißlich, gänzlich faserflockig; Geruch schwach kakaoartig, verletzt rettichartig; Geschmack bitter; Sp. deutlich warzig, 11–14(15) × 6,5–7,5(8,5) μ, in KOH mit ablösendem Epispor (kalyptrat, Abb. 6). **Vorkommen**: IX–X; in feuchten Laubwäldern, Auwäldern, unter Pappeln und Weiden; selten. **Anmerkung**: »Vaccinus« = zur Kuh gehörend, bezieht sich auf die Hutfarben des relativ kleinen Pilzes. Die Art ist vor allem durch die kalyptraten Sporen gekennzeichnet, welche bei den Fälblingen selten vorkommen.

Dunkelscheibiger Fälbling

Hebeloma mesophaeum (Pers.: Fr.) Quél.

Merkmale: Hut 2–4 cm breit, beige- bis gelbbräunlich, Mitte dunkel kastanienbraun, Rand lange eingeknickt bis eingebogen, durch blasses Velum beschleiert oder seidig überkleidet; Lamellen nicht tränend; Stiel blaß holzfarben, nach unten bald zunehmend schwarzbraun, vom Velum überfasert; Geruch rettichartig; Geschmack mehr oder weniger bitter; Sp. feinwarzig (unreif glatt), 8–10(11) × 5–6 µ. **Vorkommen**: VIII–XI; im Nadel-, selten Laubwald, in Parkanlagen und Gärten, unter Fichte, Kiefer, Zirbe, selten auch Weide, gesellig; häufig. **Anmerkung**: Typisch ist das zum Zeitpunkt des aufschirmenden Hutes deutlich erkennbare, fädige Velum. **Verwechslung**: Kohlen-Schüppling (S. 338).

Wurzelnder Fälbling

Hebeloma radicosum (Bull.: Fr.) Ricken

Merkmale: Hut 5–10(15) cm breit, grauocker bis kupferbräunlich, Rand kurz gekerbt, mit Velumresten behangen; Lamellen nicht tränend; Stiel schmutzig weißlich, lang spindelig wurzelnd, mit häutigem, aufsteigendem Ring, unterhalb zottig-faserig; Geruch auffallend nach Bittermandelöl oder Marzipan (anderer Name: Marzipan-Fälbling); Geschmack mild bis bitter; Sp. feinwarzig, 8,5–10,5 × 4,5–5,5 µ. **Vorkommen**: VII–X; im Laub- und Mischwald, besonders an Stümpfen oder Wurzeln von Rotbuchen; relativ häufig. **Anmerkung**: Durch ihren Marzipangeruch und den beringten Stiel ist die Art unverkennbar.

Gattung **Phaeocollybia** – Wurzelschnitzlinge
Fam. Cortinariaceae

Hüte feucht klebrig, etwas hygrophan, dünnfleischig; Lamellen angeheftet; Stiele trocken, immer wurzelnd; Spp. rostbraun; Sp. elliptisch bis mandelförmig, warzig, ohne Kp.; Lamellenschneide mit fädig-keuligen Zystiden; L-Tr. regulär; Saprophyten am Boden.

Gemeiner Wurzelschnitzling RL 3

Phaeocollybia lugubris (Fr.) R. Heim

Merkmale: Hut 3–8 cm breit, beige-, grau- oder rotbraun, Scheitel meist abgerundet-gebuckelt, bald mit dunkleren Flecken; Lamellen beige bis tonfarben, sehr gedrängt stehend, alt braunfleckig; Stiel heller als der Hut, im unteren Teil nachdunkelnd, alt gefleckt; Geruch und Geschmack rettichartig; Sp. mandelförmig, 7–9,5 × 4–5,5 µ. **Vorkommen**: VIII–X; im Nadelwald, unter Fichten auf sauren Böden; relativ selten, lokal verbreitet (Süddeutschland, Alpenländer). **Verwechslung**: Vgl. Spindeliger Rübling (S. 164).

Orangeroter Wurzelschnitzling RL 3

Phaeocollybia christinae (Fr.) R. Heim

Merkmale: Hut 1–3(5) cm breit, orange- bis goldbräunlich, dunkler gefleckt, Mitte mit deutlichem Spitzbuckel, Rand oft radial einreißend (an Rißpilze erinnernd); Lamellen reif rostgelblich; Stiel orange- bis rotbraun, flüchtig überfasert; Geruch deutlich nach Bittermandeln, verletzt rettichartig; Geschmack bitter; Sp. mandelförmig, 8,5–10(12) × 4,5–6 µ. **Vorkommen**: IX–X; im Nadelwald, unter Fichten, auf sauren Böden, ab Mittelgebirgslage; relativ selten. **Anmerkung**: Farbe, Form und Beschaffenheit der Huthaut erinnern an einige Saftlinge, z. B. Kegeligen (S. 136) und Safrangelben Saftling (S. 138).

Gattung **Gymnopilus** – Flämmlinge
Fam. Cortinariaceae

Hüte gelbfuchsig, trocken, kahl bis faserschuppig, z. T. fleischig; Lamellen gelblich bis rostfarben, breit angewachsen; Stiele trocken, faserig, selten beringt; Spp. gelb- bis rostbraun; Sp. apfelkernförmig, warzig, ohne Kp.; L-Tr. regulär; Saprophyten auf totem Holz; alle Arten wegen ihrer Bitterkeit ungenießbar.

Geflecktblättriger Flämmling

Gymnopilus penetrans (Fr.: Fr.) Murrill Syn.: *G. hybridus*

Merkmale: Hut 2–5 cm breit, lebhaft gelbfuchsig bis zimtbräunlich, Huthaut kahl und matt; Lamellen eng stehend, meist mit rostigen Flecken, im Alter manchmal vom Stiel ablösend; Stiel blaß gelblich, weißlich überfasert, gelegentlich mit faseriger Ringzone (anderer Name: Faserigberingter Flämmling); Geschmack bitter; Spp. gelbbräunlich; Sp. 6,5–8,5 × 4–5,5 µ. **Vorkommen**: VIII–XI; an abgestorbenem Nadel-, seltener Laubholz, vorwiegend an Stümpfen und dickeren Ästen, gesellig bis büschelig; häufig. **Verwechslung**: Tannen-Flämmling *(G. sapineus)*, vgl. auch Schwefelköpfe (S. 342).

Beringter Flämmling

Gymnopilus spectabilis (Fr.) Singer

Merkmale: Hut 5–15 cm breit, gelblich, ockerbräunlich bis fuchsig, Oberfläche eingewachsen gefasert bis anliegend geschuppt, sehr fleischig; Lamellen gedrängt, schmaler als das Hutfleisch; Stiel wie der Hut gefärbt, kompakt, mit häutigem Ring, unterhalb stark überfasert; Geruch im Schnitt rettichartig; Geschmack bitter; Spp. rostbräunlich; Sp. 7,5–10,5 × 4,5–6 µ. **Vorkommen**: VIII–X; an Laub-, selten Nadelholz, besonders an Rotbuche, einzeln bis büschelig; lokal nicht selten. **Verwechslung**: Vgl. Schüpplinge (S. 332), am Boden wachsend: Glimmerschüppling (S. 244).

Gattung **Inocybe** – Rißpilze
Fam. Cortinariaceae

Hüte meist trocken, kegelig-glockig und radial einreißend, mit oder ohne Velumreste; Lamellen angewachsen, reif schmutzig braun; Stiele trocken, kahl, bereift oder längsfaserig, mit oder ohne Cortina; Spp. tabakbraun; Sp. elliptisch und glatt oder grobhöckerig, ohne Kp. (Abb. 56, 57); Zystiden oft dickwandig und durch Kristalle beschopft (Metuloiden, Abb. 12) oder dünnwandig; L-Tr. regulär; Mykorrhizapilze; viele Giftpilze (siehe Ziegelroter Rißpilz S. 300).

Gefleckter Rißpilz

Inocybe maculata Boud.

Merkmale: Hut 3–7 cm breit, dunkel rot- bis haselbraun, Huthaut deutlich radialfaserig, jung besonders am Scheitel mit silbergrauem, schollig aufbrechendem Velumbelag; Lamellen jung mit Grauton; Stiel schwach faserflockig; Geruch spermatisch; Sp. glatt, 8–12 × 5–6,5 μ; Zystiden dünnwandig, ohne Kristalle. **Vorkommen**: VII–X; im Laubwald, unter Rotbuchen und Eichen; häufig. **Anmerkung**: Der Velumbelag kann vom Regen abgewaschen sein (!). Die Art soll nur wenig Muscarin enthalten. **Verwechslung**: Kegeliger Rißpilz (S. 300).

Strohgelber Rißpilz

Inocybe cookei Bres.

Merkmale: Hut 2–4 cm breit, stroh- bis olivgelblich, spitz-gebuckelt, am Scheitel mit blassen, vergänglichen Velumresten, Rand bisweilen weiß gesäumt; Stiel weißlich-gelblich, fast kahl, Basis mit abgerundetem Knöllchen (anderer Name: Knolliger Rißpilz); Geruch jung süßlich bis obstig, dann spermatisch; Sp. glatt, 7,5–9,5 × 4,5–5,5 μ; Zystiden dünnwandig, ohne Kristalle. **Vorkommen**: VII–X; unter Laub- und Nadelbäumen, unter Birke, Buche, Hasel oder Fichte; relativ häufig.
Eßbar, doch wegen Verwechslungsgefahr mit anderen Rißpilzen zu meiden.

Dunkelschuppiger Rißpilz

Inocybe squamata J. E. Lange

Merkmale: Hut 3–6 cm breit, Grundfarbe strohocker, darauf besonders am Scheitel mit dunkleren, anliegenden Schuppen (manchmal nur angedeutet); Lamellen gelblich bis gelbbräunlich; Stiel wie der Hut gefärbt, längsfaserig; Geruch schwach säuerlich-pilzartig, eher unbedeutend; Sp. glatt, 9–11 × 6–7 μ; Zystiden dünnwandig, ohne Kristalle. **Vorkommen**: VI–X; unter Laubbäumen, auch in Parkanlagen, an grasigen Stellen, bei Pappeln, Linden, Eichen u. a.; zerstreut bis selten.

Ziegelroter Rißpilz

Inocybe erubescens A. Blytt Syn.: *I. patouillardii*

Merkmale: Hut 3–8(12) cm breit, jung weißlich bis blaß strohfarben, an verletzten Stellen und bald auch von selbst allmählich ziegelrot anlaufend (besonders bei trockenem Wetter), schließlich rotbraun, Form kegelig-glockig bis abgerundet-geschweift, Huthaut kahl, ohne Velumspuren, Rand typisch radial einreißend; Lamellen jung fast farblos, dann schmutzig oliv- bis rostbräunlich; Stiel heller als der Hut, alt ebenfalls rötend, längsfaserig; Fleisch weiß, bald ziegelrötlich anlaufend; Geruch jung oft angenehm obstig, dann spermatisch; Sp. glatt, 10–12(14) × 6–7,5 μ; Zystiden dünnwandig, ohne Kristalle. **Vorkommen**: V–VII; in Laub- und Mischwäldern, Parkanlagen, Gärten, auch auf Wiesen, kalkliebend; relativ häufig. **Anmerkung**: Wegen der frühen Erscheinungszeit Verwechslung mit Maipilz (S. 142) möglich.

Giftig; enthält viel Muscarin; Latenzzeit 1/4–4 Stunden, dann Schweißausbrüche, Sehstörungen, Übelkeit mit Erbrechen, Magen-Darm-Koliken; in schweren Fällen auch Tod durch Kreislaufversagen.

Kegeliger Rißpilz

Inocybe rimosa (Bull.: Fr.) P. Kumm. Syn.: *I. fastigiata*

Merkmale: Hut 3–8 cm breit, blaß beigefarben, stroh-, ocker- bis umberbraun, Form spitz- bis flachkegelig oder abgerundet-gebuckelt, Scheitelbereich gelegentlich wie mit hellgrauem Reif überzogen oder völlig kahl, sehr veränderlich; Lamellen jung zart grau, dann auch mit Olivstich, schließlich braun; Stiel weißlich bis blaß bräunlich, längsfaserig, zylindrisch; Geruch spermatisch oder geruchlos; Sp. glatt, 9–13(16) × 6–8(9) μ; Zystiden dünnwandig, ohne Kristalle. **Vorkommen**: VI–X; im Laub- und Nadelwald, auch in Gärten und Parkanlagen, Wiesen; häufig. **Anmerkung**: Einer der veränderlichsten und häufigsten Rißpilze, der in diverse Formen und Varietäten unterteilt wird.

Weinroter Rißpilz

Inocybe adaequata (Britzelm.) Sacc. Syn.: *I. jurana*

Merkmale: Hut 4–8(10) cm breit, dunkelbraun mit weinrotem Einschlag, auch violettbraun oder auf hellem Grunde weinbraun überfasert, Scheitel mit anliegenden, dunklen Schuppen; Lamellen in Zwischenstadien z. T. weinrötlich; Stiel weißlich bis weinrötlich, besonders im unteren Teil; Fleisch jung weiß, besonders im Stielbereich weinrötlich anlaufend; Geruch obstartig bis schwach spermatisch; Sp. glatt, 9,5–12(14) × 5,5–7,5 μ; Zystiden dünnwandig, ohne Kristalle. **Vorkommen**: VI–IX(X); vorwiegend im Laubwald (Rotbuchen), auf kalkhaltigen Böden; lokal häufiger, sonst sehr zerstreut.

Eßbar, nach Literaturangaben wohlschmeckend; sollte jedoch nur von Kennern gesammelt werden.

Bittersüßer Rißpilz

Inocybe dulcamara (Alb. & Schwein.) P. Kumm.

Merkmale: Hut 2–4 cm breit, beigefarben, olivocker oder rötlich-bräunlich, Huthaut feinfilzig, filzig-faserig oder filzig-schuppig, an Wildleder erinnernd, Form meist flach-konvex, Rand nicht radial einreißend, wie bei den meisten Rißpilzen üblich; Lamellen olivgelblich bis zimtbräunlich; Stiel wie der Hut gefärbt oder rotbräunlich, filzig-faserig überkleidet, manchmal mit ringförmiger Cortinazone; Geruch erdig bis muffig; Sp. glatt, 8–10(11) × 4,5–6,5 μ; Zystiden dünnwandig, gegliedert, ohne Kristalle. **Vorkommen**: V–X; im Laub- und Mischwald, an Böschungen, Wegrändern, direkt auf Sandwegen, unter Eichen, Kiefern, Birken, ohne besondere Bodenansprüche; häufig. **Anmerkung**: Der filzig-faserige Hut weicht vom üblichen Erscheinungsbild eines Rißpilzes deutlich ab. Es existieren mehrere ähnlich aussehende Verwandte, die z. T. eigenständige Arten darstellen und nur mit dem Mikroskop unterscheidbar sind.

Duftender Rißpilz

Inocybe bongardii (Weinm.) Quél.

Merkmale: Hut 3–6 cm breit, auf blassem Untergrund mit rotbräunlichen, anliegenden Schuppen, alt auch gänzlich zigarrenbraun, manchmal nur am Scheitel geschuppt oder gänzlich fleisch- bis rotbräunlich und gleichfarbig faserschuppig, Rand jung mit Cortinaresten; Lamellen jung weißlich, dann ziemlich dunkel oliv- bis zimtbraun; Stiel farblich dem Hut angepaßt, von der Basis her rötlich anlaufend; Fleisch im Schnitt langsam rötend; Geruch angenehm obstartig, nach Fruchtbonbons oder Birnenblüten; Sp. glatt, (10)12–14 × 6,5–8 μ; Zystiden dünnwandig, ohne Kristalle. **Vorkommen**: VII–X; im Laub- und Nadelwald, unter Rotbuchen, Kiefern oder Fichten, auf Kalkböden; relativ selten. **Anmerkung**: Ähnlichen Geruch können Birnen-Rißpilz (unten) und Grüngebuckelter Rißpilz (S. 304) aufweisen. Beide mit dickwandigen, beschopften Zystiden. Die Art soll kein Muscarin enthalten.

Birnen-Rißpilz

Inocybe fraudans (Britzelm.) Sacc. Syn.: *I. pyriodora*

Merkmale: Hut 2–5 cm breit, hell beige bis olivocker, dunkler radial gefasert, erst stellenweise, dann gänzlich rötend, schließlich fast überall rotbräunlich, Mitte mit abgerundetem Buckel; Lamellen jung grauweißlich; Stiel weißlich, alt rötend, schwach überfasert; Fleisch weißlich, schwach rötend; Geruch süßlich-obstartig, auch nach Birnenblüten (Name) oder wie Lerchensporn, oft mit mehreren Komponenten zugleich; Sp. glatt, 7,5–11(12) × 5,5–7(8) μ; Zystiden dickwandig, durch Kristalle beschopft. **Vorkommen**: VIII–X; im Laub- und Nadelwald, unter Rotbuchen, Fichten, auf Kalkböden; lokal nicht selten. **Verwechslung**: Grüngebuckelter Rißpilz (S. 304).

Grüngebuckelter Rißpilz

Inocybe corydalina Quél.

Merkmale: Hut 3–8 cm breit, blaß graubeige bis graubräunlich, Buckel spangrün bis graugrünlich (manchmal undeutlich), Huthaut kahl oder angedrückt schuppig; Lamellen jung blaß grau, dann schmutzig erdbraun; Stiel weißlich, schwach längsstreifig, Basis oft graugrünlich bis schiefergrau; Fleisch weißlich, unter dem Hutbuckel grünlich durchgefärbt, meistens nicht rötend; Geruch süßlich, wie Birnenblüten oder nach Lerchensporn; Sp. glatt, 7–9(10) × 4,5–6 µ; Zystiden dickwandig, an Spitze mit Kristallen. **Vorkommen**: VII–X; im Laub- und Nadelwald, besonders unter Rotbuchen oder Eichen auf Kalkböden; lokal nicht selten. **Anmerkung**: Die grünlichen Farben deuten auf die Anwesenheit von Psilocybin oder Baeozystin, die zusätzlich zum Muscarin vorhanden sind. **Verwechslung**: Birnen-Rißpilz (S. 302).

Erdblättriger Rißpilz

Inocybe geophylla (Sowerby: Fr.) P. Kumm.

Merkmale: Hut 1–4 cm breit, jung reinweiß, im Alter vom Scheitel her schwach vergilbend oder bräunlich verfärbend, Mitte mit abgerundetem bis spitzem Buckel, Huthaut frisch mit typischem Seidenglanz (anderer Name: Seidiger Rißpilz), Rand in fast geschlossenem Zustand mit dem Stiel durch eine Cortina verbunden; Lamellen erst weißlich bis blaß grau, bei Reife schmutzig erdbraun; Stiel weiß, jung an der Spitze mit Cortinaresten, schwach faserflockig; Geruch spermatisch; Sp. glatt, 6,5–10,5 × 4,5–6 µ; Zystiden dickwandig, an der Spitze mit Kristallen besetzt. **Vorkommen**: V–XI; im Laub- und Nadelwald, Parkanlagen, in geselligen Gruppen auftretend; häufig. **Anmerkung**: Dieser kleinere Rißpilz ist ein typischer Vertreter seiner Gattung, obwohl sein Hut selten einreißt. Er tritt in verschiedenen Farbvarietäten auf, denen manche Autoren keine taxonomische Bedeutung beimessen. Die rötende Form (var. *lateritia*) wird heute einer anderen Art *(I. whitei)* zugeordnet. Der Erdblättrige Rißpilz enthält ziemlich viel Muscarin. Vergiftungssymptome siehe Ziegelroter Rißpilz (S. 300).

Violetter Seiden-Rißpilz

Inocybe geophylla var. *lilacea* (Peck) Gillet
Syn.: *I. geophylla* var. *violacea*

Merkmale: In Form, Größe und Oberflächenbeschaffenheit der weißen Normalform gleichend. Hut und Stiel jedoch zart lila bis kräftig violett gefärbt. Hutscheitel und Stielbasis sind bereits im Jungzustand oft ockerlich entfärbt, im Alter verblaßt das Violett beinahe völlig. Der Geruch sowie die Form und Maße der Sporen und Zystiden sind mit der Hauptvariante identisch, ebenso die Giftigkeit. Violette und weiße Pilze scheinen aber aus verschiedenen Myzelien zu entstehen, da beide Erscheinungsformen nie durcheinander wachsen.

Fliederweißer Rißpilz

RL 3

Inocybe sambucina (Fr.: Fr.) Quél.

Merkmale: Hut 3–8 cm breit, jung reinweiß, bald etwas gelblich-ocker nachdunkelnd, Form geschweift-gebuckelt, Buckel breit, abgerundet, silbrigweiß oder fast reifartig überzogen, Huthaut bei feuchter Witterung etwas schmierig, daher oft mit Sand- oder Humusteilchen verschmutzt; Lamellen weißlich, dann beige bis erdbräunlich; Stiel reinweiß, rissig-faserig, Spitze manchmal bereift; Geruch spermatisch; Sp. glatt, 7–9 × 4–5 μ; Zystiden mäßig dickwandig, nicht oder nur spärlich mit Kristallen besetzt. **Vorkommen**: VIII–X; im Laub- und Nadelwald, besonders bei Kiefern auf Sandböden, kalkmeidend; selten. **Verwechslung**: Auf Kalkböden, mit höckerigen Sporen: Eingeknickter Rißpilz (S. 314).

Bittermandel-Rißpilz

Inocybe hirtella Bres.

Merkmale: Hut 1–4,5 cm breit, strohgelblich bis ocker, am Rande fast weißlich aufhellend, Mitte schwach gebuckelt, Huthaut wenig auffallend radialfaserig, ohne erkennbare Velumreste; Lamellen jung weißlich, dann graubeige, lange blaß bleibend; Stiel blaß gelblich-ocker, auch rosa-fleischfarben überhaucht, auf ganzer Länge fein bereift (durch Zystiden), zylindrisch, Basis manchmal kleinknollig; Geruch deutlich nach Bittermandelöl; Sp. glatt, 9–11,5 × 5,5–6,5 μ; Zystiden dickwandig, durch Kristalle beschopft. **Vorkommen**: VIII–X; im Laub- und Mischwald, Kiefern-Eichen-Mischwald, an Wegen und Bachrändern unter Erle, Weide, Hasel; zerstreut. **Anmerkung**: Die Art ist durch den Bittermandelgeruch leicht erkennbar. Bei der 2-sporigen var. *bispora* sind die Sporen bis zu 14 μ lang.

Grünender Rißpilz

Inocybe aeruginascens Babos

Merkmale: Hut 2–5 cm breit, beigefarben, strohgelblich, gelbbräunlich, manchmal stellenweise grünlich, Huthaut kahl und glatt, dann radialrissig oder sogar felderig-schuppig aufbrechend, Velumreste jung als flockiger Randbehang sichtbar; Lamellen lange blaß bleibend, nicht sehr gedrängt; Stiel weißlich-gelblich, feucht immer glasig wirkend, bis auf die bereifte Spitze kahl und glatt, im unteren Teil bald grün oder blaugrünlich verfärbend (nicht immer !); Fleisch glasig-weißlich, im Stiel oft grünlich; Geruch im Alter spermatisch; Sp. glatt, 7–9(10) × 4–5 μ; Zystiden dickwandig, mit Kristallen. **Vorkommen**: V–VIII; im Laubmischwald, auch in Parkanlagen und Gärten, unter Eichen, Erlen, Pappeln, Kiefern, besonders auf Sandböden; lokal häufig (Berlin, Ungarn). **Anmerkung**: Die bis heute nicht allgemein bekannte Art wurde 1968 aus der Umgebung von Budapest beschrieben. Die charakteristische Grünfärbung des Stieles beweist den Gehalt des Halluzinogens Psilocybin.

Flockiger Rißpilz

Inocybe flocculosa (Berk.) Sacc. Syn.: *I. gausapata*

Merkmale: Hut 2–4(6) cm breit, ocker-, hasel- oder rehbraun, Randbereich etwas heller, Form meist kegelig-glockig, Huthaut erst flockig-filzig, später deutlich radialfaserig, äußerste Kante mit bald schwindenden Cortinaresten; Lamellen lange graubeige gefärbt (bei var. *crocifolia* orangegelblich); Stiel etwas heller als der Hut, nur in oberen Teil durch Zystiden bereift, sonst locker faserflockig; Geruch nur im Alter schwach spermatisch; Sp. glatt, 9–11,5 × 5,5–6,5 µ; Zystiden dickwandig, durch Kristalle beschopft. **Vorkommen**: VI–X; im Laub- und Nadelwald, unter Eichen, Birken, Fichten oder Kiefern, auf fast allen Bodenarten anzutreffen; relaltiv häufig, weit verbreitet. **Anmerkung**: Die durch ihren dunkelbraunen, flockig-schuppigen Hut gekennzeichnete Art ist sehr veränderlich.

Struppiger Rißpilz

Inocybe lacera (Fr.: Fr.) P. Kumm.

Merkmale: Hut 1–3,5(5) cm breit, wildlederfarben, ocker- bis haselbraun, Huthaut filzig-faserig bis flockig-schuppig, oft mit wirr verflochtenen bis aufgerichteten Schupppen (anderer Name: Gemeiner Wirrkopf), Rand lange mit Cortinaresten behaftet; Lamellen bald schmutzig graubräunlich, kaum gedrängt stehend, mit hellerer Schneide; Stiel wie der Hut gefärbt und wollig-faserig bis flockig; Fleisch im Stielbereich bräunlich; Geruch spermatisch; Sp. glatt, oft stark verlängert, 10–14(16) × 4–6(7) µ (Abb. 58); Zystiden meist mit gleichmäßig dünner Wandung, an der Spitze mit Kristallen besetzt (Abb. 59). **Vorkommen**: V–XI; im Nadel- und Mischwald, vor allem auf Sandböden, var. *helobia* auch auf feuchten Moorböden; häufig. **Verwechslung**: Bittersüßer Rißpilz (S. 302), Dünen-Rißpilz (unten).

Dünen-Rißpilz

RL 2

Inocybe impexa (Lasch) Kuyper Syn.: *I. maritima*

Merkmale: Hut 1,5–3 cm breit, beige- bis haselbraun, Form konvex, mit angedeutetem Buckel, Huthaut filzig-faserig, an Rand und Scheitel mit weißlichen, faserigen, vergänglichen Velumresten überzogen; Lamellen schon jung bräunlich, etwas gedrängt stehend, relativ breit; Stiel dem Hut etwa gleichfarbig, faserig-wollig bis flockig-faserig bekleidet; Fleisch besonders im Stiel bräunlich; Geruch unbedeutend, nicht spermatisch; Sp. glatt, 8,5–13(15) × 5,5–7 µ; Basidien 1- bis 4-sporig; Zystiden dickwandig, durch Kristalle beschopft. **Vorkommen**: VIII–X; an moosigen Feuchtstellen in Dünenlandschaften, bei Kiefern und Weiden; selten. **Anmerkung**: Die wenig bekannte Art ist ein typischer Vertreter sandiger Meeresküsten Skandinaviens. Die abgebildeten Exemplare stammen von Bornholm und wuchsen in kurzer Entfernung vom Strand. **Verwechslung**: Struppiger Rißpilz (Mitte).

Lilaspitziger Rißpilz

Inocybe cincinnata (Fr.: Fr.) Quél. Syn.: *I. phaeocomis*

Merkmale: Hut 0,8–2(2,5) cm breit, karton- bis haselbraun, jung mit lilaviolettem Stich, der schnell vergeht, Oberfläche locker mit sparrigen Schüppchen besetzt; Lamellen erst blaß violett, dann schmutzig braun; Stiel wie der Hut gefärbt, an der Spitze mit vergänglichem Lila bis Violett, abwärts faserig-schuppig; Fleisch im oberen Stielteil lilaviolett; Geruch spermatisch; Sp. glatt, länglich, 8,5–11(12) × 4,5–6 μ; Zystiden schlank, dickwandig, beschopft, teilweise mit gelblichem Inhalt. **Vorkommen**: VII–X; im Laub- und Nadelwald, in Parkanlagen und Gärten, ohne besondere Bodenansprüche; zerstreut. **Anmerkung**: Der violette Farbton ist sehr vergänglich und manchmal nur noch zu erahnen. Kräftigere Exemplare werden als var. *major* abgetrennt.

Wolliger Rißpilz

Inocybe lanuginosa (Bull.: Fr.) P. Kumm.

Merkmale: Hut 2–5 cm breit, beigebraun oder dunkel hasel- bis rotbraun, Huthaut grobfilzig oder mit kleinen, teils aufgerichteten Schüppchen besetzt, am Rande etwas überstehend, jung mit Cortinaresten; Lamellen erst weißlichbeige, dann zimtbraun; Stiel wie der Hut gefärbt, im unteren Teil nachdunkelnd, gänzlich faserschuppig; Fleisch nur im Hut schmutzig weißlich, im Stiel zunehmend bräunlich; Geruch etwas modrig oder geruchlos; Sp. ausgeprägt höckerig, 7–11(12) × 5,5–7(8) μ; Zystiden dünnwandig, schlank, spärlich mit Kristallen besetzt oder ohne solche. **Vorkommen**: (VI)VIII–X; im Laub- und Nadelwald, besonders unter Fichten und Kiefern, auf sauren, torfigen Böden; zerstreut. **Anmerkung**: Ein typischer Vertreter mit höckerigen Sporen. Lange unterschied man Glattsporer (U-Gatt. *Inocybium*) und Höckersporer (U-Gatt. *Inocybe*). Da es Übergänge in den Sporenformen zu geben scheint, wurde die Einteilung fallengelassen.

Kurzsporiger Rißpilz

Inocybe soluta Velen. Syn.: *I. brevispora*

Merkmale: Hut 2–4 cm breit, dunkel haselbraun, im Alter auch stellenweise schwärzend, Form flach kegelig-glockig, mit eingeknicktem Rand, Oberfläche radialfaserig, gegen den Rand etwas faserig auflösend, mit spärlichen Velumresten; Lamellen reif fast zigarrenbraun, mit gekerbter Schneide; Stiel dem Hut gleichfarbig, im unteren Teil alt schwärzend, längsfaserig; Fleisch im Hut schmutzig weißlich, im Stiel bald schwarzbraun; Geruch schwach spermatisch; Sp. mit wenigen Höckern versehen, oft viereckig, 7–8 × 4,5–6 μ (Abb. 60); Zystiden dünnwandig, schlank, spärlich mit Kristallen besetzt. **Vorkommen**: VIII–X; im Nadelwald, unter Fichten auf sauren, moosigen Böden; selten. **Verwechslung**: Sporen größer: Trapezsporiger Rißpilz *(I. subcarpta)*.

Rötlichfuchsiger Rißpilz

RL 3

Inocybe bresadolae Massee

Merkmale: Hut 3–6 cm breit, auf blassem Untergrund fuchsrötlich oder rötlichocker überfasert oder anliegend beschuppt, ohne Velumreste, Form kegelig-glockig, mit meist abgerundetem Buckel; Lamellen jung cremeweißlich, reif relativ blaß bräunlich; Stiel weißlich bis gelblichrosa, kahl, dafür auf der gesamten Länge fein bereift (durch Zystiden, Lupe), Basis oft mit kleinem Knöllchen; Fleisch weißlichrosa, beim Trocknen schwach rötend; Geruch erst schwach süßlich-obstartig, dann spermatisch; Sp. höckerig, 7–9 × 4,5–6 µ; Zystiden dickwandig, durch Kristalle beschopft. **Vorkommen**: VII–IX; im Laub-, seltener Nadelwald, meist unter Eichen oder Rotbuchen, auch auf Kalkböden; selten, lokal häufiger.

Nadelwald-Rißpilz

Inocybe piceae Stangl & Schwöbel

Merkmale: Hut 2–6 cm breit, dunkel rotbraun, kastanienbraun, am meist spitzbuckligem Scheitel schwach grauseidig überzogen, gegen den Rand durch aufbrechende Huthaut typisch radialstreifig, Oberfläche feucht etwas klebrig; Lamellen lange grauweißlich; Stiel schmutzig weißlich bis blaß rosagelblich, auf ganzer Länge durch Zystiden bereift, Basis oft mit kleiner, schiefsitzender, abgesetzter Knolle; Fleisch im Hut weißlich, im Stiel schwach rötlich; Geruch etwas säuerlich, nicht spermatisch; Sp. mit relativ wenigen, groben Höckern, (8)10–13 × 5,5–7(8) µ; Zystiden dickwandig, mit Kristallen besetzt. **Vorkommen**: VI–X; im Nadel- und Mischwald, vor allem unter Fichten oder Kiefern, auch auf kalkhaltigen Böden; nicht selten. **Anmerkung**: Diese Art wurde früher mit *I. oblectabilis* vermengt, unterscheidet sich aber durch rotbraune Hutfarben und größere, grobhöckerige Sporen.

Gerandetknolliger Rißpilz

Inocybe mixtilis Britzelm.

Merkmale: Hut 2–4 cm breit, stroh-, ocker- oder beigebräunlich, Mitte meist mit Spitzbuckel, Huthaut feucht etwas klebrig; Lamellen lange weißlichgrau bis graubeige; Stiel hyalin-weißlich bis blaß strohgelblich, kahl, auf ganzer Länge bereift, Basis mit gerandetem, rundlichem Knöllchen; Fleisch schmutzig weißlich; Geruch schwach spermatisch; Sp. höckerig, 7–9(10) × 5–6 µ; Zystiden dickwandig, durch Kristalle beschopft. **Vorkommen**: VII–X; im Nadel- und Laubwald, unter Fichten, Kiefern, Eichen, auf Sand- und Lehmböden, auch auf kalkhaltigen Böden; zerstreut. **Anmerkung**: Auf die gerandete Stielknolle ist als wichtiges Merkmal zu achten. Beim Rübenstieligen Rißpilz *(I. napipes)* ist die Stielknolle zwar sehr ausgeprägt, doch nicht durch ein Rändchen abgesetzt. **Verwechslung**: Mit größeren Sporen: Zapfensporiger Rißpilz *(I. praetervisa)*.

Eingeknickter Rißpilz

Inocybe fibrosa (Sowerby) Gillet

Merkmale: Hut 4–8(12) cm breit, weiß bis elfenbeinfarben, bald gelblichocker umfärbend, Mitte mit meist breitem Buckel, Hutrand oft eingeknickt (Name), Huthaut kahl und glatt, bei feuchtem Wetter schwach schmierig; Lamellen lange grauweißlich, etwas entfernt stehend; Stiel weißlich, im Alter strohgelblich verfärbend, zylindrisch, nicht überfasert, an der Spitze bereift; Fleisch weißlich, stellenweise auch gelblich; Geruch spermatisch, im Alter auch aufdringlich süßlich; Sp. höckerig, 8–10(11) × 5,5–7 μ; Zystiden dickwandig, an der Spitze mit Kristallen besetzt. **Vorkommen**: VII–X; im Nadelwald, unter Kiefern und Fichten, besonders im Gebirge, auf Kalkböden; selten, nur lokal häufiger (Alpen, Voralpengebiet). **Verwechslung**: Mit glatten Sporen: Fliederweißer Rißpilz (S. 306).

Graugezonter Rißpilz

Inocybe petiginosa (Fr.: Fr.) Gillet

Merkmale: Hut 0,5–2 cm breit, am meist kahlen Scheitel fleisch- bis rotbräunlich, Randbereich breit hellgrau- bis weißfilzig, oft sogar haarig überzogen, im Alter vom Scheitel her bis auf eine schmale Randzone verkahlend; Lamellen jung gelblichocker, gedrängt stehend; Stiel fleisch- bis rotbräunlich, zylindrisch, gänzlich fein weißflockig; Geruch schwach spermatisch; Sp. höckerig, in der Mitte mit einem großen Öltropfen, 6,5–8 × 4,5–6 μ; Zystiden dickwandig, schlank, an der Spitze durch Kristalle beschopft. **Vorkommen**: VI–X; im Laubwald, unter Rotbuchen oder Eichen, besonders auf kalkhaltigen, doch auch auf sauren Böden; relativ selten, lokal häufiger. **Anmerkung**: Ein durch farblich abgesetzten, haarigen Hutfilz gut kenntlicher Rißpilz. **Verwechslung**: Weißfilziger Rißpilz (unten).

Weißfilziger Rißpilz

RL 3

Inocybe jacobi Kühner

Merkmale: Hut 0,8–2(3) cm breit, ocker- bis rotbräunlich, gegen den Rand hell beigefarben aufhellend, Mitte mit abgerundetem Buckel, Huthaut feinfilzig bis wollig-faserig, vor allem im Randbereich; Lamellen jung beigefarben, eher entfernt stehend, am Stiel kurz angeheftet; Stiel bald rotbräunlich wie der Hut, auf ganzer Länge feinflockig bzw. grob bereift; Geruch schwach spermatisch oder fast geruchlos; Sp. höckerig, 8–10 × 5–7,5 μ; Zystiden dickwandig, an der Spitze mit Kristallen besetzt. **Vorkommen**: VIII–X; im Nadel- und Mischwald, unter Kiefern, Fichten, Eichen, auf sandigen, kalkarmen Böden; selten. **Anmerkung**: Der Hut dieser Art ist, im Gegensatz zum Graugezonten Rißpilz, weniger deutlich zweifarbig. Auch ist der Hutfilz nicht so stark ausgeprägt. Im Zweifel sind die größeren Sporen für eine Bestimmung ausschlaggebend. **Verwechslung**: Graugezonter Rißpilz (Mitte).

Gattung **Ripartites** – Filzkremplinge
Fam. Tricholomataceae

Frkp. ritterlings- bis trichterlingsähnlich; Hüte haarig-bewimpert oder fast kahl, Huthaut leicht schmierig; Lamellen leicht am Stiel herablaufend; Stiele trocken, unberingt; Spp. lehmbräunlich; Sp. breitelliptisch, warzig bis stachelig, ohne Kp.; L-Tr. regulär; bodenbewohnende Saprophyten.

Bewimperter Filzkrempling

Ripartites tricholoma (Alb. & Schwein.: Fr.) P. Karst.

Merkmale: Hut 2–4 cm breit, weiß, grauweißlich, am Scheitel bald inkarnat, Oberfläche anliegend haarig, Rand durch überstehende Haare fein bewimpert (manchmal undeutlich); Lamellen lange weißlich, dann fleisch- bis lehmbräunlich, engstehend; Stiel fleischbräunlich, gänzlich weißflockig; Sp. warzig, 4–5 × 3–4 μ (Abb. 61). **Vorkommen**: IX–XI; im Laub- und Nadelwald, vereinzelt stehend; nicht selten. **Anmerkung**: Einzige Art der Gattung mit bewimpertem Hut, daher wenn typisch leicht zu erkennen.

Metrods Filzkrempling

Ripartites metrodii Huijsman

Merkmale: Hut 1,5–4 cm breit, weiß, bald mit ockerfarbenen Fleckchen, Mitte meist niedergedrückt, Huthaut mit Mattglanz, kahl, höchstens am Rande leicht filzig oder gekerbt; Lamellen lange weißlich, dann fleischfarben; Stiel fleischbräunlich, gänzlich weißflockig; Sp. stumpf bestachelt, 4,5–6 × 3,5–5 μ (Abb. 62). **Vorkommen**: IX–X; im Nadel- und Mischwald, besonders im moosigen Fichtenwald; zerstreut, lokal häufiger. **Anmerkung**: Der Pilz kann leicht für einen weißen Trichterling gehalten werden.

Stockschwämmchen

Kuehneromyces mutabilis (Schaeff.: Fr.) A. H. Sm.
(Fam. Strophariaceae)

Merkmale: Hut 2–6 cm breit, olivgelblich, ocker- bis rötlichbräunlich, hygrophan, von Scheitel her ausblassend und lange mit dunklerem, durchwässertem Rand, Huthaut trocken, kahl oder feinflockig; Lamellen fleisch- bis rostbräunlich, breit angewachsen; Stiel blaß gelblich, im unteren Teil zunehmend bräunlich, häutig beringt, unterhalb des Ringes schuppig-flockig; Spp. tief rostbraun; Sp. elliptisch, glatt, 6,5–8 × 3,5–4,5 μ, mit Kp. (Abb. 63); L-Tr. regulär. **Vorkommen**: V–XI; meist an totem Laub-, selten Nadelholz, in vielzähligen Büscheln; häufig; Saprophyt. **Verwechslung**: Nadelholz-Häubling (tödlich giftig, S. 380), vgl. Schüpplinge und Schwefelköpfe.
Eßbar; ausgezeichneter, bekannter und leicht kenntlicher Suppen- und Mischpilz; nur die Hüte verwenden.

Gattung **Bolbitius** – Mistpilze
Fam. Bolbitiaceae

Frkp. grazil; Hüte dünnfleischig, auffällig gefärbt, feucht klebrig; Lamellen schmal angeheftet; Stiele trocken, unberingt; Spp. rostbraun; Sp. elliptisch, glatt, mit Kp.; Huthaut zellig; L-Tr. regulär; Saprophyten auf Mist, seltener auf Holz.

Gold-Mistpilz

Bolbitius vitellinus (Pers.: Fr.) Fr. (Foto oben)

Merkmale: Hut 1–5 cm breit, leuchtend goldgelb, auch gelbgrünlich oder olivgelb, im Alter weiß verblassend, Rand weit gerieft; Lamellen weißlich-gelblich, beim Reifen rostgelblich bis rostbräunlich, sehr dünn, eng stehend; Stiel weiß bis gelb, gänzlich flockig bis genattert, hohl und sehr gebrechlich; Sp. (10)12–15 × 7,5–9 μ (Abb. 64). **Vorkommen**: V–XI; auf Kuh- und Pferdemist, gedüngten Böden, Äckern, Weiden, auf Erde und an Holzstückchen; häufig. **Anmerkung**: Die Art ist in Form, Größe und Farbe enorm veränderlich. Var. *titubans* ist sehr dünnfleischig und stark gerieft, während die kräftige var. *variicolor* im Hut mehr gelbgrün oder oliv gefärbt ist. Wie bei allen Dungbewohnern ist die Statur der Fruchtkörper sehr vom Nahrungsangebot abhängig.

Rosafarbener Mistpilz

Bolbitius coprophilus (Peck) Hongo (Foto Mitte)

Merkmale: Hut 2–8 cm breit, anfangs zart rosa, schnell grauweißlich ausblassend, im gerieften Randbereich bald braun umfärbend; Lamellen bei Reife erd- bis rostbräunlich; Stiel weißlich, stark flockig-schuppig, manchmal wurzelnd; Sp. breitseits fast rhombisch, im Querschnitt abgeflacht, 12–16 × 9–12 × 7,5–8 μ (Abb. 65). **Vorkommen**: V–VIII(X); auf strohdurchsetztem Pferdemist; selten. **Anmerkung**: Die wenig bekannte, offenbar eingeschleppte Art ist seit Jahren in Berlin häufig.

Netzaderiger Mistpilz

Bolbitius reticulatus (Pers.: Fr.) Ricken (Fotos unten)
Syn.: *B. aleuriatus*

Merkmale: Hut 1–4 cm breit, grau bis lilagrau, Oberfläche völlig glatt oder vom Scheitel her dunkler netzartig geadert; Lamellen lange weißlich, dann rostbräunlich; Stiel weiß, gänzlich flockig; Sp. 8,5–10(11) × 4,5–6 μ. **Vorkommen**: VI–X; auf morschem Laubholz, z. B. Rotbuche, Birke, Pappel, meist vereinzelt; relativ selten. **Anmerkung**: Durch seinen Holzstandort wirkt der Pilz zunächst wie ein Dachpilz, besitzt aber keine freien Lamellen. Glatthütige und genetzte Formen wurde lange als zwei getrennte Arten geführt, was aber keine Berechtigung hat.

Gattung **Agrocybe** – Ackerlinge
Fam. Bolbitiaceae

Frkp. zart bis fleischig; Hüte meist kahl, trocken bis schmierig, hygrophan oder nicht, bisweilen mit Velumresten; Lamellen aufsteigend angeheftet bis breit angewachsen; Stiele trocken, mit oder ohne Ring, z. T. wurzelnd; Spp. rost- bis tabakbraun; Sp. elliptisch, glatt, mit oder ohne Kp.; Huthaut zellig-hymeniform; L-Tr. regulär; Saprophyten, selten Parasiten.

Voreilender Ackerling

Agrocybe praecox (Pers.: Fr.) Fayod

Merkmale: Hut 3–8 cm breit, strohgelblich, blaß ocker, feucht oft zweifarbig, etwas hygrophan, Mitte oft breit gebuckelt, Huthaut trocken, bei Trockenheit felderig aufbrechend; Lamellen lange blaß, reif tabakbraun, ausgebuchtet angewachsen; Stiel blaß weißlich-gelblich, mit häutigem, durch die Sporen braun gefärbtem Ring; Geruch unverletzt kakaoartig, gerieben ranzig-mehlig; Geschmack bitterlich; Sp. 8–12 × 5,5–7 μ, Kp. deutlich. **Vorkommen**: V–VI; im Laub- und Mischwald, Parkanlagen, Gärten; häufig. **Verwechslung**: Rissiger Ackerling (Mitte).

Rissiger Ackerling

Agrocybe dura (Bolton: Fr.) Singer

Merkmale: Hut 3–10 cm breit, ockergelblich oder weißlich, fleischig, halbkugelig bis flach-konvex, Huthaut schwach klebrig, bei Trockenheit felderig-rissig, Rand mit faserigen Velumresten; Lamellen breit angewachsen, jung oft violettgrau, dann tabakbraun; Stiel weißlich, etwas flockig, mit hoch sitzender, vergänglicher, faseriger Ringzone; Fleisch ziemlich fest; Geruch unverletzt kakaoartig, im Schnitt wie zerdrücktes Gras; Geschmack mild; Sp. 9–12 × 6–7 μ, Kp. deutlich. **Vorkommen**: VI–VII(IX); grasige Waldstellen, Wiesen, Weiden, Äcker, gedüngte Parkanlagen; relativ häufig. **Verwechslung**: Voreilender Ackerling (oben).

Leberbrauner Ackerling

Agrocybe erebia (Fr.: Fr.) Kühner

Merkmale: Hut 2–8 cm breit, dunkel schokoladen- bis leberbraun, hygrophan, trocken nur kartonbraun, Huthaut schmierig, Rand oft mit blassen Velumflocken; Lamellen breit angewachsen, jung blaß bräunlich; Stiel blaß holzbräunlich, zur Basis dunkler, längsfaserig, mit häutigem Ring; Geschmack mild bis bitterlich; Sp. 9,5–14 × 5,5–7 μ, ohne Kp. **Vorkommen**: VI–IX(X); im Laub- und Mischwald, Waldwege, Parkanlagen und Gärten, z. T. büschelig; zerstreut. **Anmerkung**: Durch die dunklen Farben kaum verwechselbar.

Südlicher Ackerling

Agrocybe cylindracea (DC.: Fr.) Maire Syn.: *A. aegerita*

Merkmale: Hut 4–10 cm breit, jung fast schokoladenbraun, doch schnell vom Rande her zu einem hellen Beige ausblasend, Huthaut matt, trocken, schon jung grubig-runzelig, bei Trockenheit auch felderig aufbrechend; Lamellen lange weißlich, bei Reife schließlich tabakbraun, sehr gedrängt stehend, schmal, bisweilen schwach herablaufend; Stiel weißlich, längsfaserig, mit dickem, oberseits gerieftem Ring; Fleisch weißlich, relativ fest; Geruch und Geschmack angenehm neutral; Sp. 8,5–12(15) × 5–6(7) μ, Kp. klein. **Vorkommen**: V–X; büschelig an lebenden und toten Laubholzstämmen, vorwiegend Pappel, in Mitteleuropa nur in warmen Jahren oder begünstigten Lagen (z. B. Weinbaugebiete); selten. **Anmerkung**: Die Art ist im Mittelmeerraum häufig und bis in die Wintermonate anzutreffen. Sie ist einziger Parasit der Gattung.

Eßbar; guter Speise- und zugleich beliebter Kulturpilz.

Falber Ackerling

Agrocybe putaminum (Maire) Singer

Merkmale: Hut 2–5 cm breit, einheitlich ockerbräunlich, fast an einen Fälbling erinnernd (Name), ohne Velumreste, Form halbkugelig, dann breit gebuckelt, fleischig, Huthaut matt und trocken; Lamellen ockerfarben, bald dunkel rostoliv, sehr gedrängt stehend, breit angewachsen; Stiel wie der Hut gefärbt, längsstreifig, gänzlich fein bepudert (haarförmige Zystiden), ringlos, Basis oft mit weißlichen Myzelsträngen; Fleisch blaß holzfarben; Geruch unverletzt kakaoartig, im Schnitt schwach mehlartig; Geschmack mehlartig und bitterlich; Sp. 9,5–12 × 6–7,5 μ, mit Kp. **Vorkommen**: VI–VIII; im Laub- und Mischwald, in Parkanlagen, an Reisig oder auf Holzhäcksel; selten. **Anmerkung**: Durch das in Mode gekommene Mulchen mit Holzhäcksel scheint diese Art partiell häufiger zu werden. **Verwechslung**: Samtiger Ackerling (unten).

Samtiger Ackerling

Agrocybe firma (Peck) Kühner

Merkmale: Hut 2–5 cm breit, dunkel oliv- bis schwarzbraun, etwas hygrophan, beim Trocknen ockerbräunlich ausblassend, ohne Spuren eines Velums, Huthaut trocken, jung stark bereift bis fast samtig, Oberfläche bisweilen gerunzelt oder grubig; Lamellen olivocker, breit angewachsen; Stiel heller als der Hut, blaß holzfarben, gänzlich feinflockig, ohne Ring; Geruch im Schnitt mehlartig; Geschmack mehlartig und zugleich bitterlich; Sp. 6–8,5 × 4–5 μ, Kp. klein. **Vorkommen**: VII–X; auf totem, morschem Laubholz; selten. **Anmerkung**: Die Art gehört zu einer Gruppe von Ackerlingen, deren Hüte und Stiele anstelle eines Velums mit haarförmigen Zystiden dicht besetzt sind. Daher die Bereifung. **Verwechslung**: Falber Ackerling (Mitte).

Geschwänzter Ackerling

Agrocybe arvalis (Fr.: Fr.) Singer

Merkmale: Hut 1–5 cm breit, gelblich- bis rötlichocker, etwas hygrophan, beim Trocknen ausblassend, Mitte mehr oder weniger gebuckelt, Huthaut speckig wirkend, doch nicht schmierig, um den Buckel oft radialrunzelig; Lamellen breit angewachsen, sehr gedrängt stehend; Stiel blaß holzfarben bis gelblich, ringlos, auf ganzer Länge bepudert, tief wurzelnd und zugleich mit blassen Myzelsträngen, einem schwarzbraunen Sklerotium entspringend; Fleisch gelblich-holzfarben; Geschmack etwas bitterlich; Sp. 8–10 × 5–6 μ, mit feinem Kp.; Zystiden besonders an Fläche der Lamellen mit fingerartigen Fortsätzen (Abb. 66). **Vorkommen**: VII–IX; auf Feldern, Äckern und Wiesen, in Parkanlagen (auf Holzhäcksel); selten. **Anmerkung**: Die im Erdboden befindlichen Sklerotien können leicht übersehen werden.

Halbkugeliger Ackerling

Agrocybe semiorbicularis (Bull.) Fayod Syn.: *A. pediades*

Merkmale: Hut 1–3 cm breit, einheitlich ockergelblich, Form halbkugelig bis flach-konvex, Huthaut feucht etwas klebrig-schmierig, Rand ohne Velumreste; Lamellen lange blaß beigefarben, oft mit grauem Beiton, schließlich rostbräunlich, um den Stiel ausgebuchtet; Stiel gelblich bis blaß ocker, etwas flockig-faserig, gewöhnlich ohne Velumspuren, relativ elastisch; Geruch und Geschmack ranzig-mehlig; Spp. nicht sehr dunkel (rostbraun); Sp. 10–14 × 7,5–9 μ, mit Kp.; Zystiden nur an Lamellenschneide vorhanden. **Vorkommen**: V–IX; an grasigen Standorten, Weiden, Kulturwiesen, Trockenrasen, gesellig auftretend; häufig. **Anmerkung**: Einer der häufigsten Pilze auf Wiesen, kenntlich am ranzig-mehligen Geschmack. Er tritt oft gemeinsam mit dem Heuschnittpilz (S. 394) auf. **Verwechslung**: Glänzender Ackerling (unten).

Glänzender Ackerling

Agrocybe splendida Clémençon

Merkmale: Hut 1–4,5 cm breit, rötlichocker, ockerbraun, halbkugelig bis flach-konvex, Huthaut schmierig, feucht oft schön glänzend, Rand bisweilen mit blassen, zähnchenförmigen Velumresten behangen; Lamellen erst graubeige, dann tabakbraun, breit angewachsen; Stiel dem Hut gleichfarbig, faserig-flockig, manchmal mit flüchtiger Ringzone, mehr oder weniger deutlich wurzelnd; Geruch und Geschmack ranzig-mehlig; Spp. dunkel tabakbraun; Sp. 12–15 × 7,5–10 μ, mit Kp.; Zystiden an Schneide und Fläche der Lamellen vorhanden. **Vorkommen**: VI–IX; auf stärker gedüngten grasigen Böden, Ränder von Pferdemisthaufen, Äcker; selten. **Anmerkung**: Die noch wenig bekannte Art unterscheidet sich vom gewöhnlichen Halbkugeligen Ackerling (Mitte) äußerlich durch den stärker glänzenden, mit Velumresten behafteten Hut.

Gattung **Stropharia** – Träuschlinge
Fam. Strophariaceae

Hüte klebrig bis schleimig, oft mit Flöckchen; Lamellen oft grauviolett, breit angewachsen; Stiele meist beringt; Geruch verletzt typisch nach zerdrücktem Gras (*Stropharia*-Geruch!); Spp. dunkel- bis purpurbraun, schwarzviolett; Sp. elliptisch, glatt, mit oder ohne Kp.; Chrysozystiden oft vorhanden (Abb. 13); L-Tr. regulär; Saprophyten am Boden und an Holz.

Grünspan-Träuschling

Stropharia aeruginosa (M. A. Curtis: Fr.) Quél.

Merkmale: Hut 3–8 cm breit, dunkelgrün, blaugrün, alt senfgelblich ausblassend, Huthaut schleimig, mit vergänglichen weißen Flöckchen; Lamellen reif dunkel violettbraun, mit weißer Schneide; Stiel mit Hutfarbe, beringt, unterhalb flockig-schuppig; Sp. 7–9 × 4–5,5 μ, ohne Kp.; Lamellenschneide mit haarförmigen Zystiden (Abb. 67). **Vorkommen**: IX–XI; im Laub- und Nadelwald, am Boden und an totem Holz; häufig. **Verwechslung**: Blauer Träuschling (Mitte).
Eßbar; nach Abziehen der Huthaut als Mischpilz brauchbar.

Blauer Träuschling

Stropharia caerulea Kreisel

Merkmale: Hut 2–6 cm breit, dem Grünspan-Träuschling (oben) sehr ähnlich, jedoch Lamellen auch jung ohne Grauton; Stiel allenfalls mit angedeuteter Ringzone; Sp. 7–10 × 4–5 μ, ohne Kp.; Lamellenschneide mit bauchig-flaschenförmigen Zystiden (Abb. 68). **Vorkommen**: IX–XI; lichte Waldstellen, Wegränder, Parks und Gärten, gern zwischen Brennesseln, Ruderalstellen; häufig. **Verwechslung**: Grünspan-Träuschling (oben).
Eßbar; siehe oben.

Rotbrauner Riesen-Träuschling

Stropharia rugosoannulata Farl.

Merkmale: Hut 5–15(20) cm breit, grau- bis rotbraun, Huthaut fast trocken, schuppig-felderig aufbrechend; Lamellen lange mit violettem Farbton; Stiel blaß, mit auffallend grobgezähntem, oberseits gerieftem Ring; Spp. schwarzviolett; Sp. 10–14 × 6,5–8 μ, mit Kp. **Vorkommen**: VI–X; in Parks, Gärten, auf Grünstreifen, gedüngtem Boden, Holzhäcksel; zerstreut, wird immer häufiger. **Anmerkung**: Beliebter Kulturpilz (Handelsname: Braunkappe); wird auf beimpften Strohballen gezogen. Der Geschmack erinnert an rohe Kartoffeln. **Verwechslung**: Üppiger Träuschling (giftverdächtig, S. 328).
Eßbar; kann ungenügend erhitzt zu Verdauungsbeschwerden führen. Empfindliche Personen sollten den Pilz meiden.

Üppiger Träuschling

RL 3

Stropharia hornemannii (Fr.: Fr.) S. Lundell & Nannf.

Merkmale: Hut 5–12 cm breit, elfenbeinfarben, ocker oder grau-, fleisch- bis rosabräunlich, Huthaut feucht sehr schleimig, gewöhnlich kahl; Stiel weißlich-gelblich, mit oberseits gerieftem Ring, unterhalb dessen mit abstehenden Schuppen; Geruch mit süßlicher Komponente; Sp. 10–13 × 6–7 μ, mit Kp. **Vorkommen**: VIII–X; im Nadelwald, an liegenden, stark vermoderten Fichtenästen und Stümpfen, in mittleren und höheren Gebirgslagen; selten. **Anmerkung**: Die Art ist als, wenn auch kaum gefährlicher, Doppelgänger des Rotbraunen Riesen-Träuschlings anzusehen. Da die Standorte und ökologischen Ansprüche grundverschieden sind, dürfte eine direkte Verwechslung kaum vorkommen. Man achte auf schleimigen Hut und andersartigen Ring des Üppigen Träuschlings. Der Ring kann bei gewissen Populationen fehlen, dafür als Fetzen am Hutrand zurückbleiben. **Verwechslung**: Rotbrauner Riesen-Träuschling (S. 326).

Giftverdächtig; wegen der Seltenheit liegen hier noch wenig Erfahrungen vor.

Krönchen-Träuschling

Stropharia coronilla (Bull.: Fr.) Quél.

Merkmale: Hut 2–4 cm breit, weißlich, gelblich bis blaß ocker, Huthaut klebrig, kahl; Lamellen jung blaß grau, reif purpurbraun; Stiel weiß, mit schmalem, anliegendem, oberseits grob gerieftem Ring; Sp. 6–8 × 4–5 μ, ohne Kp. **Vorkommen**: VII–X; auf Wiesen, Weiden, Kulturrasen, grasigen Wegrändern, meist vereinzelt; häufig. **Verwechslung**: Hyalinweißer Träuschling (S. 330), Triften-Zwerg-Champignon (S. 70).

Schwach giftig; wurde lange Zeit für ungiftig gehalten. Der Genuß größerer Mengen erzeugt vorübergehend halluzinogene Wirkung, verbunden mit unangenehmen Nebenerscheinungen. Latenzzeit $^{1}/_{4}$–2 Stunden. Giftstoffe: Psilocybin, Psilocin.

Schuppiger Träuschling

Stropharia squamosa (Pers.: Fr.) Quél.

Merkmale: Hut 2–5 cm breit, gelblich bis ocker, oft mit fuchsigem Scheitel (Hut orangebräunlich: var. *thrausta*), Huthaut klebrig, mit zarten, fein verteilten Flöckchen; Lamellen reif dunkel purpurbraun, dabei oft gescheckt (wie bei den Düngerlingen), Schneide heller; Stiel weißlich, zähfleischig, immer schlank, in Ringhöhe oft abgeknickt, mit häutigem, tief sitzendem Ring, darunter faserschuppig; Geschmack mild bis bitterlich; Spp. violett-schwärzlich; Sp. 12–14 × 7–8,5 μ, mit Kp. **Vorkommen**: (V)VIII–XI; im Buchenwald, am Boden und auf vergrabenem Totholz, auf Holzhäcksel in Parkanlagen oft besonders zahlreich (Foto); relativ häufig. **Verwechslung**: Vgl. Ackerlinge (S. 320).

Giftverdächtig.

Hyalinweißer Träuschling

Stropharia albonitens (Fr.) P. Karst. (Foto oben links)

Merkmale: Hut 2–4 cm breit, weißlich, mit gelblichem Scheitel, Mitte mit vorstehendem, zugespitztem Buckel, Huthaut schmierig, kahl; Lamellen reif dunkel purpurbraun, mit hellerer Schneide; Stiel weiß, mit schwachem, vergänglichem Ring; Sp. 7–9(10) × 4–5 μ, mit Kp.; Zystiden an Lamellenschneide schlank, mit knorrigen Auswüchsen (Abb. 69). **Vorkommen**: VIII–X; an grasigen Standorten, vereinzelt; selten. **Verwechslung**: Krönchen-Träuschling (schwach giftig, S. 328), Halbkugeliger Träuschling (oben rechts).

Halbkugeliger Träuschling

Stropharia semiglobata (Batsch: Fr.) Quél. (Foto oben rechts)

Merkmale: Hut 1–4 cm breit, weißlich bis gelblich, mit zart ockerfarbenem Scheitel, Form lange halbkugelig, erst spät flach-konvex, Huthaut schleimig; Lamellen reif violett-schwärzlich, gescheckt, Schneide weiß; Stiel weißlich, schleimig (!), mit jung trichterförmig aufsteigendem Ring, mitunter wurzelnd; Sp. 13,5–20 × 8–10 μ. **Vorkommen**: VI–X; auf mistgedüngten Böden, Misthaufen, Weiden, Äcker; relativ häufig. **Verwechslung**: Hyalinweißer Träuschling (oben links), Ring-Düngerling (S. 396).

Orangeroter Träuschling

Stropharia aurantiaca (Cooke) P. D. Orton (Foto Mitte)

Merkmale: Hut 2–5 cm breit, orange bis blutrot, Huthaut schleimig, Rand mit spärlichen weißlichen Schüppchen; Lamellen reif grauviolett, mit schwachem Olivton (an Schwefelköpfe erinnernd), Schneide heller; Stiel weißlich bis gelblich, schlank, ohne häutigen Ring, im unteren Teil faserschuppig; Sp. 10–13 × 6–7,5 μ, mit Kp. **Vorkommen**: IX–XI; auf totem Holz, Holzhäcksel; sehr selten. **Anmerkung**: Die hübsche, in Mitteleuropa noch wenig bekannte Art scheint sich allmählich stärker auszubreiten. **Verwechslung**: Rötliche Formen des Schuppigen Träuschlings (*S. squamosa* var. *thrausta*).

Purpurgrauer Träuschling

RL 3

Stropharia inuncta (Fr.) Quél. (Foto unten)

Merkmale: Hut 2–4 cm breit, beigebräunlich oder violett- bis purpurgrau, dünnfleischig, Huthaut schleimig, kahl, höchstens am Rand mit weißlichen Velumresten; Lamellen reif purpurbräunlich; Stiel weiß, mit schwachem, häutigem Ring, unterhalb faserschuppig; Sp. 7–9 × 4–5 μ, mit Kp. **Vorkommen**: IX–XI; im Laub- und Mischwald, an feuchten, oft auch grasigen Stellen; selten. **Verwechslung**: Hyalinweißer Träuschling (oben links).

Gattung **Pholiota** – Schüpplinge
Fam. Strophariaceae

Hüte kahl bis schuppig, trocken, schmierig oder schleimig, nicht hygrophan; Lamellen breit angewachsen; Stiele mit oder ohne Ringzone; Spp. ocker bis rostbraun; Sp. elliptisch, glatt, Kp. oft sehr klein, seltener fehlend; Lamellen meist mit Chrysozystiden; L-Tr. regulär; Parasiten und Saprophyten an Holz (Weißfäule).

Pappel-Schüppling

Pholiota populnea (Pers.: Fr.) Kuyper & Tjall.-Beuk.
Syn.: *P. destruens*

Merkmale: Hut 5–15 cm breit, blaß grau- bis gelbbräunlich, mit faserig-wolligen, anliegenden Schuppen, die am Rand überstehen, Huthaut trocken; Lamellen lange blaß, dann rostbräunlich; Stiel kompakt, grob überfasert, mit faseriger Ringzone; Fleisch weißlich; Geschmack deutlich bitter; Sp. 7,5–9,5 × 5–6 μ, ohne sichtbaren Kp. **Vorkommen**: IX–XI; an Stümpfen und lebenden Stämmen von Pappeln, teils büschelig; zerstreut bis ortshäufig; Parasit, lebt lange als Saprophyt weiter. **Anmerkung**: Die Art ist durch Farbe, Standort und Geschmack gut gekennzeichnet.

Sparriger Schüppling

Pholiota squarrosa (Pers.: Fr.) P. Kumm.

Merkmale: Hut 4–8(12) cm breit, strohgelb bis gelbbraun, mit dunkleren, sparrig abstehenden Schuppen, Huthaut trocken; Lamellen olivgelb bis rostbräunlich; Stiel unterhalb der zerrissenen Ringzone mit sparrigen Schuppen; Fleisch blaß gelblich, in Stielbasis braun; Geruch aufdringlich würzig; Sp. 6,5–8 × 4–4,5 μ, mit Kp. **Vorkommen**: IX–XI; am Fuße von Laub- und Nadelbäumen, büschelig; sehr häufig; Parasit im Wurzel- und unteren Stammbereich. **Anmerkung**: Die Art ist ein gefürchteter Schädling an Obstbäumen. **Verwechslung**: Mit weißem Sporenpulver: Hallimasch (S. 102).

Eßbar; sollte vorher überbrüht werden.

Goldfell-Schüppling

Pholiota aurivella (Batsch: Fr.) P. Kumm. Syn.: *P. cerifera*

Merkmale: Hut 5–15 cm breit, leuchtend goldgelb, mit dunkleren, wie aufgeklebt wirkenden Schuppen, Huthaut schleimig; Lamellen blaß rostgelblich bis rostbräunlich; Stiel gelblich, mit oder ohne gelbliche bis rostbräunliche Schuppen, gewöhnlich trocken, nur jung bisweilen klebrig; Fleisch blaß gelblich; Sp. 7–10 × 4,5–6 μ, mit Kp. **Vorkommen**: IX–XI; an lebenden und toten Laubbäumen, oft hoch am Stamm (anderer Name: Hochthronender Schüppling), büschelig; relativ häufig; Parasit und Saprophyt. **Verwechslung**: Schleimiger Schüppling (S. 334).

Schleimiger Schüppling

Pholiota adiposa (Batsch: Fr.) P. Kumm.

Merkmale: Hut 5–12 cm breit, goldgelb, mit dunkelbraunen, wie aufgeklebt erscheinenden, großen Schuppen, deren Spitzen je nach Wetterlage teilweise aufgerichtet sein können, Huthaut schleimig; Lamellen rostgelblich; Stiel gelblich-bräunlich, mit undeutlicher Ringzone, darunter mit ähnlichen Schuppen wie am Hut, bei feuchter Witterung deutlich schmierig bis schleimig; Fleisch gelblich; Sp. 5,5–6,5 × 3–4 µ, mit Kp. **Vorkommen**: VIII–X; auf toten Laubholzstrünken, besonders Rotbuche, kalkhaltige Böden bevorzugend, büschelig; relativ selten. **Anmerkung**: Kleinere Sporen und schleimiger Stiel sind wichtigste Unterscheidungsmerkmale zum Goldfell-Schüppling. Ebenso kleine Sporen hat der Pinsel-Schüppling *(P. jahnii)*, dessen Stiel trocken ist. **Verwechslung**: Goldfell-Schüppling (S. 332).

Feuer-Schüppling

Pholiota flammans (Fr.) P. Kumm.

Merkmale: Hut 3–6(8) cm breit, leuchtend zitronen- bis dottergelb, auch gelborange, mit sparrig abstehenden, zitronengelben Schuppen, besonders am Rand bärtig überhängend, Huthaut trocken (außer bei sehr feuchtem Wetter); Lamellen zitronengelb, später rostgelblich; Stiel wie der Hut gefärbt, mit schuppiger Ringzone, unterhalb dieser mit sparrigen, zitronengelben Schuppen, Oberfläche trocken; Fleisch zitronengelb; Geruch etwas muffig; Geschmack bitter; Sp. 4–5 × 2–2,5 µ, ohne sichtbaren Kp. **Vorkommen**: VII–X; vorwiegend an Stämmen und Stümpfen von Nadelholz, besonders Fichte und Kiefer, selten auch an Laubholz; lokal relativ häufig, besonders ab Mittelgebirgslage. **Anmerkung**: Dieser farbenfreudige Schüppling ist im Zweifel an seinem bitteren Geschmack gut zu erkennen. **Verwechslung**: Sparriger Schüppling (S. 332), Goldfell-Schüppling (S. 332).

Ungenießbar wegen des bitteren Geschmacks.

Safranroter Schüppling

Pholiota astragalina (Fr.) Singer

Merkmale: Hut 2–7 cm breit, safranorange, rosarot, orangerot, gegen den Rand mehr gelblich und zugleich jung mit vergänglichen, blaß gelblichen Velumfasern seidig überzogen, bald verkahlend, Huthaut bei feuchtem Wetter etwas klebrig; Lamellen mit warmem Gelbton, später rostorange; Stiel auf orangegelblichem Grunde gelblich-schuppig überfasert bis fast genattert, trocken; Fleisch safrangelblich, im Schnitt nach einiger Zeit schwärzend, besonders im Stiel; Geschmack bitterlich; Sp. 6–7 × 4–4,5 µ, ohne sichtbaren Kp. **Vorkommen**: IX–XI; an Nadelholzstümpfen, besonders Kiefer oder Fichte, büschelig; zerstreut. **Verwechslung**: Ziegelroter Schwefelkopf (S. 342).

Ungenießbar, da bitter schmeckend.

Tonweißer Schüppling

Pholiota lenta (Pers.: Fr.) Singer

Merkmale: Hut 3–10 cm breit, fleisch- bis tonbräunlich, gegen den Rand fast weißlich, Huthaut schleimig, mit weißen, fein verteilten im Schleim schwimmenden, vergänglichen Flöckchen, äußerste Kante lange mit schleierartigen Velumresten; Lamellen erst blaß olivgelblich, schließlich fast lehmbräunlich; Stiel weißlich, schuppig-faserig, an der Spitze mit schwacher Cortinazone (ähnlich wie bei den Schleierlingen), trocken; Fleisch weißlich, im Stielbereich bräunlich; Geschmack rettichartig; Sp. elliptisch-bohnenförmig, 6–8 × 3,5–4,5 μ, mit Kp. **Vorkommen**: IX–XI; vorwiegend im Laub-, seltener Nadelwald, an am Boden liegenden, dickeren Ästen; häufig. **Anmerkung**: Dieser Schüppling wird von Sammlern oft für einen Schleierling gehalten, da nicht immer auf den Standort geachtet wird. **Verwechslung**: Weißflockiger Schüppling (Mitte).

Eßbar; Mischpilz, nur Hüte verwendbar.

Weißflockiger Schüppling

Pholiota lubrica (Pers.: Fr.) Singer

Merkmale: Hut 3–8 cm breit, zimt- bis fuchsbraun, Rand jung weißlich, Huthaut schleimig, mit weißlichen, locker verteilten, im Schleim schwimmenden Flöckchen, Rand bärtig behangen; Lamellen jung weißlich, dann olivgelblich; Stiel erst weißlich, im unteren Teil zunehmend bräunend, bis auf die Spitze flockig-schuppig, Oberfläche trocken; Fleisch weißlich, im Stiel bald bräunlich; Geschmack schwach rettichartig; Sp. elliptisch-bohnenförmig, 6–7 × 3,5–4 μ, mit Kp. **Vorkommen**: VIII–X; auf totem Laub- und Nadelholz, offensichtlich auch auf Erde, zwischen Laub- und Nadelstreu, besonders auf sauren Böden; zerstreut. **Anmerkung**: Tonweißer und Weißflockiger Schüppling sind nahe verwandt und gehören zu den Arten mit besonders schleimigem Hut. Die weißen Schüppchen sind sehr vergänglich. **Verwechslung**: Tonweißer Schüppling (oben).

Eßbar; Speisewert wie beim Tonweißen Schüppling (oben).

Strohblasser Schüppling

Pholiota gummosa (Lasch) Singer

Merkmale: Hut (1)2–6 cm breit, blaß strohgelblich bis gelbgrünlich, Huthaut feucht deutlich schmierig, bald abtrocknend, mit anliegenden, bräunlichen Schüppchen; Lamellen erst blaß strohgelblich, dann fast lehmbräunlich; Stiel wie Hut gefärbt, dunkler flockig-schuppig, trocken; Fleisch blaß grüngelblich; Sp. 5,5–7(8) × 3,5–4(5) μ, mit Kp. **Vorkommen**: VIII–XI; an totem bisweilen auch vergrabenem Laubholz, besonders Weide, Erle, Linde, büschelig; relativ häufig. **Anmerkung**: Wenn die Hutschüppchen vom Regen abgewaschen sind, kann die Art für einen Schwefelkopf gehalten werden.

Eßbar, doch ohne besonderen Speisewert.

Erlen-Schüppling

Pholiota alnicola (Fr.) Singer Syn.: *P. amara*

Merkmale: Hut 3–8 cm breit, grüngelblich bis lebhaft gelbfuchsig, manchmal mit rostigen Flecken, Huthaut bei feuchtem Wetter klebrig, meist kahl, Rand jung mit feinen weißen Velumfasern; Lamellen jung gelblich, beim Reifen mit schwachem Olivton; Stiel gelblich, gegen die Basis rostbräunlich, schwach faserschuppig oder kahl, mit oder ohne faseriger Ringzone; Fleisch blaß gelblich, im Stiel rostbräunlich; Geruch kräftig würzig (an den Sparrigen Schüppling erinnernd), oft auch süßlich-fruchtartig, mitunter geruchlos; Geschmack mild oder bitter; Sp. fast mandelförmig, 7,5–11 × 4–5,5 μ, mit Kp. **Vorkommen**: VIII–X; an abgestorbenem Laubholz, in feuchten Wäldern, Erlensümpfen, an Erle, Eberesche, Rotbuche, Birke usw.; relativ häufig. **Verwechslung**: Schwefelköpfe (S. 342), im Nadelwald: Nadel-Schüppling (unten), an Weide, mit kleineren Sporen: Weiden-Schüppling *(P. conissans)*.

Kohlen-Schüppling

Pholiota carbonaria (Fr.: Fr.) Singer Syn.: *P. highlandensis*

Merkmale: Hut 1–4 cm breit, fleisch-, gelb- bis rotbraun, gelbfuchsig, rötlich-ocker, Rand meist heller, vom Velum schwach überfasert, Huthaut klebrig; Lamellen blaß weißlich-gelblich, bei Reife schmutzig olivbräunlich; Stiel heller als der Hut, gelblich bis bräunlich, flockig-faserig, an der Spitze mit schmaler Cortinazone; Fleisch weißlich, in Stielbasis bräunlich; Geschmack mild bis bitterlich; Sp. 6–8 × 3,5–4,5 μ, mit Kp. **Vorkommen**: VI–X; auf Brandstellen, zwischen Holzkohle, vorwiegend im Nadelwald, auch auf verkohlten Stümpfen, gesellig; relativ häufig. **Anmerkung**: Diese Art ist am besten durch ihren Standort gekennzeichnet. Sie gehört zu den typischen Bewohnern einer Brandstelle. **Verwechslung**: Nadel-Schüppling (unten), Dunkelscheibiger Fälbling (S. 294).

Nadel-Schüppling

Pholiota spumosa (Fr.) Singer

Merkmale: Hut 2–5 cm breit, blaß bis kräftig zitronengelb, Scheitel fuchsig (anderer Name: Zweifarbiger Schüppling), Huthaut kahl, bei feuchtem Wetter schleimig, Rand mit spärlichen Velumresten; Lamellen jung strohgelblich bis lebhaft gelb, dann olivbräunlich; Stiel blaß gelblich, zur Basis hin zunehmend bräunlich, gänzlich faserschuppig, Spitze mit von ausfallenden Sporen gebräunter Cortinazone; Fleisch blaß bis kräftig gelb; Geschmack meist mild, seltener bitterlich; Sp. 6–8 × 3–4,5 μ, mit Kp. **Vorkommen**: VIII–X; an abgestorbenen Nadelholzästen und am Boden im Nadelwald, unter Fichten oder Kiefern; zerstreut. **Verwechslung**: Erlen-Schüppling (oben), Kohlen-Schüppling (Mitte), Seidiger Schüppling (S. 340), Rauchblättriger Schwefelkopf (S. 342).

Seidiger Schüppling

Pholiota scamba (Fr.: Fr.) M. M. Moser

Merkmale: Hut 1–3 cm breit, blaß ocker- bis olivgelblich, Huthaut seidenmatt, kahl, etwas klebrig, äußerster Rand durch Velumreste flockig-gezähnt; Lamellen blaß gelblich, dann olivbräunlich; Stiel blaß gelblich, gänzlich feinwollig überzogen, Form oft kurz und gekrümmt; Fleisch weißlich-gelblich; Sp. elliptisch-bohnenförmig, 7,5–9 × 4,5–5,5 μ, mit Kp. **Vorkommen**: VI–X; im Nadelwald, an feuchten Stellen, an kleinen feuchtliegenden Ästchen, nach Literaturangaben auch auf Laubholz, bevorzugt im Gebirge; selten. **Anmerkung**: Der Seidige Schüppling gehört zu den kleinsten seiner Gattung. Der kahle, blaß gefärbte Hut läßt kaum vermuten, einen Schüppling vor sich zu haben. **Verwechslung**: Nadel-Schüppling (S. 338).

Schmutzigbrauner Schüppling

Pholiota oedipus (Cooke) P. D. Orton
Syn.: *Phaeogalera oedipus*

Merkmale: Hut 1–3(5) cm breit, dunkel graubraun, hornbraun, mit auffallend hellerem Rand, hygrophan, stark ausblassend, Huthaut schmierig, Rand durchscheinend gerieft, jung mit vergänglichen weißen Velumflöckchen; Lamellen jung weißlich, beim Reifen ockerbräunlich; Stiel weißlich, flockig-faserig überkleidet, mit angedeuteter, faseriger Ringzone; Fleisch blaß bräunlich, besonders im Stiel; Sp. elliptisch, 8–10 × 4,5–6 μ, Kp. sehr schwach angedeutet, fast nicht sichtbar (Ölimmersion). **Vorkommen**: XI–IV; am Boden, zwischen Blättern von Pappeln oder Eschen, in Auwäldern; selten. **Anmerkung**: Die Art ist ein ausgesprochener Winterpilz, der zu einer Zeit wächst, wenn Pilzsammler kaum unterwegs sind. Das Foto entstand im März in den Innauen in der Nähe von Bad Füssing.

Mäuseöhrchen RL 3

Pholiota myosotis (Fr.: Fr.) Singer Syn.: *Hypholoma myosotis*

Merkmale: Hut 1–3(4) cm breit, olivgelblich bis olivbraun, Form bald flach-konvex, Huthaut klebrig-schmierig, Rand ohne oder mit steppnahtartig angeordneten, helleren Velumflöckchen; Lamellen erst schmutzig gelblich, dann zunehmend olivbräunlich, doch relativ hell bleibend; Stiel wie der Hut gefärbt, etwas flockig-faserig überkleidet, meist sehr lang und dünn, Basis oft wurzelnd, relativ elastisch; Sp. mandelförmig, 14–18,5 × 8–9 μ, mit Kp. **Vorkommen**: VIII–IX; in feuchten Wäldern und Sümpfen, besonders zwischen Torfmoos *(Sphagnum)*, einzeln bis gesellig; selten. **Anmerkung**: Der Name »Mäuseöhrchen« ist die wörtliche Übersetzung des wissenschaftlichen Artnamens. Je nach seinen Eigenschaften besitzt der Pilz noch weitere Namen: Sumpf-Schwefelkopf oder Wurzelnder Schüppling. Die natürliche Gattungszugehörigkeit ist bis heute umstritten. **Verwechslung**: Torfmoos-Schwefelkopf (S. 346).

Gattung **Hypholoma** – Schwefelköpfe
Fam. Strophariaceae

Hüte trocken, kahl bis faserig-flockig (Velumreste), hygrophan; Lamellen breit angewachsen; Stiele trocken, ringlos, höchstens mit faseriger Ringzone; Spp. dunkelbraun, oft mit violettlichem Stich; Sp. elliptisch, glatt, meist mit Kp.; Lamellen mit Chrysozystiden; L-Tr. regulär; vorwiegend büschelige Holzbewohner; Saprophyten.

Grünblättriger Schwefelkopf

Hypholoma fasciculare (Huds.: Fr.) P. Kumm.

Merkmale: Hut 2–6 cm breit, fahl gelblich, schwefelgelb bis gelbgrünlich, einfarbig oder am Scheitel etwas fuchsig, völlig kahl oder am Rand mit seidig-faserigen bis steppnahtartigen Velumresten; Lamellen mit gelbgrünlichem Schein, reif dunkel olivbraun; Stiel blaß gelblich, schwach überfasert; Geschmack stark bitter; Sp. 6–8 × 4–4,5 μ, Kp. deutlich. **Vorkommen**: V–XI; an totem Laub- und Nadelholz, an liegenden Stämmen und Stümpfen; sehr häufig. **Verwechslung**: Rauchblättriger Schwefelkopf (Mitte).

Giftig; erzeugt Durchfall und Erbrechen. Latenzzeit ½–3 Stunden. Giftstoffe: Fasciculole.

Rauchblättriger Schwefelkopf

Hypholoma capnoides (Fr.: Fr.) P. Kumm.

Merkmale: Hut 2–6 cm breit, blaß ockergelblich, fleischocker, Rand heller, mit schwachen Velumresten; Lamellen lange zart rauchgrau, ohne gelbgrüne Töne; Stiel blaß gelblich, gegen die Basis bräunlich, schwach faserig; Geschmack roh etwas streng, mild; Sp. 6,5–8(9) × 4–5 μ, Kp. deutlich. **Vorkommen**: IX–X, vor allem im Spätherbst; an Nadelholzstümpfen, besonders Kiefer oder Fichte; häufig. **Verwechslung**: Grünblättriger Schwefelkopf (giftig, oben).

Eßbar; guter, ergiebiger Speisepilz; nur Hüte verwenden.

Ziegelroter Schwefelkopf

Hypholoma sublateritium (Fr.) Quél.

Merkmale: Hut 3–10 cm breit, kräftig ziegelrot, Rand von grüngelblichen Velumflocken meist üppiger überzogen; Lamellen jung blaß graugrünlich, dann olivbraun; Stiel weißlich bis hellgelb, zur Basis bräunlich, stark überfasert, oft mit faseriger Ringzone; Geschmack bitter oder bitterlich; Sp. 6–8 × 3,4–4,5 μ, Kp. deutlich. **Vorkommen**: VIII–XI; an Laubholzstümpfen; häufig. **Anmerkung**: Der größte unter den büscheligen Schwefelköpfen; an der ziegelroten Hutfarbe und dem üppigen Velum zu erkennen. Durch Abkochen (wie gelegentlich angeraten) ist der Pilz nicht zu entbittern. Giftwirkung siehe oben.

Geselliger Schwefelkopf

Hypholoma marginatum (Pers.: Fr.) J. Schröt.
Syn.: *H. dispersum*

Merkmale: Hut 1–4 cm breit, gelblich, ockerbräunlich oder rötlichocker, deutlich hygrophan, am Standort daher oft zweifarbig, Randbereich durch das Velum stark weißseidig überzogen; Lamellen jung blaß gelblichgrau, reif dunkel violettgrau, Schneide deutlich heller; Stiel bräunlich, Spitze oft gelblich, zur Basis hin fast schwarzbraun, stets auffällig weißfaserig bis fast genattert; Geschmack deutlich bitter; Sp. 7–9 × 4–5 μ, Kp. deutlich. **Vorkommen**: IX–XI; an totem, oft stark vermorschtem Nadelholz von Fichten oder Kiefern, nicht büschelig, aber in geselligen Gruppen; relativ häufig. **Anmerkung**: Die Art unterscheidet sich durch geselliges Wachstum von ähnlichen Schwefelköpfen. **Verwechslung**: Wurzelnder Schwefelkopf (Mitte).

Wurzelnder Schwefelkopf

Hypholoma radicosum J. E. Lange

Merkmale: Hut 2–6 cm breit, gelblich bis ockerbräunlich, kaum hygrophan, großflächig, besonders aber am Rand von weißseidigem Velum überzogen, im Alter schwindend; Lamellen meist schon jung mit Olivton, reif olivbraun, mit hellerer Schneide; Stiel auf gelbbraunem Grundton stark weißlich überfasert bis genattert, oft lang wurzelnd; Geruch streng muffig-pilzig; Geschmack bitter; Sp. 6–7(8) × 4–4,5 μ, Kp. kaum sichtbar. **Vorkommen**: VIII–XI; an stark vermorschten Nadelholzstümpfen, besonders Fichte, vorwiegend einzeln wachsend, kaum gesellig; zerstreut bis ortshäufig. **Anmerkung**: Vermutlich ist der von einigen Autoren unterschiedene Starkriechende Schwefelkopf *(H. epixanthum)* mit der beschriebenen Art identisch. Der wurzelnde, ziemlich kräftige Stiel ist für die Art typisch. **Verwechslung**: Geselliger Schwefelkopf (oben).

Teichrand-Schwefelkopf

RL 3

Hypholoma subericaeum (Fr.) Kühner

Merkmale: Hut 0,8–4 cm breit, gelblichocker, rot- oder olivbräunlich, hygrophan, beim Trocknen ausblassend, Form halbkugelig bis flach-konvex, Huthaut kahl, nicht schmierig, an sehr feuchten Standorten mit Kristallausscheidungen, aufgeschirmt ohne Velumspuren, Rand nur im Alter kurz durchscheinend gerieft; Lamellen blaß graugelblich, dann violettbraun; Stiel weißlich bis honiggelblich, gegen die Basis bräunlich, fast kahl, nur an der Spitze feinflockig; Geruch schwach erdig-muffig; Geschmack mild; Sp. 7,5–9,5 × 4,5–5,5 μ, Kp. kaum sichtbar. **Vorkommen**: IX–XI; in feuchten Laubwäldern, auf Torf- und Schlammböden, an Teichrändern und Wassergräben; selten. **Anmerkung**: Heide-Schwefelkopf *(H. ericaeus)* und Geriefter Schwefelkopf *(H. ericaeoides)* sind sehr ähnlich, unterscheiden sich aber mikroskopisch durch größere Sporen.

Torfmoos-Schwefelkopf

Hypholoma elongatum (Pers. em. Fr.) Ricken
Syn.: *H. elongatipes*

Merkmale: Hut 1–2(3) cm breit, ockergelblich bis olivgelblich, trocken, meist durchscheinend gerieft, jung mit gelblicher Cortina; Lamellen erst weißlich, reif olivgelblich, etwas entfernt; Stiel gelblich-bräunlich, spärlich weißflockig, oft sehr lang; Sp. 9,5–12(13) × 5,5–7 μ, Kp. kaum sichtbar. **Vorkommen**: VII–XI; zwischen Torfmoosen (*Sphagnum* oder *Polytrichum*), an feuchten, sumpfigen Waldstellen, Mooren; ortshäufig.

Gattung **Coprinus** – Tintlinge

Fam. Coprinaceae

Hut und Lamellen bei Reife meist tintenartig zerfließend; Hüte schuppig, haarig, glimmerig oder kahl, radial gefaltet-gefurcht; Lamellen erst blaß, dann grauend und allmählich schwärzend, aufsteigend angeheftet, selten frei; Stiele ohne oder (selten) mit Ring; Spp. dunkelbraun bis schwarz; Sp. glatt oder rauh, mit Kp.; L-Tr. regulär; Saprophyten auf Holz oder gedüngten Böden.

Glimmer-Tintling

Coprinus micaceus (Bull.: Fr.) Fr.

Merkmale: Hut 2–4 cm breit, beige bis ockerbräunlich, mit abwischbaren, weißen bis ockerfarbenen, glimmerigen Körnchen, bei feuchtem Wetter ganz zerfließend; Lamellen eng stehend, angeheftet; Stiel weißlich, kahl; Spp. schwarzbraun; Sp. fast rhombisch, schwach abgeplattet, glatt, 7–10 × 5–6 × 4,5–5,5 μ, Kp. deutlich vorstehend (Abb. 70); Hutkörnchen (Velum) rundzellig. **Vorkommen**: V–XI; an Stümpfen oder vergrabenem Laubholz, büschelig; häufig. **Verwechslung**: Weiden-Tintling (unten).

Giftig in Verbindung mit Alkohol (Giftwirkung siehe Grauer Tintling, S. 350), sonst ungiftig.

Weiden-Tintling

Coprinus truncorum (Scop.) Fr.

Merkmale: Hut 2–6 cm breit, beige- bis ockerbräunlich, breit kegelig-glockig, jung mit ockerfarbenen, flockig-körnigen Velumschüppchen; Lamellen eng stehend, angeheftet; Stiel weißlich bis hellocker, jung schwach bereift; Spp. schwarzbraun; Sp. elliptisch, kaum abgeplattet, glatt, 7–9,5(10) × 4,5–6 μ, Kp. nicht vorstehend (Abb. 71); Hutbelag (Velum) rundzellig. **Vorkommen**: V–VIII; am Boden und auf Stämmen und Strünken von Laubholz, teils büschelig; nicht selten. **Anmerkung**: Ist vom Glimmer-Tintling äußerlich nicht sicher unterscheidbar. **Verwechslung**: Glimmer-Tintling (Mitte).

Speisewert unbekannt.

Haus-Tintling

Coprinus domesticus (Bolton: Fr.) Gray

Merkmale: Hut 2–5 cm breit, hell beige, mit ockerbräunlichem Scheitel, jung gänzlich mit weißlichen, bald aber ockerbräunlichen, körnigen, vergänglichen Velumschüppchen bedeckt; Lamellen eng stehend, angeheftet; Stiel weiß, Basis manchmal gelbbräunlich, oft knotig verdickt und mit abgesetzter, umlaufender Kante, einem mehr oder weniger stark entwickeltem, rostbraunem Filz entspringend; Spp. dunkelbraun; Sp. schmalbohnenförmig, in Seitenansicht fast nierenförmig gekrümmt, glatt, 7,5–10 × 4–5(5,5) μ (Abb. 73); Hutbelag (Velum) aus rundlichen und verlängerten Elementen bestehend. **Vorkommen**: V–IX, vor allem im Frühsommer; an totem Laubholz, besonders an liegenden, dickeren Ästen; relativ häufig. **Anmerkung**: Der rostbraune Myzelfilz (Ozonium), aus dem die Fruchtkörper entspringen, kann bei dieser Art sehr auffällig sein und einen Ast mehrere Dezimeter weit überziehen. Manchmal ist er nur mit Mühe zu erkennen und unter der Rinde versteckt. Ein derartiges Ozonium kann auch beim Gesäten Tintling (S. 356) vorkommen. **Verwechslung**: Gelbschuppiger Tintling (Mitte).

Gelbschuppiger Tintling

Coprinus xanthothrix Romagn.

Merkmale: Hut 2–4 cm breit, elfenbeinfarben, beige bis hellocker, jung mit feinen gelblichen bis bräunlichen, schütter stehenden Velumkörnchen bedeckt; Lamellen engstehend, angeheftet; Stiel weiß, sehr zerbrechlich, Basis schwach verdickt, oft weißflockig abgesetzt; Spp. dunkelbraun; Sp. elliptisch, glatt, 8,5–10,5 × 5–6 μ; Hutbelag (Velum) besteht aus rundlichen und verlängerten Elementen. **Vorkommen**: V–VIII; am Boden oder an kleineren Laubholzästchen, meist vereinzelt; lokal nicht selten. **Anmerkung**: Bei dieser Art wird gewöhnlich kein Ozonium (vgl. oben) gefunden. **Verwechslung**: Haus-Tintling (oben).

Flockiger Tintling

Coprinus flocculosus (DC.) Fr.

Merkmale: Hut 1,5–4 cm breit, weißlich, grauweißlich, mit beigefarbenem bis bräunlichem Scheitel, jung gänzlich mit weißlichem, pelzartigem Velum überzogen, bald flockig auflösend; Lamellen eng stehend, angeheftet; Stiel weißlich, Basis manchmal weißflockig umkränzt; Spp. schwarz; Sp. elliptisch, glatt, 12–16 × 7–9 μ, Kp. in Seitenansicht schief (Abb. 72); Hutbelag (Velum) zellig bis kurzhyphig. **Vorkommen**: VI–VIII; auf gedüngtem Boden, zwischen Sägespänen und Holzhäcksel, gedüngte Parkanlagen, Gärten; selten. **Anmerkung**: Durch den weißen, geschlossenen Hutfilz unterscheidet sich dieser Tintling äußerlich von verwandten Arten. Im Mikroskop sind die großen Sporen mit schiefem Keimporus typisch.

Schopf-Tintling

Coprinus comatus (Müll.: Fr.) Pers.

Merkmale: Hut 5–12 cm hoch, jung reinweiß, walzenförmig, mit weißlichen, sparrig abstehenden Schuppen, Scheitel kahl, etwas dunkler gefärbt, beim Reifen vom Rande her rötlich, dann schwärzlich färbend, schließlich aufrollend und tintenartig abtropfend; Lamellen weiß, dann rötlich bis schwarz, sehr eng stehend, angeheftet; Stiel weiß, mit schmalem, lose sitzendem Ring, etwas wurzelnd; Geruch angenehm würzig-pilzartig; Spp. schwarz; Sp. elliptisch, glatt, 10–15 × 6–8 μ. **Vorkommen**: V–XI; gedüngte Wiesen, Felder, Äcker, Wegränder; häufig. **Verwechslung**: Grauer Tintling (Mitte), Specht-Tintling (S. 352).
Eßbar; guter Speisepilz zur sofortigen Verwertung, auch zum Panieren geeignet. Es werden nur ganz junge, geschlossene, völlig weiß gefärbte Exemplare verwendet.

Grauer Tintling

Coprinus atramentarius (Bull.: Fr.) Fr.

Merkmale: Hut 4–8 cm breit, aschgrau bis graubräunlich, seltener beigebräunlich, längsgefaltet (anderer Name: Falten-Tintling), Oberfläche kahl, Scheitel seltener feinschuppig; Lamellen jung grau, sehr gedrängt, angeheftet; Stiel weißlich, unten mit knotenförmiger Verdickung (anderer Name: Knoten-Tintling), unterhalb der Verdickung etwas schuppig, manchmal wurzelnd; Spp. schwarz; Sp. elliptisch, glatt, 8–10(11) × 4,5–6 μ. **Vorkommen**: V–XI; in Laub- und Mischwäldern, Parkanlagen, Gärten, Wiesen, Wegränder, oft auf vergrabenem Holz, büschelig bis einzeln; häufig. **Verwechslung**: Schopf-Tintling (oben), Spitzkegeliger (unten) und Großer Rauhspor-Tintling (S. 352).
Giftig in Verbindung mit Alkohol, sonst ungiftig. Der Inhaltsstoff Coprin bewirkt bei Alkoholgenuß vor oder nach der Mahlzeit vorübergehend Gesichtsröte, Hitzegefühl, Schwindel und evtl. Atemnot (Antabuswirkung).

Spitzkegeliger Tintling

Coprinus acuminatus (Romagn.) P. D. Orton
Syn.: *C. atramentarius* var. *acuminatus*

Merkmale: Hut ungeöffnet 2–4 cm hoch, hell aschgrau bis graubräunlich, Form schlank-parabolisch, mit mehr oder weniger zugespitztem, dunklerem Scheitel, Oberfläche bis zum Scheitel fein längsstreifig; Lamellen jung grau, sehr eng stehend, angeheftet; Stiel weißlich, im unteren Teil etwas schuppig werdend, schwach wurzelnd; Spp. schwarz; Sp. schlank-elliptisch, glatt, 9–12 × 4,5–5 μ. **Vorkommen**: VIII–X; im Laubwald, z. B. unter Rotbuchen, auf lehm- oder kalkhaltigen Böden, gesellig bis büschelig; selten. **Anmerkung**: Der Pilz ist schlanker und kleiner als der ähnliche Graue Tintling. Die Sporen sind aber länger und schmaler, wirken also deutlich schlanker. Speisewert siehe Mitte.

Großer Rauhspor-Tintling

Coprinus alopecia Lasch Syn.: *C. insignis*

Merkmale: Hut ungeöffnet 3–7 cm hoch, grau bis graubräunlich, am Scheitel mehr bräunlich, Form walzenförmig bis parabolisch, an der Spitze eher abgerundet, Oberfläche jung mit sehr zarten, vergänglichen Haarschüppchen bedeckt, vom Scheitel her schnell verkahlend (Alopeciose = Glatzenbildung, anderer Name: Fuchsräude-Tintling); Lamellen jung grau, sehr gedrängt, angeheftet; Stiel weiß, zylindrisch, gänzlich feinflockig; Spp. schwarz; Sp. fast zitronenförmig, grobwarzig, 10–13 × 6,5–8 µ (Abb. 74). **Vorkommen**: VII–IX; an Totholz oder am Fuße noch lebender Laubbäume, gesellig bis büschelig; selten. **Verwechslung**: Grauer und Spitzkegeliger Tintling (S. 350).
Giftig in Verbindung mit Alkohol (Giftwirkung siehe Grauer Tintling, S. 350), sonst vermutlich ungiftig.

Specht-Tintling

Coprinus picaceus (Bull.: Fr.) Gray

Merkmale: Hut ungeöffnet 4–10 cm hoch, schwarzbraun, jung von weißem, pelzartigem Velumfilz vollständig bedeckt, beim Strecken des Hutes unregelmäßig aufreißend, dadurch an ein Specht- oder Elstergefieder erinnernd (anderer Name: Elstern-Tintling); Lamellen eng stehend, angeheftet; Stiel weiß, meist relativ lang, über die gesamte Länge feinflockig, Basis etwas knollig erweitert; Spp. schwarz; Sp. elliptisch, glatt, 14–18 × 10–12 µ; Hutbelag (Velum) besteht aus dünnen Hyphen. **Vorkommen**: VIII–X; im Laub-, seltener Nadelwald, in Mitteleuropa vorwiegend unter Rotbuchen, auf Kalkböden, oft einzeln stehend; relativ selten. **Anmerkung**: Auf Mallorca kann die Art im reinen Nadelwald unter Aleppokiefern gefunden werden. Wegen seiner Größe sind Verwechslungen kaum möglich.
Speisewert unbekannt.

Warzigsporiger Tintling RL 3

Coprinus echinosporus Buller

Merkmale: Hut ungeöffnet 1–3 cm hoch, heller oder dunkler grau, Scheitel fast schwärzlich, Form jung fingerhutförmig, mit dichtem, weißhaarigem Velumbelag, der sich bald flockig auflöst und schließlich abgetragen wird; Lamellen jung grau, eng stehend, angeheftet; Stiel weiß, zylindrisch, auf ganzer Länge relativ grobflockig; Spp. schwarz; Sp. fast zitronenförmig, warzig, 8,5–11 × 5,5–7 µ (Abb. 75); Hutbelag (Velum) besteht aus dünnen, verzweigten Hyphen. **Vorkommen**: VI–IX; im Laub- und Nadelwald, auf vermorschten Ästen oder in der Nadelstreu, vereinzelt bis gesellig wachsend; selten. **Anmerkung**: Ähnlich rauhe, aber größere Sporen besitzt der Kleine Rauhspor-Tintling (S. 358). Doch ist dessen Hut nie mit haarigem Filz bedeckt, sondern kahl. **Verwechslung**: Mit glatten Sporen: Hasenpfote (S. 354), Struppiger Tintling (S. 354).

Struppiger Tintling

Coprinus cinereus (Schaeff.: Fr.) Gray (Foto oben)
Syn.: *C. macrocephalus*, *C. fimetarius*

Merkmale: Hut ungeöffnet 2–4 cm hoch, olivgrau bis graubraun, fingerhutförmig, zuerst vollständig mit weißlichem, struppig abstehendem, haarigem Filz bedeckt, später verkahlend; Lamellen gedrängt stehend, angeheftet; Stiel weiß, gänzlich wollig-flockig (anderer Name: Wollstieliger Tintling), manchmal wurzelnd; Spp. schwarz; Sp. elliptisch, glatt, 9–13 × 6–7,5 μ; Hutfilz (Velum) hyphig. **Vorkommen**: V–XI; auf Pferdemist, gedüngten Böden, Kompost, Gartenabfällen, Strohhaufen usw., gesellig bis büschelig; häufig. **Verwechslung**: Hasenpfote (Mitte links), Warzigsporiger Tintling (S. 352).

Hasenpfote

Coprinus lagopus (Fr.: Fr.) Fr. (Foto Mitte links)

Merkmale: Hut ungeöffnet 1–2 cm hoch, olivgrau, grau, fingerhutförmig, tief längsfaltig, beim Zerfließen den Rand stark einrollend, jung weißhaarig; Lamellen kurz angeheftet; Stiel weiß, wollig-flockig; Spp. schwarz; Sp. elliptisch, glatt, 10–13 × 6,5–8 μ; Hutbelag (Velum) rein hyphig. **Vorkommen**: VII–X; im Laub- und Mischwald, einzeln, nicht auf Mist oder Dünger; relativ häufig. **Verwechslung**: Struppiger Tintling (oben).

Braunsporiger Tintling

Coprinus phaeosporus P. Karst. (Foto Mitte rechts)

Merkmale: Hut 1–3 cm breit, jung weißlich bis elfenbeinfarben, dann vom Rande her zunehmend grau, mit spärlichen Hutflöckchen; Lamellen gedrängt stehend, angeheftet; Stiel weiß, kahl, Basis mit scharf abgesetztem Knöllchen; Spp. dunkelbraun; Sp. fast rundlich, glatt, 7–9 × 6–7(8) μ, Kp. sehr breit (Abb. 76); Hutflöckchen (Velum) bestehen aus dickwandigen, z. T. bräunlichen, geweihartig verzweigten Hyphen. **Vorkommen**: VI–VIII; im Laub- und Mischwald, auf Erde und Holzresten, vereinzelt stehend; selten.

Rosafüßiger Tintling

Coprinus cothurnatus Godey in Gillet (Foto unten)

Merkmale: Hut ungeöffnet 1–2 cm hoch, jung reinweiß, dann vom Rande her allmählich grau werdend, stark längsfaltig, mit üppigem, weißem, später bräunendem, körnigem Velumbelag; Lamellen eng stehend, angeheftet; Stiel weiß, gänzlich mehlig-körnig, gegen die Basis alt oder auf Druck rosa verfärbend (Name); Spp. schwarzbraun; Sp. elliptisch, glatt, 12–14 × 7–8,5 μ; Hutbelag (Velum) besteht aus rundlichen, glatten Zellen. **Vorkommen**: VI–VIII; auf gedüngtem Boden, Pferdemist, Misthaufen, büschelig; selten. **Verwechslung**: Schneeweißer Tintling (S. 356).

Schneeweißer Tintling

Coprinus niveus (Pers.: Fr.) Fr.

Merkmale: Hut ungeöffnet 1,5–4 cm hoch, weiß, Form fingerhutförmig bis glockig, lange so bleibend, Oberfläche gänzlich dichtkörnig, mehlig-wollig oder wie bepudert, ohne deutliche Radialriefung; Lamellen eng stehend, angeheftet; Stiel weiß, auf gesamter Länge dicht wollig-mehlig, eher verkahlend als der Hut; Spp. schwarz; Sp. breitelliptisch, glatt, im Querschnitt oval, 11–18 × 10–13,5 × 8–11,5 µ; Hutbelag (Velum) rein rundzellig. **Vorkommen**: VII–XI; auf Kuh- oder Pferdemist, auf gedüngten Wiesen, Misthaufen, Äckern, meist einzeln stehend und in direkter Verbindung mit dem Mist wachsend; zerstreut. **Anmerkung**: Die Sporenform ist bei dieser Art variabel. Exemplare mit in Breitansicht mehr rundlichen Sporen: var. *latisporus*. **Verwechslung**: Rosafüßiger Tintling (S. 354).

Gesäter Tintling

Coprinus disseminatus (Pers.: Fr.) Gray

Merkmale: Hut 1–2 cm breit, jung beigefarben bis ockergelblich, dann zartgrau, Form zuerst fingerhutförmig, dann breitglockig, deutlich radialgefurcht, Huthaut kahl; Lamellen entfernt stehend, angeheftet; Stiel weißlich, etwas hyalin wirkend, gänzlich fein bereift, an der Basis manchmal mit spärlichem, rostbraunem Myzelfilz (Ozonium); Spp. schwarzbraun; Sp. elliptisch, glatt, 7–10 × 4–5 µ. **Vorkommen**: V–X; an totem Laubholz, an Stümpfen und Stämmen, seltener scheinbar auf Erde (vergrabenes Holz), in dichten Rasen, oft wie gesät (Name); häufig. **Anmerkung**: Die Art gehört zu den wenigen Tintlingen, deren Hut und Lamellen nicht zerfließen. Sie wurde deshalb früher zu den Zärtlingen *(Psathyrella)* gestellt. Das stark rasige Wachstum macht den Pilz kaum verwechselbar.

Giftig in Verbindung mit Alkohol (Giftwirkung siehe Grauer Tintling, S. 350), sonst ungiftig; als Speisepilz zu klein.

Kantigsporiger Tintling

Coprinus marculentus Britzelm. Syn.: *C. hexagonosporus*

Merkmale: Hut ungeöffnet 0,5–1,5 cm hoch, heller oder dunkler fleisch- bis haselbräunlich, mit dunklerem Scheitel, Form zuerst schlank-zylindrisch bis fingerhutförmig, vor dem Zerfließen flach ausgebreitet, stark radialriefig, Oberfläche durch feine, haarförmige Zystiden bereift; Lamellen gedrängt stehend, angeheftet; Stiel fleischbräunlich, gänzlich weißlich bereift; Spp. schwarz; Sp. in Breitansicht länglich-sechseckig, glatt, 12–14 × 7–8 × 6–6,5 µ, Kp. in Seitenansicht schief sitzend (Abb. 77). **Vorkommen**: VI–IX; direkt auf Kuh- oder Pferdemist; selten. **Anmerkung**: Die Art ist im Mikroskop an den typisch sechseckigen Sporen zu erkennen. Gewisse Ähnlichkeit besitzen die Sporen des Kohlen-Tintlings, die in ihrer Form an eine Bischofsmütze erinnern. **Verwechslung**: Kohlen-Tintling (S. 358).

Kohlen-Tintling

Coprinus angulatus Peck

Merkmale: Hut 0,5–3 cm breit, heller oder dunkler bräunlich, beim Reifen bis auf den Scheitel zunehmend grau, ohne Velum, Form jung fingerhutartig, relativ grob längsgestreift; Lamellen angeheftet; Stiel hyalin-weißlich, gänzlich fein weiß bereift; Spp. schwarz; Sp. in Breitansicht einer Bischofsmütze ähnelnd, abgeflacht, glatt, 9–11 × 7–8 × 5,5–6,5 μ (Abb. 78). **Vorkommen**: V–VIII; auf mehrjährigen Brandstellen, an verkohlten Holzstückchen, einzeln bis gesellig; relativ selten. **Anmerkung**: Der Standort auf Brandstellen ist zwar für diese Art besonders typisch, doch können auch andere Tintlinge auf diesem Substrat vorkommen (z. B. die Rundsporige Hasenpfote, *C. lagopides*). Die Sporenform ist dann für die Bestimmung ausschlaggebend. **Verwechslung**: Auf Mist: Kantigsporiger Tintling (S. 356).

Kleiner Rauhspor-Tintling

Coprinus silvaticus Peck

Merkmale: Hut 1–4 cm breit, hell beigefarben, mit ockergelblichem bis bräunlichem Scheitel, beim Reifen vom Rande her grauend, erst fingerhutförmig, dann kegelig bis breit glockig, weit radialriefig, ohne Velumreste, aber durch Zystiden fein bereift; Lamellen gedrängt stehend, angeheftet; Stiel weiß bis gelblich, über die gesamte Länge fein bereift; Spp. schwarz; Sp. mandel- bis zitronenförmig, warzig, 11–14,5 × 7,5–9 μ (Abb. 79). **Vorkommen**: IV–IX; in Wäldern, Gärten und Parkanlagen, oft in Verbindung mit Holz, büschelig wachsend; selten. **Anmerkung**: Die Art ähnelt im Wuchs dem Glimmer-Tintling, doch fehlt ihr der körnige Hutbelag (Körnchen durch Regen abwaschbar!). Mikroskopisch sind die rauhen Sporen eindeutig. **Verwechslung**: Glimmer und Weiden-Tintling (S. 346).

Graublättriger Tintling

Coprinus impatiens (Fr.) Quél.

Merkmale: Hut ausgebreitet 2–3 cm breit, hell beigefarben bis ockerbräunlich, am Scheitel bräunlich bleibend, sonst allmählich grau umfärbend, grob radial gerieft-gefaltet, ohne Velum, dafür durch zahlreiche Zystiden bereift (Lupe); Lamellen erst beigebräunlich, dann grau, etwas entfernt stehend, kurz angeheftet; Stiel weiß, fein bereift, sehr gebrechlich; Spp. schwarzbraun; Sp. elliptisch, glatt, 8,5–11,5 × 5,5–7 μ; Zystiden der Huthaut ca. 40–100 μ lang. **Vorkommen**: IX–XI; im Laub- und Mischwald, am Boden zwischen feuchtem Laub, einzeln bis gesellig wachsend; nicht selten. **Anmerkung**: Hut und Lamellen zerfließen bei dieser Art nicht, ähnlich wie bei den »Scheibchentintlingen« (S. 360). Die Länge der Huthautzystiden ist ein wichtiges Merkmal zur Unterscheidung mehrerer ähnlicher Arten. **Verwechslung**: Huthautzystiden bis 150 μ lang: Steifstieliger Tintling *(C. hiascens)*.

Gemeiner Scheibchen-Tintling

Coprinus plicatilis (M. A. Curtis: Fr.) Fr.

Merkmale: Hut ausgebreitet 1–3 cm breit, jung beigebräunlich, dann bis auf den ungerieften Scheitel grau werdend, ausgebreitete Hüte tief radial gefurcht-gefaltet, ohne Velumbelag, bei Reife nicht zerfließend; Lamellen deutlich frei, bei Reife fast entfernt stehend; Stiel weißlich-hyalin, nach unten etwas ockerbräunlich, gänzlich bereift, sehr zerbrechlich; Spp. schwarzbraun; Sp. in Breitansicht etwas eckig, abgeflacht, glatt, 10–13 × 8,5–10 × 6,5–7,5 μ (Abb. 80); Kp. schief sitzend. **Vorkommen**: V–X; grasige Waldwege, Wiesen, Äcker, Parkanlagen und Gärten, gesellig; häufig. **Anmerkung**: Am aufgeschirmten Hut enden die Lamellen in deutlicher Entfernung vom Stiel. Es sieht aus, als seien sie an einem kleinen Scheibchen inseriert (Name). Alte, ausgesporte Lamellen sind fast durchsichtig, da sie lange erhalten bleiben und nicht zerfließen. **Verwechslung**: Kleinsporiger Scheibchen-Tintling (Mitte), Braunhaariger Tintling (unten).

Kleinsporiger Scheibchen-Tintling

Coprinus leiocephalus P. D. Orton

Merkmale: Hut ausgebreitet 1–2,5 cm breit, jung fast rotbraun, beim Reifen vom Rande her allmählich graubräunlich bis aschgrau, stark radial gefurcht-gefaltet, ohne Velum, nicht zerfließend; Lamellen entfernt, frei; Stiel weißlich, bereift; Spp. schwarzbraun; Sp. in Breitansicht etwas eckig, abgeflacht, glatt, 8,5–10,5 × 7,5–8,5 × 5–7 μ. **Vorkommen**: V–X; an grasigen Stellen, am Boden, Waldwege, Wiesen, Wegränder, gesellig; nicht selten. **Anmerkung**: Der Pilz unterscheidet sich vom Gemeinen Scheibchen-Tintling im wesentlichen durch die mehr braunen Hutfarben und kleinere Sporen. Die Lamellen sind ebenfalls deutlich frei. **Verwechslung**: Gemeiner Scheibchen-Tintling (oben), Braunhaariger Tintling (unten).

Braunhaariger Tintling

Coprinus auricomus Pat.

Merkmale: Hut ausgebreitet 2–4,5 cm breit, jung schön gold- bis rotbraun, beim Reifen bis auf den Scheitel graubräunlich umfärbend, erst dattel- bis fingerhutförmig, dann flach ausgebreitet und stark gefurcht-gefaltet, ohne Velum, Scheitel mit schütter stehenden, haarförmigen Zystiden (starke Lupe); Lamellen entfernt, frei; Stiel weißlich, gänzlich bereift; Spp. schwarzbraun; Sp. elliptisch, glatt, nur unwesentlich abgeflacht, 11–14 × 7,5–8 × 6,5–7 μ; Zystiden auf Hutscheitel bräunlich, ca. 80–400 μ lang. **Vorkommen**: V–IX; in Wäldern, Parkanlagen, Gärten, an kleinen Holzstückchen, Häcksel, gesellig; zerstreut. **Anmerkung**: Die Art gehört zwar zu den »Scheibchentintlingen«, besitzt aber nur undeutlich freie Lamellen. **Verwechslung**: Gemeiner (oben) und Kleinsporiger Scheibchen-Tintling (Mitte).

Gattung **Psathyrella** – Mürblinge, Faserlinge, Zärtlinge
Fam. Coprinaceae

Frkp. meist zerbrechlich; Hüte trocken, meist hygrophan, schuppig, flockig oder kahl, weder gefurcht noch zerfließend; Lamellen angewachsen, nicht zerfließend; Stiele kahl bis flockig, manchmal wurzelnd, meist ringlos; Spp. dunkelbraun, schwarzbraun (selten rötlichbraun oder schwarz); Sp. elliptisch, glatt, meist mit Kp.; L-Tr. regulär; Saprophyten auf Erde, Holz, Dung.

Schokoladenbrauner Mürbling

Psathyrella spadicea (Schaeff.) Singer Syn.: *P. sarcocephala*

Merkmale: Hut 3–7(9) cm breit, dunkelbraun, kakaobraun, mit rötlichem Beiton, hygrophan, beige- bis ockerbraun ausblassend, relativ fleischig, Oberfläche kahl, matt, ohne Velumspuren; Lamellen erst fleischbräunlich, dann kakaobraun; Stiel weißlich-fleischfarben, längsfaserig; Spp. mit rötlichem Ton (!); Sp. 8–10 × 4,5–5,5 μ, Kp. vorhanden; Zystiden an den Lamellen dickwandig, durch Kristalle beschopft (Abb. 81). **Vorkommen**: X–XI; an totem Laubholz, meist büschelig; zerstreut. **Verwechslung**: Mit gesäumtem Hut: Wäßriger Mürbling (S. 364).

Langstieliger Faserling

Psathyrella cotonea (Quél.) Konrad & Maubl.

Merkmale: Hut 2–7 cm breit, weißlich, elfenbeinfarben, später ockerlich, nicht hygrophan, Oberfläche dunkler anliegend geschuppt; Lamellen erst grau-, dann schokoladenbraun; Stiel weißlich, längsfaserig, auch mit faseriger Ringzone, Basis vom Myzel oft gelblich überzogen; Sp. 8–9,5 × 3,5–4,5 μ. **Vorkommen**: IX–XI; an abgestorbenem Laubholz, besonders Rotbuche, büschelig; relativ selten. **Verwechslung**: In allen Teilen dunkler: Fleckiger Mürbling *(P. maculata)*.

Medusenhaupt

Psathyrella caputmedusae (Fr.) Konrad & Maubl.

Merkmale: Hut 3–6 cm breit, Scheitel heller oder dunkler holzbräunlich, Randbereich heller und in sparrige Schuppen aufgelöst, kaum hygrophan; Lamellen reif schokoladenbraun, mit hellerer Schneide, eng stehend, fast dicklich, breit; Stiel weißlich, mit dickem, häutigem Ring, im unteren Teil mit sparrig abstehenden Schuppen; Geruch im Alter fast sellerieartig; Geschmack unangenehm; Sp. fast rhombisch, 9,5–12 × 5,5–7,5 μ, Kp. sehr undeutlich (Abb. 82). **Vorkommen**: VIII–X; an Nadelholzstümpfen, vor allem Fichte, büschelig; selten. **Anmerkung**: Junge Exemplare haben durch die typische Hutschuppung eine gewisse Ähnlichkeit mit dem an Laubholz vorkommenden Pappel-Schüppling (S. 332).

Wäßriger Mürbling

Psathyrella piluliformis (Bull.: Fr.) P. D. Orton
Syn.: *P. hydrophila*

Merkmale: Hut 2–6 cm breit, dunkelbraun, mit wenig Rotanteil, hygrophan, trocken beige- bis ockerbraun, halbkugelig bis flach-konvex, Oberfläche bisweilen zart gerunzelt, Rand fein durchscheinend gerieft, von spärlichen Velumresten steppnahtartig gesäumt; Lamellen jung beigefarben, dann schokoladenbraun; Stiel schmutzig weißlich, erst schwach überfasert, dann kahl, sehr zerbrechlich; Sp. 5,5–6,5 × 3–3,5 µ, ohne Kp. **Vorkommen**: VIII–XI; an Laubholzstümpfen, vor allem an Rotbuche, meist in vielzähligen Büscheln; häufig. **Anmerkung**: Die Art wird auch als Weißstieliges Stockschwämmchen bezeichnet. **Verwechslung**: Stockschwämmchen (S. 316), Behangener Faserling (Mitte), Schokoladenbrauner Mürbling (S. 362).

Behangener Faserling

Psathyrella candolleana (Fr.: Fr.) Maire

Merkmale: Hut 2–6 cm breit, feucht blaß hornfarben bis honiggelblich, hygrophan, schnell weiß ausblassend, Oberfläche oft radialrunzelig, mit locker verteilten, zarten, weißen bis gelblichen Flöckchen, verkahlend, Rand mit typischem, länger haltbarem, weißflockigem Velumbehang; Lamellen jung weißlich, dann purpurbraun, mit (nicht konstantem) lila Reflex (anderer Name: Lilablättriger Saumpilz); Stiel weißlich, weiß überfasert bis kahl, immer ohne ausdauernden Ring; Fleisch sehr mürbe und brüchig; Sp. 6,5–8,5 × 4–5 µ, Kp. deutlich; Zystiden nur an Lamellenschneide vorhanden, an den Flächen fehlend. **Vorkommen**: V–X; an totem Laubholz, am Boden auf vergrabenem Holz, gesellig bis büschelig; sehr häufig. **Verwechslung**: Wäßriger Mürbling (oben).

Grauweißer Faserling

Psathyrella marcescibilis (Britzelm.) Singer

Merkmale: Hut 1–2,5 cm breit, jung blaß horngrau, hygrophan, vom Scheitel her schnell ausblassend, bei trockener Witterung einfarbig weißlich bis elfenbeinfarben, Form halbkugelig bis kegelig-glockig, Rand besonders jung mit weißen Velumflocken behangen, feucht fein durchscheinend gerieft; Lamellen erst zartgrau, beim Reifen schwarzbraun, mit lila Reflex, Schneide heller; Stiel weißlich-hyalin, fein faserflockig bis kahl, sehr zerbrechlich; Sp. 10–13,5 × 6–7,5 µ, Kp. deutlich; Zystiden nur an Lamellenschneide vorhanden. **Vorkommen**: V–IX; in Laub- und Mischwäldern, grasigen Waldwegen, Parkanlagen, gesellig oder einzeln am Boden; zerstreut. **Anmerkung**: Die Huthaut besteht aus dünnen Hyphen, nicht wie in dieser Gruppe üblich aus rundlichen Zellen. Der Hutrandbehang erinnert an den des Glocken-Düngerlings (S. 396).

Büscheliger Faserling

Psathyrella multipedata (Peck) A. H. Sm. Syn.: *P. stipatissima*

Merkmale: Hut bis ca. 2 cm breit, fleisch-, beige- bis graubräunlich, hygrophan, beim Trocknen ausblassend, Form parabolisch bis glockig, fein durchscheinend gerieft, beim Aufschirmen ohne sichtbare Velumreste; Lamellen reif dunkel schokoladenbraun, mit hellerer Schneide, gedrängt, breit angewachsen; Stiel weiß, unten im Bereich der jungen Hutkante oft mit haarig-flockiger, etwas undeutlicher Ringzone, unterhalb dieser flockig-faserig, darüber kahl, sehr zerbrechlich; Sp. 6,5–8 × 3,5–4,5 µ, Kp. deutlich. **Vorkommen**: VII–X; auf Erde in Laub- und Mischwäldern, Parkanlagen und Gärten, auch im Gras; zerstreut. **Anmerkung**: Die typischen dichten Büschel enthalten oft 30–50 Hüte. Diese Wuchsform erinnert an den im Nadelwald auftretenden Büschel-Rübling (S. 168).

Beifuß-Zärtling

Psathyrella artemisiae (Pass.) Konrad & Maubl.
Syn.: *P. squamosa*

Merkmale: Hut 2–4 cm breit, bei feuchtem Wetter bräunlich, doch nicht sehr dunkel, hygrophan, trocken hell beige, Mitte mit kleinem Buckel, Oberfläche gänzlich mit weißen, schütter verteilten, vergänglichen Faserflöckchen besetzt; Lamellen erst blaß, dann dunkelbraun, breit angewachsen; Stiel weiß, auf ganzer Länge faserflockig, manchmal auch mit angedeuteter Ringzone; Sp. 7–9 × 3,5–4,5 µ, Kp. relativ klein. **Vorkommen**: V–IX; im Laub- und Mischwald, an lichten Stellen zwischen Kräutern und Moosen, auf Erde, gesellig; zerstreut. **Anmerkung**: Die Art steht in einer Gruppe von Zärtlingen, die sowohl an der Schneide als auch an der Fläche der Lamellen Zystiden besitzen. Ein weißflockiges Hutvelum weisen hier auch andere, ähnlich aussehende Arten auf. Sie sind schwer zu unterscheiden. **Verwechslung**: Auf Brandstellen: Kohlen-Faserling (unten), auf Mist: Mist-Faserling (S. 368).

Kohlen-Faserling

Psathyrella pennata (Fr.) A. Pearson & Dennis

Merkmale: Hut 1–3(4) cm breit, fleisch- bis rotbraun, hygrophan, graubeige ausblassend, Oberfläche dicht weißwollig, Rand flockig-wollig behangen, Scheitel leicht gebuckelt, bald kahl werdend; Lamellen erst beigefarben, dann dunkelbraun, gedrängt stehend, breit angewachsen, Schneide heller, feinflockig; Stiel weißlich, im Innern blaß holzbräunlich, gänzlich, besonders aber im unteren Teil mit weißen, wolligen Flocken bedeckt; Sp. 7–9 × 3,5–4,5 µ, Kp. klein; Zystiden an Schneide und Fläche der Lamellen vorhanden, zuspitzend. **Vorkommen**: VI–IX; auf Brandstellen, an verkohlten Holzstückchen, einzeln bis gesellig wachsend; zerstreut. **Verwechslung**: Beifuß-Zärtling (Mitte), Mist-Faserling (S. 368).

Mist-Faserling

Psathyrella hirta Peck

Merkmale: Hut 1–2,5 cm breit, dunkel rotbraun, dattelbraun, hygrophan, beim Trocknen hell beigebräunlich, Form halbkugelig bis flach-konvex, feucht zart durchscheinend gerieft, mit schütter verteilten, weißen Velumflöckchen; Lamellen reif dunkelbraun, mäßig gedrängt, breit angewachsen; Stiel schmutzig weißlich, im Innern fleischbräunlich, mit weißen, sparrig abstehenden Schüppchen bedeckt, manchmal mit flockiger Ringzone; Sp. 9–11(13) × 5,5–6,5 μ, Kp. deutlich; Zystiden an Fläche und Schneide der Lamellen vorhanden. **Vorkommen**: VI–VIII; auf Mist, stark gedüngten Böden, Äckern, besonders Pferdemist, gesellig; selten. **Anmerkung**: Die Art ist durch ihren Standort auf Mist, dunkelbraunen Hut und weiße, über den ganzen Hut verteilte Velumflöckchen gekennzeichnet. **Verwechslung**: Beifuß-Zärtling (S. 366), Kohlen-Faserling (S. 366).

Weg-Zärtling

Psathyrella prona (Fr.) Gillet Syn.: *P. orbitarum*

Merkmale: Hut 0,5–2 cm breit, grau-, ocker- bis rotbräunlich, rußbraun, seltener auch fast weißlich, hygrophan, stark ausblassend, im Feuchtzustand deutlich durchscheinend gerieft, auch etwas gerunzelt, sehr dünnfleischig, ohne erkennbare Velumreste; Lamellen beigebräunlich, zwischenzeitlich auch mit Grauton, reif dunkelbraun, mit oder ohne rötlicher Schneide; Stiel blasser als der Hut, fleischfarben-hyalin, feinflockig; Sp. 14–17(19) × 6,5–8,5 μ, Kp. vorhanden; Zystiden an Schneide und Fläche der Lamellen vorhanden. **Vorkommen**: VI–IX; auf gedüngten Böden, an Wegrändern, entlang Waldwegen, Parkanlagen, Gärten; zerstreut. **Anmerkung**: Die vielen verschiedenen für die Art verwendeten Namen (z. B. *P. albidula, atomata, calcarea, picta, subatomata*) sind ein Indiz für ihre Variabilität.

Rotschneidiger Zärtling

Psathyrella corrugis (Pers.: Fr.) Konrad & Maubl.
Syn.: *P. gracilis*

Merkmale: Hut 1–3 cm breit, beige- bis honigbräunlich, später auch graubräunlich, sehr hygrophan, fast weiß abtrocknend, dann gelegentlich mit schwachem Rosaton, sehr dünnfleischig, meist auch jung ohne sichtbare Velumreste; Lamellen hellgrau, schließlich grauschwärzlich, Schneide mehr oder weniger deutlich rötlich (Lupe), breit angewachsen, kaum gedrängt stehend; Stiel hyalin-weißlich, bis auf den schwach überfaserten unteren Teil kahl, mehr oder weniger deutlich wurzelnd (!); Sp. 10–13 × 6–7 μ, Kp. deutlich; Zystiden an Fläche und Schneide der Lamellen vorhanden. **Vorkommen**: VIII–XI; im Laub- und Mischwald, am Boden zwischen feuchtem Laub, einzeln bis gesellig; relativ häufig. **Verwechslung**: Weißschneidiger Zärtling (S. 370), Geschwänzter Zärtling (S. 370).

Weißschneidiger Zärtling

Psathyrella bifrons (Berk.) A. H. Sm.

Merkmale: Hut 1–4 cm breit, jung sehr dunkel braun, dann von Mittelbraun in Weiß übergehend, ohne rosa Töne, sehr hygrophan, Oberfläche gerunzelt, Velum nur an sehr jungen Hüten üppig, dann völlig vergehend; Lamellen reif grauschwarz, mit weißer Schneide; Stiel weiß bis blaß fleischfarben, gänzlich flockig überfasert, Basis striegelig, mit gekrümmter wurzelartiger Verlängerung; Sp. 11–14,5 × 6–7,5 μ, Kp. deutlich; Zystiden an Fläche und Schneide der Lamellen anwesend. **Vorkommen**: X–XI; in Wäldern, Parkanlagen, Gärten, zwischen Laub, meist aber an kleinen Holzstückchen, Häcksel, sehr gesellig; lokal nicht selten (z. B. in mit Holzhäcksel gemulchten Parkanlagen). **Anmerkung**: Die Art ist mit dem Rotschneidigen Zärtling eng verwandt, zeichnet sich aber durch ein an jungen Hüten sehr ausgeprägtes Velum aus. **Verwechslung**: Rotschneidiger Zärtling (S. 368), Geschwänzter Zärtling (Mitte).

Geschwänzter Zärtling

RL R

Psathyrella atrolaminata Kits van Wav. Syn.: *P. caudata*

Merkmale: Hut 1–2,5 cm breit, dunkel rotbraun bis sepia, hygrophan, bald nur graubraun oder aschgrau, mit ockerbräunlichem Scheitel, Form kegelig-glockig bis fingerhutförmig, Velum nur an jungen Hüten als weißliches Randfibrillum sichtbar, sehr vergänglich; Lamellen erst blaß graubräunlich, dann grauschwärzlich, Schneide blaß (nicht rötlich), breit angewachsen; Stiel weißlich, im unteren Teil blaß überfasert, mehr oder weniger deutlich wurzelnd; Spp. schwarz; Sp. 11–14,5(16) × 6,5–7,5(8) μ, Kp. deutlich; Zystiden an Fläche und Schneide der Lamellen vorhanden. **Vorkommen**: IV–IX; auf gedüngten Böden, Äcker, Wegränder, auf Mist üppig und büschelig; selten. **Anmerkung**: Eine typische Art mit wurzelndem Stiel, was aber nicht immer leicht erkennbar ist. **Verwechslung**: Rotschneidiger Zärtling (S. 368), Weißschneidiger Zärtling (oben).

Steifstieliger Mürbling

Psathyrella conopilus (Fr.: Fr.) A. Pearson & Dennis
Syn.: *P. subatrata*

Merkmale: Hut 2–5 cm breit, kräftig rot- bis ockerbraun, hygrophan, ausblassend, Form typisch kegelig-glockig, feucht durchscheinend gerieft, ohne Velumspuren, doch Scheitel mit feinen, locker verteilten Härchen (Lupe); Lamellen reif violettschwarz, eng stehend, kurz angeheftet; Stiel weißlich-gelblich, auffallend lang und steif, ziemlich brüchig, nicht wurzelnd, ohne Velumspuren; Sp. 12–17 × 6,5–9,5 μ, Kp. deutlich; Zystiden nur an Lamellenschneide vorhanden; Huthaare braunwandig, bis ca. 300 μ lang. **Vorkommen**: VIII–X; im Laubwald, zwischen Laub oder an Ästchen, vor allem unter Rotbuchen, auch auf Kalkböden; lokal nicht selten.

Früher Mürbling

Psathyrella spadiceogrisea (Schaeff.) Maire Syn.: *P. vernalis*

Merkmale: Hut 2–5 cm breit, honig-, dattel- bis haselbraun, beim Reifen oft in Graubraun übergehend, stark hygrophan, hell beige oder graubeige ausblassend, Rand im Feuchtzustand durchscheinend gerieft, jung mit faserigen, sehr vergänglichen Velumresten; Lamellen zuerst blaß, dann dunkel purpurbraun, breit angewachsen; Stiel weißlich, auf Druck manchmal gilbend, jung zart weißlich überfasert, dann kahl, gelegentlich schwach wurzelnd; Sp. 8–10 × 4,5–5,5 μ, Kp. deutlich; Zystiden an Fläche und Schneide der Lamellen vorhanden. **Vorkommen**: IV–VI; in Laub- und Mischwäldern, Auwäldern, Parkanlagen, Gärten, offene, humusreiche Stellen, Bachränder usw., einzeln bis gesellig wachsend; häufig. **Anmerkung**: Die ziemlich veränderliche Art ist durch ihre frühe Erscheinungszeit gekennzeichnet.

Wildschweinkot-Zärtling

Psathyrella berolinensis Ew.Gerhardt

Merkmale: Hut 0,4–2 cm breit, hellocker, honigbräunlich, dann grauocker bis graubräunlich, hygrophan, ausblassend, Form halbkugelig bis kegelig-glockig, feucht deutlich durchscheinend gerieft (aber nicht gefaltet), ohne erkennbare Velumspuren, aber durch Zystiden bereift (Lupe); Lamellen zuerst hell beige, reif violettbraun, breit angewachsen, fast entfernt stehend; Stiel hyalin-weißlich, auf ganzer Länge dicht bereift, sehr zerbrechlich; Sp. 5,5–7,5 × 3–4 μ, Kp. vorhanden; Zystiden überall vorhanden (Hut, Stiel, Fläche und Schneide der Lamellen). **Vorkommen**: VII–IX; auf Kot von Wildschweinen, gesellig; selten. **Anmerkung**: Die wenig bekannte Art wurde bisher nur auf dem Kot von Wildschweinen gefunden. **Verwechslung**: Auf totem Holz: Gesäter Tintling (S. 356), an Halmen von Wasserpflanzen: Halm-Faserling (unten).

Halm-Faserling

Psathyrella typhae (Kalchbr.) A. Pearson & Dennis

Merkmale: Hut 1–2 cm breit, fleisch- oder beigebräunlich, hygrophan, ausblassend, dünnhäutig und sehr zart, Oberfläche bis auf den kleinen Mittenbuckel erst durchscheinend, dann fast gerunzelt-gerieft; Lamellen milchkaffeefarben, auch reif nur relativ blaß braun, gedrängt stehend, schmal angeheftet; Stiel weißlich, oben bereift, im unteren Teil mehr faserflockig, Basis oft mit kleinem Knöllchen; Spp. rostbraun (für die Gattung sehr hell); Sp. 9–11,5(14) × 6–7,5 μ, ohne Kp.; Zystiden nur an Lamellenschneide vorhanden. **Vorkommen**: (V)VII–IX; an abgestorbenen Stengeln von Wasserpflanzen, Rohrkolben, Schilfrohr, Binsen (Foto); selten. **Anmerkung**: Durch ihren speziellen Standort, den Pilzsammler kaum aufsuchen, wird die Art wohl oft übersehen. Die abgestorbenen, als Substrat dienenden Halme können nur schwer erreicht werden.

Tränender Saumpilz

Lacrymaria lacrymabunda (Bull.: Fr.) Pat.
Syn.: *Psathyrella velutina* (Fam. Coprinaceae)

Merkmale: Hut 3–10 cm breit, ocker- bis zimtbräunlich, auch löwengelb oder lebhaft feuerorange (var. *pyrotricha*), nicht hygrophan, Huthaut trocken, filzig-faserig, am Rande saumartig überstehend; Lamellen reif schokoladenbraun, Flächen typisch gescheckt, eng stehend, breit angewachsen, jung an den Schneiden wäßrige Tröpfchen ausscheidend (Name); Stiel heller als der Hut, mit faseriger, durch die Sporen schwärzender Ringzone, unterhalb überfasert, hohl; Fleisch sehr mürbe; Spp. schwarzbraun; Sp. zitronenförmig, grobwarzig, mit Kp. (Abb. 83); L-Tr. regulär. **Vorkommen**: VI–X; an grasigen Waldrändern, Wiesen, Äckern, Parks und Gärten, auf nährstoffreichen Böden, gesellig bis büschelig; häufig; Saprophyt.

Gattung **Gomphidius** – Gelbfüße, Schmierlinge
Fam. Gomphidiaceae

Frkp. fleischig; Hüte schleimig, schmierig oder selten trocken; Lamellen bei Reife dunkel, dicklich, entfernt stehend, weit herablaufend; Spp. dunkel oliv- bis schwarzbraun; Sp. länglich-spindelig, glatt, ohne Kp. (Abb. 84); L-Tr. bilateral; Mykorrhizapilze.

Kupferroter Gelbfuß

Gomphidius rutilus (Schaeff.: Fr.) S. Lundell
Syn.: *G. viscidus, Chroogomphus rutilus*

Merkmale: Hut 3–8 cm breit, orange-, kupfer- bis rotbräunlich, meist spitz gebuckelt, Huthaut schmierig, bei Trockenheit seidig glänzend; Lamellen erst kupfergrau, reif dunkel purpurbraun; Stiel kupferorange bis gelbbräunlich, von ockerfarbenem Velum etwas genattert, trocken, manchmal mit verdickter Ringzone, Basis zuspitzend; Fleisch safrangelblich bis weinrötlich, in Stielbasis chromgelb; Sp. 17–23 × 5,5–7 µ. **Vorkommen**: VII–X(XI); Kiefernwald; häufig. **Verwechslung**: Filziger Gelbfuß (unten).

Filziger Gelbfuß

Gomphidius helveticus Singer
Syn.: *Chroogomphus helveticus*

Merkmale: Hut 2–6 cm breit, gelborange, besonders im Alter stellenweise weinrötlich verfärbend, Mitte abgerundet bis breit gebuckelt, Huthaut filzig-faserig, nahezu trocken; Lamellen orangegelblich, durch die reifen Sporen nachdunkelnd, später stellenweise weinrötlich; Stiel wie der Hut gefärbt, trocken, schwachfilzig; Fleisch orangegelb, später weinrötlich, in Stielbasis chromgelb; Sp. 15–20(23) × 6,5–8 µ. **Vorkommen**: VII–X; im Gebirgs-Nadelwald, vor allem unter Fichten; lokal häufig. **Verwechslung**: Kupferroter Gelbfuß (Mitte).

Großer Gelbfuß

Gomphidius glutinosus (Schaeff.: Fr.) Fr.

Merkmale: Hut 4–12 cm breit, stahlgrau, graubraun, die graue Farbe allmählich verlierend, zuletzt fleischbräunlich, Mitte erst schwach gebuckelt, dann etwas vertieft, Huthaut mit dicker Schleimschicht überzogen, Schleim am Rande überstehend und mit dem Stiel verbunden, oft schleimige Fäden ziehend (anderer Name: Kuhmaul); Lamellen jung weißlich, dann zartgrau bis grauschwärzlich, jung durch eine Schleimschicht geschützt; Stiel weiß, unterer Teil leuchtend chromgelb, in Höhe der Lamellen mit ringförmigem Absatz, oberer Teil schleimig; Fleisch weiß, unteres Stieldrittel chromgelb; Sp. 18–21 × 5,5–6,5 µ. **Vorkommen**: VII–X; im Nadelwald, ausschließlich unter Fichten, besonders ab Mittelgebirgslagen; häufig. **Verwechslung**: Unter Lärchen: Gefleckter Gelbfuß (Mitte).

Eßbar; guter, ergiebiger, zartfleischiger Speisepilz. Die schleimige Huthaut ist vor der Zubereitung abzuziehen.

Gefleckter Gelbfuß

Gomphidius maculatus (Scop.: Fr.) Fr.

Merkmale: Hut 2–8(10) cm breit, blaß fleischgelblich, fleischbraun bis weinbräunlich, im Alter nachdunkelnd, oft mit schwarzbraunen Flecken, Huthaut mit dicker Schleimschicht versehen; Lamellen erst grauweißlich, reif grauschwärzlich; Stiel auf weißlichem Grund rotbraun bis schwarz punktiert, Basis zuspitzend; Fleisch weißlich, im Schnitt rötend, in Stielbasis chromgelb; Sp. 19–23 × 6–7,5 µ. **Vorkommen**: VIII–X; im Nadelwald, in enger Lebensgemeinschaft mit Lärchen, besonders im Gebirge; lokal nicht selten. **Anmerkung**: Ein gutes Kennzeichen dieser Art ist, daß sich die Fruchtkörper bei Berührung rötlich verfärben. Alte Druckstellen werden schwarzbraun. Tropfen des Hutschleimes sind bisweilen bernsteinfarben. Der nicht rötende Zierliche Schmierling *(G. gracilis)* ist vermutlich mit der beschriebenen Art identisch. **Verwechslung**: Großer Gelbfuß (oben).

Rosenroter Gelbfuß

RL 3

Gomphidius roseus (Fr.) Fr.

Merkmale: Hut 2–5 cm breit, blaß rosa bis leuchtend rosenrot, Mitte bald etwas vertieft, Huthaut auch bei Regenwetter nur schmierig, nicht schleimig; Lamellen weißlich, dann blaß grau, schließlich grauoliv; Stiel weiß, zuspitzend, unterhalb des Lamellenansatzes mit wollig verdickter Ringzone; Fleisch weiß, in Stielbasis rötlich bis gelblich; Sp. 16–21 × 4,5–6,5 µ. **Vorkommen**: VII–X; im Nadelwald, unter Kiefern, vor allem auf sauren Sandböden, zwischen Heidekraut, oft vereinzelt stehend; nicht selten. **Anmerkung**: Der Pilz erscheint oft in direkter Gesellschaft mit dem Kuh-Röhrling (S. 494), der die gleichen ökologischen Ansprüche hat.

Gattung **Galerina** – Häublinge
Fam. Cortinariaceae

Frkp. zart, dünnhäutig; Hüte meist trocken, hygrophan, mit oder ohne Velumspuren; Lamellen angewachsen; Stiele trocken, flockig oder kahl, seltener häutig beringt; Spp. rostgelb, rostbraun; Sp. glatt bis warzig, mandelförmig, gewöhnlich ohne Kp.; Huthaut radialhyphig; L-Tr. regulär; Saprophyten an Moos, Erde oder Holz.

Gesäumter Häubling

Galerina paludosa (Fr.) Kühner

Merkmale: Hut 1–3 cm breit, gelb-, ocker- bis rostbräunlich, kegelig-glockig bis flach-konvex, Huthaut feucht durchscheinend gerieft, schorfig-flockig, am Rand vom Velum fein weißlich gesäumt; Lamellen rostgelblich, eng stehend; Stiel dem Hut gleichfarbig oder dunkler, von weißlichem Velum stark flockig überfasert, manchmal mit flockiger Ringzone; Geruch und Geschmack mehlartig; Sp. fast glatt bis fein punktiert, 9–12 × 5,5–7 μ; Zystiden nur an Lamellenschneide vorhanden. **Vorkommen**: VI–X; in Sumpfgebieten, an Torfmoos *(Sphagnum)*; häufig, allgmein verbreitet. **Anmerkung**: Standort und üppiges Velum sind typisch.

Braunfüßiger Häubling

Galerina badipes (Fr.) Kühner

Merkmale: Hut 1–2,5 cm breit, honiggelb, ockergelblich, kegelig-glockig, feucht stark durchscheinend gerieft, Huthaut meist kahl, Rand manchmal mit schwachen Velumflöckchen; Lamellen hellgelb, dann rostgelblich; Stiel in der unteren Hälfte bald schwarzbraun, an der Spitze dem Hut gleichfarbig bleibend, mit deutlichen, hellen Velumflöckchen und manchmal faserig-flockiger Ringzone; Sp. glatt bis fein punktiert, 10–13,5 × 5,5–7 μ; Basidien vorwiegend 2-sporig; Zystiden an Schneide und Fläche der Lamellen vorhanden. **Vorkommen**: IX–XI; im Nadel- und Mischwald, an Holzstückchen, zwischen Kiefernnadeln und auf Erde; selten.

Atkinsons Häubling

Galerina atkinsoniana A. H. Sm.
Syn.: *G. vittiformis* var. *atkinsoniana*

Merkmale: Hut 0,5–1 cm breit, stumpf kegelig-glockig, feucht honigbräunlich, durchscheinend gerieft, ohne Velumspuren; Lamellen honig- bis zimtbräunlich, fast entfernt stehend; Stiel mit Hutfarbe, zur Basis dunkler, gänzlich bereift bis flockig; Geruch und Geschmack etwas rettichartig; Sp. feinwarzig, 10–12,5(17) × 5,5–8 μ; Basidien 2-sporig; Zystiden an Huthaut, Schneide und Fläche der Lamellen vorhanden. **Vorkommen**: VI–XI; zwischen Moosen in Feuchtgebieten; selten bis zerstreut.

Nadelholz-Häubling †

Galerina marginata (Batsch) Kühner

Merkmale: Hut 1–5 cm breit, ockerbräunlich, bernsteinfarben bis rötlichbraun, bei trockener Witterung hellocker, am Standort oft zweifarbig, Form halbkugelig, flach-konvex oder glockig, Huthaut meist kahl, Rand manchmal mit flüchtigen Velumfasern; Lamellen gelblich bis rostbräunlich; Stiel erst wie der Hut gefärbt, im Alter meist dunkler, mit häutigem Ring, unterhalb blaß überfasert; Geruch beim Reiben schwach mehlartig; Sp. feinwarzig, 7–10 × 4,5–6,5 μ (Abb. 85); Zystiden an Schneide und Fläche der Lamellen vorhanden. **Vorkommen**: IX–XI; gewöhnlich an abgestorbenem Nadelholz (Kiefer, Fichte), an Stümpfen und liegenden Ästen, selten an Laubholz, gesellig; relativ häufig. **Anmerkung**: Die Art (anderer Name: Gift-Häubling) gilt als gefährlicher Doppelgänger des eßbaren Stockschwämmchens (S. 316), da sie in Extremfällen diesem sehr ähnlich sehen kann. Man achte im Zweifel auf den Mehlgeruch, welcher dem Stockschwämmchen fehlt. Von Kostproben ist abzusehen. † Tödlich giftig; enthält Amatoxine wie der Grüne Knollenblätterpilz (vgl. S. 18).

Spitzhütiger Häubling

Galerina triscopa (Fr.) Kühner

Merkmale: Hut 0,5–1(2) cm breit, hasel-, zimt- bis rostbraun, etwas dunkler als die meisten Häublinge, trocken ausblassend, jung spitzkegelig, dann kegelig-glockig, feucht grob durchscheinend gerieft; Lamellen zimtbräunlich, etwas entfernt stehend; Stiel dunkler als der Hut, meist rotbraun, oben bereift, sonst schwach überfasert; Sp. warzig, 7–8,5(9) × 4–4,5 μ; Zystiden nur an Lamellenschneide vorhanden. **Vorkommen**: VIII–X; auf morschem, bemoostem Nadel- und Laubholz, meist einzeln wachsend; zerstreut bis relativ selten. **Anmerkung**: Spitzkegeliger Hut, dunkler Stiel und Vorkommen auf totem Holz sind für diese Art charakteristisch.

Gestiefelter Häubling

Galerina pumila (Pers.: Fr.) M. Lange ex Singer
Syn.: *G. mycenopsis*

Merkmale: Hut 1–2(3) cm breit, goldgelb bis honigbräunlich, Form halbkugelig bis flach-konvex, Huthaut feucht etwas klebrig, durchscheinend gerieft, ohne Velumspuren; Lamellen gelblich, dann rostbräunlich, etwas entfernt stehend; Stiel mit Hutfarbe, jung durch weißliches, spinnwebartiges, vergängliches Velum stark überfasert bis fast gestiefelt (Name); Geschmack rettichartig; Sp. glatt, 9–12(13,5) × 5–6,5 μ; Zystiden nur an Lamellenschneide vorhanden. **Vorkommen**: IX–XI, besonders im Spätherbst; vorwiegend im Nadelwald, zwischen Gras und diversen Laub- und Lebermoosen, gesellig; zerstreut, doch weit verbreitet. **Verwechslung**: Großsporiger Häubling (S. 382).

Großsporiger Häubling

Galerina clavata (Velen.) Kühner Syn.: *G. heterocystis*

Merkmale: Hut 0,5–2 cm breit, gelblich, hellocker, honigbräunlich, glockig bis breitkegelig, feucht grob durchscheinend gerieft, jung am Rande mit schwachen Velumspuren; Lamellen gelblich bis rostbräunlich; Stiel gelbbräunlich, deutlich von weißlichem Velum überfasert; Sp. warzig, 13–15,5 × 7–8 μ; Zystiden nur an Schneide der Lamellen vorhanden, mit kopfig abgesetzter Spitze; alle Hyphen ohne Schnallen. **Vorkommen**: X–XI; im Laub- und Nadelwald, Parkanlagen, auf feuchten, moosigen Wiesen; zerstreut. **Anmerkung**: Der Pilz teilt seinen Standort gelegentlich mit dem ähnlichen Rasen-Häubling *(G. laevis)*, auf dem Foto links und rechts außen zu sehen. Dieser besitzt einen glatten, nicht überfaserten Stiel und kleinere, fast glatte Sporen. Beide gehören zu einer Gruppe von Häublingen, denen die Schnallen im gesamten Fruchtkörper fehlen (U-Gatt. *Tubariopsis*).

Honiggelber Erlenschnitzling

Alnicola melinoides (Bull.: Fr.) Kühner
Syn.: *Naucoria escharoides* (Fam. Cortinariaceae)

Merkmale: Hut 1–2(3) cm breit, gelblich-beigefarben, Form jung halbkugelig, dann schnell flach-konvex ausbreitend, Huthaut trocken, stets matt, fein schorfig-filzig, äußerste Hutkante etwas flockig; Lamellen blaß gelblichocker, reif schmutzig zimtbraun, breit angewachsen, mäßig gedrängt stehend; Stiel gelblich-bräunlich, später nachdunkelnd, flockig überfasert; Geruch erdig-rettichartig; Geschmack bitter; Spp. rostgelblich; Sp. mandelförmig, fein rauh, 10–12 × 5–6,5 μ, ohne Kp.; Zystiden an Lamellenschneide mit dünn ausgezogener, z. T. kopfig erweiterter Spitze; L-Tr. regulär. **Vorkommen**: VIII–XI; in Sumpfgebieten, unter Erlen, gesellig; häufig; Mykorrhizapilz. **Anmerkung**: Unter den mehr als 15 bei uns vorkommenden Erlenschnitzlingen ist diese Art am schorfig-filzigen Hut und bitterem Geschmack gut zu erkennen.

Bernsteinfüßiger Schnitzling

Ramicola reducta (Fr.: Fr.) Watling
Syn.: *Simocybe reducta* (Fam. Cortinariaceae)

Merkmale: Hut 0,5–1,5(2) cm breit, olivgelblich bis olivbräunlich, Form halbkugelig bis flach-konvex, Huthaut trocken, durch Zystiden fein bereift (Lupe), schwach durchscheinend gerieft; Lamellen erst hell beige-, dann olivbräunlich, breit angewachsen; Stiel oliv- bis bernsteinbräunlich, auf ganzer Länge bereift; Spp. bräunlich; Sp. apfelkernförmig, glatt, (6,5)8–9,5 × 4–5 μ, ohne Kp.; Zystiden an Hut, Stiel und Lamellenschneide vorhanden; L-Tr. regulär. **Vorkommen**: VIII–X; am Erdboden und an totem, morschem Laubholz; selten; Saprophyt. **Anmerkung**: Die Schnitzlinge zeichnen sich durch olivbraune Farben aus.

Gattung **Conocybe** – Samthäubchen, Glockenschüpplinge
Fam. Bolbitiaceae

Hüte trocken oder jung klebrig, hygrophan, bisweilen durch Zystiden samtig (Name); Lamellen angeheftet bis angewachsen; Stiele ringlos oder beringt; Spp. rostbraun; Sp. elliptisch, glatt, meist mit Kp.; Zystiden z. T. typisch kopfig (Abb. 86); L-Tr. regulär; Huthaut zellig; Saprophyten auf Erde, Dung, Kulturwiesen.

Milchweißes Samthäubchen

Conocybe lactea (J. E. Lange) Métrod

Merkmale: Hut 1–2 cm breit, weiß bis elfenbeinfarben, erst fingerhutförmig, dann breitglockig, nie gänzlich ausgebreitet, Huthaut jung etwas schmierig, schwach längsriefig oder gerunzelt; Lamellen lange blaß, dann rostgelblich bis zimtbraun; Stiel hyalin-weißlich, gänzlich fein bepudert; Sp. 11–15 × 7–9 μ, mit Kp.; Zystiden an Lamellenschneide kopfig, am Stiel haarförmig. **Vorkommen**: VII–IX; an grasigen Standorten, Wiesen, Weiden, Wegrändern; relativ häufig.

Gerieftes Samthäubchen

Conocybe rickeniana Singer ex P. D. Orton

Merkmale: Hut (1)2–4 cm breit, feucht fast kastanienbraun, beim Trocknen gelblichbeige, lange mit dunklem Scheitel, fein durchscheinend gerieft; Lamellen reif lebhaft rostbräunlich; Stiel gelbbräunlich, zur Basis dunkler, unten bisweilen mit kleinem Knöllchen, gänzlich bereift; Sp. 7,5–9,5 × 4–5,5 μ, mit Kp.; Zystiden an Lamellen und Stiel ausschließlich kopfig. **Vorkommen**: VII–IX; in Laub- und Nadelwäldern, am Boden zwischen Moos, Nadeln und Blättern; zerstreut. **Verwechslung**: z. B. Flaumhaariges Samthäubchen (S. 386).

Dung-Samthäubchen

Conocybe rickenii (Jul.Schäff.) Kühner

Merkmale: Hut 1–2,5 cm breit, horn- bis honigbräunlich, später blaß horngrau und selbst weißlich, Huthaut jung deutlich klebrig, Rand gewöhnlich ungerieft; Lamellen reif zimtbräunlich wenig gedrängt stehend; Stiel horngrau bis rostbräunlich, gänzlich bereift-bepudert; Sp. (Basidien 4-sporig:) 10–12 × 6–7 μ oder (Basidien 2-sporig:) 12–16 × 7–9,5 μ, mit Kp.; Zystiden an Lamellenschneide kopfig, am Stiel ausschließlich haarförmig. **Vorkommen**: VI–IX; an gedüngten Orten, Misthaufen, Wiesen, Weiden, gedüngte Parkanlagen; zerstreut bis ortshäufig. **Anmerkung**: Für die Bestimmung ist die mikroskopische Untersuchung der Stiel-Zystiden und die Festlegung ihres Typs (kopfig oder nicht) unerläßlich. Bei gewissen Arten sind beide Typen am selben Stiel zu beobachten.

Flaumhaariges Samthäubchen

Conocybe digitalina (Velen.) Singer (Fotos oben)
Syn.: *C. cryptocystis*, *C. subpubescens*

Merkmale: Hut 1–3(4) cm breit, orangebräunlich bis gelblich-rostfarben, Form jung spitzkegelig bis fingerhutförmig, dann glockig, weit durchscheinend gerieft, gesamte Oberfläche feinst flaumhaarig (durch haarförmige Zystiden); Lamellen blaß dann kräftig zimtocker, ziemlich gedrängt stehend; Stiel gelblich, im unteren Teil bald bräunlich, gänzlich flaumig; Sp. 12–14 × 7,5–8,5 μ, mit Kp.; Zystiden an Lamellenschneide kopfig, doch oft mit kleinem, undeutlichen Köpfchen, am Stiel kopfig und haarförmig. **Vorkommen**: VI–IX; in Wäldern, am Boden zwischen Moosen, an Wegrändern, in feuchten Gräben; zerstreut. **Anmerkung**: Die flaumartige Behaarung ist auch ohne Lupe gut erkennbar. **Verwechslung**: Gerieftes Samthäubchen (S. 384).

Weißstieliger Glockenschüppling

Conocybe striipes (Cooke) S. Lundell Syn.: *Pholiotina striipes*

Merkmale: Hut 1–3,5 cm breit, relativ blaß fleisch- bis ockerbräunlich, beim Trocknen milchkaffeefarben, Rand sehr fein durchscheinend gerieft, ohne sichtbare Velumreste; Lamellen ocker- bis rostbräunlich, auch fast goldbräunlich, gedrängt stehend, aufsteigend angeheftet; Stiel weiß, oben feinflockig und dabei längsriefig; Sp. 6,5–11 × 4–5,5 μ, mit Kp.; Zystiden an Hut, Stiel und Lamellenschneide zugespitzt, nicht kopfig. **Vorkommen**: V–XI; auf gedüngten Rasenflächen, in Parkanlagen, Gärten; relativ selten. **Anmerkung**: Die Arten ohne kopfige Zystiden wurden lange Zeit als gesonderte Gattung *(Pholiotina)* behandelt. Bis auf die Form der Zystiden sind sie aber *Conocybe* so ähnlich, daß eine Trennung aus heutiger Sicht unnötig erscheint. Wegen des ringlosen weißen Stiels kann vorliegende Art leicht für einen Mürbling *(Psathyrella)* gehalten werden. Das Sporenpulver ist aber rostbraun und nicht schwarzbraun.

Behangener Glockenschüppling

Conocybe appendiculata J. E. Lange & Kühner ex Watling

Merkmale: Hut 1–2,5 cm breit, lebhaft gelbbraun, am Scheitel fast rotbräunlich, trocken hell beige, Huthaut jung schwach klebrig, dann trocken, durchscheinend gerieft, Rand durch weißliches Velum zackig behangen; Lamellen ocker, später rostbräunlich, schmal aufsteigend angeheftet; Stiel weißlich bis blaß ocker, gänzlich mit weißlichen faserigen Flöckchen bedeckt, doch nie mit häutigem Ring; Sp. 6,5–8(9,5) × 4–5 μ, Kp. undeutlich; Zystiden an Lamellenschneide schlank-haarförmig, mit abgerundeter Spitze. **Vorkommen**: V–X, besonders im Frühsommer; im Laub- und Nadelwald, am Boden auf Humus oder zwischen Holzstückchen und Kräutern, an offenen Stellen, Wegen usw.; zerstreut. **Verwechslung**: Hut klebrig-schmierig: Weißflockiger Kahlkopf (*Psilocybe inquilina* var. *crobula*).

Frühlings-Glockenschüppling

Conocybe aporos Kits van Wav. Syn.: *Pholiotina aporos*

Merkmale: Hut 1,5–3 cm breit, ocker-, zimt- oder kräftig rotbraun, bei trockener Witterung vom Scheitel her schnell ausblassend, Rand feucht kurz gerieft oder ungerieft, Huthaut trocken, kahl; Lamellen blaß ocker, dann rostbräunlich, aufsteigend angeheftet, Schneide manchmal schartig; Stiel heller als der Hut, im Innern braun gefärbt, außen weißlich überfasert, mit häutigem, oberseits gerieftem Ring; Geruch schwach nach Pelargonienblättern; Sp. 7–10 × 4–5,5 μ, ohne Kp.; Zystiden an Lamellenschneide fädig, gleichmäßig dick. **Vorkommen**: IV–V; in Wäldern, Parkanlagen, Gärten, an offenen, grasigen Stellen, gesellig; lokal nicht selten. **Anmerkung**: Eine sehr ähnliche im Herbst wachsende Art, deren Sporen einen Keimporus besitzen, ist der Rotbräunliche Glockenschüppling *(C. arrhenii)*. **Verwechslung**: Siehe Mitte und unten.

Krönchen-Glockenschüppling

Conocybe blattaria (Fr.) Kühner sensu Kits van Wav.
Syn.: *Pholiotina blattaria*

Merkmale: Hut 1,5–4 cm breit, ocker-, zimt- bis rostbräunlich, ausblassend, Rand meist ungerieft, Huthaut trocken, kahl und matt; Lamellen beigefarben bis ocker, schließlich rostocker, aufsteigend angeheftet, mäßig gedrängt; Stiel ockergelblich, mit breitem, kompakt wirkendem, oberseits gerieftem Ring; Geruch schwach nach Pelargonienblättern; Sp. 11–14 × 5,5–6,5 μ, Kp. deutlich; Zystiden an Lamellenschneide bauchig-zugespitzt. **Vorkommen**: (V)VII–IX; offene Waldstellen, Wegränder, Parkanlagen, zwischen Pflanzenresten, Grasplätze, gesellig; zerstreut. **Anmerkung**: Unter den beringten *Conocybe*-Arten besitzt diese den ausgeprägtesten Ring (vgl. auch Krönchen-Träuschling, S. 328). **Verwechslung**: Siehe oben und unten.

Zweisporiger Glockenschüppling

Conocybe teneroides (J. E. Lange) Kits van Wav.
Syn.: *Pholiotina teneroides*

Merkmale: Hut 1–2,5 cm breit, feucht meist rost- bis rotbraun, bei trockener Witterung beige-ocker, Form oft kegelig bis fingerhutartig, Huthaut trocken, feucht durchscheinend gerieft und gerunzelt; Lamellen reif rostbräunlich, aufsteigend angeheftet, eng stehend; Stiel oft dunkler als der Hut, besonders im unteren Teil bald dunkelbraun, mit dünnhäutigem, weißem, oberseits gerieftem Ring; Sp. 11,5–13,5 × 5,5–6,5 μ, mit Kp.; Basidien 2-sporig; Zystiden an Lamellenschneide breit sack- bis flaschenförmig. **Vorkommen**: VIII–X; in und außerhalb von Wäldern, Parkanlagen, Gärten, offene, grasige Stellen, gesellig; selten. **Anmerkung**: Die Art ist nur im Mikroskop an ihren 2-sporigen Basidien sicher zu erkennen. **Verwechslung**: Siehe oben und Mitte.

Gattung **Tubaria** – Trompetenschnitzlinge
Fam. Strophariaceae

Hüte trocken, meist hygrophan, mit oder ohne flockige Velumreste; Lamellen breit angewachsen bis kurz herablaufend; Stiele trocken, flockig, selten beringt; Spp. lebhaft ocker, selten rostbraun; Sp. elliptisch bis mandelförmig, glatt, ohne Kp.; L-Tr. regulär; Huthaut verzweigt-hyphig; Saprophyten auf Erde oder an Holz.

Gemeiner Trompetenschnitzling

Tubaria furfuracea (Pers.: Fr.) Gillet

Merkmale: Hut 1–3 cm breit, fleischbräunlich, rotbraun, sehr hygrophan, stark ausblassend, Rand feucht meist durchscheinend gerieft, durch blasse Velumreste steppnahtartig umsäumt; Lamellen gelblich bis rostocker, mäßig gedrängt; Stiel fleischfarben, fein flockig, im Alter kahl; Sp. 6–8(9) × (3,5)4–5,5 μ; Zystiden an Lamellenschneide meist schlank, oft kopfig abgesetzt. **Vorkommen**: I–VIII; in Wäldern, Parkanlagen, Gärten, auf Erde und an Holzstückchen; häufig. **Anmerkung**: Die in den Wintermonaten vorkommenden Pilze werden von einigen Autoren noch als eigenständige Art (Winter-Trompetenschnitzling, *T. hiemalis*) abgetrennt. Die Unterschiede erscheinen aber ziemlich willkürlich.

Flockiger Trompetenschnitzling

Tubaria conspersa (Pers.: Fr.) Fayod

Merkmale: Hut 0,5–2 cm breit, hell beige oder fleisch- bis graubräunlich, jung am ganzen Hut von filzigem, blassem Velum überzogen, Kante stark flockig behangen oder steppnahtartig gesäumt; Lamellen reif zimtbräunlich, kaum gedrängt; Stiel wie der Hut gefärbt, gänzlich flockig, gelegentlich mit flockiger Ringzone; Sp. 6,5–9,5(12) × 4–6 μ; Zystiden an Lamellenschneide meist bauchig. **Vorkommen**: VII–IX; im Laub- und Nadelwald, am Erdboden oder an Holzresten; mäßig häufig. **Verwechslung**: Gemeiner Trompetenschnitzling (oben).

Gelbblättriger Trompetenschnitzling

Tubaria dispersa (Pers.) Singer   Syn.: *T. autochthona*

Merkmale: Hut 0,5–1,5 cm breit, blaß gelblich bis ockerbräunlich, nicht hygrophan, schnell flach ausgebreitet, Huthaut matt, Rand manchmal mit zarten, fädigen Velumresten; Lamellen hellgelb, ockergelb bleibend; Stiel weißlich, flockig-faserig; Sp. mandelförmig, 6–7,5(9) × 3,5–4 μ; Zystiden an Lamellenschneide breit bauchig. **Vorkommen**: V–VIII; in Parkanlagen und Gärten, am Boden, gern unter Weißdorn; relativ selten. **Anmerkung**: Die auffallend gelben Lamellen sind für die Art typisch.

Beringter Trompetenschnitzling RL 1

Tubaria confragosa (Fr.) Harmaja

Merkmale: Hut 2–7 cm breit, dunkel rotbraun, bei Trockenheit stark ausblassend, jung durch weißliche Velumfasern fast pelzartig überzogen, später oft nur am Rand sparsam flockig; Lamellen dunkel rost- bis zimtbraun; Stiel auf rotbraunem Grunde weißlich überfasert, mit häutigem, jung trichterförmig aufsteigendem Ring; Spp. rostbräunlich, dunkler als bei anderen Arten der Gattung; Sp. 6,5–8 × 4,5–5 µ. **Vorkommen**: VIII–X; an totem Laubholz, vor allem Birke; nordisch-montane Art, in Mitteleuropa sehr selten (Schwarzwald). **Anmerkung**: Der Pilz war lange Zeit bei *Phaeomarasmius* untergebracht. Man könnte ihn wegen seines beringten Stieles auch für einen Schüppling *(Pholiota)* halten.

Gattung **Psilocybe** – Kahlköpfe

Fam. Strophariaceae

Hüte meist klebrig bis schmierig, hygrophan, völlig kahl oder mit flockigen Velumresten; Lamellen reif fast schwarzbraun, z. T. gescheckt, breit angewachsen; Stiele trocken, gewöhnlich ringlos; Spp. dunkelbraun, lila-schwarzbraun; Sp. elliptisch, etwas eckig, glatt, mit Kp.; L-Tr. regulär; Huthaut hyphig; Saprophyten.

Mist-Kahlkopf

Psilocybe coprophila (Bull. : Fr.) Quél.

Merkmale: Hut 0,5–3 cm breit, ocker- bis olivgelblich, bräunlich, Form halbkugelig bis konvex, Huthaut klebrig, Rand oft behangen; Lamellen bräunlich, dann fast schwarz, an den Flächen gescheckt, wie bei den Düngerlingen *(Panaeolus)*, Schneide weiß; Stiel gelblich bis bräunlich, flockig-faserig, manchmal mit schwacher Ringzone; Sp. in Breitansicht etwas eckig, 10,5–15 × 6,5–8,5 µ (Abb. 87). **Vorkommen**: IV–X; auf Äckern, Feldern, Wiesen, auf gedüngtem Boden oder direkt auf Mist; ortshäufig. **Verwechslung**: Größer, mit wurzelndem Stiel: Dung-Kahlkopf *(P. merdaria)*.

Trockener Kahlkopf

Psilocybe montana (Pers. : Fr.) P. Kumm.

Merkmale: Hut 0,5–1,5 cm breit, dunkel rot- bis sepiabraun, halbkugelig, durchscheinend gerieft, stark ausblassend, Huthaut fast ganz trocken, Rand meist ohne Velumreste; Lamellen reif dunkelbraun; Stiel wie Hut gefärbt, leicht überfasert; Sp. 7,5–9 × 4,5–5,5 µ. **Vorkommen**: III–IV(X); im Nadelwald, besonders auf sandigen Böden, zwischen niederen Moosen; zerstreut. **Anmerkung**: Der Name »Trockener Kahlkopf« weist indirekt auf die gelatinöse, gummiartig dehnbare Huthaut einiger Gattungsvertreter hin.

Büscheliger-Kahlkopf

Psilocybe subviscida (Peck) Kauffman

Merkmale: Hut 1–3 cm breit, dunkel hirschbraun, hell beigebräunlich ausblassend, Huthaut fettig glänzend, jung leicht klebrig, Rand meist ungerieft, mit weißlichen, vergänglichen Velumfasern; Lamellen fast schokoladenbraun, eng stehend; Stiel rötlichbraun, anfangs weißlich überfasert; Sp. 6–7,5(10) × 4,5–5 μ. **Vorkommen**: V–VIII; auf gedüngten Böden, auch an Rändern von Pferdemisthaufen, auf Äckern, Weiden; relativ selten. **Anmerkung**: Die Huthaut ist ziemlich trocken und nicht, wie bei anderen Arten der Gattung, gummiartig dehnbar oder schmierig. Die Vorliebe für stickstoffreiche Böden ist typisch.

Spitzkegeliger Kahlkopf

Psilocybe semilanceata (Fr.) P. Kumm.

Merkmale: Hut 1–2 cm breit, olivgelblich bis olivocker, Form typisch spitzkegelig oder schmalglockig, kaum weiter ausbreitend, Huthaut schmierig, kahl, feucht weit durchscheinend gerieft; Lamellen reif purpurschwärzlich, mit hellerer Schneide; Stiel blaß gelblich bis ockerbräunlich, feucht etwas wäßrig durchscheinend; Sp. 12–15 × 6,5–8 μ. **Vorkommen**: VIII–X; auf gedüngten Wiesen, besonders Schafweiden; zerstreut. **Anmerkung**: Ältere Fruchtkörper laufen an Hut und Stiel oft bläulich oder grünlich an, was mit den Inhaltsstoffen zusammenhängt. **Verwechslung**: Vgl. dunklere Düngerlinge (S. 396).
Giftig; enthält halluzinogene Stoffe (Psilocybin). Der Genuß erzeugt Rauschzustände und Wahnvorstellungen, verbunden mit Euphorie, aber auch Angst; Blutdruckabfall. Vor Selbstversuchen ist dringend abzuraten.

Heu-Düngerling

Panaeolina foenisecii (Pers.: Fr.) Maire (Fam. Coprinaceae)

Merkmale: Hut 1–3 cm breit, fleisch- bis rotbraun, sehr hygrophan, am Standort meist zweifarbig, beim Trocknen vom Scheitel her hell beige oder weißlich-inkarnat entfärbend, Huthaut trocken, Rand feucht weit durchscheinend gerieft; Lamellen erst graubeige, dann dunkelbraun, auf den Flächen typisch gescheckt, aufsteigend angeheftet; Stiel heller als der Hut, etwas hyalin, beim Trocknen weißlich, gänzlich feinflockig; Spp. schwarzbraun; Sp. zitronenförmig, deutlich rauh, (11,5)14–17(22) × (7,5)8,5–11 μ, mit großem Kp. (Abb. 88); Basidien 2- bis 4-sporig; Huthaut zellig; L-Tr. regulär. **Vorkommen**: V–X; auf gedüngten Wiesen, Weiden, Kulturrasen, grasige Wegränder; häufig. **Anmerkung**: Der Pilz erscheint bei geeigneter Witterung oft direkt nach dem Mähen der Wiesen (anderer Name: Heuschnittpilz). Er ist in Europa die einzige Art seiner Gattung. Entgegen weit verbreiteter Meinung enthält der Pilz kein giftiges Psilocybin. **Verwechslung**: Mit tiefschwarzem Sporenpulver: Düngerlinge (S. 396).

Gattung **Panaeolus** – Düngerlinge
Fam. Coprinaceae

Hüte parabolisch, kegelig-glockig, halbkugelig, meist hygrophan, Huthaut trocken, selten klebrig, mit oder ohne Velum; Lamellen reif schwärzlich, angewachsen, Fläche typisch gescheckt (durch zeitlich versetzte Sporenreife); Stiele unberingt, selten beringt; Spp. schwarz; Sp. etwas eckig, deutlich abgeflacht, glatt, selten fein rauh, mit Kp.; Huthaut zellig; L-Tr. regulär; Saprophyten.

Ring-Düngerling

Panaeolus semiovatus (Sowerby: Fr.) S. Lundell
Syn.: *P. separatus*

Merkmale: Hut 3–8 cm breit, elfenbeinfarben bis blaß graubräunlich, nicht hygrophan, Form parabolisch bis glockig, relativ fleischig, Huthaut klebrig-schmierig, bei Trockenheit felderig aufbrechend; Stiel wie der Hut gefärbt, mit häutigem, aufsteigendem, oberseits gerieftem Ring; Sp. glatt, 18–24 × 10,5–13 × 9,5–11,5 µ; Zystiden an Lamellenfläche mit lichtbrechendem Inhalt (Sulphidien, Abb. 89). **Vorkommen**: VI–X; auf Pferdemist, Kuhfladen, Almwiesen, vom Flachland bis Hochgebirge; lokal nicht selten.

Glocken-Düngerling

Panaeolus papilionaceus (Bull.: Fr.) Quél.
Syn.: *P. campanulatus, P. sphinctrinus*

Merkmale: Hut 1–5 cm breit, meist aschgrau bis graubräunlich, kaum hygrophan, Form glockig, Scheitel zugespitzt bis abgerundet, Huthaut trocken, glatt bis netzig gerunzelt, Rand mit weißlichen Velumzähnchen behangen; Stiel mit Hutfarbe, meist dunkel, steif und aufrecht, gänzlich bereift; Sp. in Breitansicht typisch länglich-sechseckig, glatt, 15–18 × 10–12 × 8–9,5 µ (Abb. 90). **Vorkommen**: V–X; auf Dung verschiedener Art, besonders Pferdemist, Misthaufen, gedüngte Wiesen, Wegränder, einzeln bis gesellig; häufig. **Verwechslung**: Spitzer Düngerling (unten), Grauweißer Faserling (S. 364).

Spitzer Düngerling

Panaeolus acuminatus (Schaeff.) Quél. Syn.: *P. rickenii*

Merkmale: Hut 1–3(4) cm breit, dunkel rot- bis schwarzbraun, auch graubräunlich, hygrophan, stark ausblassend, Form spitzkegelig, parabolisch bis glockig, Huthaut trocken, kahl, ohne Velumspuren; Stiel rot- bis schwarzbraun, weißlich bereift, oft lang und gerade (anderer Name: Langstieliger Düngerling); Sp. stark abgeflacht, glatt, 13–15 × 9–11 × 7–8 µ (Abb. 92). **Vorkommen**: V–X; auf gedüngten Böden, auch innerhalb des Waldes, Äcker, Weiden, Wegränder, meist vereinzelt; nicht selten. **Verwechslung**: Glocken-Düngerling (Mitte).

Dunkelrandiger Düngerling

Panaeolus cinctulus (Bolton) Sacc. Syn.: *P. subbalteatus*

Merkmale: Hut 1–5(8) cm breit, vorwiegend fleisch- bis rotbräunlich, sehr hygrophan, vom Scheitel her schnell ausblassend, daher am Standort oft zweifarbig »gegürtelt« (anderer Name: Gegürtelter Düngerling), Form halbkugelig bis flach-konvex, Mitte meist gebuckelt, Huthaut glatt oder gerunzelt bis grubig, trocken, ohne Velumspuren; Stiel fleisch- bis rotbräunlich, gänzlich fein bereift; Sp. in Breitansicht etwas rhombisch, wenig abgeflacht, glatt, 11–14 × 7,5–10 × 7–8 μ; Basidien 2- bis 4-sporig. **Vorkommen**: V–X; direkt auf Mist oder Dung, vor allem Pferdemist, Äcker, Felder, gedüngte Wiesen und Parkanlagen, oft büschelig; lokal nicht selten. **Anmerkung**: Die Art ist durch Größe und büscheliges Wachstum relativ gut erkennbar. **Verwechslung**: Dunkler Düngerling (Mitte).

Giftig; enthält oft größere Mengen des Halluzinogens Psilocybin. Giftwirkung siehe Spitzkegeliger Kahlkopf (S. 394).

Dunkler Düngerling

Panaeolus fimicola (Pers.: Fr.) Gillet Syn.: *P. ater*

Merkmale: Hut 1–2(2,5) cm breit, dunkel rot- bis schwarzbraun, deutlich hygrophan, vom Scheitel her ausblassend, am Standort lange mit dunklerer Randzone, Form meist halbkugelig, Huthaut trocken, kahl, glatt oder gerunzelt, Rand feucht durchscheinend gerieft, ohne Velumspuren; Stiel etwas heller als der Hut, beige- bis rotbräunlich, gänzlich bereift, oft relativ kurz und gebogen; Sp. kaum abgeflacht, glatt, 11–14 × 7–8 × 6–8 μ, Kp. oft schief sitzend (Abb. 91); Zystiden an Lamellenfläche mit lichtbrechendem Inhalt (Sulphidien) vorhanden, doch relativ klein. **Vorkommen**: V–X; an grasigen Standorten, gedüngte Wiesen, Kulturrasen, nicht direkt auf Mist, gesellig; nicht häufig. **Verwechslung**: Direkt auf Mist, größer: Dunkelrandiger Düngerling (oben), Punktiertsporiger Düngerling (unten).

Punktiertsporiger Düngerling

Panaeolus olivaceus F. H. Mœller

Merkmale: Hut 1–3(4) cm breit, olivschwärzlich, anthrazitfarben, graubraun, dunkelbraun, sehr hygrophan, schnell vom Scheitel her ausblassend, mit dunkler Randzone, schließlich gänzlich hell beigefarben, Huthaut glatt oder schwach grubig, jung etwas klebrig, dann trocken, ohne Velumreste; Stiel hyalin, graubräunlich, auf ganzer Länge bereift bis feinflockig, oft gebogen; Sp. fast zitronenförmig, kaum abgeflacht, fein rauh, 11–16 × 7,5–9,5 × 6,5–9 μ (Abb. 93); Basidien 2- bis 4-sporig. **Vorkommen**: V–X; gedüngte Böden, Misthaufen, gedüngte Parkanlagen und Wiesen, gesellig; lokal häufig. **Anmerkung**: Die für die Art typischen, sehr feinen Sporenrauhheiten sind im Lichtmikroskop gerade noch erkennbar. **Verwechslung**: Dunkelrandiger Düngerling (oben), Dunkler Düngerling (Mitte).

Muschel-Krempling

Tapinella panuoides (Fr.: Fr.) E. J. Gilbert
Syn.: *Paxillus panuoides* (Fam. Paxillaceae)

Merkmale: Hut 1–6 cm breit, ocker, gelbbräunlich bis olivgelblich, Form muschel- bis spatelförmig, dem Substrat seitlich ansitzend oder mit stielartig verschmälerter Basis, Huthaut trocken, samtig bis feinfilzig, matt, Rand unregelmäßig gelappt oder gewellt, meist etwas eingerollt; Lamellen ockerrötlich bis olivgelblich, mit vielen Querverbindungen und Gabelungen; Fleisch weichlich; Spp. ockerbräunlich; Sp. elliptisch, glatt, 5–6,5 × 3–4 μ, ohne Kp.; L-Tr. bilateral. **Vorkommen**: VII–X; an totem Nadelholz, besonders Kiefer, auch an Bauholz; häufig; Saprophyt, erzeugt Braunfäule. **Anmerkung**: Eine Form, deren Hut an der Ansatzstelle violettfilzig ist, wird als var. *ionipus* abgetrennt. **Verwechslung**: Gallertfleischiges Stummelfüßchen (Mitte), mit fleischrosa Sporenpulver: Orangeseitling *(Phyllotopsis nidulans)*.

Gattung **Crepidotus** – Stummelfüßchen
Fam. Crepidotaceae

Frkp. muschelförmig, ohne oder mit verkümmertem Stiel; Hüte relativ klein, Huthaut trocken, selten gelatinös; Lamellen bei Reife bräunlich; Spp. tonbräunlich; Sp. rundlich bis elliptisch, glatt oder rauh, ohne Kp.; L-Tr. regulär; Saprophyten an Totholz.

Gallertfleischiges Stummelfüßchen

Crepidotus mollis (Schaeff.: Fr.) P. Kumm.

Merkmale: Hut 1–6(8) cm breit, weißlich oder wachs- bis olivgelblich, z. T. etwas durchwässert-zweifarbig, Anwachsstelle weißfilzig, Huthaut kahl oder mit feinen Schüppchen bedeckt, Hutfleisch mit gelatinöser Oberschicht, gummiartig dehnbar; Lamellen lange weißlich, dann stellenweise tonbräunlich, eng stehend; Sp. elliptisch bis mandelförmig, glatt, 6,5–9(10) × 4,5–6 μ. **Vorkommen**: VIII–X; an abgestorbenem Laubholz, an bemoosten Stümpfen und Stämmen, gesellig; relativ häufig. **Verwechslung**: Gerieftes Stummelfüßchen (unten), vgl. Zwergknäuelinge (S. 222), Muschelinge (S. 216).

Gerieftes Stummelfüßchen

Crepidotus applanatus (Pers.) P. Kumm.

Merkmale: Hut 1–4(6) cm breit, weißlich bis wachsgelblich, ocker, Huthaut kahl, nirgends gelatinös, Rand im Alter oft gerieft; Lamellen kaum gedrängt; Sp. rundlich, feinwarzig, 4,5–6,5 μ. **Vorkommen**: VIII–X; auf totem Laub- und Nadelholz, gerne an Kiefer, gesellig; selten. **Verwechslung**: Hutfleisch gelatinös: Gallertfleischiges Stummelfüßchen (Mitte).

Gattung **Lactarius** – Milchlinge, Reizker
Fam. Russulaceae

Frkp. spröde, brüchig, verletzt milchend; Hüte kahl bis zottig, trocken oder schmierig, oft konzentrisch gezont; Lamellen angewachsen; Stiele zylindrisch, bald hohl werdend; Spp. weiß bis ocker, amyloid; Sp. rundlich-elliptisch, warzig, netzig oder gratig, ohne Kp. (Abb. 94–96); Fleisch vorwiegend rundzellig; Mykorrhizapilze. Für die Bestimmung sind winzige, rohe Kostproben gestattet (!).

Wolliger Milchling

Lactarius vellereus (Fr.) Fr.

Merkmale: Hut 8–20 cm breit, kalkweiß, manchmal ockerfleckig, mit trichterartig vertiefter Mitte, durch Erd- und Humusteilchen verschmutzt (anderer Name: Erdschieber), Huthaut trocken, fein wollig-filzig; Lamellen weiß, alt braunfleckend; Stiel weiß, kurz; Milch weiß, langsam gilbend; Geschmack im Fleisch scharf (Milch allein mild, macht die Zähne stumpf); Sp. feinwarzig-netzig, 6,5–9 × 5–7 µ. **Vorkommen**: VIII–XI; im Laub- und Mischwald, besonders unter Rotbuche und Eiche; sehr häufig. **Verwechslung**: Scharfmilchender Woll-Milchling (Mitte), Langstieliger Pfeffer-Milchling (unten), ohne Milchsaft: Gemeiner Weiß-Täubling (S. 432).
Ungenießbar (scharf, zäh); wird jedoch in Osteuropa, vor allem in Rußland, in hauchdünnen Scheiben scharf gebraten verzehrt.

Scharfmilchender Woll-Milchling

Lactarius bertillonii (Neuhoff ex Z. Schaef.) Bon

Merkmale: Die Art ist äußerlich vom Wolligen Milchling nicht zu unterscheiden. Hier schmeckt jedoch auch die Milch scharf. **Vorkommen**: VIII–X; im Laub- und Nadelwald, gern auf Kalkböden, vom Autor mehrmals in Österreich gefunden; selten. **Verwechslung**: Wolliger Milchling (oben).

Langstieliger Pfeffer-Milchling

Lactarius piperatus (L.: Fr.) Gray

Merkmale: Hut 5–15 cm breit, milch- bis kalkweiß, z. T. mit rostigen Flecken, Huthaut trocken, oft grubig-runzelig, matt; Lamellen weißlich-cremefarben, sehr gedrängt stehend; Stiel weiß, oft ziemlich lang, nach unten zuspitzend; Milch bleibend weiß; Geschmack scharf; Sp. feinwarzig-gratig, 8–9,5 × 5,5–7 µ. **Vorkommen**: VI–IX(X); im Laubwald, unter Rotbuchen, Eichen, Hainbuchen, auf Kalk- und Lehmböden; lokal häufig. **Verwechslung**: Grünender Pfeffer-Milchling (S. 404).
Ungenießbar (scharf); in dünnen Scheiben auf Speck gebraten verwendbar; auch zum Einsalzen geeignet.

Grünender Pfeffer-Milchling

Lactarius pargamenus (Sw.: Fr.) Fr. Syn.: *L. glaucescens*

Merkmale: Hut 5–12(15) cm breit, kalkweiß, bald mit ockerfarbenen Flecken, Druckstellen im Alter auch blaugrünlich, Mitte trichterartig vertieft, Huthaut trocken, matt; Lamellen zuerst weiß, bald ockergelblich nachdunkelnd, sehr eng stehend; Stiel weiß, oft mit Rostflecken, Basis zuspitzend; Milch weiß, an der Luft bald blaugrünlich verfärbend und graugrün eintrocknend, mit KOH gelborange; Geschmack scharf; Sp. fast rundlich, fein warzig-gratig bis netzig, 7–8,5 × 6–7 µ. **Vorkommen**: VI–IX; im Laub- und Nadelwald, unter Eichen, Rotbuchen, Kiefern und Fichten, auf kalkhaltigen und lehmigen Böden; relativ selten. **Anmerkung**: Die Art kann an gleichen Standorten vorkommen wie der Langstielige Pfeffer-Milchling, ist aber seltener. Sie ist mit bloßem Auge erst unterscheidbar, wenn sich die ausgetretene Milch verfärbt hat. Der Speisewert beider Arten ist identisch. **Verwechslung**: Langstieliger Pfeffer-Milchling (S. 402).

Birken-Reizker

Lactarius torminosus (Schaeff.: Fr.) Gray

Merkmale: Hut 4–10 cm breit, fleischrosa, mit dunklerer, konzentrischer Zonierung, Huthaut feucht etwas schmierig, Rand lange eingerollt und zottig-wollig behangen; Lamellen weiß bis blaß cremefarben; Stiel weiß oder blaß rosa; Milch unveränderlich weiß; Geschmack sehr scharf; Sp. feinwarzig-gratig bis teilnetzig, 8–10 × 6–8 µ. **Vorkommen**: VIII–X; unter Birken in Wäldern und Parkanlagen, auf sauren Sand- und Lehmböden; relativ häufig. **Verwechslung**: Flaumiger Milchling (unten).

Ungenießbar (scharf); enthält scharf schmeckende Harze, die bei unvorbehandeltem Genuß Übelkeit, Erbrechen und Durchfall erzeugen. Nach Entschärfung durch mehrmaliges Wässern und Abkochen ist eine Verwendung zum Einsalzen, Silieren oder Einlegen in gewürztem Essig möglich.

Flaumiger Milchling

Lactarius pubescens Fr. Syn.: *L. blumii*

Merkmale: Hut 5–12 cm breit, weißlich bis blaß rosa, einheitlich gefärbt und ungezont, bei feuchtem Wetter auch mit angedeuteter, undeutlicher Zonierung, Huthaut feucht etwas klebrig, schnell abtrocknend, Rand zottig-wollig, jung bartartig überstehend; Lamellen weiß bis blaß fleischrosa; Stiel weißlich, mit fleischrosa Schein; Milch unveränderlich weiß; Geschmack scharf; Sp. fein warzig-netzig, 6,5–8,5 × 5,5–6,5 µ. **Vorkommen**: VIII–XI; unter Birken, im Grase, Parkanlagen, Mittelstreifen, Feuchtstellen im Wald, Moore, ohne besondere Bodenansprüche; relativ häufig. **Verwechslung**: Mehr fleischrosa, stärker zoniert: Birken-Reizker (Mitte).

Ungenießbar (scharf); mögliche Verwendung siehe Birken-Reizker (Mitte).

Olivbrauner Milchling

Lactarius turpis (Weinm.) Fr. Syn.: *L. necator*

Merkmale: Hut 5–12 cm breit, olivgrünlich bis -gelblich oder schwärzlich-oliv, nach außen aufhellend, Huthaut glatt oder rauhkörnig bis grubig, feucht schmierig, Rand jung etwas zottig, zumindest aber filzig; Lamellen schmutzig weißlich, im Alter olivbraun fleckend; Stiel wie der Hut gefärbt oder etwas heller, oft grubig; Milch weiß, grau eintrocknend; Geschmack scharf; Sp. feinwarzig-netzig, 7–8,5 × 6–7 µ. **Vorkommen**: VIII–X; im Nadel- und Laubwald, besonders unter Birken (im Flachland), doch auch im reinen Fichtenwald (anderer Name: Tannen-Reizker); häufig. **Verwechslung**: Graugrüner Milchling (S. 412).
Ungenießbar (scharf). Eine Entschärfung der Pilze nach Art des Birken-Reizkers (S. 404) wäre prinzipiell möglich. Da inzwischen der mutagen wirkende Inhaltsstoff Necatorin entdeckt wurde, sollte davon Abstand genommen werden.

Grubiger Milchling

Lactarius scrobiculatus (Scop.: Fr.) Fr.

Merkmale: Hut 8–15(20) cm breit, stroh-, zitronen- oder goldgelb, dunkler konzentrisch gezont, Mitte deutlich trichterartig vertieft, Huthaut bei Regen schmierig bis schleimig, Rand jung filzig-zottig; Lamellen weißlich bis blaß gelblich; Stiel etwas heller als der Hut, stets mit dunkleren Grübchen gezeichnet; Milch beim Austreten weiß, schnell schwefelgelb verfärbend; Geruch schwach zitronenartig bis obstig; Geschmack bitter und scharf; Sp. feinwarzig-gratig bis netzig, 7–9 × 6–7,5 µ. **Vorkommen**: VII–X; im Fichtenwald, ab Mittelgebirgslage, auf Kalkböden; lokal häufig. **Verwechslung**: Fransen-Milchling *(L. citriolens)*, Milch violett: Zottiger Violett-Milchling *(L. repraesentaneus)*.
Ungenießbar (bitter und scharf); mögliche Verwendung siehe Birken-Reizker (S. 404).

Mohrenkopf

Lactarius lignyotus Fr. in Lindblad

Merkmale: Hut 2–6 cm breit, dunkelbraun, schwarzbraun, Mitte mit kleinem Spitzbuckel, Huthaut trocken, fast feinsamtig, Oberfläche grubig bis gerunzelt; Lamellen auffallend weiß bis hell cremefarben, in starkem Kontrast zu Hut und Stiel stehend; Stiel braunsamtig wie der Hut, an der Spitze typisch längsrunzelig, schlank; Milch weiß, im Anschnitt langsam lachsrosa verfärbend; Geschmack mild; Sp. rundlich, relativ grobstachelig-gratig, teilweise auch netzig, 7,5–10 µ. **Vorkommen**: VIII–X; im Gebirgs-Fichtenwald ab Mittelgebirgslage, auf saurem Boden; lokal häufig. **Anmerkung**: Wegen der dunklen Hut- und Stielfarben wird der Pilz auch Essenkehrer oder Schornsteinfeger genannt. **Verwechslung**: Mit scharfem Geschmack: Pechschwarzer Milchling (S. 408).
Eßbar; guter, wohlschmeckender Speisepilz.

Pechschwarzer Milchling

Lactarius picinus Fr.

Merkmale: Hut 3–8 cm breit, pechschwarz, schwarzbraun, oft etwas fleckig ausblassend, Huthaut trocken, matt bis feinsamtig, gewöhnlich nicht gerunzelt oder grubig; Lamellen zuerst weiß, dann cremegelblich bis hellocker; Stiel schwarzbraun wie der Hut, oft aber etwas heller gefleckt, schwach samtig, zylindrisch-bauchig; Milch weiß, im Anschnitt langsam rosa anlaufend; Geschmack erst scheinbar mild, dann mäßig scharf werdend; Sp. rundlich, warzig-netzig, 7,5–10 μ. **Vorkommen**: VIII–X; im Gebirgs-Nadelwald, unter Fichten oder Tannen, auf sauren wie kalkhaltigen Böden; lokal häufig (Süddeutschland, Österreich, Schweiz). **Anmerkung**: Im Gegensatz zum eßbaren Mohrenkopf besitzt diese Art weder einen Spitzbuckel in der Hutmitte noch deutliche Runzelungen an Hut und Stiel. **Verwechslung**: Mohrenkopf (S. 406), Stiel hell, scharf: Flügelsporiger Milchling (Mitte) und Rosaanlaufender Milchling (unten).

Flügelsporiger Milchling

Lactarius pterosporus Romagn.

Merkmale: Hut 4–8(10) cm breit, ocker- bis beigebräunlich, wildlederfarben, oft gescheckt, mit oder ohne Spitzbuckel, Oberfläche grubig, gerunzelt oder glatt, trocken, matt; Lamellen cremefarben, bald ockergelblich, an Verletzungen rosarot verfärbend; Stiel weißlich bis blaß ocker, heller als der Hut; Milch weiß, an der Luft nicht verfärbend, nur in Verbindung mit dem Fleisch rötend; Geschmack im Fleisch fast mild, Milch deutlich scharf; Sp. rundlich, 6,5–8 μ, mit bis zu 2 μ hohen, flügelartigen Graten (Abb. 96). **Vorkommen**: VIII–X; im Laubwald, unter Rot-, besonders aber Hainbuchen; zerstreut. **Anmerkung**: Die unter Rotbuchen vorkommende Form soll dickere, entfernter stehende Lamellen besitzen und wird als *L. ruginosus* abgetrennt. **Verwechslung**: Rosaanlaufender Milchling (unten).

Rosaanlaufender Milchling RL 3

Lactarius acris (Bolton: Fr.) Gray

Merkmale: Hut 5–10 cm breit, beigebräunlich bis schwarzbraun, Huthaut feucht etwas schmierig, trocken bereift bis feinsamtig; Lamellen jung weiß, dann cremegelblich bis ocker; Stiel kreideweiß, auf Druck braunfleckig; Milch weiß, an der Luft schnell rosarot; Geschmack besonders in der Milch deutlich scharf; Sp. rundlich, gratig-netzig, 5,5–8 μ. **Vorkommen**: VII–X; im Laubwald, unter Rotbuchen auf kalkhaltigem Boden; selten. **Anmerkung**: Die Art kann dem Flügelsporigen Milchling täuschend ähnlich sehen, ist aber an der direkt rötenden Milch und den nicht geflügelten Sporen gut zu unterscheiden. Weitere Verwandte des Laubwaldes mit jedoch bitterer Milch sind Rußfarbener Milchling *(L. fuliginosus)* und Rauchfarbener Milchling *(L. azonites)*. **Verwechslung**: Flügelsporiger Milchling (Mitte).

Echter Reizker

Lactarius deliciosus (L.) Gray

Merkmale: Hut 4–10 cm breit, fleisch- bis orangerötlich, orangegelblich, mit dunklerer, konzentrischer Zonierung oder ringförmig angeordneten, grubigen Flecken, wenig oder nicht grünend, Mitte mit flacher Vertiefung, Huthaut bei feuchtem Wetter schleimig; Lamellen orangegelblich; Stiel mit Hutfarbe, meist dunkler grubig gefleckt; Milch lebhaft karottenrot, lange so bleibend; Fleisch ziemlich fest; Geschmack mild, mit bitterlichem Nachgeschmack; Sp. warzig-netzig, 7–9 × 6–7 µ. **Vorkommen**: VIII–X; unter Kiefern, auf Sand-, besonders aber Kalkböden; zerstreut bis ortshäufig. **Anmerkung**: Die Milchlinge mit von Anfang an roter Milch werden auch als Blutreizker bezeichnet. Unter ihnen ist die beschriebene Art der beste Speisepilz (anderer Name: Edel-Reizker). **Verwechslung**: Fichten-Reizker (Mitte), Lachs-Reizker (unten), Kiefern-Reizker (S. 412), wärmeliebende Art: Blut-Reizker *(L. sanguifluus)*.

Eßbar; ausgezeichneter Speisepilz; besonders zum Panieren und Braten geeignet. Der herbe Nebengeschmack vergeht beim Zubereiten.

Fichten-Reizker

Lactarius deterrimus Gröger

Merkmale: Hut 4–10 cm breit, orangerötlich bis lachsfarben, im Alter mit stärkeren Grünanteilen, fein konzentrisch gezont oder ungezont, Huthaut feucht schmierig; Lamellen orangegelblich bis lachsfarben; Stiel orange, gewöhnlich ohne Grübchen; Milch karottenrot, nach ca. 15 Minuten weinrot, nach Stunden grün; Fleisch wenig fest, im Schnitt bald überall weinrot umfärbend; Geschmack bitterlich; Sp. 7,5–10 × 6–7,5 µ. **Vorkommen**: VIII–X; unter Fichten, ohne besondere Bodenansprüche; häufigster Blutreizker. **Verwechslung**: Echter Reizker (oben), Lachs-Reizker (unten).

Eßbar; wegen der ausgeprägteren Bitterstoffe geschmacklich weniger gut als der Echte Reizker.

Lachs-Reizker RL 3

Lactarius salmonicolor R. Heim & Leclair

Merkmale: Hut 4–10 cm breit, hellorange, orangegelblich, lachsfarben, schwach dunkler gezont, auch im Alter ohne Grüntöne, Huthaut feucht schmierig; Lamellen hellocker, dann orange; Stiel wie der Hut gefärbt, mit oder ohne dunklere Grübchen, bald stark ausgehöhlt; Milch orange, dann mennigrot; Fleisch wenig fest, geschnitten nur im Stiel und über den Lamellen nach einiger Zeit weinrot; Geschmack bitterlich; Sp. unregelmäßig warzig-netzig, 8,5–10(12) × 6,5–7,5 µ. **Vorkommen**: VIII–X; unter Tannen und Douglasien, gern auf Kalkböden; lokal relativ häufig (Voralpen, Alpengebiet). **Verwechslung**: Echter Reizker (oben), Fichten-Reizker (Mitte).

Kiefern-Reizker RL 3

Lactarius semisanguifluus R. Heim & Leclair

Merkmale: Hut 3–8(10) cm breit, fleisch- bis orangerötlich, braunrötlich, mit deutlichen grünen bis blaugrünlichen Verfärbungen, fein zoniert und konzentrisch gefleckt, Huthaut feucht schmierig; Lamellen fleischrötlich bis gelborange, bald stellenweise grünspanfarbig; Stiel wie der Hut gefärbt, manchmal grubig gefleckt; Milch rotorange, nach wenigen Minuten weinrot, am nächsten Tage grün; Fleisch fest, im Schnitt relativ schnell weinrot umfärbend; Geschmack kaum bitter, etwas streng gummiartig; Sp. warzig-netzig, 8–11 × 7–8,5 µ. **Vorkommen**: (VIII)IX–X; unter Kiefern auf kalkhaltigen Böden; ziemlich selten. **Anmerkung**: Festfleischigkeit und starke Grünverfärbung sind gute Kennzeichen dieses Kiefernbegleiters, der sicher manchmal mit seinen Verwandten verwechselt wird. Über den Speisewert liegen noch wenig Erkenntnisse vor. Da kaum Bitterstoffe vorhanden sind, ist zu vermuten, daß er dem des Echten Reizkers gleichkommt. **Verwechslung**: Echter Reizker (S. 410), Fichten-Reizker (S. 410).

Graugrüner Milchling

Lactarius blennius (Fr.: Fr.) Fr.

Merkmale: Hut 3–7 cm breit, oliv-, grau- bis braungrünlich, oft dunkler konzentrisch gefleckt, selten auch gezont oder völlig ohne Zeichnung, Huthaut bei Regen schmierig; Lamellen zuerst reinweiß, dann schmutzig weißlich bis sahnegelblich, eng stehend; Stiel blasser als der Hut, weißlich bis blaß graugrünlich, feucht klebrig; Milch weiß, beim Eintrocknen graugrünlich umfärbend; Geschmack nach einigen Sekunden scharf; Sp. feinstachelig-gratig, 6–8 × 5–6 µ. **Vorkommen**: VII–X; im Laubwald, immer unter Rotbuchen, auf sauren wie kalkhaltigen Böden; sehr häufig. **Anmerkung**: Eine Farbvariante mit mehr hellgrünlichem Hut wird als var. *viridis* bezeichnet. Eine Entschärfung dieser häufigen Art durch mehrmaliges Abkochen wird kaum empfohlen, ist aber prinzipiell möglich. **Verwechslung**: Braunfleckender Milchling (unten).

Braunfleckender Milchling

Lactarius fluens Boud.

Merkmale: Hut 4–12 cm breit, grünlichbraun, olivbraun, auch schiefergrau, dabei fein braun zoniert oder konzentrisch gefleckt, ziemlich fleischig, Huthaut bei feuchter Witterung schmierig; Lamellen jung cremefarben, dann blaß ocker, auf Druck oder an verletzten Stellen braunfleckend; Stiel schmutzig fleischgrau oder graugrünlich, oft kurz, feucht klebrig; Milch weiß, graugrünlich eintrocknend; Geschmack scharf; Sp. warzig-gratig, 7–8,5 × 5,5–6,5 µ. **Vorkommen**: VIII–X; im Laubwald, unter Rot- und Hainbuchen, auf kalkhaltigen Böden; relativ selten bis ortshäufig. **Verwechslung**: Graugrüner Milchling (Mitte).

Ungezonter Violett-Milchling RL 3

Lactarius uvidus (Fr.: Fr.) Fr.

Merkmale: Hut 2–8 cm breit, heller oder dunkler fleisch- bis graubräunlich, im Alter ausblassend, ungezont, allenfalls unregelmäßig gefleckt, berührt nach kurzer Zeit violettfleckig, Huthaut bei Regen schleimig; Lamellen weißlich-cremefarben bis sahnegelblich, verletzt violett verfärbend; Stiel weißlich, teilweise ockerfleckig, feucht etwas klebrig; Milch weiß, an der Luft schnell violett; Geschmack nahezu mild, bald aber bitterlich; Sp. feinwarzig-netzig, 9–11 × 7,5–9 µ. **Vorkommen**: VIII–X; im Laub- und Nadelwald, besonders auf sauren Böden; zerstreut. **Anmerkung**: Weitere Arten mit violett verfärbender Milch sind der Gezonte Violett-Milchling *(L. violascens)* und 3 zottig behangene Arten: *L. repraesentaneus*, *L. aspideus* und *L. dryadophilus*. Alle sind selten. **Verwechslung**: Ohne violette Milch: Graublasser Milchling (Mitte) und Nordischer Milchling (unten).

Graublasser Milchling RL 2

Lactarius albocarneus Britzelm. Syn.: *L. glutinopallens*

Merkmale: Hut 2–7 cm breit, jung einfarbig blaß grau, manchmal mit violettlichem Reflex, dann ausblassend, fleischfarben bis ledergelblich, Huthaut bei feuchtem Wetter mit dicker Schleimschicht überzogen; Lamellen weißlich bis hellocker; Stiel einfarbig weiß, schleimig-klebrig; Milch weiß, beim Eintrocknen gelblich; Geschmack sehr scharf; Sp. warzig-gratig, 8–10 × 6–7,5 µ. **Vorkommen**: VII–X; im Nadelwald, besonders unter Tannen, nur auf Kalkböden; ziemlich selten (Süddeutschland). **Anmerkung**: Dieser Milchling ist der schleimigste von allen. Die bei Regenwetter dick aufquellende Schleimschicht des Hutes erinnert sehr an die der Schnecklinge. **Verwechslung**: Ungezonter Violett-Milchling (oben).

Nordischer Milchling RL 3

Lactarius trivialis (Fr.: Fr.) Fr.

Merkmale: Hut 5–15(20) cm breit, jung violettgrau, blaugrau (anderer Name: Blau-Reizker), dabei wie silbrig überreift, dunkel fleischbraun, dann fleischockerlich ausblassend, Oberfläche dunkler gezont oder gefleckt, seltener einfarbig, Huthaut bei Regen deutlich schleimig; Lamellen blaß creme- bis fleischfarben, dann blaß ocker; Stiel meist heller als der Hut, mit einem Hauch Hutfarbe; Milch weiß, wird an der Luft langsam gelblich, beim Eintrocknen auf Lamellen oder Fleisch auch graugrünlich; Geschmack deutlich scharf; Sp. stachelig-gratig bis teilnetzig, 7,5–9(10,5) × 6–7,5(8,5) µ. **Vorkommen**: VIII–X; im Laub- und Nadelwald, gern auf feuchteren, sauren Böden, unter Fichte, Kiefer, Birke; zerstreut, in Nordeuropa häufiger. **Verwechslung**: Milch bald violett: Ungezonter Violett-Milchling (oben).

Ungenießbar (scharf); nach besonderer Vorbehandlung verwendbar, siehe Birken-Reizker (S. 404).

Fleischblasser Milchling

Lactarius pallidus (Pers.: Fr.) Fr.

Merkmale: Hut 5–15 cm breit, blaß fleischfarben bis hellbräunlich, ungezont, gelegentlich getropft-fleckig, Huthaut bei Regen schleimig; Lamellen cremeweißlich, dann fleischocker, später oft rostfleckig; Stiel blaß fleischfarben, an Druckstellen bräunlich; Milch weiß, so bleibend oder beim Eintrocknen schwach grauend; Geschmack mild, mit kratzendem Nachgeschmack; Sp. feinstachelig-gratig, 7–9 × 6–7 μ. **Vorkommen**: VII–X; im Laubwald, unter Rotbuchen, seltener Eichen oder Hainbuchen, auf Kalk- und basischen Lehmböden; ortshäufig. **Verwechslung**: Im Kiefernwald wachsend: Heide-Milchling (Mitte), vgl. ausgeblaßte Exemplare des Nordischen Milchlings (S. 414).
Ungenießbar, trotz seines milden Geschmacks; soll nach Meinung einiger Autoren durch Abkochen genießbar werden; gilt in einigen nordischen Ländern sogar als giftig.

Heide-Milchling RL 2

Lactarius musteus Fr.

Merkmale: Hut 3–6(10) cm breit, weißlich bis blaß fleischrötlich, einfarbig bis weitläufig gescheckt, ungezont, Huthaut bei feuchter Witterung klebrig-schmierig; Lamellen weißlich-cremefarben, später auch fleischrötlich, an Berührungsstellen blaß ocker fleckend; Stiel einheitlich weißlich, bald besonders an der Basis ockerfleckig; Milch unveränderlich weiß, durchwässert molkenartig, erst beim Eintrocknen graugrünlich; Geschmack mild bis erträglich schärflich; Sp. warzig, mit netzig-gratigen Verbindungen, 7–10 × 5,5–7 μ. **Vorkommen**: VIII–X; im Kiefernwald mit Heidecharakter, auf feuchteren, sauren Böden; selten. **Anmerkung**: Diese Art gilt allgemein als bedroht und scheint immer seltener zu werden. Die abgebildeten Exemplare wurden in Kärnten (Österreich) aufgefunden. **Verwechslung**: Im Kalkbuchenwald: Fleischblasser Milchling (oben).
Eßbar nach Abkochen, sollte aber geschont werden.

Rosascheckiger Milchling

Lactarius controversus (Pers.: Fr.) Fr.

Merkmale: Hut 8–12(30) cm breit, weißlich, bald mit typischen, rosarötlichen Flecken, stets ungezont, Huthaut feucht schmierig, äußerster Rand jung etwas flaumig (nicht zottig); Lamellen cremefarben, schon jung mit rosafarbenem Reflex; Stiel weißlich, oft kurz und gedrungen; Milch weiß, an der Luft langsam gilbend; Geschmack bald brennend scharf; Sp. warzig-gratig bis teilnetzig, 6,5–7,5 × 4,5–5,5 μ. **Vorkommen**: (VIII)IX–IX; unter verschiedenen Pappel-Arten, besonders Schwarz- und Zitterpappeln, in Auwäldern, Parkanlagen, unter Alleebäumen; selten. **Anmerkung**: Ältere Hüte sind oft nach Art des Erdschiebers (S. 402) hochgewölbt, dem aber die rosafarbenen Flecken fehlen.

Goldflüssiger Milchling

Lactarius chrysorrheus Fr.

Merkmale: Hut 3–6(8) cm breit, orange-fleischfarben, gelblich-orange, mit dunklerer Zonierung oder getropft-fleckig, Huthaut bei feuchtem Wetter schmierig; Lamellen jung cremefarben, dann fleischfarben; Stiel etwas heller als der Hut, rosa-fleischfarben überhaucht; Milch weiß, an der Luft schnell schwefel- bis goldgelb verfärbend, reichlich hervorquellend; Geschmack bitter und sehr scharf; Sp. feinwarzig-netzig, 7–9 × 6–7 µ. **Vorkommen**: VIII–X; im Laub- und Mischwald, unter Eichen; relativ häufig im Flachland. **Anmerkung**: Die schon nach Sekunden auftretende goldgelbe Verfärbung der Milch ist sehr charakteristisch. **Verwechslung**: Ebenfalls unter Eichen, Milch nur wenig gilbend: Scharfer Schwefel-Milchling (S. 430), Milch nicht gilbend, Lärchenbegleiter im Gebirge: Lärchen-Milchling (Mitte).

Lärchen-Milchling

Lactarius porninsis Rolland

Merkmale: Hut 2–6(8) cm breit, leuchtend orangegelb, goldorange, oft mit dünner Zonierung, auch ungezont; Huthaut bei feuchter Witterung schmierig bis schleimig; Lamellen erst gelblich, dann orangegelblich bis ocker; Stiel blaß gelblichorange, etwas heller als der Hut, bis auf die blaß abgesetzte Spitze einfarbig; Milch weiß, unveränderlich; Geschmack mehr oder weniger bitter, besonders in der Milch; Sp. feinwarzig, unvollständig genetzt, 8–9,5 × 6–7 µ. **Vorkommen**: VII–X; unter Lärchen, vor allem im Gebirge; lokal relativ häufig (Alpengebiet). **Verwechslung**: Bergwald- (unten) und Schöner Zonen-Milchling (S. 420), Goldflüssiger Milchling (oben).

Ungenießbar (bitter); soll durch Abkochen genießbar gemacht werden können.

Bergwald-Zonen-Milchling

Lactarius zonarioides Kühner & Romagn.

Merkmale: Hut 3–8(10) cm breit, lebhaft orange, gelborange, mit dünner, dunklerer Zonierung, Mitte vertieft, Rand lange eingerollt, Huthaut bei feuchtem Wetter klebrig-schmierig; Lamellen gelblich bis blaß orange; Stiel heller als der Hut, erst weißlich, dann blaß ockergelblich, mit glatter, nicht grubiger Oberfläche; Milch weiß, beim Eintrocknen oft graugrünlich verfärbend; Geschmack deutlich scharf; Sp. warzig-teilnetzig, 8–10 × 7–9 µ. **Vorkommen**: VIII–X; im Gebirgs-Fichtenwald, auf sauren und kalkhaltigen Böden; zerstreut im Voralpen- und Alpengebiet. **Anmerkung**: Manche Autoren unterscheiden den ähnlichen Tannen-Zonen-Milchling *(L. bresadolianus)*, einen Begleiter der Weißtanne mit grubigem Stiel. Eventuell sind beide identisch. **Verwechslung**: Lärchenbegleiter mit bitterem Geschmack: Lärchen-Milchling (Mitte), unter Eichen: Schöner Zonen-Milchling (S. 420).

Schöner Zonen-Milchling RL 3

Lactarius insulsus (Fr.: Fr.) Fr.

Merkmale: Hut 5–15 cm breit, heller oder dunkler ockerorange, mehrfach dünn gezont oder getropft-gezont, Mitte deutlich vertieft, Huthaut bei nassem Wetter schmierig, Rand jung bisweilen fein flaumig; Lamellen weißlich, dann blaß ockerlich, sehr eng stehend; Stiel weißlich, mit ockerfarbenen, grubig vertieften Flecken oder glatt; Milch weiß, unveränderlich; Geschmack scharf; Sp. warzig-teilnetzig, 7–8,5 × 6–7 µ. **Vorkommen**: VII–X; im Laubwald, unter Eichen, liebt kalkhaltige Böden, ist aber nicht unbedingt an diese gebunden; selten. **Anmerkung**: Die schön gezonten Hüte erinnern an den Echten Reizker (S. 410). Der Sammler achte darauf, daß die Milch der scharf schmeckenden Arten nicht rot, sondern weiß gefärbt ist. **Verwechslung**: Bergwald-Zonen-Milchling (S. 418), Queraderiger Milchling (Mitte), Lärchen-Milchling (S. 418).

Queraderiger Milchling RL 3

Lactarius acerrimus Britzelm.

Merkmale: Hut 6–12(15) cm breit, blaß weißlichocker, ockergelblich, mit dunkleren ockerorange gefärbten Zonen oder fast ungezont; Mitte oft stark vertieft, Huthaut bei feuchter Witterung schmierig, Rand jung filzig bis kurzhaarig; Lamellen cremefarben, dann ockergelblich, weniger gedrängt stehend, zum Stiel hin gegabelt und mit queraderigen Verbindungen (Name); Stiel weißlich, später ockerfarben nachdunkelnd, ziemlich kurz; Milch weiß, unveränderlich; Geschmack scharf; Sp. ungewöhnlich groß, warzig-gratig bis netzig, 10–13(15) × 8,5–10(12) µ; Basidien 2-sporig. **Vorkommen**: VI–IX; im Laubwald, unter Eiche, vielleicht auch Rot- und Hainbuche, besonders auf Kalkböden; zerstreut bis selten. **Anmerkung**: 2-sporige Basidien sind bei den Milchlingen eine Ausnahme. **Verwechslung**: Schöner Zonen-Milchling (oben).

Hasel-Milchling

Lactarius hortensis Velen.

Merkmale: Hut 3–8 cm breit, grauocker, beige- bis graubräunlich, auch mit olivlichem Einschlag, schwach dunkler gezont oder völlig einfarbig, Huthaut bei feuchtem Wetter etwas schmierig, trocken fast bereift; Lamellen reif lebhaft ockergelb, ziemlich entfernt stehend; Stiel etwas heller als der Hut, weißlich bis fleischocker; Milch weiß, beim Eintrocknen sahnegelblich, am frischen Fruchtkörper reichlich; Geschmack sehr scharf; Sp. stachelig-gratig, 6–8 × 5–6 µ. **Vorkommen**: VIII–X; unter Haselsträuchern, in Wäldern, Parkanlagen und Gärten, gesellig erscheinend; zerstreut. **Anmerkung**: Bei geringster Verletzung quillt die Milch an den Lamellenschneiden hervor (anderer Name: Perlblättriger Milchling). **Verwechslung**: Unter Hainbuchen: Gebänderter Milchling *(L. pyrogalus)*.

Graufleckender Milchling

Lactarius vietus (Fr.: Fr.) Fr.

Merkmale: Hut 3–6(10) cm breit, fleischgrau, fleischbraun, oft mit violettlichem Anflug, meist ungezont, Mitte jung oft mit kleiner Papille, dann schwach vertieft, Huthaut bei Regen schmierig; Lamellen weißlich bis fleischfarben, später aber auch fleischockerlich; Stiel dem Hut blasser gleichfarbig, Spitze mit schmal weißlich abgesetzter Zone; Milch weiß, grau bis olivgrau eintrocknend; Geschmack sofort sehr scharf; Sp. warzig-netzig, 7,5–9 × 6,5–7,5 µ. **Vorkommen**: VII–X; unter Birken in Laub- und Nadelmischwäldern, besonders in Mooren auf sauren Torfböden, auch direkt zwischen Torfmoosen; ortshäufig. **Verwechslung**: Mit Kokosflockengeruch: Blasser und Dunkler Duft-Milchling (Mitte und unten).

Ungenießbar (scharf); vgl. aber Birken-Reizker (S. 404).

Blasser Duft-Milchling

Lactarius glyciosmus (Fr.: Fr.) Fr.

Merkmale: Hut 2–6 cm breit, blaß grau bis fleischfarben, fleischocker, meist ungezont, Mitte schwach vertieft, oft mit kleiner Papille, Huthaut normalerweise matt bereift und trocken, nur bei lang anhaltendem Regen etwas klebrig aufquellend; Lamellen cremefarben bis blaß ocker; Stiel weißlich bis blaß fleischgelblich, bald hohl und ziemlich brüchig; Fleisch schnell weichlich werdend; Milch unveränderlich weiß; Geruch auffallend angenehm nach Kokosflocken; Geschmack nach einigen Sekunden scharf; Sp. warzig-teilnetzig, 6,5–8,5 × 5,5–6,5 µ. **Vorkommen**: VIII–X; unter Birken im Laub- und Nadelmischwald, vorwiegend auf sauren Böden; allgemein häufig. **Anmerkung**: Der im Pilzreich selten vorkommende Geruch nach Kokosflocken verführt zum Verzehr. Ohne Vorbehandlung ist ein Genuß wegen der Schärfe nicht möglich. **Verwechslung**: Unter Fichten: Dunkler Duft-Milchling (unten).

Ungenießbar (scharf); vgl. aber Birken-Reizker (S. 404).

Dunkler Duft-Milchling

Lactarius fuscus Rolland

Merkmale: Hut 3–8 cm breit, dunkelbraun, mit grauer oder rötlicher Komponente, manchmal mit angedeuteter dünner Zonierung, Mitte oft schwach gebuckelt, Huthaut trocken, matt bis filzig-schuppig; Lamellen erst gelblich, dann ockerfarben; Stiel heller als der Hut, weißlich, fleischrötlich oder mit einem Hauch Hutfarbe; Milch weißlich-molkenartig, nicht verfärbend; Geruch mehr oder weniger deutlich nach Kokosflocken; Geschmack bald deutlich scharf; Sp. warzig-netzig, 7–9,5 × 5,5–6,5 µ. **Vorkommen**: VIII–X; im Nadelwald, vor allem unter Fichten und Kiefern; zerstreut, örtlich häufiger. **Verwechslung**: Unter Birken: Blasser Duft-Milchling (Mitte), geruchlos: Graufleckender Milchling (oben).

Bruch-Reizker

Lactarius helvus (Fr.: Fr.) Fr.

Merkmale: Hut 5–15 cm breit, leder- bis ockergelblich, grau-ocker oder gelblich-fleischfarben, Huthaut trocken, matt bis feinfilzig, meist ungezont, eventuell konzentrisch gefleckt; Lamellen erst cremegelblich, dann rötlichocker; Stiel wie der Hut gefärbt; Milch wasserklar, bald spärlich werdend; Geruch nach Liebstöckel oder Maggiwürze (anderer Name: Maggipilz); Geschmack mild, würzig; Sp. warzig-teilnetzig, 7–9 × 6–7 µ. **Vorkommen**: VII–X; im feuchten, sauren Nadelwald, Moore, Torfbrüche, zwischen Torfmoosen; häufig. **Verwechslung**: Mit ähnlichem Geruch: Kampfer-Milchling (S. 426).

Schwach giftig; erzeugt in größerer Menge Übelkeit, Durchfall und Erbrechen; Verzehr einzelner Exemplare im Mischgericht ungefährlich; getrocknet als Pilzpulver guter Gewürzpilz.

Brätling

RL 3

Lactarius volemus (Fr.: Fr.) Fr.

Merkmale: Hut 5–15 cm breit, orangegelblich bis orangebraun, rotbräunlich, seltener kastanienbraun, Huthaut trocken, matt, glatt oder gerunzelt bis grubig; Lamellen blaßgelb bis hell orangegelblich, Druckstellen braunfleckend; Stiel orangegelblich, z. T. braunfleckig, relativ dick keulenförmig; Milch weiß, reichlich hervorquellend, klebrig; Fleisch sehr fest, kaum faulend; Geruch nach Heringslake, auch wie Krebsfleisch; Geschmack mild; Sp. rundlich, stachelig-warzig, 7,5–10 µ. **Vorkommen**: VII–X; im Laub- und Nadelwald, unter Fichten, Kiefern, Rotbuchen, Eichen, auf Kalkböden; lokal häufig, doch rückgängig. **Anmerkung**: Der Pilz ist nicht madig.

Eßbar; bei richtiger Zubereitung (dünn geschnitten und in Öl scharf gebraten) ein ausgezeichneter Speisepilz. Der Fischgeruch vergeht beim Erhitzen.

Rotbrauner Milchling

Lactarius rufus (Scop.: Fr.) Fr.

Merkmale: Hut 3–8(10) cm breit, heller oder dunkler rotbraun, ungezont, Mitte jung mit vorstehendem, später eingesenktem Spitzbuckel (Papille), Huthaut trocken, glanzlos oder höchstens mit Mattglanz; Lamellen blaß rötlichocker, im Alter etwas nachdunkelnd; Stiel meist blasser als der Hut, fleischfarben bis rotbräunlich; Milch unveränderlich weiß; Geschmack nach kurzer Verzögerung deutlich scharf; Sp. feinwarzig-netzig, 7–10 × 5–7 µ. **Vorkommen**: (VI)VIII–X; im Nadel- und Mischwald, besonders unter Fichten oder Kiefern, Massenpilz auf sauren Böden; häufig. **Verwechslung**: Eichen-Milchling (S. 428), Süßlicher Milchling (S. 428), Kampfer-Milchling (S. 426) u. a.

Ungenießbar (scharf); kann durch entsprechende Vorbehandlung (siehe Birken-Reizker, S. 404), genießbar gemacht werden. In Osteuropa wird davon noch oft Gebrauch gemacht.

Torfmoos-Milchling RL 2

Lactarius sphagneti (Fr. in Lindblad) Neuhoff ex Gröger

Merkmale: Hut 2–5 cm breit, heller oder dunkler rotbraun, allmählich ausblassend, Mitte mit kleinem Spitzbuckel, Huthaut trocken, mit Mattglanz; Lamellen jung weißlich-fleischfarben, dann ockerbräunlich; Stiel etwas heller als der Hut, verwaschen blaß rötlich; Milch weiß, an der Luft nicht verändernd; Geschmack mild; Sp. warzig-gratig, bis spärlich netzig, 8–9,5 × 6,5–8 µ. **Vorkommen**: VII–IX; im feuchten, moorigen Nadelwald, zwischen Torfmoosen; selten. **Anmerkung**: Die Art erinnert äußerlich an den Rotbraunen Milchling (S. 424), schmeckt aber nicht scharf. Sie ist nach Literaturangaben mit Torfmoos *(Sphagnum)* vergesellschaftet. **Verwechslung**: Kampfer-Milchling (Mitte), Milder Schwefel-Milchling (S. 430) u. a.

Speisewert unbekannt, vermutlich ungiftig.

Kampfer-Milchling

Lactarius camphoratus (Bull.: Fr.) Fr.

Merkmale: Hut 2–5 cm breit, dunkel orange- bis rotbraun, schwarzbraun, Mitte mit kleinem Buckel, Huthaut trocken, radialrunzelig bis grubig, glanzlos; Lamellen jung blaß fleischrötlich, später rotbräunlich, durch die ausfallenden Sporen mehligweiß; Stiel dunkel rotbraun, gegen die Basis bald schwarzbraun, stark hohl; Milch wäßrig-weißlich, unveränderlich; Geruch frisch schwach nach Blattwanzen, im Alter oder beim Trocknen stark nach Liebstöckel, Maggiwürze oder Zichorien (anderer Name: Kleiner Zichorien-Milchling); Geschmack mild, Nachgeschmack manchmal bitterlich; Sp. stachelig-gratig bis teilnetzig, 6,5–8 × 5,5–6,5 µ. **Vorkommen**: VII–XI; im Laub- und Nadelwald, unter Fichten, Kiefern, Rotbuchen; häufig. **Verwechslung**: Mit gleichem Geruch: Bruch-Reizker (S. 424).

Eßbar; getrocknet als Gewürzpilz verwendbar (Pilzpulver).

Rotgegürtelter Milchling

Lactarius rubrocinctus Fr. Syn.: *L. tithymalinus*

Merkmale: Hut 5–10 cm breit, ocker- bis orangebräunlich, ungezont, Mitte schwach vertieft, Huthaut trocken, matt, gerunzelt oder glatt; Lamellen blaß fleischfarben bis schmutzig ocker, jung an Verletzungen kurz lila anlaufend, dann bräunend, in Stielnähe oft queraderig oder gegabelt; Stiel dem Hut etwa gleichfarbig, unter dem Lamellenansatz mit schmaler rötlicher bis rotbrauner Gürtelzone; Milch weiß, unveränderlich; Geruch schwach nach Blattwanzen; Geschmack mild, nach einiger Zeit manchmal bitterlich bis scharf; Sp. warzig-gratig, 7–10 × 5–7 µ. **Vorkommen**: VII–X; im Laub- und Nadelwald, besonders unter Rotbuchen oder Fichten, auf kalkhaltigen Böden; zerstreut bis selten. **Verwechslung**: Eichen-Milchling (S. 428), Rotbrauner Milchling (S. 424).

Speisewert unbekannt, vermutlich ungiftig.

Eichen-Milchling

Lactarius quietus (Fr.: Fr.) Fr.

Merkmale: Hut 3–8 cm breit, fleisch- bis ziegelbraun, undeutlich konzentrisch zoniert und getropft-fleckig, doch auch völlig einfarbig, Form erst halbkugelig-konvex, dann in der Mitte schwach vertieft, meist ohne Buckel, Huthaut trocken, matt; Lamellen fleischrötlich bis zimtbräunlich; Stiel wie der Hut gefärbt, zur Basis auch dunkler; Milch weißlich, dabei etwas wäßrig, bald mit gelblichem Schein; Geruch etwas tranig-ranzig, an Blattwanzen erinnernd; Geschmack mild; Sp. warzig-teilnetzig, 7,5–9 × 6,5–7,5 μ. **Vorkommen**: VII–X; im Laub- und Mischwald, unter Eichen, ohne besondere Bodenansprüche; häufig. **Verwechslung**: Süßlicher Milchling (Mitte), Scharfer Schwefel-Milchling (S. 430), Rotbrauner Milchling (S. 424), Rotgegürtelter Milchling (S. 426).

Eßbar; sollte gebraten werden. Der unangehme Geruch verliert sich beim Zubereiten. Einen bitterlichen Geschmack, wie in der Literatur gelegentlich berichtet, habe ich nicht feststellen können. Eventuell empfiehlt sich kurzes Überbrühen.

Süßlicher Milchling

Lactarius subdulcis (Bull.: Fr.) Gray

Merkmale: Hut 3–7 cm breit, fleischbräunlich bis rotbraun, feucht einfarbig und speckig glänzend (nicht schmierig), etwas hygrophan, daher bald zweifarbig, mit hellerem, oft gekerbtem Rand; Lamellen jung fast weißlich, dann blaß fleischfarben, auch bräunlich gefleckt; Stiel blaß fleischbräunlich bis gelblich, Basis oft striegelig; Milch weißlich, etwas wäßrig, unveränderlich; Geruch etwas nach Blattwanzen (tranig-ranzig); Geschmack völlig mild oder bitterlich, selten auch im Nachgeschmack schärflich; Sp. warzig-gratig, 8–9,5 × 6,5–7,5 μ. **Vorkommen**: IX–XI, meist später als vergleichbare Arten; unter Rotbuchen; häufig. **Verwechslung**: Eichen-Milchling (oben), Rotbrauner (S. 424) und Scharfer Schwefel-Milchling (S. 430).

Eßbar, sofern nicht bitter schmeckend; eventuell abbrühen.

Milder Milchling

Lactarius mitissimus (Fr.: Fr.) Fr.

Merkmale: Hut 3–5(8) cm breit, orangerötlich bis orangebräunlich, einfarbig oder mit hellerem, fast goldgelblichem Rand, auch mit orangegelblichen Wasserflecken, doch nicht gezont, Mitte mit angedeutetem Buckel; Lamellen blaß fleischfarben bis ockerorange; Stiel ähnlich wie der Hut gefärbt; Milch unveränderlich weiß; Geschmack mild; Sp. warzig bis schwach gratig, 7,5–9,5 × 6,5–7,5 μ. **Vorkommen**: IX–X; vorwiegend im Nadelwald ab Mittelgebirgslage, unter Fichte, besonders auf kalkhaltigen Böden; lokal häufig. **Anmerkung**: Die leuchtenden Farben erinnern an den größeren Brätling (S. 424). Im Laubwald existieren ähnliche, z. T. bitter bis scharf schmeckende Arten.

Scharfer Schwefel-Milchling RL 3

Lactarius decipiens Quél.

Merkmale: Hut 2,5–5(7) cm breit, fleischrötlich-orange, fleischbräunlich, vorwiegend einfarbig, Mitte oft mit kleinem Spitzbuckel, Huthaut feucht schwach schmierig, bald abtrocknend; Lamellen gelblich-fleischfarben, später etwas dunkler, oft mit rostigen Flecken; Stiel wie der Hut gefärbt, gegen die Basis bald dunkler; Milch weiß, an der Luft langsam schwefelgelblich verfärbend; Geschmack zuerst bitter, dann stark salzig-parfümiert und sehr scharf; Sp. warzig-gratig bis teilnetzig, 6,5–9 × 6,5–7,5 μ. **Vorkommen**: VII–X; im Laub- und Mischwald, unter Eichen, auf trockeneren Böden; lokal mäßig häufig, nicht allgemein verbreitet. **Verwechslung**: Süßlicher Milchling (S. 428), Eichen-Milchling (S. 428), auf feuchten Böden: Milder Schwefel-Milchling (Mitte).

Milder Schwefel-Milchling

Lactarius thejogalus (Bull.: Fr.) Gray Syn.: *L. tabidus*

Merkmale: Hut 2–5 cm breit, fleischorange bis fleischrötlich, einfarbig und ungezont, ziemlich dünnfleischig, Mitte mit oder ohne kleinen Spitzbuckel, Huthaut feucht etwas klebrig, Rand oft kurz durchscheinend gerieft; Lamellen blaß fleischfarben; Stiel dem Hut etwa gleichfarbig, schon sehr früh hohl werdend, daher sehr zerbrechlich; Milch weiß, an der Luft langsam gilbend; Geschmack mild, manchmal mit schärflichem oder deutlich bitterem Nachgeschmack; Sp. isoliert stachelig-warzig, 7,5–9 × 6–7 μ. **Vorkommen**: VI–X(XI); unter Birken an feuchten Stellen, in Mooren oft direkt zwischen Torfmoosen, auch im Nadelwald mit eingestreuten Birken; häufig. **Anmerkung**: Wegen seiner Dünnfleischigkeit wellen und verbiegen sich die Hüte im Alter und werden flatterig (anderer Name: Flatter-Reizker). **Verwechslung**: Unter Erlen: Erlen-Milchling (unten), auf trockenen Böden unter Eiche: Scharfer Schwefel-Milchling (oben).

Erlen-Milchling

Lactarius obscuratus (Lasch) Fr.

Merkmale: Hut 1–3 cm breit, gelblich-fleischfarben, fleischbräunlich, rotbraun, jung oft mit Olivton, Mitte meist mit kleiner Papille, Huthaut trocken, kahl, Rand durchscheinend gerieft und oft auch gerunzelt-gekerbt; Lamellen blaß fleischbräunlich; Stiel dem Hut farblich angepaßt, Basis oft mit weißgelblichem Filz; Milch wäßrig-weiß, nicht verfärbend; Geschmack mild; Sp. warzig, mit wenigen gratigen Verbindungen, 6,5–8,5 × 5,5–6,5 μ. **Vorkommen**: VI–X; stets unter Erlen, in Mooren, Erlenbrüchen, an nicht zu nassen Stellen; lokal häufig. **Anmerkung**: Im Erlenbruch sind meist auch Birken anwesend. Dann wächst die Art mit dem Milden Schwefel-Milchling (Mitte) zusammen, folgt ihm aber nicht bis ins Torfmoos. Der Erlen-Milchling ist kleiner und besitzt keine gilbende Milch.

Gattung **Russula** – Täublinge
Fam. Russulaceae

Frkp. spröde, nicht milchend; Hüte kahl, klebrig bis schmierig, trocken z. T. bereift, oft schön farbig; Lamellen angewachsen, splitternd (mit einer Ausnahme!); Stiele zylindrisch-keulig; Spp. weiß, ocker bis dottergelb, amyloid; Sp. isoliert warzig, gratig oder netzig, ohne Kp. (Abb. 94, 95, 97); Fleisch rundzellig; Mykorrhizapilze. Zum Bestimmen sind winzige, rohe Kostproben gestattet (!).

Gemeiner Weiß-Täubling

Russula delica Fr.

Merkmale: Hut (5)8–15 cm breit, kalkweiß, bald fleckig, dann gänzlich ockerbräunlich, Huthaut durch Erdpartikel beschmutzt (klebrige Huthaut); Lamellen weißlich, jung mit blaugrünlichem Schein (anderer Name: Blaublättriger Weiß-Täubling); Stiel weiß, Spitze manchmal schwach blaugrünlich, kurz; Geruch erst herb-fruchtig (*delica*-Geruch), dann fast tranig; Geschmack mild, Nachgeschmack schärflich; Spp. weiß; Sp. warzig-gratig, 8–12 × 6,5–9 μ. **Vorkommen**: (VII)VIII–X; im Laub- und Nadelwald; relativ häufig. **Verwechslung**: Milchend: Wolliger Milchling (S. 402).

Dickblättriger Schwärz-Täubling

Russula nigricans (Bull.) Fr.

Merkmale: Hut 8–15(20) cm breit, jung weißlich, unter Lichteinfluß früh graubraun, dann schwärzlich anlaufend; Lamellen jung weißlich, dicklich, entfernt stehend; Stiel länger weiß bleibend, dann wie der Hut bräunend oder schwärzend; Fleisch sehr hart, verletzt erst rötend, dann schwärzend; Geschmack mild, in den Lamellen auch schärflich; Spp. weiß; Sp. feinwarzig-netzig, 6,5–8,5 × 5,5–7 μ. **Vorkommen**: VII–X(XI); im Laub- und Nadelwald, besonders unter Eiche und Rotbuche; häufig. **Verwechslung**: Andere Schwärz-Täublinge mit eng stehenden Lamellen.

Rauchbrauner Schwärz-Täubling

Russula adusta (Pers.: Fr.) Fr.

Merkmale: Hut 5–15 cm breit, anfangs weißlich, allmählich in dunkel rotbraun bis schwarzbraun übergehend, Huthaut trocken mit typischem Glanz; Lamellen weißlich-cremefarben, lange hell bleibend; Stiel weiß, auf Druck schwach rötend, dann graubraun; Fleisch im Schnitt schwach rötend, danach graubraun anlaufend; Geruch unbedeutend, im Alter nach moderigem Weinfaß; Geschmack mild; Spp. weiß; Sp. sehr feinwarzig-netzig, 7,5–9 × 6–7,5 μ. **Vorkommen**: VI–X; im sandigen Kiefernwald; zerstreut. **Verwechslung**: Mit matter Huthaut: Dichtblättriger Schwärz-Täubling (S. 434).

Dichtblättriger Schwärz-Täubling

Russula densifolia Gillet

Merkmale: Hut 5–10 cm breit, jung weiß, an der Luft bald von der Mitte her grau- bis rußbraun oder olivrußig verfärbend, Rand längere Zeit hell bleibend, Huthaut nur jung etwas schmierig, bald trocken, bei trockener Witterung glanzlos; Lamellen weißlich-cremefarben, lange hell bleibend; Stiel weiß, im Alter dunkel wie der Hut; Fleisch und alle noch weißen Teile des Fruchtkörpers im Schnitt oder an Verletzungen zuerst rötend, nach längerer Zeit grau- bis rußbraun verfärbend; Geschmack mild, in den Lamellen beim Kauen schärflich; Spp. weiß; Sp. feinwarzig-netzig, 6,5–8 × 5–6,5 μ. **Vorkommen**: VII–X; im Laub- und Nadelwald, unter Buchen, Eichen, Kiefern, Fichten, besonders auf sauren Böden; relativ häufig. **Verwechslung**: Dickblättriger Schwärz-Täubling (S. 432), Rauchbrauner Schwärz-Täubling (S. 432), Geschmack in den Lamellen deutlich scharf, auf kalkhaltigen Böden: Scharfblättriger Schwärz-Täubling *(R. acrifolia)*.

Kohlen-Täubling

RL 3

Russula anthracina Romagn.

Merkmale: Hut 5–10 cm breit, jung weißlich, bald an der Luft grauschwärzlich oder rußbraun verfärbend, Rand längere Zeit weiß bleibend, Huthaut matt; Lamellen cremeweißlich, mit rosa-fleischfarbenem Reflex (anderer Name: Lachsblättriger Schwärz-Täubling); Stiel weiß, längere Zeit so bleibend, auf Druck schwärzend; Fleisch und alle weißen Teile des Pilzes an Verletzungen meist direkt schwärzend, vorher jedenfalls nicht deutlich rötend; Geschmack mild bis schwach schärflich, in den Lamellen deutlicher scharf; Spp. weiß; Sp. feinwarzig-netzig, 7–9,5 × 6,5–7,5 μ. **Vorkommen**: VII–IX(X); im Laub- und Nadelwald, besonders auf kalkhaltigen Böden; selten. **Anmerkung**: Eine Abart, deren Lamellen völlig mild schmecken, wird als var. *insipida* abgetrennt. **Verwechslung**: Mit jung rein weißen Lamellen: Menthol-Schwärz-Täubling (unten).

Menthol-Schwärz-Täubling

Russula albonigra (Krombh.) Fr.

Merkmale: Hut 5–12(15) cm breit, jung weißlich, schon sehr früh rußbraun bis schwärzlich umfärbend, Huthaut feucht schmierig, bald aber trocken; Lamellen erst reinweiß, im Alter von der Schneide her schwärzend; Stiel weiß, alt schwarzbraun werdend; Fleisch und alle weißen Fruchtkörperteile an Verletzungen direkt und ziemlich schnell schwärzend (anderer Name: Schwarzanlaufender Täubling); Geschmack bitterlich bis schärflich, dabei die Zunge mentholartig kühlend (Name); Spp. weiß; Sp. feinwarzig-netzig, 6,5–9 × 5,5–6,5 μ. **Vorkommen**: VII–X; im Laub- und Nadelwald, auf sauren wie kalkhaltigen Böden vorkommend; selten. **Verwechslung**: Lamellen mit fleischrosa Reflex: Kohlen-Täubling (Mitte).

Ockergelber Täubling

Russula ochroleuca (Pers.) Fr.

Merkmale: Hut 4–8(10) cm breit, gelblichocker, zitronen- bis goldgelb, grüngelblich, Huthaut kahl, Rand im Alter kurz gekerbt-gerieft; Lamellen weiß, dann etwas schmutzig cremefarben; Stiel weiß, im Alter etwas grauend; Fleisch weiß, im Stiel zuletzt leicht grauend, bald weichlich; Geruch neutral; Geschmack mild bis erträglich schärflich; Spp. weiß; Sp. warzig-netzig, 8–10 × 6,5–7,5 μ. **Vorkommen**: VII–XI; im Laub- und Nadelwald, besonders auf sauren Böden, Massenpilz; sehr häufig. **Verwechslung**: Gallen-Täubling (scharf, Mitte), Sonnen-Täubling (scharf, unten), Gelber Graustiel-Täubling (S. 440), Wiesel-Täubling (S. 442).

Eßbar, wenn mild, doch ohne besonderen Speisewert; für Mischgerichte geeignet. Scharf schmeckende Exemplare sollten gemieden oder vorher abgebrüht werden.

Gallen-Täubling

Russula fellea (Fr.: Fr.) Fr.

Merkmale: Hut 3–6(8) cm breit, semmelocker, ockergelblich, strohfarben, einfarbig oder mit hellerem Randbereich, Huthaut bei trockenem Wetter matt und glanzlos, Rand kurz gekerbt-riefig; Lamellen schon jung cremefarben, bald schmutzig cremeocker, oft genau wie der Stiel gefärbt; Stiel blaß cremeocker, nicht reinweiß; Fleisch schmutzig weißlich, relativ fest; Geruch typisch süßsäuerlich, an Senfsoße erinnernd; Geschmack sehr scharf; Spp. weiß; Sp. warzig-netzig, 7–9 × 6–7 μ. **Vorkommen**: VIII–X(XI); im Laub- seltener Nadelwald, vor allem unter Rotbuche, sonst auch Eiche, selten Fichte; häufig. **Anmerkung**: Die oft in Gesellschaft mit dem Ockergelben Täubling wachsende Art ist am typischen Geruch und den nicht weißen Lamellen zu erkennen. **Verwechslung**: Ockergelber Täubling (oben), Sonnen-Täubling (scharf, unten).

Sonnen-Täubling **RL 3**

Russula solaris Ferd. & Winge

Merkmale: Hut 2–5 cm breit, leuchtend gold- bis chromgelb, Randbereich oft heller, dünnfleischig, Hutrand kurz gerieft; Lamellen längere Zeit weiß, dann strohgelblich; Fleisch weiß, nicht sehr fest; Geruch etwas nach Senfsoße oder obstig; Geschmack scharf, besonders in den Lamellen; Spp. cremefarben bis blaß ocker; Sp. isoliert warzig, 6,5–8 × 5–6,5 μ. **Vorkommen**: VII–IX(X); im Laubwald, in Mitteleuropa vorwiegend unter Rotbuchen, seltener Eichen; zerstreut. **Anmerkung**: Der Sonnen-Täubling ist eine kleinere Art, die an ihren leuchtenden Hutfarben und mikroskopisch an den isoliert warzigen Sporen zu erkennen ist. **Verwechslung**: Dotter-Täubling (S. 448), Ockergelber Täubling (oben), Gallen-Täubling (scharf, Mitte), mit genetzten Sporen: Blaßgelber Täubling (*R. raoultii*, scharf).

Camembert-Täubling

Russula amoenolens Romagn.

Merkmale: Hut 4–8(10) cm breit, karton- bis fleischbraun, mit graubräunlichem Einschlag, sepiabraun, manchmal recht dunkel, doch auch fast farblos (albinoid), Hutrand mit höckeriger Riefung; Lamellen jung weißlich, bald mit graulichem Beiton; Stiel weiß bis schmutzig weißlich; Fleisch weißlich, unter Huthaut und Stielrinde schwach graubräunlich; Geruch typisch wie frischer Camembert-Käse; Geschmack deutlich scharf; Spp. blaß cremefarben; Sp. isoliert warzig bis warzig-gratig, 6–8 × 5–6,5 μ. **Vorkommen**: VII–X; im Laubwald, stets unter Eichen, besonders auf Sandböden; zerstreut, lokal häufiger. **Anmerkung**: Um den feinen Geruch nach Camembert wahrnehmen zu können, sollte man am besten an den unverletzten Lamellen riechen. **Verwechslung**: Geruch tranig-ranzig, nicht speziell unter Eichen: Kratzender Kamm-Täubling (Mitte).

Kratzender Kamm-Täubling

Russula pectinatoides Peck Syn.: *R. pectinata*

Merkmale: Hut 3–8 cm breit, fahl kartonbraun, gelbbräunlich, oft dunkler gefleckt, auch generell dunkler, bronzefarben bis dattelbraun, Hutrand mit höckeriger (kammartiger) Riefung; Lamellen cremeweißlich, bald rostfleckig; Stiel weiß, an der Basis oft mit rostbräunlichen Flecken; Fleisch weißlich, nicht sehr fest; Geruch typisch ranzig-tranig, auch an Fisch erinnernd; Geschmack mild, nur im Nachgeschmack im Halse kratzend (Name); Spp. satt cremefarben; Sp. warzig, z. T. unvollständig netzig, 6–8 × 5–6 μ. **Vorkommen**: VI–IX(X); im Laub- und Nadelwald, Parkanlagen, Gärten; relativ häufig. **Verwechslung**: Geruch stärker: Stink-Täubling (scharf, unten).

Stink-Täubling

Russula foetens (Pers.: Fr.) Fr.

Merkmale: Hut 5–15 cm breit, ockergelb, gelbbraun bis semmelfarben, Huthaut feucht sehr schleimig, Rand mit kammartiger Riefung; Lamellen blaß cremegelblich, später ockergelblich und braunfleckig, jung oft tränend; Stiel jung schmutzig weißlich, dann ockerfleckig, im Innern gekammert hohl; Fleisch weißlich, im Stiel oft bräunend, starr und fest; Geruch tranig bis ölig-ranzig, auch ranzig-fischig; Geschmack deutlich scharf; Spp. cremefarben; Sp. isoliert grobwarzig, 7,5–9(10) × 6,5–8,5 μ. **Vorkommen**: VII–X; im Laub- und Nadelwald, auf verschiedenen Böden; häufig, besonders Süddeutschland. **Anmerkung**: Der ekelhafte Geruch dieser Art ist sehr typisch. Ähnlich aussehende Verwandte können auch obstig oder angenehm bittermandelartig riechen. **Verwechslung**: Kratzender Kamm-Täubling (Mitte), mit unterbrochen-brauner Lamellenschneide: Morse-Täubling (*R. illota*, scharf), mit Bittermandelgeruch: Mandel-Täubling (*R. grata*, scharf).

Gelber Graustiel-Täubling RL 3

Russula claroflava Grove Syn.: *R. flava*

Merkmale: Hut 4–8 cm breit, leuchtend zitronen- bis chromgelb, einfarbig oder in der Mitte dunkler orangegelb; Lamellen erst weiß, dann buttergelblich, an Verletzungen bald grau verfärbend; Stiel weiß, bald gelblich oder ocker gefleckt, im Alter besonders im unteren Teil grauend; Fleisch weiß, alt grauend; Geschmack mild; Spp. ocker; Sp. isoliert warzig-stachelig bis undeutlich feinnetzig, 7,5–9(10) × 6,5–7,5 μ. **Vorkommen**: VII–X; unter Birken und Erlen, in Mooren und Feuchtgebieten (anderer Name: Moor-Täubling); lokal häufig. **Anmerkung**: Die Graustiel-Täublinge (Sekt. *Decolorantes*) bilden eine kleine, charakteristische Gruppe mild schmeckender, im Alter grauender Arten. Ihr Fleisch färbt sich mit Formalin lebhaft rot. Das Fleisch des Gelben Graustiel-Täublings graut oft erst ziemlich spät. **Verwechslung**: Orangeroter Graustiel-Täubling (Mitte), Ockergelber Täubling (S. 436).

Orangeroter Graustiel-Täubling

Russula decolorans (Fr.: Fr.) Fr.

Merkmale: Hut 4–10 cm breit, gelborange bis orangerot, alt oft gelblich ausblassend, an Fraßstellen oder an der Hutkante aschgrau verfärbend, Hutrand erst alt kurz gerieft; Lamellen weißlich bis sahnegelblich, an den Schneiden grauend; Stiel weiß, bald grau verfärbend; Fleisch weiß, grauend; Geschmack mild; Spp. hellocker; Sp. isoliert grobwarzig, 9–12(14) × 7–9(10) μ. **Vorkommen**: VII–X; im Nadelwald, unter Kiefern und Fichten, gern auf sauren Böden, zwischen Heidekraut; lokal häufig. **Anmerkung**: Die Art gehört zu den guten, leicht kenntlichen Speisetäublingen. **Verwechslung**: Gelber Graustiel-Täubling (oben), Fleisch nicht grauend: Apfel-Täubling (unten), grauend, Hut weinrot: Weinroter Graustiel-Täubling *(R. vinosa)*.

Apfel-Täubling

Russula paludosa Britzelm.

Merkmale: Hut 5–12 cm breit, heller oder dunkler apfelrot, auch orangerot, gelegentlich fast ohne Rottöne, Mitte besonders jung typisch flach gebuckelt, später meist vertieft, Huthaut frisch mit typischem Glanz; Lamellen lange weiß, dann buttergelb, an den Schneiden manchmal rötlich; Stiel weiß, oft typisch rötlich überhaucht; Fleisch weiß, im Alter schwach angegraut (ähnlich, doch schwächer als bei den Graustiel-Täublingen); Geschmack mild; Spp. ocker; Sp. warzig-gratig bis teilnetzig, 8,5–11(12) × 7–9 μ. **Vorkommen**: VI–X; im feuchten Kiefern- oder Fichtenwald, selbst in Mooren, liebt saure Böden; relativ häufig, lokal oft Massenpilz. **Anmerkung**: Die Art teilt ihren Standort oft mit dem Orangeroten Graustiel-Täubling. **Verwechslung**: Orangeroter Graustiel-Täubling (Mitte), Zedernholz-Täubling (scharf, S. 456), Ziegelroter Täubling (S. 442).

Ziegelroter Täubling

Russula velenovskyi Melzer & Zvára

Merkmale: Hut 3–6(8) cm breit, ziegelrot bis ziegelbraun, z. T. orange aufhellend, seltener auch mehr hellrot, Huthaut glanzlos, Rand kurz gerieft oder ungerieft; Lamellen erst weißlich-cremefarben, dann deutlich gelblich, Schneide gegen den Außenrand oft rötlich; Stiel reinweiß oder schwach rötlich überhaucht; Fleisch weiß, relativ fest; Geschmack mild; Spp. ocker; Sp. fast isoliert warzig, nur mit spärlichen, feinen Graten, 6,5–8,5 × 5,5–7 μ. **Vorkommen**: VII–X; im Laub- und Mischwald, besonders unter Birken auf Sandböden; zerstreut bis ortshäufig, doch kein Massenpilz. **Verwechslung**: Apfel-Täubling (S. 440), Speise-Täubling (Mitte), Spei-Täublinge (scharf, S. 458).

Speise-Täubling

Russula vesca Fr.

Merkmale: Hut 5–10 cm breit, fleischrosa bis fleischbraun, stellenweise ocker entfärbend, Huthaut matt, den äußersten Rand nicht ganz erreichend; Lamellen weiß, alt rostfleckig; Stiel weiß, an der Basis zuspitzend und meist mit ockergelblichen Flecken; Fleisch weiß, fester als bei vielen anderen Täublingen; Geschmack mild; Spp. weiß; Sp. isoliert feinwarzig oder nur punktiert, 6–8,5 × 5–6,5 μ. **Vorkommen**: VI–X; im Laub- und Mischwald, unter Eichen, Rotbuchen, Kiefern oder Fichten; überall häufig. **Anmerkung**: Die Hutfarben sind im Gegensatz zu den scharf schmeckenden Spei-Täublingen stets weniger leuchtend und das Fleisch fester. Die am Hutrand ca. 1–2 mm zurückstehende Huthaut ist ein sehr gutes Erkennungsmerkmal. **Verwechslung**: Ziegelroter Täubling (oben), Spei-Täublinge (scharf, S. 458).

Eßbar; einer der wohlschmeckendsten Täublinge.

Wiesel-Täubling

Russula mustelina Fr.

Merkmale: Hut 8–15 cm breit, kräftig gelb- bis rotbraun, hasel- oder wieselbraun, Form erst halbkugelig-konvex, dann in der Mitte leicht vertieft, Huthaut oft mit anhaftenden Humus- oder Erdpartikeln; Lamellen cremegelblich, alt gelbbraun fleckend; Stiel weiß, stellenweise ockerbräunlich, im Innern schon früh gekammert-hohl; Fleisch weiß, etwas bräunend, sehr fest und schwer; Geschmack mild; Spp. cremefarben; Sp. feinwarzig-netzig, 7–10 × 6–8 μ. **Vorkommen**: VII–IX; im Nadelwald ab Mittelgebirgslagen, unter Fichten auf sauren Böden; lokal verbreiteter Massenpilz. **Anmerkung**: Die Hüte entwickeln sich relativ tief im Boden und schieben einen Teil der Humusdecke hoch. **Verwechslung**: Ockergelber Täubling (S. 436), auf kalkhaltigen Böden: Brauner Leder-Täubling (S. 454).

Eßbar; ausgezeichneter, ergiebiger, nie madiger Speisepilz.

Frauen-Täubling

Russula cyanoxantha (Schaeff.) Fr.

Merkmale: Hut 5–15 cm breit, violett, purpurviolett, grau- bis rosalila, grünlich, oft mehrfarbig gemischt, fleckig nach Ocker ausblassend, manchmal auch völlig entfärbt, Huthaut meist glanzlos; Lamellen weiß, elastisch (Ausnahme bei den Täublingen!), beim Darüberstreichen mit dem Finger nicht splitternd, kürzere sind mit längeren untermischt; Stiel weiß, selten lilarötlich überhaucht, kompakt; Fleisch bleibend weiß, relativ fest; Geschmack mild; Spp. weiß; Sp. isoliert-feinwarzig, 7–9 × 6–7 µ. **Vorkommen**: VII–X; im Laub- und Mischwald, meist unter Eichen oder Rotbuchen, seltener Fichten, liebt kalkhaltige Böden; häufig. **Verwechslung**: Kleiner, mit splitternden Lamellen: Papagei-Täubling (Mitte), Blaugrüner Reif-Täubling (S. 446) und Grüngefelderter Täubling (S. 446).
Eßbar; ausgezeichneter, durch die elastischen Lamellen leicht kenntlicher, ergiebiger Speisepilz.

Papagei-Täubling

Russula ionochlora Romagn.

Merkmale: Hut 4–8 cm breit, blaugrau, grauviolett, rosalila, violettgrünlich, stellenweise ockerfleckig, Fraßstellen rötlich umrandet, Huthaut trocken fein bereift; Lamellen weiß, dann blaß cremefarben; Stiel weiß, seltener mit rosalila Beitönen; Fleisch weiß, nur jung relativ fest; Geschmack mild, in den Lamellen jung manchmal schärflich; Spp. weißlich-cremefarben; Sp. fast isoliert feinwarzig, 6,5–7,5 × 5–6 µ. **Vorkommen**: VI–IX; im Laub- und Mischwald, unter Rotbuchen oder Eichen, vor allem auf sandigen Böden; lokal relativ häufig. **Anmerkung**: Die Art wird wegen einer gewissen Ähnlichkeit mit *R. cyanoxantha* auch als Kleiner Frauen-Täubling bezeichnet. **Verwechslung**: Frauen-Täubling (oben), Blaugrüner Reif-Täubling (S. 446).

Grasgrüner Täubling

Russula aeruginea Lindblad

Merkmale: Hut 5–10 cm breit, heller oder dunkler grasgrün, gelblich-grünlich, einfarbig oder zum Rande hin aufhellend, gelegentlich fast gänzlich entfärbend, Huthaut glänzend; Lamellen weiß, dann cremegelblich; Stiel weiß, Basis oft rostfleckig; Fleisch bleibend weiß, nicht sehr fest; Geschmack mild bis schwach schärflich; Spp. cremefarben; Sp. feinwarzig, dabei gratig-teilnetzig, 6–8,5(10) × 5–6,5(7) µ. **Vorkommen**: VII–X; im Laub- und Nadelwald, besonders unter Birken (anderer Name: Grüner Birken-Täubling), doch auch im reinen Fichtenwald; häufig. **Verwechslung**: Grüngefelderter Täubling (S. 446), grüne Frauen-Täublinge (oben), Grüner Herings-Täubling (S. 452).
Eßbar, doch nur als Mischpilz in kleineren Mengen; erzeugt vor allem roh, aber auch normal zubereitet in größerer Menge Übelkeit und Erbrechen.

Grüngefelderter Täubling RL 3

Russula virescens (Schaeff.) Fr.

Merkmale: Hut 6–12 cm breit, gelb- bis blaugrünlich, grünspanfarben, stellenweise oder auch gänzlich senfgelblich ausblassend, Huthaut felderig-schuppig aufbrechend, immer matt und glanzlos; Lamellen weiß bis blaß cremefarben, alt braunfleckig; Stiel weiß, Basis oft mit Rostflecken; Fleisch weiß, bald etwas bräunend, ziemlich hart und trocken; Geschmack mild; Spp. weiß, selten blaß cremefarben; Sp. isoliert warzig bis teilnetzig, 6–8,5(10) × 5–7 μ. **Vorkommen**: VII–IX; im Laub- und Nadelwald, besonders unter Eichen, doch auch im Fichtenwald; relativ häufig, doch anscheinend rückgängig. **Verwechslung**: Grasgrüner Täubling (S. 444), gefelderte Formen des Frauen-Täublings (*R. cyanoxantha* var. *cutefracta*).
Eßbar; sehr guter Speisepilz, einer der besten, ergiebigsten Speisetäublinge.

Blaugrüner Reif-Täubling

Russula parazurea Jul.Schäff. ex Jul.Schäff.

Merkmale: Hut 3–6(8) cm breit, blaugrün bis graublau, braungrünlich, beim Altwerden oft bräunlich entfärbend, Huthaut bei trockener Witterung deutlich bereift, manchmal fast schimmelig aussehend; Lamellen jung weiß, dann cremefarben; Stiel weiß, an der Basis bisweilen ockerfleckig; Fleisch weiß, nur jung fest, dann weichlich werdend; Spp. blaß cremefarben; Sp. warzig-netzig, 6,5–8 × 5,5–6,5 μ. **Vorkommen**: VI–X; im Laub- und Mischwald, insbesondere unter Eichen oder Rotbuchen, seltener Kiefern; lokal häufig (Norddeutschland). **Anmerkung**: Die Art ist manchmal schwer vom Papagei-Täubling, mit dem sie oft zusammen wächst, zu unterscheiden. Dessen Fraßstellen am Hut sind aber oft rötlich umrandet, was hier nie der Fall ist. **Verwechslung**: Papagei-Täubling (S. 444), Violetter Reif-Täubling (unten).

Violetter Reif-Täubling

Russula azurea Bres.

Merkmale: Hut 3–6(8) cm breit, amethystfarben, violett oder gemischt lila-violett, Mitte auch fast schwärzlich oder oliv gefärbt, Huthaut deutlich bereift bis feinschorfig; Lamellen bleibend reinweiß; Stiel weiß, oft keulenförmig; Fleisch bleibend weiß, bald weichlich-schwammig werdend; Geschmack mild; Spp. weiß; Sp. isoliert warzig bis schwachgratig, 6,5–9(10) × 6–7(8) μ. **Vorkommen**: VI–X; im Nadelwald, unter Fichten, besonders in Gebirgslagen; zerstreut bis selten. **Anmerkung**: Die reinweißen Lamellen- und Stielfarben stehen hier in starkem Kontrast zum Hut. Ähnlich gefärbte Spei-Täublinge weisen jedoch einen feinen Obstgeruch auf, der ihre Schärfe verrät. **Verwechslung**: Blaugrüner Reif-Täubling (Mitte), Jodoform-Täubling (S. 448), Wechselfarbiger Spei-Täubling (scharf, S. 464).

Jodoform-Täubling

Russula turci Bres. Syn.: *R. amethystina*

Merkmale: Hut 3–8(10) cm breit, lila bis violett, in der Mitte oft fast schwarzviolett, farblich konzentrisch abgesetzt, vertiefte Mitte häufig ockerfleckig entfärbend, Huthaut bei trockener Witterung fein bereift; Lamellen erst cremeweißlich, dann sahnegelblich bis blaß ocker; Stiel weiß, seltener mit rosa Hauch; Fleisch weiß, nur jung relativ fest, bald weichlich werdend; Geruch beim Abbrechen der Stielbasis typisch nach Jodoform, seltener auch geruchlos; Geschmack mild; Spp. kräftig ocker; Sp. warzig-netzig, 8–9,5 × 6–7,5 µ. **Vorkommen**: VIII–XI, oft recht spät erscheinend; im Nadelwald, unter Kiefern, Fichten oder Tannen; relativ häufig. **Anmerkung**: Lange Zeit wurde der Amethyst-Täubling *(R. amethystina)*, mit schwächerem oder fehlendem Geruch, unter Fichten und Tannen wachsend, abgetrennt. **Verwechslung**: Violetter Reif-Täubling (S. 446), Wechselfarbiger Spei-Täubling (scharf, S. 464).

Zinnober-Täubling

Russula rosea Pers. Syn.: *R. lepida, R. rosacea*

Merkmale: Hut 5–10 cm breit, leuchtend zinnoberrot, rosarot, oft fleckenweise gelblichocker entfärbt, Huthaut matt, kaum vom Hutfleisch trennbar; Lamellen bald gelblich, Schneide gleichfarbig oder rot; Stiel einfarbig weiß, oft aber stellenweise rötlich bis rötlichlila überlaufen, Basis ockerfleckig; Fleisch weiß, sehr fest und hart; Geschmack bitterlich, an Bleistiftholz erinnernd; Spp. cremefarben; Sp. warzig-netzig, 7,5–9 × 7–8 µ. **Vorkommen**: VII–X; in Laub- und Mischwäldern, vorwiegend unter Rotbuche, auf Kalkböden; gebietsweise häufig. **Anmerkung**: Hartes Fleisch, stumpfe Huthaut und bitterlicher Geschmack kennzeichnen diese Art gut.

Eßbar, doch nur nach mehrstündigem Wässern und Überbrühen zum Einlegen in Essig geeignet.

Dotter-Täubling

Russula lutea (Huds.: Fr.) Gray
Syn.: *R. chamaeleontina* var. *lutea*

Merkmale: Hut 3–6 cm breit, zitronen-, dotter- oder ockergelb, in vertiefter Mitte etwas satter gefärbt oder völlig einfarbig; Lamellen erst blaß gelblich, dann dottergelb; Stiel einfarbig weiß; Fleisch weichlich und sehr zerbrechlich; Geruch unbedeutend, im Alter manchmal nach Jodoform oder Senföl; Geschmack mild; Spp. dottergelb; Sp. isoliert stachelig-warzig, 7–8 × 5–6,5 µ. **Vorkommen**: VII–IX; im Laub- und Nadelwald, unter Eiche, Rotbuche, Kiefer; zerstreut. **Anmerkung**: Gegenüber ähnlich gefärbten Täublingen fällt die Art durch ihre Weichfleischigkeit auf. **Verwechslung**: Gelber Graustiel-Täubling (S. 440), Ockergelber Täubling (S. 436), Hut mit rötlichen Beimischungen: Weicher Täubling *(R. risigallina)*.

Milder Glanz-Täubling

Russula nitida (Pers.: Fr.) Fr.

Merkmale: Hut 3–6 cm breit, verschiedenfarbig, meist leuchtend rötlich, mit violetten, purpurnen oder weinrötlichen Beimischungen, auch kupferbräunlich, Mitte oft dunkler oder oliv, Huthaut glänzend, Rand meist deutlich gerieft; Lamellen bald deutlich gelblich; Stiel weiß, im unteren Teil oft rosarötlich überflogen; Fleisch unveränderlich weiß, relativ weich; Geruch im Alter manchmal süßlich; Geschmack mild; Spp. kräftig ocker; Sp. isoliert grobwarzig, 8–10(11) × 6,5–8 µ. **Vorkommen**: VII–X; im Laub- und Nadelwald, besonders unter Birken, auf sauren, feuchten Böden; zerstreut. **Anmerkung**: Die Art ist wegen ihrer variablen Hutfarben nicht immer leicht zu erkennen. Eine kupferbräunliche Form mit rötlicher Lamellenschneide wächst an sehr feuchten Stellen, direkt im Torfmoos (var. *sphagnophila*). **Verwechslung**: Mit gilbendem Fleisch: Milder Wachs-Täubling (Mitte), Geruch fruchtig: Duftender Täubling *(R. odorata)*.

Milder Wachs-Täubling

Russula puellaris Fr.

Merkmale: Hut 2–6 cm breit, kupfer-, violett- bis purpurbräunlich, olivgrau, weinrötlich, oft mehrfarbig, bald zunehmend gelblich werdend, Huthaut lange glänzend, Rand deutlich höckerig gerieft; Lamellen jung weißlich-cremefarben, dann deutlich gilbend; Stiel weiß, mit zunehmendem Alter gelb verfärbend; Fleisch weiß, gilbend, von weichlicher Konsistenz; Geschmack mild; Spp. cremefarben bis blaß ocker; Sp. fast isoliert warzig, 6,5–9,5 × 5,5–7 µ. **Vorkommen**: VII–X; im Laub- und Nadelwald, ohne besondere Bodenansprüche; häufig. **Anmerkung**: Die Art ist leicht an ihrem weichlichen, gilbenden Fleisch zu erkennen. Bei jungen Pilzen ist die Gelbfärbung oft erst am Tage nach dem Sammeln sichtbar. **Verwechslung**: Milder Glanz-Täubling (oben), Mädelchen-Täubling *(R. puellula)*.

Gold-Täubling

RL 3

Russula aurea Pers. Syn.: *R. aurata*

Merkmale: Hut 4–8 cm breit, leuchtend rot, fleckenweise goldgelb oder orange, manchmal auch gänzlich goldgelb gefärbt, Huthaut glänzend, Rand im Alter kurz gerieft; Lamellen weißlich bis blaß gelblich, Schneide bei Reife auffallend goldgelb; Stiel weiß, manchmal mit chromgelbem Anflug; Fleisch weiß, unter der Huthaut zitronen- bis chromgelb (ähnlich wie beim Fliegenpilz), jung relativ festfleischig; Geschmack mild; Spp. warzignetzig, 7,5–10 × 6–8 µ. **Vorkommen**: VII–IX; im Laub- und Nadelwald, unter Eichen oder Fichten, nur auf kalkhaltigen Böden; örtlich relativ häufig. **Anmerkung**: Die Art ist am besten an ihrer goldgelben Lamellenschneide zu erkennen. Rote Formen könnten von Sammlern leicht mit scharfen Spei-Täublingen (S. 458) verwechselt werden.

Roter Herings-Täubling

Russula xerampelina (Schaeff.) Fr.

Merkmale: Hut 5–10 cm breit, leuchtend purpurrot, dunkel weinrot, Mitte oft fast schwärzlich; Lamellen buttergelblich, dann ocker, Schneiden oft purpurrot, am Stiel typisch ausgebuchtet, fast frei; Stiel auf weißem Grund oft rötlich überflammt; Fleisch weiß, beim Reiben oder im Alter bräunend, jung ziemlich fest, mit Eisen-II-Sulphat grün; Geruch bald fischartig, nach Heringslake, jung oft geruchlos; Geschmack mild; Spp. kräftig ocker; Sp. isoliert grobwarzig, 8–11 × 7–8,5 μ. **Vorkommen**: VII–X; im Nadelwald, unter Kiefern oder Fichten; relativ häufig. **Anmerkung**: Die Herings-Täublinge sind leicht an ihrem Fischgeruch zu erkennen, der besonders beim Trocknen auftritt, also oft erst am nächsten Tag nach dem Sammeln. Es werden mehrere, nicht immer leicht zu trennende Arten unterschieden, die verschiedene Bäume als Partner haben (siehe Mitte und unten). **Verwechslung**: Zedernholz-Täubling (scharf, S. 456), Flammenstiel-Täubling (scharf, S. 460).

Eßbar; guter Speisepilz, dessen unangenehmer Geruch bei der Zubereitung verschwindet.

Starkriechender Herings-Täubling

Russula graveolens Romell

Merkmale: Hut 5–10 cm breit, fleisch-, wein- bis violettbräunlich, seltener auch trübrot, Rand alt kurz gerieft; Lamellen cremefarben, dann buttergelblich; Stiel weiß, ohne Rottöne, auf Druck gelbbräunlich fleckend; Fleisch weiß, im Alter oder auf Druck bräunend, relativ fest; Geruch bald aufdringlich nach Heringslake; Geschmack mild; Spp. ocker; Sp. feinwarzig-gratig, 8–9,5 × 6,5–7,5 μ. **Vorkommen**: VII–X; im Laubwald, vor allem unter Eichen, gern auf sandigen Böden; zerstreut, lokal nicht selten. **Verwechslung**: Roter Herings-Täubling (oben), Speise-Täubling (S. 442), Brauner Leder-Täubling (S. 454).

Eßbar; Speisewert siehe oben.

Grüner Herings-Täubling

RL 3

Russula elaeodes (Bres.) Romagn.

Merkmale: Hut 4–10 cm breit, gelb- bis olivgrün, einfarbig oder ockerfleckig aufgehellt, Huthaut einheitlich glatt, bisweilen auch schorfig, Rand ungerieft; Lamellen buttergelblich, dann blaß ocker; Stiel weißlich bis ockergelblich, Basis braunfleckig; Fleisch weiß, alt bräunend, festfleischig; Geruch beim Antrocknen nach Heringslake; Geschmack mild; Spp. ocker; Sp. warzig-stachelig, z. T. auch gratig-netzig, 6,5–9 × 6–8 μ. **Vorkommen**: VIII–X; im Laubwald, unter Eichen, Birken, Rotbuchen, auf sauren Böden; relativ selten. **Verwechslung**: Ohne Fischgeruch: Grasgrüner Täubling (S. 444), grüne Formen des Frauen-Täublings (S. 444) und Grüngefelderter Täubling (S. 446).

Eßbar; Speisewert siehe oben.

Buckel-Täubling

Russula caerulea (Pers.) Fr.

Merkmale: Hut 3–8 cm breit, violett, violettbraun, schwärzlich-purpurfarben oder weinrot, Mitte mit typischem, zitzenartigem Buckel, Huthaut glänzend, Rand alt gerieft; Lamellen jung blaß gelblich, reif satt ocker; Stiel weiß, oft relativ lang, mit zugespitzter Basis; Fleisch weiß, besonders im Stiel bald schwammig werdend; Geschmack mild, in der Huthaut bitterlich; Spp. satt ockerfarben; Sp. stachelig-warzig, isoliert bis gratig-teilnetzig, 8–10 × 6,5–8 µ. **Vorkommen**: VII–X; im Nadelwald, immer unter Kiefern, auf Sandböden, oft vereinzelt auftretend; relativ häufig. **Anmerkung**: Der selten fehlende, zitzenartige Hutbuckel sowie der bitterliche Geschmack der Huthaut sind ausgezeichnete Bestimmungsmerkmale dieser kaum zu verwechselnden Art. In der Literatur findet man auch die Schreibweise »*coerulea*«. **Verwechslung**: Rot gefärbt: Apfel-Täubling (S. 440).

Brauner Leder-Täubling

Russula integra (L.) Fr.

Merkmale: Hut 5–12 cm breit, heller oder dunkler braun, oft mit purpurfarbenen, violettlichen oder olivgelblichen Beimischungen, teilweise ockerfleckig, Rand bald kurz höckerig gerieft; Lamellen erst buttergelblich, dann fast lederocker; Stiel weiß, selten mit leichtem rosa Anflug, Basis manchmal mit chromgelben Fleckchen; Fleisch weiß, in der Jugend relativ fest, alt besonders im Stiel markig-schwammig; Geschmack mild; Spp. satt ockerfarben; Sp. meist isoliert spitzstachelig, 8–11 × 7–9 µ. **Vorkommen**: VI–X; im Nadelwald, unter Fichten, Tannen und Kiefern, gern auf Kalkböden; lokal häufig, besonders Süddeutschland. **Anmerkung**: Die großhütigen Leder-Täublinge erhielten ihren Namen von den relativ kräftig lederocker gefärbten Lamellen. Alle Leder-Täublinge schmecken mild und sind eßbar. **Verwechslung**: Wiesel-Täubling (S. 442), Lederstiel-Täubling (etwas scharf, S. 456).

Rotstieliger Leder-Täubling

Russula olivacea (Schaeff.) Fr.

Merkmale: Hut 8–20 cm breit, olivgelblich, weinrötlich bis purpurbraun oder dunkel grauoliv, oft mehrfarbig, fleckig oder mit konzentrisch-welligem Muster, Huthaut matt und stumpf; Lamellen butter- bis zitronengelb, dann ocker; Stiel auf weißer Grundfarbe lilarötlich oder rosa überlaufen, seltener vollständig weiß; Fleisch weiß, von fester Konsistenz; Geschmack mild; Spp. ocker bis dottergelb; Sp. isoliert stachelig-warzig, 8–12 × 7–9 µ. **Vorkommen**: VII–X; im Laub- und Nadelwald, besonders unter Rotbuchen, seltener Fichten, auf kalkhaltigen Böden; lokal häufig. **Verwechslung**: Mit kleineren, netzig-gratigen Sporen: Weißstieliger Leder-Täubling *(R. romellii)*, etwas scharf: Lederstiel-Täubling (S. 456).

Lederstiel-Täubling

Russula viscida Kudrna

Merkmale: Hut 5–12(15) cm breit, purpurrot, weinbräunlich, violett-fleischbräunlich, stellenweise olivocker bis olivgelblich entfärbend, Rand ungerieft; Lamellen cremegelblich, bald mit rostigen Fleckchen; Stiel nie reinweiß, sondern zumindest im unteren Teil stets ockergelblich bis lederocker (Name) und zugleich fast schorfig, kompakt; Fleisch schmutzig weißlich, dann etwas bräunend, jung sehr festfleischig; Geschmack besonders in den Lamellen erträglich scharf; Spp. cremefarben; Sp. feinwarzig-netzig, 8–11 × 6,5–9,5 µ. **Vorkommen**: VII–IX; im Laub- und Nadelwald, unter Rotbuchen, Fichten, Tannen und Kiefern, kalkliebend; relativ selten. **Anmerkung**: Der ockerbräunliche, schorfige Stiel ist ein sehr gutes Bestimmungsmerkmal. **Verwechslung**: Wiesel-Täubling (S. 442), Leder-Täublinge (S. 454). Eßbar; die mäßige Schärfe vergeht bei der Zubereitung.

Zedernholz-Täubling

Russula badia Quél.

Merkmale: Hut 6–10 cm breit, dunkel rotbraun, mit weinfarbenem Einschlag, seltener leuchtend dunkelrot, Mitte oft schwarzbraun, Huthaut mit leichtem Mattglanz, Rand erst im Alter höckerig gerieft; Lamellen cremeweißlich, dann buttergelblich bis hellocker, den Stiel nicht ganz erreichend; Stiel weiß, oft rötlich überlaufen; Fleisch weiß, jung ziemlich festfleischig; Geruch zart obstig, beim Reiben der Lamellen und in der Stielbasis meist typisch nach Zedernholz (Zigarrenkiste); Geschmack zuerst mild, dann unerträglich scharf, seltener sofort scharf; Spp. kräftig ocker; Sp. fein- bis grobwarzig, isoliert bis gratig-netzig, 8,5–10,5 × 7–8,5 µ. **Vorkommen**: VI–XI; im Nadelwald, vor allem unter Kiefern auf Sandboden, dort oft Massenpilz; lokal häufig. **Anmerkung**: Wegen der oft spät einsetzenden Schärfe heißt der Pilz auch Heimtückischer Täubling. **Verwechslung**: Herings-Täublinge (S. 452), Apfel-Täubling (S. 440).

Scharfer Glanz-Täubling

Russula firmula Jul.Schäff. Syn.: *R. transiens*

Merkmale: Hut 3–6 cm breit, dunkel braunviolett, mit schwärzlicher Mitte, gelegentlich ausblassend, mit Olivgrün vermischt, auch nur braun, ohne violette Beimischung, Huthaut lange glänzend; Lamellen cremegelblich, dann ocker bis dottergelb; Stiel einfarbig weiß; Fleisch unveränderlich weiß, relativ weichlich; Geruch schwach obstartig; Geschmack scharf; Spp. dottergelb; Sp. isoliert feinwarzig bis stachelig, 8–10 × 6,5–8 µ. **Vorkommen**: VII–X; im Nadel-, seltener Laubwald, vor allem unter Fichten ab Mittelgebirgslage, seltener Rotbuchen, auf Kalkböden; zerstreut bis selten (nur Süddeutschland). **Anmerkung**: Beim Bestimmen ist auf glänzenden Hut, Schärfe und dottergelbes Sporenpulver zu achten.

Kirschroter Spei-Täubling

Russula emetica (Schaeff.) Pers.: Fr. var. *emetica*

Merkmale: Hut 4–10 cm breit, kräftig blutrot, kirschrot, manchmal ockerfleckig ausblassend, Huthaut lange glänzend, Rand alt kurz gerieft; Lamellen reinweiß bis cremeweißlich; Stiel vorwiegend reinweiß, selten schwach rötlich überhaucht; Fleisch weiß, unter abgezogener Huthaut rötlich, bald weichlich; Geruch fein obstig; Geschmack deutlich scharf; Spp. weiß; Sp. grobwarzig, unvollständig netzig, 8,5–11,5 × 6,5–8,5 µ. **Vorkommen**: VII–XI; im relativ feuchten Nadel- und Laubwald, besonders unter Fichten, auch in Mooren; relativ häufig. **Anmerkung**: Hutfarbe und Größe dieser Art sind ziemlich veränderlich. Eine sichere Bestimmung ist daher nur möglich, wenn im Mikroskop Sporengröße und Sporenornament nachgeprüft werden. Eine blasse, in Sumpfgebieten vorkommende Abart unter Birken wird als var. *betularum* abgetrennt. Weniger berechtigt scheint die Abtrennung einer im Torfmoos wachsenden, standortbedingt langstieligen var. *longipes*. **Verwechslung**: Speise-Täubling (S. 442), scharf: Kiefern-Spei-Täubling (Mitte), Buchen-Spei-Täubling (unten), Gelbfleckender Täubling (S. 460), Blut-Täubling (S. 460), Verblassender Täubling (S. 462). ■ Ungenießbar (scharf); kann bei zu reichlichem Kosten im Rohzustand Übelkeit und Erbrechen hervorrufen, daher nur geringe Mengen kosten und danach ausspucken.

Kiefern-Spei-Täubling

Russula emetica var. *silvestris* Singer

Merkmale: Hut 2–8 cm breit, lebhaft rot, hellrot, rosarot, von der Hauptvariante äußerlich kaum unterscheidbar; Lamellen reinweiß, manchmal mit meergrünlichem Reflex; Stiel unveränderlich weiß; Fleisch weiß; Geruch fein obsartig; Geschmack scharf; Spp. weiß; Sp. warzig-teilnetzig, 7,5–9,5 × 6,5–7,5 µ. **Vorkommen**: VII–X; im trockeneren Nadel- und Mischwald, gerne im sandigen Kiefernwald, nach der Literatur auch unter Laubbäumen; relativ häufig. **Anmerkung**: Diese Varietät ist von der var. *emetica* nur schwer, allenfalls durch die etwas kleineren Sporen unterscheidbar. Sie bevorzugt trockenere Böden.

Buchen-Spei-Täubling

Russula mairei Singer

Merkmale: Hut 3–8 cm breit, leuchtend rot, karminrot, bisweilen mit gelblichen Flecken; Lamellen reinweiß, im Alter und an Verletzungen schwach gelblich verfärbend, mit feinschartiger Schneide; Stiel reinweiß; Fleisch weiß, neigt etwas zum Gilben; Geruch schwach obstartig; Geschmack scharf; Spp. weiß; Sp. feinwarzig, gratig bis teilnetzig, 6,5–8,5 × 5,5–6,5 µ. **Vorkommen**: VII–X; im Laubwald, unter Rotbuchen; häufig. **Verwechslung**: Speise-Täubling (S. 442), Gelbfleckender Täubling (scharf, S. 460) u. a.

Gelbfleckender Täubling RL 3

Russula luteotacta Rea

Merkmale: Hut 2–5 cm breit, rosarot, hell kirschrot, stellenweise weißlich entfärbt, auf Druck nach einiger Zeit chromgelb fleckend, Huthaut bei trockener Witterung matt, glanzlos; Lamellen weiß, an Druckstellen oder beim Trocknen chromgelb verfärbend; Stiel weiß, selten rosa überflogen, auf Druck chromgelb werdend; Fleisch weiß, beim Trocknen satt gelb verfärbend; Geruch schwach obstartig; Geschmack bitter und zugleich scharf; Spp. weiß; Sp. fast isoliert warzig, 7–9 × 5,5–7,5 μ. **Vorkommen**: VII–X; im Laub- und Mischwald, in Gesellschaft mit Eiche, Hain- und Rotbuche, nur auf Kalkböden; selten. **Anmerkung**: Das Gelbwerden aller Teile des Fruchtkörpers wird oft erst beim Trocknen deutlich, ist dann aber sehr typisch. **Verwechslung**: Kaum gilbend: Spei-Täublinge (scharf, S. 458), größer: Blut-Täubling (scharf, unten).

Flammenstiel-Täubling

Russula rhodopoda Zvára

Merkmale: Hut 4–10 cm breit, leuchtend blutrot, Scheitel dunkler, fast schwärzlich, Huthaut auch trocken mit gewissem Mattglanz, ungerieft; Lamellen jung weiß, beim Reifen buttergelblich, um den Stiel ausgebuchtet; Stiel auf weißem Grunde mehr oder weniger deutlich rötlich überzogen, Basis ockerfleckig; Fleisch weiß, mit gewisser Neigung zur Ockerverfärbung, bald weichlich werdend; Geruch schwach obstartig; Geschmack sehr scharf; Spp. blaß ocker; Sp. warzig-netzig, 7–9 × 6,5–7 μ. **Vorkommen**: VIII–X; im Fichtenwald ab Mittelgebirgslage, auf sauren, auch moorigen Böden; selten, lokal verbreitet. **Verwechslung**: Roter Herings-Täubling (S. 452), Apfel-Täubling (S. 440), Blut-Täubling (scharf, unten).

Blut-Täubling

Russula sanguinaria (Schumach.) Rauschert
Syn.: *R. sanguinea*

Merkmale: Hut 4–10 cm breit, hell blut- bis kirschrot, wäßrig rot, oft ockergelblich bis weißlich entfärbend, zumindest aber fleckig werdend, Huthaut bei trockenem Wetter matt, nicht abziehbar; Lamellen weißlich, dann hell zitronen-, zuletzt graugelblich, verletzt gelblich fleckend, etwas am Stiel herablaufend; Stiel einheitlich weiß oder rötlich überhaucht; Fleisch weiß, bald weichlich-krümelig werdend; Geruch schwach obstartig; Geschmack mäßig scharf und oft zugleich bitterlich; Spp. blaß ocker; Sp. isoliert warzig, 7,5–9 × 6,5–8 μ. **Vorkommen**: VII–X; im Nadelwald, besonders unter Kiefern, doch auch Fichten oder Lärchen, meist auf sauren Sand- oder Moorböden, selten über Kalkgestein; zerstreut. **Verwechslung**: Speise-Täubling (S. 442), Gelbfleckender Täubling (scharf, oben), Flammenstiel-Täubling (scharf, Mitte), diverse Spei-Täublinge (scharf, S. 458).

Verblassender Täubling

Russula pulchella I. G. Borshch. Syn.: *R. exalbicans*

Merkmale: Hut 3–8(10) cm breit, meist wäßrig wein- bis johannisbeerrot oder hellrot, früh fleckig ausblassend, oft auch mit grünlichen Tönen untermischt, schließlich fast farblos, mit rötlichen Farbresten am Hutrand, Huthaut matt; Lamellen zuerst weißlich, dann cremegelblich bis butterfarben, alt mit grauem Beiton; Stiel weiß, seltener rosa überhaucht, stellenweise ockerfleckig, im Alter oft leicht grauend; Fleisch weiß, alt etwas grauend, bald relativ weich; Geruch schwach obstartig; Geschmack zuerst erträglich scharf, beim Kauen bald mild werdend (!); Spp. hellocker; Sp. warzig-gratig bis teilnetzig, 6,5–8,5(9,5) × 5,5–7 µ. **Vorkommen**: VI–X; unter Birken, in Wäldern, Parkanlagen und Gärten; lokal relativ häufig, sonst eher selten. **Anmerkung**: Diesen Täubling hält man beim Kosten zunächst für scharf und ist überrascht, daß die Schärfe allmählich vergeht. **Verwechslung**: Farblose Exemplare des Grasgrünen Täublings (S. 444), Spei-Täublinge (scharf, S. 458).

Zitronenblättriger Täubling

Russula sardonia Fr.

Merkmale: Hut 4–8(10) cm breit, violett- bis weinrötlich, auch grünlich untermischt, mit schwärzlich-purpurnem Scheitel, sogar leuchtend blutrot, Mitte oft gebuckelt; Lamellen erst blaß gelblich, dann zitronengelb, etwas herablaufend; Stiel auf weißlichem Grunde mehr oder weniger violettrötlich bis rosalila überlaufen (anderer Name: Säufernase); Fleisch weiß, später ockergelblich; Geruch angenehm obstartig; Geschmack sehr scharf; Spp. hellocker; Sp. warzig-netzig, 7–9 × 6–7 µ. **Vorkommen**: IX–XI (spät erscheinend); im Nadelwald, unter Kiefern, im Flachland ein Charakterpilz sandiger Kiefernwälder; lokal häufig. **Verwechslung**: Jodoform-Täubling (S. 448), Stachelbeer-Täubling (scharf, unten), wärme- und kalkliebende Art unter Kiefern: Gedrungener Täubling (*R. torulosa*, scharf).

Stachelbeer-Täubling

Russula queletii Fr. in Quél.

Merkmale: Hut 3–6(8) cm breit, dunkel violett, purpurbraun, violettrot mit olivgrün vermischt, bald ausblassend, mit verwaschen-wolkigem Pigment, Rand im Alter kurz gerieft; Lamellen weiß, später fahlgelblich; Stiel meist rosalila überflogen, seltener weiß; Fleisch weißlich; Geruch süßlich-fruchtig, an Stachelbeerkompott erinnernd; Geschmack scharf, alt auch bitter; Spp. hellocker; Sp. isoliert warzig-stachelig, 8–10 × 7–9 µ. **Vorkommen**: VII–X; im Nadelwald, unter Fichten auf kalkhaltigen Böden; lokal häufig (besonders Süddeutschland, Österreich, Schweiz). **Verwechslung**: Zitronenblättriger Täubling (scharf, Mitte), Gedrungener Täubling (*R. torulosa*, scharf).

Vielfarbiger Täubling

Russula versicolor Jul.Schäff.

Merkmale: Hut 2–5(7) cm breit, in trüben rosa-violettlichen, grünlichen und fleischbräunlichen Mischfarben, Mitte oft olivocker ausblassend und vertieft, Rand bald undeutlich gerieft; Lamellen erst fast weißlich, dann buttergelb bis ocker; Stiel weiß, zunächst unveränderlich, über Nacht aber von der Basis her gilbend; Fleisch weiß, bald weichlich werdend; Geruch schwach obstartig; Geschmack von fast mild bis deutlich scharf variierend; Spp. hellocker; Sp. warzig-gratig, 6,5–8,5(9) × 5–6(7) μ. **Vorkommen**: VI–X; in Laub- und Mischwäldern, Parkanlagen, unter Birken, Zitterpappeln, Erlen, ohne besondere Bodenansprüche; zerstreut. **Anmerkung**: Für eine sichere Bestimmung dieser veränderlichen Art ist unbedingt die Farbe des Sporenpulvers zu überprüfen. **Verwechslung**: Wechselfarbiger Spei-Täubling (scharf, Mitte), stark gilbend: Milder Wachs-Täubling (S. 450).

Wechselfarbiger Spei-Täubling

Russula fragilis (Pers.: Fr.) Fr.

Merkmale: Hut 2–5(7) cm breit, heller oder dunkler violettlich, mit rötlichen und grünlichen Tönen gemischt, auch mit höherem Rotanteil, Scheitel sowohl fast schwärzlich, als auch gelblich bis olivocker ausblassend, Huthaut bald glanzlos, Rand alt kurz gerieft; Lamellen jung weiß, dann sahnegelblich, Schneiden fein gekerbt; Stiel weiß; Fleisch unveränderlich weiß; Geruch obstartig; Geschmack sehr scharf; Spp. weiß; Sp. feinwarzig-netzig, 7,5–9 × 5,5–7,5 μ. **Vorkommen**: VII–X; im Laub- und Mischwald, vorwiegend unter Eichen, gern auf sandigen Böden; relativ häufig. **Anmerkung**: Beim Bestimmen achte man auf den Standort unter Eichen und reinweißes Sporenpulver. **Verwechslung**: Violetter Reif-Täubling (S. 446), Papagei-Täubling (S. 444), Jodoform-Täubling (S. 448), wenig scharf: Vielfarbiger Täubling (oben).

Purpurschwarzer Täubling

Russula atropurpurea (Krombh.) Britzelm.

Merkmale: Hut 4–10(12) cm breit, oft schwärzlichpurpur bis violettschwarz gefärbt, auch wein- bis kupferrot, im Zentrum meist dunkel bleibend, Rand ungerieft; Lamellen erst weiß, schließlich blaß strohgelblich; Stiel weiß, alt etwas grauend und rostfleckig; Fleisch weiß, etwas grauend, ziemlich fest; Geruch schwach obstartig; Geschmack in den Lamellen mäßig scharf, Schärfe bald vergehend; Spp. weiß; Sp. warzig-netzig, 6,5–9 × 5,5–7 μ. **Vorkommen**: VI–X; im Laub- und Mischwald, unter Eichen und Rotbuchen; zerstreut, vom Flachland bis Mittelgebirge. **Anmerkung**: Die bald strohgelblich gefärbten Lamellen täuschen eine Art mit kräftiger gefärbtem Sporenpulver vor. **Verwechslung**: Apfel-Täubling (S. 440).

Gattung **Boletus** – Dickröhrlinge
Fam. Boletaceae

Frkp. kompaktfleischig, Stiel zentral; Hüte oft matt, feucht höchstens klebrig, nie schleimig, Unterseite mit gut ablösbarer Röhrenschicht (»Schwamm«); Stiele relativ dick, mit oder ohne Netzzeichnung; Spp. olivocker bis olivbraun; Sp. langelliptisch bis spindelig, glatt, ohne Kp. (Abb. 98); Mykorrhizapilze.

Steinpilz, Fichten-Steinpilz (gesch.)

Boletus edulis Bull.: Fr.

Merkmale: Hut 5–25 cm breit, hell oder dunkel ocker- bis rotbraun, selten fast weiß, Huthaut feucht leicht klebrig, bald matt und trocken; Röhren jung weißlich bis cremefarben, beim Reifen gelblich bis olivgrünlich; Stiel weißlich oder mit etwas Hutfarbe, mit heller, feiner Netzzeichnung, zumindest im oberen Teil; Fleisch weiß; Sp. 12–17(20) × 4,5–6 μ. **Vorkommen**: VII–X(XI); im Nadel- und Mischwald, unter Fichten, Kiefern, Birken, auf sauren wie kalkhaltigen Böden; häufig. **Verwechslung**: Gallen-Röhrling (bitter, S. 474), Sommer-Steinpilz (Mitte), Kiefern-Steinpilz (unten), Satans-Röhrling (giftig, S. 470).
Eßbar; sehr guter Speisepilz für alle Zubereitungsarten.

Sommer-Steinpilz

Boletus reticulatus Schaeff. Syn.: *B. aestivalis*

Merkmale: Hut 5–15(20) cm breit, meist hell- bis mittelbraun, Huthaut fast samtig bis filzig-schorfig; Röhren lange weißlich bleibend, dann gelbgrünlich; Stiel blaß bräunlich, vollständig genetzt; Fleisch weiß; Sp. 13–16(20) × 4,5–6 μ. **Vorkommen**: V–VIII(IX); im Laub- und Mischwald, unter Eichen (anderer Name: Eichen-Steinpilz) und Rotbuchen, auch in Parkanlagen und Gärten; relativ häufig. **Anmerkung**: Durch helle Farben und vollständig genetzten Stiel ist die Art dem Gallen-Röhrling besonders ähnlich. **Verwechslung**: Gallen-Röhrling (S. 474), Fichten-Steinpilz (oben).

Kiefern-Steinpilz RL 3

Boletus pinophilus Pilát & Dermek

Merkmale: Hut 8–20 cm breit, dunkel rotbraun, seltener auch fast leuchtend rot; Röhren weißlich, dann olivgelb; Stiel hell beige bis rotbräunlich, vollständig weiß genetzt; Geruch im Schnitt wie zerdrücktes Gras; Fleisch weiß; Sp. 14–17(20) × 4,5–6 μ. **Vorkommen**: VII–X; im Nadelwald, besonders unter Kiefern, doch auch Fichten, auf sauren Böden; relativ selten. **Verwechslung**: Fichten-Steinpilz (oben), Sommer-Steinpilz (Mitte), unter Eichen, wärmeliebende Art: Schwarzhütiger Steinpilz *(B. aereus)*.

Anhängsel-Röhrling

RL 2, gesch.

Boletus appendiculatus Schaeff. (Foto oben links)

Merkmale: Hut 5–15(20) cm breit, bronzefarben, ocker-, kupfer- bis kastanienbraun, Huthaut feinfilzig; Röhren chromgelb, reif mit Olivton, auf Druck schwach blauend; Stiel gelblich, im oberen Teil gleichfarbig genetzt, Basis zuspitzend; Fleisch gelb, schwach blauend; Sp. 10–16 × 4–6 µ. **Vorkommen**: VI–X; im Laubwald, meist unter Eiche und Rotbuche, selten auch unter Nadelbäumen, auf Kalkböden, wärmeliebend; relativ selten. **Verwechslung**: im Gebirgs-Nadelwald: Falscher Anhängsel-Röhrling *(B. subappendiculatus)*.

Königs-Röhrling

RL 1, gesch.

Boletus regius Krombh. (Foto oben rechts)

Merkmale: Hut 5–15(20) cm breit, rosa-, kirsch- bis blutrot oder dunkler braun- bis purpurrot, Huthaut feinfilzig-schorfig; Röhren zitronen- bis goldgelb, allmählich oliv werdend; Stiel gelb, bisweilen karminrötlich gefleckt, genetzt; Fleisch gelb, verletzt nicht oder nur schwach blauend; Sp. 10–17 × 3,5–5 µ. **Vorkommen**: VII–IX; im Laubwald, unter Rotbuchen oder Eichen auf Kalkböden; selten. **Verwechslung**: Blauender Königs-Röhrling *(B. speciosus)*, mit roten Röhren: Wolfs-Röhrling (S. 470).

Netzstieliger Hexen-Röhrling

Boletus luridus Schaeff.: Fr. (Foto Mitte)

Merkmale: Hut 5–20 cm breit, meist olivgelblich bis olivbräunlich, auch ziegelorange überlaufen, Huthaut matt, fast samtig; Röhren dunkelrot, im Alter auch gelblich verblaßt, auf Druck stark blauend; Stiel auf gelblichem bis orangenem Grund grob rötlich bis braun genetzt; Fleisch vorwiegend gelblich, fest, geschnitten schnell tintenblau anlaufend; Sp. 10–15 × 5–7 µ. **Vorkommen**: VI–X; im Laub- und Nadelwald, Parkanlagen, auch unter Straßenbäumen; häufig. **Verwechslung**: Flockenstieliger Hexen-Röhrling (unten).

Eßbar; nach neuester Erkenntnis ist auch bei Alkoholgenuß nicht mit vorübergehender Giftwirkung zu rechnen.

Flockenstieliger Hexen-Röhrling

Boletus erythropus (Fr.: Fr.) Krombh. Syn.: *B. luridiformis*

Merkmale: Hut 5–20 cm breit, dunkelbraun, etwas ausblassend, wildlederartig samtig (anderer Name: Schusterpilz); Röhren dunkelrot, auf Druck stark blauend; Stiel rötlich körnig-flockig; Fleisch gelblich, verletzt schnell tinten- bis schwarzblau anlaufend, fest; Sp. 11–16 × 5–6 µ. **Vorkommen**: VI–X; im Laub- und Nadelwald, besonders unter Rotbuchen, Eichen, Fichten, auf sauren Böden; häufig. **Verwechslung**: Netzstieliger Hexen-Röhrling (Mitte).

Wolfs-Röhrling RL R

Boletus lupinus Krombh.

Merkmale: Hut 5–10 cm breit, jung auf blutrotem Untergrund mit abwischbarem rosa Reif bedeckt, später nur graubräunlich, Huthaut durch die Bereifung stets matt; Röhren dunkel blutrot, auf Druck deutlich und schnell blauend, wie bei den Hexen-Röhrlingen; Stiel chromgelb, ohne Netzmuster, dafür bisweilen fein rötlich punktiert; Fleisch gelblich bis kräftig chromgelb, im Schnitt intensiv blauend, festfleischig; Sp. 11–14 × 5–6 μ. **Vorkommen**: VIII–X; im Laubwald, unter Rotbuchen oder Eichen, auf kalkhaltigen Böden, in wärmeren Lagen; sehr selten. **Anmerkung**: Die Art unterscheidet sich von ähnlich aussehenden Hexen-Röhrlingen durch den glatten, chromgelben Stiel und rosa bereiften Hut. Sie wird als giftverdächtig eingestuft. **Verwechslung**: Hexen-Röhrlinge (S. 468), mit gelben Röhren, kaum blauend: Königs-Röhrling (S. 468).

Purpur-Röhrling RL R

Boletus rhodopurpureus Smotl.

Merkmale: Hut 5–15(20) cm breit, jung schmutzig hellgrau, dann weinrosa oder sogar gänzlich weinrot, neigt auch an Fraßstellen zur Verfärbung nach Weinrot (anderer Name: Weinroter Röhrling), Huthaut matt, trocken; Röhren kräftig blut- bis purpurrot, auf Druck intensiv blauend; Stiel kräftig rot wie die Röhrenschicht, gänzlich rot genetzt, an Fraßstellen chromgelb; Fleisch chromgelb, im Schnitt schnell tiefblau anlaufend; Sp. 12–15 × 5–6 μ. **Vorkommen**: im Laub- und Mischwald, unter Rotbuchen, Eichen, Fichten, auf Kalkböden; selten (z. B. in Tirol/Österreich). **Verwechslung**: Schwächer blauend: Satans-Röhrling (giftig, unten), Falscher Satans-Röhrling *(B. splendidus)* und Rosahütiger Purpur-Röhrling *(B. rhodoxanthus)*.
Eßbar, ausreichend erhitzen; Verwechslungsgefahr (!).

Satans-Röhrling RL 2

Boletus satanas Lenz

Merkmale: Hut 8–25 cm breit, kalkweiß, grauweißlich bis hell olivgrau, an frischen Fraßstellen gelblich, Huthaut matt, trocken; Röhren blutrot, gelbrötlich, im Alter bisweilen olivgelblich, fast ohne Rot, auf Druck etwas blauend; Stiel gänzlich karminrötlich oder auf gelbem Grund mit rötlicher Zone bzw. nur im unteren Teil rot, zumindest im oberen Teil mit rötlichem Netz versehen; Fleisch weißlich bis strohgelblich, im Stiel auch chromgelb, im Schnitt schwach blauend; Geruch zuerst fast süßlich-fruchtig, dann meist schwach aasartig; Geschmack mild, zubereitet nicht unangenehm; Sp. 10–15 × 5–7 μ. **Vorkommen**: VII–IX(X); im Laubwald, unter Eichen oder Rotbuchen, auf Kalkböden; selten. **Verwechslung**: Purpur-Röhrling (Mitte), diverse Hexen-Röhrlinge, mit gelben Röhren: Schönfuß-Röhrling (bitter, S. 472).
Giftig; erzeugt anhaltende Magen- und Darmstörungen.

Schönfuß-Röhrling

RL 3

Boletus calopus Fr.: Fr.

Merkmale: Hut 5–15(18) cm breit, schmutzig weißlich, hellgrau, grauocker bis graubräunlich, Huthaut matt und trocken; Röhren zitronen- bis chromgelb, später olivgelblich, auf Druck blaugrünlich verfärbend; Stiel rötlich bis kräftig blutrot, im oberen Teil gelb, auf ganzer Länge deutlich genetzt; Fleisch weißlich bis strohgelblich, im Schnitt schwach blaugrünlich anlaufend; Geschmack bitter; Sp. 10–15 × 3,5–5 μ. **Vorkommen**: VII–X; im Laub- und Nadelwald, besonders unter Fichten oder Rotbuchen, gern auf sauren Böden, ab Mittelgebirgslage; lokal häufig. **Verwechslung**: Mit gelbem Stiel: Wurzelnder Bitter-Röhrling (Mitte), mit roten Röhren: Satans-Röhrling (giftig, S. 470).
Ungenießbar (bitter), im Rohzustand außerdem giftig; erzeugt Verdauungsstörungen (vorsichtig kosten!).

Wurzelnder Bitter-Röhrling

RL 3

Boletus radicans Pers.: Fr.

Merkmale: Hut 5–20 cm breit, grauweißlich oder blaß bräunlichgrau, Huthaut matt und trocken, völlig glatt oder mit angedeuteter Felderung; Röhren leuchtend zitronengelb, beim Reifen olivgelblich, auf Druck deutlich blauend; Stiel zitronengelb, nach unten auch schmutzig weißlich oder blaß grau, meistens ohne Netzzeichnung, Basis oft knollig und zugleich verjüngt wurzelnd; Fleisch gelblich, im Schnitt deutlich blauend; Geschmack bitter; Sp. 9–15 × 4–6 μ. **Vorkommen**: VII–IX(X); im Laubwald, vorwiegend unter Rotbuche oder Eiche, nur auf kalkhaltigen Böden, wärmeliebend; selten. **Anmerkung**: Der Pilz wächst an gleichen Standorten wie der Satans-Röhrling, dem er von oben betrachtet ähneln kann. **Verwechslung**: Mit roten Stielfarben: Schönfuß-Röhrling (bitter, oben).
Ungenießbar (bitter); kann durch die Zubereitung nicht entbittert werden.

Schwarzblauender Röhrling

Boletus pulverulentus Opat.

Merkmale: Hut 3–8(10) cm breit, olivgrau bis rotbräunlich, Huthaut matt, fast feinsamtig, relativ trocken; Röhren leuchtend zitronen- bis goldgelb, sehr druckempfindlich, sofort dunkelblau anlaufend; Stiel wie der Hut gefärbt, oberer Teil gelblich, fast immer schlank, Oberfläche fein körnig-flockig, nie genetzt; Fleisch gelb, im Schnitt sofort tiefblau bis blauschwarz anlaufend; Sp. 10–16 × 4–6 μ. **Vorkommen**: VII–X; im Laub- und Nadelwald, unter Eichen, Rotbuchen oder Fichten, selbst in Parkanlagen und Vorgärten; zerstreut. **Anmerkung**: Die schlanke Gestalt dieser Art erinnert eher an einen Filz-Röhrling. Die Blaufärbung ist noch intensiver als bei den Hexen-Röhrlingen. **Verwechslung**: Maronen-Röhrling (S. 476), Ziegenlippe (S. 476), Rotfuß-Röhrling (S. 478).

Gallen-Röhrling

Tylopilus felleus (Bull.: Fr.) P. Karst. (Fam. Boletaceae)

Merkmale: Hut 5–15 cm breit, beige-, karton- bis rehbraun, Huthaut feinsamtig; Röhren jung weiß, dann hellrosa bis fleischfarben; Stiel olivgelblich bis olivocker, mit grobem, dunklerem Netz; Fleisch unveränderlich weißlich; Geschmack bitter, selten auch mild; Spp. fleischrosa; Sp. länglich-spindelig, glatt, 12–15,5 × 4–5 μ, ohne Kp. **Vorkommen**: VI–X; im Laub- und Nadelwald, besonders bei Kiefern und Fichten; häufig; Mykorrhizapilz. **Anmerkung**: Junge Exemplare können durch Kostprobe am bitteren Geschmack erkannt werden. **Verwechslung**: Steinpilze (S. 466), Birkenpilz (S. 482).

Ungenießbar (bitter); kann durch Zubereitung nicht entbittert werden, ist aber ungiftig.

Gattung **Gyroporus** – Blaßsporröhrlinge
Fam. Boletaceae

Hüte trocken, samtig bis filzig; Röhrenschicht blaß, gut ablösbar; Stiele im Alter markig, gekammert-hohl; Spp. gelblich; Sp. elliptisch, glatt, ohne Kp.; Mykorrhizapilze.

Hasen-Röhrling

RL 2

Gyroporus castaneus (Bull.: Fr.) Quél.

Merkmale: Hut 3–8(10) cm breit, zimtfarben bis dunkel rotbraun (anderer Name: Zimt-Röhrling), alt auch gelbbräunlich; Röhren erst gelblich, dann weiß; Stiel wie der Hut gefärbt oder etwas heller, Oberfläche fein kleiig-körnig; Fleisch unveränderlich weißlich bis cremefarben, relativ hart und fest; Sp. 8–11 × 4,5–6 μ. **Vorkommen**: VII–X; im Laub- und Nadelwald, in Parks, vor allem unter Eichen, auf Sandböden; selten. **Verwechslung**: Maronen-Röhrling (S. 476), stark blau anlaufend: Kornblumen-Röhrling (unten).

Kornblumen-Röhrling

RL 3

Gyroporus cyanescens (Bull.: Fr.) Quél.

Merkmale: Hut 5–10 cm breit, weißlich bis strohgelblich, Oberfläche angedrückt filzig, rauh anfühlend; Röhren cremefarben, dann gelblich, bei geringster Berührung tief tinten- bis kornblumenblau verfärbend; Stiel wie der Hut gefärbt, fein kleiig bis angedrückt filzig, im oberen Drittel mit kleinem Absatz, darüber kahl; Fleisch weißlich bis gelblich, geschnitten schnell und intensiv blauend (selten nicht verfärbend: var. *lacteus*), mürbe; Sp. 9–10,5 × 5–6 μ. **Vorkommen**: VII–IX(X); im Laub- und Nadelwald, unter Eichen, Birken, Kiefern, besonders auf Sandböden; zerstreut. **Verwechslung**: Stark blauend: Hexen-Röhrlinge (S. 468), Schwarzblauender Röhrling (S. 472), nicht blauend: Hasen-Röhrling (Mitte).

Gattung **Xerocomus** – Filzröhrlinge
Fam. Boletaceae

Hüte gewöhnlich trocken, matt bis filzig; Unterseite mit gut ablösbarer Röhrenschicht; Stiele schlank, meist ungenetzt; Spp. olivbräunlich; Sp. langelliptisch bis spindelig, glatt, ohne oder selten mit Kp.; Mykorrhizapilze, selten Parasiten.

Maronen-Röhrling

Xerocomus badius (Fr.) Kühner ex E. J. Gilbert

Merkmale: Hut (3)5–10 cm breit, meist dunkel kastanienbraun, doch auch leder- bis rehbräunlich, Huthaut matt bis glänzend, gewöhnlich trocken, bei Regen etwas schmierig; Röhren erst weißlich, dann olivgelb bis olivgrünlich, auf Druck meist blauend; Stiel heller als der Hut, bräunlich gemasert, immer ohne Netzzeichnung (!); Fleisch weiß bis blaß gelblich, im Schnitt blauend; Sp. 11–15 × 4–5 µ. **Vorkommen**: (VI)VIII–XI; im Laub- und Nadelwald, vorwiegend unter Kiefern und Fichten, auf sauren Böden, Massenpilz; häufig. **Verwechslung**: Steinpilze (S. 466), Brauner Filz-Röhrling (unten), Rotfuß-Röhrling (S. 478). Eßbar; ausgezeichneter, dem Steinpilz fast ebenbürtiger Speisepilz.

Ziegenlippe

Xerocomus subtomentosus (L.: Fr.) Quél.

Merkmale: Hut 3–10 cm breit, olivgrünlich bis olivbräunlich, Huthaut feinsamtig, immer trocken; Röhren lange leuchtend gelb, relativ weitporig, bei Berührung nicht oder schwach blauend; Stiel auf gelblichem Untergrund rotbräunlich marmoriert, Spitze manchmal unvollständig genetzt; Fleisch weißlich, im Stiel gelblich, geschnitten meistens nicht blauend, relativ festfleischig; Sp. 10–13(15) × 4–5 µ. **Vorkommen**: VII–X; im Nadel- und Mischwald, auf allen Böden, nie in großer Menge wachsend; häufig. **Verwechslung**: Rotfuß-Röhrling (S. 478), Brauner Filz-Röhrling (unten).

Eßbar; durch Festfleischigkeit und neutralen Geschmack einer der besseren Speisepilze unter den Filzröhrlingen.

Brauner Filz-Röhrling

Xerocomus subtomentosus var. *ferrugineus* (Schaeff.) Krieglst.
Syn.: *X. lanatus, X. spadiceus, X. coniferarum*

Merkmale: Hut 4–10 cm breit, dunkel rotbraun, gewöhnlich ohne Oliv; Stiel auf gelblichem Untergrund mit langgezogener, rotbräunlicher Netzzeichnung. **Anmerkung**: Die anderen Merkmale entsprechen denen der Ziegenlippe. **Vorkommen**: VIII–X; im Nadel- und Mischwald, besonders unter Fichten ab Mittelgebirgslage; zerstreut. **Verwechslung**: Ziegenlippe (Mitte), Maronen-Röhrling (oben).

Rotfuß-Röhrling

Xerocomus chrysenteron (Bull.) Quél.

Merkmale: Hut 3–7 cm breit, mit sehr unterschiedlichen Brauntönungen, oft oliv, gelb oder rötlich untermischt, an Fraßstellen oder Rissen rosarot werdend, Huthaut feinsamtig, oft felderig aufbrechend; Röhren trüb gelblich, beim Reifen zunehmend olivlich, auf Druck blauend; Stiel gänzlich oder nur im unteren Teil mehr oder weniger stark rötlich überzogen, an der Spitze gelb, Oberfläche feinflockig bis längsfaserig; Fleisch blaß gelblich, im Schnitt schwach blauend, bald weichlich werdend und am Standort schnell verschimmelnd; Geschmack säuerlich; Sp. 10–13(15) × 5–6 µ. **Vorkommen**: VII–XI; im Laub- und Nadelwald, Parkanlagen, Gärten, ohne besondere Bodenansprüche, allgemein verbreitet; häufig. **Anmerkung**: Der säuerliche Geschmack sagt nicht jedermann zu. **Verwechslung**: Ziegenlippe (S. 476), Falscher Rotfuß-Röhrling (Mitte), Blutroter Röhrling (unten).

Falscher Rotfuß-Röhrling

Xerocomus porosporus Imler Syn.: *X. truncatus*

Merkmale: Hut 2–6 cm breit, beigebräunlich, meist ohne deutliche Rotanteile, Huthaut in den Rissen farblos, Fraßstellen nicht rötlich; Röhren schmutzig gelblich bis gelbgrünlich, auf Druck blauend; Stiel gelblich, dann zunehmend braun, Mitte oder oberer Teil mit wenig auffallender rötlicher Zone oder gänzlich ohne Rot; Fleisch schmutzig gelblich, jung im Mittelbereich rötlich, im Schnitt blauend, bald weichlich werdend; Geschmack neutral, nicht säuerlich wie der Rotfuß-Röhrling; Sp. 12–16 × 5–6 µ, mit Kp. (Abb. 99). **Vorkommen**: VI–IX; im Laub- und Mischwald, besonders unter Eichen; lokal nicht selten. **Anmerkung**: Die Art wird sicher oft für den häufigen Rotfuß-Röhrling gehalten. Wegen des neutralen Geschmacks ist sie von beiden der bessere Speisepilz. Der bei Röhrlingen selten vorhandene Keimporus der Sporen ist ein sicheres mikroskopisches Merkmal. **Verwechslung**: Rotfuß-Röhrling (oben), Ziegenlippe (S. 476).

Blutroter Röhrling

Xerocomus rubellus (Krombh.) Quél. Syn.: *X. versicolor*

Merkmale: Hut 2–6(8) cm breit, dunkel blut- bis weinrot, doch auch rosarötlich oder purpurrosa, Huthaut kaum felderig aufbrechend; Röhren gelb, dann olivgelblich, bei Berührung blauend; Stiel auf chromgelbem Untergrund meist kräftig rot punktiert bis längsfaserig; Fleisch gelb, im Schnitt blauend, bald weichlich werdend; Geschmack säuerlich, wie beim Rotfuß-Röhrling; Sp. 9–14 × 4,5–6 µ. **Vorkommen**: VI–X; in Laub- und Mischwäldern, unter diversen Laubbäumen, auch in Parks und Gärten; zerstreut bis relativ häufig. **Anmerkung**: Da auch der Rotfuß-Röhrling oft rötliche Hutfarben besitzt, ist eine sichere Trennung schwer. **Verwechslung**: Rotfuß-Röhrling (oben).

Schmarotzer-Röhrling RL 3

Xerocomus parasiticus (Bull.: Fr.) Quél.

Merkmale: Hut 2–5(7) cm breit, gelbbräunlich bis olivgelblich, feinfilzig, etwas an die Ziegenlippe erinnernd; Röhren erst zitronen- bis goldgelb, dann zunehmend bräunlich, Poren relativ grob; Stiel gelbbräunlich, flockig bis faserig; Fleisch unveränderlich gelblich; Sp. 12–18 × 4,5–6 μ. **Vorkommen**: VIII–X; auf Kartoffelbovisten, in Laub- und Nadelwäldern; selten. **Anmerkung**: Die Kartoffelboviste werden durch den Befall mit dem Parasiten geschädigt, innen ausgehöhlt und kommen nicht zur Sporenreife. Die Giftstoffe des Wirtes (siehe S. 608) übertragen sich nicht auf den Röhrling (!). Durch den einmaligen Standort ist die Art unverwechselbar.

Erlengrübling RL 3, gesch.

Gyrodon lividus (Bull.: Fr.) Sacc. (Fam. Boletaceae)

Merkmale: Hut 3–12 cm breit, meist strohfarben bis ockergelblich, Oberfläche trocken, matt bis feinfilzig, an Druckstellen bräunend, Rand bald scharfkantig; Röhren jung leuchtend zitronen- bis goldgelb, beim Reifen oliv, auf Druck blauend, anfangs sehr fein, am Stiel herablaufend; Stiel wie der Hut gefärbt, Basis zuspitzend; Fleisch im Hut gelblich, schwach blauend, im Stiel bald bräunlich; Spp. ockerbraun; Sp. elliptisch, glatt, 5–7 × 4–4,5 μ, ohne Kp. **Vorkommen**: VIII–X; unter Erlen, in Sümpfen und Mooren, an Teich- und Bachrändern, Feuchtstellen im Wald; relativ selten; Mykorrhizapilz. **Anmerkung**: Der eßbare Röhrling steht in Deutschland unter Naturschutz und sollte deshalb nicht gesammelt werden. Er ist die einzige Art seiner Gattung. Die Röhrenschicht ist im Gegensatz zu anderen Röhrlingen auffallend dünn, besonders am Jungpilz. Die am Stiel weit herablaufenden Röhren sind ein untrügliches Kennzeichen.

Hohlfuß-Röhrling

Boletinus cavipes (Opat.) Kalchbr. (Fam. Boletaceae)

Merkmale: Hut 4–10 cm breit, zitronengelb, zimt-, bis orangebräunlich, auch rot- bis weinbraun, Mitte oft spitz gebuckelt, Oberfläche trocken, grobfilzig, Rand jung häufig mit Velumresten behangen; Röhren gelblich bis oliv, sehr grob, Poren rhombisch und in der Tiefe abgestuft; Stiel wie der Hut gefärbt, filzig, mit häutigem Ring, innen schnell hohl werdend (Name) und ziemlich brüchig; Fleisch unveränderlich weißlich; Spp. olivbraun; Sp. länglich-spindelig, glatt, 7,5–10 × 3–4 μ, ohne Kp. **Vorkommen**: VI–X; im Nadelwald, unter Lärchen, besonders im Mittel- und Hochgebirge; lokal häufig; Mykorrhizapilz. **Anmerkung**: Trotz der veränderlichen Hutfarbe ist der Pilz an seinem beringten, schon sehr früh hohl werdenden Stiel gut zu erkennen. **Verwechslung**: Rostroter Lärchen-Röhrling (S. 490).

Gattung **Leccinum** – Raufußröhrlinge
Fam. Boletaceae

Hüte trocken, matt bis feinfilzig, höchstens im Alter leicht schmierig; Röhrenschicht gut vom Hutfleisch ablösbar, bei älteren Fruchtkörpern polsterförmig hervorschauend; Stiele rauhschuppig, meist relativ schlank; Spp. gelb- bis olivbräunlich; Sp. länglich-spindelig, glatt, ohne Kp.; Mykorrhizapilze.

Birkenpilz (gesch.)

Leccinum scabrum (Bull.: Fr.) Gray

Merkmale: Hut 4–12 cm breit, hell- bis dunkelbraun, zimtbräunlich, rotbraun, schwarzbraun oder weiß, farblich sehr variabel, Form jung typisch halbkugelig, dann verflachend, Huthaut am Rande zumindest nicht deutlich überstehend; Röhren weißlich-cremefarben, dann schmutzig nachdunkelnd, an berührten Stellen jung etwas bräunend; Stiel auf weißem Untergrund schwärzlich oder graubräunlich rauhschuppig, seltener mit farblosen Schüppchen, doch nicht deutlich netzartig gezeichnet; Fleisch weißlich, im Schnitt gewöhnlich nicht verfärbend, manchmal schwach und langsam rosarötlich anlaufend, im Hut relativ bald schwammig werdend; Sp. 13–18 × 5–6 μ. **Vorkommen**: VI–X; unter Birken, an Waldrändern, in Feuchtgebieten, Parkanlagen, Gärten; häufig. **Anmerkung**: Die starke Veränderlichkeit der Farben dieses Pilzes verführt dazu, ihn in etliche Varietäten aufzuteilen. Hier wurde meiner Ansicht nach etwas übertrieben, da nicht immer eindeutige Abgrenzungen möglich sind. Formen in Feuchtgebieten sind manchmal sehr hellfarbig, doch kommen auch an trockenen Standorten völlig weiße Formen vor (unten). Das andere Extrem sind fast schwarzhütige Exemplare (Mitte). Für alle hat man sich bemüht, einen wissenschaftlichen Namen zu finden, doch sind es bloße Farbformen mit geringem taxonomischem Wert. **Verwechslung**: Vielverfärbender Birkenpilz (S. 484), Hainbuchen-Rauhfuß (S. 484), Huthaut überhängend, rötlich: Rotkappen (S. 484–486).

Schwärzlicher Birkenpilz (gesch.)

Leccinum scabrum var. *melaneum* Smotl.

Merkmale: Diese Varietät unterscheidet sich von der Normalform lediglich durch ihren schwarzbraunen bis grauschwarzen Hut und kräftig gefärbte, schwärzliche Stielschuppung.

Weißer Birkenpilz (gesch.)

Leccinum scabrum var. *niveum* (Fr. ex Opat.) M. M. Moser

Merkmale: Durch weißen Hut und Stiel von der Normalform unterschieden. Besonders in Feuchtgebieten findet man sehr ähnliche Formen mit grünlicher Stielbasis.

Vielverfärbender Birkenpilz (gesch.)

Leccinum variicolor Watling

Merkmale: Hut 5–10 cm breit, mausgrau, sepia oder dunkelbraun, mit typisch grauem Einschlag, oft durch ockerfarbene Fleckchen heller getüpfelt; Röhren weiß, lange so bleibend, auf Druck erst rötend, dann ockerfleckig; Stiel auf weißem Untergrund mit grauen bis schwärzlichen Schüppchen besetzt, im unteren Teil beim Anfassen blaugrün verfärbend; Fleisch weiß, im Schnitt deutlich rötend, in der Stielbasis blaugrün bis blau anlaufend; Sp. 12–16 × 4,5–6 μ. **Vorkommen**: VIII–X; im Laub- und Mischwald, unter Birken, an feuchteren Stellen; selten, etwas häufiger in Nordeuropa. **Anmerkung**: Die Art ist durch die intensiven Verfärbungen des Fleisches vom Birkenpilz leicht zu unterscheiden. **Verwechslung**: Dunkle Formen des Birkenpilzes (S. 482), nur schwärzend: Hainbuchen-Rauhfuß (Mitte).

Hainbuchen-Rauhfuß (gesch.)

Leccinum griseum (Quél.) Singer Syn.: *L. carpini*

Merkmale: Hut 4–10 cm breit, gelbbraun oder von grau- bis schwarzbraun variierend, Oberfläche typisch grubig-runzelig, bald etwas glänzend; Röhren jung cremeweißlich, dann graugelblich, mit schwachem Olivton, auf Druck schwärzend; Stiel grauweißlich, durch längsrippig verbundene Schüppchen grau bis schwärzlich ornamentiert; Fleisch weiß, im Schnitt violettgrau bis schwarz anlaufend; Sp. 14–18 × 5–6 μ. **Vorkommen**: VII–X; im Laub- und Mischwald, vorwiegend unter Hainbuchen; zerstreut, doch gleichmäßig verbreitet. **Verwechslung**: Nicht schwärzend: Birkenpilz (S. 482).

Heide-Rotkappe (gesch.)

Leccinum versipelle (Fr.) Snell Syn.: *L. testaceoscabrum*

Merkmale: Hut 5–15(20) cm breit, gelborange bis ziegelrötlich, auch gelb- bis orangebräunlich, bisweilen stark ausgeblaßt, das Orange allmählich verlierend, Huthaut oft typisch am Rande überstehend; Röhren jung mit deutlichem Grauton, bald blaß graugelblich, auf Druck kaum verändernd; Stiel auf weißlichem Grunde mit schwärzlichen, rauhen Schüppchen bedeckt; Fleisch weißlich, im Schnitt zuerst rosalila bis violettgrau, dann schwärzend, im unteren Stielteil blaugrünlich verfärbend; Sp. 12–16 × 4–5 μ. **Vorkommen**: VI–X; unter Birken, besonders in Heidelandschaften, auf sauren, sandigen Böden mit Heidekraut; lokal relativ häufig. **Anmerkung**: Besonders in Skandinavien (z. B. Schweden) ist die Heide-Rotkappe noch ziemlich häufig, wird aber in Deutschland leider immer seltener. **Verwechslung**: Birkenpilze (S. 482), Espen-Rotkappe (S. 486), Eichen-Rotkappe (S. 486).

Eßbar; wie alle Rotkappen festfleischiger und deshalb besser als die Birkenpilze.

Espen-Rotkappe (gesch.)

Leccinum rufum (Schaeff.) Kreisel Syn.: *L. aurantiacum*

Merkmale: Hut 6–18 cm breit, meist leuchtend orangerot bis orangebraun, Huthaut am Rande velumartig überstehend; Röhren jung oft reinweiß, erst relativ spät graugelblich werdend, auf Druck rötlich anlaufend; Stiel weißlich, im unteren Teil beim Anfassen oft blaugrünlich verfärbend, Schüppchen jung wenig auffallend, erst gleichfarbig, dann rotbräunlich; Fleisch weißlich, im Schnitt leicht rötend, dann lilagrau bis schwarz werdend; Sp. 13–16 × 4–5 μ. **Vorkommen**: VI–X; unter Zitterpappeln (Espen), an Waldrändern und in Parkanlagen, auch auf Kalkböden; relativ häufig. **Verwechslung**: Eichen-Rotkappe (Mitte), Heide-Rotkappe (S. 484), Hut braun: Birkenpilze (S. 482).

Eichen-Rotkappe RL 3, (gesch.)

Leccinum quercinum (Pilát) Pilát

Merkmale: Hut 6–15 cm breit, orange- bis ziegelbraun oder selbst kastanienbraun, die bräunlichen Farbtöne meist überwiegend, Huthaut am Rande überstehend; Röhren weißlich bis schmutzig ocker oder lederbräunlich, im Alter oft noch dunkler werdend; Stiel auf weißlichem Untergrund mit rotbräunlichen Schüppchen, Druckstellen rötlich bis blaugrünlich; Fleisch weiß, geschnitten erst rötend, dann violettgrau bis schwarz verfärbend; Sp. 11–15 × 4–5 μ. **Vorkommen**: VIII–X; im Laubwald, vorwiegend unter Eiche, doch auch Rotbuche oder Linde; zerstreut. **Anmerkung**: Beim Bestimmen der Rotkappen ist unbedingt der Begleitbaum zu beachten. Eine bisher nicht erwähnte, ähnliche Art ist der unter Fichten und Kiefern vorkommende Fuchs-Röhrling *(L. vulpinum)*. Der braunhütige Pappel-Rauhfuß *(L. duriusculum)* gehört wegen seiner überhängenden Huthaut ebenfalls zu den »Rotkappen«. **Verwechslung**: Espen-Rotkappe (oben), Heide-Rotkappe (S. 484).

Pfeffer-Röhrling

Chalciporus piperatus (Bull.: Fr.) Bataille
Syn.: *Boletus (Suillus) piperatus* (Fam. Boletaceae)

Merkmale: Hut 1,5–5 cm breit, gelb- bis orangebräunlich, seltener fast weinrötlich, Form lange halbkugelig bis polsterförmig bleibend, Huthaut bei feuchtem Wetter schmierig; Röhren jung orange, dann zimt- bis rostbraun, Poren ziemlich grob; Stiel dem Hut ähnlich gefärbt, Basis chromgelb, oft sehr schlank; Fleisch blaß gelblich, in Stielbasis kräftig safranfarben oder chromgelb, im Hut bald weichlich; Geschmack nach einigen Sekunden brennend scharf; Spp. ockerbräunlich; Sp. länglich-elliptisch, glatt, 8–10 × 3–4 μ, ohne Kp. **Vorkommen**: VIII–XI; im Nadel- und Mischwald, unter Fichten und Kiefern; häufig; Mykorrhizapilz. **Anmerkung**: Durch den pfefferigen Geschmack ist die Art kaum zu verwechseln.

Eßbar; Mischpilz; als Gewürzpilz verwendbar.

Gattung **Suillus** – Schmierröhrlinge
Fam. Boletaceae

Hüte meist schmierig, trocken glänzend, selten filzig und trocken; Unterseite mit gut ablösbarer Röhrenschicht; Stiele schlank, z. T. häutig beringt oder mit schleimiger Ringzone; Spp. ocker bis olivbraun; Sp. elliptisch-spindelig, glatt, ohne Kp.; Mykorrhizapilze.

Gold-Röhrling

Suillus grevillei (Klotzsch: Fr.) Singer

Merkmale: Hut 4–10 cm breit, leuchtend goldgelb, orangebräunlich bis rotbraun, Huthaut feucht schleimig; Röhren jung goldgelb, dann schmutzig gelbbräunlich, oft etwas herablaufend; Stiel gelb- bis rotbräunlich, mit schmaler, gelblicher, schleimiger Ringzone; Fleisch gelblich, bald weich werdend; Sp. 7–10 × 3–4 µ. **Vorkommen**: VI–XI; im Nadel- und Mischwald, stets unter Lärchen, ohne besondere Bodenansprüche; häufig. **Verwechslung**: Bresadolas Lärchen-Röhrling (unten), Butter-Röhrling (S. 490), in Mooren unter Kiefern: Moor-Röhrling *(S. flavidus)*.

Grauer Lärchen-Röhrling

Suillus viscidus (Fr. & Hök) Rauschert Syn.: *S. aeruginascens*

Merkmale: Hut 3–8(12) cm breit, aschgrau, graugelblich oder graubräunlich, Huthaut mit eingewachsener Maserung, feucht schleimig, Rand jung mit weißlichen Velumfetzen; Röhren weißlichgrau bis graugelblich, schließlich graubräunlich, mit weitstehenden, eckigen, abgestuften Poren; Stiel graubräunlich, mit weißlichem, aufsteigendem, vergänglichem Ring; Fleisch weißlich, stellenweise auch graugrünlich; Sp. 9–12 × 4–5,5 µ. **Vorkommen**: VI–X; im Nadelwald, unter Lärchen auf Kalkböden; im Gebirge nicht selten. **Verwechslung**: Bresadolas Lärchen-Röhrling (unten).

Bresadolas Lärchen-Röhrling

Suillus bresadolae (Quél. in Bres.) Gerhold
Syn.: *S. aeruginascens* var. *bresadolae*

Merkmale: Hut 3–10 cm breit, grau- bis rotbraun, gegen den Rand goldgelb aufhellend, Huthaut feucht schleimig; Röhren gelblichgrau, reif überwiegend grau, mit entfernten, eckigen, abgestuften Poren; Stiel rotbraun, an der Spitze gelblich, mit weißgelblichem Ring; Fleisch zumindest im Hut gelblich; Sp. 8–12 × 4–6 µ. **Vorkommen**: VII–IX; im Gebirgs-Nadelwald, unter Lärchen, auf Kalkböden, im Alpengebiet; selten. **Anmerkung**: Die interessante Art erinnert an den Gold-Röhrling, unterscheidet sich aber durch die grauen Röhren. **Verwechslung**: Grauer Lärchen-Röhrling (Mitte), Gold-Röhrling (oben), Rostroter Lärchen-Röhrling (S. 490).

Rostroter Lärchen-Röhrling

Suillus tridentinus (Bres.) Singer

Merkmale: Hut 4–10 cm breit, orangebräunlich bis roströtlich, Huthaut eingewachsen-faserig bis schorfig-schuppig, feucht meist nur klebrig-schmierig, nicht ausgesprochen schleimig, Rand jung mit weißlichen Velumresten behaftet; Röhren orangegelblich, dann mehr rost- bis zimtorange, auf Druck rotbräunlich, schwach am Stiel herablaufend, Poren relativ grob, eckig und abgestuft; Stiel dem Hut ähnlich gefärbt, etwas faserschuppig, mit weißlichem, vergänglichem Ring; Fleisch rötlichgelblich, im Stiel auch bräunlich, im Hut bald weichlich werdend; Sp. 9–11,5(14) × 4,5–5,5 µ. **Vorkommen**: VII–X; im Gebirgs-Nadelwald, unter Lärchen auf Kalkböden; im Alpengebiet lokal häufiger bis zerstreut, sonst selten. **Verwechslung**: Gold-Röhrling (S. 488), Bresadolas Lärchen-Röhrling (S. 488), trokkenhütig: Hohlfuß-Röhrling (S. 480).

Butter-Röhrling

Suillus luteus (L.: Fr.) Gray

Merkmale: Hut 4–12 cm breit, typisch dunkel kastanienbraun, rotbraun, doch auch gelbbraun, Huthaut einheitlich oder mit eingewachsener Maserung, bei feuchter Witterung sehr schleimig, am Rande jung velumartig überstehend; Röhren hell- bis dottergelb, schließlich olivgelb, mit feinen, rundlichen Mündungen; Stiel weißlich, mit häutigem, trichterförmig aufsteigendem Ring, der unterseits blaß violettgrau gefärbt ist, Stielspitze gelb, mit feiner, bräunlicher Punktierung; Fleisch weißlich bis blaß gelblich; Sp. 7–9(11) × 3–4 µ. **Vorkommen**: VIII–XI; im Nadelwald, unter Kiefern, besonders auf Sand-, doch auch auf Kalkböden; häufig. **Verwechslung**: Gold-Röhrling (S. 488), ohne Ring: Körnchen-Röhrling (unten), Ringloser Butter-Röhrling *(S. fluryi)*. Eßbar, guter Speisepilz; möglichst jung verwenden und Huthaut abziehen. Vereinzelt sollen nach dem Genuß allergieartige Erscheinungen aufgetreten sein. Die Art ist dann zu meiden.

Körnchen-Röhrling

Suillus granulatus (L.: Fr.) Kuntze

Merkmale: Hut 4–10 cm breit, gelblichocker, gelbbräunlich oder kuhbräunlich (mit rötlichem Einschlag), Huthaut oft mit eingewachsener Maserung, bei feuchtem Wetter schleimig; Röhren chromgelb, später olivgelb, in der Jugend milchige Tröpfchen ausscheidend; Stiel weißlich bis gelblich, immer ringlos, jung tränend, dann oben oft bräunlich punktiert (Körnchen, Name!); Fleisch weißlich-gelblich; Sp. 7–10 × 3–4 µ. **Vorkommen**: VII–X; im Nadelwald, unter Kiefern, besonders auf Kalkböden; lokal häufig. **Anmerkung**: Die Art ist gewöhnlich hellhütiger als der Butter-Röhrling, der außerdem einen häutigen Stielring besitzt. **Verwechslung**: Kuh-Röhrling (S. 494), Mittelmeer-Körnchen-Röhrling (S. 492).

Mittelmeer-Körnchen-Röhrling

Suillus mediterraneensis (J. Blum & Jacquet.) Redeuilh
Syn.: *S. granulatus* var. *mediterraneensis*, *S. leptopus*

Merkmale: Hut 4–12 cm breit, gelbbraun bis dunkel rot- oder graubraun, Huthaut mit dunklerer, eingewachsener Maserung oder feiner Radialstreifung, bei Regen etwas schmierig; Röhren kräftig chromgelb, bald aber senfgelb bis olivocker, relativ feinporig; Stiel weißlich bis chromgelb, Basis oft rosaviolett, gänzlich mit grober, dunkelbrauner Punktierung, meist relativ kurzstielig, ringlos; Fleisch kräftig chromgelb; Sp. 9–12 × 4–5 µ. **Vorkommen**: X–IV; im Nadelwald, unter mediterranen Kiefern, besonders Aleppokiefer, auf Kalkböden; häufig. **Anmerkung**: Die Art ist in den Wintermonaten auf den Balearen (Mallorca) Massenpilz und häufigster Röhrling. Aufsammlungen aus Mitteleuropa sind mir nicht bekannt. **Verwechslung**: Mediterran, mit weißrandig-braunem Hut und weißem Fleisch: Weißbrauner Körnchen-Röhrling *(S. boudierii)*, mitteleuropäisch: vgl. Körnchen-Röhrling (S. 490) u. a.

Zirben-Röhrling

RL 2

Suillus plorans (Rolland) Singer

Merkmale: Hut 3–12(15) cm breit, strohgelb, gelbbraun bis dunkel olivbraun, Huthaut gewöhnlich dunkler gemasert, bei nassem Wetter schmierig; Röhren bald dunkel olivgelb, am Stiel ausgebuchtet, Poren im Alter eckig und ungleich lang; Stiel olivgelb bis olivbräunlich, auf ganzer Länge mit dunkleren, zusammenfließenden Flecken besetzt, ohne Ring; Fleisch weißlich bis blaß gelblich, im Stiel bald etwas bräunlich werdend; Sp. 8–11 × 3,5–4,5 µ. **Vorkommen**: VII–X; im Nadelwald, nur unter Zirben (Ziebelkiefern, Arven, *Pinus cembra*), auf kalkhaltigen Böden im Gebirge; selten. **Anmerkung**: In Gebieten mit natürlichem Zirben-Vorkommen (z. B. Alpen, Hohe Tatra) kann der Pilz regelmäßig angetroffen werden. Leider wird die Zirbe und somit auch ihr begleitender Pilz immer seltener. **Verwechslung**: Körnchen-Röhrling (S. 490), Elfenbein-Röhrling *(S. placidus)*.

Sand-Röhrling

Suillus variegatus (Sw. : Fr.) Kuntze

Merkmale: Hut 4–10 cm breit, zitronengelb, gelbbräunlich bis semmelfarben, Huthaut besonders jung fein-, seltener grobfilzig, nur bei lang anhaltendem Regen oder im Alter etwas klebrig-schmierig, meist aber trocken; Röhren schon früh mit Olivton, dunkler als bei vergleichbaren Arten; Stiel mit Hutfarbe oder etwas heller, Oberfläche gescheckt-gemasert, ringlos; Fleisch blaß bis kräftiger gelb, im Schnitt stellenweise schwach blauend; Sp. 8–10,5 × 3–4 µ. **Vorkommen**: VII–XI; im Nadelwald, unter Kiefern, vor allem auf sauren Böden; häufig. **Anmerkung**: Die körnig-filzige Huthaut wirkt, als wäre sie besandet (Name). **Verwechslung**: Kuh-Röhrling (S. 494).

Kuh-Röhrling

Suillus bovinus (L.: Fr.) Kuntze

Merkmale: Hut 3–8(12) cm breit, ledergelblich, orangebräunlich bis kuhrötlich, Huthaut ziemlich einheitlich gefärbt, bei Regen schmierig; Röhren schmutzig ocker, dann olivgelblich, leicht am Stiel herablaufend, Mündungen am reifen Pilz relativ grob, rhombisch-eckig und in der Tiefe abgestuft; Stiel wie Hut gefärbt, schwach marmoriert oder einfarbig; Fleisch blaß gelblich, langsam fleischrötlich verfärbend, etwas zäh; Sp. 7–9(11) × 3–4 µ. **Vorkommen**: VII–XI; im Nadelwald, unter Kiefern, vorwiegend auf sauren Böden, z. T. büschelig; häufig. **Anmerkung**: Der Kuh-Röhrling wächst häufig in Gesellschaft mit dem Rosenroten Gelbfuß (S. 376). **Verwechslung**: Sand-Röhrling (S. 492), Körnchen-Röhrling (S. 490).

Eßbar, doch wegen seines zähen Fleisches ein nur jung verwendbarer Mischpilz.

Strubbelkopf-Röhrling

Strobilomyces strobilaceus (Scop.: Fr.) Berk.
Syn.: *S. floccopus* (Fam. Strobilomycetaceae)

Merkmale: Hut 5–10(15) cm breit, schwarzbraun, zwischen den groben dachziegelartig abstehenden Schuppen zuerst grauweißlich, dann einfarbig, trocken, Rand fetzenartig überstehend; Röhren jung hell aschgrau, schließlich schwarzbraun, Mündungen relativ grob, rundlich; Stiel schwarzbraun, samtig-wollig, schlank; Fleisch jung grauweißlich, vom Stielgrund her schwarzbraun werdend, in den hellen Bereichen im Schnitt zuerst rötend, dann schwärzend, in der Stielbasis bald brüchig wie Holzkohle; Geruch und Geschmack nicht angenehm; Spp. dunkelbraun; Sp. breitelliptisch, mit dunkel genetzter Oberfläche, 10–13 × 9,5–11 µ, ohne Kp. (Abb. 100). **Vorkommen**: VII–X; im Laub- und Nadelwald, unter Fichten, Tannen oder Rotbuchen, vor allem auf nährstoffreicheren Böden, auf Sandböden fehlend; zerstreut; Mykorrhizapilz.

Porphyr-Röhrling

Porphyrellus porphyrosporus (Fr.) E. J. Gilbert
Syn.: *P. pseudoscaber* (Fam. Strobilomycetaceae)

Merkmale: Hut 4–12 cm breit, erst grau- bis umber-, schließlich schwarzbraun, Huthaut einheitlich feinsamtig, matt und trocken; Röhren jung graubräunlich, dann dem Hut gleichfarbig; Stiel umber- bis rußbraun wie der Hut, manchmal längs gemasert, mit feinsamtiger Oberfläche; Fleisch schmutzig grauweißlich, im Schnitt etwas rötend oder blaugrünlich anlaufend; Geruch unangenehm; Geschmack bitterlich oder schärflich; Spp. dunkel rötlichbraun; Sp. langelliptisch-spindelig, glatt, 14–20 × 6–8 µ, ohne Kp. **Vorkommen**: VI–X; im Nadel-, seltener Laubwald, unter Fichten, Tannen, Kiefern oder Rotbuchen, auf sauren Böden; zerstreut bis ortshäufig; Mykorrhizapilz.

Gattung **Albatrellus** – Schaf- und Semmelporlinge
Fam. Scutigeraceae

Frkp. fleischig, kurzgestielt; Hüte trocken, matt, unregelmäßig verbogen, unterseits mit schmaler, feinporiger, schwer ablösbarer, am Stiel herablaufender Röhrenschicht; Spp. weiß, meist inamyloid; Sp. rundlich bis elliptisch, glatt, ohne Kp.; bodenbewohnende Saprophyten.

Schaf-Porling **RL 3, gesch.**

Albatrellus ovinus (Schaeff.: Fr.) Kotl. & Pouzar
Syn.: *Scutiger ovinus*

Merkmale: Hut 4–10 cm breit, erst reinweiß, dann etwas gelblich-grünlich bis graubräunlich, Huthaut etwas felderig aufbrechend; Röhren weiß, kurz, auf Druck gilbend, sehr feinporig (2–4 pro mm); Stiel oft zuspitzend; Geschmack stets mild; Sp. fast rundlich, 3,5–4,5 × 3,5–4 μ; Hyphen ohne Schnallen. **Vorkommen**: VII–X; im Nadelwald, unter Fichten oder Kiefern, vor allem im Mittel- bis Hochgebirge, gern auf kalkhaltigen Böden; lokal häufig. **Verwechslung**: Semmel-Porling (Mitte), Sp. deutlich amyloid: Rötender Schaf-Porling *(A. subrubescens)*.
Eßbar; guter, wohlschmeckender Speisepilz.

Semmel-Porling **RL 2, gesch.**

Albatrellus confluens (Alb. & Schwein.) Kotl. & Pouzar
Syn.: *Scutiger confluens*

Merkmale: Hüte zu 10–30 cm breiten Rasen verwachsen, rötlich-gelblich bis semmelfarben (Name); Röhrenschicht weißlich-cremefarben, auf Druck gelblich-rötlich verfärbend, feinporig; Stiel oft aus mehreren zusammengesetzt, strunkartig; Geschmack im Alter bitterlich; Sp. kurzelliptisch, 4–5,5 × 3–3,5 μ; Hyphen mit Schnallen. **Vorkommen**: VIII–X; im Gebirgs-Nadelwald, unter Fichten und Kiefern; relativ selten, eventuell ortshäufig (Österreich). **Verwechslung**: Schaf-Porling (oben).
Eßbar; nur jung verwendbar, da bald bitterlich schmeckend.

Kamm-Porling **RL 2, gesch.**

Albatrellus cristatus (Schaeff.: Fr.) Kotl. & Pouzar
Syn.: *Scutiger cristatus*

Merkmale: Hut 3–10(15) cm breit, gelbgrünlich bis oliv, Huthaut oft stark zerklüftet; Röhrenschicht erst weißlich, dann creme-ocker, deutlich weitporiger als beim Schaf-Porling (1–3 pro mm); Stiel weiß bis olivgelblich; Sp. breitelliptisch, 5–7(9) × 4,5–5,5 μ; Hyphen ohne Schnallen. **Vorkommen**: VIII–X; im Laub-, seltener Nadelwald, unter Buchen oder Fichten, vorwiegend montan; relativ selten. **Verwechslung**: Schaf-Porling (oben), Huthaut sparrig-schuppig, sehr grobporig: Ziegenfuß-Porling *(A. pescaprae)*.

Grauer Rußporling

RL 2

Boletopsis leucomelaena (Pers.) Fayod
Syn.: *B. subsquamosus* (Fam. Thelephoraceae)

Merkmale: Hut 5–10(15) cm breit, rauchgrau bis rußfarben oder schwärzlich, Huthaut matt, trocken; Röhren weiß, sehr kurz, relativ feinporig, Poren eckig, herablaufend; Stiel wie Hut gefärbt, matt; Fleisch weiß, im Schnitt schwach rosa anlaufend; Geschmack mild bis bitterlich; Spp. blaß graubräunlch, inamyloid; Sp. rundlich, höckerig-warzig, 4,5–6 × 3,5–4,5 μ, ohne Kp. (Abb. 101). **Vorkommen**: IX–XI; unter Nadelbäumen, besonders im Gebirgs-Fichtenwald; selten; Saprophyt auf Erde. **Verwechslung**: Vgl. Porphyr-Röhrling (S. 494).
Eßbar; doch oft mit bitterlichem Geschmack.

Gattung **Polyporus** – Porlinge
Fam. Polyporaceae

Frkp. fleischig bis zäh-elastisch, zentral bis seitlich gestielt; Hüte trocken, filzig bis schuppig, Unterseite mit dünner Röhrenschicht; Spp. weiß, inamyloid; Sp. zylindrisch-gekrümmt bis langelliptisch, glatt, ohne Kp. (Abb. 102, 103); holzbewohnende Saprophyten, seltener Parasiten; Weißfäuleerreger.

Schuppiger Porling

Polyporus squamosus (Huds.): Fr.

Merkmale: Hut 10–40 cm breit, gelbbräunlich, strohfarben, mit dunkleren, konzentrischen, anliegenden Schuppen; Röhren weißlich bis strohgelblich, mit weiten, eckigen Mündungen (1–2,5 mm breit), herablaufend; Stiel oft kurz, Basis schwärzlich; Geruch und Geschmack mehlig-gurkenartig; Sp. langelliptisch, 10–13 × 4–5 μ. **Vorkommen**: IV–VI(VIII–IX); an lebendem oder totem Laub-, selten Nadelholz; häufig; Wundparasit und Saprophyt. **Verwechslung**: Kleiner Schuppen-Porling (unten).
Jung eßbar; alt zähfleischig; vorher abkochen.

Kleiner Schuppen-Porling

Polyporus tuberaster (Pers.): Fr.
Syn.: *P. lentus, P. forquignonii*

Merkmale: Hut 3–8 cm breit, ocker- bis rotbräunlich, dunkler konzentrisch geschuppt; Röhren weißlich, herablaufend, Poren weit, eckig; Stiel blaß, Basis oft filzig; Sp. langelliptisch, 9,5–14,5 × 3,5–4,5 μ. **Vorkommen**: V–X; auf am Boden liegenden Laubholzästen, besonders Rotbuche; relativ selten; Saprophyt. **Anmerkung**: Die Art gleicht einem klein geratenen Schuppigen Porling (Mitte), riecht aber neutral. Der Stiel entspringt manchmal einem im Boden befindlichen, faustgroßen Pseudosklerotium (anderer Name: Sklerotien-Porling).

Winter-Porling

Polyporus brumalis (Pers.): Fr.

Merkmale: Hut 1,5–8 cm breit, ocker- bis dunkelbraun, stellenweise auch schwarzbraun, Mitte oft schwach vertieft, Rand im Alter wellig verbogen, Oberfläche matt bis feinfilzig-samtig; Röhren weißlich bis cremefarben, nicht oder nur kurz am Stiel herablaufend, Poren auch jung mit bloßem Auge gut erkennbar, mittelweit (1–2 pro mm); Stiel ockerbräunlich, Basis manchmal rotbraun, zylindrisch und meist zentralständig, Oberfläche feinfilzig, mit angedeuteter Schuppung oder kahl; Fleisch zäh-elastisch; Sp. zylindrisch, oft schwach gekrümmt, 5–7 × 2–2,5 µ. **Vorkommen**: X–III(IV); vorwiegend auf Ästen und Stümpfen von Laubhölzern, selten auch Nadelholz; häufig; Saprophyt. **Verwechslung**: Mit feineren Poren: Mai-Porling (Mitte), mit groberen Poren: Weitlöcheriger Porling (unten).

Mai-Porling

Polyporus ciliatus Fr.: Fr. Syn.: *P. lepideus*

Merkmale: Hut 3–6(10) cm breit, relativ hell grau- bis beigebräunlich, seltener mit warmem, dunklerem Braunton, Mitte nabelartig vertieft bis breit gebuckelt, Oberfläche samtig bis feinfilzig, Rand oft bewimpert; Röhren weißlich, oft etwas herablaufend, Poren sehr fein, daher jung mit bloßem Auge kaum sichtbar (4–6 pro mm); Stiel wie der Hut gefärbt, Oberfläche feinfilzig, oft typisch feinnatterig aufbrechend, zentralständig; Fleisch zäh-elastisch; Sp. zylindrisch-gekrümmt, 5–7,5 × 1,5–2,5 µ. **Vorkommen**: IV–VI; auf abgestorbenen Stämmen oder Ästen von Laubbäumen; häufig; Saprophyt. **Anmerkung**: Die oft mit dem Winter-Porling verwechselte Art erscheint erst bei frühlingshaften Temperaturen. Für eine sichere Bestimmung sind die sehr feinen Poren ausschlaggebend. **Verwechslung**: Winter-Porling (oben), Weitlöcheriger Porling (unten).

Weitlöcheriger Porling

Polyporus arcularius (Batsch): Fr.

Merkmale: Hut 1–5 cm breit, blaß beigefarben bis ockergelblich, Form flach-konvex oder in der Mitte mit angedeutet nabelartiger Vertiefung, Oberfläche fein bewimpert, Wimpern besonders am Rande sichtbar überstehend; Röhren cremeweißlich, nicht oder nur kurz am Stiel herablaufend, Poren schon jung ziemlich weitstehend, oft langgestreckt rhombisch-eckig, reif bis 2 mm breit; Stiel wie der Hut gefärbt, gänzlich filzig bis bewimpert, zentralständig; Fleisch zäh-elastisch; Sp. langelliptisch, manchmal schwach gekrümmt, 6,5–8,5 × 2,5–3,5 µ. **Vorkommen**: (IV)V–VI; auf abgestorbenen Laubholzästen, besonders Hasel oder Esche, anscheinend wärmeliebend; selten, lokal in gewissen Jahren häufiger; Saprophyt. **Verwechslung**: Winter-Porling (oben), Mai-Porling (Mitte), Bienenwaben-Porling (S. 502).

Bienenwaben-Porling

Polyporus mori (Pollini): Fr.
Syn.: *P. alveolarius*, *Favolus europaeus*

Merkmale: Hut 2–8 cm breit, rötlichocker, Oberfläche bald in anliegende Schuppen aufgelöst, Mitte am reifen Pilz meist vertieft; Röhren weißlich-cremefarben, dann gelblich, oft weit am Stiel herablaufend, Poren sehr weit stehend, wabenartig (Name), im Alter langgestreckt und bis zu 5 mm lang; Stiel weißlich bis cremegelblich, oft seitlich sitzend; Fleisch weißlich, mit relativ weichfleischiger Konsistenz; Sp. langelliptisch, 8–12 × 3–4 μ. **Vorkommen**: IV–V; an abgestorbenen Laubholzästen, vor allem Esche; selten, mit lokaler, südlicher Verbreitung (Südwestdeutschland, Schweiz, Österreich); Saprophyt. **Anmerkung**: Die Art gleicht einem winzigen Schuppigen Porling (S. 498), ist aber geruchlos und durch die besonders großen Poren unverkennbar. **Verwechslung**: Weitlöcheriger Porling (S. 500).

Löwengelber Porling

Polyporus leptocephalus (Jacq.): Fr.   Syn.: *P. varius*

Merkmale: Hut 3–10(20) cm breit, blaß graugelblich bis rötlichocker (löwengelb, Name) oder gelbbräunlich, Oberfläche meist glanzlos und kahl, Mitte oft trichterartig vertieft; Röhren weißlich-gelblich, später sogar gelbbräunlich, weit am Stiel herablaufend, Poren sehr fein (4–6 pro mm); Stiel oft kurz, seitlich sitzend, mit schwärzlicher Basis; Fleisch zäh-elastisch; Sp. langelliptisch, 8–10 × 3–4 μ. **Vorkommen**: VI–X; auf toten Laubholzästen, vor allem Rotbuche; relativ häufig; Saprophyt. **Anmerkung**: Eine kleinhütige, auf dünnen Ästchen wachsende Form wird als Pfennig-Porling (var. *nummularius*) bezeichnet. Gelegentlich kommen auch stiellose Exemplare vor. **Verwechslung**: Schwarzroter Porling (unten).

Schwarzroter Porling

Polyporus badius (Gray) Schwein.

Merkmale: Hut 5–15(25) cm breit, kastanienbraun, in der Mitte oft fast schwarzbraun, gegen den Rand aufhellend, Huthaut kahl, glatt und glänzend; Röhren lange weiß bleibend, am Stiel herablaufend, mit engen Poren, etwa so fein wie beim Mai-Porling, daher mit bloßem Auge schwer wahrnehmbar; Stiel grauschwärzlich, mit matter Oberfläche, zentral bis seitlich sitzend, zur Basis verjüngend; Fleisch zäh-elastisch; Sp. langelliptisch, 6,5–9 × 3–4 μ. **Vorkommen**: V–IX; vorwiegend an totem Laubholz, gerne in Auwäldern, an Weide, Pappel u. a.; relativ selten. **Anmerkung**: Der glänzend-glatte Hut ist für die Art besonders typisch. Die Hyphen sind schnallenlos, im Gegensatz zu allen anderen Arten der Gattung. **Verwechslung**: Löwengelber Porling (Mitte), seltene Art, Hyphen mit Schnallen: Schwarzfuß-Porling (*P. melanopus*).

Dauer-Porling

Coltricia perennis (L.: Fr.) Murrill (Fam. Hymenochaetaceae)

Merkmale: Hut 3–10 cm breit, zimtbräunlich, mit konzentrischer, enger Zonierung, dünnfleischig, Mitte meist etwas vertieft, Oberfläche matt, samtig; Röhren an Hutunterseite hellgrau bis zimtbräunlich, sehr kurz, am Stiel herablaufend, Poren rundlich, mit bloßem Auge gut sichtbar (1–4 pro mm); Stiel zimtbraun, samtig, meist zentralständig, kurz, oft zu mehreren verwachsen; Fleisch bräunlich, korkartig; Spp. gelbbräunlich, inamyloid; Sp. elliptisch, glatt, 6–8(9) × 4–5 μ. **Vorkommen**: VII–XI; im Laub- und Nadelwald, gern im sandigen Kiefernwald; häufig; Saprophyt. **Anmerkung**: Die schön bunt gezonten Pilze wurden früher getrocknet und in die Vitrine gestellt. Daher der Name Vitrinenpilz. **Verwechslung**: Gestielter Filzporling (Mitte).

Gattung **Onnia** – Filzporlinge
Fam. Hymenochaetaceae

Frkp. kurzgestielt; Hüte filzig, unregelmäßig gelappt, ungezont, Unterseite mit Röhren; Fleisch rostbraun, korkartig-zäh; Spp. rostgelblich, inamyloid; Sp. elliptisch, glatt, ohne Kp.; Hymenium mit typisch dickwandigen, braunen Seten; Parasiten und Saprophyten, auf Holz oder Wurzeln; Weißfäuleerreger (Lochfäule).

Gestielter Filzporling

Onnia tomentosa (Fr.) P. Karst.

Merkmale: Hut 3–10 cm breit, rost- bis zimtbraun, Oberfläche grobfilzig; Röhren erst grau, dann blaß zimtbräunlich, Poren relativ fein (2–4 pro mm); Stiel rostbraun, filzig, oft kurz; Sp. 4–6,5 × 3–4 μ; Seten gerade, zugespitzt. **Vorkommen**: I–XII; im Nadelwald, besonders an Wurzeln von Fichten und Kiefern; selten; Wurzelparasit. **Verwechslung**: Dreieckiger Filzporling (unten), Hut bunt gezont: Dauer-Porling (oben).

Dreieckiger Filzporling

Onnia triquetra (Fr.) Imazeki in Ito

Merkmale: Hut 3–6 cm breit, dunkel rot- bis rostbraun, äußere Zuwachskante weißlich, Oberfläche grobfilzig; Röhren mit grauweißlichen, im Alter braunen, groben Mündungen (bis 1 mm weit); Stiel rost- bis rotbraun, filzig, kurz; Sp. 5–7 × 3,5–4,5 μ; Seten mit gekrümmter Spitze (Abb. 104). **Vorkommen**: VIII–XI; auf Kiefernstümpfen; selten; Saprophyt. **Anmerkung**: Die dickfleischigen Fruchtkörper sehen im Längsschnitt oft dreieckig aus (Name). Sie wirken gelegentlich wie die Kleinstausgabe eines alten Kiefern-Braunporlings (S. 506). **Verwechslung**: Gestielter Filzporling (Mitte).

Leber-Reischling

Fistulina hepatica (Schaeff.): Fr. (Fam. Fistulinaceae)

Merkmale: Hut 8–20 cm breit, zungen- bis konsolenförmig, verschmälert angewachsen, Oberseite fleischrosa bis fleischbraun, mit rauhlicher Oberfläche, jung blutrote Tröpfchen ausscheidend; Unterseite weißlich bis cremegelblich, aus feinen, voneinander getrennten Röhrchen bestehend; Fleisch rosarötlich, mit hellerer Längsmaserung (an rohes Fleisch erinnernd), Konsistenz weichlich-elastisch, saftreich; Geruch und Geschmack etwas säuerlich; Spp. blaß bräunlich, inamyloid; Sp. rundlich-tropfenförmig, glatt, 4,5–5,5 × 3,5–4 μ, ohne Kp. **Vorkommen**: VIII–X; am Fuße lebender Laubholzstämme und an Stümpfen, hauptsächlich an Eiche und Edelkastanie; nicht häufig; Parasit; Moderfäuleerreger („Hartröte"). **Verwechslung**: Durch den einmaligen Aufbau der sporenbildenden Hutunterseite (freistehende Röhrchen) ist die Art unverwechselbar.

Jung eßbar; vorher abkochen (Gerbsäuregehalt).

Schwefel-Porling

Laetiporus sulphureus (Bull.: Fr.) Murrill (Fam. Laetiporaceae)

Merkmale: Hut 10–40 cm breit, erst zungen- bis knollen-, dann fächerförmig, auf waagerechtem Substrat auch rosettenartig, oft zu mehreren miteinander verwachsen, Oberseite leuchtend dottergelb bis orange, Zuwachskanten hellgelb; Röhren zitronengelb, feinporig; Fleisch gelblich bis orange, zuerst weich und saftreich, im Alter käseartig brüchig werdend und ausbleichend; Spp. weiß, inamyloid; Sp. breitelliptisch, glatt, 5–7 × 3,5–5 μ, ohne Kp. **Vorkommen**: V–VI(VIII–IX); vorwiegend an lebenden Laubholzstämmen, selten an Nadelholz, gerne an Alleebäumen; häufig; Parasit; Braunfäuleerreger.

Jung eßbar; kann wie ein Wiener Schnitzel paniert und ausgebacken werden. Vorheriges Abkochen ist anzuraten.

Kiefern-Braunporling

Phaeolus spadiceus (Pers.: Fr.) Rauschert
Syn.: *P. schweinitzii* (Fam. Coriolaceae)

Merkmale: Hut 10–30 cm breit, zuerst löwen-, rost- oder olivgelblich, dann zunehmend rostbraun werdend, Oberfläche zottig-filzig; Röhren olivgelblich bis grünlich, Poren rundlich, langgestreckt oder angedeutet labyrinthisch, relativ fein (1–2 pro mm); Stiel je nach Standort zentralständig oder fehlend; Fleisch rostbräunlich, anfangs weich und wasserhaltig, schließlich fast korkartig; Spp. gelblich, inamyloid; Sp. elliptisch, glatt, 6–8 × 3,5–4,5 μ, ohne Kp. **Vorkommen**: VII–IX; bei Kiefern oder Fichten, im Wurzelbereich von Stämmen oder Stümpfen, seltener direkt an Holz; häufig; Parasit und Saprophyt; Braunfäuleerreger. **Anmerkung**: Junge Hüte scheiden reichlich bernsteinfarbene Tropfen aus. Der trockene Pilz ist auffallend leicht. **Verwechslung**: Dreieckiger Filzporling (S. 504).

Riesen-Porling

Meripilus giganteus (Pers.: Fr.) P. Karst. (Fam. Scutigeraceae)

Merkmale: Hut 10–40 cm breit, flach-fächerförmig, oft rosettenartig zu mehreren verwachsen, Gesamtbreite dadurch bis zu 1 m, Oberseite beigefarben oder gelb- bis dunkelbraun, mit dotter- bis weißgelblicher Außenkante; Unterseite mit dünner, weißlicher bis cremegelblicher Röhrenschicht, Poren sehr fein, auf Druck oder im Alter schwärzend; Fleisch weißlich, anfangs saftreich, dann zäh-elastisch; Spp. weiß, inamyloid; Sp. rundlich-elliptisch, glatt, 4,5–6 × 4,5–5,5 μ, ohne Kp.; Hyphen ohne Schnallen. **Vorkommen**: VII–X; im Wurzelbereich oder Stammgrund lebender Laubbäume, auch an Stümpfen; häufig; Parasit; Weißfäuleerreger. **Anmerkung**: Der Pilz bringt durch Verstopfen der Leitungsbahnen große Bäume relativ schnell um. **Verwechslung**: Klapperschwamm (Mitte), Berg-Porling (unten).

Jung eßbar; wird bald zäh und ungenießbar.

Klapperschwamm

RL 3

Grifola frondosa (Dicks.: Fr.) Gray (Fam. Scutigeraceae)

Merkmale: Einzelhüte 3–10 cm breit, büschel- bis rosettenartig miteinander verwachsen, Gesamtbreite oft 30–50 cm, Hutoberseite graubraun, etwas radialfaserig oder runzelig bis körnig-flockig; Röhren weißlich, mit feinen, rundlichen Mündungen, auf Druck nicht schwärzend (vgl. Riesen-Porling); Fleisch weiß, elastisch; Spp. weiß, inamyloid; Sp. elliptisch, glatt, 5–7 × 3,5–5 μ, ohne Kp.; Hyphen mit Schnallen. **Vorkommen**: VIII–X; im Wurzelbereich von Eichen oder Edelkastanien, seltener an Stümpfen; relativ selten; Parasit; Weißfäuleerreger. **Anmerkung**: Der Pilz kann im Erdboden einen Myzelklumpen (Pseudosklerotium) bilden. Die elastisch gestielten Einzelhüte schlagen beim Schütteln klappernd aneinander (Name). **Verwechslung**: Riesen-Porling (oben), mit genabelten Einzelhüten: Eichhase *(Polyporus umbellatus)*.

Jung eßbar; im Alter zäh werdend.

Berg-Porling

RL 2

Bondarzewia mesenterica (Schaeff.) Kreisel
Syn.: *B. montana* (Fam. Bondarzewiaceae)

Merkmale: Hut 10–30 cm breit, fächerförmig, zu mehreren miteinander verwachsen und in einem gemeinsamen Strunk endend, Oberseite beige bis ocker oder blaß bräunlich, schwach radial zoniert; Röhren weißlich, an der verschmälerten Basis herablaufend, Poren rundlich-eckig, etwas weiter als beim Riesen-Porling (1–3 pro mm); Fleisch weißlich, zäh-elastisch; Spp. weiß, amyloid; Sp. rundlich, mit warziger Oberfläche, 5–6,5 μ, ohne Kp. (Abb. 105); Hyphen ohne Schnallen. **Vorkommen**: VIII–X; am Fuße lebender Weißtannen, seltener Fichten; im Gebirge relativ selten, im Flachland fehlend; Parasit; Weißfäuleerreger. **Verwechslung**: Riesen-Porling (oben).

Birken-Porling

Piptoporus betulinus (Bull.: Fr.) P. Karst. (Fam. Polyporaceae)

Merkmale: Hut 10–30 cm breit, verschmälert am Substrat angewachsen, Oberseite grauweißlich bis bräunlich, kahl und stumpf; Röhren weiß, mit feinen, rundlichen Mündungen; Fleisch weiß, im Schnitt einheitlich kompakt, nicht gefasert, zäh; Spp. weiß, inamyloid; Sp. zylindrisch-gekrümmt, glatt, 4,5–6 × 1,5 µ, ohne Kp. **Vorkommen**: VIII–X frisch wachsend, doch ganzjährig zu finden; an lebenden und gestürzten Birkenstämmen; häufig; Parasit; Braunfäuleerreger. **Anmerkung**: Junge Fruchtkörper brechen als weißliche Knollen aus der Birkenrinde und bilden erst später eine Röhrenschicht aus. Die Röhren der reifen Pilze lassen sich leicht vom Hutfleisch trennen. **Verwechslung**: Eichen-Zungenporling (Mitte).

Eichen-Zungenporling

Buglossoporus pulvinus (Pers.) Donk
Syn.: *Piptoporus quercinus* (Fam. Polyporaceae)

Merkmale: Hut 10–30 cm breit, Oberseite erst weiß, dann gelblich bis bräunlich werdend, dunkler gefleckt, matt; Röhren weißlich bis cremefarben, Mündungen rundlich, fein; Fleisch weißlich, an Druckstellen erst weinrötlich dann bräunlich verfärbend, Substanz kompakt, zäh; Geschmack am reifen Pilz bitter; Spp. weiß, inamyloid; Sp. langelliptisch, glatt, 6–9 × 2,5–3,5 µ, ohne Kp. **Vorkommen**: VIII–X; an Stämmen geschwächter, alter Eichen; sehr selten; Parasit; Braunfäuleerreger. **Verwechslung**: Birken-Porling (oben).

Gattung **Gloeophyllum** – Fenchelporling, Blättlinge
Fam. Coriolaceae

Hüte meist klein, flach fächer- bis konsolenförmig, dünnfleischig, seltener kompakt, auch fast hutlos; Röhrenschicht oft eher labyrinthisch bis lamellig aufgebaut; Fleisch rost- bis zimtbraun, zäh bis korkartig; Spp. weiß, inamyloid; Sp. langelliptisch, glatt, ohne Kp.; Saprophyten an Holz; Braunfäuleerreger.

Fenchelporling

Gloeophyllum odoratum (Wulfen: Fr.) Imazeki
Syn.: *Osmoporus odoratus*

Merkmale: Hut 5–20 cm breit, konsolen- bis klumpenförmig, Oberseite in älteren Teilen fast grauschwärzlich, mit hellerer, zimtoranger bis zimtbrauner Randzone, feinsamtig, Außenrand meist wulstig; Röhren rost- bis zimtbraun, Poren rundlich, fein; Geruch auffallend fenchelartig; Sp. 6–8(11) × 3–4,5 µ. **Vorkommen**: I–XII; an Fichten-, seltener Kiefernstümpfen; ab Mittelgebirgslage häufig. **Anmerkung**: Die Art ist durch den Geruch leicht erkennbar. Vgl. Anis-Tramete (S. 528).

Zaun-Blättling

Gloeophyllum sepiarium (Wulfen: Fr.) P. Karst.

Merkmale: Hut 3–10 cm breit, flach-fächerförmig, z. T. reihig miteinander verwachsen, relativ dünnfleischig, Oberseite dunkel rostbraun, borstig-filzig zoniert, äußere Zuwachskante gelblich abgesetzt; Unterseite frisch grauweißlich bis blaß holzfarben, auf Druck bräunend, mit sehr variablen, teilweise länglich bis labyrinthisch aufgelösten »Röhren«, die oft sogar fast rein lamellig ausgebildet sind (daher der Name »Blättlinge«); Sp. 7–10 × 2,5–3 μ. **Vorkommen**: I–XII; an totem Nadelholz, an Zaunpfählen und Lagerholz, besonders Fichte oder Kiefer; sehr häufig. **Anmerkung**: Der Pilz kann auch an Bauholz erheblichen Schaden anrichten, da er gegen Holzschutzmittel ziemlich unempfindlich ist. **Verwechslung**: Tannen-Blättling (Mitte), Balken-Blättling (unten).

Tannen-Blättling

Gloeophyllum abietinum (Bull.: Fr.) P. Karst.

Merkmale: Hut (falls vorhanden) 1–3 cm breit, mit ziemlich einheitlich rotbraun gefärbter, matter bis feinfilziger Oberseite, Zuwachskanten etwas heller, doch farblich wenig auffallend; »Röhren« meist grob lamellig ausgebildet (grober als beim Zaun-Blättling), blaß holzfarben; Sp. 8–13 × 3–4,5 μ; mit dickwandigen, durch Kristalle inkrustierten Zystiden (Abb. 106). **Vorkommen**: I–XII; auf entrindetem Nadelholz, besonders Fichte und Tanne; relativ häufig. **Anmerkung**: Oft sind bei dieser Art keine Hüte ausgebildet. Die Fruchtkörper bestehen dann fast nur aus dem sog. »Hymenophor«, der lamellig ausgebildeten Unterseite. Diese quillt in langen zusammenhängenden Reihen aus Längsrissen der Stämme und Balken hervor. **Verwechslung**: Ohne inkrustierte Zystiden: Zaun-Blättling (oben) und Balken-Blättling (unten).

Balken-Blättling

Gloeophyllum trabeum (Pers.: Fr.) Murrill

Merkmale: Hut 1–10 cm breit, doch nur ca. 1–2 cm vom Substrat abstehend, oft reihig miteinander verwachsen, Oberseite blaß holzbräunlich, samtig-filzig, nicht oder kaum auffallend gezont, mit gleichfarbiger oder weißlicher Außenkante; »Röhren« an der Unterseite blaß graubräunlich, Poren langgestreckt, labyrinthisch bis teillamellig, doch feiner als bei den anderen Blättlingen, mit dünneren Zwischenwänden; Sp. 7,5–11 × 3–4 μ. **Vorkommen**: I–XII; an abgestorbenen Stämmen und Balken von Laub- und Nadelholz; relativ selten. **Anmerkung**: Diese Art ist offensichtlich wärmeliebend, da sie auch in Südeuropa gefunden wird. Dort erscheint sie u. a. an Stämmen des Johannisbrotbaumes. **Verwechslung**: Zaun-Blättling (oben), Tannen-Blättling (Mitte).

Zimtfarbiger Weichporling

Hapalopilus rutilans (Pers.: Fr.) P. Karst.
Syn.: *H. nidulans* (Fam. Coriolaceae)

Merkmale: Hut 3–8 cm breit, einfarbig lehm- bis zimtbräunlich, oder orange-zimtfarben, konsolenförmig, mit relativ dicker Anwachsstelle und scharfer Außenkante, Oberfläche ungezont, matt und oft höckerig-grubig; Röhren dem Hut gleichfarbig, Poren rundlich, relativ fein (2–4 pro mm); Fleisch zimtfarben, fast weichlich, mit Kalilauge violett-purpur verfärbend; Spp. weiß, inamyloid; Sp. elliptisch, glatt, 3,5–5,5 × 2,5–3 μ, ohne Kp. **Vorkommen**: VII–XI; an totem Laubholz verschiedener Art, selten an Nadelholz; häufig; Parasit, vorwiegend aber Saprophyt; Weißfäuleerreger. **Verwechslung**: Safrangelber Saftporling (Mitte). Giftig, enthält Polyporsäure (Leber-u. Nierenschäden!)

Gattung **Aurantioporus** – Saft- oder Weichporlinge
Fam. Coriolaceae

Hüte konsolenförmig, relativ dickfleischig, anfangs saftreich; Röhren relativ lang, etwas am Substrat herablaufend, rundporig; Spp. weiß, inamyloid; Sp. elliptisch, glatt, ohne Kp.; Parasiten und Saprophyten; Weißfäuleerreger (vgl. *Spongiporus*, S. 516).

Safrangelber Saftporling

RL 1

Aurantioporus croceus (Pers.: Fr.) Kotl. & Pouzar
Syn.: *Hapalopilus croceus*

Merkmale: Hut 5–15 cm breit, leuchtend safranfarben bis orange, Oberfläche feinsamtig; Röhren wie Hut gefärbt, vom Sporenpulver oft weiß bestäubt, Poren ziemlich fein (2–3 pro mm); Fleisch safranfarben, mit KOH karminrötlich verfärbend; Sp. 4–5,5 × 2,5–3,5 μ. **Vorkommen**: VII–IX; im Laubwald, an alten, geschwächten Eichen; sehr selten. **Anmerkung**: Alte Exemplare werden schwärzlich und sitzen oft noch im nächsten Jahr am Stamm. **Verwechslung**: Zimtfarbiger Weichporling (oben), Zinnoberrote Tramete (S. 528).

Apfelbaum-Saftporling

RL 3

Aurantioporus fissilis (Berk. & M. A. Curtis) H. Jahn

Merkmale: Hut 4–15 cm breit, anfangs weißlich, dann gelblich bis cremerosa, schließlich schmutzig graubräunlich werdend, Oberfläche fein haarig-filzig; Röhren wie der Hut gefärbt, frisch druckempfindlich (rosarötlich verfärbend), Poren relativ fein (2–3 pro mm); Fleisch weiß, alt schmutzend wie der ganze Fruchtkörper, trocken ziemlich hart werdend, mit Fettglanz; Sp. 4–5,5 × 2,5–4 μ. **Vorkommen**: VII–X; an diversen lebenden Laubbäumen, besonders Apfelbaum oder Birke; relativ selten. **Verwechslung**: Laubholz-Schwammporling (S. 520), Nördlicher Porling (S. 516), Rötender Saftporling *(Leptoporus mollis)*.

Nördlicher Porling

Climacocystis borealis (Fr.) Kotl. & Pouzar (Fam. Coriolaceae)

Merkmale: Hut 4–10(15) cm breit, weiß bis cremefarben, später strohgelblich, in Gruppen wachsend, Oberfläche weichfilzig; Röhren weiß bis gelblich, Poren oft verlängert-labyrinthisch (1–2 pro mm); Fleisch weißlich, in zwei unterschiedlichen Schichten aufgebaut (Duplexstruktur), mit lockerer oberer Schicht, Konsistenz weichlich-schwammig; Spp. weiß, inamyloid; Sp. elliptisch, glatt, 4,5–6,5 × 3–4,5 μ; mit spärlich kristalltragenden, dickwandigen Zystiden. **Vorkommen**: VII–X; an totem Nadelholz, besonders Fichte und Tanne; im Gebirge häufig; Braunfäuleerreger. **Verwechslung**: Vgl. diverse Saftporlinge.

Gattung **Spongiporus (Postia)** – Saftporlinge
Fam. Coriolaceae

Hüte konsolen- bis polsterförmig, mit weichlich-saftreicher Konsistenz; Röhren feinporig (meist 2–5 pro mm), etwas am Substrat herablaufend; Spp. meist weiß und inamyloid; Sp. zylindrisch-gekrümmt, glatt, ohne Kp.; Saprophyten an Holz; Braunfäuleerreger (vgl. *Aurantioporus*, S. 514).

Blauender Saftporling

Spongiporus caesius (Schrad.: Fr.) A. David

Merkmale: Hut 1–5 cm breit, auf weißer Grundfarbe stellenweise blau überfasert oder gänzlich bläulich bis blaugrau, konsolen- bis dick polsterförmig, Oberfläche oft haarig-striegelig; Röhren weißlich, an Druckstellen blauend; Fleisch weiß, z. T. bläulich durchzogen; Spp. oft mit bläulichem Schein, schwach amyloid; Sp. 4–5,5 × 1,5–2 μ, mit zwei winzigen Öltröpfchen. **Vorkommen**: VI–XII; an totem Nadelholz, häufig an Fichte, doch auch Tanne, Kiefer, selten an Laubholz; häufig. **Verwechslung**: An Laubholz, mit schmaleren Sporen: Fastblauer Saftporling *(S. subcaesius)*.

Bitterer Saftporling

Spongiporus stypticus (Pers.: Fr.) A. David

Merkmale: Hut 3–8 cm breit, weißlich, im Alter etwas gilbend, dick-konsolenförmig, häufig reihig zusammengewachsen, Oberfläche feinfilzig; Röhren weiß; Geschmack lang anhaltend bitter; Sp. 3,5–4,5 × 1,5–2 μ. **Vorkommen**: VIII–X; an abgestorbenem Nadel-, selten Laubholz, besonders an Fichte oder Kiefer; häufig. **Anmerkung**: Junge Fruchtkörper scheiden bei feuchtem Wetter sehr bitter schmeckende, milchige Tropfen aus (siehe Foto). **Verwechslung**: Grauweißer Saftporling (S. 518), Geschmack nur bitterlich: Milchweißer Saftporling *(S. lacteus)*.

Grauweißer Saftporling

Spongiporus tephroleucus (Fr.) A. David
Syn.: *S. lacteus* var. *tephroleucus*

Merkmale: Hut 3–10(15) cm breit, weiß, grauweißlich bis horngrau, beim Antrocknen schwach gilbend, konsolen- bis fächerförmig, Oberseite oft relativ glatt und kahl, doch auch höckerig-uneben; Röhren weißlich, auf Druck nicht verfärbend; Fleisch weiß; Geschmack völlig mild; Sp. 4–5(6) × 1–1,5 µ. **Vorkommen**: VIII–XI; auf abgestorbenem Laubholz, vor allem Rotbuche und Birke; relativ häufig. **Anmerkung**: Kleinere, reinweiße Formen mit schwach bitterlichem Geschmack werden als Milchweißer Saftporling *(S. lacteus)* abgetrennt. Die Abgrenzung der Sippen dieses Verwandtschaftskreises scheint noch nicht endgültig geklärt. **Verwechslung**: Mit stark bitterem Geschmack, an Nadelholz: Bitterer Saftporling (S. 516), mild schmeckend, Laubholzbewohner, erregt Weißfäule: Kurzröhriger Saftporling *(Tyromyces chioneus)*.

Fleckender Saftporling

Spongiporus fragilis (Fr.) A. David

Merkmale: Hut 1–4 cm breit, jung reinweiß, bei Berührung sofort safrangelb bis gelbbraun fleckend, dann rotbraun verfärbend, im Alter generell bräunlich, Hüte oft zu mehreren verwachsen, mit filzig-weicher Oberfläche; Röhren weiß, ebenfalls fleckend; Fleisch weiß, in der Jugend sehr weich und saftreich, bräunend; Sp. 4–5,5 × 1,5–2 µ. **Vorkommen**: VIII–XI; an totem Kiefern- und Fichtenholz, besonders unbemooste Stämme und Stümpfe; relativ selten. **Anmerkung**: Die Art ist durch ihre intensive Verfärbung leicht kenntlich, jedoch erst, wenn man sie berührt! Das Fleisch ist trotz seiner Weichheit relativ zäh. **Verwechslung**: Mit mürbem Fleisch, schwach verfärbend: Gloeozystiden-Saftporling (unten).

Gloeozystiden-Saftporling

Spongiporus leucomallellus (Murrill) A. David
Syn.: *Tyromyces gloeocystidiatus*

Merkmale: Hut 1–3(5) cm breit, doch nur wenig vom Substrat abstehend, oft nur schmale Hutkanten bildend, jung weißlich, dann zunehmend gelblich bis bräunlich, gelegentlich zoniert, Oberfläche filzig-faserig; Röhren weißlich, auf Druck nur sehr langsam orangebräunlich fleckend; Fleisch weiß, ziemlich mürbe, läßt sich leicht zwischen den Fingern zerreiben; Geschmack erst mild, dann mit bitterlichem Nachgeschmack; Sp. 4–5,5 × 1–1,5 µ; mit Gloeozystiden (dünnwandige Zystiden mit öligem, in Sulfovanillin anfärbbarem Inhalt, Abb. 107). **Vorkommen**: VIII–XI; an abgestorbenem Nadelholz, vor allem Kiefer oder Fichte; zerstreut. **Verwechslung**: Stark und schnell fleckend, ohne Gloeozystiden: Fleckender Saftporling (Mitte).

Gilbende Kiefern-Tramete RL 3

Diplomitoporus flavescens (Bres) Dománski
Syn.: *Antrodia flavescens* (Fam. Coriolaceae)

Merkmale: Hut 2–5 cm breit, weißlich bis cremefarben, schließlich strohgelblich, breit am Substrat angewachsen, oft sogar deutlich herablaufend, Oberseite feinsamtig, ungezont, Rand anfangs wulstig, dann scharfkantig; Röhren wie die Oberseite gefärbt, Poren rundlich bis eckig, mit bloßem Auge gut erkennbar (1–3 pro mm); Fleisch weiß, mit relativ fester Konsistenz; Spp. weiß, inamyloid; Sp. schmal-elliptisch, etwas gekrümmt, 6–8 × 2,5–3 µ. **Vorkommen**: VIII–XI; auf abgestorbenem Nadelholz, besonders Kiefer, aber auch Fichte, Lärche und Tanne; selten, scheint sich lokal stärker auszubreiten (Brandenburg); Saprophyt und wohl auch Parasit (?); Weißfäuleerreger. **Verwechslung**: Reihige Tramete (S. 530), auf Laubholz: Spitzwarzige Tramete (S. 530).

Gattung **Spongipellis** – Schwammporlinge
Fam. Coriolaceae

Hüte deutlich konsolenförmig oder schwach ausgebildet; Fleisch aus zwei verschieden strukturierten Schichten aufgebaut (Duplexstruktur), Oberschicht locker schwammig, die untere ist radialfaserig und zäh; Unterseite mit normalen Röhren oder breiten Stacheln; Spp. weiß, inamyloid; Sp. rundlich bis elliptisch, glatt, ohne Kp.; Schwächeparasiten; Weißfäuleerreger.

Laubholz-Schwammporling RL 3

Spongipellis spumeus (Sowerby: Fr.) Pat.

Merkmale: Hut 5–20 cm breit, weiß bis cremefarben, dann etwas graugelblich, dickfleischig, Oberseite striegelig-filzig; Röhren weiß, später cremefarben bis ockergelblich, ziemlich lang, mit feinen, rundlichen Poren (2–4 pro mm); Fleisch weiß, zuerst ziemlich saftreich; Sp. elliptisch, 6–8 × 4,5–5,5 µ. **Vorkommen**: VII–IX; an geschwächten Laubbäumen, besonders an Weichhölzern (Ulme, Pappel, Roßkastanie), an Alleebäumen; selten. **Verwechslung**: Apfelbaum-Saftporling (S. 514).

Dickstacheliger Schwammporling RL 3

Spongipellis pachyodon (Pers.) Kotl. & Pouzar

Merkmale: Hut 2–5 cm breit, weißlich, kompakt wirkend, Oberseite feinfilzig; Unterseite weißlich, aus dicken, zahnförmigen Stacheln bestehend, die oft weit am Substrat herablaufen und mehrere Hüte miteinander verbinden; Fleisch weiß, mit relativ fester Konsistenz; Sp. rundlich, 5–6,5 µ. **Vorkommen**: IX–XI; an lebendem oder totem Laubholz, besonders Rotbuche, Eiche oder Ahorn; selten.

Gattung **Ischnoderma** – Harzporlinge
Fam. Coriolaceae

Hüte flach konsolen- bis fächerförmig, dunkelhütig, oberseits oft mit teerartigen Flecken oder wie mit einer harzigen Kruste bedeckt; Spp. weiß, inamyloid; Sp. zylindrisch-gekrümmt, glatt, ohne Kp.; Saprophyten an Holz; Weißfäuleerreger.

Schwarzgebänderter Harzporling

Ischnoderma benzoinum (Wahlenb.) P. Karst.

Merkmale: Hut 5–20 cm breit, dunkel rotbraun und zugleich mit schwarzbrauner Radialbänderung, äußere Zuwachskanten heller rostgelblich, Oberfläche samtig-filzig, in den schwärzlichen Bereichen teerartig verklebt, radialrunzelig; Röhren weißlich-ockerlich, feinporig (4–6 pro mm); Fleisch jung weißlich, dann korkbräunlich, zäh-elastisch; Sp. 5–6 × 2–2,5 μ. **Vorkommen**: VIII–X; an Stümpfen und toten Stämmen von Nadelholz, besonders Fichte; relativ selten. **Verwechslung**: Laubholz-Harzporling (Mitte).

Laubholz-Harzporling

RL 3

Ischnoderma resinosum (Schrad.: Fr.) P. Karst.

Merkmale: Hut 3–15 cm breit, rötlich-mittelbraun, schließlich schwarzbraun, Zuwachskanten weißlich, Oberfläche matt, gewöhnlich ungezont, doch oft radialrunzelig, blutrote Tropfen ausscheidend, die teerartig eintrocknen; Röhren weißlich, auf Druck bräunend, gerne am Substrat herablaufend, Poren fein (4–6 pro mm); Fleisch erst weiß, dann blaß holzfarben (heller als beim Schwarzgebänderten Harzporling), zäh-elastisch; Sp. 5,5–8 × 1,5–2 μ. **Vorkommen**: VIII–X; an abgestorbenem Laubholz, besonders Rotbuche; sehr selten (in Niedersachsen lokal häufiger). **Verwechslung**: Schwarzgebänderter Harzporling (oben).

Wurzelschwamm

Heterobasidion annosum (Fr.) Bref. (Fam. Coriolaceae)

Merkmale: Hut 5–10 cm breit, mittel- bis dunkel rotbraun, im innerern Bereich auch schwarzbraun, Zuwachskanten weiß, Oberfläche matt, eine dünne Kruste bildend, oft höckerig-uneben; Röhren weißlich-cremefarben, bei älteren Pilzen auch geschichtet, Poren relativ fein (2–4 pro mm); Fleisch weißlich, zäh-korkartig; Spp. weiß, inamyloid; Sp. rundlich-elliptisch, fein punktiert, 5–6 × 4–4,5 μ. **Vorkommen**: I–XII; an lebendem und totem Nadel-, selten Laubholz, z. B. Fichte, Kiefer, Eberesche, vor allem im Wurzelbereich und an Stümpfen; häufig; Schwächeparasit und Saprophyt; Weißfäuleerreger (Rotfäule). **Anmerkung**: Die Art kann mehrjährig sein, wird aber oft mit ungeschichteten Röhren aufgefunden.

Gattung **Trametes** – Trameten
Fam. Coriolaceae

Hüte flach konsolen- bis rosettenförmig, stets hellfleischig; Röhren verschieden tief ins Hutfleisch eingesenkt; Spp. weiß, inamyloid; Sp. zylindrisch, oft etwas gekrümmt, glatt, ohne Kp.; Saprophyten an Holz oder Wundparasiten; Weißfäuleerreger.

Schmetterlings-Tramete

Trametes versicolor (L.: Fr.) Pilát

Merkmale: Hut 2–6(8) cm breit, dünnfleischig, Oberseite hell- bis dunkelbraun, selbst oliv- bis schwarzbraun, stets bunt gezont, feinfilzig, zonenweise mit Seidenglanz, Zuwachskante weiß abgesetzt; Röhrenschicht dünn, weiß, Poren rundlich-eckig, fein (3–5 pro mm); Fleisch auch an der Anwachsstelle dünn (vgl. Zonen-Tramete); Sp. 5–7 × 1,5–2,5 µ. **Vorkommen**: I–XII; vorwiegend an totem Laub-, seltener Nadelholz; sehr häufig. **Anmerkung**: Die zu den häufigsten Porlingen zählenden Pilze werden getrocknet häufig für Schmuckzwecke (Ikebana) verwendet. **Verwechslung**: Zonen-Tramete (Mitte), Samtige Tramete (S. 526).

Zonen-Tramete

Trametes multicolor (Schaeff.) Jülich
Syn.: *T. zonata*, *T. zonatella*

Merkmale: Hut 3–10 cm breit, in unterschiedlichen Brauntönen gezont, doch ohne dazwischenliegende Glanzzonen, Oberfläche fein samtig-filzig; Röhren weißlich bis blaß ocker, Poren rundlich (3–4 pro mm); Fleisch von außen nach innen allmählich dicker werdend, Anwachsstelle oft abrupt verdickt (vgl. Schmetterlings-Tramete); Sp. 5–7 × 2,5–3 µ. **Vorkommen**: I–XII; an totem Laubholz, besonders Birke und Rotbuche; relativ häufig. **Verwechslung**: Schmetterlings-Tramete (oben).

Hirschbraune Tramete

RL R

Trametes cervina (Schwein.) Bres.

Merkmale: Hut 1–3 cm breit, dünn fächerförmig, oft reihig miteinander verwachsen und dachziegelartig übereinander stehend, Oberseite cremefarben bis blaß bräunlich, später nachdunkelnd, samthaarig, kaum gezont; Röhren schmutzig weißlich bis blaß bräunlich, weit am Substrat herablaufend, Poren auffallend grob, 1–1,5 mm weit, etwas eckig oder sogar labyrinthisch, mit unregelmäßigen Rändern; Fleisch weißlich oder mit Hutfarbe, dünn; Sp. 5–6,5 × 1,5–2,5 µ. **Vorkommen**: VIII–XI; vorwiegend an Laubbäumen, z. B. Rotbuche, anscheinend wärmeliebend; sehr selten. **Anmerkung**: Die Art ist in Mitteleuropa kaum bekannt. Ich fand sie im Salzkammergut (Österreich).

Buckel-Tramete

Trametes gibbosa (Pers.: Fr.) Fr.

Merkmale: Hut 5–15(20) cm breit, creme- bis grauweißlich, durch Algen oft grün gefärbt, Oberfläche feinsamtig, gezont oder ungezont, fächer- bis konsolenförmig, an der Anwachsstelle oft typisch buckelartig verdickt (Name); Röhren weißlich, mit teilweise radialgestreckten, 0,5–1 mm breiten Poren; Fleisch weiß, nach innen allmählich verdickend, am Buckel bis zu 3 cm dick werdend; Sp. 4–5 × 2–2,5 µ. **Vorkommen**: I–XII, von VIII–X frisch wachsend; an abgestorbenem Laubholz, besonders Rotbuche; sehr häufig. **Anmerkung**: Die Buckel-Tramete ist sehr veränderlich und kann einzeln oder in dichten Gruppen auftreten. Nicht immer ist der namengebende Buckel deutlich ausgebildet. An den länglichen Poren der Hutunterseite ist die Art immer sicher zu erkennen. **Verwechslung**: Dünnfleischiger, Poren rundlich: Striegelige Tramete (Mitte), »Poren« lamellig: Birken-Blättling (S. 532).

Striegelige Tramete

Trametes hirsuta (Wulfen: Fr.) Pilát

Merkmale: Hut 3–8(15) cm breit, reinweiß, grau- oder cremeweißlich, auch mit bräunlichen Zuwachszonen, an älteren Teilen durch Algen grünlich, ziemlich flach bleibend, oft dachziegelartig übereinander stehend, Oberfläche wellig zoniert, grob striegelig behaart; Röhren weißlich-cremefarben oder mit Grauschimmer, ziemlich kurz, mit rundlichen, relativ groben Poren (ca. 0,5 mm breit); Fleisch weißlich, vom Rand bis zur Anwachsstelle gleichmäßig dünn; Sp. 5,5–7,5 × 2–2,5 µ. **Vorkommen**: I–XII; an totem Laubholz, an Stümpfen, Stämmen und Ästen, gern an Rotbuche, Eiche, Birke oder Eberesche; sehr häufig. **Anmerkung**: Die weichhaarige Oberfläche frisch wachsender Exemplare fühlt sich an wie ein Plüschsofa (anderer Name: Sofapilz). **Verwechslung**: Dünne Exemplare der Buckel-Tramete (oben), Blasse Borstentramete (S. 532), Samtige Tramete (unten).

Samtige Tramete

Trametes pubescens (Schumach.: Fr.) Pilát

Merkmale: Hut 3–10 cm breit, zuerst reinweiß, dann cremefarben bis hell grauocker, beim Trocknen gilbend, dünn fächerförmig, mit scharfer Außenkante, in großen Gruppen dachziegelartig wachsend, Oberfläche feinsamtig, matt, mit angedeuteter Zonierung; Röhren weiß bis cremefarben, kurz, Poren ziemlich fein (3–4 pro mm), rundlich-eckig; Fleisch weiß, getrocknet relativ leicht und brüchig; Sp. 5–7 × 1,5–2,5 µ. **Vorkommen**: VII–X frisch wachsend; an diversem abgestorbenem Laubholz, besonders in Gebirgslagen anzutreffen, sonst nahezu fehlend; lokal verbreitet, relativ selten. **Verwechslung**: Oberseite striegelhaarig: Striegelige Tramete (Mitte).

Anis-Tramete

Trametes suaveolens Fr.

Merkmale: Hut 5–15 cm breit, reinweiß oder mit hellem Grauton, alt etwas vergilbend, dick-konsolenförmig, mit meist gewölbter Oberseite, fein samtig-filzig, später auch kahl, Außenkante am reifen Fruchtkörper typisch scharfkantig; Röhren jung weiß, später mit hellgrauem Beiton, 10–15 mm lang, mit rundlichen, relativ groben Poren (1–2 pro mm); Fleisch weiß, oft mehrere Zentimeter dick; Geruch auffallend und angenehm nach Anis; Sp. 7–11 × 3–3,5 μ. **Vorkommen**: I–XII; an geschwächten und abgestorbenen Laubbäumen, hauptsächlich Weide, seltener Pappel; zerstreut. **Anmerkung**: Ähnlichen Geruch besitzen der in Skandinavien beheimatete Nördliche Anis-Porling *(Haploporus suaveolens)* und der Fenchel-Porling (S. 510).

Zinnoberrote Tramete

Pycnoporus cinnabarinus (Jacq.: Fr.) P. Karst.
(Fam. Coriolaceae)

Merkmale: Hut 3–10 cm breit, auffallend zinnoberrot, frisch gewachsene Zuwachskante mehr orangerot, flach-konsolenförmig, Oberfläche samtig-filzig; Röhren zinnoberrot wie der Hut, Poren rundlich-eckig bis schwach verlängert, mittelfein (2–3 pro mm); Fleisch zinnoberrot, mit zäh-elastischer bis korkartiger Konsistenz; Spp. weiß, inamyloid; Sp. zylindrisch, glatt, 4–6 × 2–2,5 μ, ohne Kp. **Vorkommen**: I–XII, von Sommer bis Herbst frisch wachsend; an abgestorbenem Laubholz, welches sich durch den Befall rötlich färbt; häufig; Saprophyt an Holz; Weißfäuleerreger. **Anmerkung**: Einzige europäische Art der Gattung. Aus tropischen Gattungsvertretern stellen Eingeborene rote Farbstoffe her. Die dünnfleischigere tropische Blutrote Tramete *(P. sanguineus)* findet sich gelegentlich zu Schmuckzwecken in unseren Blumenläden. **Verwechslung**: Safrangelber Saftporling (S. 514), Leuchtender Weichporling (unten).

Leuchtender Weichporling RL 2

Pycnoporellus fulgens (Fr.) Donk (Fam. Coriolaceae)

Merkmale: Hut 3–12 cm breit, jung leuchtend orangerot, allmählich mehr rostrot umfärbend, flach-konsolenförmig, Oberfläche anliegend filzig, mit welliger Zonierung; Röhren orange, dann dem Hut gleichfarbig, Poren rundlich-eckig bis labyrinthisch (1–3 pro mm), alt auch zähnchenförmig auflösend; Fleisch orangerot, in KOH blutrot verfärbend; Spp. weiß, inamyloid; Sp. elliptisch, glatt, 5–6 × 2,5–3(4) μ, ohne Kp. **Vorkommen**: VII–X; an abgestorbenem Nadel-, seltener Laubholz, in Deutschland meist an Weißtanne; sehr selten; Saprophyt an Holz; Braunfäuleerreger. **Anmerkung**: Der abgebildete Pilz wurde im Dezember auf Mallorca (Spanien) gefunden und wuchs an Aleppokiefer. In Skandinavien wächst er auch an Birke und Pappel. **Verwechslung**: Zinnoberrote Tramete (Mitte).

Reihige Tramete

Antrodia serialis (Fr.) Donk (Fam. Coriolaceae)

Merkmale: Hut 1–3 cm breit, schmal, oft reihig bis dachziegelartig verwachsen, Oberseite feinfilzig, erst weiß, dann gelbbräunlich, schließlich dunkelbraun gefärbt, Zuwachskanten weißlich-gelblich; Röhren weißlich, später gelblichocker, weit am Substrat herablaufend und die Hüte miteinander verbindend, Poren rundlich bis länglich (2–4 pro mm); Fleisch weißlich bis blaß korkbräunlich, zäh-elastisch; Spp. weiß, inamyloid; Sp. elliptisch, glatt, 6–10 × 3–4 μ, ohne Kp. **Vorkommen**: I–XII; an totem Nadelholz, gern an Stirnseiten liegender Stämme oder an Bauholz, meist Fichte; relativ häufig; Saprophyt an Holz; Braunfäuleerreger. **Anmerkung**: Die Reihige Tramete kann mehrjährig sein, während die meisten Arten der Gattung einjährige Fruchtkörper bilden. **Verwechslung**: Wurzelschwamm (S. 522).

Gattung **Antrodiella** – Trameten
Fam. Coriolaceae

Hüte klein, konsolenförmig; einige Arten auch hutlos (resupinat), den eigentlichen Trameten ähnlich, etwas weniger zäh; Spp. weiß, inamyloid; Sp. elliptisch bis zylindrisch-gekrümmt, glatt, ohne Kp.; Saprophyten an Holz; Weißfäuleerreger (vgl. *Trametes*).

Spitzwarzige Tramete

Antrodiella hoehnelii (Bres. in Höhn.) Niemelä
Syn.: *Trametes hoehnelii*

Merkmale: Hut 1–3 cm breit, jung weißlich-cremefarben, bald gelblich bis gelbbräunlich, Oberfläche samtig-flaumig, Haare beim Trocknen zuzsammenklebend, daher »spitzwarzig«; Röhren weißlich, gilbend, Poren rundlich bis länglich, relativ fein (3–4 pro mm); Fleisch weißlich, zäh; Sp. etwas gekrümmt, 3–4 × 2 μ. **Vorkommen**: VI–XI; an totem Laubholz, besonders Rotbuche (Nachfolgepilz des Knotigen Schillerporlings), doch auch Erle; zerstreut. **Verwechslung**: Knorpelige Tramete (unten).

Knorpelige Tramete

Antrodiella semisupina (Berk. & M. A. Curtis) Ryvarden

Merkmale: Hut 0,5–3 cm breit, weißlich, mit Neigung zum Gilben, meist ungezont, zierlich, dachziegelartig wachsend oder nur als schmale Hutkanten vom Substrat abstehend, Oberfläche feinfilzig; Röhren weißlich, oft weit am Holz herablaufend, Poren rundlich bis länglich-labyrinthisch, fein (4–7 pro mm); Fleisch weißlich; Sp. oval, 2,5–3,5(4) × 1,5–2 μ. **Vorkommen**: VII–X; vorwiegend an totem Laubholz, gern an Eberesche und Traubenkirsche; zerstreut. **Verwechslung**: Spitzwarzige Tramete (Mitte).

Birken-Blättling

Lenzites betulinus (L.) Fr.
Syn.: *Trametes betulina* (Fam. Coriolaceae)

Merkmale: Hut 2–8 cm breit, grauweißlich, fast einfarbig oder bräunlich gezont, alt von grünen Algen besetzt, flach fächer- bis konsolenförmig, Oberfläche striegelig-filzig; Unterseite weißlich, mit lamellig, teils auch labyrinthisch ausgebildeten »Poren«; Fleisch weißlich, zäh-elastisch; Spp. weiß, inamyloid; Sp. zylindrisch-gekrümmt, glatt, 4,5–6 × 2–2,5 µ, ohne Kp. **Vorkommen**: I–XII; an abgestorbenem Laubholz, besonders Birke, Rotbuche oder Eiche; relativ häufig; Saprophyt an Holz; Weißfäuleerreger. **Anmerkung**: Von oben betrachtet ähnelt die Art wegen ihrer Behaarung der Striegeligen Tramete (S. 526). **Verwechslung**: Buckel-Tramete (S. 526), Rötende Tramete (S. 534).

Gattung **Coriolopsis** – Borstentrameten
Fam. Coriolaceae

Hüte konsolen- bis fächerförmig, oberseits stets grob behaart; Fleisch blaß holzfarben bis braun, zäh, korkartig; Spp. weiß, inamyloid; Sp. langelliptisch, glatt, ohne Kp.; Saprophyten an Holz und Wundparasiten; Weißfäuleerreger.

Braune Borstentramete

RL 3

Coriolopsis gallica (Fr.) Ryvarden
Syn.: *Funalia gallica, Trametes extenuata*

Merkmale: Hut 3–10 cm breit, mittel- bis zigarrenbraun, durch die dunkler braune Zuwachskante oft gezont, Oberfläche besonders an älteren Teilen stark striegelig-zottig; Röhren braun, Poren rundlich-eckig, relativ grob (1–2 pro mm); Fleisch dunkel tabakbraun, mit KOH vorübergehend schwärzend; Sp. 7–12(14) × 3–4 µ. **Vorkommen**: VII–X, doch ganzjährig zu finden; an totem Laubholz; relativ selten. **Anmerkung**: Eine wärmeliebende Art, da mediterran nicht selten; wird in Deutschland in Auwäldern gefunden. **Verwechslung**: Blasse Borstentramete (unten).

Blasse Borstentramete

RL 2

Coriolopsis trogii (Berk. in Trog) Domanski
Syn.: *Funalia trogii*

Merkmale: Hut 5–12 cm breit, grauweißlich, bald durch Algen grünlich gefärbt, Oberfläche zottig-haarig; Röhren weißlich, mit relativ groben, rundlichen Poren (1–2 pro mm); Fleisch jung weißlich, dann blaß holzbräunlich, in KOH nicht schwärzend; Sp. 7–11 × 3–4 µ. **Vorkommen**: I–XII; an totem Laubholz, z. B. Rotbuche, Pappel, Weide; selten. **Anmerkung**: Eine typische Art wärmerer Auwälder; kommt im Mitteleuropa oft zusammen mit der Braunen Borstentramete (Mitte) vor.

Gattung **Bjerkandera** – Rauchporlinge
Fam. Coriolaceae

Hüte flach-konsolenförmig, oft in dachziegelartigen Gruppen stehend, zäh-elastisch; Röhrenschicht mit grauen Poren, vom Hutfleisch durch eine dunkle, dünne Linie getrennt (Querschnitt, Lupe); Spp. weiß, inamyloid; Sp. elliptisch, glatt, ohne Kp.; Saprophyten an Holz und Schwächeparasiten; Weißfäuleerreger.

Angebrannter Rauchporling

Bjerkandera adusta (Willd.: Fr.) P. Karst.

Merkmale: Hut 3–7 cm breit, dünnfleischig, graubräunlich, schwach gezont, mit weißer Zuwachskante, Oberfläche feinfilzig; Röhren ziemlich kurz, manchmal weit am Substrat herablaufend, mit rauch- bis aschgrauen, auf Druck schwärzenden, feinen Poren (4–6 pro mm); Fleisch blaß holzfarben, geschnittene Röhrenschicht deutlich dunkler; Sp. 4–5,5 × 2–3 μ. **Vorkommen**: I–XII; an Stümpfen und (lebenden) Stämmen diverser Laubhölzer, besonders Rotbuche; sehr häufig. **Verwechslung**: Graugelber Rauchporling (Mitte).

Graugelber Rauchporling

Bjerkandera fumosa (Pers.: Fr.) P. Karst.

Merkmale: Hut 4–10 cm breit, schmutzig holz- oder graubräunlich, Zuwachskante weiß, ungezont, unregelmäßig gefleckt, Oberfläche ziemlich kahl; Röhren mit hellgrauen, dann graugelblichen Poren (2–4 pro mm), auf Druck nur etwas braunfleckend; Fleisch bis ca. 1 cm dick, blaß holzfarben, im Schnitt von gleicher Farbe wie die Röhrenschicht (vgl. Angebrannter Rauchporling); Sp. 4–5,5 × 2,5–3,5 μ. **Vorkommen**: X–IV; an abgestorbenem Laubholz, besonders Weide, Pappel oder Eschenblättriger Ahorn; zerstreut. **Verwechslung**: Angebrannter Rauchporling (oben).

Rötende Tramete

Daedaleopsis confragosa (Bolton: Fr.) J. Schröt.
Syn.: *Trametes confragosa* (Fam. Coriolaceae)

Merkmale: Hut 3–12(15) cm breit, ocker-, zimt- bis rotbräunlich, Zuwachskanten weißlich, alt einfarbig bräunlich, Oberfläche kahl, grubig-runzelig; Röhren frisch weiß, auf Druck rötend, dann holzbräunlich, Poren teils sehr langgestreckt bis labyrinthisch (1–2 pro mm), seltener lamellig (var. *tricolor*); Fleisch blaß holzbräunlich, korkartig-zäh; Spp. weiß, inamyloid; Sp. zylindrisch, glatt, 7–10 × 2–3 μ, ohne Kp. **Vorkommen**: VII–X; an totem Laubholz verschiedener Arten; sehr häufig; Saprophyt; Weißfäuleerreger. **Verwechslung**: Birken-Blättling (S. 532), Buckel-Tramete (S. 526), Eichen-Wirrling (S. 536).

Eichen-Wirrling

Daedalea quercina (L.) Pers. (Fam. Coriolaceae)

Merkmale: Hut 10–20 cm breit, holzfarben, alt mehr graubräunlich, Außenkante heller weißlichbeige, im Übergang oft mit gelblicher Zone, dick-konsolenförmig; »Röhren« hell beigefarben, grob lamellig-labyrinthisch, nur stellenweise porig; Fleisch blaß korkbräunlich, sehr zäh und fest; Spp. weiß, inamyloid; Sp. langelliptisch, glatt, 5–7 × 2,5–3,5 μ, ohne Kp. **Vorkommen**: I–XII; an Stämmen und Stümpfen, bevorzugt an Eiche, selten auch an Edelkastanie oder Nadelholz; sehr häufig; Saprophyt und Wundparasit; Braunfäuleerreger. **Bemerkung**: Die Art ist mehrjährig. Die Röhren sind scheinbar ungeschichtet, da nur die sporenerzeugende Fruchtschicht (Hymenium) erneuert wird. Dieser Sonderfall wird als »Catahymenium« bezeichnet.

Gattung **Trichaptum** – Lederporlinge
Fam. Coriolaceae

Hüte sehr dünnfleischig, lederig-zäh; Röhren mit vorherrschend violetten bis fleischlila Farbtönen; Fleisch zweischichtig aufgebaut (Duplexstruktur); Spp. weiß, inamyloid; Sp. elliptisch, glatt, ohne Kp.; Saprophyten an Holz; Weißfäuleerreger.

Violetter Lederporling

Trichaptum abietinum (Pers.: Fr.) Ryvarden

Merkmale: Hut 1–3 cm breit oder lang bandförmig zusammengewachsen, Oberseite feucht violettlich, grauweißlich ausblassend, filzig-zottig; Röhren sehr kurz, violett bis lila-fleischfarben, alt lilabräunlich, weit am Substrat herablaufend, Poren rundlich bis länglich, ziemlich fein (3–5 pro mm); Sp. 6–8(9) × 2–3(4) μ. **Vorkommen**: I–XII; an totem Nadelholz, besonders Kiefer, Fichte, Lärche und Tanne (anderer Name: Tannen-Tramete), selten an Laubholz; sehr häufig. **Verwechslung**: Zahnförmiger Lederporling (unten), ohne Röhrenschicht, an Laubholz: Violetter Schichtpilz (S. 682).

Zahnförmiger Lederporling

Trichaptum hollii (J. C. Schmidt: Fr.) Kreisel
Syn.: *T. fuscoviolaceum*

Merkmale: Hut 1–3 cm breit, oft reihig zu mehreren verwachsen, lila bis grauviolett, oberseits filzig-zottig; Röhren violettlich, nicht oder nur wenig am Substrat herablaufend, relativ grobporig (deutlich grober als beim Violetten Lederporling), Mündungen größtenteils in Platten oder Zähnchen aufgelöst; Sp. 6–8 × 2–3 μ. **Vorkommen**: I–XII; vorwiegend an Stämmen und Ästen von Kiefern; selten. **Verwechslung**: Violetter Lederporling (Mitte).

Orangeporiger Knorpelporling

Skeletocutis amorpha (Fr.: Fr.) Kotl. & Pouzar
Syn.: *Gloeoporus amorphus* (Fam. Coriolaceae)

Merkmale: Hut falls einzeln sitzend 0,5–2 cm breit, häufig reihig-wellig miteinander verwachsen, oft von unbestimmter Form (anderer Name: Formloser Porling), dünnhäutig, Oberseite grauweißlich, filzig, bisweilen dünn zoniert; Röhren erst weißlich, dann zumindest stellenweise gelblich bis orange, Poren rundlich, fein (2–4 pro mm); Fleisch zweischichtig (Duplex), innere Schicht knorpelig-gelatinös, in das Röhrenfleisch übergehend, beim Trocknen hornartig werdend; Geschmack bitterlich; Spp. weiß, inamyloid; Sp. zylindrisch-gekrümmt, glatt, 3–4 × 1–1,5 μ, ohne Kp. **Vorkommen**: I–XII; an älteren Nadelholzstümpfen, besonders Kiefer; zerstreut bis ortshäufig; Saprophyt an Holz; Weißfäuleerreger. **Verwechslung**: Meist ohne Hutbildungen, Poren nicht orange: Fleischgrauer Knorpelporling *(S. carneogriseus)*.

Veränderlicher Spaltporling

Schizopora paradoxa (Schrad.: Fr.) Donk (Fam. Coriolaceae)

Merkmale: Frkp. aus einer hutlosen Röhrenschicht bestehend (resupinat), nur an senkrechtem Substrat mit knotenförmigen, hutähnlichen Verdickungen; Röhren wenige Millimeter lang, weiß, grauweißlich bis cremefarben, im Spätherbst auch mit fleischrötlichem Anflug, Poren sehr verschiedengestaltig, rundlich, eckig (1–3 pro mm), selbst länglich-labyrinthisch, oft stark zerschlitzt und sogar zähnchenförmig aufgelöst (einen resupinaten Stachelpilz vortäuschend); Spp. weiß, inamyloid; Sp. kurzelliptisch, glatt, 4,5–6 × 2,5–4 μ, ohne Kp. **Vorkommen**: I–XII, besonders im Spätherbst frisch wachsend; an totem Laubholz aller Art; sehr häufig; Saprophyt an Holz; Weißfäuleerreger. **Verwechslung**: Großporige Datronie (unten), Röhren mehr lachsfarben, mit feineren Poren: Fleischgelber Spaltporling *(S. carneolutea)*.

Großporige Datronie

Datronia mollis (Sommerf.: Fr.) Donk (Fam. Coriolaceae)

Merkmale: Frkp. aus einer flächig aufliegenden Röhrenschicht bestehend, bei senkrechtem Wuchs mit schmalen Hutkanten, deren feinfilzige Oberseite schwarzbraun gefärbt ist; Röhren grauweißlich bis graubräunlich, Poren eckig, ziemlich weit (0,5–1,5 mm), oft auch langgestreckt bis labyrinthisch; Fleisch blaß holzbräunlich, korkartig-zäh, unter dem Hutfilz mit dünner, schwärzlicher Trennlinie; Spp. weiß, inamyloid; Sp. zylindrisch, glatt, 8,5–11,5 × 3,5–4 μ. **Vorkommen**: I–XII, besonders ab IX frisch wachsend; auf abgestorbenem Laubholz, vor allem Rotbuche und Erle; relativ häufig; Saprophyt an Holz; Weißfäuleerreger. **Verwechslung**: Veränderlicher Spaltporling (Mitte), hutlos: Schichtpilzartige Datronie *(D. stereoides)*.

Gattung **Inonotus** – Schillerporlinge
Fam. Hymenochaetaceae

Hüte konsolenförmig, ohne Kruste; Poren in schräg auffallendem Licht schillernd; Fleisch frisch saftreich, dann faserig-zäh, rostbraun gefärbt; Spp. blaß gelblich bis bräunlich, meist dextrinoid; Sp. rundlich bis elliptisch, glatt, ohne Kp.; oft mit dickwandigen Seten in Fruchtschicht oder Huthaut; Parasiten und Saprophyten; Weißfäuleerreger.

Erlen-Schillerporling

Inonotus radiatus (Sowerby: Fr.) P. Karst.

Merkmale: Hut 3–8 cm breit, im Schnitt typisch dreieckig, Oberseite samtig, jung tropfend, löwengelb bis gelbrostig, Zuwachskante heller, alt zunehmend rostbraun; Röhren gelb- dann rostbräunlich, Poren fein (2–4 pro mm), rundlich; Spp. blaß gelblich; Sp. 5–6,5 × 3,5–4,5 µ; Seten im Hymenium mit leicht gekrümmter Spitze (Abb. 108). **Vorkommen**: VIII–XI; an lebenden und toten Laubholzstämmen, besonders Erle, Birke, Hasel, seltener auch Rotbuche; häufig. **Verwechslung**: Knotiger Schillerporling (Mitte).

Knotiger Schillerporling

Inonotus nodulosus (Fr.) P. Karst.

Merkmale: Hut 1–4(6) cm breit, oft eine größere Fläche mit knotenförmigen Hütchen besetzend, seltener in größeren Einzelhüten wachsend, Oberseite samtig, bei Reife rostbraun, mit gelblicher Kante, jung manchmal auch rosa gefärbt; Röhren zwischen den Hüten das Substrat überziehend, feinporig (3–4 pro mm); Spp. blaß gelblich; Sp. 5–6,5 × 3–4,5 µ; Seten im Hymenium mit gerader Spitze (Abb. 109) (vgl. *I. radiatus*). **Vorkommen**: VIII–XI; vorwiegend an Rotbuche; häufig. **Anmerkung**: Einzelhütige Exemplare sind vom Erlen-Schillerporling (oben) nur mikroskopisch zu trennen.

Eichen-Schillerporling

RL 3

Inonotus dryophilus (Berk.) Murrill

Merkmale: Hut 5–20(30) cm breit, dick-konsolenförmig, Oberseite ocker- bis tabakbraun, filzig behaart, verkahlend; Röhren bis zu mehreren Zentimetern lang, ocker- bis dunkelbraun, jung tropfend, feinporig (2–3 pro mm); Fleisch an Anwachsstelle mit Myzelialkern (Bereich mit lockerer, von hellem Myzel durchzogener Struktur); Spp. bräunlich; Sp. 7–8,5 × 5–6,5 µ; Seten fehlen. **Vorkommen**: VII–IX; an lebenden Stämmen dickerer Eichen; selten. **Verwechslung**: Ebenfalls an Eiche, Hutoberfläche jung tropfend: Tropfender Schillerporling *(I. dryadeus)*, mit Myzelialkern, an Zitterpappel: Fuchsroter Schillerporling *(I. rheades)*.

Flacher Schillerporling

Inonotus cuticularis (Bull.: Fr.) P. Karst.

Merkmale: Hut 5–15 cm breit, in ausgewachsenem Zustand flach-fächerförmig (ca. 1–2,5 cm dick), in Gruppen übereinanderstehend, erst lebhaft gelbbräunlich, dann dunkel rostbraun, Oberfläche zottig-filzig, konzentrisch gezont und radialstreifig, jung Tropfen ausscheidend; Röhren anfangs graugelblich, dann rost- bis rotbraun, Poren fein (2–5 pro mm); Spp. bräunlich; Sp. 5,5–7 × 4–5,5 µ; Seten verzweigt, anker- bis hellebardenförmig (Abb. 110), auch im Hutfilz vorhanden (!). **Vorkommen**: VII–X; an lebenden Stämmen und Stümpfen diverser Laubhölzer, gerne an Rotbuche; relativ selten. **Anmerkung**: Die Art ist mit bloßem Auge durch ihre flach ausgebildeten Hüte, unter dem Mikroskop aber an den vielgestaltig verzweigten Seten gut erkennbar. Sie sind nur bei dieser Art auch im Hutfilz zu finden. **Verwechslung**: Hüte dickfleischiger: Zottiger Schillerporling (Mitte).

Zottiger Schillerporling

Inonotus hispidus (Bull.: Fr.) P. Karst.

Merkmale: Hut 10–30 cm breit, dick-konsolenförmig, vorwiegend einzeln wachsend, Oberseite lebhaft rostgelb bis roströtlich, mit filzig-zottiger Behaarung; Röhren bis zu mehreren Zentimetern lang, jung bernsteinfarbene Tröpfchen ausscheidend, Poren bald gelblich bis rostbräunlich, auf Druck dunkel fleckend, relativ fein (2–3 pro mm); Spp. bräunlich; Sp. rundlich-elliptisch, 9–11 × 8–9 µ; Seten fehlend oder klein und unscheinbar. **Vorkommen**: VI–X; vorwiegend an lebenden Apfelbäumen, doch auch an anderen Laubhölzern; zerstreut. **Anmerkung**: Die farbenfrohen, jungen Fruchtkörper sind sehr saftreich und weichfleischig. Gegen Jahresende schwärzen sie und fallen schließlich ganz ab. **Verwechslung**: Flacher Schillerporling (oben), wärmeliebende Art: Tamarisken-Schillerporling (unten).

Tamarisken-Schillerporling

Inonotus tamaricis (Pat.) Maire

Merkmale: Hut 5–20 cm breit, dick-konsolenförmig, lebhaft gelbbraun, beim Altwerden allmählich in dunkel rostbraun übergehend, schließlich fast schwärzend, Oberfläche zottig behaart wie beim Zottigen Schillerporling; Röhren jung tropfend, bis zu 2 cm lang, mit feinen, rundlichen Poren (1–3 pro mm); Fleisch mit großem, innerem Myzelialkern, der von weißlich-gelblichem Myzel durchsetzt ist; Spp. bräunlich; Sp. rundlich-elliptisch, 6,5–9 × 5–6,5 µ; ohne Seten. **Vorkommen**: X–III; an lebenden Stämmen von Tamarisken *(Tamarix)*; im Mittelmeergebiet nicht selten. **Anmerkung**: Die Art unterscheidet sich vom in Mitteleuropa vorkommenden Zottigen Schillerporling (Mitte), abgesehen vom Standort, durch die Anwesenheit eines Myzelialkerns sowie kleinere, etwas dünnwandigere Sporen.

Fichten-Porling

Fomitopsis pinicola (Sw.: Fr.) P. Karst. (Fam. Coriolaceae)

Merkmale: Hut 10–30 cm breit, mehrjährige Hüte sind meist dreifarbig, im Randbereich rotbräunlich, glänzend, ältere, innere Teile dunkler grau bis schwärzlich, Zuwachskante weißlich; Röhren während der Sporulation weiß bis cremefarben, im Winter (inaktiv) mit gelblichem Wachs verklebt, Poren rundlich, fein (3–4 pro mm); Fleisch hell holzfarben, korkartig-zäh; Geruch angenehm würzig; Spp. weiß, inamyloid; Sp. langelliptisch, glatt, 6–8 × 3,5–4 µ, ohne Kp. **Vorkommen**: I–XII; an lebendem und totem Nadel-, seltener Laubholz, vor allem Fichte; sehr häufig; Parasit und Saprophyt; Braunfäuleerreger. **Anmerkung**: Der Hut ist mit einer wachsartigen, mit dem Fingernagel eindrückbaren Schicht überzogen. Sie löst sich in KOH auf und schmilzt beim Erhitzen. **Verwechslung**: Eschen-Baumschwamm (Mitte), Flacher Lackporling (S. 546).

Eschen-Baumschwamm

Perenniporia fraxinea (Fr.) Ryvarden
Syn.: *Fomitopsis cytisina* (Fam. Coriolaceae)

Merkmale: Hut 10–30 cm breit, beigefarben, grau- oder rotbräunlich, frisch wachsende Ränder weißlich, Oberfläche höckerig-wulstig, mit dünner, bräunlicher, trockener Kruste überzogen; Röhren weißlich (sporulierend) bis blaß holzbräunlich, Poren rundlich, fein (4–5 pro mm); Fleisch blaß holzfarben, korkartig; Spp. weiß, dextrinoid; Sp. rundlich-tropfenförmig, glatt, 6,5–8 × 5,5–6,5 µ, mit feinem Kp. **Vorkommen**: I–XII; vorwiegend am Fuße lebender Eschen, seltener an anderen Laubbäumen (Robinie, Rotbuche, Walnuß, Pappel u. a.); sehr selten; Parasit und Saprophyt; Weißfäuleerreger. **Anmerkung**: Da diese Art den Wurzelbereich schädigt, verliert der Baum bald seine Standfestigkeit und stürzt um. **Verwechslung**: Fichten-Porling (oben), Lackporlinge (S. 546).

Treppenförmiger Steifporling

Oxyporus populinus (Schumach. : Fr.) Donk (Fam. Coriolaceae)

Merkmale: Hut 3–10 cm breit, einzeln oder dachziegelartig übereinander sitzend, Oberseite blaß graugelblich bis hellbräunlich, feinsamtig, bei älteren Hüten oft mit Algen oder Moosen bewachsen; Röhren ziemlich kurz, oft nur 1–2 mm lang, weiß bis cremefarben, mit rundlichen, sehr feinen Poren (5–7 pro mm); Fleisch weißlich, zäh-elastisch; Spp. weiß, inamyloid; Sp. rundlich, glatt, 4–5 µ, ohne Kp.; mit dickwandigen, kristalltragenden Zystiden. **Vorkommen**: I–XII; an lebenden, geschwächten Laubholzstämmen; zerstreut; Parasit und Saprophyt; Weißfäuleerreger. **Anmerkung**: Das abgebildete Exemplar wuchs an Eberesche und hatte ein Alter von etwa 10 Jahren (Röhren 10-fach geschichtet).

Zunderschwamm

Fomes fomentarius (L.: Fr.) Fr. (Fam. Coriolaceae)

Merkmale: Hut 10–30(50) cm breit, hufförmig, Oberseite hellgrau bis blaß bräunlich, matt, mit dünner, trockener Kruste; Röhren braun, weißporig, Poren rundlich, fein (2–4 pro mm); Fleisch rostbraun, korkig-holzig, im Hut mit wildlederartiger Struktur, mit Myzelialkern; Spp. weiß, inamyloid; Sp. langelliptisch, glatt, 15–20(24) × 5,5–6,5 µ, ohne Kp. (Abb. 111). **Vorkommen**: I–XII; an Stämmen geschwächter Laubhölzer, besonders Rotbuche oder Birke; sehr häufig; agressiver Parasit (Weißfäule). **Anmerkung**: Von April bis Mai sporulierend (Umgebung weiß bestäubt). Früher wurden aus dem Hutfleisch Kleidungsstücke und durch Tränken in Salpeterlösung der bekannte, lange glimmende Zunder hergestellt. **Verwechslung**: Lackporlinge (folgende Gattung).

Gattung **Ganoderma** – Lackporlinge
Fam. Ganodermataceae

Frkp. ein- oder mehrjährig; Hüte konsolenförmig, seltener gestielt, mit dünner Lack- oder Harzkruste; Röhren braun, mit weißlichen, feinen Poren; Fleisch zäh-elastisch bis korkig-holzig; Spp. rostbraun; Sp. elliptisch, warzig, mit Episporsack (Maße ohne Epispor), ohne Kp. (Abb. 5); Parasiten und Saprophyten; Weißfäuleerreger.

Flacher Lackporling

Ganoderma lipsiense (Batsch) G. F. Atk. Syn.: *G. applanatum*

Merkmale: Hut 10–40(75) cm breit, meist abgeflacht, Oberseite braun, matt, mit lackartiger, dünner Kruste (unter 1 mm), Zuwachskante weiß; Röhrenschicht auf Druck bräunend (kann zum Schreiben benutzt werden), wenn mehrjährig, durch dünne Zwischenschichten getrennt; Fleisch rostbraun, mit weißlicher Myzeladerung; Sp. 6–8(9) × 4,5–5,5(6) µ. **Vorkommen**: I–XII; an totem Laub-, selten Nadelholz; sehr häufig. **Anmerkung**: Gefährlicher Parasit, da die Fruchtkörper oft erst nach dem Umstürzen des Baumes erscheinen. **Verwechslung**: Wulstiger Lackporling (unten), Zunderschwamm (oben).

Wulstiger Lackporling RL 3

Ganoderma adspersum (Schulzer) Donk Syn.: *G. europaeum*

Merkmale: Hut 10–40 cm breit, dick-konsolenförmig, braun, Zuwachskante weißlich-gelblich, Oberseite wulstig oder höckerig, Lackkruste 0,5–1,5 mm dick; Röhrenschichten direkt aufeinander liegend; Fleisch dunkel rostbraun, nicht weißlich geadert; Sp. 9–11 × 6–7,5 µ. **Vorkommen**: I–XII; an lebendem und totem Laubholz; relativ selten. **Verwechslung**: Flacher Lackporling (Mitte).

Kupferroter Lackporling RL 2

Ganoderma pfeifferi Bres. in Pat.

Merkmale: Hut 10–50 cm breit, dick-konsolenförmig, dunkel rot- bis kupferbraun, jüngere Ränder heller, Zuwachskante weiß, im Winter (Ruhestadium) auch grau, sofern nicht von rostbraunem Sporenpulver bedeckt, Oberfläche feucht glänzend, über der dünnen Lackkruste mit einer weicheren Harzschicht überzogen; Poren zur Zeit der Sporulation (August bis Oktober) weiß, im Winter durch gelbliches Wachs verstopft; Fleisch dunkel rotbraun, kompakt und schwer; Sp. 9–11(12) × 6,5–7,5(8) µ. **Vorkommen**: I–XII; an lebenden Stämmen, seltener auch Stümpfen von Laubbäumen, besonders Rotbuche oder Eiche; selten. **Anmerkung**: Diese schöne Art ist von unseren häufigeren Lackporlingen durch ihre typisch harz- oder wachsartige Oberschicht leicht zu unterscheiden. Sie bevorzugt anscheinend grundwassernahe, feuchte Wälder. **Verwechslung**: Mit hellerem Fleisch: Harziger Lackporling *(G. resinaceum)*.

Glänzender Lackporling

Ganoderma lucidum (Fr.) P. Karst.

Merkmale: Frkp. gestielt, einjährig; Hut 5–15 cm breit, an älteren Teilen dunkel rotbraun, gegen den Rand heller gelbbräunlich, Außenkante weißlich-cremefarben, Oberfläche wie lackiert glänzend, wellig-höckerig; Röhren einschichtig, Poren weißlich bis holzgelblich, nadelstichfein (4–6 pro mm); Stiel wie Hut mit glänzender Lackkruste überzogen, oft auffallend lang, einseitig bis zentral sitzend; Fleisch weißlich, dann blaß holzgelblich, bald korkartig zäh; Sp. 8,5–10(12) × 5,5–6,5(7,5) µ. **Vorkommen**: I–XII; im Wurzelbereich lebender Laubbäume oder auf Stümpfen, vor allem an Eiche, seltener an Nadelholz, doch nicht an Weißtanne (vgl. Dunkler Lackporling); zerstreut. **Anmerkung**: In Ostasien schreibt man dem Pilz große medizinische Bedeutung zu. Für Schmuckzwecke ist er auch bei uns beliebt. **Verwechslung**: Auf Weißtanne: Dunkler Lackporling (unten).

Dunkler Lackporling RL 3

Ganoderma carnosum Pat. Syn.: *G. atkinsonii*

Merkmale: Frkp. mehr oder weniger gestielt, einjährig; Hut 5–20 cm breit, rotbraun bis schwärzlich, bald relativ einfarbig dunkel, Rand jung gelblichorange, doch insgesamt generell dunkler als der Glänzende Lackporling, Oberfläche mit glänzender Lackkruste; Röhren einschichtig, cremegelblich, Poren rundlich, fein (2–4 pro mm); Stiel wie der Hut gefärbt, mit Lackkruste; Fleisch bald blaß bräunlich gefärbt, anfangs relativ weich, dann korkartig; Sp. 10–13,5 × 7–8,5 µ. **Vorkommen**: I–XII; auf Stümpfen oder Wurzeln von Weißtannen, selten anderen Nadel- oder gar Laubbäumen; selten. **Anmerkung**: Im Zweifel ist die Art durch die größeren Sporen vom Glänzenden Lackporling (Mitte) zu unterscheiden.

Gattung **Phellinus** – Feuerschwämme
Fam. Hymenochaetaceae

Frkp. konsolenförmig oder hutlos (resupinat), stets mehrjährig; Hüte ohne deutlich unterscheidbare Kruste; Fleisch und Röhrenschicht rost- bis rotbraun, Konsistenz holzig; Spp. weißlich bis gelbbräunlich, inamyloid, teils dextrinoid; Sp. rundlich bis elliptisch, glatt, ohne Kp.; Seten im Hymenium meist vorhanden; Saprophyten und Wundparasiten; Weißfäuleerreger.

Gemeiner Feuerschwamm

Phellinus igniarius (L.: Fr.) Quél.

Merkmale: Hut 10–30 cm breit, Oberseite matt, anfangs rostbräunlich, dann grau bis grauschwärzlich und mit grünlichem Algenbewuchs, Zuwachskanten rostbraun abgesetzt, an den Rändern stets etwas abgerundet; Röhren gelb- bis rostbräunlich, Poren sehr fein (4–6 pro mm); Sp. rundlich, 5–7 μ; Seten kurz, unterhalb der Spitze wie gestaucht (Abb. 112). **Vorkommen**: I–XII; an lebenden und toten Laubbäumen, an Weide, Birke, Erle u. a.; häufig. **Anmerkung**: Die Art ist dem bekannten Zunderschwamm ähnlich (anderer Name: Falscher Zunderschwamm). Ihr Hutfleisch ist zur Zunderherstellung ungeeignet, weshalb die Fruchtkörper als Brennmaterial verwendet wurden. **Verwechslung**: Schwarzer Feuerschwamm (Mitte), Espen-Feuerschwamm *(P. tremulae)*, Pappel-Feuerschwamm *(P. populicola)*.

Schwarzer Feuerschwamm

Phellinus igniarius var. *trivialis* (Bres.) Niemelä

Merkmale: Dem Gemeinen Feuerschwamm (oben) sehr ähnlich, doch mit größerer Neigung, am Substrat herabzulaufen und schon jung mit scharfer Hutkante. Die mikroskopischen Merkmale sind identisch. **Vorkommen**: I–XII; an Stämmen und Stümpfen von Weiden, Birken, Erlen u. a.; zerstreut. **Anmerkung**: Die Abtrennung gegenüber *P. igniarius* auf Artrang (wie von früheren Autoren angenommen) wird heute kaum noch befürwortet.

Eichen-Feuerschwamm

Phellinus robustus (P. Karst.) Bourdot & Galzin

Merkmale: Hut 10–30(40) cm breit, oft derb klumpenförmig, Ränder abgerundet, Oberseite rost- bis graubraun, durch Algenbewuchs grünlich; Röhren rostbräunlich, Poren sehr fein (4–6 pro mm); Spp. dextrinoid; Sp. rundlich, 6–8,5 μ; Seten sehr spärlich. **Vorkommen**: I–XII; vorwiegend an lebenden Eichenstämmen; relativ häufig. **Anmerkung**: An liegenden Stämmen kann die Art auch nahezu hutlos wachsen. **Verwechslung**: Sanddorn-Feuerschwamm (S. 554).

Tannen-Feuerschwamm RL 2

Phellinus hartigii (Allesch. & Schnabl) Pat.

Merkmale: Hut 5–20(30) cm breit, klumpen- bis konsolenförmig, Oberseite rotbraun, im Alter graubraun bis schwärzlich, falls nicht durch Algenbewuchs grünlich, frische Zuwachskanten sind beigefarben; Röhren jung beigegelblich, dann zimtbräunlich, Poren rundlich, sehr fein (4–6 pro mm); Spp. dextrinoid; Sp. rundlich, 6–8 μ; Seten fehlen. **Vorkommen**: I–XII; an lebenden oder abgestorbenen Stämmen von Nadelbäumen, vor allem Weißtanne, selten auf anderen Nadelhölzern (z. B. Fichte, Kiefer, Eibe); lokal nicht selten (Süddeutschland, Alpenländer). **Anmerkung**: Bei mehrjährigen Fruchtkörpern liegen die einzelnen Röhrenschichten mehr oder weniger direkt aufeinander und sind nicht durch eine dünne Tramaschicht voneinander getrennt. Dies ist z. B. beim ähnlich aussehenden, auf Eiche vorkommenden Eichen-Feuerschwamm (S. 550) der Fall. Der Tannen-Feuerschwamm gilt wegen allgemeiner Gefährdung der Weißtanne als bedrohte Art.

Kiefern-Feuerschwamm RL 3

Phellinus pini (Brot.: Fr.) L. M. Ames

Merkmale: Hut 4–10(15) cm breit, einzeln konsolenförmig wachsend, Oberseite dunkelbraun, eng gezont und filzig-borstig, oft mit Algen oder Flechten bewachsen; Röhren rostgelblich, Poren rundlich bis deutlich verlängert, relativ grob (1–2 pro mm); Sp. rundlich-eiförmig, 5–6 × 4–5 μ; Seten sind vorhanden. **Vorkommen**: I–XII; an lebenden Kiefernstämmen (selten an Lärche oder Fichte), gern unterhalb von Astlöchern oder Aststummeln, an Stümpfen oder liegenden Stämmen nur kurze Zeit ausharrend; selten. **Anmerkung**: In Mittelmeergebieten wächst *P. pini* nicht selten auch an Aleppokiefern. **Verwechslung**: An Fichten im Gebirge, Hüte mehr dachziegelartig: Goldrandiger Feuerschwamm *(P. chrysoloma)*.

Stachelbeer-Feuerschwamm

Phellinus ribis (Schumach.: Fr.) P. Karst. Syn.: *Phylloporia ribis*

Merkmale: Hut 3–10 cm breit, konsolenförmig, oft zu mehreren miteinander verwachsen, Oberseite rostbraun, dann braunschwärzlich, gegen die jüngeren Ränder mehr gelbbraun, samtig, gezont oder ungezont; Röhren gelb- bis rostbräunlich, Poren rundlich, sehr fein (5–7 pro mm); Sp. elliptisch, 3–5 × 2,5–4 μ; Seten fehlen. **Vorkommen**: I–XII; am Stammgrund lebender Sträucher, vorwiegend Stachel- und Johannisbeere *(Ribes)* sowie Pfaffenhütchen; zerstreut. **Anmerkung**: Der parasitische Porling läßt seinen Wirt, ähnlich anderer *Phellinus*-Arten, viele Jahre am Leben. Wegen seines Vorkommens an diversen Sträuchern wird er auch als Strauchporling bezeichnet.

Sanddorn-Feuerschwamm

Phellinus hippophaecola H. Jahn

Merkmale: Hut 3–8 cm breit, konsolenförmig, Oberseite einheitlich rostbraun, alt durch Algen grün gefärbt, bei Frischwuchs feinsamtig; Röhren zimt- bis rostbräunlich, Poren rundlich, sehr fein (5–6 pro mm); Sp. rundlich-eiförmig, 5,5–8 × 5–7 μ, dextrinoid; Seten fehlend oder sehr selten. **Vorkommen**: I–XII; an lebenden Stämmen von Sanddorn (auch Ölweide); selten. **Anmerkung**: Die Art wurde früher für eine Varietät oder Form des Eichen-Feuerschwamms gehalten. Jahn berichtet (Pilze die an Holz wachsen, 1979) von Käferlarven unbekannter Art, welche speziell in Fruchtkörpern des Sanddorn-Feuerschwamms leben. Mir fiel auf, daß die Pilze häufig partiell von einem weißlichen, von Insektenlarven stammenden Gespinst überzogen sind (siehe Foto). **Verwechslung**: An Eiche, größer: Eichen-Feuerschwamm (S. 550).

Wulstiger Feuerschwamm RL 2

Phellinus torulosus (Pers.) Bourdot & Galzin

Merkmale: Hut 8–30 cm breit, konsolenförmig, doch meist relativ flachhütig, Oberseite feinsamtig, Rand wulstig verrundet, in frisch wachsenden Bereichen rost- bis zimtbraun, ältere Partien werden dunkelbraun bis schwärzlich; Röhren zimtbraun, Poren rund, sehr fein (5–7 pro mm); Sp. breitelliptisch, dünnwandig, 4–6 × 3–4 μ; Seten reichlich vorhanden. **Vorkommen**: I–XII; am Fuße lebender Stämme von Steineiche, Edelkastanie oder Johannisbrotbaum; in Mittelmeerländern häufig, dort in den Wintermonaten frisch wachsend, sehr selten auch in Deutschland. **Anmerkung**: Das fotografierte Exemplar stammt aus Spanien (Mallorca) und wuchs an Johannisbrotbaum, dem in dieser Gegend häufigsten Wirt des Pilzes.

Rostbrauner Feuerschwamm

Phellinus ferruginosus (Schrad.: Fr.) Pat.

Merkmale: Frkp. hutlos, größere Bereiche der Unterlage flächig überziehend (resupinates Wachstum), an senkrechtem Substrat auch mit knotenförmigen Verdickungen; Röhren rostbraun, oft mehrfach geschichtet, insgesamt bis zu 6 mm dick, Poren rundlich, sehr fein (4–6 pro mm); Sp. elliptisch, 4–5 × 3–3,5 μ; Seten reichlich vorhanden. **Vorkommen**: I–XII; an liegenden Stämmen und dickeren Ästen von Laubhölzern, besonders Esche, Hasel und Erle; relativ häufig. **Anmerkung**: An den röhrenlosen randlichen Myzelbereichen der Fruchtkörper befinden sich bis zu 0,5 mm lange, herausragende Seten (Handlupe). **Verwechslung**: Auf Laubholz, Poren grober (2–4 pro mm): Großporiger Feuerschwamm *(P. contiguus)*, Seten nur im Hymenium: *P. ferreus*, ohne jegliche Seten: Polsterförmiger Feuerschwamm *(P. punctatus)*, auf Nadelholz: Rostrotrandiger Feuerschwamm *(P. ferrugineofuscus)*.

Gattung **Cantharellus** – Leistlinge, Pfifferlinge
Fam. Cantharellaceae

Frkp. in Hut und Stiel eingeteilt, zentral gestielt, oft dünnfleischig, Hutunterseite mit lamellenähnlichen oder aderigen Leisten; Spp. cremegelblich, inamyloid; Sp. elliptisch, glatt, ohne Kp.; Basidien 2- bis 8-sporig; Mykorrhizapilze.

Echter Pfifferling **RL 3, (gesch.)**

Cantharellus cibarius Fr.: Fr.

Merkmale: Hut 2–6(10) cm breit, zitronen- bis dottergelb, Mitte bei Reife schwach vertieft, Huthaut trocken, jung bereift; Leisten wie der Hut gefärbt, gegabelt, am Grunde mit Querverbindungen, herablaufend; Stiel gelblich, vollfleischig, gegen die Basis zuspitzend; Geruch angenehm fruchtig; Geschmack (roh) nach längerem Kauen schärflich; Sp. 7–10 × 4–5,5 µ. **Vorkommen**: VI–X(XI); im Laub-, meist aber Nadelwald, besonders bei Fichte, Kiefer, Rotbuche; häufig, gebietsweise Massenpilz, doch in den letzten Jahrzehnten rückgängig. **Anmerkung**: Die Art ist sehr veränderlich und wird in diverse Varietäten eingeteilt. Völlig blasse Formen (Mitte) oder solche mit lila geschupptem Hut (var. *amethysteus*) kommen vor. **Verwechslung**: Falscher Pfifferling (S. 172), Hut mehr orange, samtig: Samt-Pfifferling *(C. friesii)*.

Eßbar; guter, sehr bekannter Speisepilz; schwer verdaulich; zum Trocknen und Einfrieren kaum geeignet.

Blasser Pfifferling **(gesch.)**

Cantharellus cibarius var. *pallens* Pilát

Merkmale: In allen Teilen blaß gefärbt, mit kräftiger Statur. Die anderen Merkmale stimmen mit denen des Echten Pfifferlings überein. **Vorkommen**: Besonders im Laubwald, unter Rotbuche oder Eiche; zerstreut.

Eßbar; Speisewert siehe oben.

Grauer Leistling **RL 3, (gesch.)**

Cantharellus cinereus Pers.: Fr.
Syn.: *Pseudocraterellus cinereus*

Merkmale: Hut 1–6 cm breit, schwarzbraun, dünnfleischig, mit genabelter bis trichterförmig vertiefter Mitte, Huthaut seidig-filzig; Leisten heller oder dunkler grau, dicklich und entfernt stehend, herablaufend; Stiel graubräunlich oder mit Hutfarbe, hohl werdend; Sp. 8–10 × 5,5–6,5 µ. **Vorkommen**: VIII–X; im Laub- und Mischwald, besonders Buchenwald, auf kalkhaltigen Böden; relativ selten. **Verwechslung**: Totentrompete (S. 560), auf Brandstellen: Kohlen-Leistling (S. 560).

Trompeten-Pfifferling (gesch.)

Cantharellus tubaeformis (Bull.): Fr. Syn.: *C. infundibuliformis*

Merkmale: Hut 2–6 cm breit, gelbbräunlich, gelblichgrau bis graubraun, olivbraun, dünnfleischig, mit wellig verbogenen Rändern, Mitte trichterförmig vertieft, im Alter häufig offen in den hohlen Stiel übergehend (anderer Name: Durchbohrter Leistling); Leisten schmutzig graugelblich, gut ausgebildet, dicklich und flach, mit vielen Querverbindungen, schwach bis deutlich am Stiel herablaufend; Stiel schmutzig graugelblich, trüb gelblich, deutlich hohl; Geruch wenig auffallend, oft schwach erdig-muffig; Sp. 8,5–11 × 7–9 μ. **Vorkommen**: VII–X(XI); im Laub- und Nadelwald, an feuchten, moosbewachsenen Stellen, auf saurem wie kalkhaltigem Untergrund wachsend, gruppenweise; häufig. **Anmerkung**: Die Normalform des Trompeten-Pfifferlings besitzt in den Farben relativ wenig Gelbanteile. Sippen mit leuchtend orangegelb gefärbten Stielen werden als var. *lutescens* (Mitte) abgetrennt. **Verwechslung**: Starkriechender Leistling (unten).
Eßbar; weniger zu empfehlen, zähfleischig; zum Trocknen geeignet, doch nicht so würzig wie die Totentrompete.

Gelbstieliger Trompeten-Pfifferling (gesch.)

Cantharellus tubaeformis var. *lutescens* (Fr.) Gillet

Merkmale: Hut 1–5 cm breit, jung kräftig gelb, dann gelbbräunlich, Huthaut etwas filzig-faserig, Mitte genabelt bis durchbohrt; Leisten chromgelb bis gelblichgrau; Stiel leuchtend chromgelb. **Anmerkung**: Geruch sowie Sporenmerkmale und Standort stimmen weitgehend mit der Normalform (oben) überein. Manchmal sind farbliche Übergänge und Zwischenformen zu beobachten. Doch sind die Extreme äußerlich ziemlich verschieden. **Verwechslung**: Starkriechender Leistling (unten).
Eßbar; Speisewert siehe oben.

Starkriechender Leistling (gesch.)

Cantharellus xanthopus (Pers.) Duby

Merkmale: Hut 2–6 cm breit, in verschiedenen Brauntönen, oft mit deutlichem Gelbanteil, dünnfleischig, Mitte genabelt bis trichterförmig vertieft, später auch durchbohrt wie beim Trompeten-Pfifferling, Huthaut mit feinen, eingewachsenen, dunkler abgesetzten Faserschüppchen; Leisten cremefarben bis fleischrosa, meist zu flachen Adern und Runzeln reduziert; Stiel satt orange- bis chromgelb, hohl und ziemlich zerbrechlich; Geruch auffallend süßlich-mirabellenartig, fast aufdringlich; Sp. 9,5–11 × 7–8 μ. **Vorkommen**: VIII–X; im Gebirgs-Nadelwald, unter Fichten und Tannen, auf Kalkböden; lokal relativ häufig (Süddeutschland, Alpenländer). **Verwechslung**: Ohne auffallenden Geruch: Gelbstieliger Trompeten-Pfifferling (Mitte).

Totentrompete, Herbsttrompete RL 3

Craterellus cornucopioides (L.: Fr.) Pers.
(Fam. Cantharellaceae)

Merkmale: Frkp. 2–6 cm breit, wie ein Füllhorn geformt, innen völlig hohl und sehr dünnfleischig, oberer Rand hutartig umgeschlagen, mit krausen, welligen Rändern; Innenseite graubraun bis schwärzlich, jung etwas schuppig-filzig; Außenseite (Fruchtschicht) aschgrau, mit aderig-gerunzelter Oberfläche; Fleisch elastisch, im Alter etwas zäh; Spp. weiß, inamyloid; Sp. elliptisch, glatt, 10–14 × 7–8,5 μ; Basidien 2-sporig. **Vorkommen**: VIII–X(XI); im Laub-, seltener Nadelwald, besonders unter Rotbuche und Eiche, bevorzugt Lehm- oder Kalkböden; lokal häufig; Mykorrhizapilz. **Verwechslung**: Grauer Leistling (S. 556), Krause Kraterelle *(Pseudocraterellus undulatus)*.
Eßbar; bei normaler Zubereitung enttäuschend, doch getrocknet als Gewürzpilz ausgezeichnet.

Schweinsohr RL 2, (gesch.)

Gomphus clavatus (Pers.: Fr.) Gray (Fam. Gomphaceae)

Merkmale: Frkp. 5–10 cm breit, unregelmäßig kreiselförmig, oft einseitig eingeschnitten, sehr dickfleischig; Oberseite lila, dann fleischbräunlich, glatt und kahl, erst flach abgestutzt, dann an den Rändern trichterartig hochgezogen; Außenseite lila bis fleischviolett (Fruchtschicht), mit aderig-runzeliger bis fast leistenartiger Struktur; Fleisch mit weichlicher Konsistenz, im Feuchtzustand ockergelblich und wäßrig durchzogen (marmoriert), trocken einfarbig weißlich; Spp. ockerfarben; Sp. länglich-apfelkernförmig, feinwarzig, 9–12 × 4–5,5 μ, ohne Kp. **Vorkommen**: VIII–X; im Laub- und Nadelwald, unter Fichten, Tannen, Rotbuchen, auf Kalkböden; nur lokal noch relativ häufig, wird seltener; Mykorrhizapilz (?). **Anmerkung**: Die Gattung scheint äußerlich ein Bindeglied zwischen Keulen- und Leistenpilzen darzustellen, ist aber mit den Korallenpilzen verwandt.
Eßbar; ausgezeichneter, ergiebiger Speisepilz mit pfifferlingsähnlichem Geschmack; schonenswert.

Kohlen-Leistling

Faerberia carbonaria (Alb. & Schwein.: Fr.) Pouzar
Syn.: *Geopetalum carbonarium* (Fam. Polyporaceae)

Merkmale: Hut 2–6 cm breit, dunkelbraun, umbra- bis schwarzbraun, Mitte erst genabelt, dann trichterförmig vertieft, dünnfleischig, Huthaut trocken, seidig-filzig; Unterseite grau oder weißlichgrau, mit gegabelten und teils querverbundenen, leistenartigen Lamellen, am Stiel herablaufend; Stiel schmutzig graubeige bis bräunlich; Spp. weiß, inamyloid; Sp. elliptisch, glatt, 8,5–11 × 3,5–5 μ, ohne Kp.; Zystiden dickwandig, mit Kristallen besetzt. **Vorkommen**: VI–XI; im Nadel- und Mischwald, auf Brandstellen, zwischen Holzkohle; selten. **Anmerkung**: Mit den Leistlingen ist der Pilz nicht verwandt.

Gattung **Sarcodon** – Fleischstachelinge
Fam. Thelephoraceae

Frkp. zentral bis seitlich gestielt; Hutunterseite mit grauen bis bräunlichen Stacheln; Fleisch ungezont, Konsistenz fleischig, nicht korkartig; Spp. braun; Sp. rundlich bis elliptisch, grobhöckerig, ohne Kp. (Abb. 113); Mykorrhizapilze.

Habichts-Stacheling RL 3

Sarcodon imbricatus (L.: Fr.) P. Karst.

Merkmale: Hut 5–15 cm breit, grau- bis rotbraun, schwarzbraun, Oberfläche mit groben, abstehenden, dunkleren Schuppen besetzt, an ein Raubvogelgefieder erinnernd (Habichtspilz), Mitte trichterartig vertieft; Stacheln grauweißlich, am Stiel etwas herablaufend; Stiel heller als der Hut, grauweißlich bis beigebräunlich, oft kurz und gedrungen; Fleisch weißlich bis blaß holzfarben; Sp. 5–7,5 × 4,5–6 μ. **Vorkommen**: VIII–XI; im Nadelwald, unter Fichten und Kiefern; lokal häufig (Süddeutschland, Alpenländer). **Verwechslung**: Geschmack bitter: Gallen-Stacheling *(S. scabrosus)*.
Eßbar; junge Pilze verwenden, Abbrühen wird angeraten.

Widerlicher Stacheling RL 1

Sarcodon leucopus (Pers.) Maas Geest. & Nannf.

Merkmale: Hut 5–20 cm breit, aschgrau, graubräunlich, auch purpur- bis umbrabraun, Oberfläche glatt, grubig bis felderig, selten mit undeutlichen Schüppchen; Stacheln grauweißlich, dann bräunlich, mehr oder weniger herablaufend; Stiel wie der Hut gefärbt oder heller, ziemlich kurz; Fleisch schmutzig weißlich; Geruch schwach maggiartig oder unangenehm; Geschmack mild bis bitterlich-schärflich; Sp. 7–8 × 4,5–5,5 μ. **Vorkommen**: VIII–X; im Nadel- und Laubwald, unter Fichten, Kiefern, Rotbuchen, besonders im Gebirge; sehr selten.

Violettlicher Stacheling RL 1

Bankera cinerea (Bull.: Fr.) Rauschert
Syn.: *B. violascens* (Fam. Bankeraceae)

Merkmale: Hut 3–8(15) cm breit, weißlichgrau bis blaß graubräunlich, mit typisch violettlichem Einschlag, Rand oft heller abgesetzt, Huthaut matt, nicht schuppig, trocken; Stacheln weißlich bis blaß grau, herablaufend; Stiel wie Hut gefärbt oder mehr bräunlich, zuspitzend; Fleisch schmutzig weißlich, mit lilagrauem Reflex, ungezont; Geruch besonders beim Antrocknen deutlich maggiartig oder nach Liebstöckel; Spp. weiß; Sp. stachelig, 4,5–5,5 × 4–4,5 μ, ohne Kp. (Abb. 114). **Vorkommen**: VIII–X; im Nadel- und Mischwald, unter Fichten; selten; Mykorrhizapilz. **Verwechslung**: Hut stets mit anhaftenden Humusteilchen: Schmutziger Stacheling *(B. fuligineoalba)*.

Gattung **Hydnum** – Stoppelpilze
Fam. Hydnaceae

Frkp. zentral bis seitlich gestielt; Stacheln an Hutunterseite hell, brüchig; Fleisch weißlich, ungezont, Konsistenz mürbe, brüchig; Geschmack wie rohe Haferflocken, nach längerem Kauen schärflich; Spp. weiß, inamyloid; Sp. rundlich bis breitelliptisch, glatt, ohne Kp.; Mykorrhizapilze.

Semmel-Stoppelpilz

Hydnum repandum L.: Fr.

Merkmale: Hut 4–10(15) cm breit, cremeweißlich, gelblich bis semmelfarben, oft zu mehreren verwachsen, Huthaut matt, kahl und trocken; Stacheln weißlich-cremefarben, am Stiel ausgebuchtet bis kurz herablaufend; Stiel weißlich, verletzt chromgelb fleckend, vollfleischig; Sp. rundlich, 6,5–9 × 5,5–8,5 μ; Basidien 3- bis 4-sporig. **Vorkommen**: VII–X(XI); im Laub- und Nadelwald, besonders auf Kalkböden; häufig. **Anmerkung**: Das trockene Fleisch hält sich relativ lange frisch, weshalb die Art in bestimmten Gegenden beliebter Marktpilz ist. **Verwechslung**: Rotgelber Stoppelpilz (Mitte), wärmeliebende, weiße Art: Weißlicher Stoppelpilz (unten).
Eßbar; im jüngeren Zustand ein wohlschmeckender Speisepilz; kann im Alter bitterlich werden.

Rotgelber Stoppelpilz

Hydnum repandum var. *rufescens* (Fr.) Barla

Merkmale: Hut 3–8 cm breit, semmelfarben, orangerötlich bis orangebräunlich; Stacheln wie der Hut gefärbt. Alle anderen Merkmale stimmen mehr oder weniger mit denen des Semmel-Stoppelpilzes überein. **Anmerkung**: Diese schmächtigere, kräftiger gefärbte Varietät wird aus der Entfernung oft für einen Pfifferling gehalten. Es gibt Zwischenformen, bei denen die exakte Zuordnung schwerfällt. Deshalb wird eine Trennung in zwei verschiedene Arten seit einiger Zeit aufgegeben.

Weißlicher Stoppelpilz RL 3

Hydnum albidum Peck

Merkmale: Hut 3–10 cm breit, wie der Semmel-Stoppelpilz aussehend, jedoch in allen Teilen weißlich gefärbt, beim Trocknen gilbend; Sp. elliptisch, 4,5–5,5 × 3–4 μ; Basidien 5- bis 6-sporig. **Vorkommen**: VIII–X; im Nadel- und Mischwald, auf Kalkböden; in Mitteleuropa sehr selten, häufiger in Mittelmeerländern. **Anmerkung**: Von Albinos des Semmel-Stoppelpilzes ist die Art durch kleinere Sporen sicher zu unterscheiden. Die abgebildeten Exemplare stammen aus dem Südschwarzwald.

Gattung **Phellodon** – Duftstachelinge
Fam. Bankeraceae

Frkp. gestielt; Hutunterseite mit elastischen Stacheln; Fleisch korkartig, im Innern gezont; Geruch beim Antrocknen deutlich nach Maggi oder Liebstöckel; Spp. weiß, inamyloid; Sp. rundlich, isoliert stachelig, ohne Kp. (Abb. 115); Saprophyten am Boden.

Schwarzer Duftstacheling RL 2

Phellodon niger (Fr.: Fr.) P. Karst.

Merkmale: Hut 2–6 cm breit, einzeln oder zu mehreren miteinander verwachsen, schwarzbraun bis schwarz, jung mit bläulichem Beiton, am Rande oft bläulich-weißlich abgesetzt, Oberseite filzig, meist ungezont; Stacheln grauweißlich, jung mit bläulichem Schein; Stiel schwarz, oft recht kurz, mit matter Oberfläche; Fleisch schwärzlich (in KOH olivgrün), am Stiel außen mit unterschiedlich dicker Filzschicht überzogen (Duplexstruktur); Sp. 3–4(4,5) μ. **Vorkommen**: VIII–XI; im Laub- und Nadelwald, gern unter Fichten oder Kiefern auf Kalkböden; selten bis zerstreut. **Verwechslung**: Schwarzweißer Korkstacheling (Mitte).

Schwarzweißer Duftstacheling RL 2

Phellodon connatus (Schultz: Fr.) P. Karst. Syn.: *P. melaleucus*

Merkmale: Hut 2–8 cm breit, oft zu mehrhütigen Gruppen verwachsen, Oberseite schwarzbraun bis schwarz, filzig, im Alter verkahlend und dann mit angedeuteter Zonierung, Außenkante weißlich; Stacheln grauweißlich, gewöhnlich ohne bläulichen Beiton; Stiel schwarz, mit glatter Oberfläche, relativ dünn; Fleisch schwarzbraun (in KOH olivgrün), im Stiel einheitlich, ohne filzige Außenschicht (vgl. Schwarzer Duftstacheling); Sp. 3,5–4,5 μ. **Vorkommen**: VIII–X; im Nadel- und Mischwald, auch auf sauren Böden vorkommend; selten. **Verwechslung**: Schwarzer Duftstacheling (oben).

Becherförmiger Duftstacheling RL 2

Phellodon tomentosus (L.: Fr.) Banker Syn.: *P. cyathiformis*

Merkmale: Hut 2–6 cm breit, oft gruppenweise in einer Ebene verwachsen, grau- bis beigebraun, konzentrisch zoniert, mit weißlicher Randzone, Mitte gewöhnlich tellerartig vertieft, Oberfläche samtig; Stacheln weißlich bis blaß bräunlich, sehr dicht stehend und kurz; Stiel bräunlich, ohne oder mit undeutlicher, filziger Außenschicht; Fleisch bräunlich, in KOH nicht grünend; Sp. 3–3,5 μ. **Vorkommen**: VIII–XI; vorwiegend im Nadelwald, unter Fichte; zerstreut bis selten. **Verwechslung**: Hut ungezont, meist im Laubwald: Starkriechender Duftstacheling *(P. confluens)*.

Gattung **Hydnellum** – Korkstachelinge
Fam. Thelephoraceae

Frkp. gestielt; Hutunterseite mit elastischen, reif bräunlichen Stacheln; Fleisch korkartig, gezont; Geruch im Schnitt oft mehlartig; Spp. braun; Sp. breitelliptisch, höckerig, selten stachelig, ohne Kp.; bodenbewohnende Saprophyten.

Scharfer Korkstacheling RL 2

Hydnellum peckii Banker in Peck

Merkmale: Hut 3–6 cm breit, jung weißfilzig, blutrote Tropfen ausschwitzend, dann von der Mitte aus zunehmend rotbraun nachdunkelnd, Oberseite grubig-höckerig; Stacheln jung grauweißlich, auf Druck rötend; Fleisch bräunlich; Geruch angenehm würzig; Geschmack brennend scharf; Sp. abgeflacht-höckerig, 4,5–6 × 3,5–4,5 μ (Abb. 116). **Vorkommen**: VIII–X; im Nadelwald, unter Fichten und Kiefern, vorwiegend im Gebirge auf kalkhaltigem Boden; selten. **Anmerkung**: Diese Art ist immer am scharfen Geschmack zu erkennen, der auch an Trockenmaterial erhalten bleibt.

Orangegelber Korkstacheling RL 2

Hydnellum aurantiacum (Batsch: Fr.) P. Karst.

Merkmale: Hut 3–10 cm breit, jung weißsamtig, dann von der Mitte aus zunehmend orangebräunlich, Oberfläche höckerig, grubig oder zerklüftet; Stacheln jung weißlich; Stiel zimt- bis orangebräunlich, außen filzig; Fleisch mit deutlichem Orangeton, im Hut mehr orangegelblich; Geruch mehlartig, manchmal auch mit Bittermandelkomponente; Sp. abgeflacht-höckerig, 4,5–6,5 × 4–5,5 μ. **Vorkommen**: VIII–X; im Gebirgs-Nadelwald, unter Fichten und Tannen auf kalkhaltigen Böden; selten. **Verwechslung**: Fleisch neben orange auch bläulich zoniert: Bläulicher Korkstacheling (unten).

Bläulicher Korkstacheling RL 2

Hydnellum caeruleum (Hornem.) P. Karst.

Merkmale: Hut 3–12 cm breit, jung schön azur- bis violettblau, dann schwärzlichblau oder bräunend, mit hellerem Rand, Oberfläche struppig-filzig, dabei grubig bis zerklüftet; Stacheln jung mit graubläulichem Ton; Stiel schmutzig braun, das Substrat verfilzend; Fleisch im Hut bläulich zoniert, zum Stiel hin allmählich ins Orangebraun übergehend; Geruch schwach mehlartig; Sp. abgeflacht-höckerig, 5–6 × 3,5–4,5 μ. **Vorkommen**: VIII–IX; im Nadel- und Mischwald, unter Fichte, Kiefer, Rotbuche, kalkliebend; selten. **Verwechslung**: Fleisch nur orange: Orangegelber Korkstacheling (Mitte), Fleisch nur blau, Geruch anisartig: Wohlriechender Korkstacheling *(H. suaveolens)*.

Grubiger Korkstacheling RL 3

Hydnellum scrobiculatum (Fr.) P. Karst.

Merkmale: Hut 4–8 cm breit, anfangs weißlich, von der Mitte her bräunend, schließlich gänzlich haselbraun, Außenkante weißlich-gelblich, rosetten- oder kreiselförmig, Oberfläche feinsamtig, grubig, zerklüftet und wellig, meist ohne Zonierung; Stacheln jung grauweißlich, bald braun werdend; Stiel bräunlich, mit samtiger Oberfläche; Fleisch bräunlich; Geruch unverletzt fast würzig-maggiartig, im Schnitt mehlartig; Sp. abgerundet-höckerig, 5–6 × 4–5 μ (Abb. 117). **Vorkommen**: VIII–X; im Nadel- oder Mischwald, in Mischbeständen mit Fichten, Kiefern, Eichen oder Rotbuchen; selten. **Anmerkung**: Die Art ist im Mikroskop an den mit abgerundeten Höckern versehenen Sporen zu erkennen. Bei den meisten Arten der Gattung sind die Sporenhöcker am Scheitel backenzahnartig abgeflacht. **Verwechslung**: Sporen stachelig: Gehäufter Korkstacheling (Mitte), Sporen abgeflacht-höckerig: Gezonter Korkstacheling *(H. concrescens)*, Rotbrauner Korkstacheling *(H. ferrugineum)*.

Gehäufter Korkstacheling

Hydnellum cumulatum K. A. Harrison

Merkmale: Hut 2–7 cm breit, in Gruppen dachziegelartig miteinander verwachsen, reh- bis umbrabraun, Rand jung fast weißlich, Oberfläche samtig bis haarig-wollig, ungezont; Stacheln anfangs mit hellgrauem Schimmer, bald schmutzig fleischbräunlich; Stiel dem Hut gleichfarbig, mit samtiger Oberfläche; Fleisch braun; Geruch muffig-erdig, im Schnitt mehlartig; Sp. spitz-stachelig, 3,5–5 × (2,5) 3–4 μ (Abb. 118). **Vorkommen**: VIII–X; im Nadel- und Mischwald, unter Fichten, Kiefern, Rotbuchen; selten. **Anmerkung**: Diese Art ist in Mitteleuropa wenig bekannt oder wurde übersehen. Die Sporen sind mit typisch zugespitzten Stacheln versehen. In Deutschland wurde der Pilz bisher nicht gefunden. Die Aufnahme stammt aus Kärnten (Österreich). **Verwechslung**: Sporen abgerundet-höckerig: Grubiger Korkstacheling (oben).

Gelber Korkstacheling RL 1

Hydnellum geogenium (Fr.) Banker

Merkmale: Hut 1–3 cm breit, unregelmäßig geformt, stets gruppenweise miteinander verwachsen, zuerst schwefelgelb, dann olivgrünlich bis olivbraun, Randzone länger gelblich bleibend; Oberfläche samtig, ungezont; Stacheln gelb bis gelbbräunlich; Stiel kaum ausgebildet; Fleisch jung schwefelgelb, dann olivgrünlich; Geruch meistens mehlartig; Sp. abgeflacht-höckerig, 4–5 × 3–3,5 μ. **Vorkommen**: VIII–X; im Bergfichtenwald, auf kalkhaltigen Böden; sehr selten. **Anmerkung**: Die Art ist die einzige ihrer Gattung mit gelbem, im Alter olivgrünem Fleisch. Ihr wurde deshalb eine besondere Sektion *(Viriditextum)* zugedacht.

Gattung **Hericium** – Stachelbärte
Fam. Hericiaceae

Frkp. aus einem kompakten Büschel langer Stacheln bestehend oder korallenartig verästelt, ohne eigentliche Hutbildungen; Fleisch weißlich, elastisch; Spp. weiß, amyloid; Sp. rundlich-elliptisch, glatt bis punktiert, ohne Kp.; holzbewohnende Saprophyten und Wundparasiten; Weißfäuleerreger.

Ästiger Stachelbart RL 2

Hericium coralloides (Scop.: Fr.) Gray
Syn.: *H. clathroides, H. ramosum*

Merkmale: Frkp. 10–30 cm breit, korallenartig verästelt, an den Ästen mit 0,5–2 cm langen, bartartig hängenden Stacheln, Farbe weiß bis cremefarben, später ockergelblich; Sp. glatt, 4–5 × 3–4 µ. **Vorkommen**: VIII–X; an Stümpfen oder morschen Stämmen von Laubholz, besonders Rotbuche; selten. **Anmerkung**: Diesen schönen Pilz zu finden, ist ein besonderes Erlebnis. **Verwechslung**: Igel-Stachelbart (Mitte), an Tannen, im Gebirge: Tannen-Stachelbart *(H. flagellum)*.

Igel-Stachelbart RL 2

Hericium erinaceum (Bull.: Fr.) Pers.

Merkmale: Frkp. 5–15(25) cm breit, aus einem kompakten Büschel hängender, dicht gedrängter, 2–5 cm langer Stacheln bestehend, die in einem gemeinsamen Strunk miteinander verwachsen sind, Farbe weißlich-cremefarben, alt ockerlich; Sp. sehr fein punktiert, 5–6 × 4–5 µ. **Vorkommen**: IX–X; an Laubholzstämmen, vor allem Eiche, doch auch Rotbuche, Apfel oder Walnuß; selten. **Verwechslung**: Ästiger Stachelbart (oben), Dorniger Stachelbart (unten).
Jung eßbar; in Japan und China sehr beliebter und kultivierter Speisepilz mit diversen medizinischen Eigenschaften.

Dorniger Stachelbart RL 3

Creolophus cirrhatus (Pers.: Fr.) P. Karst. (Fam. Hericiaceae)

Merkmale: Frkp. aus flach-hutartigen, ungestielten Elementen bestehend, büschelig miteinander verwachsen, Einzelhüte ca. 5–15 cm breit, weißlich-cremefarben, dann gelblich bis gelbbräunlich; Oberseite (steril) mit kurzen, dornartigen, nicht aufgerichteten Stacheln; Unterseite mit dichtstehenden, senkrecht angeordneten, weißlichen Stacheln, an denen die Sporen erzeugt werden; Fleisch weißlich, gilbend, jung mürbe, später etwas zäh; Spp. weiß, amyloid; Sp. rundlich-elliptisch, glatt, 3–4 × 2,5–3,5 µ, ohne Kp. **Vorkommen**: VIII–XI; auf abgestorbenem Laubholz, an Rotbuche, Birke, Eiche; selten; Saprophyt; Weißfäuleerreger. **Verwechslung**: Ohne Hutbildungen: Igel-Stachelbart (Mitte).

Nördlicher Stachelseitling

RL 2

Climacodon septentrionalis (Fr.) P. Karst.
(Fam. Climacodontaceae)

Merkmale: Frkp. aus dicht dachziegelartig übereinander wachsenden, stiellosen Hüten bestehend, die an der Unterseite Stacheln tragen, Gesamtgröße 10–30 cm breit und bis 50 cm hoch; Oberseite der Einzelhüte rauhhaarig, weißlich bis strohfarben; Stacheln dem Hut gleichfarbig, sehr gedrängt stehend und fein, bis 8 mm lang; Fleisch weißlich, gilbend, zäh-elastisch, getrocknet relativ schwer; Spp. weiß, inamyloid; Sp. elliptisch, etwas gekrümmt, glatt, 4–5,5 × 2–2,5 μ, ohne Kp. **Vorkommen**: VIII–X; an Stämmen lebender Laubbäume; sehr selten; Wundparasit; Weißfäuleerreger. **Anmerkung**: Aus der Entfernung könnte man den Pilz wegen seiner Wuchsform für einen Porling halten, bis die Stacheln an der Hutunterseite erkannt werden. Er ist die einzige, unverwechselbare Art seiner Gattung. Der abgebildete Fund stammt aus Österreich (Salzkammergut), von einer großen Roßkastanie.

Gestielter Schütterzahn

Sistotrema confluens Pers.: Fr. (Fam. Ceratobasidiaceae)

Merkmale: Frkp. ca. 1–2 cm breit, kreiselförmig-gestielt, teilweise einseitig eingeschnitten oder zungenartig, oft zu mehreren verwachsen, weiß, auf Druck gelblich oder orange verfärbend; Hutunterseite bzw. Außenseite weißlich, unregelmäßig stachelig bis flach-zähnchenförmig oder teilweise labyrinthisch-poroid, an der stielartig verschmälerten Basis herablaufend; Fleisch dünn, weichlich; Geruch meist würzig-süßlich; Spp. weiß, inamyloid; Sp. elliptisch, glatt, 3,5–5 × 2–3 μ, ohne Kp. **Vorkommen**: VIII–X; im Laub- und Nadelwald, am Erdboden zwischen Gras und Moos, gesellig; relativ selten. **Anmerkung**: Die Art ist die einzige ihrer Gattung, die wie ein kleiner Stachelpilz aussehen kann. Sie ist mit den Rindenpilzen näher verwandt.

Ohrlöffel-Stacheling

Auriscalpium vulgare Gray (Fam. Auriscalpiaceae)

Merkmale: Hut 0,5–2 cm breit, beige- bis rotbräunlich, dann dunkelbraun, konvex, Huthaut zottig-filzig; Unterseite mit hellen, bald aber fleischbräunlichen, am Stiel endenden Stacheln; Stiel gut ausgebildet, rotbraun bis dunkelbraun, haarig-filzig, immer seitlich dem Hut ansitzend; Fleisch zäh-elastisch; Spp. weiß, amyloid; Sp. rundlich, fein punktiert, 4–5,5 × 4–4,5 μ, ohne Kp. **Vorkommen**: I–XII, ab Mai frisch wachsend; auf liegenden oder vergrabenen Kiefernzapfen; häufig; Saprophyt. **Anmerkung**: Die Form des Fruchtkörpers erinnert wegen des seitlichen Stieles an einen Ohrlöffel (Name). Die Art ist die einzige ihrer Gattung. Überwinterte Exemplare sind relativ unansehnlich schwarzbraun gefärbt und oft von Grünalgen überzogen.

Gattung **Clavariadelphus** – Großkeulen
Fam. Clavariaceae

Frkp. typisch keulenförmig, vollfleischig, relativ groß; Fleisch färbt sich mit Eisensulphatlösung grün; Spp. weiß, inamyloid; Sp. elliptisch, glatt, ohne Kp.; vermutlich bodenbewohnende Mykorrhizapilze.

Herkules-Keule RL 3

Clavariadelphus pistillaris (L.: Fr.) Donk

Merkmale: Frkp. 6–15(25) cm hoch, jung fast zitronengelb, dann ocker- bis ledergelblich, später rotbräunlich, gelegentlich mit purpurviolettlichem Hauch, Scheitel typisch abgerundet, Oberfläche bei Reife faltig-gerunzelt; Fleisch weißlich, bald etwas zäh werdend; Geschmack bitterlich bis deutlich bitter; Sp. 10–13(16) × 5–7(10) µ; Basidien manchmal 2-sporig. **Vorkommen**: VIII–XI; im Laubwald, besonders unter Rotbuchen, auf kalkhaltigen Böden, einzeln bis gesellig wachsend; lokal relativ häufig. **Verwechslung**: Im Nadelwald, mit abgeplattetem Scheitel: Abgestutzte Keule (Mitte).
Ungenießbar wegen des bitteren Geschmacks.

Abgestutzte Keule RL 3

Clavariadelphus truncatus (Quél.) Donk

Merkmale: Frkp. 5–15 cm hoch, zitronen- bis ockergelb, auch mit fleischbräunlichen Beitönen, schon jung oben leicht abgeflacht, dann bald abrupt abgestutzt oder sogar schwach vertieft, am Scheitel grubig-runzelig, Rand gratartig überstehend; Fleisch weiß, weichlich; Geschmack mild, ausgesprochen süßlich; Sp. 9–13 × 5–7 µ. **Vorkommen**: VIII–X; im Nadel- und Mischwald, besonders Fichtenwald, auf nährstoffreicheren Böden; relativ selten. **Anmerkung**: Durch ihren ausgesprochen süßen Geschmack ist die Art von der Herkules-Keule gut zu unterscheiden. Außerdem färbt sich die Oberfläche (Fruchtschicht) mit KOH rot. **Verwechslung**: Herkules-Keule (oben).

Zungen-Keule RL 3

Clavariadelphus ligula (Schaeff.: Fr.) Donk

Merkmale: Frkp. 3–8 cm hoch, ockergelblich, meist schmalkeulenförmig, mit gerunzelter Oberfläche und abgerundetem Scheitel; Fleisch weiß, nicht verfärbend; Sp. langelliptisch, 8–14 × 3–5 µ. **Vorkommen**: VIII–X; im Gebirgs-Nadelwald, zwischen Fichtennadeln, gruppenweise; relativ selten. **Verwechslung**: Fleisch im Schnitt rötend: Schweizerische Keule *(C. helveticus)*, Sporen größer: Sibirische Keule *(C. sachalinensis)*.

Gattung **Macrotyphula** – Röhrenkeulen
Fam. Clavariaceae

Frkp. fädig bis schlank-keulenförmig, bisweilen typisch hohl; Fleisch mit Eisensulphatlösung nicht grün verfärbend (vgl. *Clavariadelphus*); Spp. weiß, inamyloid; Sp. elliptisch, glatt, ohne Kp.; Saprophyten auf toten Pflanzenresten.

Röhrige Keule

Macrotyphula fistulosa (Holmsk.: Fr.) R. H. Petersen
(Fam. Clavariaceae)

Merkmale: Frkp. 10–20(30) cm hoch, doch nur wenige Millimeter breit, ockergelblich, zylindrisch bis sehr schlank keulenförmig, innen weitlumig hohl, Oberfläche glatt oder fein längsrunzelig, Basis filzig-striegelig, oft etwas wurzelnd; Fleisch blaß holzfarben, elastisch; Sp. 12–18 × 5–7 μ. **Vorkommen**: IX–XI; auf am Boden liegenden oder vergrabenen Laubholzästen, besonders Birke oder Erle, einzeln bis gesellig wachsend; zerstreut. **Anmerkung**: Trotz ihrer Größe ist die Art ausgezeichnet getarnt und wird leicht übersehen. Durch ihre hohlen, elastischen Fruchtkörper ist sie kaum zu verwechseln.

Binsen-Keule

Macrotyphula filiformis (Bull.: Fr.) Paechn. ex Rauschert
Syn.: *M. juncea*

Merkmale: Frkp. 3–6 cm hoch, weißlich-gelblich bis ockerfarben, dünnfädig, jung vollfleischig, Scheitel zugespitzt oder abgerundet, Basis leicht stielartig verschmälert, feinfilzig, abgebogen dem Substrat aufsitzend; Fleisch elastisch; Sp. 6–10 × 3–5 μ. **Vorkommen**: X–XI; auf am Boden liegenden, faulenden Blättern von Birken, Erlen, Rotbuchen oder Eichen, scharenweise wachsend; zerstreut. **Anmerkung**: Die fadendünnen Fruchtkörper sind schwer zu entdecken. Sie fallen bestenfalls durch ihr rasiges Wachstum auf. **Verwechslung**: Einem linsenförmigen Sklerotium entspringend: Linsen-Fadenkeulchen *(Typhula phacorrhiza)*.

Weißes Spitzkeulchen RL 3

Clavaria falcata Pers.: Fr. Syn.: *C. acuta* (Fam. Clavariaceae)

Merkmale: Frkp. 1–4(6) cm hoch, reinweiß, schlank-keulenförmig, mit glatter bis gerunzelter Oberfläche, Scheitel zugespitzt bis abgerundet, mit mehr oder weniger deutlich abgesetztem Stielteil; Fleisch durchscheinend-weißlich, brüchig; Spp. weiß, inamyloid; Sp. rundlich-elliptisch, glatt, 7–10 × 4,5–6,5 μ, ohne Kp. **Vorkommen**: IX–X; im Laubwald, auf bloßer Erde oder zwischen niederen Moosen, gern auf Kalkböden, einzeln bis gesellig; selten; Saprophyt am Boden. **Verwechslung**: Büschelig wachsend: Wurmförmige Keule *(C. vermicularis)*.

Weißliche Wiesenkoralle RL 2

Ramariopsis kunzei (Fr.) Corner (Fam. Clavariaceae)

Merkmale: Frkp. 1–4(12) cm hoch, meist weiß bis cremefarben, spärlich bis dicht korallenartig verzweigt, einem gemeinsamen, stielartigen, flaumig-filzigen Stamm entspringend; Fleisch durchscheinend-weißlich, beim Trocknen leicht vergilbend, relativ elastisch; Spp. weiß, inamyloid; Sp. elliptisch, punktiert-stachelig, 4–6 × 2,5–3,5 μ, ohne Kp. **Vorkommen**: VIII–X; im Laub- und Nadelwald, am Erdboden oder selten auf morschem Holz; selten; Saprophyt. **Verwechslung**: Mit kammartig aufgespaltenen Zweigspitzen: Kammförmige Koralle (Mitte).

Gattung **Clavulina** – Korallen
Fam. Clavulinaceae

Frkp. keulen- bis korallenförmig, mit weißlichen bis grauen Farben; Fleisch weißlich, brüchig; Spp. weiß, inamyloid; Sp. rundlich-elliptisch, glatt, mit einem Öltropfen, ohne Kp. (Abb. 119); Basidien 2-sporig; Saprophyten auf Erde oder Holz (vgl. *Ramaria*).

Kammförmige Koralle

Clavulina coralloides (L.: Fr.) J. Schröt. Syn.: *C. cristata*

Merkmale: Frkp. 2–5(8) cm hoch, vorwiegend weiß oder weißlich, doch auch blaß grau oder mit fleischfarbenem Ton, korallenförmig verzweigt, Astspitzen abgeflacht und typisch kamm- oder handartig aufgespalten; Sp. 7–9 × 6–8 μ. **Vorkommen**: VIII–X; im Laub- und Nadelwald, auf Erde oder stark vermorschtem Holz, in geselligen Gruppen wachsend; häufig. **Anmerkung**: Die farblich sehr veränderliche Art wird in diverse Varietäten unterteilt. Sie ist stets an ihren kammartigen Astenden zu erkennen. **Verwechslung**: Graue Koralle (unten), vgl. Weißliche Wiesenkoralle (oben).

Eßbar, doch wie alle Arten der Gattung geschmacklich nicht besonders wertvoll.

Graue Koralle

Clavulina cinerea (Bull.: Fr.) J. Schröt.

Merkmale: Frkp. 3–6(10) cm hoch, korallenförmig verzweigt, Äste mehr oder weniger grau bis violettgrau, etwas gerunzelt, Spitzen heller, stumpf endend oder gezähnt, doch nicht flachgedrückt und kammartig (vgl. Kammförmige Koralle), Strunk weißlich-gelblich abgesetzt; Sp. 8–11 × 7–8 μ. **Vorkommen**: VIII–X; im Laub-, seltener Nadelwald, meist am Erdboden; relativ häufig. **Anmerkung**: Die Graue Koralle kann leicht mit grau gefärbten Varietäten der Kammförmigen Koralle (Mitte) verwechselt werden oder mit grauen Formen der mehr keulenförmigen Runzeligen Koralle (S. 582).

Runzelige Koralle

Clavulina rugosa (Bull.: Fr.) J. Schröt.

Merkmale: Frkp. 4–8(12) cm hoch, weiß, weißlich, schmutzig hellocker oder mit grauen Beitönen, abgeflacht-keulenförmig, mit kurzen Auswüchsen, manchmal auch spärlich verzweigt, Oberfläche gerunzelt oder längsrillig; Sp. 9–14 × 8–11 µ. **Vorkommen**: VIII–XI; im Laub- und Nadelwald, am Erdboden, gesellig oder in größeren Gruppen wachsend; relativ häufig. **Anmerkung**: Eine sehr variable, in diverse Varietäten und Formen aufgeteilte Art. **Verwechslung**: Graue Koralle (S. 580), weißliche Keulenpilze *(Clavaria)*.

Gattung **Ramaria** – Korallen
Fam. Ramariaceae

Frkp. korallenartig verzweigt, Farben meist gelblich, ocker bis lachsrosa; Substanz fleischig, brüchig; Spp. ockergelblich; Sp. langelliptisch, warzig, stachelig oder gestreift (Ornament cyanophil), ohne Kp.; Hyphen mit oder ohne Schnallen; Saprophyten am Boden oder an Holz; einige Arten giftig; (vgl. *Clavulina*).

Rötliche Koralle RL 2

Ramaria botrytis (Pers.: Fr.) Ricken

Merkmale: Frkp. 5–15(20) cm hoch, Grundfarbe weißlich-fleischrosa, jung mit kräftig rötlich bis rotbräunlich gefärbten Astspitzen (andere Namen: Hahnenkamm, Bärentatze); Fleisch im Strunk weiß, wäßrig marmoriert; Sp. fein längsgestreift, 12–18 × 4,5–7 µ (Abb. 120); Hyphen mit Schnallen. **Vorkommen**: VII–X; im Laub- und Nadelwald, unter Rotbuche oder Fichte; selten. **Anmerkung**: Bei ausgewachsenen Exemplaren verblassen die Astspitzen. Sie werden dadurch der giftigen Blassen Koralle (unten) sehr ähnlich.

Jung eßbar; Astspitzen schmecken alt bitterlich und müssen gegebenenfalls entfernt werden (sonst Verdauungsstörungen!).

Blasse Koralle RL 3

Ramaria pallida (Schaeff. em. Bres.) Ricken Syn.: *R. mairei*

Merkmale: Frkp. 8–15 cm hoch, jung gänzlich blaß rosa, dann fahl fleischfarben und nur gegen die Astspitzen kräftiger lilarötlich, Äste mit typischer Längsrunzelung; Fleisch einheitlich weiß, auch im Strunk nicht marmoriert (vgl. Rötliche Koralle); Sp. mit flachen, oft reihig verbundenen Warzen, 8–12 × 4,5–6 µ (Abb. 121); Hyphen ohne Schnallen. **Vorkommen**: VIII–X; im Laub- und Nadelwald, besonders auf Kalkböden; lokal relativ häufig (Österreich, Schweiz), sonst selten. **Verwechslung**: Rötliche Koralle (Mitte).

Giftig; erzeugt Bauchschmerzen, Erbrechen und Durchfall (anderer Name: Bauchweh-Koralle); Latenzzeit 1/2–3 Stunden.

Goldgelbe Koralle RL 2

Ramaria aurea (Schaeff.) Quél.

Merkmale: Frkp. 6–12 cm hoch, mit warmer, goldgelber Grundfarbe, in den Ästen oft mit lachsrosa Schein, Astspitzen jung intensiver gelb, dann den Ästen gleichfarbig; Fleisch im Strunk weiß, bei Durchfeuchtung etwas marmoriert; Sp. warzig, 11–15 × 4–5,5 µ; Hyphen ohne Schnallen. **Vorkommen**: VIII–X; in Laub- und Nadelwäldern, unter Fichten, Kiefern oder Rotbuchen; sehr selten. **Anmerkung**: Früher fehlte der Pilz in keinem Pilzbuch und galt als häufig. Heute wissen wir, daß er mit mehreren goldgelb gefärbten Arten verwechselt wurde. Für eine exakte Bestimmung der Goldgelben Koralle ist das Fehlen von Schnallen im gesamten Fruchtkörper, neben den äußeren sowie anderen mikroskopischen Merkmalen, ausschlaggebend. **Verwechslung**: Hyphen mit Schnallen: Gelbliche Koralle (Mitte), Largents Koralle (S. 586), Dreifarbige Koralle (giftig, S. 586).

Jung eßbar (siehe Rötliche Koralle, S. 582).

Gelbwerdende Koralle RL 2

Ramaria flavescens (Schaeff.) R. H. Petersen

Merkmale: Frkp. 10–20 cm hoch, erst satt dottergelb oder orangegelblich, mit gelblich abgesetzten Astspitzen, dann einheitlich fahlgelb werdend (andere Namen: Gelbliche Koralle, Rosagelbe Koralle); Fleisch im Strunk weißlich, wäßrig marmoriert; Sp. warzig,(9)10,5–13 × 3,5–5 µ; Hyphen mit Schnallen. **Vorkommen**: VIII–X; im Laub- und Nadelwald, unter Fichten, Kiefern oder Rotbuchen; lokal relativ häufig (Schweiz, Österreich), in Deutschland selten. **Anmerkung**: Diese Art ist eine der häufigsten Korallen in mittleren Höhenlagen der Alpenländer. Eine typische Art der Sektion *Laeticolores*, deren Arten sich durch lachs- bis orangegelbliche Farben auszeichnen. **Verwechslung**: Goldgelbe Koralle (oben), Largents Koralle (S. 586), Dreifarbige Koralle (giftig, S. 586).

Jung eßbar (siehe Rötliche Koralle, S. 582).

Blutrotfleckende Koralle RL 2

Ramaria sanguinea (Pers.) Quél.

Merkmale: Frkp. 5–12 cm hoch, Äste mehr oder weniger kräftig zitronengelb gefärbt, gegen die Spitzen an Farbintensität zunehmend, Strunk weißlich, dort im Alter oder an berührten Stellen mit wein- oder blutroten Flecken; Fleisch weiß, wäßrig marmoriert; Sp. warzig, Warzen oft reihig ausgerichtet, 8–11(12) × 3,5–5,5 µ; Hyphen ohne Schnallen. **Vorkommen**: VIII–X; im Laub- und Nadelwald, unter Fichten oder Rotbuchen, vermutlich kalkliebend; selten. **Anmerkung**: Die blutroten Flecken am Strunk sind nicht immer deutlich, da sie oft erst an älteren Stücken auftreten. **Verwechslung**: Hyphen mit Schnallen, rötend: *R. eosanguinea*, nicht rötend: Schwefelgelbe Koralle *(R. flava)*.

Largents Koralle

Ramaria largentii Marr & Stuntz

Merkmale: Frkp. 10–20 cm hoch, schön sattgelb oder orangegelblich, an den Hauptteilen der Äste mit typisch morgenrötlichem Farbton, an verletzten Stellen sowie an den Astspitzen zitronengelb; Fleisch im Strunk weiß, mit wäßriger Marmorierung; Sp. fast zylindrisch, ausgeprägt warzig, 11–15,5 × 4–5,5 μ (Abb. 122); Schnallen an der Basis der Basidien vorhanden, im Fleisch kaum vorhanden. **Vorkommen**: VII–X; im Nadelwald, in höheren Lagen (montan bis subalpin), auf Kalkhaltigen Böden; im Alpengebiet nicht selten, sonst fehlend. **Anmerkung**: Die Art gehört zu den größten und schönsten Korallen des Gebirgs-Nadelwaldes. Sie wurde früher vermutlich unter dem Sammelbegriff »Goldgelbe Koralle« geführt. **Verwechslung**: Goldgelbe Koralle (S. 584), Gelbwerdende Koralle (S. 584), Dreifarbige Koralle (giftig, Mitte).

Jung eßbar (siehe Rötliche Koralle, S. 582).

Dreifarbige Koralle

Ramaria formosa (Pers.: Fr.) Quél.

Merkmale: Frkp. 5–15 cm hoch, Äste schön lachsrosa, mit zitronengelblichen Spitzen, Strunk weißlich; Fleisch weiß, nicht marmoriert, im Schnitt schwach fleischrosa anlaufend; Sp. warzig, 8–13 × 4,5–6 μ; Hyphen mit Schnallen. **Vorkommen**: VIII–X; vorwiegend im Laubwald, unter Rotbuchen; selten. **Anmerkung**: Der farbenfreudige Pilz (anderer Name: Schöne Koralle) ist auch daran zu erkennen, daß seine unteren Astverzweigungen in weiteren Bögen verlaufen (U-förmig, nicht wie üblich V-förmig). Außerdem ist das getrocknete Fleisch von kreideartig brüchiger Konsistenz und nicht hornartig. Ältere Korallen verlieren bald die typischen Farben und sind nur noch mikroskopisch zu trennen. Deshalb sind sie alle für Speisezwecke sehr kritisch. **Verwechslung**: Goldgelbe Koralle (S. 584), Gelbwerdende Koralle (S. 584), Largents Koralle (oben), Buchen-Koralle (unten).

Giftig; erzeugt Verdauungsstörungen, wirkt vor allem stark abführend.

Buchen-Koralle RL 3

Ramaria fagetorum Maas Geest. ex Schild

Merkmale: Frkp. 4–10 cm hoch, Äste jung kräftig rosafarben, bald ockergelblich, mit lachsfarbenem Hauch, Spitzen oder oberer Teil gelblichocker, Strunk weiß; Fleisch weißlich, im Strunk marmoriert; Sp. mit verlängerten, flachen Warzen, 9–10,5 × 3,5–4 μ; Schnallen fehlen. **Vorkommen**: VIII–X; im Laubwald unter Rotbuchen; selten. **Anmerkung**: Die erst jüngst beschriebene, relativ unbekannte Art unterscheidet sich von ähnlichen Korallen vor allem durch mikroskopische Merkmale. Ihr Speisewert ist noch unbekannt. **Verwechslung**: Dreifarbige Koralle (giftig, Mitte).

Sattgelbe Koralle

Ramaria lutea (Vittad.) Schild

Merkmale: Frkp. 10–20 cm hoch, jung gänzlich sattgelb, dann gelblich und nur noch an den Spitzen mit kräftigerer Farbe, Äste ohne lachsfarbene Tönungen, reich und feingliedrig verzweigt, mit stets rundlichen Ästen; Fleisch weiß, in fleischigen Teilen (Strunk, dickere Äste) wäßrig marmoriert; Sp. warzig, 7,5–10 × 4–5 μ; Hyphen ohne Schnallen. **Vorkommen**: VIII–X; im Laubwald, unter Rotbuchen oder in Buchen-Fichten-Mischwäldern, besonders im Gebirge auf Kalkböden; selten, allenfalls in Tirol hier und da anzutreffen. **Anmerkung**: Die ziemlich große Koralle ist durch reingelbe Farbtöne, relativ kleine Sporen und fehlende Schnallen im gesamten Fruchtkörper charakterisiert. **Verwechslung**: Im Strunk rötend: Blutrotfleckende Koralle (S. 584), mit Schnallen, Sporen größer: Schwefelgelbe Koralle *(R. flava)*.

Jung eßbar (siehe Rötliche Koralle, S. 582).

Steife Koralle

Ramaria stricta (Pers.: Fr.) Quél.

Merkmale: Frkp. 4–10 cm hoch, gelblich, ocker oder fleischocker, gerieben rotbräunlich verfärbend, Astspitzen etwas heller, Äste relativ steif und aufrecht stehend, Strunk dünn, kaum ausgebildet, an der Basis mit wurzelartigen Myzelsträngen; Fleisch schmutzig weißlich bis lederfarben, elastisch; Geschmack bitterlich; Sp. flachwarzig, 7–10 × 4–5 μ; Hyphen mit Schnallen. **Vorkommen**: VIII–XI; im Laub-, seltener Nadelwald, vorwiegend an morschem Laubholz, an liegenden Ästen oder Stümpfen, seltener auf Erde; relativ häufig. **Anmerkung**: Die Steife Koralle gehört zu den Arten, an deren Stielbasis wurzelartige Myzelstränge vorhanden sind. Diese bestehen bei dieser Art größtenteils aus relativ dickwandigen, schnallenlosen Skeletthyphen. **Verwechslung**: Sporen stachelig: Kiefern-Koralle (S. 590) und Flattrige Koralle (unten), bei Berührung grün werdend: Grünende Koralle *(R. abietina)*.

Flattrige Koralle

Ramaria flaccida (Fr.) Bourdot

Merkmale: Frkp. 3–7 cm hoch, einfarbig gelblich bis ocker, mit dünnen, eng stehenden, aufrechten Ästen, Basis wenig fleischig, meist dünn stielartig zusammengezogen, mit weißlichgelblichen Myzelsträngen; Fleisch weißlich, relativ elastisch, mit KOH keine Reaktion zeigend (vgl. Kiefern-Koralle); Geschmack bitterlich; Sp. warzig-stachelig, 5–8(9) × 2,5–4 μ; Hyphen mit Schnallen. **Vorkommen**: VIII–X; im Nadel- und Laubwald, im Laub- oder Nadelhumus am Erdboden, oft büschelig miteinander verwachsen; relativ selten (oder nicht erkannt und mit ähnlichen Arten verwechselt). **Verwechslung**: Steife Koralle (Mitte), Fleisch mit KOH rötlich: Kiefern-Koralle (S. 590).

Kiefern-Koralle

Ramaria eumorpha (P. Karst.) Corner Syn.: *R. invalii*

Merkmale: Frkp. 3–8 cm hoch, ockergelblich, mit schwach aufgehellten Spitzen, Äste relativ aufrecht stehend und gedrängt, Strunk wenig entwickelt, kaum fleischig, Basis mit weißlichen Myzelsträngen, die das Substrat locker durchziehen; Fleisch weißlich, relativ brüchig, mit KOH orangerötlich verfärbend; Geschmack mild bis bitterlich; Sp. warzig-stachelig, 8–10 × 3,5–4,5 μ (Abb. 123); Hyphen mit Schnallen. **Vorkommen**: VIII–X; im Nadel-, seltener Laubwald, unter Fichten, Kiefern, Birken, Eichen u. a.; nicht selten. **Anmerkung**: Die Art kann leicht mit der Steifen Koralle verwechselt werden, besitzt aber in den Myzelsträngen keine dickwandigen Skeletthyphen. Außerdem werden die Äste beim Berühren nicht rotbraun. **Verwechslung**: Fleisch mit KOH ohne Reaktion: Flattrige Koralle (S. 588), Sporen flachwarzig, oft auf Holz: Steife Koralle (S. 588), auf Druck grünend: Grünende Koralle *(R. abietina)*.

Zierliche Koralle

Ramaria gracilis (Pers.: Fr.) Quél.

Merkmale: Frkp. 3–10 cm hoch, weiß bis schmutzig weißlich, im Alter ocker-fleischfarben, Äste feingliedrig, spärlich bis üppig verzweigt, mit wenig entwickeltem Strunk, oft nur mit dünnem, zentralem Stiel, Basis mit weißlichen Myzelsträngen; Fleisch weißlich, relativ weich und elastisch; Geruch oft deutlich nach Anis; Geschmack bitterlich; Sp. feinwarzig, 5–7 × 3–4,5 μ; Hyphen mit Schnallen. **Vorkommen**: VIII–X; hauptsächlich im Nadelwald, unter Fichten, am Boden und an stark vermorschtem Holz, gesellig oder in Hexenringen wachsend; selten, gebietsweise stärker verbreitet (Süddeutschland, Österreich). **Anmerkung**: Anisgeruch (falls vorhanden) und relativ helle Farben sind gute Erkennungsmerkmale. In den Myzelsträngen sind wie bei der Steifen Koralle (S. 588) dickwandige Skeletthyphen vorhanden.

Gelbspitzige Koralle

Ramaria testaceoflava (Bres.) Corner

Merkmale: Frkp. 6–12 cm hoch, dunkel fleischbraun bis braunrot, Astspitzen gelb aufhellend, Äste oft spärlich verzweigt, typisch längsrunzelig bis knorrig, Spitzen meist wie abgestutzt, Strunk kaum ausgebildet, Basis nur stielartig verschmälert; Fleisch weißlich, im Schnitt langsam fleischrötlich bis bräunlich anlaufend; Geschmack bitter; Sp. feinwarzig, 9–13 × 4–5 μ; Hyphen mit Schnallen. **Vorkommen**: VIII–X; im Gebirgs-Nadelwald, unter Fichten an moosigen Stellen, auf kalkhaltigem Boden; selten. **Anmerkung**: Die Art wurde in Deutschland bisher nur wenige Male gefunden. Regelmäßiger ist sie in Österreich, besonders in Tirol, anzutreffen. **Verwechslung**: Fleisch nicht bräunend: Gelbrußige Koralle *(R. fennica)*.

Becher-Koralle RL R

Artomyces pyxidatus (Pers.: Fr.) Jülich
Syn.: *Clavicorona pyxidata* (Fam. Clavicoronaceae)

Merkmale: Frkp. 4–12 cm hoch, blaß fleischfarben bis ockergelblich, einem Korallenpilz ähnlich, doch mit eher quirliger oder kandelaberartiger Verzweigung, mit abgeflachten, becherartig vertieften, krönchenartigen Spitzen, Äste eng stehend, aufrecht, Basis strunkartig miteinander »verklebt«; Fleisch weißlich-gelblich, elastisch, beim Reiben bräunend; Geruch streng würzig; Geschmack mild bis bitterlich, nach längerem Kauen brennend scharf; Spp. weiß, amyloid; Sp. elliptisch, glatt, 3,5–4(5) × 2–2,5(3) μ, ohne Kp. **Vorkommen**: VII–IX; an totem Laub- und Nadelholz, an Stümpfen und liegenden Stämmen von Kiefer, Pappel, Weide; selten; Saprophyt. **Verwechslung**: Steife Koralle (S. 588).

Gattung **Sparassis** – Glucken
Fam. Sparassidaceae

Frkp. badeschwammartig, mit krausen, wellig-bandartigen, verwachsenen Elementen (von der Fruchtschicht beiderseits überzogen), einem gemeinsamen Strunk entspringend; Spp. gelblich-cremefarben, inamyloid; Sp. elliptisch, glatt, ohne Kp.; Wurzelparasiten und Saprophyten; Braunfäuleerreger.

Krause Glucke

Sparassis crispa (Wulfen in Jacq.): Fr.

Merkmale: Frkp. 10–40 cm breit, fleischfarben bis ockergelblich, blattartig-krause Außenelemente einfarbig oder mit bräunlicher Kante, relativ eng gewunden, mit brüchiger Konsistenz; Fleisch im Strunk weißlich, wäßrig durchzogen; Sp. 5–6 × 4–4,5 μ. **Vorkommen**: VIII–XI; an Fuße lebender Nadelbäume oder an Stümpfen, vorwiegend an Kiefer; lokal häufig. **Verwechslung**: Breitblättrige Glucke (unten).
Eßbar; ausgezeichneter, wohlschmeckender Speisepilz; muß gut gewaschen und von eingewachsenen Humusteilchen sowie innen lebenden Insekten befreit werden. Überalterte Exemplare können bitterlich schmecken.

Breitblättrige Glucke RL 2

Sparassis brevipes Krombh. Syn.: *S. laminosa, S. nemecii*

Merkmale: Frkp. 10–50 cm breit, weißlich bis strohgelblich, Außenelemente relativ aufrecht, grob blattartig-wellig bis fächerförmig, auf den Flächen oft farblich zoniert; Fleisch weißlich, etwas zäh-elastisch; Sp. 4,5–6 × 3,5–4,5 μ. **Vorkommen**: VIII–X; am Fuße von Laub- und Nadelholzstämmen, an Eiche, Rotbuche, Weißtanne (Foto), seltener auch Fichte; selten. **Verwechslung**: Krause Glucke (Mitte).

Gattung **Lycoperdon** – Stäublinge
Fam. Lycoperdaceae

Frkp. verkehrt-birnenförmig, beim Reifen allmählich bräunend; das Innere des Kopfteiles wandelt sich in Sporenmasse um und stäubt auf Druck an einer Scheitelöffnung aus; Stielteil steril; Spp. oliv- bis umberbraun; Sp. rundlich, glatt bis warzig, ohne Kp.; Saprophyten am Boden, selten totem Holz (vgl. *Calvatia*).

Flaschen-Stäubling

Lycoperdon perlatum Pers.: Pers. Syn.: *L. gemmatum*

Merkmale: Frkp. 3–8 cm hoch, jung reinweiß, weißlich bis cremefarben; Außenseite mit kompakten, dicklichen, weißen Stacheln, die leicht abfallen und am Pilz ein Netzmuster hinterlassen; Spp. olivbraun; Sp. feinwarzig, 3–4,5 μ. **Vorkommen**: VII–XI; im Laub- und Nadelwald, gesellig am Erdboden; sehr häufig. **Verwechslung**: Stinkender Stäubling (Mitte), Beutel-Stäubling (S. 600), an Holz: Birnen-Stäubling (S. 598).
Jung eßbar; wie alle Stäublinge eßbar, solange innen weiß gefärbt; später ungiftig, doch kaum noch verwertbar, da schnell zerfallend; guter, würziger Speisepilz, zum Braten geeignet.

Stinkender Stäubling

Lycoperdon foetidum Bonord.

Merkmale: Frkp. 2–5 cm hoch, jung weißlich, grauweißlich; Außenseite mit leicht gebogenen, aus mehreren Teilstückchen zusammengesetzten, von der Spitze her gebräunten oder geschwärzten Stacheln, nach dem Abfallen ein Netzmuster hinterlassend; Geruch jung stechend-metallisch; Spp. olivbraun; Sp. punktiert bis feinwarzig, 3,5–4,5 μ. **Vorkommen**: VIII–X; im Laub- und Nadelwald, auf Erde; relativ häufig. **Verwechslung**: Flaschen-Stäubling (oben).
Jung eßbar; weniger appetitlich als der Flaschen-Stäubling.

Weichlicher Stäubling

Lycoperdon molle Pers.: Pers.

Merkmale: Frkp. 2–7 cm hoch, jung cremefarben, grauweißlich, milchkaffeefarben; Außenseite mit sehr feinen, zusammengesetzten, kleiigen Stacheln und Körnchen, beim Abfallen ohne Netzmuster, Kopfteil oft schnell verkahlend; Spp. meist purpur- bis umberbraun; Sp. grobwarzig, 4–5,5 μ. **Vorkommen**: VIII–XI; im Laub-, seltener Nadelwald, unter Birken, Eichen, Rotbuchen, am Erdboden; zerstreut. **Anmerkung**: Im Sporenpräparat befinden sich lose zwischen den Sporen typische ca. 10 μ lange »Stielchen«, die abgebrochenen Sterigmen (Abb. 124).
Jung eßbar (siehe Flaschen-Stäubling, oben).

Grauer Stäubling

Lycoperdon lividum Pers. Syn.: *L. spadiceum*

Merkmale: Frkp. 2–4 cm hoch, jung bleigrau, ockerfarben bis bräunlich (anderer Name: Kastanienbrauner Stäubling); Außenseite kleiig-körnig, nicht stachelig, bald gänzlich verkahlend, bei Trockenheit felderig aufbrechend; Stielbasis mit typischem, durch das Myzel zusammengehaltenem Substratballen oder mit kleiner »Wurzel«; Spp. olivbraun; Sp. punktiert bis feinwarzig, 3,5–5 μ. **Vorkommen**: VII–IX; vorwiegend außerhalb des Waldes, am Erdboden an grasigen Standorten (Trockenrasen) oder zwischen Dünen, liebt sandige Böden; zerstreut. **Anmerkung**: Die Art ist anscheinend wärmeliebend, da ich sie auch auf Sardinien fand. Eine sichere Bestimmung dieser nicht allgemein bekannten Stäublings-Arten ist nicht einfach. Dafür ist die Untersuchung von Fruchtkörpern in möglichst allen Entwicklungsstadien nötig. **Verwechslung**: Weichlicher Stäubling (S. 594).
Jung eßbar (siehe Flaschen-Stäubling, S. 594).

Brauner Stäubling

Lycoperdon umbrinum Pers.: Pers.

Merkmale: Frkp. 2–4(6) cm hoch, schon jung graubräunlich, dann mittel- bis dunkelbraun; Außenseite mit kurzen, etwas gebogenen, in Gruppen stehenden, bis ca. 1 mm langen Stacheln, nach deren Abfallen ohne Netzmuster; Spp. olivbraun; Sp. punktiert bis feinwarzig, 3,5–5,5 μ, mit 0,5–1,5 μ langem »Stielchen« (Sterigmenrest). **Vorkommen**: VIII–X; im Nadelwald, besonders unter Fichten im Gebirge, am Boden; lokal häufiger, im Flachland zerstreut. **Anmerkung**: Die variable Art kann deutlich gestielt oder fast kugelig ausgebildet sein. Auf Kahlschlägen in Fichtenwäldern tritt sie gelegentlich massenhaft auf. **Verwechslung**: Stacheln kleiig: Weichlicher Stäubling (S. 594), Stacheln sehr lang: Igel-Stäubling (unten).
Jung eßbar (siehe Flaschen-Stäubling, S. 594).

Igel-Stäubling

Lycoperdon echinatum Pers.: Pers.

Merkmale: Frkp. 2–6 cm hoch, von Jugend an braun gefärbt; Stacheln bis 5 mm lang, etwas kantig, gebogen, an einen Igel erinnernd; Außenseite nach dem Abfallen der Stacheln mit dunklem, grobem Netzmuster; Spp. purpurbraun; Sp. grobwarzig-stachelig, 3,5–5 μ. **Vorkommen**: VII–X; vorwiegend im Laubwald, unter Rotbuchen auf Kalkböden, auf Erde, selten auf morsches Holz übergehend; lokal relativ häufig. **Anmerkung**: Wer den Pilz einmal gesehen hat, wird ihn wegen seiner auffallend langen Stacheln kaum noch mit anderen Arten verwechseln. **Verwechslung**: Mit bräunlichen Farben aber kürzeren Stacheln: Brauner Stäubling (Mitte).
Jung eßbar (siehe Flaschen-Stäubling, S. 594).

Birnen-Stäubling

Lycoperdon pyriforme Schaeff.: Pers.

Merkmale: Frkp. 2–5 cm hoch, jung weißlich, cremefarben oder gelblich; Außenseite kahl bis schuppig-kleiig, bald verkahlend; Stielbasis mit dünnen weißlichen Myzelsträngen; Fleisch zäh, im Stiel beim Reifen weißlich bleibend; Geruch besonders unreif unangenehm stechend-metallisch, an Kartoffelboviste erinnernd; Spp. olivbräunlich; Sp. glatt, 3,5–5 μ. **Vorkommen**: VIII–XI; an abgestorbenem Laub- und Nadelholz, an liegenden Stämmen und Stümpfen, oft in großen, gedrängten Gruppen wachsend, gelegentlich scheinbar am Erdboden auf vergrabenem Holz; sehr häufig. **Anmerkung**: Wegen seines typischen Standortes ist der Pilz kaum mit anderen zu verwechseln. **Verwechslung**: Am Erdboden, Außenseite bestachelt: Flaschen-Stäubling (S. 594).

Ungenießbar, zähfleischig.

Wiesen-Stäubling

Vascellum pratense (Pers.: Pers.) Kreisel (Fam. Lycoperdaceae)

Merkmale: Frkp. 2–4 cm breit, jung weiß bis cremefarben, umgedreht birnen- oder kreiselförmig, oft typisch flachgedrückt (andere Namen: Niedergedrückter- oder Münzen-Stäubling); Außenseite kleiig bis feinstachelig, bald verkahlend, ohne Netzmuster; Spp. olivbräunlich; Sp. rundlich, glatt bis feinwarzig, 3–4,5 μ, ohne Kp. **Vorkommen**: VII–X; an grasigen Standorten, Waldränder, Kulturwiesen, Weiden, Wegränder; häufig; Saprophyt am Boden. **Anmerkung**: Der Pilz ähnelt einem Stäubling *(Lycoperdon)*, besitzt aber eine im Längsschnitt sichtbare Trennhaut zwischen Stiel- und Kopfteil. Der reife Fruchtkörper entwickelt nur relativ wenig Sporenmasse, die durch eine Scheitelöffnung entweicht. Die Art teilt ihren Standort gewöhnlich mit dem Bleigrauen Zwergbovist (S. 602).

Jung eßbar (siehe Flaschen-Stäubling, S. 594).

Wurzelnder Stäubling RL 2

Bovistella radicata (Durieu & Mont.) Pat. (Fam. Lycoperdaceae)

Merkmale: Frkp. 4–6 cm hoch, jung reinweiß, beim Reifen allmählich gelbbräunlich, kugel-, ei- bis birnenförmig, äußerlich ohne deutlich abgesetzten Stielteil (bovistartig); Basis mit dauerhaften, wurzelartigen Myzelsträngen; Außenseite unregelmäßig warzig-stachelig oder grobkleiig; im Längsschnitt ist eine deutliche Trennung zwischen Sporenmasse und grobzelligem, sterilem Stielteil erkennbar, getrennt durch eine verdichtete Zellschicht; reife Sporen entweichen durch eine Scheitelöffnung; Spp. olivbraun; Sp. kugelig, glatt, 3,5–5 μ, mit anhaftendem »Stielchen« (Sterigmenrest), ohne Kp. (Abb. 125). **Vorkommen**: VII–IX; in Nadel-, Laub- und Mischwäldern, unter Kiefern und Eichen, auf Sandböden; sehr selten; Saprophyt am Boden.

Jung eßbar, doch unbedingt schonenswert.

Gattung **Calvatia** – Stäublinge
Fam. Lycoperdaceae

Frkp. sack- oder verkehrt-birnenförmig; reifer Kopfteil wandelt sich in stäubende Sporenmasse um, wird schließlich gänzlich abgetragen, so daß nur der sterile Stielteil übrigbleibt; Spp. oliv- oder lilabraun; Sp. rundlich, glatt, warzig bis stachelig, ohne Kp.; Saprophyten am Boden (vgl. *Lycoperdon*).

Beutel-Stäubling

Calvatia excipuliformis (Scop.: Pers.) Perdeck
Syn.: *C. saccata*

Merkmale: Frkp. 8–15 cm hoch, jung weißlich, grauweißlich bis hell beigefarben, meist deutlich in Kopf- und Stielteil aufgeteilt (pistillförmig), seltener sackförmig; Außenseite mit kurzen, zusammengesetzten Stacheln; Spp. olivbraun; Sp. punktiert bis warzig, 4–5,5 µ. **Vorkommen**: VII–XI; im Laub- und Nadelwald, besonders im Flachland; häufig. **Verwechslung**: Flaschen-Stäubling (S. 594), Hasen-Stäubling (Mitte).
Jung eßbar, solange innen weiß gefärbt.

Hasen-Stäubling

RL 3

Calvatia utriformis (Bull.: Pers.) Jaap
Syn.: *C. caelata*, *Handkea utriformis*

Merkmale: Frkp. 10–20 cm breit, jung weiß bis schmutzig weißlich, sackförmig, gewöhnlich stiellos und oft flachgedrückt; Außenseite eckig getäfelt (anderer Name: Getäfelter Stäubling) oder fein mehlig-stachelig; Spp. olivbraun; Sp. glatt, 4–5 µ. **Vorkommen**: VI–X; vorwiegend an grasigen Standorten, Wiesen, Weideland, Trocken- und Halbtrockenrasen; zerstreut. **Anmerkung**: Die Art hinterläßt typische becher- bis schalenförmige, ausdauernde Restfruchtkörper. **Verwechslung**: Ungestielte Exemplare des Beutel-Stäublings (oben), Lilafarbener Stäubling (unten).
Jung eßbar, solange innen weiß gefärbt.

Lilafarbener Stäubling

RL 1

Calvatia cyathiformis (Bosc) Morgan
Syn.: *C. lilacina*, *C. fragilis*

Merkmale: Frkp. 5–15 cm breit, jung weißlich bis blaß bräunlich, kugelig-flachgedrückt; Außenseite schollig-felderig, nicht stachelig; Spp. lilabraun; Sp. grob warzig-stachelig, 5–7 µ. **Vorkommen**: VII–IX; auf grasigem Weideland; sehr selten. **Anmerkung**: Die wärmeliebende Art fand ich zahlreich auf einer Pferdeweide auf Sardinien. Der lila Farbton der reifen Sporenmasse kennzeichnet die Art unverwechselbar.
Jung eßbar; ausgezeichneter, wohlschmeckender Speisepilz, der in Deutschland geschont werden sollte.

reif stäubend

kugelig bis sackförmig

Gattung **Bovista** – Boviste
Fam. Lycoperdaceae

Frkp. oft kugelförmig, reif leicht vom Myzel lösend; fast das gesamte Innere reift zur Sporenmasse, durch Scheitelöffnung entweichend, steriler Stielteil fehlend bis reduziert, seltener deutlich entwickelt; Spp. oliv- bis umberbraun; Sp. rundlich, glatt bis warzig, ohne Kp.; Saprophyten am Boden; alle Arten jung eßbar, solange innen weiß gefärbt (vgl. giftige Kartoffelboviste, S. 608).

Schwärzender Bovist

Bovista nigrescens Pers.: Pers. (Fotos oben)

Merkmale: Frkp. 3–6 cm breit, jung weißlich, an Druckstellen bräunend, fein kleiig, reife Exemplare nach Abfallen der brüchigen Außenschicht dunkel rotbraun bis schwärzlich; Spp. umberbraun, manchmal mit lila Stich; Sp. fein- bis grobwarzig, 5–6 µ, mit anhaftendem, 5–8 µ langem »Stielchen«. **Vorkommen**: VI–IX; im Laub- und Nadelwald, an Wegrändern; zerstreut, im Gebirge häufiger. **Anmerkung**: Die Außenschicht bröckelt oft wie eine Eierschale ab (anderer Name: Eier-Bovist). **Verwechslung**: Etwas kleiner, auf Wiesen: Bleigrauer Zwerg-Bovist (unten).

Bleigrauer Zwerg-Bovist

Bovista plumbea Pers.: Pers. (Foto Mitte)

Merkmale: Frkp. 1–4(5) cm breit, jung weiß, mit fast glatter bis gefelderter Außenseite, nach Abfallen der eierschalenartigen Außenschicht typisch bleigrau gefärbt; Spp. oliv- bis umberbraun; Sp. glatt bis feinwarzig, 4–6 µ, mit bis zu 12 µ langem »Stielchen«. **Vorkommen**: VI–X; an grasigen Standorten, auf Weiden, Kulturwiesen, an grasigen Wegrändern; häufig. **Anmerkung**: Das beste Erkennungsmerkmal ist die bleigraue Farbe des frisch von der »Schale« befreiten Pilzes. **Verwechslung**: Im Walde wachsend, etwas größer: Schwärzender Bovist (oben).

Sumpf-Bovist

RL 1

Bovista paludosa Lév. (Foto unten)

Merkmale: Frkp. 1–3 cm breit, jung weiß, mit glatter bis angedeutet felderiger Außenseite, im reifen Zustand kupfer- bis schwarzbraun, kugelförmig oder kopfig-gestielt, im Längsschnitt oft mit deutlichem, sterilem Stielteil (ähnlich den Stäublingen); Spp. olivbraun; Sp. glatt bis punktiert, 3,5–5 µ, mit »Stielchen«. **Vorkommen**: VII–X; auf moorigen Wiesen, in Kalkflachmooren; im Gebirge zerstreut, im Flachland sehr selten. **Anmerkung**: Die Art ist durch ihren Standort in Mooren und die glatte Außenseite gekennzeichnet.

Hain-Bovist

RL 3

Bovista polymorpha (Vittad.) Kreisel
Syn.: *B. aestivalis*, *Lycoperdon pusilliforme*

Merkmale: Frkp. 1–3,5 cm breit, jung weißlich, dann gelb-, ocker- bis rotbraun, meist kopfig-birnenförmig, Basis mit oder ohne weißliche Myzelwürzelchen; Außenseite feinwarzig bis kleiig-feinstachelig; im Längsschnitt mit schwach entwickeltem, sterilem Basalteil; Spp. olivbraun; Sp. glatt bis punktiert oder feinwarzig, 3,5–4,5 μ, ohne »Stielchen«. **Vorkommen**: VIII–X; im Laub- und Mischwald, an freien Stellen, Wegrändern, bei Eichen, Kiefern, Birken, gern auf Sandböden und in Wäldern mit Heidecharakter (anderer Name: Heide-Bovist); lokal nicht selten bis zerstreut. **Anmerkung**: Die Art wurde früher bei *Lycoperdon* eingeordnet. Ihr steriler Basalteil ist aber reduziert und sehr feinzellig. Mit bloßem Auge wirkt er daher nicht schwammig, wie bei den Stäublingen, sondern kompakt. **Verwechslung**: Nicht im Wald: Winziger Bovist (Mitte).

Winziger Bovist

Bovista pusilla (Batsch): Pers.

Merkmale: Frkp. 0,5–2 cm breit, jung weißlich, berührt gelbbräunlich verfärbend, schließlich grau- bis olivbraun, kugelig bis eiförmig, Basis mit stabilem Myzelstrang; Außenseite fein kleiig; im Innern meist völlig ohne sterilen Teil; Spp. olivbraun; Sp. fein punktiert, 3,5–4,5 μ, mit winzigem »Stielchen«. **Vorkommen**: VII–X; außerhalb des Waldes, im Trockenrasen, an Böschungen, auf sandigen Böden; selten bis zerstreut. **Anmerkung**: Die Art ist unser kleinster Bovist. Die Fruchtkörper besitzen die gleiche Größe wie die Köpfchen der Stielboviste *(Tulostoma)*, mit denen sie oft den Standort teilen. **Verwechslung**: An Waldrändern vorkommend, etwas größer: Hain-Bovist (oben).

Kleiner Scheibenbovist

RL 2

Disciseda candida (Schwein.) Lloyd
Syn.: *D. calva* (Fam. Lycoperdaceae)

Merkmale: Frkp. 1–2 cm breit, erst weißlich, dann zunehmend bräunlich, schließlich schwarzbraun; der junge, unreife Pilz ist zunächst kugelförmig und verliert den unteren Teil seiner Außenschicht (Peridie), während der obere erhalten bleibt; der beim Reifen allmählich immer leichter werdende Fruchtkörper dreht sich dann um und bleibt letztlich auf dem verbleibenden tellerartigen Teil der Peridie liegen; die Öffnung zur Ausstäubung der reifen Sporen entsteht nachträglich an der jetzt oben liegenden Basis des Fruchtkörpers; Spp. olivbraun; Sp. rundlich, punktiert bis feinwarzig, 4–5,5 μ, ohne Kp. **Vorkommen**: VIII–X; außerhalb des Waldes, in Trockenrasen, Dünen, Parks; selten; Saprophyt auf Erde. **Anmerkung**: Die Gattung unterscheidet sich von *Bovista* durch den teller- bis scheibenförmigen, dauerhaften Teil der Außenschicht.

Riesen-Bovist

Langermannia gigantea (Batsch: Pers.) Rostk.
(Fam. Lycoperdaceae)

Merkmale: Frkp. 15–30(50) cm breit, jung reinweiß, mit zunehmender Reife gelblich bis bräunlich werdend, mehr oder weniger kugelförmig, zuerst festfleischig, dann weichlich; Außenschicht glatt, eierschalenartig, bald allmählich abblätternd; das gesamte Innere wandelt sich in Sporenmasse um und zerstäubt; Spp. olivbraun; Sp. rundlich, glatt bis feinwarzig, 4–5,5 μ, ohne Kp. **Vorkommen**: VII–IX(X); in lichten, feuchten Laubwäldern, auf Wiesen, Weiden, in Gärten und Parkanlagen, liebt stickstoffreichen Boden; relativ häufig; Saprophyt. **Anmerkung**: Aufgrund ihrer Größe ist die Art mit keiner anderen zu verwechseln.

Jung eßbar, sofern festfleischig und innen weiß; zum Panieren, Braten oder Einfrieren geeignet (Außenschicht vorher entfernen).

Gattung **Tulostoma** – Stielboviste
Fam. Tulostomataceae

Frkp. langgestielt-kugelförmig, Stielteil anfangs völlig im Erdreich sitzend, wird durch mechanische Einflüsse (Wind, Regen) häufig freigelegt; kugelförmiger Teil oberirdisch, Inneres wandelt sich in pulverig stäubende Sporenmasse um, reif mit kleiner Scheitelöffnung; Spp. ockerfarben; Sp. rundlich, warzig, ohne Kp.; Saprophyten am Boden.

Gewimperter Stielbovist RL 3

Tulostoma fimbriatum Fr.

Merkmale: Staubkugel 0,5–1 cm breit, weißlichgrau, unteres Drittel stets mit Sand oder Erdpartikeln verkrustet, Mündung am Rande fransenartig bewimpert; Stiel rotbraun, längsfaserig, 3–8 cm lang, Basis knollig; Sp. 4,5–6,5(8) μ. **Vorkommen**: I–XII, im Herbst frisch wachsend; in und außerhalb des Waldes, an trockenen Hängen und Böschungen, Trockenrasen, auf Sandböden mit gewissem Kalkgehalt; selten. **Verwechslung**: Zitzen-Stielbovist (unten), ohne Stiel: Winziger Bovist (S. 604).

Zitzen-Stielbovist RL 3

Tulostoma brumale Pers.: Pers.

Merkmale: Staubkugel 0,5–1,5 cm breit, schmutzig weißlich bis hellocker, den Stiel mit schmalem, anliegendem Kragen umschließend, Mündung düsenartig vorgezogen, glattrandig; Stiel gelblich bis holzbräunlich, längsfaserig, basal knollig; Sp. warzig, 3,5–5 μ. **Vorkommen**: I–XII; in Wäldern auf sandig-kalkhaltigen Böden, Böschungen, Trockenrasen, Dünenlandschaften; selten. **Verwechslung**: Gewimperter Stielbovist (Mitte).

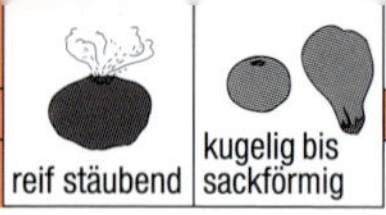

Gattung **Scleroderma** – Kartoffelboviste, Hartboviste
Fam. Sclerodermataceae

Frkp. knollenförmig, derb und schwer; innen schon früh schiefergrau bis schwärzlich werdend, bei Reife in pulverige Sporenmasse zerfallend; Scheitel mit unregelmäßiger, großer Öffnung; Geruch unangenehm stechend-metallisch; Spp. dunkel olivbraun; Sp. rundlich, isoliert-stachelig bis netzig, ohne Kp. (Abb. 126, 127); Mykorrhizapilze; alle Arten giftig.

Dickschaliger Kartoffelbovist

Scleroderma citrinum Pers. Syn.: *S. vulgare*, *S. aurantium*

Merkmale: Frkp. 5–10 cm breit, hell beigefarben, gelblich bis ockerbräunlich, rundlich-knollenförmig, fast stiellos, außen grobfelderig bis geschuppt; sterile Außenschicht (Peridie) ca. 2–3 mm dick; Sp. mit z. T. unregelmäßig netzartigem Ornament, 8–13,5 μ. **Vorkommen**: VII–XI; im Laub- und Nadelwald, besonders auf sauren, moorigen Böden, selten auf morschem Holz; sehr häufig. **Verwechslung**: Dünnschaliger Kartoffelbovist (Mitte), Gelbflockiger Kartoffelbovist (S. 610), vgl. Erbsenstreuling (S. 610).
Giftig; erzeugt in größerer Menge (Sologericht) Übelkeit, Erbrechen und Ohnmachtsanfälle; Latenzzeit 1/2–3 Stunden.

Dünnschaliger Kartoffelbovist

Scleroderma verrucosum (Bull.): Pers.

Merkmale: Frkp. 4–7 cm breit, gelbbräunlich, knollenförmig, mit mehr oder weniger stielartig verlängerter Basis, aus knorrig-wurzelartigen Elementen bestehend (Pseudostiel); Außenschicht glatt bis feinschollig, im Schnitt dünn (ca. 1 mm), leicht rötend; Sp. isoliert-stachelig, 8–11,5 μ. **Vorkommen**: VI–X; im Laub- und Mischwald; relativ häufig bis zerstreut. **Verwechslung**: Gefelderter Kartoffelbovist (unten), Dickschaliger Kartoffelbovist (oben).
Giftig (siehe oben).

Gefelderter Kartoffelbovist

Scleroderma areolatum Ehrenb.

Merkmale: Frkp. 2–5 cm breit, gelbbräunlich, ocker oder rötlichbraun, knollenförmig, mit kurz stielartig zusammengezogener Basis; Außenschicht typisch kleinfelderig aufbrechend, einzelne Schollen dunkler, daher manchmal an ein Leopardenfell erinnernd (anderer Name: Leopardenfell-Hartbovist), im Schnitt ziemlich dünn (ca. 1mm), fleischrötlich anlaufend; Sp. isoliert-stachelig, 9–14 μ. **Vorkommen**: VII–X; in Laub- und Mischwäldern; relativ häufig bis zerstreut. **Verwechslung**: Dünnschaliger Kartoffelbovist (Mitte).
Giftig (siehe oben).

reif stäubend

kugelig bis sackförmig

Gelbflockiger Kartoffelbovist

Scleroderma bovista Fr.

Merkmale: Frkp. 3–5 cm breit, graubeige, ocker bis orangegelblich, sogar fast rotbräunlich, rundknollig, gewöhnlich stiellos dem Erdboden aufsitzend; außen glatt bis fein flockig-schuppig, Peridie dünn (ca. 1 mm); Sp. grobnetzig, 8–11,5(13) μ. **Vorkommen**: VIII–X; im Laub- und Nadelwald, auch in Parkanlagen, auf sandigen bis lehmigen Böden; zerstreut. **Anmerkung**: Die Art unterscheidet sich vom häufigeren, ähnlich aussehenden Dickschaligen Kartoffelbovist durch die glatte, im Längsschnitt dünnere Peridie sowie grober und regelmäßiger genetzte Sporen. Andere dünnschalige Arten besitzen stachelige Sporen ohne Netzmuster.

Giftig (siehe Dickschaliger Kartoffelbovist, S. 608).

Mittelmeer-Kartoffelbovist

Scleroderma meridionale Demoulin & Malençon

Merkmale: Frkp. 3–8 cm breit, jung weißlich, dann schmutzig beige bis ockergelblich, unregelmäßig knollig, oft mit dickem, knorrigem Pseudostiel, mit äußeren Merkmalen des Dickschaligen wie Dünnschaligen Kartoffelbovistes; Peridie dickwandig (3–6 mm), mit relativ glatter Oberfläche, reif am Scheitel unregelmäßig aufreißend; Sp. grobnetzig, 11–15 μ. **Vorkommen**: IX–II; in sandigen Nadelwäldern der Mittelmeerküsten, z. B. unter Pinien; gegendweise nicht selten. **Anmerkung**: Mit ähnlichen mitteleuropäischen Arten kann der Pilz kaum verwechselt werden, da er dort nicht vorkommt. Am Mittelmeer wächst eine weitere sehr groß werdende, dickschalige Art, deren grob zerklüftete Peridie typisch sternförmig aufbricht: *S. polyrhizum*.

Giftig (siehe Dickschaliger Kartoffelbovist, S. 608).

Erbsenstreuling RL 3

Pisolithus arhizus (Scop.: Pers.) Rauschert
Syn.: *P. tinctorius, P. arenarius* (Fam. Sclerodermataceae)

Merkmale: Frkp. 5–10 cm breit, bis zu 20 cm hoch, schmutzig ocker, beigebräunlich bis oliv, unregelmäßig knollen-, säulen- oder klumpenförmig, oft dick oder dünn gestielt; Oberfläche matt, kahl, teilweise auch grubig, mit dünner, lederartiger Peridie; Inneres mit leuchtend gelber, etwa erbsengroßer Kammerung, Trennwände violettschwärzlich, gegen den Scheitel bei fortschreitendem Reifungsprozeß in rostbraunes Sporenpulver auflösend; Geruch und Geschmack angenehm kräftig würzig; Spp. dunkel rostbraun; Sp. rundlich, dickstachelig, 7–9 μ, ohne Kp. (Abb. 128). **Vorkommen**: VII–IX; in sandigen Nadelwäldern, besonders unter Kiefernarten, in Sandgruben, auf Abraumhalden; selten, im Mittelmeergebiet (Sardinien, Mallorca) häufiger; Mykorrhizapilz. **Verwechslung**: Kartoffelboviste (giftig, S. 608).

Jung eßbar; ausgezeichneter Gewürzpilz für Soßen und Suppen (anderer Name: Böhmische Trüffel).

Gattung **Geastrum** – Erdsterne
Fam. Geastraceae

Frkp. bei Reife sternförmig (durch Umrollen und sternartiges Aufbrechen der Außenschicht), in der Mitte mit freigelegter Staubkugel, in deren Innern die Sporenmasse enthalten ist; Sporen durch eine zentrale Öffnung entweichend; Spp. braun, schwarzbraun; Sp. rundlich, warzig-stachelig, ohne Kp.; Saprophyten am Boden.

Gewimperter Erdstern

Geastrum fimbriatum Fr. Syn.: *G. sessile*

Merkmale: Frkp. 2–5 cm breit, weißlich bis hell beigefarben, Außenschicht etwa 5- bis 10-fach aufgespalten und oft stark eingerollt; Staubkugel ungestielt, Öffnung fransig bewimpert; Spp. hellbraun; Sp. feinwarzig, 2,5–3,5 μ. **Vorkommen**: VIII–X; im Laub- und Nadelwald, besonders in der Nadelstreu des Fichtenwaldes, in kleinen Gruppen auftretend; relativ häufig und weit verbreitet. **Anmerkung**: Unser häufigster Erdstern. Unreife Pilze sitzen halbunterirdisch und ähneln kleinen Zwiebeln, bis sie sich an der Spitze zu öffnen beginnen. Reife Erdsterne sind nahezu ganzjährig aufzufinden. **Verwechslung**: Rotbrauner Erdstern (S. 614), junge Halskrausen-Erdsterne (Mitte).

Halskrausen-Erdstern

Geastrum triplex Jungh.

Merkmale: Frkp. 4–10 cm breit, beigefarben bis rotbräunlich, Außenschicht 5- bis 7-spaltig; Staubkugel ungestielt, zuletzt von einer Halskrause umgeben, Öffnung fransig bewimpert, oft mit einem undeutlichen, farblich abgesetzten Hof; Spp. dunkelbraun; Sp. relativ grobwarzig, 3,5–5 μ. **Vorkommen**: VIII–X; im Laub- und Mischwald, unter Gebüsch in Parkanlagen und Gärten; lokal häufig (Brandenburg), doch insgesamt selten. **Anmerkung**: Die Halskrause entsteht dadurch, daß ein Teil der Außenschicht nicht elastisch genug ist, um die starke Umkrümmung mitzumachen und abbricht.

Kleiner Nest-Erdstern

Geastrum quadrifidum Pers.: Pers.

Merkmale: Frkp. 2–4 cm breit, Außenschicht meist 4-lappig aufspaltend, Segmente stelzenförmig aufgerichtet, beigebräunlich; Staubkugel stahlgrau, kurz gestielt, Mündungsbereich ringförmig abgesetzt, Öffnung bewimpert; Spp. dunkelbraun; Sp. feinwarzig, 4,5–6 μ. **Vorkommen**: VII–X; im Nadel- und Mischwald, vorwiegend unter Fichten; zerstreut. **Anmerkung**: Durch das Umbiegen der Außensegmente wird der Pilz aus dem Erdreich gehoben. Im Erdboden bleibt dann eine kleine, weißlich ausgekleidete, nestartige Mulde zurück (Name). **Verwechslung**: Großer Nest-Erdstern *(G. fornicatum)*.

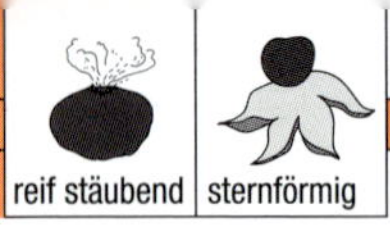

Rotbrauner Erdstern

Geastrum rufescens Pers.: Pers. Syn.: *G. vulgatum*

Merkmale: Frkp. 4–8(10) cm breit, weißlich-beigefarben, allmählich fleischrosa anlaufend, im Alter rotbräunlich, Außenschicht in 5–9 Segmente aufbrechend, an der Oberfläche bald quer- bis würfelrissig werdend; Staubkugel den Sternlappen gleichfarbig, fast sitzend, dann kurz gestielt, Mündung fransig bewimpert; Spp. dunkelbraun; Sp. feinwarzig, 3,5–4,5(5,5) μ. **Vorkommen**: VIII–X; im Laub- und Nadelwald, besonders unter Fichten; zerstreut, örtlich nicht selten. **Anmerkung**: Der Rotbraune Erdstern gehört zu den Arten, deren ursprüngliche Außenseite (am reifen Pilz dem Erdboden zugekehrt) stets mit Erdteilchen behaftet ist. Beim Halskrausen-Erdstern ist die Außenseite immer »sauber«. **Verwechslung**: Gewimperter Erdstern (S. 612), Dunkler Erdstern (Mitte).

Dunkler Erdstern

Geastrum coronatum Pers. Syn.: *G. limbatum*

Merkmale: Frkp. 4–8 cm breit, relativ dunkel grau bis graubraun, Außenschicht nach dem Umrollen ziemlich aufrecht-kronenförmig, 7- bis 10-lappig; Staubkugel meist stahlgrau, bald deutlich gestielt, im unteren Bereich mit ringförmiger Anschwellung, Mündung bewimpert; Spp. schwarzbraun; Sp. relativ grobwarzig-stachelig, 4–5,5 μ. **Vorkommen**: X–XI, spät erscheinend; im Laub- und Nadelwald, unter Gebüsch, in Parkanlagen (nährstoffreichere Böden); selten, in manchen Gegenden völlig fehlend. **Anmerkung**: Die verhältnismäßig aufrecht stehenden Lappen der Außenschicht erinnern an die Haltung der Nest-Erdsterne. Ein »Nest« (vgl. Kleiner Nest-Erdstern, S. 612) ist beim Dunklen Erdstern jedoch nie vorhanden. **Verwechslung**: Rotbrauner Erdstern (oben), Staubkugel unterseits kammartig gefurcht: Kamm-Erdstern *(G. pectinatum)*.

Schwarzköpfiger Erdstern

Geastrum melanocephalum (Czern.) V. J. Staněk
Syn.: *Trichaster melanocephalus*

Merkmale: Frkp. 10–20 cm breit, entfaltet schwarzbraun, Sternlappen nach dem Aufrollen oberseits schwarzbraun und haarig-filzig; Staubkugel schwarzbraun, nackt (nicht von papierartiger Innenhülle umgeben wie bei den anderen Erdsternen), allmählich insgesamt verstäubend; Spp. schwarzbraun; Sp. grobwarzig, 3,5–4,5(5) μ. **Vorkommen**: VIII–X; in humosen Laubwäldern, unter Robinien, Eschen, in Parks und Gärten; sehr selten. **Anmerkung**: Durch die unbekleidete Staubkugel ist die Art unverwechselbar. Die Innenhülle, die die Sporenmasse bedeckt, ist hier besonders dünn und bleibt beim Zurückrollen der Außenschicht an den Sternlappen haften. Deshalb sind diese mit einem schwarzbraunen Filz bedeckt, der aus Sporenmasse besteht.

Siebstern

RL R

Myriostoma coliforme (With.: Pers.) Corda (Fam. Geastraceae)

Merkmale: Frkp. 5–8 cm breit, ockergrau bis ockerbräunlich, Außenschicht wie bei den Erdsternen umrollend, sternförmig, in 5–12 Segmente aufspaltend; Staubkugel entläßt die reifen Sporen durch eine Vielzahl von fransigen Mündungen (anderer Name: Pfefferbüchse), mit entsprechend vielen basalen Stielchen ist die Staubkugel versehen; Spp. braun; Sp. rundlich, mit flügelartigen Graten, die manchmal unvollständig netzartig verbunden sind, 4–5 μ, Grate bis 2 μ hoch, ohne Kp. (Abb. 129). **Vorkommen**: IX–XI; im Laubwald, auf sandigen Böden, in trockenen, warmen Gebieten; sehr selten; bodenbewohnender Saprophyt. **Anmerkung**: Der interessante Pilz wird bei uns gelegentlich in Mitteldeutschland gefunden. In Südosteuropa ist er etwas häufiger. Von den Erdsternen *(Geastrum)* ist die Gattung durch die mit vielen (bis zu 30) Mündungen versehene, mehrfach gestielte Staubkugel zu unterscheiden.

Wetterstern

RL 3

Astraeus hygrometricus (Pers.) Morgan (Fam. Astraeaceae)

Merkmale: Frkp. entfaltet 3–8 cm breit, grauweißlich bis bräunlich, Außenschicht wie bei den Erdsternen nach außen umrollend, in 7–15 Lappen gespalten; Staubkugel hellgrau bis beigefarben, am Scheitel mit kleiner, unregelmäßiger Mündung; Spp. dunkelbraun; Sp. rundlich, warzig, 8–11 μ, ohne Kp. (Abb. 130). **Vorkommen**: VIII–X; in lichten Wäldern, an trockenen, sandigen Standorten, Dünenlandschaften; in Mitteleuropa zerstreut bis selten, in Südeuropa häufig; Saprophyt am Boden. **Anmerkung**: Die Art kann sich bei Trockenheit wieder zusammenrollen. Die Außenlappen sind hygroskopisch und damit »wetterfühlig« (Name). Einige Erdsterne (z. B. der Blumen-Erdstern, *G. floriforme*) besitzen ähnliche Eigenschaften. Der Wetterstern ist aber mit den Kartoffelbovisten näher verwandt.

Sternstäubling

Mycenastrum corium (Guers. in DC.) Desv.
(Fam. Mycenastraceae)

Merkmale: Frkp. 5–10 cm breit, jung grauweißlich bis blaß beigefarben, zunächst kugelig bis knollig, mit glatter bis felderig-rissiger Außenseite, bei Reife sternförmig aufbrechend und die innen liegende, dunkelbraune, stäubende Sporenmasse freigebend; Spp. dunkel oliv- bis umberbraun; Sp. rundlich, engmaschig genetzt, 8–10,5 μ, ohne Kp. (Abb. 131). **Vorkommen**: VI–X; an Ruderalstellen im Wald, Ödland, Weiden, Steppenlandschaften, auf sandigen Böden; selten, in Brandenburg öfter anzutreffen; Saprophyt am Erdboden. **Anmerkung**: Die Art unterscheidet sich von Bovisten durch ihr sternförmiges Aufplatzen. Die derbe Außenschicht erinnert an die der Kartoffelboviste.
Jung eßbar, solange geschlossen und innen weiß gefärbt.

Gattung **Phallus** – Stinkmorcheln
Fam. Phallaceae

Frkp. aus »Hexenei« entstehend (eiförmiges Gebilde mit Gallerthülle), phallusartig entfaltend, Spitze mit glockigem, wabenartig ausgebildetem, die olivgrüne Sporenmasse tragendem Käppchen; Sp. elliptisch, glatt, ohne Kp.; Saprophyten oder Wurzelparasiten.

Gemeine Stinkmorchel

Phallus impudicus L.: Pers. (Fotos oben)

Merkmale: Frkp. entfaltet 10–20 cm hoch, reinweiß, mit weithin wahrnehmbarem, süßlich-aasartigem Geruch; Hexenei weißlich, 3–6 cm breit, Basis mit wurzelartigen Myzelsträngen; Sp. 3,5–4,5 × 1,5–2 µ. **Vorkommen**: V–XI; im Laub- und Nadelwald, Parkanlagen, Gärten; häufig. **Anmerkung**: Das geschlossene Hexenei riecht und schmeckt rettichartig. Erst nach Entfaltung, die in wenigen Stunden vollzogen wird, entwickelt der Pilz seinen starken Aasgeruch, um damit Insekten (Fliegen, Aaskäfer, Waldroßkäfer) anzulocken. Diese sorgen für die Sporenverbreitung. **Verwechslung**: Dünen-Stinkmorchel (Mitte), mit netzartigem Schleier unterhalb des Käppchens: Europäische Schleierdame (*P. impudicus* var. *duplicatus*).
Jung als Hexenei eßbar; Gallerthülle vorher entfernen.

Dünen-Stinkmorchel

RL 3

Phallus hadriani Vent.: Pers. (Foto Mitte)

Merkmale: Frkp. entfaltet 10–15 cm hoch, weißlich-gelblich, mit kotartigem, weniger ausgeprägtem Geruch; Hexenei erst weißlich, an der Luft rosa bis lila verfärbend, 2–5 cm breit; Sp. 3–4 × 1,5–2 µ. **Vorkommen**: VIII–X; außerhalb des Waldes, Äcker, Gärten, Dünenlandschaften, Trockenrasen, Weinberge; sehr selten; vermutlich Wurzelparasit an Gräsern, Weinreben und Kräutern. **Verwechslung**: Gemeine Stinkmorchel (oben).

Gemeine Hundsrute

Mutinus caninus (Huds.: Pers.) Fr. (Fam. Phallaceae)

Merkmale: Frkp. entfaltet 5–10 cm hoch, weniger als fingerdick, weißlich, gelblich bis ockerorange, Spitze kräftiger orange, anfangs mit olivgrüner Sporenmasse bedeckt; Geruch relativ schwach, an Katzenkot erinnernd; Hexenei weiß, länglich, 1–2 cm breit; Sp. 4–5 × 1,5–2 µ. **Vorkommen**: VII–X; im Laub- und Mischwald, auf Erde oder an vermulmten Stümpfen; relativ häufig; Saprophyt. **Anmerkung**: *Mutinus* unterscheidet sich von *Phallus* durch kleineren Wuchs und nicht wabiges, angewachsenes Sporenköpfchen. **Verwechslung**: Himbeerrote Hundsrute (S. 620).

Himbeerrote Hundsrute

Mutinus ravenelii (Berk. & M. A. Curtis) E. Fisch.
(Fam. Phallaceae)

Merkmale: Frkp. entfaltet 5–8 cm hoch und bis ca. 1 cm dick, ockergelblich bis himbeerrot, Spitze mit olivgrüner Sporenmasse, darunter rötlich gefärbt; Geruch kräftig aasartig, genauso aufdringlich, doch weniger süßlich als bei der Gemeinen Stinkmorchel; Hexenei weiß, länglich-eiförmig, 1–1,5 cm breit; Sp. 4–5 × 1,5–2 µ. **Vorkommen**: VI–VIII; in Parkanlagen und Gärten unter Laub- und Nadelbäumen; sehr selten. **Anmerkung**: Die Art tritt sehr sporadisch in besonders feuchtwarmen Sommern auf. Sie wird von Hunden gern und ohne Schaden verzehrt. **Verwechslung**: Gemeine Hundsrute (S. 618).

Gattung **Clathrus** – Gitterlinge, Tintenfischpilze
Fam. Clathraceae

Frkp. aus »Hexenei« entstehend, reif krakenartig oder wie eine weitmaschige Gitterkugel aussehend, innen mit aas- bis kotartig stinkender, oliv-schwärzlicher Sporenmasse bedeckt; Sp. langelliptisch, glatt, ohne Kp., mit polarem Sterigmenansatz; Saprophyten.

Tintenfischpilz

Clathrus archeri (Berk.) Dring Syn.: *Anthurus archeri*

Merkmale: Frkp. entfaltet 10–15 cm breit, aus 4–5 krakenförmigen, leuchtend roten, nach außen umbiegenden Armen bestehend; Geruch kräftig aas- bis kotartig; Hexenei grauweißlich bis blaß graubräunlich, 2–4 cm breit, Außenseite glatt, ungemustert; Sp. 5–6 × 2–2,5 µ. **Vorkommen**: VII–X; im Laub- und Nadelwald, truppweise; lokal relativ häufig (Südwestdeutschland). **Anmerkung**: Die vermutlich aus Australien eingeschleppte Art kam über die Vogesen nach Deutschland, wo sie sich immer mehr ausbreitet. Die nördlichsten Exemplare fand man bereits an der Ostseeküste.

Roter Gitterling

Clathrus ruber Micheli: Pers.

Merkmale: Frkp. entfaltet 4–15 cm breit, aus einer scharlachroten, orange ausblassenden Gitterkugel bestehend, die an der Innenseite die olivgrüne bis schwärzliche Sporenmasse trägt; Geruch stark aasartig; Hexenei weißlich, außen mit grob netzartiger Musterung, 2–6 cm breit; Sp. 4–5 × 1,5–2 µ. **Vorkommen**: VI–VIII; sporadisch in Gärten und Friedhöfe eingeschleppt; sehr selten. **Anmerkung**: Die wärmeliebende Art ist am Mittelmeer ziemlich häufig. Sie kann dort im Winter auf sandigen wie kalkhaltigen Böden im Nadelwald angetroffen werden (Mallorca, Sardinien, Korsika).

Gestreifter Teuerling

Cyathus striatus (Huds.) Willd.: Pers. (Fam. Nidulariaceae)

Merkmale: Frkp. 10–15 mm hoch, bei Reife becherartig geöffnet, mit längsstreifigen, grau gefärbten Innenwänden, am Boden mit silbergrauen, linsenförmigen Sporenbehältern (Peridiolen); Außenseite dunkelbraun, mit struppigem Filz bedeckt; Sp. farblos, elliptisch, glatt, 14–18 × 6,5–11,5 μ, ohne Kp. **Vorkommen**: VIII–XI; an totem Laub- oder Nadelholz oder anderen Pflanzenresten, gruppenweise; häufig; Saprophyt. **Anmerkung**: Unreife Pilze sind am Scheitel durch ein weißes Häutchen verschlossen, dessen Reste am geöffneten Fruchtkörper meist noch zu sehen sind. Die durch Aufreißen des Häutchens sichtbar werdenden Peridiolen halten durch eine nabelschnurartige Verbindung zunächst am Grunde des Bechers fest, bis sie schließlich durch hineinfallende Regentropfen weggeschleudert werden. **Verwechslung**: Tiegel-Teuerling (Mitte), Innenwände glatt, auf Erde: Topf-Teuerling *(C. olla)*.

Tiegel-Teuerling

Crucibulum laeve (Huds.) Kambly (Fam. Nidulariaceae)

Merkmale: Frkp. ca. 10 mm hoch, erst zylindrisch-walzenförmig, außen weiß- bis gelbfilzig und am Scheitel mit goldgelbem Deckel verschlossen, dann becherförmig öffnend, im Innern mit weißlichen, linsenförmigen Sporenbehältern (Peridiolen), die an der Becherwand mit zarter, weißlicher »Nabelschnur« befestigt sind; Sp. farblos, elliptisch, glatt, 8–11,5 × 4,5–6 μ. **Vorkommen**: VI–X; auf abgestorbenem Laub- und Nadelholz oder anderen Pflanzenresten, seltener am Boden, oft scharenweise; häufig; Saprophyt. **Anmerkung**: Die Gattung *Crucibulum* unterscheidet sich von *Cyathus* durch die einschichtige Becherwand (bei *Cyathus* dreischichtig). Der Name »Teuerling« ist auf eine Regel der Bauern zurückzuführen, welche die Peridiolen als Geldstücke deuteten und in regennassen Jahren, bei häufigem Auftreten der Pilze, eine Teuerung befürchteten. **Verwechslung**: Gestreifter Teuerling (oben).

Vollgestopfter Nestling

Nidularia deformis (Willd.: Pers.) Fr. & Nordholm
Syn.: *N. farcta* (Fam. Nidulariaceae)

Merkmale: Frkp. 5–10(15) mm breit, weißlich bis blaß beigefarben, jung kugelförmig geschlossen, beim Reifen am Scheitel öffnend, die braun werdenden, linsenförmigen, in eine farblose Gallertmasse eingebetteten Sporenbehälter (Peridiolen) freigebend; Außenseite jung fein schorfig-kleiig; Sp. farblos, elliptisch, glatt, 8–10 × 4,5–5,5 μ. **Vorkommen**: VIII–X; an totem, am Boden liegenden Laub- und Nadelholz, gesellig wachsend; selten; Saprophyt. **Anmerkung**: Die einzige europäische Art der Gattung ähnelt den Teuerlingen. Die im Innern befindlichen, zahlreichen Peridiolen sind aber nicht durch eine »Nabelschnur« befestigt.

Gattung **Morchella** – Morcheln
Fam. Morchellaceae

Frkp. aus Hut und Stiel bestehend, innen durchgehend hohl, brüchig; Hut mit wabenartigen Vertiefungen, an deren Oberfläche die sporenbildende Fruchtschicht sitzt; Spp. cremefarben; Sp. elliptisch, glatt (Abb. 132); bodenbewohnende Saprophyten.

Speise-Morchel (gesch.)

Morchella esculenta (L.) Pers. Syn.: *M. rotunda, M. vulgaris*

Merkmale: Hut 3–10 cm hoch, meist hell beige bis ocker, doch auch grau bis fast schwarz, Form oval, rundlich oder zugespitzt, sterile Kanten der Hutwaben unregelmäßig angeordnet; Stiel weiß, cremefarben bis gelblich, Oberfläche kleiig; Sp. 16–23 × 11–14 μ. **Vorkommen**: IV–V; in Laub- und Mischwäldern, Auwälder, Parkanlagen, Gärten, an Bachufern unter Eschen, ungedüngte Wiesen, verlassene, begrünte Schuttplätze; relativ häufig. **Verwechslung**: Spitz-Morchel (Mitte), Frühjahrs-Lorchel (giftig, S. 626).
Eßbar; einer der begehrtesten Speisepilze mit köstlichem Aroma; zur Frischverwertung wie zum Trocknen geeignet.

Spitz-Morchel (gesch.)

Morchella conica Pers. Syn.: *M. elata, M. deliciosa*

Merkmale: Hut 4–12 cm hoch, erst graubeige, dann meist dunkel olivbraun bis schwärzlich, Form typisch spitzkegelig, doch auch rundlich oder oval, sterile Kanten der Hutwaben vorwiegend parallelrippig; Stiel weißlich bis ockergelblich, kleiig; Sp. 20–25 × 11–16 μ. **Vorkommen**: III–V; im Laub- und Nadelwald, Auwälder, Parkanlagen und Gärten, neuerdings auch zahlreich auf Rindenmulch; relativ häufig. **Verwechslung**: Speise-Morchel (oben), Halbfreie Morchel (unten).
Eßbar; sehr guter, aromatischer Speisepilz, der Speise-Morchel mindestens ebenbürtig.

Halbfreie Morchel (gesch.)

Morchella gigas (Batsch: Fr.) Pers.
Syn.: *Mitrophora semilibera*

Merkmale: Hut 2–4 cm hoch, dunkel olivbraun, käppchenartig auf einem längeren Stiel sitzend (anderer Name: Käppchen-Morchel), oben zugespitzt, mit ausgeprägten Längsrippen, Hutkante nicht mit dem Stiel verwachsen, sondern bis zu einem Drittel frei; Stiel weiß bis gelblich, kleiig; Sp. 22–25 × 11–15 μ. **Vorkommen**: IV–V; in Laub- und Mischwäldern, Auwälder, Parkanlagen, Gärten; relativ häufig. **Anmerkung**: Die Art ist in manchen Gegenden die häufigste unter den Morcheln, schmeckt aber weniger gut und ist etwas zäh. **Verwechslung**: Spitz-Morchel (Mitte), Fingerhut-Verpel (S. 626).

Fingerhut-Verpel

Verpa digitaliformis Pers.: Fr.
Syn.: *V. conica* (Fam. Morchellaceae)

Merkmale: Hut 1–3 cm hoch, heller oder dunkler braun, fingerhutförmig, am Scheitel mit dem Stiel verwachsen, Oberfläche fast glatt bis schwach gerunzelt; Stiel weiß bis gelblich, zylindrisch, markig-hohl, fein kleiig; Spp. cremefarben; Sp. elliptisch, glatt, 20–25(30) × 10–15 μ. **Vorkommen**: IV–V; in feuchten Laub- und Nadelwäldern, Auwälder, Flußufer, Gärten; selten; Saprophyt. **Verwechslung**: Böhmische Verpel (Mitte).

Böhmische Verpel, Runzel-Verpel RL 3

Ptychoverpa bohemica (Krombh.) Boud. (Fam. Morchellaceae)

Merkmale: Hut 2–4 cm hoch, fleisch- bis dunkelbraun, glockenförmig, nur am Scheitel mit dem Stiel verwachsen, Oberfläche mit erhabenen Längs- und Querrippen; Stiel weißlich-cremefarben, gekammert-hohl werdend, außen schwach kleiig; Spp. cremefarben; Sp. lang-zylindrisch, glatt, 60–90 × 15–18 μ; Schläuche 2-sporig. **Vorkommen**: IV–V; in lichten Laubwäldern, Flußauen, in wärmeren Lagen, besonders auf Kalkböden; selten; Saprophyt. **Verwechslung**: Fingerhut-Verpel (oben), Halbfreie Morchel (S. 624).

Gattung **Gyromitra** – Lorcheln
Fam. Helvellaceae

Frkp. aus Hut und Stiel bestehend, nicht durchgehend hohl (vgl. Morcheln); Hüte bräunlich, mit gehirnartigen Windungen (Fruchtschicht); Fleisch brüchig; Spp. weiß; Sp. elliptisch, glatt bis feinwarzig; Saprophyten (vgl. *Helvella*, *Discina*).

Frühjahrs-Lorchel

Gyromitra esculenta (Pers.: Fr.) Fr.

Merkmale: Hut 3–8(12) cm breit, heller oder dunkler rotbraun, mit regelmäßig-gehirnartigen Windungen, Hohlräume bildend; Stiel weißlich-fleischfarben, auch lila überhaucht, grubig-faltig, bereift; Geruch aromatisch; Sp. glatt, mit 2 Öltropfen, 18–23 × 9–11,5 μ (Abb. 133). **Vorkommen**: III–V; im sandigen Kiefernwald; lokal häufig. **Anmerkung**: Klassischer Doppelgänger der eßbaren Morcheln (!). **Verwechslung**: Riesen-Lorchel (giftig, S. 628), Morcheln (S. 624).

Giftig; enthält Gyromitrin, ein Leber und Nieren angreifendes, wasserlösliches Zellgift; Todesfolge möglich; Latenzzeit 4–8 Stunden. Durch Trocknen oder mehrmaliges Abkochen wurden Lorcheln früher entgiftet. Trotzdem können durch Komplexbildungen im Blut zusätzlich allergische Reaktionen auftreten (vgl. Kahler Krempling). Frühjahrslorcheln sind in Deutschland seit längerer Zeit als Marktpilze verboten.

Riesen-Lorchel RL 3

Gyromitra gigas (Krombh.) Cooke
Syn.: *Maublancomyces gigas*

Merkmale: Hut 4–8(10) cm breit, ocker- bis dunkelbraun, gewöhnlich ohne Rotanteile; Stiel weißlich, kurz und stämmig, mit Hohlräumen durchzogen; Sp. langelliptisch, fein punktiert, an den Polenden mit stumpfem Anhängsel, 22–32 × 9–12 μ (Abb. 134, Maße ohne Anhängsel). **Vorkommen**: IV–V; vorwiegend in lichten Laubwäldern, seltener im Nadelwald, auf lockerem, humosem Boden oder an stark vermulmten Stümpfen; selten. **Anmerkung**: Die Art erscheint gewöhnlich später als die Frühjahrs-Lorchel, zu Beginn der Morchelzeit. **Verwechslung**: Frühjahrs-Lorchel (giftig, S. 626).
Schwach giftig; soll Gyromitrin in geringer Menge enthalten (Giftwirkung siehe Frühjahrs-Lorchel).

Bischofsmütze

Gyromitra infula (Schaeff.: Fr.) Quél.

Merkmale: Hut 3–8 cm breit, fleisch-, zimt- oder kastanienbraun, oft mehrzipfelig, mit wellig-gerunzelter, geaderter oder nur grubiger Oberfläche; Stiel grauweißlich bis fleischfarben, oft gut ausgebildet, bereift; Sp. glatt, mit 2 Öltropfen, 20–23 × 8,5–9,5 μ. **Vorkommen**: IX–XI; im Nadelwald, unter Fichten oder Kiefern, zwischen liegenden Stämmen auf Holzlagerplätzen, auf Brandstellen oder Stümpfen; relativ selten. **Anmerkung**: Besonders typisch ist die spätherbstliche Erscheinungszeit dieser Art.
Speisewert umstritten; wird meist als eßbar bezeichnet.

Gattung **Helvella** – Lorcheln
Fam. Helvellaceae

Frkp. in Hut und Stiel geteilt oder kelchförmig; Hüte kraus, sattel- oder schalenförmig, die Fruchtschicht tragend; Stiele längsrippig oder glatt; Konsistenz brüchig, seltener elastisch; Spp. weiß; Sp. elliptisch, glatt bis punktiert, meist mit 1 großen Öltropfen; Saprophyten auf Erde (vgl. *Gyromitra*).

Herbst-Lorchel, Krause Lorchel

Helvella crispa (Scop.): Fr. Syn.: *H. pithyophila*

Merkmale: Frkp. 6–15 cm hoch; Hut kraus, unregelmäßig lappig, weiß, grauweißlich, an den sterilen Innenseiten gleichfarbig, oft aber auch gelblich bis bräunlich abgesetzt; Stiel meist weiß, tief längsrippig; Konsistenz im Hut brüchig, im Stiel bald etwas zäh; Geruch neutral, alt aufdringlich süßlich; Sp. elliptisch, glatt, 16–20 × 10–12 μ. **Vorkommen**: VII–X; im Laub-, seltener Nadelwald; häufig. **Verwechslung**: Hut und oft auch Stiel grau bis schwärzlich: Gruben-Lorchel (S. 630).

Gruben-Lorchel

Helvella lacunosa Afzel.: Fr.   Syn.: *H. sulcata*

Merkmale: Frkp. 3–10 cm hoch; Hut hellgrau bis schwärzlich, lappig-sattelförmig, 2- bis 3-spitzig oder unregelmäßig kraus, an die Herbst-Lorchel erinnernd; Stiel schmutzig weißlich oder blaß graubräunlich, mit tiefen Längsfurchen und netzig verbundenen Rippen; mit brüchiger, im Stiel etwas zähfleischiger Konsistenz; Geruch jung angenehm würzig, später dumpf erdig; Sp. elliptisch, glatt, 15–18(20) × 10,5–12(13) μ. **Vorkommen**: VI–IX; in Laub- und Mischwäldern, in Parkanlagen und Gärten, unter Gebüsch; relativ häufig. **Anmerkung**: Bei der Bestimmung achte man auf den gerippten Stiel, den andere, ähnlich gefärbte Arten nicht besitzen. Sehr blasse Exemplare mit grauweißlicher Farbe könnten für die Herbst-Lorchel gehalten werden. **Verwechslung**: Herbst-Lorchel (S. 628), Weißstielige Lorchel (S. 632).

Rippenstielige Lorchel

Helvella solitaria P. Karst.   Syn.: *H. queletii*

Merkmale: Frkp. 3–6 cm hoch; Hut vorwiegend braun bis schwarzbraun, doch auch mit Grauton, dünn-schalenförmig, bald mit seitlich hochgeschlagenen Lappen und dadurch eher sattelartig, sterile Außenseite gleichfarbig, bei trockener Witterung heller, schwach mehlig-flockig; Stiel schmutzig weißlich, mit ausgeprägten, abgerundeten Längsrippen; Konsistenz im Stiel etwas zähfleischig; Geruch und Geschmack aromatisch, mit süßlicher Komponente; Sp. elliptisch, glatt, 16–20,5 × 11–13 μ. **Vorkommen**: V–VII(VIII); in lichten Laub- und Nadelwäldern, auf sandigen und lehmig-kalkigen Böden; zerstreut bis selten. **Anmerkung**: Die Rippenstielige Lorchel gehört wegen ihres Stielaufbaus zu *Helvella* im engeren Sinne. Arten mit glatten Stielen wurden früher zu *Leptopodia* oder *Cyathipodia* gestellt. **Verwechslung**: Stielrippen in den Hut übergehend: Schwarzweiße Lorchel (S. 636).

Elastische Lorchel

Helvella elastica (Bull.: Fr.) Boud.   Syn.: *Leptopodia elastica*

Merkmale: Frkp. 3–6(10) cm hoch; Hut ocker- bis graubraun, seltener weißlich, lappig-zipfelig, mit nach unten geschlagenen, eingerollten Rändern; Stiel gewöhnlich heller als der Hut, weißlich, relativ elastisch, ohne Rippen oder Furchen, höchstens mit etwas grubiger Basis, hohl werdend; Sp. elliptisch, glatt, 18–20,5 × 11,5–12,5 μ. **Vorkommen**: (VII)VIII–X; im Laub- und Nadelwald, ohne besondere Bodenansprüche, doch häufiger auf moosigen Lehm- und Kalkböden anzutreffen; lokal nicht selten. **Verwechslung**: Hut grauschwärzlich, mehrzipfelig: Weißstielige Lorchel (S. 632), Hut sattelförmig, dünnstieliger: Sattelförmige Lorchel (S. 632).

Weißstielige Lorchel

Helvella spadicea Schaeff.
Syn.: *H. leucopus, H. albipes, Leptopodia monachella*

Merkmale: Frkp. 3–6 cm hoch; Hut dunkelbraun, graubraun bis schwärzlich, mit 2–3 typisch aufgerichteten Zipfeln (ähnlich der Hutbekleidung einiger Nonnen), Ränder teilweise mit dem Stiel verwachsen; Stiel weißlich bis cremefarben, relativ dick und stämmig, von unregelmäßig rundlichem Querschnitt, doch ohne Längsrippen; Konsistenz des Hutfleisches brüchig, Stielfleisch relativ zäh-elastisch; Geschmack etwas süßlich; Sp. elliptisch, glatt, 17–22 × 12–15 μ. **Vorkommen**: III–V; in sandigen Wäldern verschiedener Art, Dünenlandschaften, Trockenrasen; selten. **Anmerkung**: Die vielen wissenschaftlichen Namen deuten auf eine gewisse äußere Variabilität dieser Art. **Verwechslung**: Elastische Lorchel (S. 630), Stiel gerippt: Gruben-Lorchel (S. 630).

Becherförmige Lorchel

Helvella pezizoides (Afzel.: Fr.) Boud.
Syn.: *Leptopodia pezizoides*

Merkmale: Frkp. 2–6 cm hoch; Hut grauschwärzlich, schwarzbraun, schwarz, verschiedengestaltig, schalen- bis schüsselförmig, bald sattelförmig umgebogen oder mehrzipfelig, Ränder mit dem Stiel nicht verwachsen, mit glänzender Fruchtschicht und matter, feinfilziger Außenseite; Stiel schwarzbraun bis schwarz, matt, feinfilzig, relativ lang und dünn, nicht gefurcht; Konsistenz elastisch; Sp. elliptisch, glatt, 18–21 × 10–12 μ. **Vorkommen**: VII–X; im Laub- und Nadelwald, anscheinend gern auf sandigen Böden; selten. **Anmerkung**: Die Art gehört zu einer Gruppe von Lorcheln, die im Jungzustand wie lang gestielte Becherlinge aussehen können. Durch Verbiegen und Umschlagen der Hüte entstehen im Laufe der Entwicklung lorchelartige Hutformen (früher *Leptopodia*). Arten mit bleibend becherförmigen Hüten gehörten zu *Cyathipodia*. Da es sich nur um äußere Erscheinungsformen handelt, vereinigt man heute diese Gruppen wieder in der Großgattung *Helvella*. **Verwechslung**: Sattelförmige Lorchel (unten), schwärzlich, doch Außenseite kahl: Schwarze Lorchel *(H. atra)*.

Sattelförmige Lorchel

Helvella ephippium Lév. Syn.: *Leptopodia ephippium*

Merkmale: Frkp. 2–5 cm hoch; Hut hellgrau oder blaß bräunlich, jung becher- bis schalenförmig, dann sattelartig umschlagend, sterile Außenseite feinfilzig; Stiel der Außenseite gleichfarbig oder etwas heller, lang und schlank, weder gerippt noch gefurcht, feinfilzig; Konsistenz elastisch; Sp. 18–21 × 11–12,5 μ. **Vorkommen**: VII–X; in schattigen, feuchten Laub- und Mischwäldern, gern auf lehmigem Untergrund; selten. **Anmerkung**: Die Art ist von der Becherförmigen Lorchel (Mitte) fast nur durch die abweichenden Farben zu unterscheiden.

Lederige Lorchel

Helvella corium (O. Weberb.) Massee
Syn.: *Cyathipodia corium*

Merkmale: Frkp. 1–4 cm hoch; Hut becher-, schüssel- oder schalenförmig, später verflachend, nicht sattelartig umbiegend, Innenseite (Fruchtschicht) tiefschwarz, zuerst glänzend, dann stumpf, Außenseite graurußig bis schwärzlich, filzig, im Randbereich mit hellgrauer, groberer, flockig-kleiiger Bekleidung; Stiel schwarzbraun bis schwarz und filzig, rund oder flachgedrückt, etwas grubig, öfter mit angedeuteter Längsrippung; Fleisch weißlich, Konsistenz elastisch, im Hut fast lederig (Name); Sp. 16–20(22) × 9,5–12(13) μ. **Vorkommen**: IV–VII(XI); unter Weidengebüschen, an Fluß- und Teichufern, auf sandigen Böden, gesellig wachsend; selten. **Anmerkung**: Der Pilz ist an seiner tiefschwarzen, anfangs glänzenden Fruchtschicht und der grobkleiigen Außenseite zu erkennen. **Verwechslung**: Filziger Langfüßler (unten), Grauer Langfüßler (Mitte).

Grauer Langfüßler

Helvella bulbosa (Hedw.: Fr.) Kreisel
Syn.: *Macropodia macropus*

Merkmale: Frkp. 3–7 cm hoch; Hut grau oder graubräunlich, becher- bis schüsselförmig, oft etwas zusammengedrückt, Innenseite (Fruchtschicht) kahl, aschgrau, bei völliger Reife auch bräunlich gefärbt, Außenseite mit gleichmäßigem, flockig-filzigem Belag; Stiel wie die Hutaußenseite gefärbt und ebenfalls filzig, stielrund, im unteren Teil oft abgeplattet und grubig; Konsistenz elastisch; Sp. schlank-elliptisch, fein punktiert, mit verjüngten Polenden und 3 inneren Öltropfen, 18–26,5(30) × 8,5–11,5 μ (Abb. 135). **Vorkommen**: (VI)VIII–X; in Laub- und Mischwäldern, auf Erde oder an morschem Holz, auf sandigen, humusreichen Böden; zerstreut. **Anmerkung**: Wegen der fein rauhen Sporen wurde diese Art früher zu *Macropodia* gestellt. Die feine Punktierung ist im Mikroskop erst an völlig ausgereiften Sporen zu beobachten. Sie sollten am besten angefärbt werden. **Verwechslung**: Filziger Langfüßler (unten).

Filziger Langfüßler

Helvella villosa (Hedw.) Dissing & Nannf.
Syn.: *Cyathipodia villosa*

Merkmale: Frkp. 1–5 cm hoch; Hut innen wie außen grau bis graubräunlich gefärbt, becher- bis schüsselförmig, im Alter oft tellerförmig ausgebreitet, Innenseite (Fruchtschicht) kahl, Außenseite gleichmäßig feinfilzig; Stiel wie der Hut gefärbt, rund oder etwas flachgedrückt, gänzlich filzig; Konsistenz elastisch; Sp. elliptisch, glatt, 17–20 × 9–12 μ (Abb. 136). **Vorkommen**: VI–X; in Laub- und Mischwäldern, in Parkanlagen unter Gebüsch; selten. **Anmerkung**: Vom Grauen Langfüßler (Mitte) ist die Art nur durch die abweichende Sporenform sicher zu unterscheiden.

Hochgerippte Lorchel

Helvella acetabulum (L.) Quél. Syn.: *Paxina acetabulum*

Merkmale: Frkp. 3–8 cm breit, pokalförmig (anderer Name: Pokal-Rippenbecherling), innen und außen bräunlich oder graubraun, unten mit einem weißlich aufgehellten, aus Längsrippen bestehenden und mit Hohlräumen durchsetzten Stielteil; Rippen kantig, als weitläufig verzweigte Adern weit in den becherförmigen Hutteil übergehend; Fleisch weißlich, besonders im Stielbereich zählich; Geruch etwas dumpf, wenig angenehm; Sp. elliptisch, glatt, 18–20 × 11–13,5 µ. **Vorkommen**: IV–VI; im Laub- und Nadelwald, an lichten Stellen und Wegrändern, auf sandigen oder kalkhaltigen Böden; zerstreut. **Anmerkung**: Die Innenfläche des Kelches ist von der Fruchtschicht überzogen. Reife Exemplare entledigen sich der Sporen explosionsartig in einer dichten, gut sichtbaren Staubwolke. Dieser Vorgang läßt sich mehrmals hintereinander durch vorsichtiges Berühren oder Anblasen der Innenseite wiederholen. **Verwechslung**: Schwarzweiße Lorchel (Mitte), Grauweiße Lorchel (unten).

Ungenießbar wegen des zähen Fleisches.

Schwarzweiße Lorchel

Helvella leucomelaena (Pers.) Nannf.
Syn.: *Paxina leucomelaena*

Merkmale: Frkp. 1,5–3 cm breit, grau- bis schwarzbraun, gegen den Stielbereich weißlich aufhellend, pokalförmig, mit mehr oder weniger ausgeprägtem, längsrippigem, tief in der Erde sitzendem Stiel; Rippen abgerundet, kaum zahlreich, gewöhnlich am erweiterten Hutteil endend; Fleisch weiß, etwas zäh; Sp. elliptisch, glatt, 18–22,5 × 10,5–12,5 µ. **Vorkommen**: IV–VII; im Nadelwald, unter Kiefern oder Fichten, besonders auf kalkhaltigen Böden; relativ selten. **Anmerkung**: Die Art wächst gern direkt zwischen Kalkschotter an Waldwegen. Sie ist wärmeliebend und im Winter auch mediterran anzutreffen. **Verwechslung**: Hochgerippte Lorchel (oben).

Grauweiße Lorchel

Helvella costifera Nannf. Syn.: *Paxina costifera*

Merkmale: Frkp. 4–10 cm breit, aschgrau, graubräunlich, außen besonders im Bereich der Stielrippen weißlich aufgehellt, flach-schüsselförmig, mit kurzer, stielartig zusammengezogener Basis; Rippen stark hervorstehend, sich als weit verzweigte Adern an der Außenseite fortsetzend, doch weniger scharfkantig als bei der Hochgerippten Lorchel; Fleisch weiß, im Stielbereich zäh; Sp. elliptisch, glatt, 14–18 × 10–13 µ. **Vorkommen**: VI–IX; im Laub- und Nadelwald, wohl kalkliebend; selten. **Anmerkung**: Durch ihre flach am Boden sitzenden Fruchtkörper ähnelt die Art den Becherlingen, mit denen sie kaum verwandt ist. **Verwechslung**: Hochgerippte Lorchel (oben), Schwarzweiße Lorchel (Mitte).

Gemeiner Orangebecherling

Aleuria aurantia (Pers.: Fr.) Fuckel (Fam. Humariaceae)

Merkmale: Frkp. 5–10 cm breit, flach schüssel- bis schalenförmig, auch mit kelchartig hochgezogenen Rändern, oft einseitig eingeschnitten wie ein Öhrling, stiellos; Innenseite (Fruchtschicht) dottergelb bis orange; Außenseite im Feuchtzustand gleichfarbig, dann heller, schwach mehlig-kleiig; Konsistenz brüchig-wachsartig; Sp. farblos, elliptisch, mit grobnetzigem Ornament, an den Polenden mit je einem Anhängsel, 13–16(20) × 7–8(10) µ (Abb. 137); Paraphysen mit orangefarbenem, körnigem Inhalt, in Lugol grün färbend. **Vorkommen**: (V)VII–X; in Wäldern an offenen Stellen, vorwiegend an Wegen und Böschungen, besonders auf Lehmböden, gesellig; häufig; Saprophyt auf Erde. **Anmerkung**: Die Pilze wirken von weitem wie liegengelassene Apfelsinenschalen. **Verwechslung**: Kleiner: Mennigfarbiger Borstling (Mitte), ohrförmig: Eselsohr (S. 650).

Mennigfarbiger Borstling

Melastiza chateri (W. G. Sm.) Boud. (Fam. Humariaceae)

Merkmale: Frkp. 1–2(3) cm breit, ungestielt, schüssel- bis scheibenförmig, mit gleichmäßigen oder verbogenen bis gewellten Rändern; Innenseite (Fruchtschicht) orange bis leuchtend rot oder mennigfarben; Außenseite gleichfarbig, doch mit dunklen, flaumartigen Häärchen dicht besetzt (Lupe); Konsistenz brüchig-wachsartig; Sp. farblos, elliptisch, genetzt, an den Polenden oft mit mehreren kurzen Anhängseln, 16–18 × 9–11 µ (Abb. 138); Paraphysen mit orangekörnigem, in Lugol grün färbendem Inhalt; Haare der Außenseite braunwandig, 0,1–0,2 mm lang. **Vorkommen**: IV–X(XII); in- und außerhalb von Wäldern, auf nackter, lehmiger oder sandiger Erde, in Gruppen wachsend; zerstreut; Saprophyt. **Verwechslung**: Unbehaart, größer: Gemeiner Orangebecherling (oben).

Österreichischer Prachtbecherling

Sarcoscypha austriaca (Beck ex Sacc.) Boud. **RL 3**
(Fam. Sarcoscyphaceae)

Merkmale: Frkp. 1–5 cm breit, regelmäßig pokal-, kelch- oder schüsselförmig, mit kürzerem oder längerem Stiel; Innenseite (Fruchtschicht) leuchtend zinnoberrot; Außenseite heller, je nach Feuchtigkeitszustand weißlich, rosa oder gelblichorange, fein filzig-haarig (Lupe); Konsistenz zäh-wachsartig; Sp. farblos, langelliptisch bis zylindrisch, glatt, an den Polen eingedellt, 33–50 × 12–14 µ (Abb. 139); Haare der Außenseite farblos, gekrümmt. **Vorkommen**: II–V, zur Zeit der Schneeschmelze; auf am Boden liegenden Ästchen von Erlen; zerstreut im Alpen- und Voralpengebiet, sonst sehr selten; Saprophyt. **Anmerkung**: Die 3 europäischen Arten der Gattung sind äußerlich nicht zu unterscheiden. Am bekanntesten ist der Zinnoberrote Prachtbecherling *(S. coccinea)* mit an den Polen abgerundeten Sporen.

Kronenbecherling

RL 3

Sarcosphaera coronaria (Jacq.) J. Schröt.
Syn.: *S. crassa, S. eximia* (Fam. Pezizaceae)

Merkmale: Frkp. 3–10(15) cm breit, aus einer halb unterirdisch wachsenden Hohlkugel bestehend, beim Reifen am Scheitel kronenförmig öffnend, schließlich flach-schüsselförmig; Innenseite (Fruchtschicht) violett, lila-fleischfarben oder nur fleischbräunlich, seltener farblos; Außenseite weißlich, eventuell mit blaß lila Hauch, feinfilzig und mit Humuspartikeln behaftet; Konsistenz wachsartig-brüchig, dabei etwas zäh; Sp. farblos, elliptisch, glatt, mit 2 Öltropfen, 13–15 × 7–8 μ. **Vorkommen**: V–VII; im Nadel-, seltener Laubwald, unter Fichten, Kiefern, Rotbuchen, auf Kalkböden, gesellig wachsend; zerstreut, mancherorts fehlend; Saprophyt. **Anmerkung**: Der in Form und Farbe typische Kronenbecherling ist kaum zu verwechseln. Man vergleiche violett gefärbte Becherlinge der Gattung *Peziza*.
Giftig (besonders roh); wurde nach Abkochen und Wegschütten des Kochwassers oft schadlos verzehrt.

Morchelbecherling

RL 3

Disciotis venosa (Pers.: Fr.) Boud. (Fam. Morchellaceae)

Merkmale: Frkp. 5–15 cm breit, schüssel- bis flach-tellerförmig, an der Anwachsstelle kurz stielartig zusammengezogen; Innenseite (Fruchtschicht) mit hellen oder dunklen Brauntönen, Oberfläche typisch faltig bis geadert (anderer Name: Aderiger Becherling); Außenseite stets heller, fein- bis grobkleiig; Konsistenz brüchig; Geruch nach Chlor; Sp. farblos, elliptisch, glatt, 20–24 × 11–14 μ. **Vorkommen**: IV–V; in Auwäldern unter Eschen, Flußufer, Kahlschläge, unter Hecken (Morchelstandorte), auf Ton- und Lehmböden; zerstreut, lokal nicht selten; Saprophyt. **Anmerkung**: Der Pilz gehört in die engste Verwandtschaft der Morcheln.
Eßbar; guter Speisepilz, dessen stechender Geruch bei der Zubereitung verschwindet.

Größter Scheibling

Discina perlata (Fr.: Fr.) Fr.
Syn.: *Gyromitra ancilis* (Fam. Helvellaceae)

Merkmale: Frkp. 3–15 cm breit, schon jung flach-tellerartig oder schildförmig (anderer Name: Schildförmiger Scheibenbecherling), mit kurzer, gefalteter, stielartiger Basis; Innenseite (Fruchtschicht) grau- bis dunkel rotbraun, runzelig-grubig; Außenseite feucht gleichfarbig, bei trockener Witterung fast weißlich; Konsistenz brüchig, etwas zählich; Sp. farblos, langelliptisch, bei völliger Reife feinwarzig, an den Polen mit dickem Anhängsel, 28–35 × 12–14 μ (Abb. 140). **Vorkommen**: IV–VI; im Fichten- oder Kiefernwald, am Boden, um Stümpfe und an morschem Holz; lokal nicht selten; Saprophyt. **Anmerkung**: Die Art ist eine Lorchel in Form eines Becherlings.

Gattung **Peziza** – Becherlinge
Fam. Pezizaceae

Frkp. meist ungestielt becher- bis schüsselförmig, Innenseite mit Fruchtschicht überzogen; Fleisch brüchig, verletzt z. T. farbig milchend; auf Erde, Holz, Brandstellen; Sp. farblos, elliptisch, glatt, warzig bis netzig; Paraphysen gerade (vgl. *Otidea*); Spitzen der Sporenschläuche (Asci) mit Lugol blau; artenreiche Gattung; Saprophyten.

Kastanienbrauner Becherling

Peziza badia Pers.: Fr.

Merkmale: Frkp. 2–8 cm breit, schüsselförmig, teils einseitig eingeschnitten, ähnlich den Öhrlingen; Innenseite kastanienbraun, oft mit Olivton; Außenseite rotbraun, fein kleiig; Fleisch an Bruchstellen einen wasserklaren Saft ausscheidend, der sich beim Eintrocknen bräunlich färbt; Sp. mit (z.T. unvollständiger) Netzzeichnung, 15–19 × 8,5–10 µ (Abb. 141). **Vorkommen**: VI–X; im Laub- und Nadelwald, an freien Stellen und Wegrändern, auf Sand- und Lehmböden, gesellig wachsend; relativ häufig. **Anmerkung**: Der Verzehr roher Pilze in Salaten hat zu Vergiftungserscheinungen geführt (!). **Verwechslung**: Gelbfleischiger Becherling (Mitte), auf feuchten Böden: Schlamm-Becherling *(P. limnaea)*.

Gelbfleischiger Becherling

Peziza michelii (Boud.) Dennis

Merkmale: Frkp. 2–5 cm breit, schüssel- bis schalenförmig; Innenseite rotbräunlich, meist mit typischem Violettstich; Außenseite rötlichbraun, etwas blasser als die Fruchtschicht, ohne Violett, schwach kleiig; Fleisch an Bruch- und Schnittstellen nach einiger Zeit gelblich verfärbend (durch Ausscheidung eines klaren, an der Luft gilbenden Saftes); Sp. isoliert warzig, 13,5–17 × 7,5–9,5 µ (Abb. 142). **Vorkommen**: VII–IX; in Wäldern, Parkanlagen, Gärten, auf nackter Erde; zerstreut. **Verwechslung**: Kastanienbrauner Becherling (oben), Gelbmilchender Becherling (S. 644).

Braunvioletter Becherling

Peziza tenacella W. Phillips in Cooke   Syn.: *P. praetervisa*

Merkmale: Frkp. 1,5–5 cm breit, flach schüssel- bis schalenförmig; Innenseite violettbraun; Außenseite blasser lilagrau oder graubräunlich, etwas kleiig; Fleisch verletzt einen wasserklaren, an der Luft nicht verfärbenden Saft ausscheidend; Sp. mit isolierten, feinen Warzen, 10–13 × 6,5–8 µ. **Vorkommen**: IV–XI, vor allem im Frühjahr wachsend; auf Brandstellen zwischen Holzkohle, auf sandigen Böden, gesellig; zerstreut. **Verwechslung**: Sporen glatt: Violetter Becherling *(P. moseri)*.

Violettmilchender Becherling RL 3

Peziza saniosa Schrad.: Fr.

Merkmale: Frkp. 1–2(3) cm breit, schalen- bis schüsselförmig; Innenseite dunkel fleischbraun, mit violettem Beiton oder schwarzblau; Außenseite rotbraun bis fast schwärzlich, kleiig bis warzig-punktiert; Fleisch meist relativ dick, im Anbruch mit bläulichem (opalisierendem), reichlich hervorquellendem Saft; Sp. mit breiten, im Umriß unregelmäßigen, nicht verbundenen Warzen bedeckt, 12–15 × 6–8(9) μ. **Vorkommen**: VIII–X; in Laub- und Nadelwäldern, am Erdboden, vermutlich kalkliebend; selten. **Anmerkung**: Es gibt nur wenige Becherlinge, die einen bläulichen Milchsaft ausscheiden. Bei Berücksichtigung dieses Merkmals kann beim Bestimmen der Kreis der in Frage kommenden Arten stark eingeschränkt werden. Hierzu gehören *P. badiofusca* und *P. badiofuscoides*, beide mit abweichendem Sporenornament.

Gelbmilchender Becherling

Peziza succosa Berk.

Merkmale: Frkp. 1–6 cm breit, becher-, schalen- oder schüsselförmig, ebenmäßig bis unregelmäßig verbogen oder einseitig eingeschlitzt; Innenseite graurußig, olivschwärzlich, meist aber olivbräunlich; Außenseite heller, olivgelblich oder weißlichgrau, kahl bis fein kleiig; Fleisch dünn, einen an der Luft schnell grünlichgelb oder schwefel- bis dottergelb verfärbenden Saft ausscheidend; Sp. mit groben, unregelmäßigen, z. T. gratig verlängerten Warzen, 16–19(22) × 8,5–11 μ (Abb. 143). **Vorkommen**: VI–X; im Laub- und Nadelwald, Parkanlagen, Gärten, moosige Wiesen, auf lehm- oder kalkhaltigen Böden; zerstreut bis ortshäufig. **Verwechslung**: Rotbräunlich, mit violettlicher Innenseite: Gelbfleischiger Becherling (S. 642).

Riesen-Becherling

Peziza varia Hedw.: Fr. Syn.: *P. micropus*

Merkmale: Frkp. 4–12 cm breit, meist kurz gestielt (anderer Name: Kurzstieliger Becherling), pokal-, schüssel- bis schalenförmig; Innenseite ocker bis mittelbraun, glatt, gerunzelt oder grubig-faltig; Außenseite gleichfarbig, meist aber heller beigefarben, kleiig bis schuppig, oft mit gezähneltem Rand; Geruch würzig pilzartig; Sp. glatt, 14–16(19) × 8,5–10(11,5) μ (Abb. 144); Paraphysen im unteren Teil mit Anschwellungen (Abb. 145). **Vorkommen**: IV–X; an stark zersetztem Laub-, seltener Nadelholz, in und außerhalb von Wäldern, auch an Bauholz oder auf feuchtem Papier; relativ häufig. **Anmerkung**: Die Art ist sehr veränderlich und besitzt viele Namen. Am Boden *(P. repanda)* oder auf Mauerkalk *(P. cerea)* wachsende Formen sind kaum ernsthaft unterscheidbar. Sie alle zeichnen sich durch geschichtetes Fleisch aus (Lupe). Die für die Gattung typischen rundlichen Zellen besitzen in der Mitte eine dünne Hyphenschicht.

Blasiger Becherling

Peziza vesiculosa Bull.: Fr.

Merkmale: Frkp. 4–8 cm breit, lange halbgeschlossen kugel- bis blasenförmig, erst spät weiter öffnend; Innenseite blaß fleischfarben bis mittelbraun; Außenseite heller, weißlich bis beigefarben, glatt oder schuppig-kleiig; Fleisch dicklich, aus einheitlich rundlichen Zellen bestehend oder geschichtet (Lupe, vgl. Riesen-Becherling, S. 644); Sp. glatt, 19–22 (24) × 10–12,5 (14) µ. **Vorkommen**: IV–XI; auf gedüngten Böden, Feldern, Misthaufen, Pflanzenbeeten oder Champignon-Kulturen, oft büschelig und in großen Gruppen wachsend; relativ häufig. **Anmerkung**: Die Art ist wegen ihrer Vorliebe für gedüngte Standorte gut erkennbar. Im Zweifel sind die relativ großen, glattwandigen Sporen für eine Bestimmung ausschlaggebend.

Rundsporiger Becherling

Plicaria endocarpoides (Berk.) Rifai
Syn.: *P. leiocarpa* (Fam. Pezizaceae)

Merkmale: Frkp. 2–6 cm breit, ungestielt, flach schüssel- bis schalenförmig; Innenseite (Fruchtschicht) braun bis schwarzbraun; Außenseite braun, etwas heller als die Innenseite, feinschorfig; Fleisch brüchig; Sp. farblos, rundlich, glatt, 8–10 µ, im Innern mit mehreren Öltropfen; Schläuche an der Spitze mit Lugol blau färbend. **Vorkommen**: IV–VIII(X); im sandigen Kiefernwald, besonders auf Brandstellen; relativ selten; Saprophyt. **Anmerkung**: Die 3 in Deutschland vorkommenden Arten der Gattung *Plicaria* gleichen äußerlich den Becherlingen *(Peziza)*, besitzen aber rundliche Sporen. Sie werden daher als »Rundsporbecherlinge« bezeichnet. Keine der Arten ist häufig. **Verwechslung**: Kastanienbrauner Becherling (S. 642).

Tiegelförmiger Kelchbecherling

Tarzetta catinus (Holmsk.: Fr.) Korf & Rogers
Syn.: *Pustularia catinus*

Merkmale: Frkp. 2–5 cm breit, auf kleinem, zentralem Stielchen sitzend, pokal- bis kelchförmig, später schüsselartig ausgebreitet, Rand gezähnt oder gekerbt und zugleich oft wollig-faserig; Innen- und Außenseite etwa gleichfarbig, blaß beigefarben, Außenseite meist grobkleiig; Fleisch brüchig; Sp. farblos, elliptisch, glatt, innen mit 2 größeren Öltropfen, 17–23 × 11–14 µ (Abb. 146). **Vorkommen**: V–VIII; im Laub- und Mischwald, in Gärten oder Parkanlagen, besonders auf sandigen Böden; nicht selten; Saprophyt. **Anmerkung**: Der Napfförmige Kelchbecherling *(T. cupularis)* ist eine sehr ähnliche, etwas kleinere Art. Die Trennmerkmale gegenüber dem Tiegelförmigen Kelchbecherling, besonders die der Sporenmaße, werden in der Literatur widersprüchlich wiedergegeben. Vermutlich sind beide sogar identisch. Die Wurzelbecherlinge (Gattung *Sowerbyella*) sind ähnlich geformt. Ihr Stiel ist wurzelartig verlängert.

Halbkugeliger Borstling

Humaria hemisphaerica (F. H. Wigg.: Fr.) Fuckel
(Fam. Humariaceae)

Merkmale: Frkp. 1–3 cm breit, ungestielt, zuerst halbkugelig, dann schüsselförmig ausbreitend; Innenseite (Fruchtschicht) weißlich bis zartgrau; Außenseite dicht mit borstenförmigen, rostbraunen Haaren besetzt, wodurch der Rand fein bewimpert erscheint (Lupe); Fleisch wachsartig-zäh; Sp. farblos, elliptisch, dichtwarzig, 19–21(25) × 11–12 µ, im Innern mit 2 großen Öltropfen; Haare braunwandig, zugespitzt, bis 0,5 mm lang. **Vorkommen**: VII–X; in Laub- und Nadelwäldern, direkt auf sandiger oder lehmiger Erde, zwischen niederen Moosen, seltener auf vermodertem Holz, gesellig wachsend; relativ häufig; Saprophyt. **Verwechslung**: Kleiner, auf Brandstellen wachsend, Sporen nur fein punktiert: Halbkugeliger Brandstellen-Borstling *(Trichophaea hemisphaerioides)*.

Glänzender Schwarzborstling

Pseudoplectania nigrella (Pers.: Fr.) Fuckel
(Fam. Sarcoscyphaceae)

Merkmale: Frkp. 1–2(3) cm breit, ungestielt, schüssel- bis schalenförmig, in allen Teilen mehr oder weniger schwarz gefärbt; Innenseite (Fruchtschicht) am jungen Fruchtkörper glänzend schwarz, später matt, oft aderig-runzelig; Außenseite mattschwarz, fein filzig-kleiig durch zarte Behaarung; Fleisch blaß grau, dicklich, etwas elastisch; Sp. farblos, rundlich, glatt, 10–12(14) µ; **Vorkommen**: (II)III–V; in Nadelwäldern, unter Fichten oder Kiefern, auf moosigem Boden; relativ selten; Saprophyt. **Anmerkung**: Die Gattung *Pseudoplectania* enthält 3 europäische Arten. Die hier Beschriebene ist allgemein am bekanntesten. Der Glanz ihrer jungen, noch unreifen Fruchtschicht ist typisch. **Verwechslung**: Auf Holz der Weißtanne: Gestielter Schwarzborstling *(P. vogesiaca)*.

Anemonenbecherling

Sclerotinia tuberosa (Hedw.: Fr.) Fuckel
Syn.: *Dumontinia tuberosa* (Fam. Sclerotiniaceae)

Merkmale: Frkp. 0,5–2 cm breit, pokal- bis becherförmig, erst spät flach ausbreitend, innen wie außen rotbraun, mit einem langen, im Erdboden versenkten Stiel, der an der Basis ein schwarzbraunes, knolliges Sklerotium trägt; Sp. farblos, elliptisch, glatt, 12–17 × 5,5–7 µ. **Vorkommen**: III–V; in feuchten Auwäldern und in Gärten, stets in Gesellschaft des Buschwindröschens *(Anemone nemorosa)*; nicht häufig, doch lokal stärker verbreitet; Parasit. **Anmerkung**: In manchen Jahren erscheinen die becherförmigen Hütchen in großer Zahl und sind dann kaum zu übersehen. Die im Erdboden vergrabenen, etwa 1 cm breiten Sklerotien haben eine Verbindung zu den feinen Wurzeln des Buschwindröschens, an dem der Pilz schmarotzt.

Gattung **Otidea** – Öhrlinge
Fam. Pezizaceae

Frkp. ohrförmig oder kelch- bis becherartig und dann einseitig eingeschnitten, Basis kurz stielartig zusammengezogen; die Fruchtschicht wird auf der Innenseite gebildet; Sp. farblos, elliptisch, glatt, mit 2 Öltropfen; Sporenschläuche mit Lugol nicht blau; Paraphysen an der Spitze krückstockartig gekrümmt (Abb. 147, vgl. *Peziza*); Saprophyten am Boden.

Eselsohr

Otidea onotica (Pers.: Fr.) Fuckel

Merkmale: Frkp. 5–10 cm hoch, meist typisch ohrförmig aufgerichtet; Innenseite orange, oder zumindest stellenweise mit morgenrötlichem Ton, seltener der Außenseite gleichfarbig; Außenseite zitronen-, dotter- oder ockergelblich; Sp. 11–13(14) × 6–7 μ (Abb. 148). **Vorkommen**: VII–XI; im Laub- und Mischwald, in büscheligen Gruppen; im Gebirge wie im Flachland zerstreut. **Anmerkung**: Diese populärste Art ihrer Gattung ist durch Farbe und Größe gut gekennzeichnet. **Verwechslung**: Zierlicher Öhrling (Mitte), Gemeiner Orangebecherling (S. 638).

Zierlicher Öhrling

RL 3

Otidea concinna (Pers.) Sacc. Syn.: *Flavoscypha cantharella*

Merkmale: Frkp. 1–3,5(5) cm hoch, schlank-ohrförmig, seltener schüsselartig, mit schneckenförmig eingerollten Rändern; Innen- und Außenseite gleichfarbig zitronengelblich (anderer Name: Zitronengelber Öhrling); Sp. 9–11 × 5,5–6 μ. **Vorkommen**: VIII–X; im Laub- und Nadelwald, besonders unter Fichten oder Rotbuchen im Gebirge; selten. **Anmerkung**: Bei dieser Art sind die Zellen der Außenschicht alle rundlich, gleichgroß und außen durch Pigmente inkrustiert (Gattung *Flavoscypha*). Im Gegensatz dazu steht die aus zwei unterschiedlich großen Zelllagen bestehende Außenschicht der meisten Öhrlinge (*Otidea* im engeren Sinne). **Verwechslung**: Eselsohr (oben).

Hasenohr

Otidea leporina (Batsch) Fuckel

Merkmale: Frkp. 2–4 cm hoch, meist langgestreckt-ohrförmig und aufgerichtet, doch auch mehr schüsselförmig, mit einseitigem Einschnitt; Innenseite rotbräunlich; Außenseite bei feuchter Witterung der Innenseite gleichfarbig, beim Trockenwerden heller; Sp. 12–14 × 6,5–8 μ. **Vorkommen**: VIII–X; vorwiegend im Nadelwald, unter Fichten im Gebirge; selten. **Verwechslung**: Mehr becherförmig und schneckenartig eingerollt, Sporen größer: Schnecken-Öhrling *(O. cochleata)*.

Kröten-Öhrling RL 3

Otidea bufonia (Pers.: Fr.) Boud. Syn.: *O. grandis*

Merkmale: Frkp. 3–6 cm hoch, dabei bis zu 8 cm breit, eingeschnitten-kelchförmig bis schneckenartig ineinander gewunden, teils büschelig verwachsen; Innenseite oliv-, zimt- oder dunkel rotbraun; Außenseite leder- bis rotbraun, bisweilen mit lila Hauch, glatt, grubig oder fein kleiig-schorfig; Sp. 14–16 × 6–7 μ (Abb. 149), schmal-elliptisch, im Umriß mit schwach rautenförmig nach außen gewölbten Seitenlinien, daher etwas spindelförmig wirkend. **Vorkommen**: VIII–X; im Laub- und Nadelwald, bisher unter Fichten, im Kiefern-Eichen-Mischwald sowie im reinen Eichenwald festgestellt; selten, im Flachland lokal stärker verbreitet (Brandenburg). **Anmerkung**: Die äußerlich recht veränderliche Art ist im Zweifel an ihrer typisch schlanken, spindelförmigen Sporenform zu erkennen. **Verwechslung**: Mit blasseren Farben: Ledergelber Öhrling (Mitte).

Ledergelber Öhrling

Otidea alutacea (Pers.) Massee

Merkmale: Frkp. 2–5 cm hoch, kelch- bis becherförmig (nicht wie beim Eselsohr ohrförmig verlängert), einseitig tief eingeschnitten, büschelig verwachsen; Innen- und Außenseite bei feuchtem Wetter gleichartig lederocker bis blaß bräunlich gefärbt; Außenseite beim Trocknen heller werdend, schließlich fast schmutzig weißlich; Sp. schmal-elliptisch (Form wie beim Kröten-Öhrling), 13–16 × 6–7,5 μ. **Vorkommen**: VIII–X; im Laub- und Mischwald, unter Kiefern und Eichen, auf Sandböden; zerstreut, auch im Flachland vorkommend. **Verwechslung**: Mit dunkleren Farben: Kröten-Öhrling (oben), Sporen größer, mehr breitelliptisch: Schnecken-Öhrling *(O. cochleata)*.

Lederiger Öhrling RL R

Wynella atrofusca (Beck) Svrček
Syn.: *Helvella silvicola, Otidea auricula* (Fam. Helvellaceae)

Merkmale: Frkp. 3–7 cm hoch, aufgerichtet ohr- oder schlank löffelförmig, mit stielartig verschmälerter, filziger Basis; Innenseite (Fruchtschicht) kastanienbraun bis schwärzlich; Außenseite heller, gelb- bis rötlich-bräunlich; Fleisch weißlich-gelblich, mit fast lederartiger, zäh-elastischer Konsistenz; Sp. farblos, elliptisch, glatt, 20–22(24) × 10–13 μ, mit 1 großen Öltropfen; Paraphysen an der Spitze nicht gekrümmt (vgl. *Otidea*). **Vorkommen**: VIII–X; im Gebirgs-Nadelwald, unter Fichten auf kalkhaltigen Böden; sehr selten. **Anmerkung**: Obwohl der Pilz äußerlich einem Öhrling ähnelt, ist er aufgrund seiner mikroskopischen Merkmale eher mit den Lorcheln verwandt. Die in Europa durch eine einzige Art vertretene Gattung *Wynella* wird daher von einigen Autoren zu *Helvella* gestellt. In Japan und Nordamerika existieren noch weitere *Wynella*-Arten mit ähnlichem Habitus.

Gattung **Xylaria** – Holzkeulen
Fam. Xylariaceae

Frkp. unregelmäßig keulenförmig, außen schwarz, innen weißlich; Konsistenz holzig bis zäh; Schläuche und Sporen werden in kleinen, rundlichen, schwarzen Kernbechern (Perithecien) erzeugt, die dicht unter der Oberfläche liegen und nach außen münden; Spp. schwarz; Sp. im Mikroskop fast undurchsichtig, elliptisch, glatt, mit länglicher Keimspalte (Abb. 7); Saprophyten an Totholz.

Vielgestaltige Holzkeule

Xylaria polymorpha (Pers.: Fr.) Grev.

Merkmale: Frkp. 4–10 cm hoch, meist fingerdick, keulen-, finger- bis knollenförmig, mit oder ohne stielartig verschmälerter Basis; Oberfläche gerunzelt oder höckerig; Kernbecher ca. 1 mm breit; Sp. 20–29 × 5,5–8 μ. **Vorkommen**: I–XII, im Herbst sporenreif; an totem Laubholz, Stümpfen und Wurzeln, besonders Rotbuche, Eiche; häufig. **Anmerkung**: Die Oberfläche des reifen Pilzes ist durch die feinen Mündungen der Kernbecher punktiert (Lupe). Im Frühjahr ist die Außenfläche mit einer grauen Schicht von Konidien (asexuelle Sporen) überzogen. **Verwechslung**: Langstielige Holzkeule (Mitte).

Langstielige Holzkeule

Xylaria longipes Nitschke

Merkmale: Frkp. 3–8 cm hoch, weniger als fingerdick, schlankkeulig, mit rundlich abgesetztem, sterilem Stielteil; Oberfläche nahezu glatt; Kernbecher kleiner als 1 mm; Sp. 10–14,5 × 4,5–6 μ. **Vorkommen**: I–XII, im Herbst sporenreif; an abgestorbenen Ahornästen, seltener an anderen Laubbäumen; zerstreut bis ortshäufig. **Anmerkung**: Die im Frühjahr wachsenden, asexuellen Fruchtkörper sind hornartig zugespitzt. Auf der gesamten Oberfläche wird eine graue Konidienschicht gebildet. **Verwechslung**: Vielgestaltige Holzkeule (oben).

Geweihförmige Holzkeule

Xylaria hypoxylon (L.) Grev.

Merkmale: Frkp. 2–4 cm hoch, schlank und breitgedrückt, im oberen Teil geweihartig verzweigt und weißlich bestäubt (asexuelle Sporen), unterer Teil schwarzfilzig; reife Kernbecher bilden sich im Frühjahr, von März bis Mai, seltener schon im Spätherbst; Sp. 11–15,5 × 4,5–6,5 μ. **Vorkommen**: I–XII; auf abgestorbenem Laubholz verschiedener Art, vorwiegend auf Stümpfen; sehr häufig. **Anmerkung**: Diese Art ist hauptsächlich in ihrer asexuellen Konidienform zu sehen (Foto). Bei Ausbildung der Kernbecher verliert der Pilz die hellen Farben und wird unscheinbar.

Gattung **Hypoxylon** – Kohlenbeeren
Fam. Xylariaceae

Frkp. halbkugelig bis krustenförmig, innen schwarz gefärbt, ungezont (vgl. *Daldinia*), Konsistenz holzig; Kernbecher (im Innern mit Schläuchen und Sporen) schwarz, unter der gesamten Oberfläche in ein bis zwei Lagen verteilt; Spp. schwarz; Sp. im Mikroskop fast undurchsichtig, elliptisch-bohnenförmig bis länglich-gebogen, glatt, mit Keimspalte (Abb. 7); vorwiegend Saprophyten an Holz.

Rötliche Kohlenbeere

Hypoxylon fragiforme (Scop.: Fr.) Kickx

Merkmale: Frkp. 4–10 mm breit, ziegelrötlich bis zimtbraun, halbkugelig, Oberfläche durch die darunterliegenden Kernbecher grobhöckerig; Sp. elliptisch-bohnenförmig, 11–15 × 5,5–7,5 μ. **Vorkommen**: I–XII; auf abgestorbenen Laubholzästen, besonders auf Rotbuche, in rasigen Gruppen wachsend; sehr häufig. **Anmerkung**: Die Art ist die häufigste ihrer Gattung und fehlt in keinem Laubwald. **Verwechslung**: Oberfläche glatter, mehr rotbraun, auf Erle und Hasel: Rotbraune Kohlenbeere *(H. fuscum)*.

Vielgestaltige Kohlenbeere

Hypoxylon multiforme (Fr.) Fr.

Merkmale: Frkp. 5–10 mm dick, erst rotbraun, bei Reife schwarz, unregelmäßig kissen- oder polsterförmig, in größeren Gruppen miteinander verwachsenen, mit grobhöckeriger Oberfläche; Sp. elliptisch-bohnenförmig, 8,5–10,5 × 3,5–5 μ. **Vorkommen**: I–XII, im Spätherbst sporenreif; an abgestorbenen Laubholzästen, vor allem auf Birke; häufig. **Anmerkung**: Die Kohlenbeeren geben im Reifezustand größere Mengen von Sporen ab. Die unmittelbare Umgebung ist dann typisch schwarz bestäubt. **Verwechslung**: Meist an Rotbuche: Brandkrustenpilz (unten), aus dünner, zusammenhängender Kruste bestehend, seltener: Münzenförmige Kohlenbeere *(H. nummularium)*.

Brandkrustenpilz

Hypoxylon deustum (Hoffm.: Fr.) Grev. Syn.: *Ustulina deusta*

Merkmale: Frkp. 5–20 mm dick, schwarz, dickkrustig, von unregelmäßigem Umriß, Oberfläche durch die vorstehenden Mündungen der Kernbecher punktiert (Lupe); Sp. länglich-gebogen, 29–34 × 7–9 μ. **Vorkommen**: I–XII, im Herbst sporenreif; im Wurzelbereich und an Seitenflächen von Rotbuchenstümpfen; häufig; manchmal Parasit, Moderfäuleerreger. **Anmerkung**: Im Frühjahr findet man häufig die graue, flachkrustige Form, an deren Oberfläche asexuelle Konidiosporen gebildet werden. **Verwechslung**: Vielgestaltige Kohlenbeere (Mitte).

Erlen-Kugelpilz

Daldinia petriniae Y. M. Ju, J. D. Rogers & San Martin
(Fam. Xylariaceae) (Foto oben)

Merkmale: Frkp. 2–5 cm breit, erst rotbraun, dann schwarz, halbkugelig bis unregelmäßig knollenförmig, bei völliger Reife mit feinhöckeriger Oberfläche, durch die darunter liegenden Kernbecher; Fleisch konzentrisch grau und schwarz zoniert (vgl. *Hypoxylon*), trocken mit holzkohleartiger Konsistenz, im Alter pulverig zerfallend; Spp. schwarz; Sp. fast undurchsichtig, elliptisch-bohnenförmig, glatt, 13–18 × 7–9 μ, mit Keimspalte (Abb. 7). **Vorkommen**: V–X; an totem Laubholz, besonders Erle, seltener Hainbuche; zerstreut bis ortshäufig; Saprophyt. **Anmerkung**: Pilze dieser Gattung (inzwischen ca. 10 europäische Arten) werden auch als »Lebende Holzkohle« bezeichnet.

Eckenscheibchen

Diatrype disciformis (Hoffm.: Fr.) Fr. (Fam. Diatrypaceae)

Merkmale: Frkp. 2–4 mm breit, rundlich-abgeflacht, einzeln oder zu mehreren zusammenfließend, an den Rändern mit Resten der durchbrochenen Rinde umgeben; Oberseite bei Sporenreife blaß graubräunlich, später auch dunkelbraun, durch die Mündungen der darunter sitzenden Kernbecher punktiert; Spp. blaß bräunlich; Sp. transparent, zylindrisch-gekrümmt, glatt, 5,5–9(10) × 1,4–1,6 μ. **Vorkommen**: I–XII, Sporenreife IV–V; auf abgestorbenen Laubholzästen, besonders Rotbuche, rasig wachsend; sehr häufig; Saprophyt. **Anmerkung**: Die Schläuche der Gattung *Diatrype* sind 8-sporig. Die ähnliche Gattung *Diatrypella* beherbergt in jedem Sporenschlauch eine Vielzahl von Sporen. **Verwechslung**: Auf Weide: Blasiges Eckenscheibchen *(D. bullata)*.

Zungen-Kernkeule

Cordyceps ophioglossoides (Ehrh.: Fr.) Link
(Fam. Clavicipitaceae) (Fotos unten)

Merkmale: Frkp. 4–6(10) cm hoch, etwa 2–5 cm aus dem Erdboden herausragend, schwarz, zungen- bis keulenförmig, mit deutlich abgesetztem Stielteil; oberer Bereich durch die Mündungen der Kernbecher (Perithecien) punktiert; unterirdischer Stielteil einschließlich wurzelartiger Rhizomorphen sattgelb; Sp. farblos, fadenförmig, glatt, vielfach septiert, ca. 200 × 2 μ, bald in 2–5 μ lange Teilstücke zerfallend. **Vorkommen**: VII–XI; auf unterirdischen Hirschtrüffeln *(Elaphomyces)*, vorwiegend im Fichtenwald; zerstreut, ab Mittelgebirgslage etwas häufiger; Parasit. **Anmerkung**: Mit etwas Glück kann bei vorsichtigem Nachgraben die Trüffel gefunden werden. Meist handelt es sich um die Kleinwarzige Hirschtrüffel (S. 666). Andere *Cordyceps*-Arten parasitieren auf Insekten. **Verwechslung**: Auf Hirschtrüffeln: Kopfige Kernkeule *(C. capitata)*, auf Erde, ohne Kernbecher: vgl. Erdzungen *(Geoglossum)*.

Gattung **Rhizopogon** – Wurzeltrüffeln
Fam. Rhizopogonaceae, Kl. Basidiomycetes

Frkp. rundlich-knollenförmig, reif z. T. freiliegend, mit dünner, lederiger Rinde; Außenseite durch anliegende »Myzelwürzelchen« geadert; Inneres feinkammerig, schwammig, dann in breiartige, olivbraune Sporenmasse zerfließend; Sp. im Mikroskop blaß gelblich, elliptisch, glatt, mit 2 Öltropfen; Basidien 2- bis 8-sporig; Mykorrhizapilze.

Gelbliche Wurzeltrüffel

Rhizopogon obtextus (Spreng.) Rauschert Syn.: *R. luteolus*

Merkmale: Frkp. 2–6 cm breit, gelblich, olivgelblich, dann schmutzig bräunlich, äußere Myzeladerung dunkler abgesetzt und relativ deutlich erkennbar; Inneres (Sporenmasse) gelblich, dann olivschwärzlich; Geruch würzig-pilzartig, beim Zerfließen jaucheartig stinkend; Sp. 6–9 × 3–3,5 µ. **Vorkommen**: VIII–X; im Nadelwald, auf sandigen, kalkarmen Böden unter Kiefern, vorzugsweise im Flachland; lokal nicht selten. **Anmerkung**: Wurzeltrüffeln sind gegeneinander schwierig abzugrenzen. Echte, zur Klasse der Schlauchpilze (Ascomycetes) gehörende Trüffeln sind innen typisch marmoriert.

Jung eßbar, solange noch fest; die Rinde ist zu entfernen.

Rötliche Wurzeltrüffel

Rhizopogon roseolus (Fr.: Fr.) Th.Fr. Syn.: *R. rubescens*

Merkmale: Frkp. 2–4 cm breit, jung weißlich, dann violettrosa bis rötlich-bräunlich, außen mit schwacher Myzeladerung; Inneres (Sporenmasse) gelblich bis olivbraun; Geruch nach Literaturangaben im Alter knoblauchartig; Sp. 8–11 × 3–3,5 µ. **Vorkommen**: VIII–XI; im Nadelwald, unter Kiefern oder Fichten, auf Kalkböden; lokal nicht selten.

Jung eßbar, siehe oben.

Bunte Schleimtrüffel RL 3

Melanogaster variegatus (Vittad.) Tul. & Tul.
Syn.: *M. broomeianus*
(Fam. Melanogastraceae, Kl. Basidiomycetes)

Merkmale: Frkp. 1–4(6) cm breit, rundlich bis länglich-knollenförmig, außen ocker, dann rost- bis dunkel rotbraun, glattwandig; im Innern in separate, rundliche Kammern geteilt, welche die schwärzlich glänzende Sporenmasse enthalten; Kammerwände gelblich, bald verschleimend; Geruch aromatisch; Sp. im Mikroskop braunwandig, schmal-elliptisch, glatt, 7,5–10 × 3,5–4,5 µ; Basidien 2- bis 5-sporig. **Vorkommen**: V–IX; im Laub- und Nadelwald, in Gärten; selten; Mykorrhizapilz.

Jung eßbar, solange innen noch fest.

Gattung **Tuber** – Trüffeln
Fam. Tuberaceae, Kl. Ascomycetes

Frkp. knollenförmig; Rinde glatt bis grobwarzig; Inneres typisch marmoriert, mit labyrinthischer Musterung; Sp. im Mikroskop gelbbräunlich, rundlich bis elliptisch, netzig oder stachelig; Schläuche sackförmig (Abb. 3), 1–6 Sporen enthaltend; Mykorrhizapilze.

Sommer-Trüffel **RL 1, gesch.**

Tuber aestivum Vittad.

Merkmale: Frkp. 2–5(10) cm breit, schwarzbraun bis schwarz; Rinde mit groben, 5- bis 6-eckigen, pyramidenartig zusammengesetzten Höckern dicht besetzt; Inneres lange relativ hell bleibend, mit grauen bis dunkelbraunen und weißlichen Adern durchsetzt; Geruch mäßig bis sehr aromatisch, doch auch unangenehm teerartig; Sp. elliptisch, grobnetzig (Abb. 3), 20–60 × 14–40 μ. **Vorkommen**: VIII–XII; im Laub-, seltener Nadelwald, besonders unter Rotbuchen oder Eichen, auf Kalkböden; selten. **Verwechslung**: Sporen stachelig: Perigord-Trüffel (Mitte), Winter-Trüffel *(T. brumale)*.
Eßbar; Würzpilz mittlerer Güte.

Perigord-Trüffel **gesch.**

Tuber melanosporum Vittad.

Merkmale: Frkp. 2–8 cm breit, schwarzbraun; Rinde mit pyramidal zusammengesetzten Höckern; Inneres bald dunkel violett-schwärzlich, mit weißlicher oder rosafarbener Aderung; Geruch sehr aromatisch; Sp. elliptisch, dickstachelig, 27–55 × 20–33 μ (Abb. 150). **Vorkommen**: X–II; unter Eichen, auf Kalkböden. **Anmerkung**: Die Art ist vor allem aus Südfrankreich bekannt. Sie wird dort unter natürlichen Bedingungen kultiviert und mit abgerichteten Hunden aufgespürt. Für Deutschland ist sie wichtiger Import- und Delikatesspilz. **Verwechslung**: Sporen genetzt: Sommer-Trüffel (oben), Sporen stachelig: Winter-Trüffel *(T. brumale)*.
Eßbar; sehr aromatisch; beliebteste Speisetrüffel.

Großsporige Trüffel **RL 0, gesch.**

Tuber macrosporum Vittad.

Merkmale: Frkp. 2–4 cm breit, rost- bis schwarzbraun; Rinde schorfig bis flachwarzig; Inneres bei Reife olivgrau und weißlich marmoriert; Geruch knoblauch- oder zwiebelartig; Sp. elliptisch, grobnetzig, 45–80 × 25–60 μ. **Anmerkung**: Die unter Eichen wachsende Trüffel ist in Deutschland seit etlichen Jahren verschollen. Sie kommt heute aus Frankreich und Italien gelegentlich auf unsere Märkte und wird überteuert angeboten. Manche Autoren halten sie für kaum genießbar. Anderer Name: Rheinische Trüffel.

Rotbräunliche Trüffel gesch.

Tuber rufum Pico: Fr.

Merkmale: Frkp. 1–3 cm breit, erst blaß gelblich-rötlich, dann rostfarbig bis rotbraun; Rinde kahl bis kleiig, seltener mit netzartigen Wärzchen bedeckt; Inneres hell beige bis fleischfarben, allmählich rötlich nachdunkelnd, mit weißlicher Aderung; Geruch unauffällig, im Alter etwas säuerlich; Sp. rundlich bis elliptisch, 20–35(45) × 14–30 μ, mit 2,5–4 μ langen Stacheln. **Vorkommen**: VIII–XI; in der oberen Humusschicht von Laub- und Nadelwäldern, auch in Parkanlagen und Gärten; selten. **Anmerkung**: Die Trüffel wurde vom Autor unter einer Sitkafichte auf saurem Lehmboden gefunden. Ähnliche, in Deutschland unbekannte Arten sind *T. nitidum* und *T. ferrugineum*.

Ungenießbar; ohne Aroma, keine Speisetrüffel.

Italienische Trüffel gesch.

Tuber magnatum Pico

Merkmale: Frkp. 3–8 cm breit, immer hellfarbig, weißlich-gelblich, hell beigefarben, ockergelblich, manchmal mit grünlichem Schein; Rinde glatt oder stellenweise feinschorfig; Inneres weißlich, dann etwas fleischrötlich, mit weißer Aderung; Geruch sehr aromatisch, etwas lauchartig; Sp. kurzelliptisch, sehr weitmaschig netzig-gratig, 25–50 × 20–40 μ (Abb. 152). **Vorkommen**: X–V; unter Laubbäumen, Eichen, Weiden, Pappeln oder Linden, auf kalkhaltigen Böden, in Südeuropa (besonders Italien); zerstreut. **Anmerkung**: Die Maschen des Sporennetzes sind so grob, daß sie mehr als die Hälfte der Sporenbreite erreichen können. **Verwechslung**: Mäandertrüffel (unten).

Eßbar; von ausgezeichnetem Aroma, der Perigord-Trüffel mindestens gleichwertig; wird auf dem deutschen Markt auch als Piemont-Trüffel oder Magnaten-Trüffel angeboten.

Mäandertrüffel RL 2

Choiromyces maeandriformis Vittad. Syn.: *C. venosus*
(Fam. Terfeziaceae, Kl. Ascomycetes)

Merkmale: Frkp. 3–10 cm breit, grauweißlich, ockergelblich bis lehmbräunlich, knollenförmig; Rinde glatt, häufig von Schnecken angefressen; Inneres weißlich-cremefarben marmoriert, später auch fleischbräunlich, mit weißer Aderung; Geruch reif aromatisch, ähnlich gekochtem Mais; Sp. im Mikroskop blaß gelblich, rund, isoliert dickstachelig, 16–22 μ (Abb. 151), Stacheln stumpf, 3–5 μ lang. **Vorkommen**: VII–X; im Laub- und Nadelwald, besonders auf basischen Lehm- und Tonböden, unter Rotbuchen; zerstreut; Mykorrhizapilz. **Anmerkung**: Die nesterweise wachsenden Pilze können mit dem Scheitel freiliegen und werden dadurch sichtbar. Andere Namen: Deutsche Trüffel, Weißtrüffel. **Verwechslung**: Weißliche Trüffel *(T. albidum)*, Sporen genetzt: Italienische Trüffel (Mitte).

Eßbar; zähfleischig; hat roh abführende Wirkung.

Rotbraune Rasentrüffel

RL 3

Hydnotria tulasnei Berk. & Broome
(Fam. Pseudotuberaceae, Kl. Ascomycetes)

Merkmale: Frkp. 2–5 cm breit, fleischrötlich bis rotbraun, rundlich bis nierenförmig; Außenseite grubig bis zerfurcht, Rinde glatt; Inneres rotbräunlich und weißlich geadert, mit gehirnartigen, lückigen Windungen, die stellenweise Verbindung nach außen haben; Sp. im Mikroskop bräunlich, rund, grobhöckerig-warzig, 20–35 µ (Abb. 153); Schläuche breit-keulig, gestielt, 8-sporig. **Vorkommen**: VIII–X; im Laub- und Nadelwald, vorwiegend unter Eichen; lokal nicht selten; Mykorrhizapilz.
Eßbar; geschmacklich nicht wertvoll.

Gattung **Elaphomyces** – Hirschtrüffeln
Fam. Elaphomycetaceae, Kl. Ascomycetes

Frkp. kugelig-knollig; mit derber, meist feinwarzig-papillierter Rinde; Inneres bei Reife schwarzbraun, einheitlich oder grob gekammert, nicht marmoriert, pulverartig zerfallend; Sp. im Mikroskop dunkelbraun, rundlich, stachelig (Abb. 154, Stacheln gebogen, bis 4 µ lang); Schläuche rundlich-birnenförmig, 3- bis 8-sporig; Mykorrhizapilze.

Kleinwarzige Hirschtrüffel

Elaphomyces granulatus Fr. Syn.: *E. cervinus*

Merkmale: Frkp. 2–5 cm breit, gelblich, ockerbräunlich bis rostbraun; Rinde reif außen fein papilliert, etwa 1–2 mm dick, im Schnitt einheitlich weißlich, jung dicker und stellenweise mit lila Schein; Geruch nicht angenehm; Geschmack mild bis bitterlich; Sp. 23–41 µ. **Vorkommen**: I–XII; meist im Nadelwald, unter Fichten und Kiefern; häufig. **Anmerkung**: Die Pilze sind leicht aufzufinden, wenn sie von der oberirdisch wachsenden Zungen-Kernkeule (S. 658) befallen sind. Die für Menschen ungenießbaren Pilze werden von Rehen und Hirschen gern verzehrt (anderer Name: Hirschbrunst). **Verwechslung**: Stachelige Hirschtrüffel (unten).

Stachelige Hirschtrüffel

Elaphomyces muricatus Fr. Syn.: *E. variegatus*

Merkmale: Frkp. 0,5–2 cm breit, gelblichocker, dann zimt- bis rotbraun; Rinde warzig bis stachelig, verhältnismäßig dick (3–4 mm), im Schnitt bunt marmoriert (anderer Name: Bunte Hirschtrüffel); Geruch und Geschmack gerieben etwas nach Thymian oder Knoblauch; Sp. 16–23(28) µ. **Vorkommen**: I–XII; in Laub- und Mischwäldern, z. B. unter Eichen und Kiefern; zerstreut. **Anmerkung**: Junge Sporen sind glatt. Die Stacheln werden erst bei völliger Reife ausgebildet. **Verwechslung**: Kleinwarzige Hirschtrüffel (Mitte).

Buchen-Schlauchzitterling

Ascotremella faginea (Peck) Seaver
(Fam. Helotiaceae, Kl. Ascomycetes)

Merkmale: Frkp. 2–7 cm breit, jung beigefarben, dann dunkel rotbraun, oft mit purpurfarbenem Stich, bei Reife mit gehirnartig gewundener Oberfläche, an einem Punkt mit dem Substrat verwachsen; Konsistenz relativ fest-gelatinös; Sp. farblos, schlank-elliptisch, 8,5–10 × 4–4,5 μ, außen mit feinen farblosen Längsleisten und mit 2 inneren Öltropfen (Abb. 155). **Vorkommen**: VIII–X; im Laubwald, auf abgestorbenen, am Boden liegenden Ästen, besonders Rotbuche; relativ selten; Saprophyt. **Anmerkung**: Der Pilz hat das Aussehen eines Zitterlings *(Tremella)* oder Drüslings *(Exidia)* (anderer Name: Trugzitterling). Die Fruchtschicht, aus 8-sporigen Schläuchen und fadenförmigen Paraphysen bestehend, wird an der gesamten nach außen gekehrten Oberfläche gebildet. **Verwechslung**: Rotbrauner Zitterling (S. 670), Kandisbrauner Drüsling (S. 674).

Gemeiner Buchenkreisling

Neobulgaria pura (Fr.) Petrak
(Fam. Helotiaceae, Kl. Ascomycetes)

Merkmale: Frkp. 1–2 cm breit, grauweißlich bis blaß rosafleischfarben, glasig-durchscheinend wirkend, dick-kreiselförmig, mit körnig-flockiger Außenseite und glatter, scheibenförmiger Fruchtschicht, einzeln oder gruppenweise miteinander verwachsen; Sp. farblos, elliptisch, glatt, 6–8,5 × 3–4 μ, mit 2 Öltropfen. **Vorkommen**: VIII–XI; im Laubwald, auf abgestorbenen Stämmen und Ästen von Rotbuchen, selten anderen Laubbäumen; lokal häufig; Saprophyt. **Anmerkung**: Abart mit lappig-gekröseartigem Aussehen: var. *foliacea*.

Schmutzbecherling

Bulgaria inquinans (Pers.): Fr.
(Fam. Helotiaceae, Kl. Ascomycetes)

Merkmale: Frkp. 1–3(5) cm breit, im Jungzustand dick halbkugelig bis scheibenförmig, mit nach innen gewölbter, glänzender, rotbraun gefärbter Fruchtschicht und dunkelbrauner, flockig-körniger Außenseite, später kreiselartig-gestielt und einheitlich schwarz gefärbt; Konsistenz fast gummiartig-zäh; Spp. schwarz; Sp. im Mikroskop dunkelbraun, elliptisch-bohnenförmig, glatt, 11–14,5 × 6–8 μ, mit 1 Öltropfen. **Vorkommen**: IX–XI; an liegenden, relativ frischen, berindeten Laubholzstämmen und dicken Ästen, besonders Eiche, in großen Gruppen wachsend; häufig; Saprophyt. **Anmerkung**: Die Umgebung der reifen Pilze ist weiträumig mit schwarzem Sporenpulver bestäubt. Beim Berühren färben sich die Finger durch abgegebene Sporen schwarz. Die Schläuche sind 8-sporig, doch nur 4 davon reifen aus, während die anderen blaß und klein bleiben. **Verwechslung**: Abgestutzter Drüsling (S. 674).

Gattung **Tremella** – Zitterlinge
Fam. Tremellaceae, Kl. Basidiomycetes

Frkp. lappig, gekröseartig; Konsistenz durchgehend weichlich-gelatinös, selten mit festem Kern, hornartig eintrocknend; gesamte Oberfläche mit Fruchtschicht; Spp. weiß, inamyloid; Sp. rundlich-elliptisch, glatt, ohne Kp.; Basidien längsgeteilt, mit 4 fingerartigen Sterigmen (Abb. 10); Saprophyten an Holz (Weißfäuleerreger), seltener Parasiten an anderen Pilzen.

Goldgelber Zitterling

Tremella mesenterica Retz.: Fr. Syn.: *T. lutescens*

Merkmale: Frkp. 1–5 cm breit, leuchtend goldgelb, später nur blaß gelblich, oft von den Sporen bestäubt, kurzlappig, gefaltet-gewunden, aus Spalten und Ritzen die Rinde des Substrates durchbrechend; Konsistenz jung relativ zäh, im Alter partiell zerfließend; Sp. 9–15(17) × 8–12 µ. **Vorkommen**: I–XII, besonders im Frühling und Spätherbst; an toten Laubholzästen, vor allem an Rotbuche, Eiche, Esche und Hasel; in den meisten Gegenden häufig. **Anmerkung**: Junge Fruchtkörper bilden an der Oberfläche zahlreiche, in Masse goldgelb gefärbte, asexuelle Konidiosporen aus. Sie sind rundlich, doch deutlich kleiner als die Basidiosporen. **Verwechslung**: An Nadelholz: Riesen-Gallertträne (S. 678).

Kristall-Zitterling

Tremella mesenterica Retz.: Fr. fm. *crystallina* Ew. Gerhardt

Merkmale: Frkp. völlig farblos, daher kristallartig durchscheinend. Alle anderen Merkmale entsprechen denen des Goldgelben Zitterlings (oben). **Anmerkung**: Dieser Pilz kann schwerlich als »Goldgelber Zitterling« bezeichnt werden, da er seine Farbe vollends eingebüßt hat. Derartige Formen treten nicht oft auf. Sie könnten mit der gleich aussehenden, aus den Tropen stammenden Art *T. fuciformis* verwechselt werden, welche sich aber durch kleinere Sporen auszeichnet.

Rotbrauner Zitterling

Tremella foliacea Pers.: Fr.

Merkmale: Frkp. 3–12 cm breit, dunkel bernsteinfarben bis rotbraun, beim Eintrocknen fast schwarzbraun werdend, aus weitläufigen, wellig verbogenen, krausen Lappen zusammengesetzt (anderer Name: Blattartiger Zitterling); Sp. 8–12 × 7–10 µ. **Vorkommen**: I–XII; meist an totem Laubholz, z. B. Birke, Rotbuche, Ahorn, Traubenkirsche; relativ häufig. **Verwechslung**: An Nadelholz, Sporen zylindrisch: Kandisbrauner Drüsling (S. 674).

Eßbar; kurz blanchiert als Salatpilz verwendbar.

Kiefern-Kernling

Tremella encephala Pers.: Fr.

Merkmale: Frkp. 0,5–2 cm breit, milchweiß bis weißlichrosa (anderer Name: Alabaster-Kernling), halbkugelig, mit eng-hirnartig gewundener Oberfläche, innen mit weißem, festem Kern (Name); Sp. 9–12 × 8–10 µ. **Vorkommen**: I–XII; auf abgestorbenen, berindeten Nadelholzästen, auf Kiefer und Lärche; zerstreut, lokal häufig; Parasit. **Anmerkung**: Der Kiefern-Kernling wird auffallend oft in Gesellschaft des Blutenden Schichtpilzes (S. 680) angetroffen, auf dem er parasitiert. Es wird angenommen, daß sein weißer Kern aus umgewandelter Substanz des Wirtes besteht. Der Parasitische Zitterling *(T. mycophaga)* schmarotzt auf Fruchtkörpern der schichtpilzartigen Mehlscheiben *(Aleurodiscus)*, besitzt aber keinen inneren Kern. Der Kiefern-Kernling ist aufgrund dieses Merkmals unverwechselbar.

Zitterzahn, Eispilz

Pseudohydnum gelatinosum (Scop.: Fr.) P. Karst.
Syn.: *Tremellodon gelatinosum*
(Fam. Tremellaceae, Kl. Basidiomycetes)

Merkmale: Frkp. 1–5(8) cm breit, erst zungenförmig, dann einen halbkreisförmigen, verschmälert angewachsenen Hut bildend, auf dessen Unterseite weißliche Stacheln sitzen; Oberseite rauh, gleichfarbig weißlich oder bräunlich; Konsistenz weichlich-gallertartig, sehr wasserhaltig, beim Trocknen stark schrumpfend; Spp. weiß, inamyloid; Sp. rundlich-elliptisch, glatt, 6–8 × 5,5–6,5 µ; Basidien längsgeteilt (Abb. 10). **Vorkommen**: VII–XI; an abgestorbenem Nadel-, seltener Laubholz, meist an Fichte, Kiefer oder Tanne, besonders auf Stümpfen, gesellig wachsend; häufig; Saprophyt. **Anmerkung**: Die Fruchtschicht befindet sich auf der stacheligen Unterseite.
Eßbar; blanchiert als Salatpilz verwendbar.

Rötlicher Gallerttrichter

Tremiscus helvelloides (DC.: Fr.) Donk
Syn.: *Guepinia helvelloides*
(Fam. Tremellaceae, Kl. Basidiomycetes)

Merkmale: Frkp. 3–10 cm hoch, meist leuchtend orangerot, trichter- bis tütenförmig, dabei einseitig tief eingeschnitten, bald mit nach außen umgerollten, lappigen Rändern, Basis stielartig verschmälert; Fruchtschicht farblich etwas abgesetzt, mehr violettlich-rosa, an der Außenseite des Trichters sitzend; Konsistenz weichlich-gallertartig; Spp. weiß, inamyloid; Sp. elliptisch, glatt, 8–12 × 5–6,5 µ; Basidien längsgeteilt (Abb. 10). **Vorkommen**: VII–X; auf Erde, meist aber an morschem, im Boden vergrabenem Nadel- oder Laubholz (Fichte, Rotbuche), auf Kalkböden; im Gebirge (Süddeutschland, Alpenländer) relativ häufig, sonst selten; Saprophyt.
Eßbar; als Salatpilz oder zum Einlegen in Essig verwendbar.

Gattung **Exidia** – Drüslinge
Fam. Tremellaceae, Kl. Basidiomycetes

Frkp. flächig-gekröseartig bis kreiselförmig, weichlich-gelatinös, beim Trocknen hornartig einschrumpfend; Fruchtschicht mit drüsenartigen Wärzchen (Name); Spp. weiß, inamyloid; Sp. zylindrisch-gekrümmt (würstchenförmig), glatt, ohne Kp.; Basidien längsgeteilt (wie bei *Tremella*, Abb. 10); Saprophyten an totem Holz; Weißfäuleerreger.

Warziger Drüsling

Exidia plana (F. H. Wigg.) Donk

Merkmale: Frkp. 10–30 cm breite, zusammenhängende Rasen bildend, oft ganze Äste an einer Seite überziehend, 0,5–1,5 cm dick, schwarz (anderer Name: Hexenbutter); mit gehirnartig gewundener Oberfläche, die gänzlich von der Fruchtschicht überzogen ist, Ränder dem Substrat aufliegend; Sp. 10–12(17) × 4–5 µ. **Vorkommen**: I–XII; an berindeten Ästen und Stämmen sowie Schnittflächen von Stümpfen verschiedener Laubhölzer, gern an Rotbuche; sehr häufig. **Anmerkung**: Der Pilz besteht aus zahlreichen Einzelfruchtkörpern, die an der Basis mit dem Holz verbunden sind. **Verwechslung**: Abgestutzter Drüsling (Mitte).

Abgestutzter Drüsling

Exidia truncata Fr. : Fr.

Merkmale: Frkp. 1–4 cm breit, allseitig schwarz, kreiselförmig, mit verschmälerter Basis angewachsen und freien Rändern, einzeln oder in kleineren Grüppchen; Fruchtschicht mit Mattglanz, lange glatt, dann grubig bis gefaltet; Außenseite stumpf, körnig-warzig oder stoppelig (anderer Name: Stoppeliger Drüsling); Sp. 14–17 × 4,5–6 µ. **Vorkommen**: I–XII; an toten, berindeten Laubholzästen, vorwiegend Eiche; häufig. **Anmerkung**: Im Gegensatz zum Warzigen Drüsling ist bei dieser Art stets eine Innen- und Außenseite unterscheidbar. Mit dem Finger können die Drüsenkörnchen auf der Fruchtschicht erfühlt werden. **Verwechslung**: Warziger Drüsling (oben), Schmutzbecherling (S. 668).

Kandisbrauner Drüsling

Exidia saccharina (Alb. & Schwein): Fr.

Merkmale: Frkp. 3–8 cm breit und bis 2 cm dick, gelb- bis rotbräunlich, gekröseartig, lappig-gewunden; Oberfläche (Fruchtschicht) mit kaum sichtbaren Drüsenpünktchen; Sp. 9–15 × 3,5–5 µ. **Vorkommen**: XI–IV; an abgestorbenem Nadelholz, besonders Kiefer, doch auch Tanne, Fichte oder Lärche; zerstreut. **Verwechslung**: Mit runden Sporen, an Laubholz: Rotbrauner Zitterling (S. 670).

Gattung **Auricularia** – Ohrlappenpilze
Fam. Auriculariaceae, Kl. Basidiomycetes

Frkp. lappig, dabei fast ohrmuschelförmig; mit gelatinös-knorpeliger, oft etwas zähfleischiger Konsistenz, trocken hornartig; glatte bis wellige Unterseite mit Fruchtschicht; Spp. weiß, inamyloid; Sp. zylindrisch-gekrümmt, glatt, ohne Kp.; Basidien quergeteilt, mit 4 langen Sterigmen (Abb. 11); Saprophyten und Schwächeparasiten an Holz; Weißfäuleerreger.

Judasohr

Auricularia auricula-judae (Bull.: Fr.) Wettst.
Syn.: *A. sambucina, Hirneola auricula-judae*

Merkmale: Frkp. 3–6 cm breit, fleisch- bis rotbräunlich, dünnfleischig, konvex, ohrmuschelförmig, mit schmaler Anwachsstelle; Oberseite feinfilzig, oft etwas geadert; Unterseite glatt bis wellig, mit seidenglänzender Oberfläche (Fruchtschicht); Sp. 16–23 × 6–7 µ. **Vorkommen**: I–XII; auf lebenden und abgestorbenen Laubholzstämmen, vor allem Holunder und Eschenblättriger Ahorn, selten an Nadelholz; häufig. **Verwechslung**: Mit haarig-gezonter Oberseite: Gezonter Ohrlappenpilz (Mitte), kleiner: Pappel-Becherrindenschwamm (unten).
Eßbar; ist im Alter etwas zäh; verwandte, zartere Arten aus Ostasien (Import) werden häufig in Chinagerichten verwendet.

Gezonter Ohrlappenpilz

Auricularia mesenterica (Dicks.: Fr.) Pers.

Merkmale: Frkp. 5–10 cm breit oder zu größeren, zusammenhängenden Flächen verwachsen, relativ dickfleischig, lappig vom Substrat abstehend oder wie ein Schichtpilz flächig aufgewachsen, mit schmal abstehenden Hutkanten; Oberseite graubraun, mit filzig-haariger Zonierung; Unterseite (Fruchtschicht) purpur- bis dunkel graubraun, seidenmatt, weitläufig geadert; Sp. 14–18 × 5–7 µ. **Vorkommen**: I–XII; an Stämmen und Stümpfen diverser Laubhölzer (z. B. Ahorn), in Auwäldern; selten. **Verwechslung**: Judasohr (oben).

Pappel-Becherrindenschwamm

Auriculariopsis ampla (Lév.) Maire Syn.: *Cytidia flocculenta*
(Fam. Corticiaceae, Kl. Basidiomycetes)

Merkmale: Frkp. 0,5–1,5 cm breit, dünn schalen- bis schüsselförmig; Oberseite konvex, weißlich-cremefarben, feinfilzig; Unterseite (Fruchtschicht) fleisch- bis ockerbräunlich, mattglänzend, weitläufig geadert bis faltig; Konsistenz zäh-gummiartig; Spp. weiß, imamyloid; Sp. zylindrisch-gekrümmt, glatt, 7–10 × 2,5–3 µ, ohne Kp. **Vorkommen**: IX–XI; auf Laubholzreisig, besonders Zitterpappel; zerstreut; Saprophyt. **Verwechslung**: Judasohr (oben).

Klebriger Hörnling

Calocera viscosa (Pers.: Fr.) Fr.
(Fam. Dacryomycetaceae, Kl. Basidiomycetes)

Merkmale: Frkp. 3–6 cm hoch, leuchtend orangegelb, keulenförmig, mit spärlichen, geweihartigen Verzweigungen oder scheinbar korallenartig verwachsen, mit klebrig-schlüpfriger Oberfläche, welche die Fruchtschicht trägt; Konsistenz zäh-gummiartig, unzerbrechlich und kaum zerreißbar, beim Trocknen dunkler rotorange, hornartig; Spp. gelb, inamyloid; Sp. elliptisch, glatt, 1- bis 3-zellig, 8–12 × 4,5–5,5 μ, ohne Kp. (Abb. 157); Basidien gegabelt, 2-sporig (Abb. 9). **Vorkommen**: VI–XI; an abgestorbenem, morschem Nadelholz, vor allem an bemoosten Fichten- und Kiefernstümpfen; sehr häufig; Saprophyt. **Anmerkung**: Die Art wird von Sammlern oft für einen Korallenpilz (Ziegenbart) gehalten und als Garnierung für ein Pilzgericht verwendet. Sie gehört aber zu den Gallerttränenpilzen und ist demnach mit der Gattung *Ramaria* überhaupt nicht verwandt. Der Verzehr ist, im Gegensatz zu einigen echten Korallen, unschädlich. **Verwechslung**: Kleiner, meist unverzweigt: Pfriemförmiger Hörnling *(C. cornea)*.

Riesen-Gallertträne

Dacryomyces chrysospermus Berk. & M. A. Curtis Syn.: *D. palmatus* (Fam. Dacryomycetaceae, Kl. Basidiomycetes)

Merkmale: Frkp. 1–4 cm breit, leuchtend orangegelblich, gekröseartig, mit gehirnartig gewundener, krauser Oberfläche (wie die Form einiger Gallertpilze); Konsistenz weichlich-gelatinös, hornartig eintrocknend und schrumpfend; Spp. goldgelb, inamyloid; Sp. langelliptisch, etwas gebogen, glatt, bei Reife durch Querwände 4- bis 8-zellig, 13–23 × 6–8 μ, ohne Kp. (Abb. 156); Basidien gegabelt, 2-sporig (Abb. 9); **Vorkommen**: VII–XI; auf abgestorbenen Nadelholzstämmen (Fichte, Tanne); in Gebirgslagen nicht selten, im Flachland fehlend; Saprophyt. **Anmerkung**: Die Art ist die größte ihrer Gattung. Sie ist vom ähnlich aussehenden Goldgelben Zitterling durch das kräftig gefärbte Sporenpulver und die abweichende Sporenform zu unterscheiden. **Verwechslung**: Goldgelber Zitterling (S. 670).

Gelbweißer Gallertbecher RL 3

Ditiola peziziformis (Lév.) D. A. Reid Syn.: *Femsjonia peziziformis* (Fam. Dacryomycetaceae, Kl. Basidiomycetes)

Merkmale: Frkp. 3–7(10) mm breit, flach kreisel- bis gestielt-schüsselförmig; Fruchtschicht gelb, je nach Alter nach außen oder innen gewölbt; Außenseite weißfilzig; Konsistenz gelatinös-knorpelig; Sp. im Mikroskop blaß gelblich, langelliptisch, mit bis zu 13 Querwänden, 20–30 × 8,5–12 μ; Basidien gegabelt, 2-sporig (Abb. 9). **Vorkommen**: VIII–XI; auf abgestorbenem Nadel- und Laubholz, gern auf berindeten Tannenästen; selten; Saprophyt.

Gattung **Stereum** – Schichtpilze
Fam. Stereaceae, Kl. Basidiomycetes

Frkp. meist flächig das Substrat überziehend, Kanten hutartig abgeknickt und wellig verbogen, seltener fächerförmig; Fruchtschicht an Außen- bzw. Hutunterseite befindlich, glatt (ohne Röhren, Stacheln oder Falten); Fleisch lederig bis zäh-elastisch; Spp. weiß, amyloid; Sp. zylindrisch, glatt, ohne Kp.; Saprophyten oder Schwächeparasiten an Holz; Weißfäuleerreger.

Zottiger Schichtpilz

Stereum hirsutum (Willd.: Fr.) Gray

Merkmale: Frkp. lebhaft ocker- bis dottergelb; Hutkanten 1–3 cm abstehend, mit zottiger bis grob striegeliger, gelbbräunlich gezonter Oberseite, reihig zusammenfließend und oft dachziegelartig wachsend; Sp. 6–8 × 2–3 µ. **Vorkommen**: I–XII; an abgestorbenem Laubholz verschiedendster Art, gern an Stirnseiten von Lagerholz, Äste und Stämme gloßflächig überziehend; sehr häufig. **Anmerkung**: Unter den Schichtpilzen ist dies die bekannteste und häufigste Art, erkennbar an den gelblichen Farbtönen und zottigem Hut. **Verwechslung**: Mehr bräunlich, verletzt rötend, auf Eiche: Eichen-Schichtpilz (S. 682).

Blutender Schichtpilz

Stereum sanguinolentum (Alb. & Schwein.: Fr.) Fr.

Merkmale: Frkp. beigefarben oder fleisch- bis graubräunlich, mit weißlichen Zuwachskanten, an Verletzungen blutrot verfärbend (Name); Hutkanten 0,5–1,5 cm weit abstehend, sehr dünnfleischig, Oberseite filzig bis kurzhaarig, oft zoniert; Sp. 8–11 × 2,5–3,5 µ. **Vorkommen**: I–XII; an totem oder geschwächtem Nadelholz, Kiefer, Fichte, Lärche; sehr häufig. **Anmerkung**: Die Art wächst oft in Gesellschaft mit dem Kiefern-Kernling (S. 672), welcher auf ihr parasitiert. **Verwechslung**: Rötend, mit schmalen Hutkanten, auf Laubholz: Runzeliger Schichtpilz *(S. rugosum)*.

Samtiger Schichtpilz

Stereum subtomentosum Pouzar

Merkmale: Frkp. ocker- bis rostbräunlich, mit weißlichen Zuwachskanten; kaum am Substrat herablaufend, Hüte oft fächerförmig, manchmal sogar gestielt-verschmälert angewachsen, 2–5 cm abstehend, Oberseite feinfilzig oder samtig, eng gezont; Sp. 5–7 × 2–3 µ. **Vorkommen**: I–XII; an abgestorbenen Stämmen von Erle, Esche, Weide, besonders in Feuchtgebieten (Auwälder, Erlenbrüche); zerstreut bis ortshäufig. **Verwechslung**: Dunkler gefärbt: Umberbraune Borstenscheibe (S. 688), wärmeliebende Art: Prächtiger Schichtpilz *(S. insignitum)*.

Eichen-Schichtpilz

Stereum gausapatum (Fr.) Fr.

Merkmale: Frkp. ockerbräunlich, später dunkel fleisch- bis rotbraun, an Verletzungen rötend; Hutkanten meist kraus, 1–2 cm weit abstehend, Oberseite grobfilzig, oft gezont, reihig oder dachziegelig miteinander verwachsen; Sp. 6–10 × 3,5–4,5 μ. **Vorkommen**: I–XII; an Stämmen und dickeren Ästen abgestorbener Eichen, selten auch an anderen Laubbäumen (z. B. Hainbuche), oft großflächig wachsend; zerstreut. **Anmerkung**: Die Art ähnelt in ihrer Wuchsform dem Zottigen Schichtpilz. Ihr fehlen aber selbst im Jugendstadium die dottergelben Farbtöne. Bei feuchtwarmer Witterung können junge Exemplare rötliche bis bernsteinfarbene Guttationstropfen absondern. **Verwechslung**: Nicht rötend: Zottiger Schichtpilz (S. 680).

Violetter Schichtpilz

Chondrostereum purpureum (Pers. : Fr.) Pouzar
(Fam. Stereaceae, Kl. Basidiomycetes)

Merkmale: Frkp. je nach Witterung oder Alter lila, purpurviolett, purpurbräunlich oder lila-fleischfarben; Wuchsform (genau wie bei den Schichtpilzen) flächig, mit 1–3 cm weit abstehenden Hutkanten, Oberseite zottig-filzig; Fleisch elastisch-knorpelig, etwas gelatinös, deshalb beim Trocknen verhornend; Spp. weiß, inamyloid; Sp. elliptisch-zylindrisch, glatt, 6–8 × 2–3,5 μ, ohne Kp. **Vorkommen**: I–XII; an lebendem wie abgestorbenem Holz verschiedener Laubbäume, besonders Rotbuche, Birke oder Pappel, auch an Lagerholz; sehr häufig; Saprophyt; Weißfäuleerreger. **Anmerkung**: Die Art ist die einzige ihrer Gattung. In ihrem Fleisch findet man bei mikroskopischer Untersuchung blasenförmig bis kopfig angeschwollene Endhyphen. Solche fehlen bei den Schichtpilzen *(Stereum)*. **Verwechslung**: Vgl. diverse Schichtpilze *(Stereum)*.

Gallertfleischiger Fältling

Merulius tremellosus Schrad. : Fr.
(Fam. Corticiaceae bzw. Meruliaceae, Kl. Basidiomycetes)

Merkmale: Frkp. mit dünnen, fächerartigen, bis 4 cm weit abstehenden Hüten, dachziegelartig übereinander wachsend, zwischendurch oder unterhalb der Hüte am Substrat herablaufend; Hutoberseite grauweißlich bis blaß rosa, frische Ränder schneeweiß, grobfilzig; Unterseite (Fruchtschicht) ockergelblich bis rosa-fleischfarben, alt fleischbräunlich, labyrinthartig gefaltet-gewunden, gerunzelt oder poroid-netzig; Konsistenz weichlich, elastisch, etwas gelatinös; Spp. weißlich, inamyloid; Sp. zylindrisch-gekrümmt, glatt, 3,5–4,5 × 1–1,5 μ, innen mit 2 kleinen Öltropfen, ohne Kp. **Vorkommen**: IX–XII; an Stämmen und Stümpfen von Laub-, seltener Nadelholz, vor allem Rotbuche, Birke oder Pappel; häufig; Saprophyt; Weißfäuleerreger. **Verwechslung**: Hutlos: Orangeroter Kammpilz (S. 684).

Orangeroter Kammpilz

Phlebia radiata Fr.: Fr. Syn.: *P. aurantiaca, P. merismoides* (Fam. Corticiaceae bzw. Meruliaceae, Kl. Basidiomycetes)

Merkmale: Frkp. flächig anliegend, ohne Hutbildungen, höchstens mit knotenförmigen Verdickungen; Farbe leuchtend orangerötlich oder dotter- bis chromgelb, innen mehr fleischrötlich, alt auch gänzlich fleischfarben; Oberfläche (Fruchtschicht) kammartig gerunzelt oder gefurcht; Konsistenz etwas gelatinös; Spp. weiß, inamyloid; Sp. elliptisch, leicht gekrümmt, glatt, 4–6 × 1,5–2,5 µ, ohne Kp. **Vorkommen**: IX–XII; auf abgestorbenen Stämmen, Stümpfen und dickeren Ästen verschiedener Laubhölzer; häufig; Saprophyt; erzeugt Weißfäule. **Verwechslung**: Mit Hutbildungen: Gallertfleischiger Fältling (S. 682).

Gattung **Thelephora** – Warzenpilze
Fam. Thelephoraceae, Kl. Basidiomycetes

Frkp. rosettenförmig, seltener einem Korallenpilz ähnlich; Farben generell dunkelbraun; Fruchtschicht oft mit regelmäßig verteilten, feinen Wärzchen (Name); Konsistenz zäh-lederartig; Spp. braun; Sp. elliptisch-nierenförmig, mit unregelmäßig eckigem Umriß, stumpfwarzig bis stachelig, ohne Kp.; Mykorrhizapilze.

Erd-Warzenpilz

Thelephora terrestris Ehrh. ex Willd.: Fr.

Merkmale: Frkp. aus 2–4 cm breiten, fächerartigen Halbrosetten bestehend; Oberseite dunkel purpurbraun, Zuwachszonen heller, grobfilzig bis striegelig; Unterseite (Fruchtschicht) faltig oder gerunzelt; Geruch gerieben streng säuerlich; Sp. stumpfwarzig, 8–10 × 7–8 µ (Abb. 158). **Vorkommen**: VII–XI; im Nadel- und Laubwald, auf nackter Erde oder im Nadelhumus, teilweise Zweige und niedrige Pflanzen umschließend und an ihnen hochwachsend, gern auf Sandböden, in Gruppen; häufig. **Anmerkung**: Häufigste Art der Gattung, durch fächerförmige, unzerschlitzte Fruchtkörper gut erkennbar.

Stinkender Warzenpilz

Thelephora palmata (Scop.): Fr.

Merkmale: Frkp. 3–8 cm hoch, einem Korallenpilz ähnlich (anderer Name: Stinkende Lederkoralle), mit aufrechten, verzweigten, flachgedrückten Ästen, zu einer oder mehreren stielartigen Basen vereinigt, violettbraun, jüngere Astspitzen grauweißlich abgesetzt; Geruch unangenehm, wie faulender Kohl; Sp. stachelig, 7–10(12) × 5–7(9) µ (Abb. 159). **Vorkommen**: IX–XI; im Nadelwald, vor allem unter Fichten, in der Nadelstreu; relativ häufig. **Anmerkung**: Der unangenehme Geruch macht die Art unverwechselbar.

Blumenartiger Warzenpilz

Thelephora anthocephala (Bull.): Fr.

Merkmale: Frkp. 3–6 cm hoch, relativ aufrecht, korallenpilzartig bis rosettenförmig, aus tief zerschlitzten, gespaltenen und oben zerfransten Lappen oder flachgedrückten Ästen bestehend, am Grunde zusammengezogen und verwachsen, doch ohne deutlichen Stiel (vgl. Nelkenförmiger Warzenpilz), Farbe purpurbraun, mit heller abgesetzten Spitzen; Sp. stachelig, 7–9,5(11) × 5,5–7(8) µ, Stacheln 1–1,5 µ lang. **Vorkommen**: VIII–X; auf Erde in Laub- und Nadelwäldern, selten auch in Parkanlagen, unter Eiche, Rotbuche, Linde; selten. **Anmerkung**: Die Art kann in ihrer Form sowohl dem Stinkenden als auch dem Nelkenförmigen Warzenpilz ähneln. Die selteneren Arten der Gattung sind mit bloßem Auge schwierig auseinanderzuhalten, zumal sie in ihrem äußeren Erscheinungsbild ziemlich variabel sind. **Verwechslung**: Rosettenförmig, zentral gestielt: Nelkenförmiger Warzenpilz (Mitte), Geruch nach faulem Kohl: Stinkender Warzenpilz (S. 684).

Nelkenförmiger Warzenpilz

Thelephora caryophyllea (Schaeff.): Fr.

Merkmale: Frkp. 2–5 cm breit, rosettenförmig, Rosetten oft in mehreren Etagen stehend, meist deutlich zentral gestielt, Ränder der dünnen, lappenartigen Elemente kraus und ausgefranst; Oberseite purpurbraun, mit weißlichen Rändern, radialfaserig; Unterseite (Fruchtschicht) dunkel violettbraun; Sp. warzig-stachelig, 6–8 × 5–6,5 µ. **Vorkommen**: VIII–X; im Nadelwald, gern auf sandigen Böden unter Kiefern; relativ selten. **Anmerkung**: Die Fruchtkörper erinnern in ihrer Form an die komplexen Blüten einiger Nelkengewächse (Name). Typisch für diese Art ist der deutlich ausgebildete, zentrale Stiel. **Verwechslung**: Ungestielt, dickfleischiger: Erd-Warzenpilz (S. 684), Hüte stark zerschlitzt: Blumenartiger Warzenpilz (oben).

Weißer Warzenpilz

Thelephora penicillata (Pers.): Fr.

Merkmale: Frkp. 2–6(10) cm breit, aus flach dem Erdboden aufliegenden, korallenartigen oder gefiederten Büscheln bestehend, ungestielt, dafür oft breitflächig dem Erdboden aufsitzend, manchmal stehen einige dünne, pinselartig ausgefranste Ästchen aufrecht; Farbe lange weißlich, beim Reifen von innen oder unten her allmählich purpurbraun werdend, äußere Bereiche hell bleibend; Sp. stachelig, 7,5–9 × 5–6,5 µ, Stacheln meist ca. 1 µ lang. **Vorkommen**: VIII–X; im Laub- und Nadelwald, unter Eiche, Birke, Kiefer u. a.; selten. **Anmerkung**: Wegen ihrer hellen Farbe wird diese Art zunächst nicht für einen Warzenpilz gehalten. Die weißlichen Teile des Fruchtkörpers sind weitgehend steril.

Umberbraune Borstenscheibe

Hymenochaete rubiginosa (Dicks.: Fr.) Lév.
(Fam. Hymenochaetaceae, Kl. Basidiomycetes)

Merkmale: Frkp. aus hautartig dünnen, fächerförmigen, teilweise verwachsenen Hüten bestehend, dabei gleichzeitig am Substrat herablaufend (wie bei einigen Schichtpilzen), Einzelhüte 1–6 cm breit; Oberseite umberbraun, mit dünner Zonierung, Kante heller rostbraun, matt, feinfilzig; Unterseite (Fruchtschicht) dunkelbraun; Konsistenz lederartig-zäh; Spp. gelbbräunlich, inamyloid; Sp. elliptisch, glatt, 4–6 × 2,5–3 μ; Seten braunwandig, zugespitzt (Abb. 14). **Vorkommen**: I–XII; an abgestorbenem Laubholz, vorwiegend an Stümpfen und dickeren Stämmen von Eiche oder Edelkastanie; häufig; Saprophyt; Weißfäuleerreger. **Anmerkung**: Der Name »Borstenscheibe« weist auf die braunwandigen, spitz hervorragenden Seten der Fruchtschicht hin (Lupe). Solche fehlen bei den ähnlich aussehenden Schichtpilzen. **Verwechslung**: Schichtpilze (S. 680).

Weißer Polsterpilz

Ptychogaster albus Corda
(Fam. Coriolaceae, Kl. Basidiomycetes)

Merkmale: Frkp. 3–10(15) cm breit, weiß bis rosagelblich, später auch bräunlich, halbkugelig bis unregelmäßig polsterförmig, mit borstig-haariger Oberfläche; Fleisch radialfaserig, abwechselnd graubräunlich und weißlich zoniert, anfangs saftreich, dann korkartig. **Vorkommen**: VIII–X; im Nadelwald, an oder neben Kiefern- oder Fichtenstümpfen; zerstreut; Saprophyt; Braunfäuleerreger. **Anmerkung**: Beim hier beschriebenen und abgebildeten Pilz handelt es sich um das imperfekte Stadium eines Porlings *(Oligoporus ptychogaster)*, der in Form kleiner, röhrentragender Hüte oder als hutlose Röhrenschicht auf oder neben dem Polster ausgebildet wird. Diese sog. Hauptfruchtform ist außerordentlich selten.

Wurzellorchel

Rhizina undulata Fr.: Fr. Syn.: *R. inflata*
(Fam. Helvellaceae, Kl. Ascomycetes)

Merkmale: Frkp. 3–8(12) cm breit, flach-polsterförmig, dünnfleischig-hohl, mit unregelmäßig wulstig aufgeblähter, rotbrauner Oberfläche, Ränder weißlich-gelblich abgesetzt; Inneres hohl, mit blassen, schnurartigen Strängen (»Wurzeln«, Name), welche die Unterseite mit dem Erdreich verbinden; Konsistenz etwas brüchig, dann zähfleischig; Sp. im Mikroskop farblos, langelliptisch, 25–33 × 8–9,5 μ, bei Reife fein punktiert und an den Polenden mit je 1 zugespitzten Anhängsel (Abb. 160, Maße ohne Anhängsel). **Vorkommen**: VI–X; auf Brandstellen im Nadelwald, oft direkt zwischen Holzkohle, in Gruppen wachsend; nicht selten. **Anmerkung**: Der eigenartige, unverwechselbare Pilz gehört in die Verwandtschaft der Lorcheln.

Fachausdrücke

amyloid: Violett- oder Schwarzfärbung von Zellwänden (auch Sporenornamenten oder Sporenpulver) in Melzers-Reagenz. Wichtiges Merkmal vor allem bei weißsporigen Pilzgruppen.

Ascus: (Mehrz. Asci); Sporenschlauch. Vorwiegend zylindrische, schlauchartige Zelle, in der bei den Schlauchpilzen (Ascomycetes) die Sporen (Normalzahl pro Ascus = 8) gebildet werden (Abb. 1). Bei den Trüffeln sind die Asci oft sackförmig (Abb. 3).

Basidie: Sporenständer. Meist längliche Sporenträgerzelle der Ständerpilze (Kl. Basidiomycetes), an der die Sporen gebildet werden. Die normale Basidie bildet 4 Sporen aus und ist einzellig (Holobasidie, Abb. 8). Sehr typisch ist auch die gegabelte, 2-sporige Basidie der Gallerttränenpilze (Abb. 9). Bei einigen Pilzgruppen können die Basidien auch quer- (Abb. 11) oder längsgeteilt (Abb. 10) sein. Sie werden Phragmobasidien genannt.

Braunfäule: Durch Pilzbefall braun gefärbtes, typisch querrissiges Holz (»Würfelbruchfäule«). Der Pilz zehrt nur die Kohlenhydrate (Zellulose) auf, während das braun gefärbte Lignin zurückbleibt.

Chrysozystiden: Siehe Zystiden.

Collar: Ringförmiger Absatz im Hutfleisch, der die Lamellen vom Stiel trennt (speziell bei den Riesenschirmlingen, *Macrolepiota*).

Cortina: Fädige oder schleierartige Schutzhülle (Velum), vorwiegend zwischen Hutrand und Stiel befindlich; bei Arten der Familie der Schleierlinge (Cortinariaceae) häufig vorkommend.

cyanophil: In Anilin-, Methyl- oder Baumwollblau anfärbbar; wichtig zum Färben von Sporenornamenten (z. B. bei Korallenpilzen, Becherlingen).

dextrinoid: In Melzers-Reagenz weinrot verfärbende Zellwände; bezieht sich in diesem Buch (vgl. amyloid) vor allem auf Sporenwände und Sporenpulver.

Duplexstruktur: Ein aus 2 deutlich unterscheidbaren Schichten aufgebautes Fleisch bei Pilzfruchtkörpern.

Epispor: Äußere Schicht der Sporenzellwand, die sich bei einigen Pilzgruppen deutlich von den übrigen Zellwandschichten abhebt. Für die Lackporlinge *(Ganoderma)* ist der einseitig vorgewölbte Episporsack typisch (Abb. 5). Bei einigen Häublingen *(Galerina)* und Fälblingen *(Hebeloma)* löst sich das Epispor in KOH teilweise ab (Abb. 6), ein artspezifisches Merkmal.

Fruchtkörper: Vorwiegend sichtbarer, vergänglicher Teil des Pilzes, welcher zur Erzeugung und Verbreitung der Sporen dient (für den Sammler der »eigentliche Pilz«). Er wird bei gewissen Pilzgruppen auch bleibend unterirdisch angelegt (vgl. Trüffeln).

Fruchtschicht: Siehe Hymenium.

Gloeozystiden: Siehe Zystiden.

Hexenei: Unreifer, ei- bis kugelförmiger, mit einer dicken Gallerthülle umgebener Fruchtkörper einiger Bauchpilze (Fam. Phallaceae, Clathraceae). Das reife Hexenei platzt auf und entläßt den sich streckenden, inneren, sporenführenden Teil des Fruchtkörpers.

Hexenring: Ringförmige Anordnung von Pilzfruchtkörpern (auch »Elfenring«); entstehen durch kreisflächenartige, ungehinderte Ausbildung des Myzels, jedoch nicht bei allen Pilzarten.

hymeniform: Wie ein Hymenium aufgebaut, also eine Schicht länglicher Zellen; Spezialausdruck für den Aufbau der Huthaut gewisser Pilzgruppen (z. B. der Ackerlinge, *Agrocybe*).

Hymenium: Fruchtschicht. Sporenerzeugende Schicht am Pilzfruchtkörper, bei der die Sporenständer oder Sporenschläuche dicht nebeneinander stehen. Bei Lamellenpilzen sind z. B. die Flächen der Lamellen vom Hymenium überzogen.

Hyphen: Langgestreckte, fadenförmige Pilzzellen (Abb. 4), aus denen die meisten Fruchtkörper aufgebaut sind, besonders aber das vegetative Myzel.

inamyloid: Nicht amyloid (siehe dort).

kalyptrat: In KOH stellenweise ablösende, äußere Sporenwand (Epispor) (Abb. 6), z. B. bei einigen Fälblingen *(Hebeloma)*.

Keimporus: Im Mikroskop deutlich sichtbare, dünne, porusartige Stelle am vorderen Polende der Sporenwand (Abb. 15), an welcher später der Keimschlauch ausgetrieben wird. Ein Keimporus ist nur bei bestimmten Pilzgattungen der Ständerpilze vorhanden (wichtiges Bestimmungsmerkmal).

Keimspalte: Längliche, spaltartige Verdünnung der Sporenwand einiger Schlauchpilze (speziell der Kernpilze, Fam. Xylariaceae); liegt an einer Längsseite der Spore (Abb. 7).

Lamellen: Radial verlaufende, wie eine Messerklinge geformte Blättchen and der Unterseite der Hüte bei Lamellenpilzen. Sie dienen zur Oberflächenvergrößerung der Fruchtschicht, die sich auf ihren Seitenflächen befindet. Den selben Effekt haben auch Leisten, Stacheln oder Röhren.

Lamellenschneide: Freie Außenkante der Lamellen; dort befinden sich häufig weit herausragende, sterile Zellen (Zystiden), seltener Basidien. Gelegentlich ist die Schneide von anderer Farbe als die Lamellenfläche (Helmlinge). Oft erscheint sie durch die Zystiden unter der Lupe flockig.

Lamellentrama: Die Innenstruktur der Lamelle, sichtbar im mikroskopischen Bild eines Lamellenquerschnittes. Regulär (Normalfall): Hyphen verlaufen parallel; irregulär: Hyphen sind ineinander verflochten; bilateral: Hyphen verlaufen bogenförmig von der Mitte nach außen; invers: Hyphen v-förmig von außen nach innen verlaufend. Die Struktur der Lamellentrama ist ein wichtiges Gattungs- bzw. Familienmerkmal.

Latenzzeit: Zeitraum bis zum Erscheinen erster Vergiftungssymptome nach einer Pilzmahlzeit.

Lugol: Lugolsche Lösung. Lösung zum Färben des Ascus-Porus oder der Ascus-Spitze (blaue Reaktion) bei Schlauchpilzen. Zusammensetzung: 1 g Jod, 2 g Jodkali, gelöst in 150 ml dest. Wasser.

Melzers-Reagenz: Tinktur zum Bestimmen der Amyloidität von Sporen oder Sporenpulver bei Ständerpilzen, bestehend aus: 0,5 g Jod, 1,5 g Jodkali, 20 ml dest. Wasser und 20 ml Chloralhydrat (20 g Choralhydrat-Kristalle in 10 ml dest. Wasser gelöst).

Metuloiden: Dickwandige, kristalltragende Zystiden (Abb. 12).

Mykorrhiza: Lebensgemeinschaft (Symbiose) zwischen Höherer Pflanze und Pilz zu beiderseitigem Vorteil. In diesem Buch ist ausnahmslos die sog. »Ektomykorrhiza« zwischen Baum und Pilz gemeint, bei der das Pilzmyzel die feinen Wurzelspitzen ummantelt.

Myzel: Unterirdischer oder im Substrat befindlicher, vegetativer, meist ausdauernder Teil des Pilzes; aus botanischer Sicht der eigentliche Pilzkörper (Thallus).

Myzelialkern: Mit Myzel durchwachsener, locker strukturierter und optisch deutlich unterscheidbarer Teil im Fleisch einiger Porlinge, meist von der Anwachsstelle ausgehend.

Parasit: Hier befällt der Pilz lebende (gesunde oder geschwächte) Organismen, die er schädigt und schließlich zum Absterben bringt.

Paraphysen: (Abb. 2). Safthaare. Sterile, haarförmige Zellen im Hymenium der Schlauchpilze, die zwischen den Asci liegen. Ihre Form und Färbung kann in einigen Fällen zur Bestimmung herangezogen werden.

Peridie: Mehrschichtige, beständige Rinde der Fruchtkörper von Bauchpilzen, die nicht in Sporenmasse umgewandelt wird.

Peridiolen: Linsenförmige Sporenbehälter, die im Innern einiger Bauchpilzgruppen (Fam. Nidulariaceae) gebildet und als Ganzes verbreitet werden.

Perithecium: Kugel- bis birnenförmiger, mit einer Scheitelöffnung versehener Kernbecher einiger Schlauchpilze (Kernpilze, Pyrenomycetes), in dem die Sporenschläuche heranwachsen. Perithecien sind oft in großer Zahl in die Rinde eines Sammelfruchtkörpers eingesenkt, dessen Oberfläche durch die feinen Mündungen punktiert ist. Bei einigen (im Buch nicht behandelten) Gruppen besteht der Fruchtkörper nur aus einem einzigen Perithecium.

Saprophyt: Fäulnisbewohner, Humuszehrer. Der Pilz ernährt sich von toten organischen Stoffen (Blätter, Nadeln, Holz, Kräuterstengel, Horn, Tierkadaver) und baut diese dabei ab.

Schlauchpilze: Ascomycetes. Pilzklasse, bei der die Sporen in Schläuchen (Asci) gebildet werden.

Schnallen: Halbkreisförmige Ausstülpungen an Pilzhyphen in Höhe der Querwände (Abb. 4).

Seten: (Abb. 14). Dickwandige, braunwandige, zystidenähnliche Gebilde, die im Hymenium, in der Huthaut oder am Myzel auftreten können. Sie ragen meist weit hervor und sind bereits mit einer starken Lupe sichtbar.

siderophil: Durch Behandlung mit einer metallionenhaltigen Lösung und Karminessigsäure entsteht im Innern der Basidien einiger Pilzgattungen (z. B. *Lyophyllum*) eine typische, schwärzliche Doppelkörnung. Sie ist nur im mikroskopischen Präparat bei hoher Vergrößerung sichtbar.

Skeletthyphen: Dickwandige, meist nicht mit Querwänden versehene, der Fesitgkeit dienende Pilzhyphen (Abb. 4).

Sklerotium: Knollen- bis klumpenförmiges Dauergewebe, aus dem unter günstigen Bedingungen Fruchtkörper hervorgehen können.

Sporen: (Abb. 5–7, 15). Mikroskopisch kleine Verbreitungseinheiten der Sporenpflanzen (Pilze, Farne, Moose). Ihre Form, Größe und Farbe sowie variierende Oberflächenstrukturen geben wichtige Anhaltspunkte für die Bestimmung der Pilze. Viele Sporen sind elliptisch und besitzen gewöhnlich einen runden Querschnitt. Die Maßangaben (in μ) beziehen sich dann auf Länge × Breite. Einige Gattungen (z. B. *Panaeolus*) zeichnen sich durch abgeplattete (im Querschnitt ovale) Sporen aus (Abb. 15). Hier sind stets 3 Maße nötig: Länge × Breite × Dicke. Bei kugelförmigen, rundlichen Sporen ist nur der Durchmesser angegeben. Sporenornamente (Stacheln, Netz, Anhängsel) sind in die Maße prinzipiell nicht einbezogen. Ihre Höhe oder Länge wird oft separat angegeben.

Sporenpulver: Massenansammlung von Pilzsporen, bei der die für die Eingruppierung (besonders der Lamellenpilze) sehr wichtige Sporenfarbe mit bloßem Auge bestimmt wird. Das Pulver kann innerhalb weniger Stunden aufgefangen werden. Dazu wird ein abgeschnittener Pilzhut (mit den Lamellen nach unten) auf ein Stück Papier gelegt und abgedeckt. Zur richtigen Beurteilung der Farbe wird prinzipiell weißes Papier verwendet.

Sporenständer: Siehe Basidie.

Sporenschlauch: Siehe Ascus.

Ständerpilze: Basidiomycetes. Pilzklasse, bei der die Sporen an Ständern (Basidien) gebildet werden.

Sterigmen: Horn- bis fingerartige Auswüchse der Basidien, an denen die Sporen sitzen (Abb. 8–11).

Sulphidien: Siehe Zystiden.

Velum: Haut- oder gespinstartige Schutzhülle an jungen Fruchtkörpern, die beim Strecken aufbricht und als Stielring oder Hutrandsaum zurückbleibt. Das gespinstartige, fädige Velum der Schleierlinge und ihrer Verwandten wird »Cortina« genannt. Velum universale: Gesamthülle, welche den ganzen Jungpilz überzieht. Velum partiale: Teilhülle, die jungen Lamellen schützend. Viele Pilzgattungen besitzen kein Velum.

Weißfäule: Durch Pilze hervorgerufenes Schadbild an Bäumen. Durch Aufzehrung von Lignin und Zellulose durch den Pilz erscheint das befallene Holz weißlich-blaß und behält seine faserige Struktur. Die Festigkeit wird stark vermindert.

Zystiden: (Abb. 12–14). Sterile Zellen, die sich deutlich von den umgebenden Zellen unterscheiden. Sie können in der Fruchtschicht (Hymenialzystiden), in der Huthaut (Pilozystiden) oder an der Stieloberfläche (Caulozystiden) der Fruchtkörper auftreten. In diesem Buch sind vorwiegend die für die Pilzbestimmung wichtigeren Hymenialzystiden angeführt, besonders die an der Lamellenschneide auftretenden Cheilozystiden. Solche, die an den Flächen der Lamellen sitzen, heißen Pleurozystiden. Chrysozystiden besitzen einen lichtbrechenden, in KOH gelb färbenden Inhalt (Abb. 13). Die ähnlich aufgebauten Sulphidien der Düngerlinge zeigen in KOH diese Reaktion nicht, werden aber in Sulfovanillin gänzlich weinrot. Gloeozystiden weisen einen öligen Inhalt auf, der auf Sulfovanillin ebenfalls weinrot reagiert.

Mikroskopische Merkmale

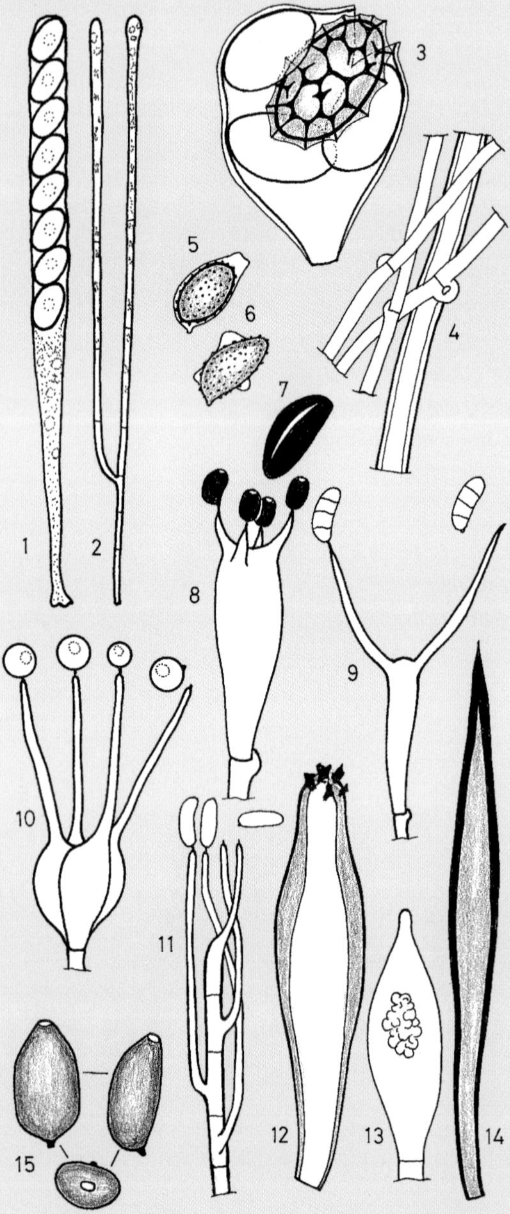

Die Abbildungs-Nummern entsprechen denen in den Artbeschreibungen

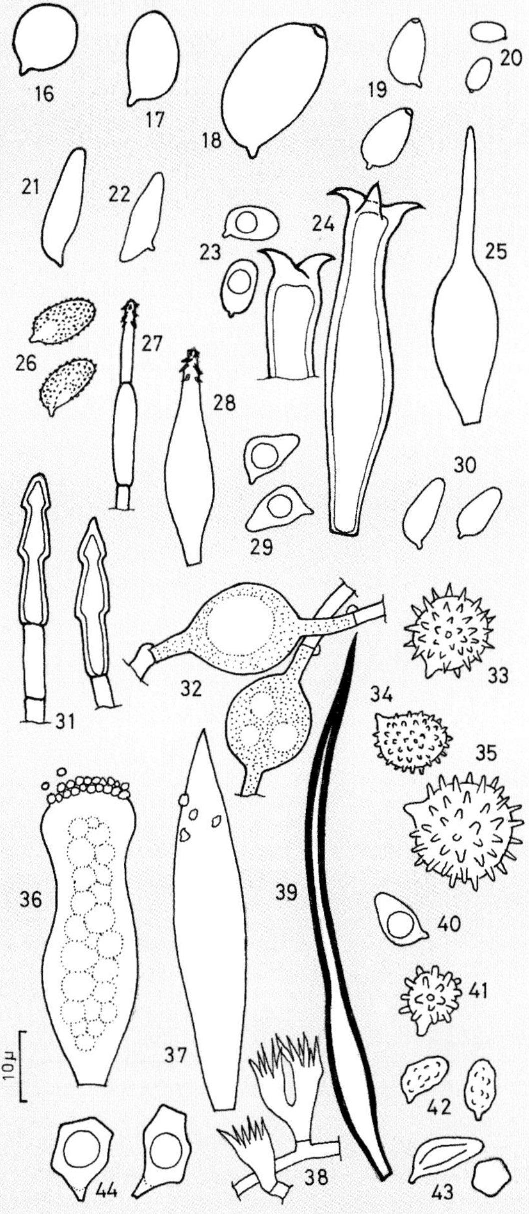

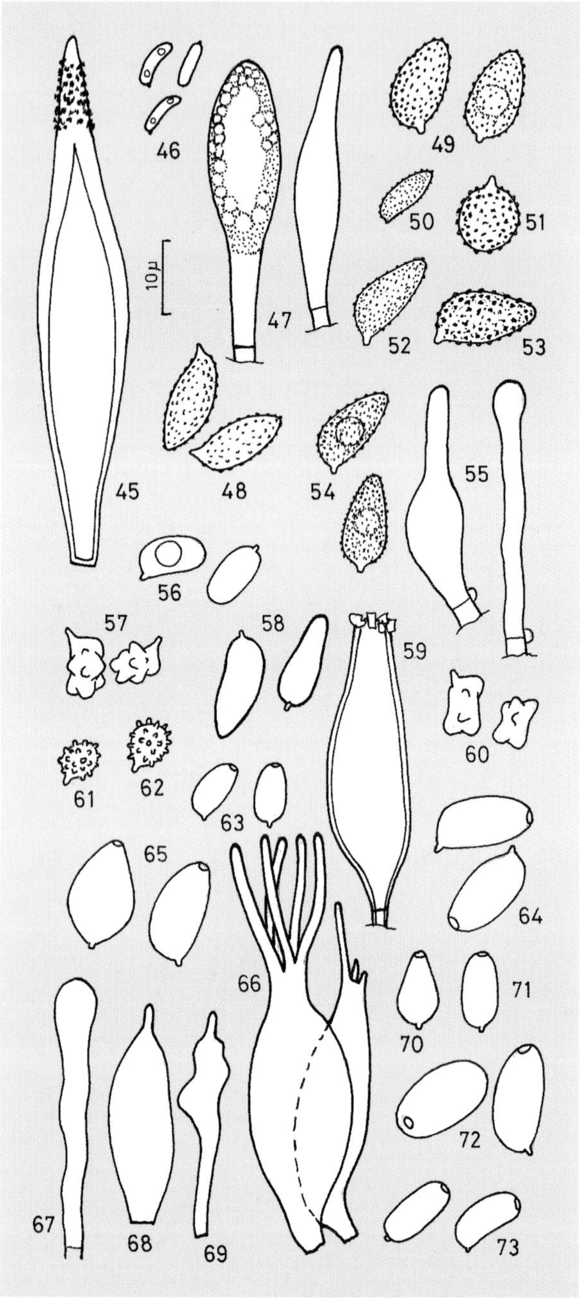
45
46
47
48
49
50
51
52
53
54
55
56
57
58
59
60
61
62
63
64
65
66
67
68
69
70
71
72
73
10µ

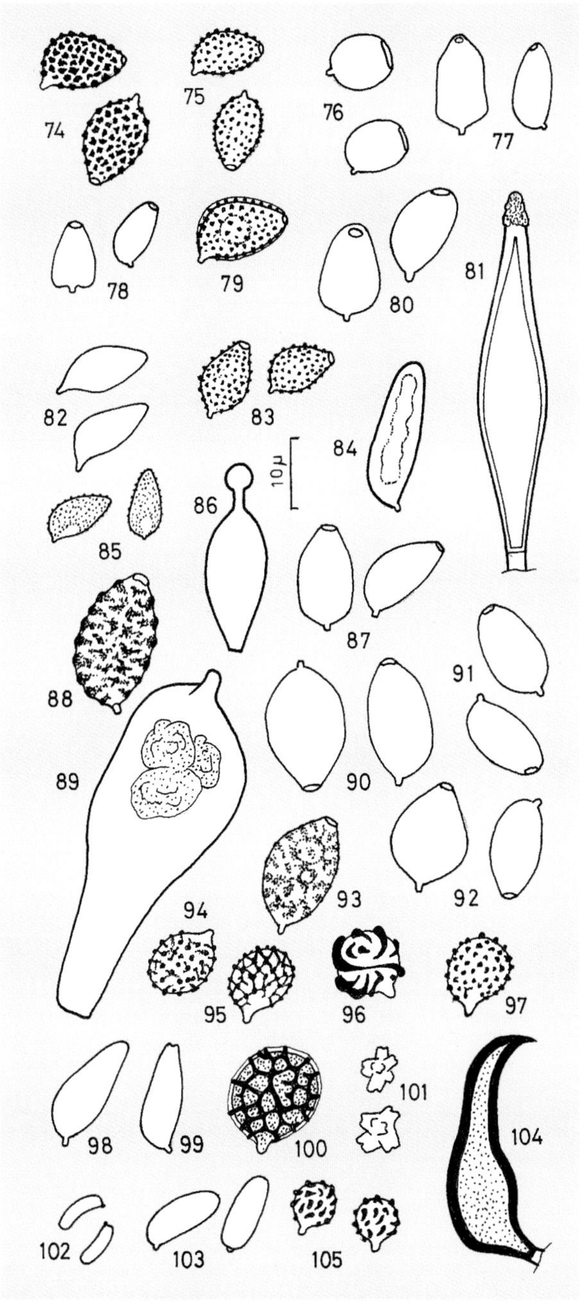
74
75
76
77
78
79
80
81
82
83
84
10µ
85
86
87
88
89
90
91
92
93
94
95
96
97
98
99
100
101
102
103
104
105

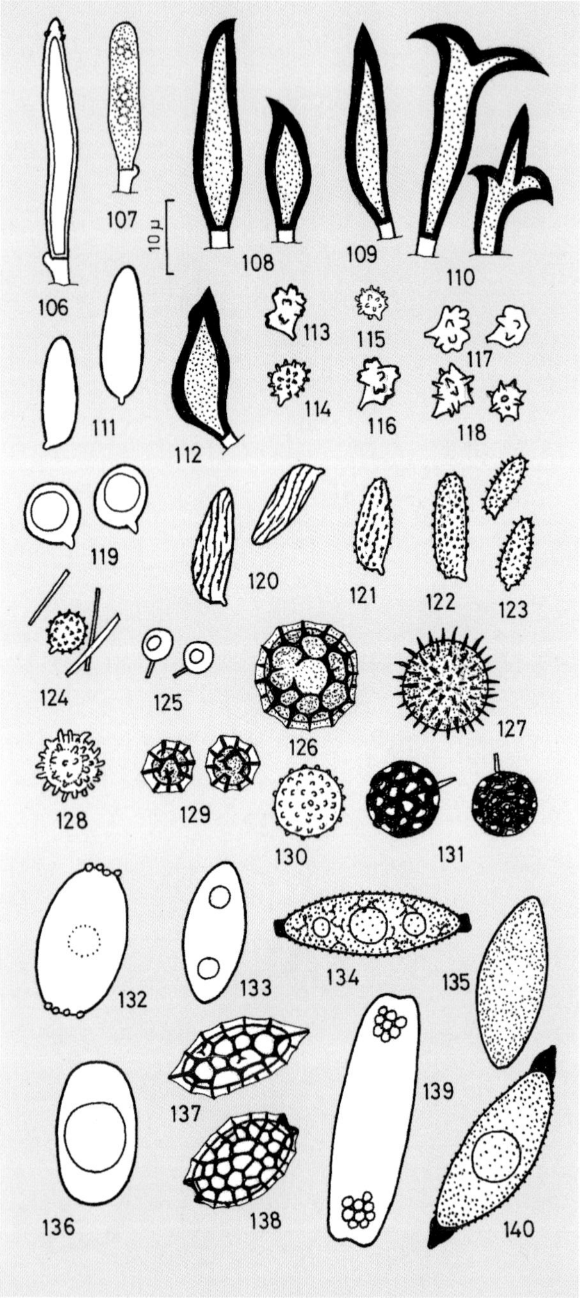
106
107
10 µ
108
109
110
111
112
113
114
115
116
117
118
119
120
121
122
123
124
125
126
127
128
129
130
131
132
133
134
135
136
137
138
139
140

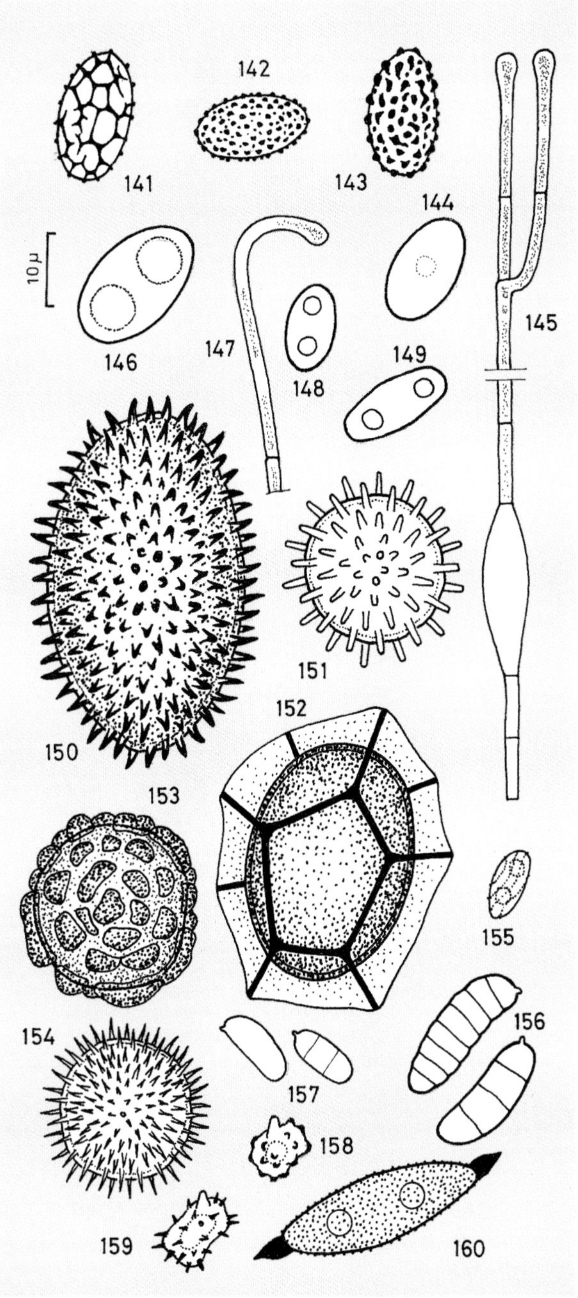
141
142
143
144
145
146
147
148
149
10 µ
150
151
152
153
154
155
156
157
158
159
160

Register

Kursiv gesetzte Seitenzahlen verweisen auf Arten, die im Text erwähnt sind.

S

Inhaltsübersicht

Nichtblätterpilze (ohne Röhren)

Bauchpilze

Schlauchpilze

Sonderformen

Dr. Ewald Gerhardt

Der große

BLV Pilzführer